V 1923
3.D.1.

atlas: f°V 1923
3.D.2.

Inv. 629

11182

MÉMOIRE

SUR

LA MEUNERIE, LA BOULANGERIE

ET

LA CONSERVATION DS GRAINS ET DES FARINES.

Imprimerie de HENNUYER (rue Lemercier, 24. Batignolles.

MÉMOIRE

SUR

LA MEUNERIE,

LA BOULANGERIE

ET

LA CONSERVATION DES GRAINS ET DES FARINES,

CONTENANT

UNE DESCRIPTION COMPLÈTE DES PROCÉDÉS, MACHINES ET APPAREILS APPLIQUÉS JUSQU'A NOS JOURS

ET PLUS PARTICULIÈREMENT

Dans les diverses usines de France, d'Angleterre, d'Irlande, de Belgique, de Hollande, etc.,

PRÉCÉDÉ

DE CONSIDÉRATIONS SUR LE COMMERCE DES BLÉS EN EUROPE.

PAR AUG^{in} ROLLET,

Directeur des subsistances de la marine, officier de la Légion-d'Honneur.

Publié sous les auspices

De M. le Ministre de la Marine et des Colonies.

———⟨⊙⟩———

PARIS

CARILIAN-GOEURY ET V^{or} DALMONT, ÉDITEURS,

LIBRAIRES DES CORPS ROYAUX DES PONTS ET CHAUSSÉES ET DES MINES,

QUAI DES AUGUSTINS, 39 ET 41.

———

1846

AVANT-PROPOS.

Au mois de juin 1838, sur la proposition de M. le baron Tupinier, directeur des ports, je reçus de M. le ministre de la marine, l'ordre d'aller examiner en France, en Belgique, en Hollande, en Angleterre et en Irlande :

1° Les meilleurs procédés employés pour la manipulation des grains et des farines ;

2° Les causes de la supériorité attribuée aux salaisons d'Irlande ;

3° Les procédés relatifs à la fabrication du fromage de Hollande ;

4° Enfin, les objets dont se compose la nourriture des marins étrangers.

Le Mémoire qui fait l'objet de la présente publication se rapporte seulement à la première question, et a été rédigé conformément aux instructions de M. le ministre [1].

---

[1] A la suite de mon voyage, j'adressai successivement à M. le ministre de la marine les diverses parties qui composent ce Mémoire ; et, le 18 juin 1842, il fut passé entre l'administration et les éditeurs un traité pour sa publication. La gravure des planches et mon éloignement de Paris ayant retardé jusques aujourd'hui l'apparition de l'ouvrage, j'ai profité de cet intervalle pour faire à mon travail de nombreuses additions, et le mettre à même de justifier autant que possible la distinction dont il est l'objet.

AVANT-PROPOS.

Au mois de juin 1838, sur la proposition de M. le baron Tupinier, directeur des ports, je reçus de M. le ministre de la marine, l'ordre d'aller examiner en France, en Belgique, en Hollande, en Angleterre et en Irlande :

1° Les meilleurs procédés employés pour la manipulation des grains et des farines ;

2° Les causes de la supériorité attribuée aux salaisons d'Irlande ;

3° Les procédés relatifs à la fabrication du fromage de Hollande ;

4° Enfin, les objets dont se compose la nourriture des marins étrangers.

Le Mémoire qui fait l'objet de la présente publication se rapporte seulement à la première question, et a été rédigé conformément aux instructions de M. le ministre [1].

---

[1] A la suite de mon voyage, j'adressai successivement à M. le ministre de la marine les diverses parties qui composent ce Mémoire ; et, le 18 juin 1842, il fut passé entre l'administration et les éditeurs un traité pour sa publication. La gravure des planches et mon éloignement de Paris ayant retardé jusques aujourd'hui l'apparition de l'ouvrage, j'ai profité de cet intervalle pour faire à mon travail de nombreuses additions, et le mettre à même de justifier autant que possible la distinction dont il est l'objet.

Je devais « déterminer, d'une manière précise, quel est le meilleur
« mode de conservation des blés et des farines, en donnant la des-
« cription des mécanismes les mieux appropriés au nettoyage et à la
« mouture des blés, ainsi qu'à toutes les opérations de la panifica-
« tion..... »

C'était, comme on le voit, soumettre à un examen sérieux toutes les
opérations qui se rapportent au blé et à ses diverses transformations ;
aussi j'ai été amené, par la force des choses, à présenter un véritable
traité plutôt qu'un simple rapport. J'ai pensé que, pour faire apprécier la
valeur de mes propositions, je ne devais pas seulement m'arrêter aux procédés et aux machines de mon choix ; mais qu'il fallait, en outre, réunir
tous les éléments de la question en exposant les différents systèmes expérimentés jusqu'ici : de cette manière, il devient facile, dans chaque cas
particulier, de suivre la marche progressive des améliorations et de se
prononcer en connaissance de cause. D'un autre côté, il m'a semblé
utile d'offrir un ouvrage spécial aux personnes qui suivent la carrière
de l'administration des subsistances : j'ai toujours été convaincu que la
marine aurait un intérêt réel à exiger, de ses employés, certaines connaissances spéciales qu'il est difficile d'acquérir sans un guide convenable, et je m'estimerais heureux si je contribuais à répandre cette in-
struction technique, qui peut seule assurer le succès dans l'application
des nombreux perfectionnements que le service réclame.

J'ai divisé mon travail en quatre parties :

La première partie traite *du Commerce des blés*. Après une discussion
rapide sur la législation qui a réglé et qui règle les importations et les
exportations, je m'occupe de la production et du commerce des blés
dans les diverses contrées de l'Europe, et je termine par des tableaux
statistiques qui permettent d'embrasser, d'un seul coup d'œil, les mouvements qui ont eu lieu dans un grand nombre d'années.

La seconde partie est relative à *la Conservation des grains*. Je commence par examiner les causes d'altération des blés, leurs maladies et les ravages des insectes ; j'expose ensuite les divers modes de nettoyage, et je fais connaître les moyens de conservation pendant un temps indéfini et aux moindres frais possible.

La troisième partie a pour objet *la Meunerie*. J'examine l'un après l'autre tous les organes d'un moulin ; je discute le choix, la force et le mode d'application du moteur ; puis je donne la description des moulins les plus remarquables, en terminant par celui que j'aurais à proposer.

Dans la quatrième partie je m'occupe de *la Boulangerie*. Je commence par examiner les matières qui sont employées dans la fabrication du pain, et j'insiste particulièrement sur la composition des farines et leurs diverses altérations ; j'expose ensuite les procédés ordinaires de la panification, en discutant les phénomènes physiques et chimiques qui s'y développent ; puis je passe en revue les pétrins et les fours qui ont été mis en usage, et je présente un moyen d'améliorer le pain sans augmenter les dépenses. Arrivant à la fabrication du biscuit, je décris les procédés employés jusqu'ici, et je fais connaître les améliorations dont cette fabrication est susceptible, améliorations déjà réalisées en partie dans quelques arsenaux de France.

Un atlas considérable, gravé par M. Le Maître, représente graphiquement tous les appareils de quelque importance dont il est question dans ce Mémoire. J'ai pris soin de joindre à chaque figure son échelle de proportion, pour donner au lecteur une idée exacte de l'appareil décrit ; en un mot, je n'ai rien négligé pour être aussi clair et aussi complet que possible. Le temps sans doute amènera des améliorations nouvelles ; mais dans l'état actuel des choses, je crois avoir fait connaître tout ce qui méritait attention. Je dois cet avantage aux facilités que j'ai rencontrées partout dans le cours de mon voyage, ainsi qu'aux obligeantes communications d'un grand nombre d'inventeurs. J'aurai l'occasion de parler dans cet ouvrage de la plupart des personnes auxquelles je suis redevable ; qu'elles veuillent bien recevoir ici l'expression sincère de ma profonde gratitude.

Rochefort, 15 janvier 1846.

TABLE DES MATIÈRES.

DU BLÉ.

COMMERCE, CONSERVATION, MEUNERIE ET BOULANGERIE.

PREMIÈRE PARTIE.

COMMERCE DES BLÉS.

DEUXIÈME PARTIE.

CONSERVATION DES GRAINS.

[1] Les numéros se rapportent aux planches de l'Atlas, et les lettres aux planches du volume.

TROISIÈME PARTIE.

MEUNERIE.

XII

TABLE DES MATIÈRES.

Pl. Pag.

2° *Agitateurs à hélice ou placés dans un plan oblique à l'axe.*

40 Pétrin de M. Maugeret............. 392

» Id. Lasgorseix................. 392

» Id. Ferrand.................. 393

Pétrins à caisses fixes et agitateurs locomobiles....................... 595

40 Pétrin Corrège.................. 393

» Id. Lahore.... 394

Pétrins à caisses mobiles et agitateurs fonctionnant en sens opposé........ 594

40 Pétrin anglais.................. 394

» Id. Selligue................ 395

» Id. Edwin Clayton.............. 395

Pétrins à cuves de forme conique..... 596

40 Pétrin Lahore.................. 396

Pétrins circulaires ou elliptiques à cuves fixes.................... 596

41 Pétrin de Gènes................. 396

» Id. de Neuhans Maisonneuve....... 397

Pétrins circulaires à cuves mobiles..... 597

41 Pétrin David.................. 397

Observations sur les pétrins qui précèdent. 598

Nouveaux pétrins mécaniques........ 599

41 Pétrin cylindrique à caisse locomobile.. 400

» Id. à caisse mobile en forme de bateau.................... 402

» Id. à caisse circulaire tournant sur pivot.................... 404

Remarques sur les pétrins mécaniques. 408

CHAPITRE VI.

DES FOURS.

Historique et division des fours..... 411

Fours se chauffant avec le combustible mis sur l'âtre............. 413

43 Fours sans ouras, décrits par Malouin.. 413

» Fours à âtres ovales avec ouras, décrits par Parmentier.......... 415

» Fours à âtres ovales, sans ouras, établis à Lorient................ 417

» Fours en usage à Rochefort...... 419

Fours se chauffant avec du charbon de terre................. 423

44 Four Chaffers............... 424

Fours chauffés au charbon de terre à l'aide d'un foyer intérieur en communication avec la capacité intérieure du four..... 425

44 Four Brander.............. 425

» Fours en usage à Deptford, Plymouth et Portsmouth.............. 426

44 Four de l'hôpital de Greenwich.... 428

» Four des boulangers de Londres.... 420

» Four en usage à Manchester et à Birmingham................. 430

» Four de M. Bandour, de Tournay... 430

» Fours économiques de M. Dobson... 431

45 Four de M. Baron............ 432

» Four de M. Pironneau, ingénieur de la marine................. 432

» Four de MM. Martin et Dumas..... 434

» Four de M. Laune............ 434

» Four de M. Selligue.......... 434

Fours entourés d'une double enveloppe, ou de galeries parcourues par la flamme et la fumée............... 436

46 Four de Rumfort............. 436

» Four de MM. Poissant et Besnier-Duchaussais................ 437

» Four de M. Sujol-Dupuy. 438

» Four de l'amiral Coffin......... 438

45 Four de M. Giraud........... 439

Fours aérothermes............ 439

45 Four de M. Aribert.......... 440

46 Four de MM. Jametel et Le Mare.... 442

L. Four aérotherme, modifié par MM. Mouchot et Grouvelle.......... 447

P. Four aérotherme continu, par M. Grouvelle................ 451

Remarques sur l'application des fours à coke au chauffage des fours destinés à la cuisson du pain......... 452

46 Four aérotherme de M. Bayet, de Gand. 453

M. Four aérotherme rectiligne à chauffe et enfournement continus, de M. Aribert. 454

N. Four aérotherme circulaire à chauffe et enfournement continus, de M. Aribert. 460

O. Four de M. Clara.......... 460

47 Four de M. Lespinasse : système mixte entre les fours ordinaires et les fours aérothermes.............. 463

» Four de M. Ferrand : système mixte entre les fours ordinaires et les fours aérothermes................ 468

Four économique de M. Hicks...... 471

Résumé des observations faites sur les divers fours décrits.......... 475

Fours en usage à bord des navires.... 475

48 Fours ordinaires 475

» Four de M. Sochet, ingénieur de la marine................. 476

» Four de M. Pironneau, ingénieur de la

FIN DE LA TABLE DES MATIÈRES.

DU BLÉ.

COMMERCE, CONSERVATION, MEUNERIE ET BOULANGERIE.

PREMIÈRE PARTIE.

COMMERCE DES BLÉS.

CHAPITRE I.

DE LA LÉGISLATION RELATIVE AU COMMERCE DES BLÉS.

§ 1. — APERÇU HISTORIQUE.

A une époque très-éloignée de la nôtre, la liberté illimitée du trafic des céréales régnait dans tous les pays; les rapports de provinces à provinces, d'États à États, n'étaient sujets à aucune entrave. Mais alors le commerce, dans l'enfance, était loin d'avoir l'importance qu'il a acquise de nos jours; les chemins étaient à peine tracés, les canaux étaient rares, et la navigation, lente et incertaine, semblait augmenter encore les distances.

De ces deux causes, l'impuissance du commerce et l'imperfection des moyens de communication, découlait nécessairement l'impossibilité d'opérer une égale répartition des fruits de la terre. La rareté se faisait-elle sentir sur un point, une surabondance, dont on ne pouvait tirer parti, existait au même instant sur un autre. Aucune force ne tendait à ramener l'équilibre, et, en admettant même que le génie de l'homme eût alors conçu toutes les ressources de l'élément commercial, il eût été arrêté dans l'exécution de ses projets par des difficultés insurmontables, inhérentes à l'état peu avancé de la civilisation.

1re PHASE.
Liberté illimitée
des échanges.

La liberté, ainsi rendue impuissante, et n'apportant aucun bien-être, fut regardée comme un fléau; pour se soustraire aux maux qu'on lui attribuait, on prit le parti de la détruire, au lieu de chercher à écarter les obstacles qui l'entravaient.

L'idée qui domine dans les premières lois sur le commerce des blés est surtout relative au moyen d'arriver à l'abaissement des prix par l'adoption d'un système restreignant la consommation aux lieux mêmes de production. On pensa que si l'on empêchait le blé d'être expédié à l'étranger, il en resterait davantage pour subvenir à la consommation ; et, par suite, on défendit l'exportation.

Ce raisonnement séduisit par sa simplicité, parce qu'il faut une certaine habitude de méditer sur la matière, pour reconnaître *à priori* que la production n'augmente qu'en raison directe de la demande. Les premiers règlements parurent donc établis sur les principes d'une prudente répartition de la richesse agricole ; et, de l'exclusion des acheteurs, on fut porté à conclure que l'on tendait vers la création d'un système capable d'assurer l'abondance.

Mais bientôt de riches récoltes venant à se succéder, on se trouva posséder en excès ce qu'on craignait ne jamais avoir en quantité suffisante. La richesse devint un embarras, le bas prix une ruine. Alors on s'aperçut que la défense absolue d'exporter n'avait pas atteint le but, et qu'elle était aussi inefficace que la liberté illimitée. Pour remédier au mal, on s'empressa de proclamer la permission momentanée d'exporter ; mais on en revint bientôt au système prohibitif. Une guerre, une disette, une mauvaise récolte, suffisaient pour faire défendre l'exportation des grains sous les peines les plus graves [1].

Marginal notes:

2ᵉ PHASE.
Défense d'exporter et d'importer.

Les permissions d'exporter étaient rares et momentanées.

---

[1] Quelques extraits des ordonnances rendues par Philippe le Bel donneront une idée de l'état de la législation des céréales au quatorzième siècle.

« Considérant, est-il dit, que nos ennemis pourraient profiter de nos vivres, et qu'il « importe aussi de leur laisser leurs marchandises, nous avons ordonné que les pre- « miers ne pourraient pas sortir, ni les derniers entrer. » Ainsi, c'était une pensée de guerre qui faisait repousser les marchandises étrangères, en 1304, par Philippe le Bel, et en 1793, par la Convention nationale ; et aujourd'hui en pleine paix, en pleine civilisation, le même système prévaut encore, appuyé des mêmes arguments !

Quelquefois, pourtant, les ordonnances étaient empreintes d'une sollicitude sage et raisonnée, comme quand elles prescrivaient la statistique des approvisionnements des

D'une autre part, l'importation fut défendue sous prétexte qu'elle devait être la cause fatale de l'avilissement des prix; aussi chaque État fut-il strictement réduit à ses propres ressources, et cette sage prévoyance qui, tout en ayant pour mobile l'intérêt particulier, porte une classe de la société à retirer de la circulation un produit qui menace de devenir trop commun, afin de l'y rendre lorsque la demande en fait élever le prix..... la spéculation bienfaisante, fut flétrie du nom d'accaparement, et considérée comme un crime.

Des dispositions analogues à celles qui régissent maintenant le commerce entre les nations, vinrent entraver, dans chaque royaume, les relations de provinces à provinces. En France, comme en Angleterre, il ne fut permis à personne de transporter du blé d'un lieu dans un

De province à province le commerce n'était pas libre.

---

grains, par ville et par province, dans l'intention de rassurer les citoyens et d'éclairer les magistrats. L'édit de 1304, dû à Philippe IV, offre même, sous d'autres rapports, une justesse de vues et une sagacité remarquables : « On enverra par toutes les villes « et les villages de la vicomté de Paris, et l'on saura partout combien il y aura de « grains, froment, méteil, seigle, orge et avoine, et toute autre manière de grains, et « combien en chacune ville et ès territoire, et combien il faudra pour eux vivre jus- « ques aux nouveaux, et pour semer; et ce qui sera par-dessus, on fera porter aux « marchés dedans cette vicomté, non pas tout ensemble, mais petit à petit, si que le « grain se puisse continuer jusqu'au renouveau, et ne sera pas souffert qu'il en soit trait « hors ladite vicomté, sans congé spécial. A qui le grain ou le blé voudra acheter, si « paie tantôt l'argent, et que nul n'achète grain pour le mettre en grenier, sous peine « de le perdre. »

Cependant, malgré ces précautions, qui avaient pour but de prévenir tout à la fois les terreurs populaires et les accaparements, le même prince était obligé, le mois suivant, de promulguer une ordonnance de maximum, en vertu de laquelle :

« Nul ne pouvait vendre, *sous peine de confiscation de biens*, le setier du meilleur « froment, mesure de Paris, plus de quarante sous parisis, et le setier de blé de qualité « inférieure, en proportion, etc. etc. »

Cette ordonnance de maximum, dont les considérants, quant au fond, ont beaucoup de ressemblance avec ceux de la loi présentée à la Convention par Coupé (de l'Oise), au nom du Comité des subsistances, contrariait à un tel degré les lois éternelles du négoce, qu'elle fut révoquée presque aussitôt après avoir été rendue.

On sait quel fut le sort de la loi du maximum promulguée par la Convention; elle eut pour résultat de rendre les marchés déserts et de produire la disette.

Une autre ordonnance, dont je vais rappeler les termes, vient démontrer l'inutilité des moyens violents en matière d'approvisionnement :

« Philippe, par la grâce de Dieu, roi de France, au bailli de Senlis, salut :

« Comme pour refréner la commune tempête et nécessité de ce jourd'hui, pour la

Époque
de
son affranchissement. autre, sans avoir rempli de gênantes formalités ; ce ne fut qu'en 1773 que les dernières traces des lois restrictives de la liberté du commerce intérieur disparurent des codes de l'Angleterre ; et ce fut aussi vers le même temps, que la voix puissante de Turgot obtint la consécration des mêmes principes dans toute l'étendue du royaume de France [1].

A l'idée de la recherche du bas prix, vint ensuite s'allier celle de la protection à accorder à la culture du blé, dans l'intérieur du pays.

Maintenir le prix du blé à des taux qui le rendissent accessible au grand nombre, tout en assurant un bénéfice au cultivateur, tel fut l'énoncé du nouveau problème dont les exigences des temps vinrent demander la solution.

3ᵉ PHASE.
Permission d'exporter et d'importer dans certaines limites. Les règlements qui intervinrent à cette période subordonnaient l'exportation et l'importation à des conditions variables suivant les cours.

« cherté du blé, pois, fèves, orge et autres grains dont la communauté du peuple est
« soutenue, avons naguère ordonné et établi, et fait crier et défendre dans notre royaume,
« que nul de nos subgiets, sous peine de perdre tous ses biens, n'osât vendre froment
« le meilleur plus de quarante sols, fèves et orge plus de 30 sols, avoine plus de 20 sols,
« et son plus de 10 sols ; duquel statut et de laquelle ordonnance nous espérions que
« plus grand allégement, et plus grande pourveance dût venir à notre peuple, ce que
« encore n'est fait. Toutefois que pour ce que les nouvelles causes survenant, il con-
« vient muer les conseils et les ordonnances : nous, pour que plus hâtivement il puisse
« être secouru à la nécessité de notre peuple, avons rappelé (révoqué) et rappelons les
« prix que nous avions mis ès dits grains, et avons ordonné et établi que quiconque de
« notre royaume aura du grain susdit, il puisse le vendre au marché *et le donner pour*
« *tel prix comme il en pourra avoir.* Et voulons et commandons que sûrement et pai-
« siblement on puisse venir aux marchés, sans craindre pour chevaux ni charrettes. »

Dans une autre ordonnance, Philippe le Bel affranchit les consommateurs du mo-
nopole des boulangers. — « Nous ordonnons et voulons que chacun de Paris ou à
« Paris demeurant, puisse pain faire et fournir en sa maison et vendre à ses voisins,
« en faisant pains suffisants et raisonnables, et en payant les droits accoutumés. Nous
« ordonnons et voulons que tous les jours de la semaine quiconque voudra, puisse
« apporter à Paris pain et blé et toutes autres victuailles et les vendre sûrement et paisi-
« blement. Voulons également que toutes denrées venant à Paris, dès qu'elles seront
« afforées (mises sur le marché), tout le commun en puisse avoir pour tel prix comme
« les grossisiers (marchands en gros) les achèteront. » (Extrait abrégé de l'*Histoire de
l'Économie politique*, par M. Blanqui aîné.)

[1] La libre circulation des grains avait été autorisée par un édit de 1764, qui aurait été
révoqué par l'abbé Terray, si Turgot n'eût combattu les tendances de ce ministre. (Voir
les lettres sur les grains écrites à l'abbé Terray, contrôleur général, par M. Turgot, intendant général de Limoges.

On défendait d'exporter lorsque le prix du blé atteignait tel chiffre, et l'on permettait d'importer lorsque le cours moyen dépassait une certaine limite.

Néanmoins on ne tint point la balance égale; car pour protéger et encourager l'agriculture, on facilita outre mesure l'exportation et on créa maint et maint obstacle à l'importation. Cette protection accordée à l'exportation démontre que l'on avait compris que la restreindre, c'était nuire à la production; mais évidemment on ne s'était pas encore expliqué tout le mal causé à l'agriculture en rendant illusoire le droit d'importer. Cette manière de procéder était contraire aux intérêts des classes nombreuses; et, comme elle ne mettait pas un terme aux réclamations des cultivateurs, il fallut de nouveau chercher le moyen de venir à leur aide.

Afin de répondre à des plaintes que l'on croyait fondées, on se détermina à accorder des primes à l'exportation. Cette mesure eut son effet; les cours s'élevèrent, et l'on crut que l'industrie agricole devenait prospère, parce qu'elle s'emparait de nombreux terrains et qu'elle occupait, de jour en jour, une plus grande surface. On pensait même avoir concilié les intérêts, trop souvent opposés, des producteurs et des consommateurs; mais une suite non interrompue de mauvaises récoltes, venant à faire hausser les prix au-dessus de toutes les prévisions, porta l'inquiétude et la gêne parmi la classe des consommateurs nécessiteux; les marchés intérieurs menacèrent de ne pas subvenir aux besoins; il y eut nécessité d'étendre la faculté d'importer, et comme les prix s'élevèrent sur la plupart des points de l'Europe, on fut obligé, pour satisfaire aux exigences de circonstances difficiles, d'accorder une prime considérable à l'importation.

4e PHASE.

Primes accordées à l'exportation et à l'importation.

Une fois entré dans la voie des primes, on les érigea en système, et l'on s'en servit tantôt dans un sens, tantôt dans un autre, pour tâcher de remédier à la trop grande variabilité des cours.

Ainsi, le système prohibitif a débuté par l'absolu; puis il s'est modifié en se renfermant dans certaines limites, fixes ou variables; enfin, pour arriver à favoriser la vente ou l'achat, il a subi des changements par l'intervention des primes; et malgré ces alternatives diverses, qui prouvent la sollicitude obligée des gouvernements, on s'est trouvé souvent dans la nécessité de suspendre des lois qu'on avait crues assez mûries et assez sages pour satisfaire aux besoins d'un long avenir.

L'Angleterre et la France, chacune sous l'influence de ses institutions, sont les deux pays qui ont le plus fait usage des lois de prohibition : or, en méditant les annales de leur législation sur la matière, on est conduit à cette conclusion : que l'on n'a pas encore été jusqu'au fond de la question du commerce des grains, et qu'on n'est pas parvenu à en donner une solution complète et satisfaisante.

Commerce en Hollande. La Hollande, grâce à sa constitution territoriale et à sa position maritime, semble avoir été plus heureuse : aux deux obligations de servir la cause du consommateur et celle du producteur, elle en a ajouté une troisième, qui consiste à ne porter aucune entrave à la liberté du commerce.

Sous ce nouveau point de vue, trois intérêts distincts sont pris en considération : ce sont ceux du consommateur, du producteur, et de cet agent appelé commerce, qui, tout en cherchant à réaliser des bénéfices, prête son appui au consommateur, en mettant à sa portée un produit qui tend à devenir rare : le commerce accorde aussi une protection réelle au laboureur, puisqu'il lui fournit un moyen d'écouler ses récoltes, lorsque la baisse des prix devient menaçante.

En parcourant l'histoire du commerce du blé en Hollande, on reconnaît que le prix des grains n'y a été que très-rarement sujet à ces variations excessives et presque périodiques, que l'on observe tous les cinq ou six ans dans les pays où l'on croit sage d'apporter des restrictions à la circulation des grains ; et il est digne de remarque, que les prix se sont maintenus dans des limites protectrices de l'agriculture et des classes indigentes.

Cet aperçu rapide des diverses phases de la législation des céréales semblerait démontrer que les règlements qui s'appuient sur un système de liberté offrent moins d'inconvénients que ceux qui ont pour base la prohibition ; mais, comme les faits n'ont pas encore prononcé d'une manière définitive, je vais me livrer à l'examen des principes de la législation des grains, en faisant intervenir l'élément statistique comme moyen d'éclaircir cette question d'intérêt général.

§ II . — DES PRINCIPES QUI POURRAIENT SERVIR A RÉGLER LE COMMERCE DES GRAINS.

L'existence simultanée du mouvement industriel et de la production agricole toujours croissante, favorise évidemment l'augmentation de la population; et, bien que les récoltes moyennes satisfassent d'ordinaire aux besoins des peuples, on ne peut se dissimuler que si des années calamiteuses venaient intempestivement à faire baisser le chiffre des produits, tandis que le nombre des consommateurs tend sans cesse à augmenter, il pourrait survenir, parmi les classes ouvrières, une gêne capable de compromettre momentanément la tranquillité publique, si certaines limites n'étaient assignées avec prudence à l'écoulement et à l'introduction des céréales.

Faut-il laisser faire, et s'en reposer sur l'intelligence de la spéculation; ou bien est-il utile que le gouvernement intervienne? Si, comme le fait observer M. Rossi, on se bornait à en référer exclusivement à la science pure, s'isolant des faits sociaux, il en résulterait que la liberté du commerce et celle de l'industrie devraient produire le plus de richesse; mais il arrive des circonstances de temps et d'espace, des besoins particuliers tenant à la nationalité, qui peuvent et doivent modifier, dans la pratique, l'application des règles. Dès ce moment, il apparaît qu'il y a nécessité d'accepter les moyens termes, pour établir les lois nécessaires à la régularisation du commerce du blé.

Parmi les principes qui régissent les diverses législations des grains. quels sont donc ceux auxquels il serait avantageux de donner la préférence? Telle est la question que tous les amis de la prospérité publique voudraient pouvoir résoudre.

Le commerce des blés, à l'intérieur, ayant été déclaré libre en **1764**, c'est-à-dire vingt-cinq ans avant la révolution de 1789, les règlements qui entravaient les échanges ont été abolis; et le temps a démontré que le pays n'avait eu qu'à se louer de ces mesures sages et libérales, qui ont assuré la liberté illimitée du commerce des grains dans toutes les parties de la France.

Il n'y a donc à examiner maintenant que les questions qui se rattachent au commerce avec les pays étrangers.

Si dans une contrée soumise à la défense accidentelle ou permanente d'exporter, et produisant une quantité moyenne équivalente à sa

EXPORTATION.

Restrictions
à
l'exportation.

consommation annuelle, il survient une récolte très-abondante, il en résultera un excédant considérable et une baisse notable des prix : le fermier sera lésé, car la production abondante ne compensera pas les effets du bas prix, attendu que la consommation ne saurait varier dans le rapport des récoltes. Ce qui doit arriver, c'est la diminution de la demande, le gaspillage du produit et l'altération de la culture, par la transformation d'une partie des terres à blé en prairies artificielles, etc.

Ce système, ruineux pour le producteur, est aussi fatal au consommateur; car si à une ou plusieurs années d'abondance succèdent une ou plusieurs années stériles, alors une réaction s'opère, et l'approvisionnement ayant diminué, non-seulement à cause des effets de la mauvaise saison, mais encore par suite de la réduction des surfaces affectées précédemment à la culture des blés, il se trouve au-dessous de la quantité moyenne nécessaire, et une hausse considérable, compagne de la rareté, impose au consommateur une gêne réelle voisine de la disette, si ce n'est la disette elle-même.

La défense d'exporter ne favorise donc ni le producteur ni le consommateur, et elle n'est pas propre à remédier à l'instabilité des prix.

Si au lieu de défendre l'exportation du blé, on l'encourage par des primes, on favorise son écoulement, sa production excessive, et on aug-

mente la demande; mais, qu'on y prenne garde, c'est d'une manière ar-
tificielle, cette demande n'étant pas une suite réelle des besoins de l'étranger ni de ceux de l'intérieur, mais bien un effet de la mesure qui permet de livrer le produit à un taux au-dessous de son prix de revient.

Ainsi, en supposant que le blé pût être vendu sur le marché intérieur, avec un bénéfice, au prix de vingt francs, et qu'il fût accordé une prime de un franc à la sortie, il est évident que l'exportation pourrait gagner à expédier du blé à raison de dix-neuf francs; et que, dans ce cas, le pays qui donnerait la prime ferait un cadeau de un franc à celui qui consentirait à être l'acheteur [1].

---

[1] Exemple : Prix auquel revient l'hectolitre de froment.............. 20 fr. »
Prime accordée à l'exportation....................... 1 »
Somme réellement déboursée par celui qui exporte....... 19 »

Vente à l'étranger.................................... 19 fr. 50 c.
Bénéfice réalisé, 50 cent., bien que le blé ait été vendu 50 cent. de moins qu'il n'a coûté à produire.

On conçoit que le marchand trouverait son compte à cet ordre de choses, car il réaliserait un profit égal à celui qui lui serait offert par le marché intérieur, et il aurait de plus acquis la possibilité de faire un échange favorable; mais la communauté se serait imposé un sacrifice de cinq pour cent.

D'autre part, l'expérience ne tarda pas à démontrer que les encouragements irréfléchis prodigués à l'agriculture avaient eu pour effet malheureux d'entraîner les laboureurs à destiner à la culture du blé des terres qui, pour être mises en état de produire, nécessitaient des avances considérables; et il fut prouvé que l'agriculteur ne pouvait, sans supporter une perte notable, livrer ses produits à un prix accessible à la masse des consommateurs.

L'exportation sous l'influence des primes conduit donc vers l'augmentation des prix, en même temps que la marche progressive de l'industrie manufacturière favorise l'extension de la population; et il est évident que c'est l'effet combiné de ces deux causes qui place aujourd'hui un État voisin dans la nécessité fâcheuse de ne satisfaire aux justes réclamations des classes ouvrières, qu'en adoptant des dispositions législatives qui sont de nature à léser les intérêts de la propriété territoriale, sur laquelle repose la force de son gouvernement.

Les restrictions à l'importation ont une grande influence dans un pays dont la population, nombreuse et rapprochée, rend indispensable l'admission uniforme ou occasionnelle d'une certaine quantité de blé exotique.

IMPORTATION.

Restrictions à l'importation. Leurs mauvais effets.

La différence des climats et la nature très-variée du sol, dans un grand État, font qu'un manque total de récolte est rendu impossible; et ce qui est vrai de chaque contrée en particulier, l'est, à plus forte raison, de leur ensemble : aussi a-t-on remarqué que si les récoltes sont mauvaises sur un point de l'Europe, elles sont, grâce à Dieu, presque toujours abondantes sur d'autres; et il est clair qu'un pays soumis à la défense d'importer ne saurait profiter de ce bienfaisant ordre de choses, puisqu'il ne peut compter que sur son approvisionnement de réserve, qui, s'il n'est pas suffisant, l'expose aux embarras inhérents à la cherté des grains. Si l'importation est seulement conditionnelle; si le blé est admis moyennant un droit, le chiffre du droit indique approxi-

mativement le mal produit par la loi. Cependant, si le droit est constant
et modéré, il ne peut avoir pour effet de décourager l'importateur; mais
s'il est variable ou immodéré, il pourra entraver la spéculation et
devenir préjudiciable à la société.

Quel que soit le taux auquel on croie devoir s'arrêter pour exclure le
blé étranger, il faut bien se persuader que dans les années peu abondantes les prix varieront en raison directe du degré d'exclusion, et
que la hausse causée par la rareté sera d'autant plus grande que les
règlements prohibitifs auront été plus sévères.

Tels seraient les désastreux résultats des mesures restrictives dans un
pays qui, s'il opérait sans entraves, se suffirait en exportant ou en
important d'après ses besoins. Mais ces résultats seraient infiniment
plus fâcheux dans un pays dont les ressources moyennes le mettraient
dans l'obligation de tirer annuellement du dehors une partie de ses
approvisionnements. La restriction à l'importation produit alors un
double effet : elle empêche d'abord l'introduction des blés étrangers,
et, en obligeant la population à se borner aux ressources du pays,
elle contraint d'avoir recours aux terres de qualités inférieures, ce qui
entraîne dans des frais excessifs de culture, devant faire naître l'élévation du taux moyen des cours.

Les causes de fluctuations se sont alors accrues en raison composée;
car, tandis que les entraves à l'importation réduisent le pays à la rigueur
des privations, il est certain, d'une autre part, que les cours moyens
subissent une hausse, suite des faux encouragements donnés à la production; et qu'ainsi, dans les années peu abondantes, l'importation ne
peut plus s'exercer que sous la double et fâcheuse condition de donner
à l'étranger le moyen de livrer ses produits avec de grands bénéfices,
bien qu'il les offre à des prix inférieurs à ceux de revient des blés
récoltés dans le pays où il importe, et cela, cependant, sans amener
une baisse favorable aux consommateurs. On voit qu'une restriction
de ce genre est préjudiciable au consommateur et au producteur.
Elle fait tort au premier, en l'obligeant, dans les temps ordinaires,
à payer le pain à un prix artificiellement élevé, et en l'exposant
à la famine si la récolte est mauvaise; elle porte dommage au dernier, en l'entraînant dans des dépenses peu productives, et, par suite,
en mettant obstacle à ce qu'il puisse se livrer au commerce de l'expor-

tation, ses prix de revient ne lui permettant pas d'entrer en concurrence avec l'étranger ; ou, en d'autres termes, lorsque l'agriculture produit beaucoup en faisant de grandes dépenses, elle est dans la situation de toutes les industries qui opèrent avec imprudence ; elle s'expose à ne plus trouver à vendre sans faire, en partie, le sacrifice de ses frais d'exploitation. Alors on dit avec raison que l'agriculture est en souffrance ; mais dans cet état de choses qui doit être attribué autant aux mauvaises lois qu'aux cultivateurs, l'influence des gouvernements ne serait-elle pas réellement protectrice si elle se manifestait par des mesures capables d'empêcher les agriculteurs d'entreprendre des opérations qui, un jour ou l'autre, doivent les constituer en perte ?

En résumé, ce qui vient d'être exposé démontre l'impossibilité de maintenir, sans danger, à un taux élevé les prix du marché de l'intérieur à l'aide de restrictions apportées à l'importation, et c'est l'exclusion et non l'admission des blés étrangers qui porte atteinte à la prospérité de l'agriculture ; car cette exclusion rendant l'exportation impossible dans les années d'abondance, appelle l'élévation exagérée des prix dans les années de faibles récoltes, et entraîne le laboureur à emblaver de mauvaises terres.

De même qu'on a donné des primes à l'exportation, on en a aussi accordé à l'importation ; mais en vérité, on l'a dit il y a longtemps, la prime d'encouragement la plus capable de faire agir le commerce, c'est le bénéfice assuré qu'il peut réaliser dans un pays où il y a disette.

Primes à l'importation.

Leur inutilité.

Il est douteux, comme on le voit, que l'on puisse s'appuyer sur le système de restriction à l'exportation et à l'importation, dans le but de secourir l'agriculture. Accorder le plus de liberté possible au commerce des grains, est peut-être le système le plus propre à empêcher les effets si funestes des variations dans les prix. En effet, si les marchés étaient toujours ouverts, aussitôt qu'il y aurait apparence d'une mauvaise récolte, une importation progressive empêcherait les prix d'atteindre un taux exorbitant ; et si les récoltes offraient une surabondance inaccoutumée, il y aurait toujours une issue prête pour en protéger l'écoulement, sans qu'il en résultât une baisse ruineuse. Ce système paraît d'une exécution plus facile que celui qui consiste à vouloir concilier les restrictions à l'importation et à l'exportation avec l'invariabilité des prix.

De tout ce qui précède, il ne faut pourtant pas conclure que la liberté illimitée du commerce des grains doive être conseillée; non certes, car rien n'est plus dangereux, en général, qu'un système absolu jeté tout à coup au milieu d'organisations diverses, d'habitudes prises, de préjugés enracinés; ce qui est désirable, c'est d'arriver graduellement à un système sagement combiné, dans lequel on tiendra compte, d'une manière rationnelle, des obstacles et des difficultés.

Remise de l'impôt de la terre lors de l'exportation du blé. Ricardo, dans son ouvrage sur l'accroissement de la production agricole, propose une sorte de moyen terme entre le système prohibitif et le système de liberté absolue : il prétend maintenir l'exercice des principes de liberté, à l'aide d'une limite assignée à l'importation et à l'exportation, qui ne soit pas de nature à éloigner l'intervention continue de l'élément commercial dans le grand acte de l'approvisionnement.

Voici comment il raisonne :

Si un droit est mis à l'importation des blés étrangers dans le but équitable de contre-balancer l'impôt spécial supporté par le blé du pays, pourquoi ne ferait-on pas au blé indigène exporté la restitution du montant de l'impôt ? En accordant ce *drawback*, on ferait simplement remise au cultivateur de la somme qu'il a déjà payée, et on le mettrait en position de soutenir la concurrence avec le producteur de blés étrangers. Ce *drawback*, ajoute-t-il, diffère essentiellement d'une prime, dans ce sens qu'une prime est une taxe prélevée sur la communauté afin d'abaisser le prix d'un produit au-dessous de sa valeur réelle; tandis que cette remise d'un impôt déjà payé donnerait simplement au producteur le moyen de vendre son blé à un prix très-peu au-dessus de celui de revient.

Un droit à l'importation équivalent au montant de l'impôt, accompagné d'un droit de remise égal lors de l'exportation du blé indigène, lui paraît être une combinaison équitable, favorable aux laboureurs. Le défaut essentiel du système de restriction est de tendre à élever les prix dans les années de faibles récoltes, et à faciliter, outre mesure, l'apport au marché lorsque les années sont abondantes. Mais, tandis qu'un droit équivalent à l'impôt de la terre assurera aux cultivateurs regnicoles le bénéfice qu'il leur serait possible de réaliser dans les mauvaises années, le *drawback*, en leur laissant la liberté d'exporter, s'opposera à ce que le marché soit trop abondamment pourvu, et il empêchera ainsi

l'avilissement des prix. Cette combinaison, qui rend possible la permanence du commerce, paraît également avantageuse au négociant et au
cultivateur; Ricardo pense qu'elle satisfait à l'idée d'exciter l'industrie
agricole à produire tout ce qu'elle peut faire végéter avec profit,
sans la pousser à augmenter d'une manière exagérée les frais de culture.

La principale objection que, suivant Mac-Culloch, on puisse adresser
à ce système, c'est qu'il ne serait pas possible de faire supporter
le droit aux blés importés, lorsque le prix intérieur se trouverait
très-élevé, à moins de suspendre de temps à autre l'exécution de
la loi. Mais il fait remarquer que si les ports étaient constamment
ouverts, sous la condition de l'acquittement d'un droit modéré, et
d'un *drawback* équivalent en faveur des blés indigènes exportés, une
variation considérable deviendrait très-rare; et il ajoute qu'en supposant qu'il fût statué que le droit dût cesser quand le prix intérieur
s'élèverait au-dessus d'une certaine limite, ceux qui prétendent qu'il
n'est pas juste de priver les fermiers ou les négociants de l'avantage
entier qu'ils peuvent retirer d'une hausse doivent considérer que
dans ces sortes de matières il n'est pas toujours possible, ni même prudent, de pousser les principes du juste jusqu'à l'extrême; et que
d'ailleurs, l'intérêt public conseille plutôt de se tenir en garde contre
la famine, qu'il ne commande de protéger aveuglément la classe des
détenteurs de blé.

Nous pensons que l'on peut encore objecter que la remise d'un droit
qui a été perçu dans le but de subvenir aux besoins de la communauté
lui est onéreuse au même degré que la somme égale qui serait répartie
en primes, et il nous semble évident que si l'on faisait l'application du
système de Ricardo, il faudrait en même temps aviser à la création
d'impôts capables de combler le déficit créé par l'exercice du *drawback*,
de même que dans le système des primes, il faut demander à l'impôt
le moyen de les payer.

En résumé, entre la prime et le *drawback* la différence n'existe que dans
le nom et la forme; mais au fond, la similitude est parfaite. C'est toujours de l'argent donné pour protéger l'exportation ou l'introduction du
blé, ce sont les primes avec leurs inconvénients.

Du reste, ai-je besoin de dire que si une loi était établie sur des principes de liberté, il serait indispensable, pour éviter toute espèce de perturbation, de la promulguer plusieurs années avant de la mettre à exécution, afin que les deux éléments qui créent l'abondance, l'agriculture et le commerce, eussent le temps d'échapper aux inconvénients qui résultent presque toujours d'un système nouveau substitué à un autre d'après lequel on était habitué d'agir depuis longtemps.

CHAPITRE II.

COMMERCE DES BLÉS EN EUROPE.

PRODUCTION. — CONSOMMATION. — TABLEAUX STATISTIQUES.

Les considérations développées jusqu'ici sont encore confirmées par les chiffres, qui prouvent, comme on va le voir, qu'un système basé sur une sage liberté serait favorable à l'agriculture et au commerce de la France.

France.—Lorsqu'on parle d'accorder la libre importation ou la libre exportation des grains, les idées généralement répandues sont que, dans la première hypothèse, cette denrée va devenir si abondante que les prix en subiront une baisse fatale à l'agriculture; et que, dans la seconde, on s'expose à un accaparement, cause infaillible d'une disette.

Pour reconnaître combien de telles appréhensions sont peu fondées, il suffira de comparer la consommation à la production, dans deux grands États comme la France et l'Angleterre, afin de s'assurer si les quantités de grains que peuvent annuellement fournir les marchés de la Baltique, de l'Elbe, de la mer Noire et de la Méditerranée, constituent une fraction notable de ce qui est nécessaire à la sustentation de 60,000,000 d'habitants; et, de rechercher alors si la France, en particulier, n'aurait pas de l'avantage à importer et à exporter librement.

Les relevés statistiques faits par le ministère des travaux publics et du commerce font connaître que la France possédait, en 1835, une surface cultivable, soumise à l'impôt, que l'on évaluait à 49,863,610 hectares, sur lesquels on comptait 25,559,151 hectares de terres labourables, dont 5,338,043 étaient affectés à la culture du blé; 9,550,342 à celle des céréales diverses et des légumineuses; 803,854 à celle des pommes de terre; et 9,866,912 à l'état de jachère ou à diverses cultures.

PRODUCTION DES TERRES AFFECTÉES A LA CULTURE DU FROMENT
ET DES CÉRÉALES DIVERSES.

Blé froment...................... 71,697,184 hectolitres.
Céréales diverses................ 153,277,416
                                  ——————————
                    Total......... 224,974,600

CONSOMMATION.

Blé froment....	Pour la nourriture des habitants..... 50,887,798 h.		
	Pour la nourriture des animaux...... 79,700	62,220,750 h.	
	Pour les semences................. 10,990,402		
	Pour les brasseries, distilleries, etc... 262,850		
Céréales diverses et légumineuses.	Pour la nourriture des habitants..... 56,390,005	119,860,022	
	Pour la nourriture des animaux...... 42,105,305		
	Pour les semences................. 18,743,969		
	Pour les brasseries, distilleries, etc... 2,620,743		

Total des grains employés à la consommation générale.. 182,080,752

En rapprochant le chiffre de la population des quantités de froment ou de diverses céréales et légumineuses employées, on trouve que la consommation moyenne de chaque individu de tout âge a été de 1 h. 56 l. 27 c. en froment et de 1 h. 73 l. 17 c. en céréales diverses et légumineuses; et si l'on compare les quantités récoltées aux quantités nécessaires à la consommation, on voit que l'excédant en froment a été de 9,476,754 hectolitres, ou environ le septième de la consommation, et que l'excédant dans les autres espèces de grains s'est élevé à 12,607,688 hectolitres; on remarquera qu'en outre des excédants signalés, la récolte en pommes de terre s'était élevée à 71,982,811 hectolitres, et celle des châtaignes à 1,843,540 hectolitres. Dans une année aussi abondante, on s'attendrait à voir se développer un mouvement commercial d'une certaine importance; cependant, on trouve que l'exportation a été seulement de 143,693 hectolitres, c'est-à-dire d'un peu plus que le soixante-dixième de la réserve, et que l'importation s'est réduite naturellement à une très-faible quantité.

A quoi attribuer la faiblesse de l'exportation, dans un moment où le commerce devait trouver de l'avantage à s'y livrer, et à une époque où l'agriculture avait à souffrir de l'abaissement du prix du blé, dont le taux moyen était de 15 fr. 25 c. l'hectolitre? N'est-ce pas à la crainte naturelle qu'avaient les négociants de voir suspendre leurs opérations par l'application des lois prohibitives?

Mais la France serait-elle assurée de trouver un avantage réel à importer et à exporter des céréales, si elle vivait sous l'empire de lois peu restrictives de la liberté du commerce des grains? C'est une question à laquelle on ne peut répondre qu'après s'être livré à un examen des rapports qui existent entre le chiffre de la population, celui des terres qui peuvent être affectées à la culture des grains, la production, la consommation, les exportations et les importations, pendant une série de quelques années; et pour mettre à même de conclure, je donne un tableau présentant, de 1828 à 1835, le sommaire des opérations qui viennent d'être énoncées [1].

Ce tableau se résume dans les colonnes qui présentent les excédants et les manques, celles qui font connaître les importations et les exportations, et enfin dans celles où sont relatés les prix moyens des grains de 1828 à 1835. Sur huit années nous remarquons qu'il n'y a eu de manques en froment qu'en 1830 et 1831; dans ces années, l'excédant en céréales diverses était assez élevé pour procurer des moyens d'échange, ainsi le manque n'était qu'apparent; dans les années 1828-29-32-33-34 et 1835, les excédants en froment et en céréales diverses ont été très-considérables, et les prix courants ont été trop bas, pendant les trois dernières années, pour que l'agriculture pût réaliser des bénéfices. Enfin, on reconnaît que les importations les plus fortes ont eu lieu en 1832, c'est-à-dire dans l'année où l'excédant en froment et en céréales diverses a été le plus considérable; ce qui, joint à la récolte abondante de 1832, a contribué à opérer sur les prix une différence en moins de 6 fr. 23 c. par hectolitre, entre les cours de 1832 et ceux de 1833. Les lois de prohibition ont donc été sans effet, considérées comme moyen de maintenir l'uniformité du prix du blé. Mais pour reconnaître si la France peut, à l'aide de quelques progrès, se livrer avantageusement à l'exportation, il faut comparer les documents que je viens de donner

[1] Voir le tableau, n° 1, à la fin du volume.

avec ceux que j'ai recueillis à l'étranger, en notant toutefois que , si le
commerce était libre, et par suite si la demande venait à augmenter, le
système de jachère, au lieu de laisser improductifs de céréales 9,000,000
d'hectares, n'en affecterait bientôt que 5,000,000; de plus, sur les
7,799,672 hectares de bruyères, pâtis et landes, un million d'hectares seraient certainement améliorés et employés à la culture. De sorte
que la masse des terres annuellement labourées, au lieu d'être de
15,692,239 hectares, pourrait s'élever à 20,692,239 hectares ; et
que la production en froment pourrait ainsi recevoir un accroissement
minimum de 10,000,000 d'hectolitres, et celle en diverses céréales un
accroissement de 20,000,000 d'hectolitres. Maintenant nous allons
voir si les prix des blés sur les grands marchés de l'Europe pourraient
nous permettre d'entrer en concurrence avec les autres peuples.

Angleterre. — Lorsqu'on se livre à des recherches statistiques, on
ne trouve pas en Angleterre, comme en France, un travail complet
exécuté par les soins et sous le contrôle de l'administration publique,
qui puisse faire apprécier le produit des terres ensemencées, et faire
reconnaître d'une manière à peu près exacte la consommation en
céréales et en légumineuses. Il n'est donc pas facile d'établir les relations qui existent entre la production et la consommation; cependant, en consultant les rapports pleins de lucidité et de conscience que
des hommes remarquables ont adressés au Parlement britannique ; en
compulsant les ouvrages d'Adam Smith, de Mac-Culloch, de Colquhoun,
de Porter, de Mac-Queen, de Chalmers, etc., on peut, en supposant
avec plusieurs d'entre eux que la consommation est, par an, de 290 litres pour les individus qui se nourrissent de froment, et de 725 litres
pour ceux qui se sustentent d'avoine, d'orge, de seigle, de diverses légumineuses, etc. [1], et en admettant en outre qu'il faut attribuer un
septième du produit brut de la récolte pour fournir à l'ensemencement,
et qu'enfin l'accroissement de la population a lieu à raison de 1 et demi

---

[1] Lorsque les statistiques anglaises énoncent que les habitants qui se sustentent de
blé en consomment 290 lit. par an, elles réduisent le nombre de ceux qui se nourrissent de pain de froment à 13,500,000; de sorte que, la population totale étant de
25,652,072, et la dépense en froment de 39,435,000 (relevé pour l'année 1851), la con-

pour cent par an; on peut, je crois, établir une balance approximative qui donne une idée assez juste des ressources agricoles de la Grande-Bretagne.

Pour faciliter les rapprochements à faire entre l'état de l'agriculture en France et l'état de l'agriculture en Angleterre, je donne un tableau récapitulatif dans lequel sont indiqués : la population des trois royaumes de l'empire britannique, le nombre d'hectares attribués à la culture des céréales et des légumineuses, la consommation, l'importation et l'exportation pendant l'année 1831 [1].

Lorsqu'on examine les résultats que fournit ce tableau, et qu'on les compare à ceux obtenus pour la France, ce n'est pas sans étonnement que l'on reconnaît qu'avec une surface qui est seulement un peu au-dessus du tiers de celle appliquée, dans notre pays, à la culture des céréales et des légumineuses, on obtient, en Angleterre, une masse de produits qui ne diffère que du 5e environ de celle récoltée en France. Des différences aussi notables ne permettent pas de mettre en doute que l'Angleterre ne soit très-avancée dans l'art de l'agriculture ; mais si l'on compare, à une même époque, en 1831, les cours moyens du froment dans les deux contrées, on voit que, lorsque l'hectolitre valait en France 22 fr. 10 c., il ne pouvait se vendre, en Angleterre, qu'à raison de 28 fr. 58 c. Ces rapprochements indiquent, assurément, que nous pouvons encore

---

sommation moyenne par individu de tout âge se réduit à. . . . . 1 h. 25 l. tandis qu'en France elle est de. 1 56

D'où l'on voit qu'en France la consommation moyenne en froment est, par individu, supérieure d'un quart environ à celle de l'Angleterre.

Quant à la consommation en céréales diverses et en légumineuses, que les statistiques anglaises supposent être de 723 l. *par individu ne faisant pas usage du pain de froment,* elle s'applique au chiffre 6,443,072 habitants (relevé pour l'année 1831), et nécessite une dépense de 37,332,521 hectolitres, lesquels étant répartis entre 23,032,072 habitants, font ressortir la dépense moyenne par individu de tout âge à. . . . . . . 1 h. 57 l. tandis qu'elle s'élève en France à. 1 73

La consommation de la viande, au contraire, est plus considérable en Angleterre qu'en France. En Angleterre la consommation individuelle en viande est de 68 kilog.; en France elle est de 14 kilog., auxquels il faut ajouter 9 kilog. de charcuterie. A Paris, la consommation en viande de boucherie est de 48 kilog. et de 8 kilog. de charcuterie. (Discours de M. Cunin-Gridaine, *Moniteur* du 28 avril 1841.)

[1] Voir le tableau n° 2, à la fin du volume.

faire de grands progrès en agriculture ; mais ils semblent démontrer que l'Angleterre n'est arrivée à un maximum de production qu'en faisant subir aux cours des grains, par l'accroissement des frais de culture, une élévation telle que la gêne subsiste parmi les classes nombreuses qui, vivant d'un salaire journalier, font reposer la base de leur nourriture sur le grain dont le prix est, toute proportion gardée, moins élevé encore que celui de la viande.

[1] A surface égale, la production de froment, dans l'empire britannique, est supérieure à celle de notre sol ; un hectare donne, en Angleterre, 22 1/2 hectolitres ; en Ecosse, 27, et en Irlande 18 ; tandis qu'en France la moyenne est de 12 1/2 hectolitres, et que dans le département du Nord, où la culture est le plus avancée, on n'obtenait, en 1835, que 19 hectolitres de froment par hectare. Mais, en définitive, un hec-

---

[1] Extrait d'une nouvelle *Statistique d'Écosse*, publiée par la Société de bienfaisance instituée pour secourir les filles et les garçons des ministres protestants.

Résultat de l'enquête à Dundée. — La culture des terres de labour a été très-perfectionnée ; aucune dépense, aucun travail n'a été épargné pour leur faire rendre leur maximum de production, et on n'a pas rencontré d'obstacles qui s'opposassent aux améliorations. Le relevé ci-après indique le nombre d'acres et d'hectares maintenant en culture, et le montant annuel des produits bruts de la récolte ; savoir :

NATURE des DENRÉES.	NOMBRE d'acres.	de bushels par acre.	PRIX par BUSHELS	APPRÉCIATION en LIVRES sterling.	NOMBRE d'hectar.	PRODUIT par hectare.	QUANTITÉS totales produites.	PRIX par hectol.	SOMMES.
Froment ...	343	32	7s	3,841.12	137.20	28 80	3,951	24.30	96,000 00
Orge.......	661	44	3s 8d	5,089.14	264.40	39.60	10,470	12.08	126,000 00
Avoine.....	762	48	2 9	5,029.04	304.80	43.20	13,167	9.44	124,000 00
Pommes de terre.....	470	10	»	4,700.00	188.00	625.00	»	»	117,000 00
Turneps...	521	12	»	6,252.00	208.40	750.00	»	»	156,000 00
Prairies....	635	Nouvelles et vieilles, en moyenne, à 7 L par acre ou 0.40 c. d'hectar.	»	4,445.00	254.00	437.50	»	»	111,000 00
Id........	555	Qualité inférieure à 1 L par acre ou 0.40 c. d'hect.	»	555.00	222.00	62.50	»	»	14,000 00
				299,12.10					744,000 00

tolitre de froment coûte, en général, près du quart ou au moins un cinquième de plus en Angleterre qu'en France; et cette augmentation de valeur est motivée par trois raisons : les impôts de tout genre; le prix de la main-d'œuvre, qui est plus élevé qu'en France; puis, la destination que l'on a donnée à certaines terres impropres à la culture des céréales, et qui ne peuvent produire de récoltes abondantes qu'en nécessitant des dépenses considérables. Ce dernier inconvénient dérive assurément de cette protection mal entendue accordée à l'agriculture par les lois prohibitives, dont l'application a pour effet de faire monter les prix au-dessus des taux des marchés généraux.

Les faits qui méritent principalement d'être notés sont : 1° l'accroissement graduel et constant de la population, qui, depuis 40 ans, est en moyenne de 1 1/2 p. 0/0 par an; 2° la destination à la culture des céréales de toutes les terres qui peuvent, même à grands frais, être affectées à cet objet; 3° les perfectionnements de tout genre apportés à la culture, qui semblent ne pas permettre d'espérer que de nouvelles améliorations, ayant pour résultat de faire baisser les prix du grain, puissent être de longtemps introduites.

En résumé, les surfaces employées à la culture des céréales ne pouvant être étendues, l'introduction de nouveaux perfectionnements ne paraissant pas probable, il est évident que la production restera sensiblement la même, tandis que le nombre des consommateurs augmentera; et que le moment approche où l'Angleterre, pour maintenir son état de prospérité, qui a pour base la satisfaction complète des intérêts généraux, et non celle toute restreinte des intérêts mal compris de l'agriculture, sera forcée d'admettre, sous des conditions modérées, le libre accès des blés étrangers sur ses marchés; et si la France, continuant à améliorer sa culture avec prudence, est soumise à des lois qui lui permettent de se livrer avec moins de restriction à l'exportation des grains, tout fait présager qu'il s'établira un système d'échange favorable au bien-être des deux pays.

Belgique. — La Belgique, eu égard à sa nombreuse population et au peu d'étendue de son territoire, qui est très-fertile et très-bien cultivé, ne produit pas assez de céréales pour qu'elle puisse, avec l'excédant de ses récoltes, se livrer à une exportation de quelque importance;

car la consommation intérieure fait pour ainsi dire équilibre à la production. Cependant, ce peuple actif, intelligent et riche a entrepris récemment, sur une grande échelle, la fabrication des farines pour l'exportation; et, si des circonstances difficiles n'étaient pas venues arrêter une spéculation habilement conçue, la Belgique serait aujourd'hui en position de jeter, chaque année, 300,000 quintaux métriques de farine sur les marchés de l'Amérique.

Mais ces farines, devant être extraites des blés achetés dans le nord de l'Europe, ne peuvent être considérées comme des quantités à ajouter aux ressources de l'approvisionnement général; seulement, la Belgique, avec ses capitaux, paraît appelée à exercer en grand l'industrie de la mouture et celle de la préparation des farines d'armement; et on ne saurait se dissimuler qu'elle ne puisse faire une concurrence redoutable aux ports du Havre, de Nantes et de Bordeaux.

Avant la révolution qui a amené la séparation de la Belgique et de la Hollande, il existait un commerce de grains très-actif entre Anvers et les ports de l'Angleterre. La marine hollandaise amenait dans cette ville, pour la consommation intérieure du pays, les froments de Hambourg et ceux de Dantzick, et expédiait à Londres, avec un grand bénéfice, les froments rouges et blancs qui se récoltent en Belgique, ainsi qu'une quantité assez considérable de fèves et de sarrasin. Mais les circonstances n'ont pas permis de renouer ces relations commerciales, et la ville d'Anvers n'est pas encore aussi florissante qu'elle l'était sous la domination hollandaise.

Hollande. — La Hollande ne produit que peu de blé, cependant elle en fait un commerce considérable. Les deux grandes villes d'Amsterdam et de Rotterdam sont de très-vastes entrepôts de grains étrangers; la première a des établissements qui lui permettent de mettre en réserve 1,500,000 hectolitres, et la seconde 1,000,000; mais je dois faire observer que le blé indigène ne suffisant pas à la consommation du pays, et que les quantités importées étant très-supérieures à celles récoltées, les cours de la Hollande dépendent essentiellement de ceux de Dantzick, de Kiel et des autres ports expéditeurs : or, si, à une époque donnée, on dressait un inventaire de l'existant en céréales dans les divers Etats de l'Europe, il faudrait ne pas perdre de vue que les ressources offertes par la Hollande font partie des récoltes déjà constatées dans d'autres contrées.

En Hollande, la misère est rare et l'agriculture est prospère; les champs de la Frise, ceux de la province de Groningue et les terres fertiles des environs de Nimègue, attestent assez que les reproches que quelques personnes font à la Hollande de ne pas être productive en céréales, sont loin d'être fondés. On n'y rencontre pas, comme en Angleterre, cette mauvaise distribution de culture qui s'obstine, à force de travail et de sacrifices, à faire produire aux terres des récoltes mal appropriées. En Hollande, les terres basses, entourées d'eau, restent en pacage; les terres élevées donnent des céréales, et l'on n'éprouve pas, comme dans d'autres pays, le regret de voir contrarier la nature, au détriment de l'intérêt bien compris de la société. On croit, dans ce pays, que c'est à la liberté du commerce, constamment respectée, qu'on doit ce grand résultat.

La Hollande est riche, cela est incontestable; mais, il ne faut pas s'y méprendre, elle est riche autant par son sol que par son commerce; des impôts énormes pèsent sur le cultivateur qui, cependant, comparé au nôtre, vit dans une plus grande aisance. Que conclure....., si ce n'est que la liberté accordée au commerce des grains n'est pas préjudiciable à l'agriculture?

En 1822, on vit se produire des circonstances indépendantes des prévisions humaines et qui, dans d'autres pays, avaient déjoué cet avenir d'abondance que promettent en vain les meilleurs règlements. Elles furent la cause qu'en Hollande on émit le vœu que l'administration intervînt dans le but de prêter son appui à l'agriculture souffrante; on demandait un système restrictif et des mesures capables de créer une réserve en rapport avec les besoins de la nation.

Les questions les plus importantes furent discutées à cette occasion, et la cause du libre commerce des grains, qui comptait beaucoup d'adversaires, eut heureusement pour défenseur un homme d'une rare habileté, un économiste distingué, M. Molérus; par l'influence de la saine logique et de sa haute raison, il sut consolider le maintien d'un ordre de choses qui a contribué à l'accroissement de la fortune de son pays. Depuis lors, les saisons variables n'ont pas toujours contrarié les efforts du cultivateur; et aujourd'hui, on considère comme un bonheur qu'il n'ait pas été mis d'entrave à ce commerce libre, honorable et productif.

Mais toujours est-il que le trafic des grains en Belgique et en Hollande dépend presque exclusivement des mercuriales de Hambourg et de Dantzick; aussi est-ce à l'étude du commerce des céréales de l'Elbe et de la Baltique qu'il faut avoir recours, si l'on veut se faire une idée exacte de l'influence que peut exercer l'importation des blés du nord de l'Europe sur les marchés de France [1].

Commerce de la Baltique. — Dantzick est le point de l'Europe d'où il s'expédie le plus de froment; et M. Jacob, inspecteur général du commerce d'importation des blés en Angleterre, dit, dans le rapport qu'il a adressé au Parlement anglais au sujet du commerce des grains, qu'il n'est pas possible de faire des achats de quelque importance aux environs de Varsovie, à moins de 12 fr. 07 c. l'hectolitre.

Acceptant ce chiffre comme base d'un premier calcul, et supposant que le fret de Dantzick au Havre soit le même que celui de Dantzick à

---

[1] *Tableau statistique de l'état général de l'agriculture en Hollande*, communiqué par le savant M. Teenman, professeur d'économie politique à Leyde.

PROVINCES.	TERRES LABOURABLES		PRODUIT net par hectar.	PATURAGES ET PRÉS.		PRODUIT net par hectar.	BOIS TAILLIS.		PRODUIT net par hectar.	HAUTES FUTAIES.		PRODUIT net par hectar.
	HECTAR.	REVENU moyen (net d'impôt) en francs.		HECTAR.	REVENU moyen (net d'impôt) en francs.		HECTAR.	REVENU moyen (net d'impôt) en francs.		HECTAR.	REVENU moyen (net d'impôt) en francs.	
Zélande......	93,877	6,398,015	69	37,117	2,368,342	64	3,397	156,380	46	163	4,674	29
Sud-Hollande..	72,374	5,008,327	69	150,281	9,640,702	64	15,129	819,230	54	"	"	"
Nord-Hollande.	10,965	622,951	58	151,733	9,546,510	63	5,979	271,324	45	81	1,280	16
Gueldre	114,342	4,330,943	38	135,463	5,602,766	41	43,477	1,034,000	24	10,039	90,351	9
Nord-Brabant..	133,014	6,135,436	46	112,032	4,412,093	39	23,045	689,544	30	11,346	132,021	11
Utrecht.......	28,808	1,196,211	41	63,232	3,306,146	52	9,933	368,138	30	3,121	46,496	15
Groningue	82,577	4,674,952	57	87,735	4,059,785	47	1,065	20,594	19	38	531	14
Frise	51,049	2,912,551	59	196,248	8,538,735	43	7,384	126,794	17	"	"	"
Overyssel.....	52,631	1,513,534	29	103,556	2,926,103	28	12,320	257,000	21	514	5,919	10
Drenthe......	23,243	472,893	20	54,778	948,785	17	4,014	60,019	15	304	3,839	11
TOTAUX...	662,880	33,266,413	49	1,092,195	51,349,567	46	125,653	3,742,723	30	25,856	284,411	11

Londres, voyons à combien reviendrait, rendu au Havre, l'hectolitre de froment qui aurait été acheté à un prix modéré aux environs de Varsovie.

Achat de 100 hectolitres de froment à Varsovie, à raison de 12 fr. 07 c. l'hectolitre.	1,207 fr.	00 c.
Frais de chargement et de logement, consolidation du bateau avec un mât.	26	90
Fret de Varsovie à Dantzick	250	00
Pertes pendant le trajet par suite de vols commis par les bateliers ou par suite des effets de la pluie qui cause la germination du blé à la surface.	129	31
Dépenses à Dantzick pour tourner le blé, le ventiler, le sécher, l'emmagasiner, et pertes à la mesure.	86	21
Commission pour la consignation à Dantzick	65	79
Fret de Dantzick au Havre, assurance et frais de chargement à Dantzick et de déchargement au Havre.	544	82
Somme à laquelle les 100 hectolitres de froment reviennent au négociant au Havre	2,108	03

Cette somme fait ressortir le prix de l'hectolitre, rendu en magasin au Havre, à 21 fr. 08 c. Si ces évaluations, qui cadrent avec les renseignements officiels dont l'exactitude n'a pas été contestée, peuvent être admises, il est évident que l'agriculture de France n'a pas à redouter l'importation des froments de Dantzick ; car, si leur libre entrée était accordée, leur prix tendrait encore à augmenter. De plus, le taux moyen de nos cours présente, ainsi qu'on va le voir de nouveau, la garantie que l'importation ne deviendrait la cause d'aucune atteinte à la prospérité de nos cultivateurs, et qu'elle aurait seulement pour effet de prévenir une hausse capable de porter la gêne dans la classe ouvrière.

Une comparaison des prix auxquels les négociants français ont pu vendre, avec un faible bénéfice, les froments de Dantzick, et des prix moyens en France, à des époques analogues, montrera jusqu'à un certain point la valeur de ce qui vient d'être énoncé.

TABLEAU RÉCAPITULATIF DES PRIX DES BLÉS DE DANTZICK,

Rendus au Havre, abondés de 10 pour cent comme bénéfice probable du marchand, et des prix moyens
des blés en France depuis 1770 jusqu'à 1831.

ANNÉES.	PRIX de l'hectol. à Dantzick	FRET de Dantzick au Havre, prime, assurance, chargement à Dantzick et dechargem. au Havre.	TOTAL.	10 p. 0/0 à ajouter comme benefice du negociant	TOTAL du prix auquel l'hectolitre de froment de Dantzic peut être livré en France.	PRIX moyen de l'hectol. en France.	OBSERVATIONS.
	f. c.	f. c.	f. c.	f. c.	f. c.	f. c.	
1770 à 1779	13 81	3 45	17 29	1 73	19 02	15 57	
1780 à 1789	13 88	3 45	17 33	1 73	19 06	15 30	
1790 à 1799	18 80	3 45	22 25	2 22	24 47	"	Pendant cette période, la creation des assignats et la fixation d'un maximum ont causé une telle perturbation dans les cours de France, qu'ils ne peuvent être admis comme points de comparaison.
1800 à 1809	25 86	3 45	29 31	2 93	32 24	19 91	
1810 à 1819	23 82	3 45	27 27	2 73	30 00	24 74	Il faut noter qu'en 1815 le prix du blé a été de 28 f. 31 c. l'hectolitre, et en 1817 de 36 fr. 10 c.; mais, comme on peut le remarquer, la moyenne des 10 années est en faveur des prix de France.
1820	"	"	"	"	"	19 13	Je n'ai pas pu me procurer les cours de Dantzick pour ces deux années.
1821	"	"	"	"	"	17 79	
1822	13 03	3 45	16 48	1 65	18 13	16 49	
1823	11 63	3 45	15 08	1 50	16 58	17 52	Les bas prix des grains à Dantzick, pendant les années 1823, 1824 1825, 1826 et 1827, ne doivent pas être attribués à un excédant de récolte dans le pays, mais bien à ce que le taux élevé des droits d'importation en Angleterre, que la nécessité a contraint de réduire, équivalait à une prohibition et avait rendu nulle la demande. Mais, à partir de 1828, l'Angleterre ayant de nouveau permis l'importation, qu'il n'est plus de son intérêt de défendre, les prix des blés sont redevenus ce qu'ils étaient avant 1822.
1824	10 00	3 45	13 45	1 34	14 79	16 22	
1825	10 41	3 45	13 86	1 39	15 25	15 74	
1826	10 81	3 45	14 26	1 44	15 70	15 85	
1827	11 18	3 45	14 63	1 46	16 09	15 21	
1828	19 57	3 45	23 02	2 30	25 32	22 03	
1829	20 30	3 45	23 75	2 37	26 12	22 59	
1830	18 72	3 45	22 17	2 22	24 39	22 39	
1831	21 61	3 45	25 06	2 51	27 57	22 10	

De 1770 à 1831 compris, il parait certain que les blés n'auraient pu être importés avec un modique profit dans nos ports que pendant cinq années, de 1823 à 1827, et que les différences au désavantage du marché de France ont été, par hectolitre, de 0 fr. 92 c. en 1823, de 1 fr. 43 c.

en 1824, de 0 f. 49 c. en 1825, de 0 f. 15 c. en 1826, et de 2 fr. 12 c.
en 1827; qu'ainsi, dans les circonstances les plus désavantageuses,
c'est-à-dire lorsque l'Angleterre cesse de tirer des blés de Dantzick,
nos cours ne présentent en général qu'une faible augmentation sur les
prix du froment de Dantzick, vendu sur nos marchés.

La question relative aux prix étant examinée, il importe de rechercher quelles seraient les quantités de froment que Dantzick pourrait
fournir à la France, afin de reconnaître si celles que l'on verserait sur
nos marchés seraient de nature à porter un dommage à l'industrie
agricole.

J'en réfère encore au travail de M. Jacob, pour chercher à éclaircir
ce point intéressant.

TABLEAU REPRÉSENTANT LES QUANTITÉS MOYENNES DE FROMENT EXPÉDIÉES DE DANTZICK,
DEPUIS 1651 JUSQU'A 1825.

ANNÉES.	QUANTITÉ MOYENNE D'HECTOLITRES DE FROMENT EXPORTÉ.
1651 à 1675	237,147 h.
1676 à 1700	362,201
1701 à 1725	173,405
1726 à 1750	233,830
1751 à 1775	409,132
1776 à 1800	435,867
1801 à 1825	580,957

Si l'Angleterre, la Hollande et d'autres contrées s'approvisionnaient
sur ce marché d'une quantité moyenne de 400,000 hectolitres, il resterait donc pour la France, en se reportant aux années où la récolte a
été le plus abondante dans le nord de l'Europe, 180,000 hectolitres, ou
l'équivalent d'un jour et un dixième pour la consommation; et si les
580,957 nous étaient expédiés, ils ne suffiraient pas à la consommation
de quatre jours.

Cependant, on ne saurait se dissimuler que les quantités de froments
amenées à Dantzick par la Vistule, le Bug et le Muchaviez, ne puissent
être augmentées par suite de l'accroissement de la demande, qui deviendrait elle-même la cause de l'extension de la culture du blé dans le

nord de l'Europe. Mais si l'on admet, ce qui du reste est évident, que les besoins de l'Angleterre tendent toujours à s'accroître, il demeure hors de doute que les quantités de blés qu'elle achètera dans la Baltique seront toujours assez considérables pour que les parties restantes, bien que versées en entier sur le marché de France, ne puissent occasionner une baisse capable de léser les intérêts de notre agriculture.

Afin de confirmer ce qui vient d'être énoncé, et de prouver que les ressources offertes par Dantzick ne peuvent pas faire une concurrence redoutable à la France, nous donnons ici une note récapitulative des quantités de blés expédiées de la Baltique pour tous les pays, pendant les années 1829, 1830 et 1831 ;

SAVOIR :

ANNÉES.	FROMENT EXPORTÉ.				
	GRANDE-BRETAGNE	FRANCE.	HOLLANDE.	AUTRES PAYS.	TOTAL.
1829	613,305 h.	70,090 h.	187,322 h.	8,903 h.	873,620 h.
1830	954,048	6,272	127,513	12,073	1,099,906
1831	354,167	»	22,033	1,830	389,030

L'Angleterre et la Hollande tirent donc de Dantzick des quantités considérables de blés ; et l'on reconnaît que si la France avait besoin de beaucoup de grain, il lui serait très-difficile d'effectuer ses approvisionnements dans les ports de la Baltique.

Du reste, les blés de Dantzick sont toujours plus chers que ceux de Hambourg et d'Amsterdam, et cela doit être attribué à la supériorité de leur qualité[1].

---

[1] Le grain de Dantzick est petit et d'une pesanteur spécifique inférieure à celle des beaux blés de France et d'Angleterre, mais il a une enveloppe corticale extrêmement fine et l'on en retire une farine excellente, remarquable par sa blancheur. J'ai vu à Londres des blés de Dantzick qui étaient cotés 7 schellings le quarter au-dessus des blés de Hambourg, et 2 schellings seulement au-dessus des blés d'Amsterdam, que l'on reconnaissait être un mélange de grains de Hambourg et de grains de Dantzick ; malgré cette différence dans les prix, les boulangers préféraient les blés de Dantzick, dont ils tiraient un meilleur parti.

A Dantzick, il y a quatre qualités de froment : le blanc, le haut mêlé dans lequel le

Après Dantzick, Hambourg est peut-être le marché de blé le plus considérable de l'Europe; il sert de dépôt à une grande partie des grains de la Baltique et à tous ceux qui croissent dans les contrées traversées par l'Elbe. Cependant, malgré sa position avantageuse, on ne remarque pas que les exportations de cette ville dépassent de beaucoup ses importations; car, dans une moyenne de dix années, finissant en 1825, Mac-Culloch rapporte que cette balance n'est que de 139,963 hectolitres en faveur de l'exportation. Le même économiste fait observer que le prix moyen de l'hectolitre, de 1822 à 1831, a été de 14 fr. 36 c.; mais il ajoute que cet extrême bon marché doit être attribué particulièrement à la qualité très-inférieure des blés du Holstein et du Hanovre, qui se rencontrent en abondance dans les magasins de Hambourg.

J'ai vu à Amsterdam des froments de l'Elbe supérieur, qui m'ont paru de très-bonne qualité; ils avaient été achetés à raison de 18 fr. l'hectolitre. Les blés de Bohême sont quelquefois amenés sur ce marché; mais, comme le dit M. Jacob, eu égard à la cherté du fret de Prague à Hambourg, ils n'y sont envoyés que lorsque les cours des grains sont à des taux très-élevés.

Le commerce des autres villes du Nord est très-inférieur à celui de Dantzick et de Hambourg, et les cours de la première de ces villes leur servent de régulateurs; aussi, lorsqu'on cherche de quelle influence peuvent être dans la balance de la consommation et de la production les ressources en grains offertes par le nord de l'Europe, on peut s'arrêter spécialement à examiner le commerce de Dantzick. Toutefois, comme il peut y avoir de l'intérêt à donner une idée générale du mouvement commercial de froment qui s'opère dans le Nord, je reproduirai ici un tableau qui fera connaître approximativement les quantités qui, d'après M. Jacob, se trouvaient dans les magasins de la Baltique en 1825.

---

blanc domine, le mêlé dans lequel le rouge domine, et le rouge. Le blé blanc de Pologne que l'on exporte pour l'Angleterre est sans contredit le meilleur, mais il est le moins abondant.

QUANTITÉS DE FROMENT EXISTANT SUR DIFFÉRENTS MARCHÉS DU NORD EN 1825.

BALTIQUE	Poméranie	194,599 h.	} 1,359,659 h.
	Dantzick et Elbing	1,058,350	
	Lubeck	86,710	
	QUANTITÉS PRÉSUMÉES DEVOIR EXISTER.		
	Danemarck	72,500	} 435,000
	Rostock et Wismar	72,500	
	Pétersbourg, Riga, Memel.	290,000	
PORTS DE L'ELBE ET DU WESER . . .	Hambourg	504,500	} 585,615
	Brême	81,115	

Total . . . . 2,160,272 h.

M. Jacob fait observer que sur la quantité totale de blé rassemblée dans les différents ports, un quart est d'une si mauvaise qualité, qu'il ne serait pas admis sur les marchés d'Angleterre, à moins qu'une disette ne vînt y contraindre; et il ajoute que, si la quantité ci-dessus était importée en Angleterre, elle ne suffirait pas à la consommation de dix jours [1].

---

[1] La mauvaise qualité du blé dans les ports du Nord peut être attribuée, en grande partie, à l'imperfection des moyens de transport des lieux de production aux lieux de dépôt, et à la manière dont on s'y prend pour les sécher avant de les mettre en magasin.

Il y a, dit M. Jacob, deux modes employés pour faire arriver, par la Vistule, le blé qui doit être entreposé à Dantzick ou à Elbing. Celui qui croît dans les contrées voisines des parties basses du fleuve, comme la Pologne russe, une portion de la province de Plock et de celle de Masoire, est transporté dans des bateaux couverts de planches mises à côté les unes des autres, qui protègent imparfaitement la cargaison contre la pluie, mais qui ne sauraient empêcher qu'on ne puisse en soustraire quelques parties. Ces barques sont longues, elles tirent 38 pouces d'eau, et elles portent environ 435 hect. de froment.

Les bateaux qui servent à la navigation dans la partie supérieure du fleuve ne sont pas bien construits, et de Cracovie, où la navigation est praticable, le blé est le plus souvent transporté dans des bateaux découverts.

Les barques de cette espèce ont environ 22 m. 80 c. de longueur sur 2 m. 70 c. de largeur et 0 m. 75 c. de profondeur; elles sont faites de planches de sapin grossièrement jointes ensemble et liées avec des traverses en bois. Les parties rondes de ces navires sont consolidées avec des emboîtures en fer; c'est là seulement que ce métal est employé : un grand arbre de la longueur du bateau en est la quille, et c'est sur cette

Lorsque l'on compulse les mercuriales d'Odessa, on trouve que le prix du blé y est ordinairement très-inférieur à celui du blé en France; mais il faut remarquer que le nivellement des cours entre les deux contrées ne tarde pas à se produire lorsque le commerce français se porte acquéreur sur le marché de la mer Noire. Aussi reconnaît-on que sous l'empire de notre législation actuelle, qui permet d'importer dans certaines limites, le blé d'Odessa revient, rendu en France, à environ 18 fr. 05 c. l'hectolitre, en comptant, d'après les calculs de M. Ch. Dupin, une somme de 5 fr. 50 c. pour frais de transport. Le blé d'Odessa aurait donc en moyenne un avantage de 1 fr. 61 c. par hectolitre sur le blé indigène. Mais, si l'on suppose que le blé importé de la mer Noire n'est

---

pièce de bois, qui fait une saillie de 18 à 20 centimètres, que sont fixés les bordages. L'intérieur du bâtiment est garni de nattes de paille de seigle, qui servent de fardage ou de grenier, laissant entre elles et les parois du bateau un espace qui permet à l'eau qui arrive par la partie supérieure de s'écouler jusqu'à l'une des extrémités, pour être, de là, rejetée à l'extérieur. Les bateaux de cette forme ont de 28 à 30 centimètres de tirant d'eau, et cependant il leur arrive souvent d'échouer dans le cours de leur navigation.

Le blé est chargé en tas sur les nattes jusqu'à la hauteur du plat-bord; entièrement découvert, il reste exposé à toutes les intempéries de l'atmosphère et à la discrétion de l'équipage. Pendant le trajet, la barque chemine avec le courant; les rames ne servent qu'à la guider de manière à lui faire éviter les bancs de sable à fleur d'eau, et les piles des ponts. Six ou sept hommes, dont un conduit un batelet devant le grand bateau, afin d'indiquer les bas-fonds couverts d'eau, suffisent à la manœuvre. Cette manière de naviguer est nécessairement très-lente, et pendant sa durée, qui est au moins de quelques semaines, et parfois de quelques mois, s'il vient à tomber de la pluie, le blé qui est à la surface entre en germination, et le bateau prend l'aspect d'une prairie flottante; mais les radicules qui s'enlacent les unes dans les autres forment une couche épaisse qui s'oppose à ce que la pluie pénètre à plus de 2 à 4 centimètres. La grande masse, ainsi mise à l'abri par ce genre de couverture, n'éprouve pas d'altération notable.

Quand la cargaison arrive à Dantzick ou à Elbing, la croûte en état de germination est rejetée, et le blé sain, mais humide, est étendu, exposé au soleil et fréquemment retourné, jusqu'à ce qu'il soit bien séché. Si une averse menace de tomber, le blé est mis en tas aussi promptement que possible; il est recouvert de toiles, disposées en plans inclinés comme les toits d'une maison, pour empêcher l'eau de pénétrer à l'intérieur. Le blé étant arrivé à Dantzick, il se passe souvent beaucoup de temps avant qu'il soit assez sec pour permettre de le rentrer en magasin. Pour accélérer l'opération du séchage des grains, on fait aussi, en Courlande et en Finlande, un assez fréquent usage de l'étuve appelée la touraille des brasseurs.

Comme on peut le remarquer, le blé a des chances de subir de graves altérations avant qu'on puisse le livrer à l'exportation.

pas livré à la vente aussitôt son arrivée en France ; si l'on admet qu'il
reste en dépôt pendant plusieurs mois, alors les frais de magasinage et
ceux qui résultent des soins à prendre pour qu'il ne cesse pas d'être propre à la vente, ramèneront bientôt ses prix au-dessus de ceux des blés
indigènes ; et la spéculation, pour ne pas supporter des pertes considérables, écoulera son approvisionnement au grand profit des consommateurs, tout en ne faisant l'abandon que d'une partie des bénéfices qu'elle
s'était promis de réaliser. Quant aux blés de l'Allemagne, à ceux de la
Sardaigne et des deux Siciles, ils sont placés dans des circonstances qui
rendent la concurrence qu'ils peuvent faire aux nôtres moins redoutable que celle des blés d'Odessa, parce que les frais de culture sont, dans
ces contrées, beaucoup plus élevés qu'en Russie.

Enfin, le prix des blés en Italie et en Espagne, où l'industrie est peu
développée et les capitaux assez rares, s'est maintenu presque constamment plus élevé qu'en France ; et ce fait est généralement attribué
à deux causes : l'une, accidentelle, est le mauvais état de la culture ; l'autre, permanente, découle de la nature même du climat de ces contrées,
dont l'influence est moins favorable à la production des céréales qu'à
celle des vignes, des oliviers et des mûriers. L'Italie et l'Espagne sont
donc placées dans des conditions qui ne leur permettent pas de se livrer
habituellement, avec avantage, au commerce des céréales.

D'après ce qui vient d'être dit des relations commerciales de la France
avec l'étranger, il n'est pas permis de mettre en doute que, si un jour
Alger, pays de ressources pour les anciens, venait à être pacifié, nous ne
nous trouvions en mesure de faire face à une suite de mauvaises récoltes, et en position de porter du blé avec bénéfice sur tous les marchés
de l'Europe.

Conclusion. — De toutes les considérations qui précèdent, on
est en droit d'affirmer que la France produit une assez grande quantité de blé pour ne pas redouter la concurrence étrangère : les progrès qu'elle fait, ceux qui lui restent à faire en agriculture, et la
surface considérable qu'il lui est permis d'affecter à la production des
céréales, doivent lui donner la possibilité de récolter assez de grains
pour qu'il soit de son intérêt de se livrer au commerce d'exportation.

On reconnaît, de plus, que malgré l'état très-avancé de son agriculture, et à cause de l'accroissement de sa population et de la surface limitée des terres qu'elle peut destiner à la production des céréales, l'Angleterre est placée dans la nécessité de permettre l'importation, ou au moins de réduire à un taux peu élevé les droits d'entrée sur les grains ; par suite la France, qu'une distance bien courte sépare de cette contrée populeuse, doit être appelée à lui fournir, à des prix aussi peu élevés que ceux des villes du nord et de l'est de l'Europe, une partie des grains qu'elle sera désormais obligée de tirer du continent.

On voit aussi que les quantités de blés rassemblées annuellement dans les entrepôts de la Baltique, de l'Elbe et du Weser, et même dans ceux d'Odessa et des ports du bassin de la Méditerranée, ne sont pas assez considérables pour que, transportées, même en totalité, sur les marchés de France et d'Angleterre, elles puissent devenir la cause d'une baisse fatale à l'agriculture.

Enfin on découvre, et les chiffres viennent à l'appui du raisonnement, que demander l'extension de la liberté du trafic des grains, c'est plaider la cause de l'agriculture et du commerce en même temps que celle des classes nombreuses qui ont le pain pour base indispensable de leur alimentation.

Dans tous les cas, la France sera d'autant plus riche, d'autant plus capable de donner le pain à bon marché, et aussi d'autant plus en mesure d'exporter avec avantage, qu'il lui sera possible de disposer d'une plus grande masse de grains. Tout doit donc tendre à maintenir au sein du pays l'état d'abondance sans lequel le commerce illimité aura toujours de nombreux adversaires ; et c'est à l'agriculture, à la législation et à l'industrie, agissant d'un commun accord, qu'il faut demander le moyen d'arriver à ce grand résultat.

Dans cette question, cinq éléments principaux nous paraissent devoir être considérés :

1° La culture des plantes diverses qui, végétant sous d'autres conditions que le froment, pourraient suppléer à ce grain si la récolte venait à manquer en partie ;

2° Le mode d'assolement ;

3° La mise en usage d'engrais appropriés à la nature différente des terres labourées et à celle des plantes cultivées ;

4° La création d'un système de crédit territorial moins onéreux pour la propriété que la combinaison du prêt sur hypothèque maintenant en vigueur ;

5° L'application d'un mode de conservation des grains, qui puisse empêcher les pertes occasionnées par les causes nombreuses de destruction auxquelles ils sont exposés.

L'industrie agricole, depuis bien des années, marche vers la solution de la première de ces questions, et la culture de la pomme de terre, qui prend une extension de plus en plus considérable, est appelée à rendre désormais moins sensible une disette en froment.

Les saines théories d'assolement se répandent et tendent à se perfectionner.

On comprend aujourd'hui, mieux que jamais, qu'il faut rendre toujours à la terre, en pleine mesure, n'importe sous quelle forme, tout ce qu'on lui enlève par les récoltes; et qu'il est nécessaire de se régler en cela sur le besoin de chaque espèce de plante en particulier. Dans cette vaste question, la chimie, qui a été la providence du monde industriel, est venue au secours de l'agriculture par la publication d'observations et de travaux d'une importance réellement grande et positive [1].

Des hommes d'un mérite incontestable, des philosophes, des publicistes, des praticiens qui ont pu méditer sur le régime hypothécaire de la Prusse, de la Pologne et de la Russie, ont appelé l'attention publique sur les avantages que retirent ces diverses contrées de leurs institutions en matière de banques territoriales ; leurs travaux récents ont éveillé la sollicitude du gouvernement, et tout fait présager que, lorsque les avis de nos jurisconsultes auront été recueillis et soigneusement examinés, nous verrons apparaître un système de législation sur la mobilisation des immeubles, qui pourra, mieux que la loi qui nous régit, satisfaire aux besoins généraux de l'agriculture [2].

---

[1] MM. Justus Liebig, Dumas, Boussingault, Payen et Salmon ont publié des mémoires et des ouvrages sur la question des engrais.

[2] Parmi les ouvrages relatifs à cette importante question, on peut citer un *Mémoire* de M. Petit, ancien agent de change; une brochure intitulée : *De la Mobilisation du crédit foncier*, par M. Woloswski ; les *Observations sur le régime hypothécaire dans le royaume de Sardaigne*, par le chevalier Dal Pozzo; l'ouvrage *sur le crédit foncier*, de M. Loreau ; et surtout l'œuvre capitale de M. Criskowski, dont le mérite, en fait d'idées nouvelles applicables, est relevé par la forme philosophique adoptée par l'auteur.

La cinquième question, celle qui a trait à la conservation des grains, a été de tout temps l'objet des méditations des hommes qui se sont le plus occupés d'économie publique ou d'agriculture; et cependant on n'en a pas encore donné une entière solution. Nous nous efforcerons donc de la développer avec tout le soin que comporte son importance; et afin de compléter, autant qu'il sera en notre pouvoir, les études antérieures, nous décrirons les procédés connus, et nous chercherons à indiquer des moyens nouveaux, propres à conduire à des résultats plus heureux, peut-être, que ceux qui ont été obtenus jusqu'à ce jour. Nous diviserons cette question en trois sections :

La première sera consacrée à décrire les altérations des grains; la deuxième traitera des procédés employés pour les débarrasser de tous les corps étrangers qui, par leur présence, pourraient devenir la cause de leur détérioration; enfin, dans la troisième, nous nous occuperons des moyens proprement dits de conservation.

DEUXIÈME PARTIE.

CONSERVATION DES GRAINS.

———⊶◦⊷———

CHAPITRE I.

ALTÉRATION DES GRAINS.

———

Les causes les plus ordinaires de la mauvaise qualité des froments sont, ou des graines de quelques plantes qui végètent parmi les blés, ou des champignons parasites développés sur la plante et sur le grain, ou des insectes qui vivent aux dépens de la fécule et du gluten.

Trois causes d'altération.

§ I. — GRAINES QUI SE TROUVENT SOUVENT MÉLANGÉES AU BLÉ.

Lorsque le blé est livré au commerce, il contient presque toujours des graines qui produisent une farine dont le mélange avec celle du froment peut exercer une influence fâcheuse sur l'économie animale.

Ainsi les farines des semences du *lathyrus cicer* et du *lathyrus tuberculosus*, mêlées à celle du froment, occasionnent une certaine roideur des articulations chez les personnes qui en font usage. Cette remarque, faite en 1816, a été consignée dans la bibliothèque physico-économique.

La graine de l'*ervum ervilia* produit une telle débilité dans les membres, que, suivant Valisneri, les chevaux qui mangent de cette plante meurent quelquefois attaqués d'une paralysie des jambes.

La graine du *melampyrum arvense* donne au pain une couleur violacée, et le rend lourd et malsain ; celle de l'ail communique une mauvaise odeur à la farine.

La graine d'ivraie enivrante (*lolium temulentum*) exerce une action nuisible qui a été constatée par des expériences nombreuses : elle a pour effet d'agir principalement sur le système nerveux, et la torréfaction, quoi qu'en ait dit Parmentier, ne fait que diminuer ses propriétés malfaisantes, sans les anéantir.

La graine de ravenelle (*raphanus raphanistrum*) a des effets analogues à ceux de l'ivraie; elle se trouve parfois mêlée en grande quantité avec le froment, et elle a été considérée par plusieurs observateurs, par Linné entre autres, comme la cause des raphanies; mais il a été reconnu que ces maladies n'avaient eu d'autre origine que l'usage de céréales attaquées par le charbon, la carie, la rouille et l'ergot, ou bien par l'emploi de blés récoltés humides, ou par celui de farines mal manutentionnées.

Les graines de liserons, celles de folles-avoines, de chardons, de patience, de coquelicots, de pieds-d'alouette, de muscari, de nigelles, etc., sont aussi souvent mêlées au froment; mais, en général, elles sont en trop petit nombre pour que leurs qualités délétères puissent exercer une action nuisible.

Les semences mélangées au froment ne sont pas les seules causes capables d'en altérer la pureté, il en existe d'autres qui peuvent encore être préjudiciables à la santé des hommes : je veux parler des maladies des blés.

§ II. — MALADIES DU FROMENT.

Champignons.

La carie.

On désigne ordinairement sous les noms de *carie*, de **charbon**, de *rouille* et d'*ergot* les différentes maladies du froment.

La carie (*uredo caries*) est une poussière noire, fétide lorsqu'elle est fraîche, qui, née dans l'intérieur du grain de froment, le remplit sans le déformer et sans se répandre au dehors.

Les grains cariés prennent seulement une forme arrondie; ils se rident un peu et passent insensiblement du blanc sale au gris obscur. La farine est remplacée par une poussière noire, grasse au toucher; quelquefois la substance farineuse n'est détruite qu'en partie, ou bien des grains parfaitement sains sont réunis sur le même épi à des grains cariés, placés le plus souvent à la même exposition : ceux-ci ne se détachent pas avant la récolte; transportés dans la grange, la poussière qu'ils contiennent se répand quelquefois, au moment du battage, sur le bon blé, qu'on ne parvient alors à nettoyer qu'avec beaucoup de peine; d'autres fois le grain carié reste entier, et s'il est mis à la mouture avec le blé sain, il *empâte* les meules, *graisse* les bluteaux ; enfin, le pain fait avec de la farine contenant du blé carié a une teinte violacée et une sorte d'âcreté qui peut nuire à la santé. (*Voir* pl. I, fig. 1 à 7.)

Le charbon (*uredo carbo*) est une poussière noire, très-visible à l'œil nu, abondante, pelotonnée, attaquant les glumes et les ovaires du froment et de beaucoup de graminées. C'est une altération de la substance du grain, qui en détruit le principe farineux, et le réduit en une poussière noirâtre.

Le charbon.

Si le blé reste longtemps sur pied après qu'il est mûr, la pluie et les vents disséminent la poussière du charbon sans que le bon grain en soit coloré. Mais lorsqu'on récolte le froment de bonne heure, comme cela se fait ordinairement, et que la température est humide et fraîche, la poussière y demeure attachée, en sorte qu'elle est transportée à la grange et s'échappe sous le fléau. Alors le grain qui était sain se trouve noirci par cette poussière, qui elle-même vient se fixer au léger duvet, vulgairement nommé brosse, dont est recouverte l'une des extrémités du grain de blé. La coloration du blé charbonné, malgré laquelle le grain est demeuré parfaitement sain à l'intérieur, est appelée *le bout, le moucheté, la moucheture, la brosse*, etc. (*Voir* pl. I, fig. 8 à 11.)

Si cette poussière colorante n'était pas extraite avant de livrer le grain à la mouture, elle pourrait noircir la farine et en altérer la qualité.

La rouille des blés (*uredo rubigo-vera*) se présente sous la forme de pustules ovales, très-petites mais très-nombreuses, formant d'abord des taches blanchâtres qui donnent par suite une poussière jaune, se développant sur les feuilles des graminées, surtout sur celles du froment et quelquefois sur les graines. Jamais la poussière de ce champignon ne devient noire comme celle du charbon ou de la carie. Lorsqu'elle est très-abondante, la rouille diminue la quantité des grains ou du moins leur volume ; et si, par le nettoyage, on ne parvenait pas à en débarrasser le froment, son mélange avec la farine en altérerait la qualité. (*Voir* pl. I, fig. 12 à 16.)

La rouille.

L'ergot (*sclerotium clavus*) est un champignon de consistance compacte, qui prend dans l'épi la place du grain de blé. Il est ordinairement plus ou moins allongé, noir extérieurement, lisse, marqué d'un sillon et un peu arqué ; sa cassure est blanchâtre et cornée. Cette plante parasite se trouve très-fréquemment sur le seigle et sur

L'ergot.

l'orge, et on la rencontre aussi quelquefois sur le froment et sur d'autres graminées. (*Voir* pl. I, fig. 17 et 18.)

L'ergot réduit en poudre, mêlé aux farines soumises à la panification, a souvent occasionné de graves accidents : on l'a regardé comme la cause d'une maladie appelée *ergotisme gangréneux, ergotisme convulsif, feu de Saint-Antoine* ou *feu des Ardents;* cette maladie, devenue rare de nos jours, était fréquente et désastreuse au moyen âge. On conçoit, d'après ce qui vient d'être dit, qu'avant de livrer le blé à la mouture on a le plus sérieux intérêt à le débarrasser de ce champignon.

Il faut ajouter, du reste, qu'en France l'ergot du froment est très-rare [1].

Les fig. 19 et 20 de la planche première représentent un épi et un grain de froment à l'état parfaitement sain.

§ III. — INSECTES QUI ATTAQUENT LES BLÉS ET LES FARINES [2].

THYSANOURES	{ Le lépisme du sucre. *	*Lepisma saccharina.*
	{ Le lépisme thermophile.	*Lepisma thermophila.*
APTÈRES........	{ L'acarus de la farine.	*Acarus farinæ.*
	/ Le blaps géant.	*Blaps gigas.*
	{ Le ténébrion de la farine.	*Tenebrio molitor.*
COLÉOPTÈRES....	{ La calendre du blé.	*Calandra granaria.*
	{ L'apate menu.	*Apate minuta.*
	{ Le trogossite bleu.	*Trogossita cœrulea.*
	\ Le trogossite caraboïde.	*Trogossita caraboïdes.*
	{ La kakerlac américaine.	*Kakerlac americana.*
ORTHOPTÈRES....	{ La kakerlac orientale.	*Kakerlac orientalis.*
	{ Le grillon domestique.	*Gryllus domesticus.*
	/ La noctuelle du froment.	*Nochua tritici.*
	{ La pyrale du froment.	*Scopula frumentalis.*
	{ L'aglosse de la graisse.	*Aglossa pinguinalis.*
LÉPIDOPTÈRES....	{ L'aglosse cuivrée.	*Aglossa cuprealis.*
	{ L'asopie de la farine.	*Asopia farinalis.*
	{ La teigne des grains.	*Tinea granella.*
	\ L'œcophore granelle.	*Æcophora granella.*
HYMÉNOPTÈRES ...	{ Céphus du froment.	*Cephus pygmæus.*
DIPTÈRES........	{ Chlorops du froment.	*Chlorops lineata.*
	{ Chlorops frit.	*Chlorops frit.*

---

[1] On peut consulter, sur les maladies des grains, les ouvrages de MM. Tillet, Poncelet, Tessier, Parmentier, Bénédict Prévost, Bulliard, Thaër, Decandolle et Ad. Brongniart.

[2] La section qui traite des insectes est due à l'obligeante coopération de M. Hesse,

Lépisme du sucre.

Cet insecte, bien connu sous les noms vulgaires de *poisson d'argent*, de *demoiselle argentée*, de *forbicine*, de *harte*, est couvert de petites écailles brillantes, analogues à celles des papillons. Son corps est d'un gris argenté, un peu plombé sur le dos, et d'un blanc nacré sous le ventre; la tête est ornée de deux longues antennes sétacées, légèrement velues, composées d'un grand nombre d'articles, et l'abdomen est terminé par trois filets fort longs, surtout celui du milieu.

Le lépisme du sucre aime les lieux sombres, frais et humides. Il ne sort guère que la nuit pour se procurer sa nourriture qui se compose de substances animales et végétales. Dans nos magasins, où il est fort commun, il fait une grande consommation de farine et ronge les sacs qui la contiennent. Ses ravages s'exercent aussi sur les vêtements et les livres. (Voir pl. I, fig. 21 et 21ª.)

THYSANOURES.

Lépisme thermophile.

Nous avons donné à ce *lépisme*, que nous ne croyons décrit nulle part, le nom de *thermophile*, parce qu'il recherche la chaleur. En effet, après le grillon, c'est certainement l'insecte qui la supporte le mieux. puisqu'il se rencontre toujours dans des lieux où la température est ordinairement élevée à 200°.

C'est près de la bouche des fours, au-dessus des fournils, dans les endroits les plus chauds et les plus secs qu'il fait sa résidence habituelle: on le voit courir avec une grande rapidité, par mouvements saccadés. sur les parois des murailles, dans les interstices desquelles il se cache au moindre bruit ou lorsqu'il craint quelque danger.

Nous ne savons pas à quelle époque il se reproduit; on en voit autant l'hiver que l'été; les jeunes, de toutes les grandeurs, sont mêlés aux adultes, de manière qu'il devient assez difficile de reconnaître l'époque de leur éclosion. Grâce à la température constamment élevée dans la-

sous-directeur des subsistances de la marine, et elle a été revue sur quelques points par M. Lucas, naturaliste bien connu, qui a été chargé de la partie entomologique du voyage d'exploration entrepris, sous les auspices du ministre de la guerre, par la commission scientifique de l'Algérie.

quelle ils vivent, il est probable que leur reproduction est presque permanente, et c'est à cette cause qu'il faut attribuer leur grand nombre.

Cet insecte, qui appartient à la même famille que le *lépisme du sucre*, lui ressemble pour sa conformation; mais il s'en distingue essentiellement par ses mœurs et par différents points que nous allons faire connaître.

Nous devons d'abord faire remarquer que l'un aime les lieux frais et humides, tandis que l'autre se plait dans les endroits les plus secs et les plus chauds. Le premier se dérobe constamment à la lumière; le second, au contraire, circule pendant le jour et ne cherche à se cacher que lorsqu'il redoute quelques dangers.

Cet insecte est long de six à sept millimètres, et n'a pas moins de deux millimètres et demi de largeur; sa tête est entourée de bouquets de poils rigides réunis en faisceaux, tout son corps est parsemé de poils très-longs et très-durs, qui surgissent entre les écailles dont il est entièrement recouvert; sur le dos, elles sont de deux couleurs, les unes sont jaunâtres et les autres ont la teinte d'acier bruni. La disposition variée de ces deux nuances forme des taches qui contribuent à l'ornement de cet insecte. Le ventre est d'un blanc chatoyant; les yeux sont formés d'une petite masse de globules réunis en grappes à la base des antennes qui sont fort longues, sétacées, velues et composées d'un grand nombre d'articles.

Le corps est terminé, comme dans l'autre espèce, par trois filets sétacés, mais celui du milieu, qui est le plus long, offre à son extrémité une petite touffe de poils que l'on ne remarque pas dans le lépisme du sucre.

La nourriture du lépisme thermophile se compose plus particulièrement de farine et de pain, à en juger par les lieux qu'il habite; nous pensons qu'il vivrait aussi de substances animales, s'il en trouvait à sa portée. (Voir pl. 1, fig. 22 et 22*.)

Acarus de la farine.

AP1ERES.   L'acarus de la farine, trop petit pour être aperçu à l'œil nu, ne peut être vu qu'à l'aide du microscope ou d'une forte loupe. Sa présence se manifeste dans les farines, les sons et les gruaux, dont il fait sa nourriture, par une sorte d'agitation qui cause de petits éboulements à la surface de ces matières réunies en tas.

Les boulangers reconnaissent les farines attaquées par ces insectes à l'odeur de miel qu'elles répandent et à une saveur amère, qui est assez prononcée pour se faire apercevoir encore dans le pain qui en est fabriqué.

L'acarus de la farine est connu vulgairement sous le nom de *mite* ou de *ciron*; il est d'une forme ovoïde; sa couleur générale est blanche, et sa partie antérieure, qui s'avance en une sorte de rostre, est roussâtre; il a quelques poils très-longs et très-raides sur le corps; ses pattes, qui sont au nombre de huit, dont les deux premières plus longues, sont terminées par une petite vessie qui, en se contractant, fait l'office d'une ventouse et lui permet de se fixer avec facilité contre les objets sur lesquels il marche.

Ces insectes font de très-grands ravages dans les boulangeries pendant la saison des chaleurs; le froid les engourdit et suspend leur action.

Plusieurs entomologistes pensent que l'acarus de la farine et celui du fromage appartiennent à la même espèce : nous n'avons pas cherché à résoudre cette question; nous avons seulement remarqué que ce dernier était d'une couleur plus sale, que ses poils étaient plus longs et plus nombreux, et enfin que ses pattes et sa tête étaient d'un brun rougeâtre; mais chez des insectes aussi petits et dont le corps est aussi transparent, cette différence de coloration peut résulter de la nuance des matières dont ils se nourrissent. (Voir pl. I, fig. 23 et 23ª.)

Blaps géant.

On a souvent cherché à expliquer la présence dans nos magasins de cet insecte qui vit ordinairement de matières animales en putréfaction, que l'on ne trouve pas dans les lieux où nous l'avons observé. Cependant, comme on le voit fréquemment dans les bluteries, nous sommes porté à croire qu'il se nourrit de farine altérée, et que c'est à cette cause que nous devons de l'avoir rencontré si souvent.

C'est un gros insecte d'un noir mat, un peu moins fort que le hanneton; il est connu, dans quelques localités, sous le nom de *barbot;* ses élytres sont lisses et se terminent par un appendice d'une ligne de longueur.

COLÉOPTÈRES.

Il marche très-lentement, se tient toujours dans les lieux obscurs et un peu humides; il craint la lumière et répand une odeur fétide; il n'existe pas dans les ports du nord de la France, et nous ne l'avons rencontré qu'à Rochefort et à Toulon, où il est très-commun. Les traces qu'il laisse sur les tas de farine, où il fait ses excursions nocturnes, semblent produites par un animal beaucoup plus grand que lui; elles sont reconnaissables au sillon que fait l'appendice terminal de ses élytres. (Voir pl. I, fig. 24.)

Ténébrion de la farine.

Cet insecte a le dos brun-noir, un peu luisant, et le ventre brun-marron foncé; le dessus du corps est finement pointillé, et les élytres ont chacune neuf stries peu profondes.

Le ténébrion de la farine se rencontre en très-grande quantité dans les boulangeries et particulièrement dans les magasins où l'on réunit des approvisionnements de farine. Il vole le soir ou pendant la nuit, et reste caché le jour dans les fentes des murailles ou des boiseries, ou encore sous la farine. Sa marche est lente et saccadée.

La larve de cet insecte est fort connue des oiseleurs sous le nom vulgaire de *ver de farine;* elle ressemble effectivement aux lombrics par sa forme étroite, allongée, cylindrique, et elle est d'une grosseur égale dans toute son étendue. Sa peau est lisse, crustacée et d'une couleur jaunâtre plus ou moins brune; sa marche est lente et elle s'opère en glissant; si on la saisit, elle se débat, se contourne comme un serpent et finit par échapper des doigts.

Le ténébrion attaque les farines sous ses deux états de larve et d'insecte parfait. (Voir fig. 25 l'insecte, 25ª sa larve.)

Calendre du blé.

La calendre du blé, vulgairement appelée *charançon*, est un insecte malheureusement trop connu, qui a environ trois à quatre millimètres de longueur sur un millimètre à un millimètre et demi de largeur; son corps est d'un brun obscur, le corselet est fortement ponctué, les élytres ont des lignes profondes et nombreuses. (Voir pl. I, fig. 26 et 26ª.)

Ces insectes, assez agiles, fuient la lumière et le bruit; ils se laissent tomber lorsqu'on veut les saisir, et conservent une immobilité parfaite jusqu'à ce qu'ils croient le danger passé.

Ce n'est pas à l'état d'insecte parfait que la calendre exerce le plus de ravage, mais c'est sous la forme de larve. Chacune d'elles occupe alors exclusivement l'intérieur d'un grain de blé et elle y prend son accroissement, en rongeant peu à peu la substance farineuse; c'est aussi dans le grain que la calendre subit sa métamorphose. Souvent un seul grain de blé ne suffit pas à sa nourriture; mais, dans tous les cas, celui qui a servi d'aliment à la larve est détruit au point qu'il en faut un autre pour subvenir aux besoins de l'insecte parfait.

La larve du charançon est blanche, longue d'environ deux millimètres et demi; son corps est composé de neuf anneaux, la tête est jaune et écailleuse.

C'est au printemps que la calendre du blé s'accouple; la femelle fécondée pond un œuf sur la surface et ordinairement dans la rainure du grain de blé; de là, elle passe à un autre grain, et ainsi de suite jusqu'à ce qu'elle ait terminé sa ponte. La fécondité de cet insecte est prodigieuse, puisque l'on a calculé qu'une seule femelle pouvait pondre *six mille œufs*.

L'éclosion de l'œuf a lieu cinq ou six jours après la ponte, selon l'élévation de la température; la larve qui en sort au bout de ce temps exerce ses ravages jusqu'à sa mort.

On a évalué à environ 65 à 75 p. 0/0 les dégâts que les charançons peuvent causer pendant un an, lorsque toutes les conditions capables de favoriser leur action nuisible se trouvent réunies.

Quand la calendre du blé a fait sa ponte de bonne heure, elle peut subir toutes ses métamorphoses en soixante jours, et c'est ordinairement au mois de juillet qu'éclôt l'insecte parfait; son apparition est du reste subordonnée à la température du lieu où il vit. La ponte, commencée au printemps, se continue souvent en août et en septembre; les individus qui naissent dans l'arrière-saison et qui n'ont pas eu le temps de s'accoupler, passent l'hiver cachés dans les crevasses ou dans les fissures des murailles, et peuvent ainsi supporter les froids les plus rigoureux.

La calendre ne se tient que très-rarement à la surface des tas de grains, car cet insecte, ainsi que nous l'avons dit, craint la lumière et a besoin de tranquillité. C'est à quelques pouces au-dessous de la surface du blé qu'il vit, s'accouple et fait sa ponte. Ainsi que nous l'avons dit, la larve de cet insecte ne rongeant que l'intérieur du grain, ou la partie farineuse, on ne peut apprécier, sans y regarder de près, les dégâts qu'elle a occasionnés, et il faut, le plus ordinairement, en référer au poids pour connaître toute l'étendue du mal.

Apate menu.

Cet insecte, dont la présence dans les boulangeries n'avait jamais été signalée avant nous, ne vit pas exclusivement, comme ses congénères, dans le bois mort et sous les écorces à demi pourries des arbres abattus depuis longtemps.

L'apate menu est un peu plus petit que la calendre du blé, il est de couleur rougeâtre, très-agile dans ses mouvements; il simule le mort quand on le touche : c'est une ruse propre à tous les insectes de la famille à laquelle il appartient, et c'est ce qui lui a valu le nom d'apate, de ἀπάτη (fraude).

L'apate est très-commun dans le biscuit avarié, particulièrement dans celui qui est remis par les bâtiments revenant des colonies ; on l'y rencontre sous les deux états d'insecte parfait et de larve. On reconnaît sa présence à une multitude de petits trous exactement ronds qu'il fait pour pénétrer dans l'intérieur des *galettes*; une fois qu'il s'y est logé, il poursuit ses travaux entre les deux croûtes, rongeant la mie et y traçant en grand nombre des galeries tortueuses, qu'il remplit de ses excréments. Lorsqu'on secoue une galette dans laquelle cet insecte a exercé ses ravages, on en voit sortir une poussière extrêmement ténue composée des détritus du biscuit.

Le biscuit attaqué par ces insectes devient impropre à la nourriture de l'homme; au moindre choc, il se brise, et l'on aperçoit à l'intérieur une infinité de petits vers blancs, qui sont les larves de l'apate.

La larve a douze anneaux distincts; elle a la forme d'un petit ver un peu renflé et courbé en arc; sa consistance est molle, sa couleur est blanc jaunâtre; sa tête, munie de deux mâchoires très-solides et tranchantes, est, ainsi que les six pattes qui l'avoisinent,

écailleuse, dure et d'une couleur jaune ou brun-marron foncé. (Voir pl. I,
fig. 27 et 27ª.)

Trogossite bleu.

Cet insecte est d'un noir bleu luisant, à reflets métalliques; il se
trouve communément dans le midi de la France, et nous l'avons observé fréquemment dans la paneterie de nos établissements de Toulon.
Les mœurs de ce trogossite ressemblent à celles du caraboïde, dont nous
allons parler.

Il n'exerce ses ravages que sur le pain. (Voir pl. I, fig. 28.)

Trogossite caraboïde.

Le trogossite caraboïde est de forme allongée, aplatie, de couleur
noirâtre en dessus, brune en dessous, avec des stries lisses sur les élytres;
son corselet est cordiforme, avec un bord saillant. (V. pl. I, fig. 29.)

Sa larve, que l'on désigne sous le nom vulgaire de *cadelle*, est commune dans le midi de la France, où elle exerce de grands ravages dans les
blés. Parvenue à son plus grand accroissement, elle a environ dix-
huit millimètres de long et un peu plus de deux millimètres de largeur.
Sa tête est noire, écailleuse, armée de mandibules arquées, tranchantes
et très-dures. (Voir pl. I, fig. 29ª, la larve; fig. 29ᵇ et 29ᵇ', la nymphe
vue en dessous et en dessus.)

La larve seule attaque le blé; elle diffère en cela de celles des charançons et des teignes, qui vivent dans l'intérieur des grains; celle-ci ne
les ronge qu'extérieurement et sans s'y loger; elle passe d'un grain à
l'autre, et ses ravages sont d'autant plus considérables que, pour atteindre son accroissement, il lui faut une plus grande quantité de nourriture
qu'aux larves de charançons et de teignes, auxquelles un seul grain de
blé suffit souvent.

On a remarqué que le blé conservé en tas dans les greniers était bien
plus exposé aux ravages de la larve du trogossite que le grain qui, aussitôt après la récolte, avait été renfermé dans des sacs.

C'est vers le commencement du printemps que les dégâts occasionnés
par la *cadelle* sont le plus grands, parce qu'à cette époque elle est arrivée
à tout son développement. Elle abandonne alors les tas de blé pour

se retirer dans les anfractuosités des murailles, où elle subit ses métamorphoses; l'insecte parfait paraît au printemps et pendant tout l'été.

La larve du trogossite est très-sensible au froid, et c'est probablement
à cette cause qu'il faut attribuer la rareté de son apparition dans les
parties septentrionales de l'Europe.

Ainsi que nous l'avons dit, l'insecte parfait n'attaque pas le blé; mais
il ronge le biscuit et se nourrit des larves de la teigne, de la calendre
du blé et de l'apate menu; on a remarqué même que cette nourriture
venant à leur manquer, ces insectes se dévorent quelquefois entre
eux.

Kakerlac américaine.

ORTHOPTÈRES. Cette espèce, plus grande que notre kakerlac orientale, ne se trouve
qu'accidentellement dans nos établissements, à la suite des remises de
vivres faites par des bâtiments arrivant des colonies : nous l'avons vue
cependant naturalisée, au port de Lorient, dans les anciennes étuves à
farines d'armement, qui, étant placées au-dessus de la voûte des fours,
conservaient une température très-favorable à la reproduction de ces
insectes. (Voir pl. I, fig. 30, et l'œuf, fig. 30ᵃ et 30ᵃ′ vu en dessus et en
dessous.)

Les kakerlacs sont quelquefois en si grand nombre sur les bâtiments,
l'odeur qu'elles exhalent est si rebutante, et les dégâts qu'elles occasionnent si grands, qu'elles sont une véritable calamité pour les marins. Elles
attaquent de préférence les matières sucrées, les matières huileuses, ainsi
que les *farines d'armement,* qu'elles détériorent de manière à les rendre
impropres à l'alimentation des hommes ; elles rongent même les objets
qui ne peuvent servir à leur nourriture; on est parfois obligé d'avoir
recours aux fumigations ou à l'emploi des gaz délétères pour se débarrasser de ces insectes.

Kakerlac orientale.

Beaucoup plus commune que la précédente, la kakerlac orientale est
naturalisée en Europe; on la désigne vulgairement sous le nom de
caffard. C'est un insecte d'un brun roussâtre, luisant, que tout le monde
connaît. (Voir pl. I, fig. 31, l'insecte, fig. 31ᵃ, sa larve.)

Le jour, il se cache dans les fentes des murs et des planchers, d'où il sort la nuit pour se jeter sur les substances alimentaires dont il fait une grande consommation. Comme la kakerlac américaine, elle exhale une odeur désagréable approchant de celle de la souris.

Grillon domestique.

Cet insecte, si connu de tout le monde sous le nom de *cri-cri* ou de *grillon des boulangers*, habite les endroits les plus chauds de nos maisons, les cuisines, les cheminées, les fours et les fourneaux. C'est toujours la nuit qu'il va chercher sa nourriture; il ne s'éloigne guère de sa retraite, afin de ne pas s'exposer au froid qui lui est nuisible. Il se jette avec voracité sur tous les aliments qui se trouvent à sa portée; les substances animales et végétales lui conviennent également; sa présence est un véritable fléau pour les boulangers. Cet insecte peut supporter un degré de chaleur très-élevé. (Voir pl. I, fig. 32.)

Noctuelle du froment.

Ce papillon est de grandeur moyenne, les ailes du mâle sont en dessus d'un brun cendré avec de petits dessins plus foncés; celles de la femelle ont les mêmes ornements, mais elles diffèrent de couleur et sont d'un brun roussâtre.

LÉPIDOPTÈRES.

On rencontre cette noctuelle dans les champs sur les épis de blé, dans les prairies, et souvent, plusieurs mois après la récolte, on trouve sa chenille dans les granges, où elle ronge l'intérieur des grains de blé encore adhérents à l'épi.

Cette larve que nous n'avons pas vue est, selon Linné, jaune, avec trois lignes longitudinales blanches.

Ce lépidoptère est réprésenté pl. I, fig. 33.

Pyrale du froment.

Cette espèce, dont les premiers états ne nous sont pas connus, vole en juin, dans le midi de la France, sur les bords des champs de blé, où elle exerce ses ravages.

Les ailes supérieures de ce papillon sont en dessus d'un brun verdâtre ou feuille-morte, et traversées par trois raies ou bandes étroites d'un blanc luisant. La première, en venant de la base, est anguleuse; la seconde est formée de plusieurs taches ovales contiguës l'une à l'autre comme les anneaux d'une chaîne; la troisième se compose également de plusieurs taches irrégulières. Les intervalles qui séparent ces trois bandes sont parsemés de petits points ou taches blanches.

Les ailes inférieures sont en dessus blanchâtres, avec les nervures et une bordure marginale d'un brun feuille-morte. Cette bordure est ponctuée de blanc et précédée d'une ligne dentelée de même couleur qu'elle et qui lui est parallèle.

Enfin la frange des quatre ailes est blanche et entrecoupée de brun.

Le dessous offre les principaux linéaments du dessus, sur un fond blanchâtre, teinté de brun, principalement aux ailes supérieures.

La tête, le corps et les antennes sont de la couleur des ailes; les pattes sont blanchâtres. (Voyez pl. I, fig. 34.)

Aglosse de la graisse.

Les entomologistes seront probablement surpris de nous voir comprendre au nombre des chenilles qui vivent de farine celle de l'aglosse de la graisse, que l'on avait cru jusqu'à ce jour se nourrir exclusivement de matières animales graisseuses. Mais son apparition fréquente dans les magasins à farine ayant fixé notre attention, nous avons été conduit à rechercher la cause qui pouvait l'attirer dans des lieux où l'on ne met en réserve aucune des substances que l'on croyait seules convenir à sa nourriture.

Nous avons remarqué que l'aglosse de la graisse et sa chenille se rencontraient souvent dans un corridor humide, voisin d'une boulangerie, où des sacs de farine étaient momentanément déposés, et que la présence de ces insectes était plus rare dans les étages supérieurs, secs et aérés, où sont établis les bluteries; cette observation nous a conduit à étudier quel pouvait être le motif de cette préférence accordée à un lieu plutôt qu'à un autre. Il nous a été facile de reconnaître que la farine répandue sur le sol ou adhérente aux murs d'un endroit humide et chaud se décomposait promptement, et que le gluten, qui ne tardait pas à entrer en putréfaction, joint à la partie huileuse de la farine, pouvait alors offrir à l'aglosse un aliment analogue à ceux dont elle se nourrit habituellement. Quant à la rareté de l'aglosse dans les bluteries, elle s'explique parce qu'il s'y trouve peu de farine en décomposition, ces lieux étant secs et convenablement aérés.

La chenille de ce papillon est longue de 27 à 30 millimètres, sa peau paraît glabre au premier aspect; cependant, en l'examinant de près, on y aperçoit quelques poils : elle est luisante, crustacée, ressemblant en cela à certaines larves de coléoptères; sa couleur est d'un brun noirâtre, et ses anneaux, excepté le quinzième, sont divisés en dessus et transversalement en deux portions, par un pli qui remonte à une certaine hauteur, de manière à recouvrir les stigmates et à empêcher qu'ils ne puissent être oblitérés par les substances graisseuses dont elle se nourrit, ce qui lui donnerait la mort [1]. (Voir pl. I, fig. 35.)

Peu de temps après sa sortie de l'œuf, (voir pl. I, fig. 35ª), la chenille se file une galerie d'un blanc grisâtre (voir pl. I, fig. 35ʰ), qu'elle consolide avec des grains de poussière et des particules de son ou de farine, et elle a soin de la placer dans les interstices des pavés ou dans les angles que forment les murailles, afin qu'aucun frottement, aucune pression ne vienne détruire son ouvrage et interrompre la voie couverte qu'elle s'est construite [2]. Elle creuse entre les pavés une sorte de puits en communication avec sa galerie (voir pl. I, fig. 35ᶜ et 35ᵈ), qui lui permet de pénétrer sous terre à une certaine profondeur. Nous pensons que c'est dans cette retraite qu'elle se met à l'abri en cas de danger et qu'elle attend la nuit, dont elle profite pour se procurer sa nourriture. Il est rare de la rencontrer pendant le jour, à moins que le moment de sa transformation n'approche; alors elle abandonne sa retraite, et on la trouve montant aux murailles pour chercher une petite cavité afin de s'y loger et d'y filer son cocon.

Le cocon est d'un gris sale; son tissu est assez serré, quoique sans consistance; mais, pour le consolider, la chenille y ajoute des graviers

---

[1] *Linné* prétend que cette chenille s'introduit dans les intestins de l'homme, d'où il est très-difficile de la faire sortir, et il indique comme moyen de l'expulser l'emploi du *lichen curvatilis*.

[2] Les galeries de l'*aglosse* ressemblent à celles qu'établissent dans les ruches la *galleria cereana* et la *galleria alvearia* qui vivent de la cire des rayons formés par les abeilles.

et de petits débris de chaux et de plâtre qu'elle emprunte à la muraille où elle a choisi sa retraite. (Voir pl. I, fig. 35°.)

La chrysalide, d'une couleur rouge-baie, est terminée par une pointe assez longue. (Voir pl. I, fig. 35ᶠ.)

La transformation de la chenille commence vers la fin d'avril, et, depuis cette époque jusqu'au mois d'août, on rencontre le papillon qui est d'un gris enfumé, luisant, finement chargé d'atomes pulvérulents et de raies noirâtres. Il a environ 27 à 36 millimètres d'envergure; on le trouve, ainsi que l'espèce suivante, appliqué contre les murailles; il reste en repos le jour, mais la nuit il vient voler autour des lumières. (Voir pl. I, fig. 35ᵍ.)

Aglosse cuivrée.

Comme l'aglosse de la graisse, elle est fort commune dans nos établissements; mais elle préfère les endroits plus secs et moins froids; sa chenille, que nous n'avons pu nous procurer, doit avoir les mêmes habitudes que celle de l'aglosse de la graisse.

Cette espèce, ainsi que la précédente, varie beaucoup pour la taille; les ailes supérieures sont en dessus d'un brun ferrugineux luisant, avec deux raies transverses en zigzags d'un rouge cuivreux pâle, l'une près de la base, et l'autre près du bord terminal. Dans l'intervalle qui les sépare, on voit une éclaircie de la même couleur, dont le centre est occupé par un point brun. Enfin, la côte est marquée de cinq points rougecuivreux pâle, dont deux forment l'extrémité des deux raies décrites plus haut.

Le dessus des ailes inférieures, le dessous des quatre ailes et l'abdomen sont d'une couleur rougeâtre-pâle luisant.

La tête et le corselet sont de la couleur des ailes supérieures, ainsi que les antennes, les palpes et les pattes [1]. (Voy. pl. I, fig. 36.)

---

[1] Nous pensons que M. Godard s'est trompé en voulant relever une prétendue erreur de MM. Degeer, Devillers et Latreille, au sujet de la chenille de ce lépidoptère, et qu'il a pris l'*aglosse de la graisse*, qui nous semble clairement décrite par Réaumur sous le nom de *fausse teigne des cuirs*, pour l'*aglosse cuivrée*, dont les habitudes doivent se rapprocher beaucoup de celles de l'*aglosse de la graisse*.

Asopie de la farine.

Ce papillon est d'une taille moyenne, son envergure est de vingt-cinq millimètres environ ; il est agréablement varié de plusieurs couleurs; on le rencontre communément appliqué contre les murs des boulangeries et des magasins à farine, la partie moyenne du corps collée à la muraille et les deux extrémités relevées. C'est dans cette position, qui lui est propre, que Linné l'a décrit avec sa netteté et sa concision habituelles : « *habitat in farina culinari cibis parata, sedens cauda erecta.* » (Voir pl. I, fig. **37** insecte de face, fig. **37ᵃ** de profil.)

Bien que ce lépidoptère soit très-commun et qu'il paraisse deux fois par an, au printemps et en été, sa chenille n'est pas encore connue. Mais nous croyons qu'elle a toutes les mœurs des précédentes, et nous sommes porté à penser qu'elle vit aussi de *farine altérée*. Ce qui confirmerait notre observation, c'est que, nous étant procuré une femelle de ce papillon qui était fécondée, et l'ayant renfermée dans une boîte où nous avions mis de la *farine fraîche*, les chenilles qui apparurent ne tardèrent pas à périr.

Son cocon est, comme celui de l'aglosse de la graisse, d'un tissu serré, consolidé par de petits graviers et de la poussière. La chrysalide est allongée, et sa couleur est d'un brun rougeâtre clair.

Teigne des grains.

Ce petit papillon partage avec la *calendre du blé* une triste célébrité ; il n'existe pas en effet de plus redoutables ennemis de nos approvisionnements que ces deux insectes.

La teigne des grains varie beaucoup par sa taille et ses couleurs ; elle est tellement connue de tout le monde que nous n'en donnerons pas la description; nous nous bornerons seulement à faire connaître ses mœurs, qui jusqu'à ce moment n'ont pas été très-bien décrites.

La chenille de ce papillon ne vit pas dans l'intérieur du grain, comme celle de l'*œcophore granelle* dont nous parlerons tout à l'heure; mais elle s'entoure de plusieurs grains de blé qu'elle réunit par des fils, laissant entre eux un espace suffisant pour pouvoir circuler facilement;

à l'aide de cette précaution, elle n'a point à craindre que les grains qu'elle ronge lui échappent en glissant ou en roulant. Elle construit un fourreau de soie blanche qui lui sert de vêtement et qu'elle traîne avec elle. Dans cet état, elle ne fait sortir de ce fourreau que la partie antérieure de son corps, pour ronger les grains qui se trouvent à sa portée.

Lorsqu'on est resté longtemps sans remuer les tas de blé, on voit à leur superficie tous les grains liés entre eux et formant une croûte épaisse; si l'on vient à la briser, toutes les chenilles s'en échappent à la hâte, cherchent un refuge contre les murailles où elles laissent passer le danger; mais si on ne les inquiète plus, elles retournent dans le blé pour recommencer immédiatement leurs travaux.

Parvenue à tout son accroissement, la larve quitte les tas de blés, et monte le long des murailles pour trouver un abri dans leurs fissures ; là, elle se file une coque qui a la forme et la grosseur d'un grain de blé, qu'elle recouvre de poussière et de débris de son ou de farine; dans cette nouvelle retraite, elle attend toutes les phases de sa transformation. La chrysalide est rougeâtre et très-effilée. Le papillon en sort au bout de trois semaines, et on a remarqué qu'il fait deux pontes par an, l'une en mai et l'autre en juillet et août, généralement après la moisson, suivant les pays. Les chenilles qui proviennent de la première ponte subissent toutes leurs métamorphoses dans l'espace de six semaines ou deux mois; celles de la seconde restent engourdies pendant l'hiver et n'arrivent à l'état d'insecte parfait qu'au printemps suivant. (Voir pl. I, fig. 38, 38ᵃ, 38ᵇ, 38ᶜ, 38ᵈ, ce papillon et ses variétés; fig. 38ᵉ la chenille, fig. 38ᶠ la chenille attachée aux grains, fig. 38ᵍ et 38ʰ la chrysalide et le cocon.)

Œcophore granelle.

Ce papillon, qui a longtemps été confondu avec le précédent, auquel il ressemble par la taille, s'en distingue par sa couleur jaune-pâle uni, sans taches noires transversales; par la forme de ses ailes qui , dans les moments de repos, sont beaucoup plus aplaties et ne se relèvent pas en toit comme celles de la *teigne des grains*; enfin par ses palpes qui sont très-apparents, tandis que dans l'autre, ils ne s'aperçoivent qu'assez difficilement.

La chenille des œcophores ne vit pas, comme celle des teignes.

protégée par un fourreau de soie qu'elle traîne avec elle, mais elle s'introduit, en faisant un trou imperceptible, dans un grain de blé dont elle ronge toute la partie farineuse, de sorte qu'au premier aspect les grains attaqués ne diffèrent pas de ceux qui sont intacts.

Cet insecte n'étend guère ses ravages qu'en dehors des magasins de réserve; ce n'est en effet que sur les blés en épi, avant leur maturité, que les papillons déposent leurs œufs; mais dans les pays où on a l'habitude de battre le grain pendant l'hiver, ces insectes suivent le blé jusque dans les gerbiers et y continuent leurs dégâts.

Ces lépidoptères se multiplient considérablement, et quoique un grain ou deux de blé puisse suffire à la nourriture de la chenille la plus vorace, leur nombre est parfois si grand qu'ils font cependant de très-grands ravages dans certaines années, et ils ont quelquefois été considérés comme une calamité. (Voir pl. I, fig. 39 et 39ª le papillon, fig. 39ᵇ la chrysalide, fig. 39ᵉ la chenille, 39ᵈ la chenille dans l'épi.)

Céphus du froment et du seigle.

L'insecte que nous allons décrire, ainsi que ceux qui suivent, n'attaquent le blé ni dans les gerbiers, ni dans les granges, mais seulement lorsqu'il est sur pied et à dater du moment où la plante sort de terre jusqu'à l'époque de sa maturité [1].

DIPTÈRES

Le cephus du froment et du seigle a, comme les abeilles, quatre ailes transparentes et le corps étranglé au-dessous du corselet; mais il est beaucoup plus petit que ces dernières, et proportionnellement plus long, plus mince et plus aplati. Son corps est comprimé latéralement, ses pattes et ses antennes sont beaucoup plus longues, enfin la femelle a l'abdomen terminé par une tarière ou aiguillon creux, qui n'est pas rétractile comme celui des abeilles et des guêpes, mais qui lui sert de moyen de défense et lui donne la possibilité de percer les tiges des plantes dans lesquelles il vient déposer ses œufs. (Voy. pl. I, fig. 40.)

C'est vers la fin de mai, ou lorsque les blés commencent à épier, avant

---

[1] Ce que nous disons du cephus et du chlorops du froment est en partie extrait d'un mémoire présenté à la Société Royale d'agriculture en 1843, par MM. le docteur Herpin et Guérin-Méneville.

la floraison, que les cephus sortent de leur chrysalide, s'accouplent et se répandent dans les champs ensemencés. La femelle dépose ses œufs sur la tige, immédiatement au-dessous de l'épi.

Peu de temps après la ponte, on voit sortir de l'œuf un petit ver ou larve de couleur blanche, ayant six pattes, et dont la taille varie de 3 à 5 millimètres, selon l'âge. La tête de cette larve est arrondie et comme cornée; elle est armée de fortes mandibules qui lui servent à entailler la tige du blé, dont elle fait sa nourriture. (Voir pl. I, fig. 40ᵃ et 40ᵇ.)

A la fin de juin, la larve du cephus a déjà acquis assez de force; elle a pénétré dans l'intérieur de la tige qu'elle parcourt en descendant vers la terre, de laquelle elle se trouve d'autant plus rapprochée, que la maturité de la plante est plus avancée.

Quelques jours avant la moisson, elle se retire près des racines, et se construit, dans l'intérieur du chaume, un fourreau soyeux et transparent, dans lequel elle passe tout l'hiver, après avoir eu toutefois la précaution de couper circulairement la paille en dedans, à 14 ou 28 millimètres environ de la terre, afin que l'insecte parfait n'éprouve aucune difficulté à sortir de sa prison.

C'est par suite de ce travail de l'insecte que le chaume, n'ayant plus de soutien, se rompt au pied et tombe à terre lorsque le vent devient un peu fort; et alors le champ présente le même aspect que s'il avait été foulé en tout sens par des animaux.

Les tiges de blé attaquées par la larve du cephus sont aisées à reconnaître ; elles sont généralement stériles ou ne contiennent qu'un très-petit nombre de grains, les épis sont dressés et blanchâtres, ils s'élèvent au-dessus de ceux qui les environnent et paraissent avoir atteint leur maturité bien avant les autres. Si on les ouvre longitudinalement avec précaution, on remarque : 1° que la tige contient un détritus jaunâtre, pulvérulent, formé des débris de la plante qui a été rongée intérieurement; 2° que les nœuds de la paille sont perforés dans l'intérieur de la tige ; 3° qu'il existe souvent au-dessus de l'un de ses nœuds une larve qui est occupée à ronger la cloison médullaire de la plante. En regardant alors avec attention ces tiges attaquées, on trouve près de terre, dans des étocs très-courts coupés horizontalement, des cephus qui attendent que l'hiver soit passé pour sortir de leurs chrysalides et commencer leurs ravages.

Le cephus ferait de bien plus grands ravages s'il n'avait pour ennemi un ichneumon que l'on nomme le *pachymerus calcitrator*. (Voir pl. I, fig. 41 et 41ª.)

Cet ichneumon a la forme d'une petite mouche à quatre ailes; le corps de la femelle est armé d'une tarière creuse qui lui permet de percer la larve du cephus et d'y insérer un œuf d'où sort une larve qui se nourrit de la graisse de celle du cephus; mais, chose admirable, jamais le parasite n'attaque aucun des organes essentiels à l'existence de sa victime, et l'on dirait qu'il n'ignore pas que s'il venait à la faire mourir, il périrait aussi faute de nourriture.

Ce nouvel insecte vit et se développe en même temps que celui aux dépens duquel il se nourrit. La larve se transforme en chrysalide, elle continue à être rongée par son ennemi, et l'on voit avec surprise sortir au bout de quelque temps, non pas l'insecte qu'on s'attendait à voir éclore, mais un *pachymerus* qui va persécuter la progéniture du cephus [1].

M. Herpin estime les ravages que le cephus occasionne dans certaines localités, à un soixantième environ de la récolte; mais il dit que ce chiffre est au-dessous de la vérité pour les pays méridionaux, surtout lorsque la reproduction de ces insectes a été favorisée par une température convenable.

Le moyen qui paraît le plus commode et le plus certain pour détruire

---

[1] Des faits analogues à ceux que nous venons de citer s'observent fréquemment pour toutes les chenilles, mais plus particulièrement à l'égard de celles qui produisent certains papillons diurnes, tels que les *vanessa, urticœ, io, atalanta;* et les *pieris*, *cratœgi*, *brassicœ, rapœ,* etc.

Lors de leurs agressions contre les chenilles, les ichneumons donnent encore une preuve de la sagesse de leurs prévisions, en proportionnant avec une exactitude rigoureuse le nombre des œufs qu'ils confient au corps de la chenille, au volume de celle-ci et à la quantité de substance nutritive qu'elle contient; on conçoit que s'il en était autrement, une grande quantité de leurs œufs périrait faute d'aliment.

La quantité d'*ichneumons* qui peuvent vivre aux dépens d'une chenille est extraordinaire, et, en les voyant sortir de son corps, on conçoit difficilement comment ils ont pu s'y loger aussi longtemps sans la faire périr.

Il arrive souvent que les larves des *ichneumons* ont acquis toute leur croissance avant que la chenille puisse se transformer en chrysalide; leur but étant atteint, ils la tuent en perçant sa peau de tous côtés, et on les voit alors attendre près d'elle le moment où, insectes parfaits, ils pourront suivre les habitudes qui, dans l'ordre de la nature, ont été imposées aux individus de leur espèce.

les larves du cephus, dit M. Herpin, c'est de mettre le feu aux chaumes restés sur la terre après la moisson. On détruit ainsi les larves qui se trouvent renfermées près des racines.

Chlorops du froment et du seigle.

Cet insecte ressemble beaucoup à la mouche commune; comme elle, il n'a que deux ailes transparentes, mais il s'en distingue aisément par ses couleurs plus variées et plus brillantes et par sa taille qui est plus petite. (Voir pl. I, fig. 42 et 42ᵃ.)

La larve du chlorops fait de grands ravages dans les blés qui sont sur pied; l'insecte parfait ne cause aucun dommage aux moissons.

C'est vers la fin de mai ou au commencement de juin que le chlorops sort de sa chrysalide, où il a passé l'hiver, pour s'accoupler et pondre ses œufs qu'il place vers la partie inférieure de l'épi, au fond des cannelures des feuilles. Quinze jours après la ponte, l'éclosion a lieu, et l'on voit sortir de l'œuf un petit ver de forme oblongue, d'une couleur jaunâtre, qui se fixe immédiatement à la plante et se nourrit de la surface du chaume sur lequel il trace un sillon de deux millimètres de largeur sur un millimètre d'épaisseur. Ce sillon va de haut en bas, il s'étend d'ordinaire de la base de l'épi au premier nœud supérieur, à moins que la larve n'ait péri par suite d'accident, ou qu'elle n'ait pris son développement avant d'avoir atteint le premier nœud. (Voir pl. I, fig. 42ᵇ.)

L'insecte se transforme en chrysalide dans l'intérieur de la tige, et en sort au mois de septembre pour aller déposer ses œufs sur les blés récemment semés. Les larves qui naissent de cette nouvelle ponte subissent les métamorphoses que nous venons de décrire et continuent les ravages de celles qui les ont précédées.

Il est facile de reconnaître les tiges de blé attaquées par la larve du chlorops; elles n'atteignent guère que la moitié de la hauteur de celles qui sont saines, et elles sont encore vertes lorsque les autres sont déjà jaunies par l'effet de la maturation. L'épi à cette époque n'est pas encore sorti des feuilles qui lui servent de gaîne; il est court, peu volumineux, les grains sont rares, maigres, retraits et racornis; enfin, tous les épilets situés sur le trajet du sillon creusé par la larve sont entièrement avortés.

Les dégâts occasionnés par le chlorops sont très-grands dans certaines années; mais ils le seraient bien davantage si cet insecte n'avait pas dans un ichneumon, *alysia olivierii*, un redoutable ennemi. (Voir pl. I, fig 43 et 43ᵃ.) Les mœurs de cet insecte sont les mêmes que celles de l'ichneumon du cephus.

Pour détruire ce chlorops on conseille de faire arracher, enlever et brûler les plantes qui en sont attaquées, tant à la première ponte qu'à la seconde.

La première opération peut se faire au moment du sarclage ou de l'écharbonnage du blé, les jeunes plantes gonflées et jaunies étant assez facilement reconnaissables.

La seconde opération doit avoir lieu quinze jours ou trois semaines avant la moisson; elle est d'autant plus facile à exécuter, que les tiges attaquées par le chlorops sont très-faciles à distinguer, même de loin, à leur petite taille, à leur volume plus considérable et à la couleur verte foncée de l'épi qui reste toujours engainé et enveloppé par de larges feuilles. De plus, les plantes ainsi altérées peuvent être recueillies facilement, puisqu'elles se trouvent presque toujours au bas côté des planches ou des sillons.

Un autre mode de destruction consiste à varier les cultures et alterner les assolements; alors les larves ne trouvant pas, au moment de leur éclosion, l'aliment qui convient à leur organisation, périssent faute de nourriture.

Chlorops frit.

Cet insecte, comme celui que nous venons de décrire, attaque les froments dans les champs, et sa larve habite aussi dans la tige de plusieurs autres céréales qu'elle ronge et fait périr.

Le corps de ce chlorops est noir; le dessus de sa tête et l'abdomen sont d'une couleur verdâtre pâle.

En Suède, les dégâts occasionnés par le frit sont parfois très-considérables. (Voir pl. I, fig. 44 et 44ᵃ.)

Nous ne poursuivrons pas plus loin nos descriptions entomologiques, auxquelles il y aurait sans doute beaucoup à ajouter, surtout si l'on

voulait passer en revue la série complète des insectes qui attaquent les blés
et les farines; mais il nous a semblé que le cadre de notre ouvrage ne nous
permettait pas de traiter en entier une branche aussi étendue de l'histoire naturelle, et nous pensons avoir atteint notre but en appelant l'attention sur les insectes qui font le plus de ravages dans les champs, les
greniers et les boulangeries.

<hr>

§ IV. — DESTRUCTION DES INSECTES.

Après avoir décrit les insectes qui attaquent les blés et les farines, il
nous reste, pour compléter ce sujet, à examiner les moyens employés
jusqu'à ce jour, soit pour les détruire, soit pour arrêter les ravages qu'ils
exercent dans les magasins d'approvisionnements.

Ces moyens sont principalement :

1° L'altération de l'air,
2° Les substances vénéneuses,
3° La chaleur,
4° Le froid,
5° Le mouvement.

LES GAZ.   1° Pour parvenir à vicier l'air et à le rendre impropre à la respiration
des insectes, il faut opérer dans un milieu inaccessible aux influences
extérieures. Cette condition ayant été remplie, on a fait usage des fumigations.

Il y en a de deux sortes : les fumigations humides et les fumigations
sèches.

C'est toujours à l'aide du calorique que l'on obtient les premières, en
vaporisant un liquide chargé d'une infusion ou d'une décoction de différentes substances.

Ce moyen n'offre aucune chance de succès, et il nous paraît s'opposer
à la conservation du blé, parce qu'il lui fait contracter de l'humidité et
souvent une odeur désagréable.

Les fumigations sèches s'obtiennent par le dégagement de certains
gaz, en exposant sur des corps incandescents les substances que l'on

veut vaporiser, ou en ayant recours à des combinaisons chimiques.

On a fréquemment employé la vapeur de soufre, dont l'action prolongée peut faire périr les insectes. Mais la difficulté de clore hermétiquement le lieu où l'on introduit le gaz sulfureux est si grande, que jamais l'application de ce procédé n'a pu être suivie d'une entière réussite. L'expérience a appris que le mode de respiration des insectes [1] leur permettait de vivre dans un air vicié à un haut degré, et que la proportion de gaz acide sulfureux, quelle qu'elle fût, occasionnait leur asphyxie momentanée, mais rarement leur mort. Quant au grain exposé à la vapeur de soufre, il devient blanchâtre et il contracte une mauvaise odeur que l'on retrouve dans le pain qui en est fabriqué.

Ce que nous venons de dire du gaz acide sulfureux s'applique à tous les gaz délétères dont l'emploi, dans beaucoup de cas, pourrait être suivi d'accidents graves, si la conduite des appareils n'était confiée à des ouvriers soigneux et expérimentés.

Si, au lieu de gaz délétères, on faisait usage des odeurs, on ne détruirait pas les insectes, mais on parviendrait, jusqu'à un certain point, à les éloigner, le sens de l'odorat étant chez eux d'une extrême susceptibilité [2]. Ainsi, l'odeur de l'essence de térébenthine, du camphre, des feuilles de noyer, des fleurs de souci et de quelques plantes aromatiques, suffit bien pour les faire émigrer, mais non pour les empêcher de revenir aussitôt que ces émanations ont disparu. *LES ODEURS.*

On ne peut employer les substances vénéneuses qu'avec les plus grandes précautions, et généralement on s'en sert à l'état liquide, pour enduire les murailles et les planchers. Mais leur action n'ayant d'effet *LES SUBSTANCES VÉNÉNEUSES*

---

[1] L'asphyxie complète des insectes est un résultat si difficile à obtenir, que plusieurs observateurs ont pu constater que des calandres, étant restées plongées dans l'eau pendant six, dix et même douze jours, ont repris toute leur activité quelques heures après en avoir été retirées.

[2] L'odorat, chez les papillons, est excessivement développé, et c'est, guidé par l'extrême délicatesse de ce sens, que le mâle franchit de grandes distances pour se rapprocher de la femelle.

Nous avons pu constater plus d'une fois que les mâles quittent les champs pour venir féconder les femelles jusque dans l'intérieur des villes, et des entomologistes, qui avaient en leur possession une femelle de l'*aglia tau*, rapportent avoir pris, au centre de Paris, le mâle de cette espèce qui, à l'état de chenille, vit exclusivement dans les bois de hêtres, qui sont, comme on le sait, fort éloignés de la capitale.

qu'autant qu'il y a absorption par les insectes, et ceux-ci se tenant cachés dans des trous, à une certaine profondeur, où il est difficile de les atteindre, ce moyen demeure souvent sans efficacité.

Plusieurs fermiers, sur les conseils de MM. Garnier et Harel, ont badigeonné les murs de leurs greniers avec une dissolution de naphtaline. Par ce moyen, les charançons logés dans les fentes ont été détruits et d'autres n'y sont pas revenus. M. Payen fait observer que l'emploi de la naphtaline réussit mieux que les fumigations, et il émet le vœu qu'il soit généralisé.

LA CHALEUR.

La chaleur fait périr les insectes [1], lorsqu'elle est portée à 100 ou 120 degrés centigrades, et que son action est exercée pendant vingt-quatre heures consécutives sans renouvellement des couches d'air. Mais ce mode d'opérer a le grave inconvénient de détériorer le grain, et de le rendre impropre à la germination. Une température élevée peut aussi altérer la farine.

LE FROID.

Le froid ne saurait être considéré comme un moyen certain de détruire les insectes [2] : il est bien vrai qu'une température de 10 à 12 degrés les empêche de se reproduire, et les tient dans un tel état d'engourdissement, que pendant tout le temps qu'il dure ils cessent d'exercer leurs ravages sur les grains au milieu desquels ils se trouvent. Mais si ces insectes sont soumis graduellement à une température qui atteigne 15 à 20 degrés, ils ne tardent pas à reprendre toute leur activité et à attaquer le blé.

Les silos ayant une température de 10 à 12 degrés, sont évidemment placés dans de bonnes conditions pour s'opposer aux dégâts des insectes. De ce fait on peut conclure qu'une température basse serait favorable à la conservation des farines.

---

[1] Le principe de la vie n'est pas détruit dans les œufs de papillon qui ont été exposés à une chaleur de 60 à 80 degrés centigrades.

[2] Les froids les plus rigoureux des régions polaires n'ont aucune influence sur les œufs des lépidoptères; on remarque même que ceux du *bombix du mûrier, ver à soie*, résistent au climat de la Sibérie, quoique cet insecte soit originaire de l'Inde.

Réaumur rapporte avoir fait geler des chenilles à l'aide d'un froid artificiel qui les avait tellement durcies, qu'on les laissant tomber sur une soucoupe en porcelaine elles la faisaient résonner; puis, les ayant soumises à l'action d'une chaleur progressive, il les a rendues à la vie.

Par le mouvement, on empêche la reproduction des insectes, qui ne peut s'opérer que dans le repos, et on les force à émigrer; enfin, en les soumettant à des chutes, on cause en partie leur destruction, si l'on considère qu'à certaines phases de leurs métamorphoses, et particulièrement à l'état de larves ou de nymphes, le moindre choc peut les faire périr.

Le mouvement se produit ordinairement en manœuvrant le blé à la pelle; mais ce moyen incommode et dispendieux peut être remplacé avec avantage par l'appareil Vallery, dont nous donnerons une description détaillée et qui nous paraît appelé à rendre de véritables services au commerce des grains.

D'après ce qui vient d'être exposé, on voit qu'il ne faut accorder aucune confiance à la plupart des moyens employés jusqu'ici à la destruction des insectes, et que, malgré les nombreux essais tentés dans le but de résoudre cet important problème, les procédés les plus anciens et les plus simples sont encore les meilleurs : aussi nous bornons-nous à conseiller de placer le blé dans des lieux secs, dont la température n'excède pas 10 à 12 degrés, ou de les soumettre à un système d'agitation fréquente.

CHAPITRE II.

NETTOYAGE DES GRAINS.

Nous diviserons ce chapitre en deux sections; dans la première nous traiterons du nettoyage des grains sans l'emploi de l'eau, et dans la seconde, du nettoyage des grains par la voie humide.

§ I. — NETTOYAGE DES GRAINS SANS L'EMPLOI DE L'EAU.

La manière la plus simple de nettoyer les grains est celle mise en usage par les cultivateurs; ils jettent le grain en l'air à la pelle; dans le trajet qu'il parcourt, le vent entraîne au loin la balle et la poussière, et le blé retombe moins sale sur une toile étendue pour le recevoir. Après cette première opération, on agite le blé dans un crible à main (voir pl. II, fig. 1 et 2); alors les corps légers qui restaient dans le grain en sont extraits, et il se trouve ainsi dans un état qui permet de l'offrir à la vente, mais qui ne suffirait pas pour lui donner les chances d'une longue conservation [1].

Crible à main.

Dans plusieurs provinces de France, et surtout dans le Midi, on fait usage du van (voir pl. II, fig. 3), sorte de corbeille en forme de coquille évasée, à laquelle l'homme imprime un mouvement de rotation horizontale, qui pousse la balle et les grains légers vers le bord faisant face à l'homme qui manœuvre l'instrument.

Van.

Le tamis ou le van est souvent suspendu à des bigues pour en faciliter la manœuvre. (Voir pl. II, fig. 4.)

En Russie, le blé est disposé en gerbes dans des granges rectangu-

---

[1] Les Celtes se servaient de tamis ou de cribles en peau pour nettoyer leurs blés. (Pline.)

laires, ouvertes par deux portes situées en face l'une de l'autre, au milieu des deux grands côtés. Après que les épis ont été foulés aux pieds des chevaux sur l'aire, on ramasse le blé en tas, d'un même côté du passage qui conduit d'une porte à l'autre, on balaye avec soin l'aire du côté opposé à celui où se trouve le tas de blé, et, quand le vent souffle transversalement à la grange, on ouvre les portes et l'on jette le blé à la pelle, très-haut, du côté d'où vient le vent, avec assez de force pour qu'il traverse la largeur des portes, et qu'il tombe sur le sol nettoyé, de l'autre côté du passage. Le courant d'air entraîne hors de la grange la poussière, la balle, les pailles et tous les corps légers; les pierres grosses et petites, d'une pesanteur spécifique supérieure à celle des grains, sont projetées plus loin que le blé et peuvent en être séparées par le balayage : cette opération, répétée plusieurs fois, procure un assez bon nettoiement, mais elle nécessite l'emploi de beaucoup de main-d'œuvre pour ne donner, en définitive, que des résultats imparfaits.

Les pratiques qui viennent d'être indiquées sont fort anciennes ; elles ont suivi de près l'usage qui consistait à séparer le grain de son enveloppe en frottant les épis entre les mains.

L'industrie moderne a cherché depuis un siècle seulement à remplacer ces moyens peu efficaces par des procédés moins imparfaits. Le premier instrument qui montre une tendance vers l'innovation, c'est la harpe ou crible à plan incliné, *crible allemand*, dont l'idée se retrouve dans les claies en bois, grossièrement faites, en usage chez les cultivateurs qui récoltent et nettoient des fèves de marais. Ce crible se compose d'une surface plane, formée de baguettes en bois ou de fils d'archal parallèles entre eux, dont l'écartement permet aux corps plus petits que le grain de passer à travers, tandis que le grain, entraîné par son propre poids, chemine vers le plancher. A la partie supérieure de cet instrument est une trémie que l'on charge continuellement, laquelle, par une ouverture pratiquée à sa base, laisse échapper une certaine quantité de grain sur le crible incliné. (Voir pl. II, fig. 5 et 6.) Cette machine simple se compose quelquefois de deux plans superposés, dont les fils d'archal du supérieur sont plus espacés que ceux du crible inférieur; de manière que le blé arrive au second plan dégagé des grosses pierres et des grosses graines, et qu'il se débarrasse des corps d'un volume plus petit que le sien, en parcourant le second. Ces deux plans inclinés reçoivent des secousses qui leur sont imprimées par la chute d'un maillet mis en mouvement par une roue dentée. Les figures 7 et **8** de la planche II donnent l'idée de cette modification apportée en 1827 à la harpe par M. Clémenceau.

Crible Clémenceau

Appareil à nettoyer les blés, par Knopperf.

M. le baron de Knopperf paraît être le premier qui ait imaginé de faire usage de ventilateurs à ailes pour opérer le nettoyage du blé.

Dans l'appareil qui a été publié en 1716 sous l'approbation de l'Académie (vol. III) (voir pl. II, fig. 9 et 10), le grain est jeté dans une trémie, puis il coule dans un auget, d'où il s'échappe pour retomber sur les ailes d'un ventilateur. La balle, la paille et la poussière, plus légères que le grain, sont chassées au loin par le courant d'air produit par le mouvement imprimé au ventilateur; et le bon grain, d'un poids spécifique supérieur à celui des corps dont on veut le débarrasser, tombe à une faible distance du cercle parcouru par les ailes du ventilateur [1].

Dans la même année 1716, l'Académie décrit une machine du même auteur, ayant aussi pour objet le nettoyage des blés.

Tarare Knopperf.

C'est une combinaison du crible et du ventilateur appelée tarare.

Cette machine, représentée pl. II, fig. 11, se compose d'une caisse dans laquelle est renfermé un ventilateur. En avant du ventilateur est une trémie contenant le blé qui s'échappe par une ouverture pour tomber sur un treillis agité par des cordes fixées à des ressorts en bois. Le blé, après avoir passé au travers du treillis, abandonne les pierres de plus grandes dimensions que les mailles, retombe sur un plan incliné à claire-voie; et, dans l'espace compris entre le treillis et le plan incliné, le grain reçoit l'impression d'un courant d'air qui le débarrasse d'une partie des impuretés qu'il contenait.

Cette machine a servi de type à plusieurs autres qui ont avec elle une grande ressemblance, et on la trouve décrite dans l'ouvrage de Béguillet.

Tarare Borgnis.

Borgnis a donné la description d'un tarare qui est représenté pl. II, fig. 12 et 13. L'appareil est surmonté d'une trémie au sortir de

---

[1] Le ventilateur à force centrifuge est un agent mécanique fort ancien, dont on retrouve la description dans Agricola, *De re metallica*. On s'en servait pour faire des porte-vents destinés à renouveler l'air dans les mines.

laquelle le blé arrive sur un premier crible permettant seulement aux corps plus petits que le grain de passer à travers. Ce crible reçoit un mouvement de trémoussement par un levier dont une extrémité repose sur une roue à cames, montée sur l'arbre du ventilateur. Le trémoussement communiqué au crible oblige le grain à couler peu à peu par le conduit B sur les ailes du ventilateur, qui l'entraînent dans leur mouvement et le projettent contre les parois de la caisse, d'où il se rend sur un plan incliné, et de là sur le plancher du magasin.

En 1807, Gravier a pris un brevet pour un tarare (pl. II, fig. 14, 15 et 16) qui ne diffère du précédent que parce qu'au sortir de la trémie le grain est soumis à l'action de plusieurs cribles horizontaux, parallèles et superposés entre eux, ayant des mailles de diverses dimensions, les unes retenant les corps plus gros que le blé, les autres étant assez serrées pour retenir le grain et laisser passer les corps qui sont d'un volume moindre. Tarare Gravier.

Ce qui constitue en outre une différence avec le tarare décrit par Borgnis, c'est que le grain ne tombe pas sur les ailes du ventilateur, mais directement sur le plan incliné où vient agir le courant d'air.

Du reste, comme dans l'appareil Borgnis, le mouvement est donné aux cribles par un levier dont une des extrémités vient s'appuyer sur une roue à cames, montée sur l'arbre du ventilateur.

Ce tarare est à peu près semblable à celui de Gravier ; cependant, le mécanisme à l'aide duquel on transmet le mouvement aux cribles est plus simple. Au lieu d'une roue à cames, qui fait beaucoup de bruit et occasionne des secousses répétées, ayant pour effet d'ébranler et de désunir toutes les parties de l'appareil, on a établi un ressort qui tend à attirer les cribles d'un côté ; tandis que deux petits leviers, partant d'une barre verticale dont les extrémités rondes tournent dans des coussinets, tirent des cordons attachés aux cribles, chaque fois que la barrette transversale est entraînée par le contact d'une clavette tournante fixée à l'une des extrémités de l'axe du ventilateur et agissant sur le prolongement à angle droit de la barrette. (Voir pl. II, fig. 17, 18, 19 et 20.) Tarare employé à Rochefort.

La société d'encouragement de Londres a décerné une médaille d'or à M. Essex, en récompense des modifications qu'il a apportées aux tarares déjà connus. Tarare Essex.

Le tarare de M. Essex se fait remarquer par une succession de sas ayant des mailles de différentes dimensions, superposés les uns aux autres et venant aboutir à des conduits séparés; de telle sorte que les grosses pierres, retenues sur le sas à larges mailles, sont rejetées d'abord ; il en est de même des pailles qu'un autre tamis retient; puis des graines plus petites que le grain ; et enfin de la poussière qui est expulsée de manière à ne pas pouvoir venir se déposer sur la paille.

En définitive, ce tarare ne diffère pas essentiellement de tous ceux qui étaient connus avant qu'il fût mis en usage. (Voir pl. III, fig. 1 à 4.)

Crible normand.   A peu près vers 1750 ou 1760, on inventa le crible cylindrique ou crible normand; il consistait en un cylindre incliné, d'une longueur de 2^m 50 environ, sur 0^m 70 de diamètre, dont la surface était garnie alternativement de zones en tôle piquée, ayant les aspérités à l'intérieur, et de zones en fil d'archal. Le blé parvenait au cylindre par une trémie placée à son extrémité supérieure ; et, en même temps qu'il coulait vers la partie la moins élevée, il était projeté tantôt sur les râpes, tantôt sur les grilles, par suite du mouvement de rotation qui lui était imprimé. (Voir pl. III, fig. 5.)

Ce crible se composait parfois de deux cylindres concentriques ; celui qui était à l'intérieur avait des mailles assez ouvertes pour qu'il ne pût pas retenir le grain, mais il s'opposait au passage des corps d'un plus fort volume, et il les conduisait au dehors. Le cylindre extérieur, au contraire, avait des mailles assez serrées pour retenir le bon grain, et il permettait seulement aux corps d'un volume moindre de s'en séparer.

Ces appareils imparfaits, ou d'autres à peu près semblables, sont les seuls dont on se serve maintenant dans les établissements des subsistances de la marine.

Ancien nettoyage des grains à Corbeil.   Il y a soixante-dix ans, l'on admirait, dans les grands moulins de Corbeil, les procédés les plus anciennement appliqués, réunis en système continu et disposés de manière à produire leur maximum d'effet.

Le blé, transporté au huitième étage, était versé dans une trémie qui le répandait sur un crible à plan incliné, communiquant avec un appareil composé d'un arbre vertical traversé du haut en bas, et dans tous les sens, par une multitude de bâtons garnis de clous; de là, il arrivait à un crible incliné, qui le conduisait à une série de plaques en tôle piquée, fixées aux côtés opposés d'un conduit rectangulaire dans des positions alternes les unes au-dessous des autres, de manière à forcer le grain, entraîné par son propre poids, à passer d'une plaque à celle qui lui était opposée. Il arrivait enfin à un plan incliné, à l'extrémité duquel était un ventilateur, et de là il passait sur un crible incliné qui le versait dans une trémie, au-dessous de laquelle se trouvait un sac destiné à le recevoir. (Voir pl. III, fig. 6.)

Ce système constituait alors la méthode la plus parfaite de nettoyer les grains ; il consistait, comme on vient de le voir, dans l'emploi multiplié du crible à plan incliné, varié de diverses manières, et auquel on adjoignait le ventilateur, et parfois le crible cylindrique.

Aux cribles de différentes formes, diversement combinés entre eux, on a substitué la méthode saxonne, qui consiste à faire passer les blés entre des meules, en ayant soin, toutefois, de tenir la meule volante assez élevée pour que le blé ne soit que frotté par la rencontre des grains entre eux, tout en touchant cependant, mais très-légèrement, la surface des deux meules. Cette opération s'appelle, en Saxe, épointer le blé, parce qu'elle fait sauter la pointe velue du blé et le germe ; elle en détache en même temps les saletés ; elle décrasse les blés noirs ou mouchetés ; mais ce travail s'exécute rarement sans écraser une certaine quantité de blé, ce qui peut devenir la cause d'une perte ou d'un déchet en farine : néanmoins, cette méthode a été introduite en France dans plusieurs grands moulins, notamment dans ceux de Gray, et j'ai pu voir fonctionner ce système à Carlow, en Irlande, dans le beau moulin de M. Alexander. (Voir pl. V, fig. 5.)

Dans quelques établissements on a fait usage de meules en bois, dont on avait garni les archures en tôle piquée, semblables à celles employées dans les moulins à perler l'orge ; ailleurs, on a remplacé ce système par des cylindres en tôle piquée et des cylindres cribleurs percés à jour, ou recouverts en toile métallique ; enfin, j'ai vu employer, à Saint-Jean-d'Angely, chez M. Coutanceau, l'un de nos meuniers les plus instruits, des meules en bois de 0m 80 de diamètre, rayonnées avec des fils d'archal, faisant environ cent à cent vingt tours à la minute, entre lesquelles le blé passe pour se rendre sur un plan incliné à claire-voie, où il est soumis à l'action d'un ventilateur ; j'ai pu reconnaître que ce mode d'opérer cause peu de déchet, bien qu'il soit efficace. (Voir pl. III, fig. 10 et 11.)

Ce système se compose souvent de plusieurs meules superposées les unes aux autres.

Appareil à nettoyer les blés, par Dransy. Vers 1785, Dransy, ingénieur du roi, imagina de réunir le ventilateur au crible incliné et au crible rotatif, de manière à établir entre ces trois moyens une dépendance telle, que l'un étant mis en mouvement, les autres exerçassent en même temps leur action. Dans ce système, le blé tombait d'une trémie sur un crible sasseur en fil d'archal, dont les mailles retenaient les pierres et les grosses graines; il passait librement à travers le treillis, était soumis à l'influence du ventilateur, et après avoir été débarrassé d'une partie de la poussière qu'il contenait, il s'écoulait dans un crible de forme octogone qui achevait de le nettoyer. A l'intérieur, l'arbre était garni de huit traverses principales et d'une infinité de fuseaux recouverts de tôle piquée ; ces surfaces rudes raclaient le blé et le nettoyaient; les surfaces du crible rotatif étaient garnies d'un tissu en fil d'archal qui ne permettait pas au grain de passer à travers, mais qui laissait échapper les corps plus petits que le blé.

La réunion du ventilateur, du crible sasseur et du crible rotatif, mis en mouvement par l'application d'un même moteur, fut considérée comme un perfectionnement réel, et valut à son auteur la mention la plus honorable. (Voir pl. III, fig. 7 et 8.)

Appareil Dransy modifié. L'idée de Dransy a prévalu pendant longtemps, seulement on renversait l'ordre indiqué par l'inventeur, c'est-à-dire que le crible cylindrique était mis au-dessus du ventilateur, ainsi qu'on le voit dans la pl. III, fig. 9.

Tarare Gravier. perfectionné. La première personne qui, à une époque encore récente, ait apporté une modification essentielle au mode de nettoyage des grains, c'est, je crois, Gravier; en 1807, lorsqu'il prenait un brevet pour des perfectionnements de peu d'importance (voyez page 67), il imagina de contraindre le grain à être lancé à plusieurs reprises, et avec force, contre des surfaces rugueuses, avant qu'on le soumit à l'action d'un ventilateur puissant [1].

Voici la description succincte de ce tarare :

_____

[1] Avant Gravier, les Hollandais agitaient les blés mouchetés dans des caisses métalliques faisant fonction de râpes.

Le blé tombe par une anche dans une boîte en forme de trémie, dont les parois sont revêtues en tôle piquée ; cette boîte est traversée par un axe armé d'ailes garnies en tôle piquée, dont le mouvement de rotation rapide (300 tours à la minute) agite fortement le grain et le lance contre les plaques de tôle, couvertes d'aspérités. Au sortir de cette boîte, le blé passe dans un compartiment pareil ayant aussi ses batteurs, et enfin il tombe sur un plan incliné qui reçoit l'impression du courant d'air d'un ventilateur. (Voir pl. III, fig. 12 à 14.)

On a établi à Grignon, en 1825, à la suite de la machine à battre le blé, un système de nettoyage qui se compose de deux cribles sasseurs et de deux ventilateurs disposés en étages. (Voir pl. III, fig. 15 et 16.) <abbr>Nettoyage des grains, par M. Hoffmann.</abbr>

Le blé sortant de dessous les batteurs, en partie égrené, mais en partie couvert de balle, ou encore attaché à l'épi, tombe dans une trémie placée au-dessus d'un crible sasseur incliné, fait en toile métallique.

Pendant que le blé chemine sur ce crible incliné pour se rendre dans une seconde trémie, et de là sur un crible sasseur à mailles plus étroites que celles du premier crible, le grain reçoit l'impression d'un courant d'air lancé par un ventilateur, et il est débarrassé d'une certaine quantité d'impuretés : le blé qui, à la sortie de la seconde trémie, tombe sur un second sas, est de nouveau secoué et ventilé, puis enfin il est rejeté sur le plancher.

Ce système a pour effet d'opérer un nettoyage préparatoire, indispensable, mais il ne suffit pas pour mettre le blé en état d'être soumis à la mouture, ou même d'être offert avec avantage sur le marché.

L'appareil de Gravier nous paraît devoir être préféré à celui de M. Hoffmann, même comme complément d'une machine à battre.

Aux divers systèmes qui viennent d'être décrits, est venu s'ajouter un mode de nettoyage ayant pour principe l'emploi des brosses appliquées au frottage des blés.

L'une de ces machines, représentée pl. IV, fig. 1 à 6, et qu'on appelle ramonerie, n'est autre chose que l'assemblage de deux meules dont la supérieure, mobile et garnie d'une brosse, frotte le blé contre la meule inférieure qui est fixe. <abbr>Ramonerie.</abbr>

Le jeu et les effets de la ramonerie sont faciles à comprendre : le blé, arrivant par une trémie, tombe librement dans le trou pratiqué au centre de la meule supérieure ; puis il arrive sous les brosses, qui, dans

leur mouvement de rotation, poussent le grain du centre à la circonférence, en lui faisant faire un grand nombre de révolutions sur lui-
même, et en le frottant contre les bavures de la tôle piquée qui garnit
l'intérieur de toutl'appareil; au moment où le blé s'échappe de dessous
les brosses, il reçoit l'impression d'un courant d'air qui le débarrasse
de la poussière et des corps légers qui sont aussi rejetés hors de l'appareil.

Ramoneries établies en Belgique.

Les ramoneries ont été adoptées par des meuniers de beaucoup d'expérience, et j'ai pu en examiner de parfaitement installées dans le beau
moulin de M. Michels, à Gand. (Voir pl. V, fig. 4.)

Deux ramoneries sont placées au-dessous l'une de l'autre; la première est garnie de meules en bois rayonnées, et la seconde de meules
à brosses; des ventilateurs complètent le système.

Le blé arrive à la meule en bois qui est composée de deux épaisseurs
de planches de 0^m 025, croisées et fixées par des vis sur une plate-
forme en fonte découpée à jour, et portant à son centre une anille. De
petites baguettes sont appliquées à la partie inférieure de cette meule, de
manière à faire des saillies dont les intervalles figurent les rayons de la
meule. Ces saillies ont 0^m 02 de largeur, et laissent entre elles une
séparation de 0^m 015. Tout ce système est renfermé dans une caisse
en tôle piquée dont le bâti est en fonte. Le bâti se rapporte, au
moyen de boulons, sur une autre pièce également en fonte et qui est
destinée à renfermer un ventilateur; tout ce système repose sur trois
supports.

Le grain sort par une ouverture très-étroite (de 0^m 015 environ en
hauteur et largeur, et de 0^m 12 à 0^m 15 de longueur) et passe devant un
ventilateur placé au-dessous dans une caisse qui a trois ouvertures : une
pour la prise d'air, une pour laisser échapper le grain, une enfin qui
reste fermée pendant le travail et que l'on ouvre toutes les fois que l'on
veut nettoyer l'appareil.

Au sortir de cette ramonerie le grain passe dans une autre, qui ne
diffère de la première que parce que la meule courante porte des brosses
et non des baguettes.

Cylindre à brosses.

On fait usage dans beaucoup de moulins, en Angleterre, d'un nettoyeur
à brosses, qui consiste en un cylindre en toile métallique ou en tôle piquée dans lequel se meut, par un mouvement de rotation, un cylindre

garni de brosses dont les barbes viennent frotter le grain contre les parois du cylindre enveloppant. (Voir pl. IV, fig. 11.)

Mais le cylindre devant être incliné, afin de faciliter le trajet à parcourir par le blé dans la longueur de l'appareil, l'axe de la brosse mobile, sur lequel il faut monter une poulie ou un pignon, ne peut pas se trouver dans une position horizontale. Il en résulte, dans le montage de l'appareil, des difficultés et des inconvénients faciles à comprendre, et que M. Chauvelot a cherché à faire disparaître en employant une enveloppe et une brosse de formes coniques, comme on le voit pl. IV, fig. 20 à 22.

Machine à démoucheter le blé, par M. Chauvelot.

On a dit récemment que le blé soumis à l'action d'une brosse ayant un mouvement alternatif était mieux nettoyé que celui qui subissait l'effet d'une brosse rotative; il est difficile de s'expliquer le perfectionnement que doit apporter cette nouvelle combinaison; mais, dans le but de donner une solution de ce problème de détail, j'indique le moyen de faire osciller une brosse dans l'appareil imaginé par M. Chauvelot. (Voir pl. IV, fig. 12 et 13.)

M. David, de Meaux, a inventé un système de nettoyage à sec, dont l'organe principal a la forme d'un cylindre, haut d'un mètre environ, surmonté d'un émotteur et d'un ventilateur. Il se compose à l'intérieur de huit meules en grès, montées sur un même axe et juxtaposées les unes au-dessus des autres : les quatre impaires ayant une épaisseur de 0^m 110 et 0^m 330 de diamètre, et les quatre meules paires ayant 0^m 055 d'épaisseur, et 0^m 490 de diamètre; enfin la paroi intérieure du cylindre enveloppant, qui profile les meules, est garnie de peau de buffle dont l'élasticité met obstacle au brisement du grain, tout en permettant qu'il soit frotté avec énergie. (Voir pl. A du vol., fig. 1.)

Système de M. David.

Au bas de cet appareil est un ventilateur, et immédiatement au-dessous une brosse oscillant dans un cylindre; ce balancier-brosse, comme l'explique l'inventeur, *consiste en un cylindre garni de tôle découpée, soutenu par deux axes creux dans lesquels passe l'axe de la brosse : ce dernier axe est excentré de 13 à 14 millimètres, sur la ligne verticale seulement et sur la ligne horizontale passant par le centre du cylindre, qui marche à raison de 16 à 17 tours par minute; la brosse fait 60 oscillations par minute.*

L'arc décrit par la brosse ayant un rayon plus petit que celui du cy-

lindre dans lequel elle se meut, et cette brosse touchant le cylindre lorsqu'elle est dans la position verticale, il arrive qu'à mesure que dans ses
oscillations elle quitte la verticale, elle laisse entre l'extrémité de ses
barbes et le cylindre un espace qui permet au grain de s'offrir à son
contact et de subir son effet à chacune de ses oscillations. (Voir pl. A,
fig. 2 à 5.)

M. David a modifié récemment son balancier-brosse en donnant au
cylindre un mouvement d'oscillation en sens inverse de celui imprimé à
la brosse, et cette modification double le résultat produit par l'appareil
précédent. Un ventilateur agissant à l'extrémité du cylindre à brosse
doit compléter l'ensemble du système.

Marche de l'appareil. — Le blé tombe de la trémie dans l'émotteur,
où il se débarrasse des grosses pierres; en sortant de l'émotteur il est
ventilé; continuant le trajet qu'il a à parcourir, il se rend dans l'intérieur du cylindre, il est entraîné par le mouvement des meules, il est
frotté par elles et les surfaces fixes garnies de peau de buffle, de manière à n'arriver à la partie inférieure de l'appareil qu'après avoir subi
un perlage incomplet. Alors le blé reçoit le souffle d'un ventilateur, et
il est enfin soumis à l'action d'un balancier brosse et d'un autre ventilateur qui achèvent de le nettoyer.

M. David n'estime qu'à un cheval et demi la force employée par un
de ses systèmes complets, pouvant alimenter six paires de meules. Il faut
convenir que, si avec une dépense d'aussi peu d'importance, on arrive
à des résultats semblables à ceux que l'on obtient avec les tarares
Niceville ou les tarares Corrège, qui exigent une force de quatre
chevaux, l'inventeur aura rendu un grand service à la meunerie, et il
est désirable que l'expérience vienne confirmer les bons résultats déjà
obtenus.

Inconvénients
des appareils à brosses.
On reproche aux appareils à brosses d'être peu efficaces lorsque les
brosses commencent à s'user, et d'être sujets à de fréquentes réparations.
De plus on a remarqué que la poudre impalpable du grain charbonné,
divisée par l'action des brosses, en garnit les soies, lesquelles entrant en
contact avec le grain, lui rendent en partie la poussière de l'*uredo carbo*,
et lui communiquent la mauvaise odeur de ce champignon.

Après les tentatives marquées par l'emploi du crible en plan incliné,
celui du ventilateur, du crible cylindrique, des brosses et par le

frottement opéré avec des surfaces unies ou sillonnées; et après l'application de la combinaison de ces divers moyens entre eux, on dut naturellement conclure qu'une machine qui, dans un espace limité, pourrait avec une grande puissance agiter, frotter et ventiler le grain, aurait atteint la perfection désirée.

Ces considérations conduisirent Niceville à inventer son tarare vertical à force centrifuge : il consiste en un cylindre à axe mobile, garni de plusieurs plateaux en bois recouverts de tôle piquée; ces plateaux sont séparés par quatre ailettes qui sont aussi en tôle piquée; un plateau détaché, également en bois et recouvert par-dessous d'une tôle piquée, porte un entonnoir que traverse le haut bout de l'axe du tarare; l'entonnoir est disposé de manière à recevoir le blé sortant de la trémie; ce plateau a deux tenons saillants à la circonférence, qui sont diamétralement opposés : deux rainures sont pratiquées dans les bois de la carcasse du cylindre; trois vis de rappel mobilisent ce plateau, de façon à permettre de le rapprocher ou de l'écarter du plateau supérieur fixé sur l'axe du tarare, de la quantité nécessaire seulement pour que le blé passant entre les deux plateaux éprouve un certain frottement contre les aspérités dont est munie la tôle piquée de chacun d'eux : c'est ce qui fait produire à ce système le même effet que si le blé passait entre deux petites meules dont celle de dessous serait mobile.

Le blé est entraîné par la force centrifuge du premier plateau fixé sur l'axe du tarare, et chaque grain est poussé violemment contre les parois du cylindre qui sont en tôle piquée.

Quatre ailettes en tôle piquée partagent la circonférence de chaque plateau, dont le nombre peut varier de 4, 5, 6.

Le blé étant descendu à la base du cylindre est dirigé vers une ouverture placée au-dessus du tuyau de conduite du ventilateur; le grain en traversant ce conduit est frappé par le courant d'air qui le dégage de la poussière, de la balle et des grains légers. Puis le blé se rend vers un cylindre cribleur qui achève de le nettoyer. (Voir pl. IV, fig. 7 et 8.)

M. Corrège, l'un de nos habiles constructeurs, a modifié en quelques parties le tarare Niceville; son appareil est formé d'un cylindre en tôle piquée, placé dans une position verticale, ayant à l'intérieur un système mobile, composé 1° de batteurs ou plans se coupant à angles droits; 2° d'un cylindre en tôle piquée dont le diamètre n'a que deux cen-

Tarare à force centrifuge de Niceville.

Tarare de M. Corrège.

timètres de moins que celui qui est fixe, puis encore de batteurs; 3° enfin d'une meule à brosses qui frotte le grain avant qu'il sorte de l'appareil pour être soumis à l'action d'un ventilateur. Toutes ces pièces sont fixées à un arbre vertical auquel on imprime un mouvement de trois cents tours à la minute.

Le grain introduit par une anche tombe dans l'intérieur de l'appareil : il est soumis à l'action de deux batteurs séparés par un plateau, il est ensuite froissé entre les deux cylindres, puis il est de nouveau agité par des batteurs; et enfin il est brossé et rejeté à l'extérieur pour être ventilé. (Voir pl. IV, fig. 9 et 10.)

Tarare de M. Lasseron. M. Lasseron, ingénieur civil à Niort, qui s'est occupé spécialement des perfectionnements à apporter aux diverses machines en usage dans les moulins à blé, a modifié aussi le tarare Niceville en combinant l'action des meules-râpes avec celle des batteurs et de la meule en bois.

Son appareil se compose, comme les précédents, d'un cylindre enveloppant en tôle piquée dont les aspérités font saillie à l'intérieur. A la partie supérieure est une meule en tôle piquée qui froisse le grain; au-dessous sont des batteurs, puis ensuite une meule, puis des batteurs, puis une meule en tôle piquée, puis des batteurs, puis un ventilateur. L'axe vertical sur lequel sont montées ces diverses pièces fait trois cents tours à la minute.

Cet appareil, qui est assemblé de manière à pouvoir être nettoyé pièce par pièce, est, parmi ceux du même genre, l'un des plus efficaces que j'aie vus; une meule en bois rayonnée en fil d'archal remplace avantageusement la meule à brosses qui exige de fréquentes réparations (V. pl. IV, fig. 14 à 19.)

Tarare vertical conique à force centrifuge. J'ai vu en construction, dans l'usine de MM. Lasseron et Legrand, à Niort, un appareil destiné à nettoyer le grain, dont l'agent principal consiste en deux cônes, l'un enveloppant l'autre, séparés entre eux par un espace qui est parcouru par le blé.

Les enveloppes coniques sont en tôle piquée, les barbures faisant saillie dans la voie parcourue par le grain; le cône extérieur est fixe, et le cône intérieur fait trois cents tours à la minute. Cet appareil a de l'analogie avec celui de M. Cartier, lequel se compose de deux cylindres concentriques. On dit que dans le premier le blé, cheminant avec plus de lenteur que dans le second, y est mieux nettoyé; mais cela paraît peu probable, puisque l'appareil de M. Cartier opère le perlage complet, c'est-à-dire qu'il débarrasse le grain de son enveloppe corticale.

MARCHE DU SYSTÈME.

D'une trémie placée à la partie supérieure, le blé tombe sur un crible sasseur, d'où il se rend à un cylindre incliné percé de trous de formes diverses, et, avant de passer du sasseur au cylindre, le grain reçoit l'impression d'un ventilateur. Débarrassé par ces agents mécaniques d'une partie de la poussière et des petites graines qu'il contenait, le blé arrive par une anche entre les deux surfaces coniques, où il est frotté en tous sens, et, à la sortie de cette machine, il est soumis à l'action d'un ventilateur. Alors le grain a subi l'effet entier du système de nettoyage, qui exige, pour être maintenu en fonction, l'emploi de la force de cinq chevaux. (Voir pl. B du vol., fig. 1.)

Le système de nettoyage des grains en usage dans la plupart des grands établissements modernes de meunerie, se compose en général de tarares divers, de ramoneries, de ventilateurs combinés avec le crible à plan incliné et le crible cylindrique.

Système de nettoyage des grains dans les grands établissem. de meunerie.

A Ligugé, près Poitiers, dans le beau moulin de M. Véron, le blé, après avoir été pesé au rez-de-chaussée, est versé par une chaîne à godets dans une vaste trémie ouverte à travers le plancher du premier étage; il passe de là dans un tarare Gravier à double batteur; il est ventilé et tombe dans des sacs qui, à mesure qu'ils sont remplis, sont montés au sixième étage et vidés dans une trémie, d'où le grain s'écoule sur un crible émotteur, recevant un mouvement de va-et-vient par un babillard faisant environ quatre-vingts tours à la minute, et portant quatre cames. Lorsque le blé s'échappe de cet émotteur, il reçoit l'action d'un ventilateur, et il se rend ensuite dans un crible cylindrique qui le débarrasse d'une partie de ses mauvaises graines; au sortir de ce cylindre, le blé est transporté par une chaîne à godets, aboutissant au-dessus d'un tarare Niceville muni de deux meules en tôle piquée, l'une à la partie supérieure et l'autre à la partie inférieure. Sortant de ce tarare, le grain est encore ventilé; il tombe dans une trémie d'où il est conduit, par une chaîne à godets, à un second tarare Niceville, semblable au premier; après avoir parcouru ce tarare, le grain se rend dans une trémie d'où il est transporté sur un crible sasseur

A Ligugé.

qui termine l'opération du nettoyage; et, de ce dernier appareil, le blé
est conduit aux cylindres concasseurs qui sont placés au-dessus des
meules. (Voir pl. V, fig. 1.)

A Veau   A Veau, près Étampes, dans le moulin du comte Perregaux, le système de nettoyage, quoique plus simple que le précédent, n'en est
pas moins bien entendu.

Le blé, déposé dans une vaste trémie, arrive à un appareil Gravier
à double batteur, d'où il sort pour se rendre sur un crible à émotter
soumis à l'action d'un ventilateur; de là, il tombe dans une trémie d'où
il est transporté, par une chaîne à godets, à la partie supérieure d'un
tarare Gravier à cinq batteurs superposés les uns aux autres. En sortant
de cet appareil, le blé est encore ventilé, et il est conduit dans deux
cribles cylindriques, communiquant de l'un à l'autre et qui achèvent
de le nettoyer. (Voir pl. V, fig. 2.)

A Saint-Maur.   Une disposition plus simple encore que la précédente, et qui paraît
donner d'assez bons résultats, est celle que l'on peut voir dans l'usine
de Saint-Maur.

D'une trémie, placée à la partie supérieure, le blé s'écoule sur un
crible sasseur à l'extrémité duquel est un ventilateur; le grain est alors
versé dans une trémie, d'où il est pris par une chaîne à godets qui le
transporte à la partie supérieure d'un tarare vertical. Après qu'il a été
soumis à l'action de cet appareil, il est ventilé de nouveau, et l'opération se termine en faisant passer le blé dans deux cribles cylindriques.
(Voir pl. V, fig. 3.)

A Gand.   Il m'a été permis d'examiner à Gand, dans le beau moulin à vapeur
de M. Michels, un système de nettoyage dont je vais donner la description. (Voir pl. V, fig. 4.)

Le grain, versé dans une trémie, est distribué dans trois tarares verticaux à cylindres concentriques, à peu près semblables aux
tarares de M. Corrège; au-dessous de ces tarares verticaux se trouvent
trois ventilateurs, et le grain ventilé tombe dans des cylindres en tôle
découpée à trous longs. Ces cylindres ont 0^m 50 de diamètre, et 3^m 00
de longueur; ils tournent dans une auge en tôle, et sont garnis de petites palettes qui profilent le fond de l'auge et font descendre le mauvais grain.

Le blé est ensuite remonté par une chaîne à godets aux ramoneries, dont la supérieure a une meule en bois, et l'inférieure une meule à brosses. Des ventilateurs, placés au-dessous des surfaces frottantes, complètent le système.

Tous ces moyens finissent par opérer assez bien le nettoyage des grains, et la critique ne peut s'exercer que sur l'emploi des meules à brosses, que l'on doit remplacer par des meules en bois, et sur l'usage que l'on fait des cribles sasseurs qui, recevant un mouvement d'agitation à l'aide de babillards, communiquent les secousses qui leur sont données à toutes les machines du moulin et à toute la charpente des établissements. Il serait donc avantageux de substituer des cribles cylindriques aux cribles sasseurs.

Le mode employé pour nettoyer les blés en Angleterre est moins compliqué, et, à certains égards, il est moins complet que celui adopté en France ; on n'y rencontre rien que nous ayons intérêt à imiter.

Je crois cependant devoir indiquer le système de nettoyage adopté par M. Fairbairn, de Manchester, et dans le beau moulin de M. Alexander, à Mill-ford, près Carlow (Irlande).

Après que le grain a été passé à l'étuve, par des moyens qui seront décrits, il est versé dans un cylindre en fil de fer, à hélice intérieure, à la sortie duquel il est ventilé ; de là, il se rend sous des meules en pierres, très-légères, sans rayons, et convenablement espacées, qui ont pour effet de froisser le grain dans tous les sens, et de détacher les corps adhérents à sa surface ; après avoir subi cette opération, il est de nouveau ventilé, puis il tombe dans un cylindre simple faisant trente tours à la minute ; il reçoit ensuite l'impression d'un ventilateur ; et enfin il est soumis à l'action d'un crible cylindrique à brosses, de 2ᵐ 50 de longueur sur 1ᵐ 00 de diamètre, faisant trois cents tours à la minute, et terminé par un ventilateur.

C'est le système de nettoyage le plus simple, le plus complet et le mieux combiné que j'aie étudié à l'étranger : il participe de ceux qui existent en France, et ne leur est en aucun point inférieur. L'usage des meules est emprunté à la méthode saxonne. (Voir pl. V, fig. 5.)

Les divers procédés qui viennent d'être décrits donnent assurément la possibilité de séparer du grain une grande partie des corps qui s'y trouvent mêlés, et de le débarrasser, à peu près, de ceux qui adhèrent à sa surface et entre ses lobes ; cependant on a reconnu que la teinte

En Angleterre.

A Mill-Ford (Irlande).

qu'affectent les blés recouverts de la poudre de l'*uredo caries* et de l'*uredo carbo* ne pouvait entièrement disparaître qu'à l'aide du lavage, et qu'il n'y avait que ce moyen qui permît de faire l'extraction complète des graines d'ail mêlées au blé; de plus, on a remarqué que les farines provenant des blés lavés à grande eau et séchés à l'air libre et au soleil, étaient d'une blancheur plus éclatante que celles provenant de blés nettoyés par des appareils semblables à ceux dont nous venons de donner une idée générale. Aussi l'industrie a-t-elle cherché, par des moyens artificiels, à opérer le lavage et le séchage des grains de manière à acquérir, dans les climats humides et froids, la possibilité de faire des farines aussi belles que celles qui sortent des usines du Midi de la France, où l'opération du lavage des grains et leur séchage à l'air libre sont souvent mis en usage.

Nous allons donc maintenant examiner le mode de nettoyage par la voie humide.

§ II. — NETTOYAGE DES GRAINS PAR LA VOIE HUMIDE.

Lavage des grains dans le Midi de la France.

En Provence, aux environs de Toulon, et notamment dans la vallée de Dardennes, on rencontre sur le Béal des établissements spéciaux destinés à opérer le nettoyage du blé par la voie humide.

Les moyens mis en pratique sont d'une grande simplicité : une caisse de deux mètres de longueur sur 0^m 73 de largeur et 0^m 65 de profondeur, ayant une petite porte à coulisses à la partie supérieure, et un robinet de grande dimension à la partie inférieure; des brouettes dont le fond, à jour, est garni en fils d'archal assez rapprochés entre eux pour retenir le blé; puis une terrasse de 10 à 15 mètres carrés, dallée en briques et exposée de manière à recevoir l'impression de l'air et celle des rayons du soleil; enfin, une pompe, quelques pelles et quelques râteaux complètent l'ensemble du système.

Voici la manière dont on procède : à l'aide d'une pompe on remplit d'eau la caisse où doit s'effectuer le lavage; on y jette du blé par petites quantités; le bon grain et les pierres se déposent au fond, et les corps légers, comme les grains rongés à l'intérieur par les insectes, la balle, le charbon, la poussière de carie viennent à la surface.

De temps à autre on ouvre la porte de la caisse faisant fonction de réservoir; on laisse couler l'eau qui entraîne les corps flottants, puis on referme la porte; on remplace l'eau perdue, on remet du blé dans la caisse, et l'on continue ainsi l'opération sur deux hectolitres environ. Lorsque les corps légers ont été séparés des grains, on agite la masse de blé immergé; par cette manœuvre on délaye la terre mêlée au blé, et l'on parvient encore à faire monter à la surface quelques corps plus légers que le grain.

On agite l'eau chargée de parties terreuses et on la laisse échapper par un robinet, en avant duquel on a placé un obstacle qui s'oppose à la sortie du grain. On remplit la caisse d'eau propre, et l'on répète les opérations qui viennent d'être indiquées jusqu'à ce que le blé soit parfaitement net.

Le nettoyage du blé exige un temps variable, suivant qu'au grain se trouvent mêlés plus ou moins de corps étrangers. Mais, en moyenne, il faut dix à douze minutes d'immersion pour opérer le lavage de deux hectolitres de grains; et il est indispensable de renouveler l'eau à deux, trois, quatre et même jusqu'à six reprises.

Lorsque le nettoyage est jugé complet, on ouvre un large robinet donnant issue à l'eau et au blé, qui tombent dans des brouettes à fond à jour, disposées de manière à retenir le grain qu'on laisse égoutter pendant un quart d'heure avant de le mettre à sécher.

Le grain une fois égoutté est étendu sur des terrasses à une épaisseur de six à neuf centimètres, et de temps en temps on trace à sa surface, au moyen d'une pelle, des espèces de sillons parallèlement à l'un des côtés de la terrasse, puis d'autres sillons perpendiculaires aux premiers, afin d'augmenter les surfaces et de faciliter l'évaporation.

Enfin, lorsque le blé est sec, ce qui demande tantôt une journée, tantôt deux heures seulement (lorsque le temps est beau et le soleil très-ardent), on le verse dans des sacs, et il est alors en état d'être livré à la mouture.

Cette manière d'opérer est occasionnellement mise en usage pendant l'été par l'un de nos meuniers les plus capables des environs de Paris, M. Darblay, qui, après avoir fait agiter le blé dans des cuves pleines d'eau, le place par couches de trois à quatre centimètres d'épaisseur sur des toiles clouées à des châssis en bois; puis il le soumet à l'influence de l'air et à celle du soleil.

Lavage des grains aux environs de Paris.

11

Interrogé sur l'efficacité de cette pratique, M. Darblay nous a dit qu'il la trouvait excellente, mais qu'elle nécessitait beaucoup de main-d'œuvre; que le climat variable des environs de Paris la rendait trop rarement applicable; et il a ajouté que ce serait donner à la meunerie un moyen d'obtenir de très-belles farines, si l'on rendait praticable en tout temps le lavage et le séchage des blés. M. Conty, de Rives, et M. Mainiel, de Poitiers, qui tous deux font autorité dans l'industrie de la meunerie, nous ont exprimé une opinion analogue à celle de M. Darblay, et MM. Rennie, de Londres, les célèbres constructeurs des moulins de Portsmouth, de Plymouth et de Deptford, nous ont confirmé dans tout ce que nous avaient dit à ce sujet les meuniers français. Nous nous sommes donc appliqué à étudier ce qui avait été tenté dans le but de résoudre cette question, afin de nous assurer si les moyens nouveaux dont nous donnerons une description, et sur lesquels nous avons appelé l'attention du ministre en 1837, par l'intermédiaire de M. le baron Tupinier, sont plus parfaits que ceux qui jusqu'à ce jour ont été soumis à l'expérience tant en France qu'en Angleterre.

Appareils pour le lavage et le séchage des grains.

Nous avons trouvé en France l'appareil de M. Gosme, celui de M. Cartier et celui de M. de Meaupou; en Angleterre, celui de M. Hébert: aucun d'eux n'a obtenu de succès complet, mais tous quatre attestent des efforts d'intelligence qui méritent d'être signalés.

Appareil de M. Gosme.

Le système de M. Gosme (pl. VI, fig. 1) consiste en un cylindre laveur tournant autour de son axe; ce cylindre en métal, criblé de trous, est plongé dans une cuve demi-cylindrique où il baigne en partie dans l'eau.

Le blé arrive au cylindre par une extrémité et se rend vers l'autre en obéissant à la pente donnée au cylindre et au mouvement qui lui est imprimé. Lorsque le grain est parvenu à la partie inférieure, il est enlevé par des palettes et versé dans une hélice qui est en communication avec l'intérieur du cylindre.

On établit dans cet appareil, en sens contraire de la chute du blé, un courant d'eau qui a pour effet d'entraîner par l'extrémité la plus élevée du cylindre les corps légers qui viennent à la surface de l'eau.

En sortant de l'hélice, le blé tombe dans une trémie en toile métallique où il commence à s'égoutter; de là, il passe dans une longue vis tournant dans une enveloppe en toile métallique, qui le con-

duit à une chaîne à godets, ayant pour fonction de le porter à un appareil sécheur, formé d'un cylindre en bois, coupé horizontalement par
un grand nombre de diaphragmes en métal dont les uns touchent alternativement à l'enveloppe du sécheur et les autres seulement à l'arbre
vertical qui le traverse dans toute sa longueur. Ainsi, le diaphragme
supérieur touche au cylindre et laisse un vide près de l'arbre, tandis que
le second touche à l'arbre et laisse un vide entre sa circonférence et celle
du cylindre sécheur, et ainsi de suite.

Sur l'arbre vertical sont fixés des râteaux en nombre égal à celui des
plateaux; ces râteaux munis de dents, ayant une obliquité convenable,
ramènent le grain tantôt de la circonférence au centre, tantôt du centre
à la circonférence; il résulte de cette disposition que le blé versé dans le
sécheur a parcouru toutes les surfaces intérieures avant d'être rejeté
hors de l'appareil.

Pendant le trajet du blé dans le cylindre vertical, on y introduit une
certaine quantité d'air froid ou d'air chaud, afin d'accélérer l'opération
du séchage.

Cet appareil a le désavantage de laisser séjourner le blé pendant trop
longtemps dans l'eau et de ne lui faire subir aucun frottement.

De plus, le blé n'étant pas essuyé avant d'être porté au séchoir, il y
arrive tellement humide qu'il doit être presque impossible de l'en faire
sortir dans un état de siccité convenable.

M. Cartier, de Corbeil, a inventé en 1835 un appareil à laver et à sé- *Appareil de M. Cartier.*
cher les grains. (Voir pl. VI, fig. 2 à 7.)

Dans ce système, le blé se rend à une auge où se meut un agitateur à
palettes; il y est agité, puis il est pris par une chaîne à godets qui le verse
dans une trémie d'où il tombe dans un cylindre étuve. Ce cylindre, auquel on donne un mouvement de rotation, est contenu dans un autre cylindre fixe, recevant la chaleur qui s'échappe par divers conduits en
communication avec un foyer placé à la partie inférieure de cette sorte
d'étuve.

Inconvénients. — Comme rien n'indique que le blé, pendant son séjour dans le cylindre mobile, aura été mis en contact avec la quantité
d'air chaud nécessaire à la vaporisation de l'eau dont il aura été chargé,
il est difficile d'affirmer qu'en sortant de cet appareil il ait été mis dans
un état de siccité complet.

D'une autre part, le nettoyage ayant été opéré par simple agitation, sans frottement en tous sens, il n'aura pas pu être assez efficace pour détacher du grain les corps qui lui étaient adhérents.

Appareil
de M. de Meaupou. L'appareil dont on attendait les plus grands avantages, et qui, lors de son apparition, avait été signalé comme devant être la cause d'un progrès réel, est sans contredit celui de M. de Meaupou. Nous avons eu occasion de l'examiner en détail chez M. Mainiel, à Poitiers, et nous l'avons vu fonctionner à la Villette, dans le superbe entrepôt de M. Thoré.

Ce système se divise en trois parties distinctes : le laveur, un appareil de séchage par la chaleur, et un appareil refroidisseur.

Une trémie ouverte dans le plancher du deuxième étage conduit le grain jusqu'à une cuve au centre de laquelle est un arbre vertical traversé par des barres ou batteurs qui se meuvent entre d'autres batteurs fixés à la cuve. L'arbre vertical reçoit un mouvement de rotation par un arbre de couche garni de pignons qui s'engrènent sur des roues d'angles fixées à l'extrémité des axes.

Lorsqu'on commence à laver, on introduit une certaine quantité d'eau par la partie inférieure des cuves, et les batteurs font cent trente tours à la minute ; après une agitation qui a duré environ trois minutes, on désembraye, et on laisse entrer l'eau jusqu'à ce qu'elle passe par-dessus les bords, de manière à entraîner les mauvaises graines et les corps légers qui sont montés à la surface. On laisse échapper l'eau sale, on la remplace par de l'eau propre ; on agite de nouveau, on arrête le mouvement, puis on fait encore entrer de l'eau jusqu'à ce qu'elle passe par-dessus les bords, de manière à entraîner les corps légers qui sont venus à la surface ; puis on laisse écouler l'eau et l'on répète cette opération deux, trois et quatre fois, suivant que le blé est plus ou moins sale. Ces lavages durent toujours six à huit minutes.

Si le blé n'est pas très-sale, ou si l'on ne tient pas à le laver parfaitement, on ne donne aux agitateurs qu'un mouvement de vingt-cinq tours à la minute, et l'eau n'est pas renouvelée aussi souvent que nous venons de l'indiquer.

Lorsque le lavage est terminé, on ouvre les soupapes pratiquées audessous des cuves ; le grain tombe avec l'eau dans une auge dont le fond est en toile métallique ; l'eau s'écoule à travers les mailles de la toile, et

le grain est conduit par une hélice vers une chaîne à godets qui le transporte au troisième étage. Il est alors soumis à l'action de l'appareil sécheur qui se compose de sept cylindres superposés les uns aux autres,
également inclinés deux à deux, et ayant un mouvement de trente tours
à la minute. Le grain passe de l'un à l'autre des cylindres sans le secours
de l'homme et sort très-sec, en apparence, lorsqu'il abandonne le
septième cylindre.

Ces sortes de cribles cylindriques en toile métallique sont chauffés à
feu nu par un fourneau placé au rez-de-chaussée, alimenté avec du coke.
Pour empêcher les petites graines qui passent à travers les cylindres de
tomber dans le feu et de produire de la fumée, et pour éviter que l'eau
qui suinte des cylindres supérieurs ne communique un excès d'humidité aux cylindres inférieurs, on a disposé au-dessous de chacun d'eux
des feuilles de tôle formant diaphragme; mais ces plaques ont le désavantage d'empêcher l'air chaud d'arriver directement aux cylindres.
Pour concentrer la chaleur dans l'appareil on le revêt d'une chemise en
tôle.

A la sortie des cylindres étuves, le grain est transporté par une
chaîne à godets au troisième étage, pour être versé ensuite dans les cylindres refroidisseurs qui sont disposés de la même manière que les cylindres chauffeurs; seulement cet appareil est pourvu d'une cheminée
d'appel destinée à opérer une ventilation. Le blé, après avoir parcouru
la série des cylindres refroidisseurs, tombe sec et à la température de
l'air ambiant dans des sacs disposés pour le recevoir.

Le système complet, qui est composé de quatre trémies, quatre cuves,
deux hélices, quatre chaînes à godets, quatorze cylindres étuves, quatorze cylindres refroidisseurs, disposés sur deux rangs, et d'une pompe
capable de fournir l'eau nécessaire au lavage, exige l'emploi d'une force
de six chevaux. La dépense en coke est de 5 hect. 50 pour le séchage de
100 hectolitres de blé, et l'appareil peut laver et sécher environ 430 hectolitres par jour. (Voir pl. VI, fig. 8 et 9.)

On nous a assuré que les machines proprement dites que nous avons
vues à Poitiers, sans y comprendre le moteur, les transmissions de mouvement, l'érection des bâtiments et divers accessoires, etc., etc., ont
coûté 22,000 fr. ; je ne rapporte cette particularité que pour faire sentir
combien l'industrie de la meunerie, qui sur plusieurs points de la France,

a mis en essai le moyen de M. de Meaupou, sans malheureusement en avoir tiré le parti qu'elle en attendait, est portée à attacher un grand prix à des procédés qui dans tous les temps lui donneraient la possibilité de laver et de sécher parfaitement le blé.

Lorsqu'on examine le système que nous venons de décrire, on se demande pourquoi, avant de soumettre le blé au lavage, on ne l'a pas débarrassé des pierres et d'une partie de la poussière qu'il contenait. Car le blé ainsi préparé, à l'aide de moyens simples et exigeant peu de force, n'aurait pas eu besoin de rester autant de temps dans l'eau pour se nettoyer, et il aurait eu moins de chances de se charger d'humidité.

On peut aussi regretter que dans cet appareil le blé ne soit qu'agité, et qu'il ne reçoive pas l'action d'un frottement assez fort pour le débarrasser des corps adhérents à sa surface. De plus, le grain se rend avec l'eau de lavage dans des conduits dont les parois sont toujours très-mouillées, et qui communiquent avec les vis sans fin conservant aussi beaucoup d'humidité; il arrive très-mouillé à une noria dont les godets percés par le fond égouttent les uns dans les autres, et c'est dans cet état qu'il est versé dans le premier cylindre sécheur. Si au sortir des cuves le blé eût été parfaitement essuyé et porté immédiatement à l'étuve, c'eût été remédier à un inconvénient, et les trois premiers cylindres chauffeurs n'auraient pas toujours été remplis d'une grande quantité de vapeur dont on ne peut se débarrasser qu'en faisant une dépense considérable de combustible.

On a remarqué que le blé en sortant de cet appareil se trouvait plus lourd qu'avant d'y avoir été soumis; ainsi 100 kilogrammes de blé lavés et séchés pesaient, par exemple, 101 ou 102 kilogrammes. Le blé ainsi nettoyé était lisse et coulant à la main, et il avait cependant absorbé 1 ou 2 p. 0/0 d'humidité.

Les rapports des boulangers viennent confirmer cette remarque; ils constatent que la farine provenant de blés ainsi lavés ne rend pas au pétrin, et que pour obtenir la manipulation facile de cette farine et autant de pain qu'avec les farines ordinaires, il faut la conserver pendant deux mois sur les planchers, afin de lui faire perdre la quantité d'humidité qu'elle avait acquise par l'opération du lavage du blé et de son séchage imparfait.

En résumé, le blé lavé et séché a une belle apparence; et, bien que la farine qui en provient soit très-blanche, elle se prête difficilement au travail de la panification : cependant la pâte qu'on en obtient est d'une grande blancheur; seulement la mie du pain affecte, après la cuisson, une teinte légèrement *colorée en bleu.*

Nous avons cherché à nous rendre compte de ce dernier phénomène, et voici l'explication que nous pensons pouvoir en donner.

Il nous a semblé que le grain, qui tombe encore mouillé dans des cylindres en toile métallique exposés à une haute température, entraîne une certaine quantité d'oxyde qui ne peut manquer de se former dans de pareilles conditions. Cet oxyde, suivant nous, adhère au grain, ou se fixe entre ses lobes, et il reste mélangé à la farine en si petite quantité qu'il n'en altère pas sensiblement la blancheur. En présence du tannin [1] contenu dans la farine, et sous l'influence de l'eau qui entre dans la pâte et de la chaleur du four, cet oxyde de fer se combine avec l'acide gallique provenant du tannin et forme ainsi un gallate de fer d'une couleur brun bleuâtre. Les expériences que j'ai fait faire à la boulangerie de Rochefort sont confirmatives de l'explication donnée ci-dessus : ainsi, lorsque l'oxyde de fer est employé à la dose de 5 grammes sur 1,200 grammes, le pain n'affecte plus la couleur brun bleuâtre, mais bien une couleur brune; à la dose de 1 ou 2 grammes sur 1,200 grammes, la teinte est un peu bleuâtre.

Le système ingénieux de M. de Meaupou a été presque abandonné; néanmoins nous espérons que les recherches auxquelles il a donné lieu ne seront pas entièrement perdues pour l'industrie.

Du reste, voici le parti qu'on en tire aujourd'hui : M. Thoré, gérant de l'entrepôt général des grains, situé à La Villette, qui se sert de l'appareil Meaupou, n'en fait que très-peu d'usage pour laver et sécher les blés : le lavage est presque abandonné; mais le système de nettoyage à sec et de séchage des blés humides et avariés reçoit fréquemment d'utiles applications.

Je crois devoir mentionner ici deux résultats obtenus pendant l'année 1841.

---

[1] Dans la farine la plus blanche il existe toujours des particules d'écorce de blé qui contiennent du tannin.

En mai, il a été donné à sécher 1,702 quint. 03 kilogrammes de blé qui était dans un état complet de fermentation.

On a obtenu en blé séché, bien coulant
à la main, mais d'une nature un peu pâle.   1,617 q. 46 k. ⎫
En criblures belles......................   26   70 ⎬ 1,644 q. 16 k.
Déchet d'évaporation 5 p. 100...........   36   67 ⎫
Déchet en poussière et mauvaises criblures .   1   20 ⎬   57   87

        Total égal...........................   1,702 q. 03 k.

Dans le même mois il a été donné à nettoyer et à sécher 2,399 quint. 10 kilogrammes de blé très-humide, mélangé de blé d'Odessa qui menaçait de se gâter entièrement.

Le grain passé à l'appareil, on a obtenu en blé séché.....   2,285 q. 15 k.
En criblures bonifiées................................   81   60
Déchet d'évaporation   54   55

        Total égal...........................   2,599 q. 10 k.

Poids brut ⎰ première opération .... 1,644 q. 16 k. ⎱ 3,927 q. 31 k.
           ⎱ deuxième   id.   2,285   15 ⎰
A déduire le poids de 2,426 sacs de 1k. 1|2.............   36   39

        Reste en blé propre à la consommation..... 3,890 q. 92 k.

Sept mois après l'opération du séchage, l'entrepôt a remis à son client 3,890 quint. 92 kilogrammes de blé parfaitement sain, bien qu'il eût été conservé sur une épaisseur de 90 centimètres et qu'il n'eût subi aucun pelletage, et il lui a remis en outre 81.60 de criblures bonifiées.

J'ai dû rechercher si la dépense nécessaire pour arriver à de pareils résultats ne dépassait pas les frais de conservation des blés par les moyens ordinaires, et voici où je suis arrivé :

Conservation des blés par les moyens ordinaires, par quintal métrique pendant 7 mois.		Conservation des blés à l'aide du séchage, par quintal métrique pendant 7 mois.	
Déchets sur les planchers.........	0,37	Déchets sur les planchers..........	» »
Pelletage et criblage..............	0,40	Pelletage et criblage..............	» »
Entrées et sorties................	0,19	Entrées et sorties.................	0,19
Magasinage et assurance..........	0,49	Séchage	0,60
		Magasinage et assurance..........	0,49
Pour 7 mois par quintal métrique...	1,54	Pour 7 mois par quintal métrique...	1,28

Ainsi le client de M. Thoré, tout en lui accordant un bénéfice, a non-seulement évité de perdre ses grains, qui étaient très-avariés, mais encore il a dépensé, par quintal, 26 c. de moins que s'il avait eu à conserver par les procédés ordinaires des blés de bonne qualité.

L'appareil de M. de Meaupou, bien qu'il soit imparfait, pourrait donc recevoir une application utile ; car, tel qu'il est, on doit le préférer à la touraille des brasseurs, dont on fait un usage si multiplié dans tout le nord de l'Europe.

Des efforts analogues ont été tentés dans la même direction par M. Hé-bert, patenté à Londres, inventeur d'un appareil à laver et à sécher le grain : cet appareil diffère de celui que nous venons de décrire. (Voir Pl. VI, fig. 10 à 13.)

Appareil de M. Hébert, de Londres.

Le grain est jeté dans une trémie avec une certaine quantité de gravier ayant à peu près 2 à 3 millimètres de diamètre (une mesure de sable pour cinq mesures de blé) ; puis le tout est versé dans un cylindre, auquel un mouvement rotatif lent est imprimé pendant quelques minutes, de manière à favoriser le froissement du grain par les cailloux anguleux ; de ce cylindre, le blé et le sable sont versés dans un tamis ayant un mouvement horizontal d'agitation, baignant dans l'eau, dont les mailles laissent passer le sable et retiennent le grain. Au sortir du tamis, le blé est jeté dans une trémie où il s'égoutte pendant quelques minutes, puis il est transporté à une étuve par une chaîne à godets. Cette étuve se compose de cinq à six tubes A placés à côté les uns des autres au milieu du foyer ; ils sont disposés de manière à donner la quantité de chaleur suffisante ; l'orifice inférieur des tubes entre en communication avec un ventilateur, et les orifices supérieurs avec un tuyau qui porte l'air chaud vers une boîte à air. Tous les produits de la combustion passent par un conduit D, pour aller joindre le tuyau de la cheminée ; le fond et les deux côtés du conduit D sont en briques, mais la surface supérieure est en tôle, et forme le dessous d'une boîte à air en fonte E. Cette boîte n'a pour couvercle qu'une toile de canevas, qui n'est elle-même qu'une partie d'une toile sans fin FFF, mise en mouvement dans la direction du foyer à la cheminée. Cette toile s'appuie sur trois tambours GHI, que le moteur sollicite à tourner de manière à l'entraîner dans le même sens. Une autre toile sans fin MM, semblable à la première.

12

passe autour des tambours HI, et se trouve entraînée dans le même sens que la toile FF ; elle a pour destination spéciale de porter le blé une fois séché hors de l'appareil.

Voici quelle est la marche de la machine :

Un mouvement lent est imprimé aux tambours GHI qui, par leur action, entraînent la toile sans fin au-dessus de la boîte à air chaud E, en même temps que le ventilateur lance une grande quantité d'air qui, ayant acquis une haute température en passant par les tubes chauffeurs, va se répandre dans la boîte E, traverse les mailles de la toile F et sèche le grain humide déposé à sa surface. Lorsque le grain arrive au tambour H, il entre en contact avec l'autre toile MM ; et, contenu entre les toiles F et M, il chemine vers le cylindre I où les toiles se séparent ; le grain tombe alors dans une anche qui le porte hors de l'appareil.

Employer du sable pour nettoyer le grain, c'est s'exposer à faire moudre ensemble et du sable et du grain, car la séparation peut ne pas toujours être parfaite ; de plus, le grain est agité dans le tamis immergé, mais il n'est pas frotté en tous sens, et le frottage est cependant le seul moyen de le débarrasser des corps étrangers qui adhèrent à sa surface ; enfin, le blé reste trop longtemps mouillé dans l'égouttoir pour ne pas absorber une grande quantité d'humidité, de sorte qu'il est difficile de le faire sécher.

Il m'a été impossible d'évaluer la dépense en combustible ; cependant je suis persuadé qu'elle est notable. J'ignore quel est l'aspect du pain fabriqué avec de la farine provenant du blé lavé et séché par les procédés de M. Hébert, qui ne me semblent pas pouvoir être appliqués avec avantage.

Nous arrivons maintenant à la description de l'appareil que M. Lasseron et moi avons imaginé.

Appareil de MM. Rollet et Lasseron.

Cet appareil diffère de ceux employés jusqu'à ce jour, en ce qu'il fonctionne d'une manière continue ; qu'il fait subir au grain l'action d'un frottage efficace ; qu'il ne le soumet au système sécheur, qu'après l'avoir parfaitement essuyé ; qu'il permet de ne laisser le blé immergé dans l'eau que pendant deux minutes ; et qu'enfin, il n'oblige pas, dans le cours d'opérations diverses, à faire intervenir le travail de l'homme.

Le grain, après avoir été débarrassé, à l'aide d'un double cylindre uni à un ventilateur, des pierres, des petites graines et d'une partie de la poussière qu'il contenait, arrive dans l'appareil par un tube **E**. (Pl. VII. fig. 1 et 3.)

Il passe sous la meule F (fig. 3 et 4) qui, en le froissant, l'oblige à entrer dans l'eau ; au sortir de cette meule, les grains légers, ceux attaqués de carie et les graines d'ail, si capables de rendre la mouture imparfaite, montent à la surface du liquide et sont entraînés par le courant vers le trou G (fig. 3 et 7); le bon grain, plus dense que l'eau, descend par l'entonnoir H (fig. 3 et 4) sous le second système de meules I (fig. 3 et 4), celles-ci le frottent de nouveau, et le versent par l'entonnoir K (fig. 3 et 4) sur la toile sans fin L (fig. 1, 3 et 5). Cette toile, ayant une vitesse de 0 m. 15 c. par seconde, le remonte hors de l'eau jusqu'en M (fig. 3), où une brosse, agissant au-dessous d'elle, fait tomber une partie de l'eau qu'elle tend à entraîner.

Au-dessus de cette brosse sont placés trois cylindres NOP (fig. 1, 3 et 5) garnis d'éponges qui, en raison de leur capillarité, s'emparent en grande partie de l'eau entraînée par la toile et le grain.

Trois cylindres compresseurs QRS (fig. 1, 3 et 5), faisant office de laminoirs, forcent les éponges à abandonner l'eau qu'elles ont absorbée.

Un quatrième cylindre T (fig. 1, 2, 3 et 5), garni également d'éponges, placé au-dessus de la toile sans fin, enlève au grain l'eau qui n'aurait pas été absorbée par les cylindres tangents à la surface intérieure de la toile.

Un cylindre compresseur U (fig. 1, 2, 3 et 5), fixé au-dessus du cylindre T, force l'eau recueillie par les éponges à tomber dans l'intérieur de ce même cylindre T, où un auget en métal la reçoit et la verse à l'extérieur par une de ses extrémités. (Voir pour les détails les fig. 7 et 8.)

Un cylindre V (fig. 1, 2, 3 et 5), garni de brosses et tournant en sens inverse des cylindres-éponges, fait tomber les grains qui pourraient adhérer aux surfaces garnies d'éponges.

La toile sans fin s'enroule sur le cylindre X (fig. 1, 2, 3 et 5) et passe ensuite sur le cylindre Y, pour retourner sur le cylindre Z (fig. 3 et 4), qui est placé au fond de l'appareil.

Un cylindre garni de brosses est mis en A' (fig. 1, 2, 3 et 5), pour détacher de la toile le grain qui pourrait y rester adhérent.

Une trémie B', en toile métallique galvanisée, conduit le grain au séchoir.

La machine reçoit le mouvement par la poulie C′ (fig. 1, 2 et 5) fixée sur l'arbre de couche, qui porte les engrenages nécessaires aux diverses communications de mouvement. Une roue conique D′ engrène avec une roue de même forme E′, fixée sur l'arbre vertical F′ (fig. 1, 3 et 5).

Une grande poulie G′ est également fixée sur l'arbre vertical F′ et donne, au moyen d'une courroie, le mouvement aux meules (fig. 1, 3 et 5).

L'arbre de couche transmet le mouvement par des chaînes sans fin (système Galle), d'abord au tambour X, puis au cylindre-éponge P, qui engrène avec le cylindre supérieur T, lequel, par une petite roue d'engrenage intermédiaire Y′, donne le mouvement au cylindre à brosses V (fig. 1, 3 et 5).

Le cylindre-éponge P donne également le mouvement au cylindre compresseur S, qui, par son extrémité, engrène avec le cylindre-éponge, lequel donne aussi le mouvement à son cylindre compresseur, et ainsi de suite (fig. 1, 3 et 5).

Le cylindre à brosses A′ reçoit le mouvement par le grand tambour X, au moyen d'une courroie (fig. 1, 2, 3 et 5).

Tous les cylindres-éponges et leurs cylindres compresseurs peuvent se rapprocher ou s'éloigner au moyen de vis.

Les meules supérieures en fonte, garnies en bois, peuvent aussi se régler au moyen des vis H′H′H′ I′I′I′ (fig. 3, 4 et 5).

Les deux meules tournantes F et I sont fixées sur le même arbre, et placées au-dessous des meules immobiles (fig. 3, 4 et 5). Elles peuvent être montées ou descendues de manière à donner la possibilité de froisser plus ou moins le grain, et cela au moyen du levier K′ et de la tige taraudée L′ (fig. 3 et 4). (Voir pour le détail les fig. 6 et 9.)

Enfin la pièce transversale M′ sert de guide au tourillon N′, sur lequel tourne l'arbre des meules (fig. 3 et 4).

L'eau coulant en sens contraire à la direction ascendante du grain, arrive à l'appareil par une pompe dont le robinet doit être placé près des cylindres-éponges. Cette eau, destinée à l'opération du lavage, passe à travers les entonnoirs en toile métallique qui retiennent les corps légers entraînés par le courant.

Un diaphragme P′ (fig. 3 et 5) est destiné à empêcher les grains flottants d'aller jusqu'au point où la toile sans fin sort de l'eau, et s'oppose à ce qu'ils soient entraînés par cette toile avec le bon grain dont elle est couverte.

Une porte R′ (fig. 1), fixée par des boulons, permet de visiter les meules et de reconnaître si elles ont besoin d'être réparées.

A la partie inférieure, une autre porte S′ (fig. 3) est fixée de la même manière, et elle s'ouvre toutes les fois qu'il est utile de nettoyer l'appareil. Un robinet T′ (fig. 1, 3 et 5), scellé dans cette porte, sert à l'écoulement du liquide lorsqu'on veut visiter l'intérieur du laveur.

Le système entier des meules peut être enlevé d'une seule pièce, sans qu'on soit obligé de rien déranger au reste de la machine; et, pour faciliter le démontage, les meules sont maintenues entre trois tiges verticales U′ U′ U′, fig. 3 et 4, réunies par deux disques en fonte V′ V′, et une de ces deux tiges est prolongée de manière à servir de support au coussinet supérieur de l'arbre des meules.

Enfin le système repose sur quatre consoles X′X′X′X′.

Voir pour les détails les fig. 6, 7, 8 et 9.

Marche de quelques pièces du laveur.

L'arbre de couche fait trois tours par seconde. 180 par minute
La toile sans fin parcourt 0 m. 15 cent. par seconde   9ᵐ   id.
L'arbre vertical.................................   90 tours id.
Les meules en bois.............................   105 40   id.

Tous les cylindres-éponges ont, à la circonférence, la même vitesse que la toile.

Le cylindre à brosses [1] fait 3 tours 33 centièmes pendant que le cylindre-éponge T en fait un.

Il reste maintenant deux questions à résoudre, savoir :

1° Quelle est la force à employer pour faire marcher la machine ?

2° Combien, avec cet appareil, peut-on laver de blé en 24 heures, et quelle sera la dépense en combustible ?

Les expériences auxquelles nous nous sommes livrés nous ont fait reconnaître que la force d'un cheval était suffisante pour obtenir la marche régulière de toutes les parties de la machine.

[1] Ce cylindre à brosses peut être approché ou éloigné de la toile au moyen d'un boulon fixé à chaque extrémité de son axe.

Quant à la deuxième question, elle se résout par un calcul simple que nous donnons ci-après.

Le blé tombe sur une largeur de..   0,40 } ce qui donne pour section 0,0008
A une épaisseur de..   0,002 }

De sorte que la section multipliée par la vitesse 0^m 15 c. donnera $0^m,000,12$ par seconde, ou $0^m,432$ par heure, et par 24 heures $10^m,368$, ou 103 h. 68 l.

Ainsi, avec la force d'un cheval, employée pendant 24 heures, on aura lavé, essuyé et séché 103 h. 68 l.; c'est-à-dire la quantité de blé que peuvent moudre cinq paires de meules.

Le blé, au sortir du laveur, ayant été parfaitement essuyé, est soumis à un appareil sécheur composé d'un cylindre en bois de neuf mètres de long, garni à l'intérieur de tringles très-saillantes, destinées à enlever le grain et à le maintenir presque toujours en suspension. Le cylindre est parcouru, en sens inverse de la chute du blé, par un courant d'air élevé à la température de 30 à 31 degrés centigrades. Nous avons employé un cylindre en bois, afin d'éviter les inconvénients résultant de l'emploi du fer dans l'appareil Meaupou.

Nous allons donner le calcul de la quantité de chaleur nécessaire au séchage parfait du blé ayant été soumis à l'action du laveur.

On sait qu'un mètre cube d'air sec à 25° dissout 22 grammes d'eau à la pression barométrique de 0^m 76 c., et qu'à la même pression un mètre cube d'air saturé à 15° contient 13 grammes d'eau.

Or, 100 hectolitres de grain ou 7,500 kilogrammes contiennent, après avoir été lavés et essuyés, 562 kilogrammes d'eau (résultat de nos expériences), ce qui réduit à 23 kilogrammes 500 g. la quantité d'eau à évaporer par heure; si l'on pouvait employer de l'air sec à la température de 25°, lequel a la propriété de s'emparer de 22 grammes d'eau par mètre cube, il faudrait 1,068 mètres cubes d'air pour évaporer 23 k. 500 g. d'eau ou sécher 310 kilog. de blé par heure. Mais en se plaçant dans les conditions les plus défavorables, l'air dont on ferait usage étant supposé saturé d'humidité et à la température de 15°, chaque mètre cube contenant déjà 13 grammes d'eau, si l'on fait abstraction de l'effet de la dilatation de l'air élevé de 15° à 25°, le volume d'air indispensable pour évaporer 23 kilog. 500 g. d'eau sera $1,068 \times \frac{22}{22-13} = 2,611.$

Pour connaître le poids de l'air, on ramène la température à zéro et l'on a $\frac{2,611}{1+0,00365 \times 25} = 2,393$, d'où $2,393 \times 1$ kilog. 300 gr., poids d'un mètre cube d'air à la température zéro, donne 3,111 kilog. d'air pour la quantité nécessaire à la dessiccation de 310 kilog. de blé lavé.

De plus, un kilogramme d'eau pouvant être évaporé par 650 unités de chaleur, il faudra multiplier le nombre de kilogrammes d'eau à évaporer (23 k. 500) par 650, et l'on obtiendra 15,275 unités de chaleur.

Pour connaître, à son entrée dans le séchoir, la température de l'air qui doit être de 25° à sa sortie, il faut multiplier le nombre d'unités de chaleur 15,275 par 4, capacité calorifique de l'air, et diviser le produit par le nombre 3,111, représentant la quantité de kilogrammes d'air à employer, ce qui donne 20° pour la quantité de chaleur que l'air devra abandonner en traversant le séchoir. Ainsi la température de l'air, en entrant dans l'appareil, devra être de 25 + 20 ou 45°, ce qui établit pour température moyenne du séchoir 35°.

Pour trouver la quantité de combustible nécessaire à l'élévation de la température de l'air à 45°, il faut chercher quelle est la quantité d'unités de chaleur à faire passer dans l'air avant qu'on l'introduise dans le séchoir : la température de l'air étant de 15°, on aura $3,111 \times \frac{45-15}{4}$ ou 23,332 unités de chaleur.

Cette quantité d'unités de chaleur étant connue, il suffira, pour obtenir le poids du combustible à dépenser, de la diviser par la quantité de chaleur dégagée par la matière dont on voudra faire usage pour combustible.

SAVOIR :

MATIÈRES employées AU CHAUFFAGE.	QUANTITÉ DE CHALEUR dégagée par kilogramme.	QUANTITÉ DE CHALEUR utilisée par kilogramme quand l'air chaud n'est pas celui qui a alimenté la combustion.	QUANTITÉ DE KILOGRAMMES dépensés par heure pour évaporer 23 k. 5 d'eau ou pour dégager 23,332 unités de chaleur.
Bois de chauffage ordinaire.	2,800	2,240	k. g. 10 420
Charbon de bois..........	7,000	5,600	4 170
Houille moyenne..........	7,500	6,000	3 890
Tourbe	3,600	2,880	8 100

Ainsi, avec 3 kilogr. 890 g. de houille, qui coûteront au plus 0,15 c., on séchera 310 kilogr. de blé, et la dépense en combustible pour opérer le séchage de 7,500 kilogr. de blé ne s'élèvera qu'à la somme de 3 fr. 63 c., la houille étant obtenue à 3 fr. 75 c. les 100 kilogrammes.

Du cylindre étuve le blé devra être soumis à un appareil refroidisseur, qui est composé d'un cylindre de neuf mètres de longueur, à l'extrémité duquel est placé un ventilateur dont l'effet sera de ramener le grain à la température de l'air ambiant[1].

Un appareil complet, comme celui qui vient d'être décrit, pouvant laver et sécher en 24 heures 103 hectolitres de blé, il suffira d'en avoir un par beffroi de six paires de meules; une paire étant toujours en rhabillage, et une autre paire devant être employée à la mouture des gruaux.

En résumé, nous pensons que notre système résout complétement le problème du lavage et du séchage des grains, et qu'il permet la suppression totale des appareils compliqués des nettoyages ordinaires, qui nécessitent dans les grands moulins l'emploi d'une force évaluée à celle de 3 à 5 chevaux.

Afin d'arriver à démontrer, autant qu'il est en notre pouvoir, combien il y a de motifs qui peuvent, dans beaucoup de circonstances, faire donner la préférence au lavage du blé sur son nettoyage par la voie sèche, nous citerons l'opinion de Niceville, émise en 1841, sur un procédé de lavage et de séchage des grains, expérimenté par M. Bouchotte, l'un des industriels les plus recommandables du département de la Meuse, et cela plusieurs années après que M. Lasseron et moi avions donné connaissance de notre système au Ministre de la Marine, et dix-neuf mois après que nous nous étions pourvus d'un brevet d'invention

---

[1] Si, comme on peut le penser d'après les expériences qui ont été répétées à l'Institut, chez M. Darblay et à Brest, l'appareil de M. Vallery donne le moyen de faire sécher en peu de temps le blé très-humide, il serait possible, en l'adoptant, d'opérer avec promptitude la dessiccation complète du grain lavé, qui n'aurait séjourné dans l'eau que pendant deux minutes, et qui aurait été épongé avant d'être versé dans le grenier mobile.

(Voir le rapport présenté à l'Académie des sciences par MM. Biot, baron Sylvestre, baron Dupin, baron Séguier, rapporteur; les procès-verbaux des expériences faites en juin et juillet 1857, par la commission chargée d'examiner l'appareil déposé à l'Institut, et le procès-verbal rédigé à Brest le 10 juin 1841.)

pour l'application de moyens qui paraissent avoir de l'analogie avec ceux que M. Bouchotte a mis en application en 1841.

Niceville, après avoir reconnu le parti qu'on peut tirer des tarares centrifuges, dont il est l'auteur, dit que si les blés ont été altérés par le charbon, la rouille, la carie, ou s'ils ont contracté une odeur désagréable pendant leur séjour dans les magasins, on ne peut les nettoyer complétement qu'en les lavant et en les séchant ; puis il entre, sur la manière d'opérer de M. Bouchotte, dans des détails dont voici le résumé succinct :

Le grain immergé est frotté entre des surfaces convenablement espacées, ensuite il est soumis à l'action d'un agitateur très-énergique, qui, lui imprimant des secousses répétées, le débarrasse d'une partie de l'eau restée adhérente à sa surface. En sortant de l'agitateur, le grain humide est conduit dans une chambre où règne une très-haute température, obtenue par l'emploi d'un calorifère à vapeur. A l'une des extrémités de cette chambre, est établi un ventilateur faisant 1,000 tours à la minute, et lançant sur le blé étendu par couches, de l'air froid qui, à mesure qu'il s'échauffe, s'empare d'une certaine quantité d'eau, et ne sort du séchoir que parfaitement saturé. Tel est le système de M. Bouchotte, que Niceville, dont l'expérience était incontestable, a sérieusement recommandé à l'attention publique.

Le mode de nettoyage des grains par la voie humide nous semble devoir être préféré à tout autre, et nous ne mettons pas en doute que la marine n'ait un intérêt réel à en faire l'application dans ses nouveaux établissements de mouture.

Les méthodes sur lesquelles reposent les meilleurs procédés de nettoyage des grains ayant été exposées, nous parlerons bientôt de leur conservation. Mais, avant de traiter cette question, il nous semble utile de passer en revue les moyens que l'on a employés jusqu'à ce jour dans le but d'éloigner certaines causes de détérioration.

✳

13

CHAPITRE III.

DES DIVERS MODES DE DESSICCATION DES GRAINS.

Etuves et séchoirs.   Le calorique a été mis en usage pour favoriser l'évaporation d'un excès d'humidité, et pour détruire les insectes à l'état parfait et à l'état de larves. Les appareils dont on s'est servi pour utiliser cet agent sont de formes différentes, et ils donnent des résultats qui ne sont pas tous semblables ; mais toujours est-il que la dessiccation ayant été considérée par les hommes recommandables qui de nos jours se sont occupés de la conservation des grains, comme une condition qu'il était indispensable de remplir, il est important de constater quels sont les procédés les plus commodes et les moins coûteux qui peuvent être employés pour sécher parfaitement les grains.

Etuves des Chinois.   Personne n'ignore que les anciens faisaient sécher leurs blés à l'air libre et au soleil, ou qu'ils les soumettaient à l'action de l'étuve avant de les loger dans leurs magasins ou dans leurs silos. On a retrouvé des traces de ces étuves en Italie, en France et en Espagne, et il a été possible de reconnaître, chose remarquable, qu'elles avaient une grande ressemblance avec les étuves chinoises décrites dans un mémoire transmis au gouvernement en 1788, et dont on peut lire des extraits dans le grand ouvrage de Béguillet.

Etuves chez les anciens.   Les étuves chez les anciens, et les kangs chez les Chinois, sont de vastes chambres dallées en grandes briques que l'on échauffe au moyen d'un fourneau et de nombreux conduits qui sont distribués sous les dalles de l'étuve, la fumée étant renvoyée à l'extérieur par des canaux spéciaux. (Voir pl. VII, fig. 10 et 11.)

    Si nous mentionnons ici les étuves des anciens et celles des Chinois, ce

n'est pas pour engager à les imiter; mais afin de prouver que de tout
temps, et dans tous les pays, il a été considéré comme d'une haute importance de faire sécher les blés que l'on se proposait de conserver.

Duhamel est le premier qui, en France, vers 1740, ait appelé l'attention sur les avantages de la dessiccation des grains. Ses moyens furent
d'abord le four, et ensuite une étuve plus commode que celle essayée
dans le même temps en Italie.

Étuves
chez les modernes

Duhamel et Tillet indiquèrent en **1760**, dans un rapport à l'Académie,
combien il était à souhaiter que l'usage de faire sécher le blé fût adopté
comme mesure générale; ils observèrent qu'en mettant les grains dans
un four à une température de 50° à 60° Réaumur, et en les y laissant
pendant deux fois vingt-quatre heures, on obtenait la destruction des
charançons, des chenilles, des teignes et des larves d'alucite, et ils
constatèrent que le grain soumis à cette épreuve n'avait pas entièrement perdu sa vertu germinative. En **1788**, des expériences analogues
furent répétées par Parmentier qui obtint aussi d'excellents résultats;
mais il émit l'opinion que pour effectuer la destruction complète des
insectes il fallait élever la température du four à 90° Réaumur, ce qui
rend le blé impropre à germer.

Sans doute le four ne manquait pas d'efficacité, mais il était d'une
application incommode, et Duhamel, qui avait eu connaissance des
étuves imaginées par l'Italien Intieri, s'empressa de les adopter en leur
faisant subir quelques modifications. Ces sortes d'étuves consistaient en
une chambre presque hermétiquement fermée, dont la température
était élevée à un certain degré, et à l'intérieur de laquelle étaient disposées des tablettes étagées les unes au-dessus des autres, ayant toutes
une inclinaison de 45°. Le blé arrivait par les deux extrémités, et lorsqu'il était convenablement sec, il suffisait, pour vider l'appareil, d'ouvrir
une trappe placée à sa partie inférieure. (Voyez pl. VII, fig. **12** et **13**.)

Étuve d'Intieri.

Cette disposition ne parut pas assez parfaite à Duhamel, et, sans rien
changer au système de chauffage qui se réduisait à l'emploi d'un simple
poêle, il substitua aux étagères des tuyaux verticaux dont la hauteur variait suivant la place qu'ils occupaient dans l'étuve; ils étaient
formés de plaques de tôle percée, ayant un mètre de largeur, espacées
de 20 centimètres environ, de manière à ménager un courant d'air
entre les couches verticales de blé. Ils aboutissaient tous à un plan in-

Étuve de Duhamel.

cliné, à l'extrémité duquel se trouvait une tirette qu'il suffisait de lever pour vider l'étuve. (Voir pl. VII, fig. 14 à 16.)

Duhamel fit beaucoup d'expériences qui lui permirent de conclure que, pour bien sécher le blé et le soustraire à l'action des insectes, il faut porter l'étuve à la température de 50 à 60 ou même 80 degrés, la maintenir à cette élévation pendant huit ou dix heures, et ne retirer le blé que quarante-huit heures après son introduction ; mais il fait observer qu'en faisant traverser l'étuve par le courant d'air chaud, on arrive, en moins de temps et avec une dépense moindre, à d'aussi bons résultats que par la première méthode.

Il est essentiel de noter que la diminution en poids a été souvent d'un quinzième à un douzième, et celle en volume d'un douzième à un dixième, suivant que les blés soumis à l'action de l'étuve étaient plus ou moins humides.

Parmentier fait la critique des étuves de Duhamel, et, s'appuyant sur les savantes observations de Joyeuse, ancien directeur des subsistances de la marine, sur celles de Duverney et sur celles du président Meslay, il dit que les blés étuvés ne sont pas mis hors d'état d'être attaqués par les insectes ; que les étuves ont pour effet, parfois, de torréfier le blé ; et qu'enfin le blé séché ne tarde pas à reprendre l'humidité dont on l'a débarrassé, s'il est exposé aux influences de l'atmosphère. Mais il ajoute que, dans les années humides, ou lorsque le blé est attaqué par les insectes, l'action du feu peut seule arrêter les progrès du mal ; et il émet le vœu que les seigneurs fassent établir des espèces de séchoirs au-dessus des fours banaux, en attendant qu'à l'imitation des Chinois nous ayons des étuves publiques. L'utilité de l'étuve est donc loin d'être contestée par Parmentier ; mais il lui préfère les fours, et c'est enfin à la *dessiccation à l'air libre* qu'il attribue les meilleurs résultats.

Touraille des brasseurs. L'étuve de Duhamel n'a jamais reçu d'application générale, et c'est une sorte d'étuve, appelée la touraille des brasseurs, qui a été le plus employée pour opérer le séchage des grains.

J'ai rencontré cet appareil très-simple en Hollande, en Angleterre et en Irlande ; il consiste en un vaste fourneau alimenté avec du coke, à deux mètres au-dessus duquel est ordinairement une surface en plaques de tôle ou d'ardoise, percées de trous à travers lesquels passe librement un courant de chaleur qui est entraîné vers la partie supérieure de l'enveloppe en maçonnerie, terminée en forme de pyramide. (Voy. pl. VIII, fig. 1.)

La touraille double, que j'ai pu examiner chez M. Alexander, à Mill-Ford, près Carlow, se compose de deux fourneaux et de deux chambres ayant chacune six mètres carrés; elle permet de faire sécher en vingt-quatre heures, 250 quintaux métriques de grain, et nécessite une dépense quotidienne détaillée ci-après; savoir :

Consommation de coke, 254 k. qui, à raison de 30 fr. les 1015 h. coûtent.. 12 fr. 52 c.
Main-d'œuvre exécutée par 4 hommes qui reçoivent chacun par jour
1 fr. 87 c. ci.. 7 48

Total........ 20 00

De sorte que, le combustible étant payé 5 francs à peu près le quintal métrique, et les ouvriers 1 fr. 87 cent. par jour, il en coûte 8 centimes pour sécher un quintal métrique de blé ; tandis que la dépense ne sera que de 6 centimes en employant le système que nous avons imaginé.

Il faut remarquer aussi que cette méthode de séchage oblige à remuer souvent le blé, afin que son contact prolongé avec le plancher, chauffé à une haute température, ne devienne pas la cause de la torréfaction du grain ; et, comme la négligence d'un manœuvre peut faire brûler du blé, nous pensons que cet appareil ne devrait être adopté qu'en lui faisant subir une modification, à l'aide de laquelle le grain y fût non-seulement mis en mouvement d'une manière continue, indépendante de la volonté de l'homme, mais qu'il pût sortir de l'appareil sans l'aide de l'ouvrier.

Lorsqu'une usine a une machine à feu, on a de l'économie à élever la température de l'étuve avec de l'air échauffé par des tubes traversant les foyers des bouilleurs, et ayant des orifices ouverts au-dessous du plancher de l'étuve. Il y a de ces tourailles qui sont garnies de fenêtres, de manière à favoriser l'évaporation, ainsi qu'on le voit sur la fig. 2, pl. VIII, qui donne une idée des dispositions indiquées ci-dessus.

Cadet de Vaux conseille de faire dessécher le grain par les moyens mis en usage pour torréfier le café ; mais ce procédé n'a pas été adopté, parce qu'il avait pour inconvénient d'exposer à faire roussir une partie du grain, ce qui tendait à altérer la blancheur de la farine.

Séchoir de Cadet de Vaux

Terrasse des Billons avait imaginé un appareil qui consistait en une triple hélice en bois, disposée autour d'un axe, et se mouvant dans un cylindre fixe, à l'intérieur duquel on faisait passer un courant continu d'air élevé à une haute température; pendant le passage du blé à travers ce cylindre, il arrivait à une parfaite siccité. (Pl. VIII, fig. 3.)

Ce moyen fut considéré comme applicable; mais la production de l'air chaud parut alors un embarras et un sujet de dépense, et c'est à ces causes qu'il faut attribuer son insuccès.

En 1821, Jones, de Londres, imagina une étuve verticale au moyen de laquelle le blé, étant abandonné à son propre poids, pouvait, pendant son passage dans l'appareil, se débarrasser complétement de l'humidité qu'il contenait en excès.

Cette étuve consistait en deux cylindres concentriques, de diamètres différents, faits en tôle percée, et terminés à la partie supérieure et à la partie inférieure par des portions de cônes. Dans l'intérieur du cylindre enveloppé, était un calorifère qui échauffait l'appareil. Le blé tombait par le sommet, parcourait l'espace ménagé entre les surfaces parallèles, et arrivait à l'état sec à la partie inférieure. (Voy. pl. VIII, fig. 4 à 6.)

M. Wattebled, mécanicien français, a offert à l'industrie, sous le nom de *trogoctone*, un appareil ayant beaucoup de ressemblance avec celui de M. Jones; mais qui en diffère par certaines modifications.

Les différences portent principalement sur la substitution de la toile métallique à la tôle percée, ce qui permet une évaporation plus prompte; sur l'interposition entre les cylindres, de lamelles qui obligent le grain à prendre des dispositions diverses avant d'être rejeté à l'extérieur; sur l'installation de volets en tôle, appliqués autour du cylindre enveloppant, de manière à pouvoir retenir la chaleur; et enfin, sur l'emploi d'un calorifère plus puissant que celui de la machine anglaise.

La marine possède cet appareil, et elle pourra s'en servir avec avantage quand elle aura de faibles quantités de blé à sécher, mais seulement toutes les fois que le blé ne sera pas très-mouillé; car, la machine étant de petite dimension, si le grain contient de l'humidité en excès, il se collera aux lamelles ainsi qu'à la toile métallique, et comme on ne peut jamais régler convenablement la température, il en sortira en partie torréfié. (Voir pl. VIII, fig. 9.)

On a essayé en France, il y a peu d'années, un séchoir à grains qui a les avantages et les inconvénients de ceux qui viennent d'être décrits; toutefois il ne manque pas de simplicité. Il consiste en un long tube en hélice, pareil aux serpentins des distillateurs, prenant naissance au plafond du magasin et arrivant jusqu'à un poêle reposant sur le sol. Ce tube est renfermé dans un autre de même forme, fait en tôle percée et ayant six centimètres de diamètre de plus que le premier. Le blé arrive par la partie supérieure du tube enveloppant; il en parcourt toutes les sinuosités et il tombe desséché sur le plancher, sans qu'il y ait eu besoin de l'intervention d'aucun travail manuel. (Voyez pl. VIII. fig. 10.)

En 1834, M. Demurger a inventé une sorte d'étuve à sécher les grains, qu'il appelle *épurateur graminal.* Cette étuve consiste en une chambre construite soit en briques, soit en bois, soit en pierre ou en tôle, au centre de laquelle est établi un calorifère, dont le tuyau conducteur de la fumée sort par l'extrémité supérieure.

A la partie supérieure de l'appareil est une trémie versant le blé sur des plans inclinés en toile métallique, qui conduisent le grain dans un panier placé en dehors de l'étuve. (Voyez pl. VIII, fig. 11.)

Pour que le blé se dessèche pendant le peu de temps qu'il séjourne dans l'appareil, il faut qu'il y soit soumis à une température de 100 à 150°, qui deviendra nécessairement la cause de l'altération du grain.

M. Robin, de Châteauroux, a imaginé une étuve dont la forme intérieure est à peu près semblable à celle du trogoctone : elle est composée de trois cylindres concentriques; la capacité du cylindre le plus intérieur et l'intervalle compris entre le deuxième et le troisième, reçoivent la vapeur d'eau sortant d'une cornue chauffée par un poêle; et, dans l'espace qui sépare le premier cylindre du second, le grain arrive par la partie supérieure, et s'échappe par l'orifice du cône qui termine la partie inférieure des cylindres. (Voir pl. VIII, fig. 7 et 8.)

Par ce procédé on détruit, dit-on, les alucites et les charançons, lorsque la température de l'appareil est élevée à 60 degrés et que le blé y séjourne pendant 40 minutes; c'est ce qu'une commission a constaté.

Je ferai remarquer que la destruction des insectes s'obtient par l'usage des autres étuves et du four même, et qu'il suffit d'y laisser le blé ex-

posé à une température de 60 à 80 degrés. J'ajouterai que, pour arriver
au résultat qui vient d'être signalé, il ne me paraît pas utile que la chaleur soit fournie par l'eau réduite à l'état de vapeur.

Séchoir de M. Else, de Londres.

A Londres, j'ai eu connaissance d'un appareil inventé par **M. Else.**

Il consiste en un cylindre dont les compartiments sont disposés de manière à favoriser l'évaporation, pendant que l'appareil, auquel on a imprimé un mouvement de rotation, est chauffé par un calorifère. Le grain est sans cesse agité, et, comme on peut s'en convaincre en examinant la pl. VIII, fig. 12 et 13, il offre toujours une grande surface accessible à la chaleur.

Séchoir de MM. Calla et David.

MM. Calla fils et **David** ont inventé un sécheur de grain. Le principe sur lequel est fondé ce système consiste à faire passer le grain lavé ou humide sur une série de cribles placés à la suite les uns des autres, au milieu d'une colonne d'air chaud.

Les cribles pourront être agités d'un mouvement alternatif vertical, soit à leur extrémité inférieure, soit à leur extrémité supérieure, soit par leurs deux extrémités à la fois.

Les cribles pourront avoir un mouvement alternatif longitudinal, et ils seront inclinés de manière à favoriser la descente du grain par le seul effet de sa gravitation.

L'inclinaison des cribles, dans tous les cas, devra varier du premier au dernier, de telle sorte que le premier crible, placé au sommet de l'appareil, et qui reçoit le grain mouillé ou très-humide, soit beaucoup plus incliné que le dernier sur lequel le grain arrivera presque entièrement sec.

La circulation de l'air chaud pourra être produite soit par le tirage résultant de la différence de pesanteur de l'air chaud avec celle de l'air froid, soit par l'action d'une machine soufflante, soit par celle d'un ventilateur à force centrifuge, ou par celle de tout autre agent mécanique.

Ce système ne me paraît pas avoir reçu d'application. (Voyez pl. IX, fig. 1 et 2.)

Séchoir de M. Baron-Bourgeois.

M. Baron-Bourgeois a proposé, en 1837, un appareil sasseur qui a beaucoup d'analogie avec celui qui vient d'être décrit, et qui pourrait, suivant l'inventeur, être utilisé pour le séchage des grains. (Voyez pl. IX, fig. 3 à 5.)

Cet appareil n'a pas reçu d'application étendue.

M. Schutzenbach a employé à la dessiccation des betteraves une étuve qui pourrait être appliquée à celle du blé mouillé ou à celle des sons lavés.

Étuve de M. Schutzenbach.

C'est (voyez pl. IX, fig. 6 à 8) un bâtiment divisé, sur sa longueur, en deux compartiments contenant chacun une étuve. Une cheminée et un ventilateur sont communs à ces deux étuves. La fumée produite par le feu des foyers passe par un tuyau pour se rendre dans une chambre en briques, munie de deux plaques en fonte, percées chacune de vingt-cinq trous, qui reçoivent un pareil nombre de conduits de fonte. L'air extérieur, qui pénètre dans ce tuyau par l'orifice placé au-dessus des plaques, s'échauffe dans son passage à travers les conduits pour se rendre ensuite dans l'espace formé par quatre murs et par une voûte s'appuyant sur des barres de fer.

L'étuve est occupée par des toiles métalliques sans fin, sur lesquelles se placent les matières à dessécher; ces toiles passent sur des rouleaux qu'on fait tourner tous à la fois à l'aide de roues d'engrenage; la toile, tendue horizontalement, est soutenue par plusieurs rouleaux.

Les matières à dessécher sont apportées par une chaîne à godets sur les toiles sans fin, qui les conduisent dans l'étuve et les font cheminer sur les toiles placées au-dessous les unes des autres, puis elles sortent de l'étuve après avoir subi une entière dessiccation.

Cette manière d'opérer, qui favorise un remuage continu des matières à dessécher sans l'aide des ouvriers, procurant une économie notable de main-d'œuvre, me semble pouvoir être appliquée au séchage des blés et des sons mouillés. Je proposerais seulement d'y faire les modifications suivantes :

Au lieu de toiles métalliques, je conseillerais l'emploi de toiles en fort canevas, afin que le blé ou le son ne puisse se charger de quelques portions d'oxyde.

Modification de l'étuve de M. Schutzenbach.

Au-dessous des quatre premières toiles, qui seraient toujours couvertes de matières très-chargées d'humidité, on disposerait des plaques de tôle convenablement inclinées, pour recevoir l'eau d'égouttage et la conduire dans des tuyaux communiquant avec l'extérieur.

L'appareil calorifère serait traversé par un courant d'air destiné à lancer une quantité déterminée d'air chaud au-dessus des 1re, 3e, 5e, 7e et 9e toiles. (Voyez pl. IX, fig. 9 à 11.)

En adoptant les dispositions qui viennent d'être indiquées, il serait facile d'introduire, d'une manière certaine, la quantité d'air chaud nécessaire à la dessiccation des matières contenant une quantité d'eau connue, et il deviendrait possible d'affirmer qu'à la sortie de l'étuve elles seraient complétement desséchées.

CHAPITRE IV.

CONSERVATION DU BLÉ.

Lorsque le blé a été parfaitement nettoyé; qu'il a été lavé et complétement débarrassé, soit de l'eau de végétation qu'il contenait, soit de la portion d'eau qu'il avait pu absorber pendant l'opération du lavage, il se trouve alors dans les conditions les plus favorables à sa conservation. Il reste maintenant à rechercher quel est le meilleur mode à adopter pour résoudre le problème proposé il y a longtemps par l'Académie des sciences, et dont voici l'énoncé :

« *Conserver beaucoup de grain dans le plus petit espace possible,* « *aussi longtemps qu'on le voudra, avec peu de dépense, sans qu'il de-* « *vienne la proie des insectes, des oiseaux, des voleurs et des personnes* « *préposées à sa conservation.* »

Depuis qu'on s'occupe d'économie publique, deux méthodes distinctes ont été soumises à l'expérience pour arriver à conserver les blés :

1° Le renouvellement des couches d'air dans les magasins où on les place ;

2° Le dépôt des grains dans des lieux à l'abri de l'impression de l'air extérieur.

§ I. — GRENIERS.

Le premier de ces systèmes est encore le plus en usage ; et, si l'on remonte à un temps éloigné, on voit que les Romains construisaient, dans des lieux élevés, des greniers qui avaient de petites fenêtres ouvertes au nord, et dont les murs étaient enduits d'un mortier composé de nitre et de marc d'huile d'olive. On lit aussi que plusieurs de ces greniers étaient pourvus de colonnes et de pilastres auxquels étaient suspendues des

Greniers
chez les anciens.

caisses remplies de grain, faites de manière à permettre à l'air d'avoir accès de tous les côtés [1].

Les greniers chinois, décrits par Béguillet, sont de petites maisons en bois, érigées au sommet des collines. Leur plancher est élevé de 0^m 33 au-dessus du sol, et leur toiture double est soutenue par des colonnes dont les intervalles sont remplis par des planches solidement assemblées. On ménage seulement sous le toit deux ouvertures au nord et au sud, afin d'établir un courant d'air à la partie supérieure. Le magasin est rempli de grain jusqu'au comble, et la porte est faite de plusieurs planches mobiles disposées comme le sont les poutrelles des écluses.

Les Chinois se servent aussi de greniers plus grands que les premiers, construits en briques, en pierres ou en bois. Leur plancher est élevé de 1^m 30 au-dessus du sol, et leur toiture est double comme celle des petits greniers. Mais sachant que le grain réuni en grande masse peut facilement s'échauffer, ils le mettent dans des paniers ou dans des caisses, et l'espace qui sépare ces récipients est rempli d'autre blé ou de paille hachée. Ces grands greniers, destinés à contenir l'approvisionnement de réserve, en cas de mauvaises récoltes, ne sont ouverts que lorsqu'ils doivent être entièrement vidés. (Voyez pl. IX, fig. 12 à 16.)

Il est à remarquer que les Chinois font toujours sécher leurs blés, soit au soleil, soit à l'étuve, avant de les mettre en magasin.

La méthode chinoise semblerait indiquer qu'il est possible de conserver les grains après qu'ils ont été convenablement desséchés, en les ramassant dans des récipients disposés au-dessus du sol de manière à ne pas permettre l'accès de l'air extérieur; mais il faut remarquer que, dans cette hypothèse, les grains auraient cependant le désavantage de ne pas être soustraits aux variations de la température. Les expériences faites par Duhamel, par M. de Sainte-Croix et par M. le comte Dejean, semblent confirmer les bons résultats qu'on peut attendre de l'emploi d'une méthode analogue à celle que l'on applique en Chine [2].

---

[1] *Alibi suspendunt enim granaria lignea columnis, et perflari undique malunt, atque etiam à fundo.* (Pline, lib. XVIII, cap. xxx.)

[2] En Angleterre, j'ai vu des magasins à blé, dont l'application remontait à un temps

Aujourd'hui, dans les pays où l'on entrepose de grandes quantités de grains, les moyens de conservation se réduisent à les étendre, par couches de 0ᵐ 70 à 1ᵐ, dans de vastes magasins convenablement aérés, et à les remuer à la pelle une ou deux fois par semaine. Cette méthode, qui permet d'exposer au contact de l'air le grain que l'on veut conserver, a pour effet d'empêcher qu'il ne s'échauffe ; mais elle a pour inconvénient d'être coûteuse ; de laisser le blé exposé à toutes les variations de la température ; d'occasionner le brisement d'une grande quantité de grain ; et elle est loin de soustraire les blés mis en réserve à toutes les causes d'altération. Il y a donc un grand intérêt à la remplacer par des moyens moins imparfaits [1].

Mode de conservation des grains généralement en usage.

très-éloigné ; ils sont de forme rectangulaire, élevés à un mètre de terre, soutenus par quatre poteaux, avec un plancher et quatre côtés faits en planches épaisses et jointes ensemble, le tout couvert de toile.

Les montagnards suisses font usage de magasins semblables à ceux qui viennent d'être décrits. Le défaut de ces sortes de greniers consiste en ce que le blé n'y est pas à l'abri de l'alternative du chaud et du froid, et qu'il y est parfois accessible à l'humidité.

[1] Dans les vastes magasins d'Amsterdam, les blés sont placés, au troisième et au quatrième étages, dans des salles de dimensions différentes, qui toutes ont environ 5 m. de hauteur. Les plus grandes ont 40 mètres de longueur sur 6 mètres de largeur ; les moyennes ont 20 mètres sur 6, et les plus petites, 20 mètres sur 5. Les premières contiennent 1,800 hectolitres, les secondes 900 hectolitres et les dernières de 6 à 700 hectolitres. Plusieurs de ces salles sont divisées en compartiments par des cloisons en bois qui, à 1 m. 50 au-dessus du sol, sont à claire-voie, de telle sorte que l'air circule librement, et que l'on peut maintenir séparés les blés de qualités différentes, ou ceux qui appartiennent à diverses personnes. A chaque extrémité de ces salles, il y a des fenêtres destinées à aérer les magasins ; elles ne produisent pas assez d'effet. Le blé est mis par couche de 80 c. à 1 m. de hauteur, s'appuyant à angle droit sur les murs et sur les cloisons. On réserve seulement une place vide à l'une des extrémités, afin d'avoir la possibilité de remuer le grain. Les soins que l'on donne au blé se réduisent au pelletage qui s'opère au moins une fois par semaine, à raison de 8 c. 64 mill. par 50 hectol. 89 litres, ou par last ; et quelquefois le blé est soumis à l'action de ventilateurs aussi imparfaits que ceux qui sont maintenant en usage dans les établissements de la marine en France.

Les frais de logement des blés et les dépenses d'entretien s'élèvent, en Hollande, à environ 5 cent. par hectolitre et par mois.

Les magasins de Dantzick sont comme ceux d'Amsterdam, ils ont généralement sept étages, dont trois sont dans les combles ; les étages ont une élévation de 2 m. 75. Chacun d'eux est divisé par des cloisons de 1 m. 50 de hauteur, de manière à séparer les blés de qualités différentes.

Ainsi, les salles ont en général deux divisions, qui peuvent contenir chacune de

Au lieu de conserver le blé sur les planchers, on conseille de le mettre en sacs ; et cette méthode, que j'ai appliquée, m'a paru meilleure que la première, bien qu'elle oblige à une dépense assez considérable.

Parmentier la préfère à celle d'étendre le blé sur les planchers, et il cite avec éloge le procédé de l'abbé Villin, qui consistait à mettre le blé dans des paniers de 1 mètre de hauteur, faits en paille de seigle. Enfin, un pharmacien de Metz affirme que si l'on enduit les sacs d'une couche d'empois ou de vernis, on parvient à conserver le blé pendant très-longtemps.

MM. d'Artigues et Barbançois ont proposé de mettre les grains dans des caisses en forme de trémie, soutenues les unes au-dessus des autres

450 à 600 hectolitres, en ménageant un espace pour changer le blé de place. Les salles sont aérées par de nombreuses fenêtres, et le blé est pelleté trois fois par semaine. Les magasins qui existent actuellement peuvent contenir au moins 1,500,000 hectolitres ; mais, depuis plusieurs années, les magasins ne sont jamais pleins, et les plus fortes quantités mises en entrepôt ne se sont élevées qu'à 1 million d'hectolitres.

Greniers de Londres :

Les douze corporations de Londres, quelques autres compagnies et divers particuliers, ont leurs greniers dans le local nommé Bridge-House, à Southwark. Ces greniers sont bâtis sur deux côtés d'une place oblongue ; l'un des côtés est situé nord et sud, et il a près de 100 mètres de longueur ; ses fenêtres regardent le nord-est ; l'autre côté peut avoir environ 75 mètres de long, et ses fenêtres font face au nord ; les côtés opposés aux fenêtres n'ont point d'ouverture. Toutes les fenêtres ont environ un mètre de haut ; elles n'ont pas de volets et elles sont toutes sur une même ligne, à un mètre de distance l'une de l'autre.

Chaque grenier a trois ou quatre étages. Le rez-de-chaussée, qui est à 5 mètres de terre, ne sert que de magasin de dépôt pour diverses marchandises, et le blé est placé dans les étages supérieurs.

Dans quelques endroits on met dans l'intérieur des greniers, jusqu'à 70 c. à 1 m. de hauteur, des cloisons en fil d'archal à mailles si étroites que ni les rats ni les souris ne peuvent passer à travers. Quelquefois on place des planches de champ sur lesquelles on en fixe d'autres, dans le but aussi d'empêcher l'accès des animaux destructeurs et malfaisants.

On a apporté le plus grand soin dans la construction de ces établissements, et on les a disposés de manière à permettre aux vents secs d'y avoir accès.

A Paris, on admire les beaux magasins de M. Thoré, à la Villette. Ils sont construits avec beaucoup de soin et de manière à être accessibles à tous les vents ; ils peuvent contenir 40,000 quintaux de blés ; et comme ils sont érigés au-dessus d'un canal donnant dans le bassin même de la Villette, il est possible de charger et de décharger à couvert les bateaux qui y apportent ou qui viennent y prendre du grain.

Dans ce vaste établissement, on fait usage du système de nettoyage de M. Meaupou.

par des montants et des traverses, dans toute la hauteur des étages des magasins, et disposées par rangées dans leur longueur et leur largeur. Le premier construit ses caisses en planches; le second les forme en clayonnage. Lorsque les caisses d'une même pile se trouvent pleines, on parvient à remuer la masse du grain qu'elles contiennent, en faisant écouler par une ouverture inférieure, qui se tient fermée au moyen d'une coulisse, le grain de chaque caisse dans celle qui est au-dessous; seulement, le grain de la caisse inférieure, par laquelle on commence l'opération, est reçu à part et remonté ensuite dans la caisse supérieure de la pile. Ce mode de conservation ne présenterait qu'un avantage, celui de ménager l'espace. On lui a reproché, avec raison, de ne pas diminuer les frais de main-d'œuvre et d'exiger de grandes dépenses de construction, tout en laissant les grains exposés aux rats, aux insectes et à l'incendie, bien plus qu'ils ne le sont dans les greniers ordinaires.

L'avantage attaché à ces moyens est de pouvoir fractionner une quantité considérable de grains, de manière à ne pas avoir à redouter l'échauffement par le contact de toute la masse, comme cela arrive aux blés rassemblés en tas. Mais la mise du blé en sacs ou en paniers oblige à une surveillance de tous les jours; elle est coûteuse, et n'offre pas une garantie contre toutes les chances de pertes.

Duhamel, que l'on doit toujours citer lorsqu'il s'agit de constater les efforts qui ont été faits dans le but de conserver les blés, avait imaginé un appareil simple et commode, dont il obtenait de très-bons résultats. Le blé, après avoir été nettoyé, lavé même, et passé à l'étuve, était mis dans une boîte ou une cuve à double fond, et, entre le fond et le double fond, qui était à claire-voie, recouvert de nattes, de canevas, ou de tôle percée, venait aboutir le tuyau d'un soufflet de Halles ou d'un ventilateur qui chassait une certaine quantité d'air à travers la masse du blé. Le couvercle supérieur était percé de trous, que l'on tenait fermés lorsqu'on ne faisait pas agir la machine à souffler. De nombreuses expériences attestèrent la bonté de cet appareil, dont l'exécution sur une grande échelle a fourni des résultats qui ne laissaient aucun doute sur les bons effets qu'on devait s'en promettre; et il est difficile de s'expliquer pourquoi les procédés de Duhamel n'ont pas été appliqués. (Voir pl. IX, fig. 17 et 18.)

Grenier aérifère de Duhamel.

Grenier aérifère
de M. Laurent.

M. Laurent de Paris, s'appuyant sur les principes de Duhamel, a proposé de conserver les blés dans des silos ou des greniers aérifères, en ne donnant aux masses de blé que 8 pouces de largeur, tout en ayant des hauteurs et des largeurs indéterminées : de cette manière, l'air ambiant les pénétrait jusqu'à 4 pouces d'épaisseur, et les deux faces n'étant espacées que de 8 pouces, l'action de l'air atmosphérique avait tout son effet sur la totalité de la couche.

Ces greniers aérifères étaient formés de cloisons en toiles métalliques, et une ouverture à coulisse était pratiquée à la partie inférieure, pour vider les compartiments occupés par le grain.

Grenier mobile
de M. Vallery.

Le grenier mobile de l'invention de M. Vallery semble réunir les avantages attribués au pelletage et à l'appareil Duhamel. Il consiste en deux cylindres concentriques, dépendant l'un de l'autre, entre lesquels est placé le blé. A l'une des extrémités du cylindre intérieur se trouve un ventilateur qui agit par aspiration, et force l'air à passer par les trous garnis de toile métallique pratiqués à la surface du cylindre extérieur et du cylindre intérieur, et à traverser le blé dans toute l'épaisseur de sa couche, tandis qu'il est agité par suite du mouvement de rotation imprimé au cylindre, qui est recouvert de planches jointes ensemble. (Voir pl. X, fig. 1 à 4.)

Les moyens de M. Vallery permettent d'effectuer le pelletage de 100 hectolitres de blé, pour la somme modique de 3 centimes, tandis que cette opération coûterait 1 fr. 50 si elle était exécutée à bras d'hommes ; et la dépense qu'exigerait l'établissement de tout le système n'excéderait pas 6,600 fr., si l'on donnait aux cylindres des dimensions telles qu'ils pussent contenir 1,000 hectolitres.

Je pense que les procédés de M. Vallery doivent être préférés à ceux qui sont maintenant en usage dans les magasins de la marine ; cependant il ne faut pas oublier qu'ils ne soustraient pas le grain aux influences variables de l'atmosphère [1], et qu'ils ne satisfont pas à la condition de loger beaucoup de grains dans le moindre espace possible. Malgré ces désavantages, la marine aurait du bénéfice à adop-

---

[1] Les graines qui restent accessibles à l'impression de l'air ne conservent leur vertu germinative que pendant deux années au plus.

« Il faut bien se persuader, dit M. Joubert dans son ouvrage sur la récolte et la con-

ter ces procédés, par la raison qu'ils permettent d'économiser les frais de
pelletage, et qu'à la faveur de l'installation que j'indique (pl. X, fig. 1
à 4), ils donneraient le moyen d'opérer facilement, et sans le concours
des hommes, le transport des blés d'un magasin à un autre.

§ II. — SILOS.

Les Chinois et les anciens conservaient souvent les grains dans des
fosses pratiquées au milieu de terrains secs ou qu'ils avaient rendus
inaccessibles à l'humidité.

Afin de mettre en évidence le grand avantage qui résulterait de l'a-
doption de ce mode de conservation des grains, et pour donner une idée
de l'importance des applications qui en ont été faites aux époques les
plus reculées, et dans des contrées diverses, je ne saurais mieux faire
que d'emprunter à l'excellent ouvrage de M. le comte de Lasteyrie quelques détails historiques sur ces procédés qu'il serait si désirable de voir
remettre en pratique.

servation des graines, qu'une graine a de grandes qualités hygrométriques ; en conséquence, pour la conserver, elle doit être mise à l'abri de l'air, de l'humidité, de la
chaleur et du froid.

« L'air hâle la graine et sert de véhicule à l'humidité, à la chaleur et au froid.

« L'humidité, en pénétrant dans le tissu de la graine, gonfle et prépare l'endosperme
ou les cotylédons au grand acte de la germination ; et comme cette dernière ne se
trouve pas dans toutes les conditions nécessaires à son développement, elle ne tarde
point à perdre ses facultés germinatives.

« La chaleur jointe à l'humidité accélère l'apparition de l'embryon et, par conséquent,
ne tarde pas à le tuer ; mais quand le calorique est seul, il ne fait qu'évaporer les sucs
qui se trouvent disséminés dans l'intérieur des utricules, et enlève à la graine toutes
ses facultés végétatives.

« Le froid est l'agent le moins redoutable ; car toutes les graines peuvent supporter une
très-basse température sans être attaquées, etc., etc.

« Concluons donc, d'après ce qui vient d'être dit, qu'il est de la plus haute importance
de placer les magasins des grains à l'abri de l'air, de l'humidité, de la chaleur et du froid,
afin d'éviter les pertes que pourraient occasionner les effets d'un de ces quatre agents. »

Des observations de la nature de celles qui précèdent ont certainement été prises en
considération sérieuse par les personnes qui pensent à utiliser le grenier mobile pour
conserver, à peu de frais, un approvisionnement de réserve ; et l'on en trouve la preuve
à la page 18 du *Mémoire sur la réserve des grains*, publié par M. Thomas, où il dit :

« Nous insistons sur ce point (le remplacement des blés secs par des blés de nouvelles
récoltes) parce que nous regardons le renouvellement des blés, tous les deux ans au
moins, comme une excellente mesure, dans l'intérêt du rendement et de la qualité des
farines. »

Je transcris ce que dit à ce sujet M. le comte de Lasteyrie [1] :

« Les Chinois connaissent de temps immémorial les fosses à blé ; ils leur donnent le nom de *teou*, et ils en font encore usage pour conserver le blé et le riz. Outre quelques renseignements sur cet objet, envoyés par les missionnaires français, je possède plusieurs dessins venus du même pays, sur lesquels sont représentées ces fosses. Ils les creusent dans des rocs sans crevasses et à l'abri de l'humidité, dans une terre sèche et ferme ; ils les tapissent avec de la paille lorsqu'ils craignent l'humidité. Les annales chinoises disent qu'on a découvert plusieurs fois de ces fosses où le grain s'était parfaitement conservé pendant plusieurs siècles. Les *Miao-tsés*, et plusieurs autres nations qui habitent les montagnes, ne connaissent pas d'autre manière de conserver les grains. Dans quelques parties de ce vaste empire, on choisit un terrain solide, et, après y avoir creusé des fosses, on y jette des broussailles auxquelles on met le feu. On donne ainsi aux parois un certain degré de cuisson qui les rend plus solides et moins sujettes à l'humidité : on forme au fond, avec de la balle de blé, un lit qu'on recouvre avec des nattes ; les parois sont aussi quelquefois garnies de nattes ou de paille. On a soin de ne mettre les grains dans ces magasins que quelques mois après la récolte, et lorsqu'ils ont été bien séchés au soleil. La fosse remplie, on recouvre le blé avec une natte, puis de la balle de céréales ou de la paille, enfin avec de la terre bien battue et disposée en forme de monticule, afin de laisser écouler les eaux.

« L'usage des fosses à grains est pareillement connu dans plusieurs parties des grandes Indes et de l'Asie, sur les côtes du nord de l'Afrique, et remonte à la plus haute antiquité. Ebn-el-awam, qui nous a conservé les anciennes pratiques agricoles des Asiatiques et des Africains, s'exprime ainsi à ce sujet : « On emmagasine le froment, l'orge et les « autres grains dans des fosses creusées dans une terre blanche, dure, « sèche et fraîche, et on les y conserve plusieurs siècles. » Il dit aussi qu'on doit les revêtir en paille pour éviter l'humidité.

« Varron nous apprend qu'on formait, de son temps, dans le rocher ou sous terre, en Cappadoce, en Thrace, et dans l'Espagne citérieure,

---

[1] *Des fosses propres à la conservation des grains et de la manière de les construire,* etc. Ouvrage publié par décision du ministre de l'intérieur. (Extrait de la page 9 à la page 23.)

des fosses à grains; qu'on en recouvrait le fond avec de la paille, et que le blé, dans cette situation, n'étant accessible ni à l'air ni aux insectes, se conservait cinquante et même cent années. Le même fait est confirmé par Columelle et par Pline. Quinte-Curce raconte que l'armée d'Alexandre, faisant la guerre sur les bords de l'Oxus, se trouva dans une grande pénurie de vivres, parce que les habitants de cette contrée conservaient leurs récoltes dans des fosses souterraines qui n'étaient connues que de ceux qui les avaient creusées.

« Les habitants modernes d'une grande partie de l'Asie et de l'Afrique ont conservé cet usage de leurs ancêtres, ainsi qu'on le retrouve dans plusieurs parties de l'Arabie et de la Turquie. Il est dit dans les Mémoires de la Société économique de Pétersbourg, que les peuples de quelques parties de l'Orient, forcés d'abandonner leur pays pour éviter les vexations des armées étrangères, y retrouvèrent à leur retour les magasins de blé qu'ils avaient confiés à la terre. Les différents peuples qui habitent les côtes de la Méditerranée déposent encore aujourd'hui dans des fosses leurs provisions de blé. On ne les retrouve pas cependant en Égypte, à cause des inondations périodiques du Nil, qui corrompraient les blés déposés dans des fosses souterraines.

Silos maintenant en usage dans plusieurs parties du monde.

« Les fosses à blé sont généralement pratiquées sur toutes les côtes de l'Afrique baignées par la Méditerranée. Les blés qui servent aux approvisionnements et au commerce d'Alger et de Tunis sont déposés dans des fosses taillées dans le roc, communément de forme carrée. Elles ont de trente à quarante pieds (dix à quatorze mètres) de profondeur, avec une ouverture suffisante pour donner passage à un homme. On tapisse ordinairement les parois avec de la paille ; on a soin de faire sécher les blés au soleil pendant deux ou trois jours avant de les jeter dans ces fosses : on les laisse ainsi plusieurs années jusqu'au moment où la vente devient favorable.

« J'ai trouvé la même méthode usitée à Malte, en Sicile, en Espagne et en Italie. Le sol de la première de ces îles étant formé par un roc calcaire au travers duquel l'humidité ne peut pénétrer, toutes les provisions en blé qui servent à alimenter les habitants sont conservées dans des fosses. J'ai observé les mêmes genres de greniers sur les côtes de la Sicile, à Termini, à Agrigente, à Catane, etc. Ils sont creusés tantôt dans le roc, tantôt dans le tuf : les dimensions varient selon les

masses de blé plus ou moins considérables à conserver. Une grande
partie de ces greniers appartient au gouvernement, qui reçoit, sans
aucune rétribution, les récoltes des propriétaires, et qui les conserve
jusqu'au moment où ceux-ci trouvent de l'avantage à les jeter dans le
commerce. Les frais de surveillance sont si modiques, que le gouvernement les retrouve sur l'augmentation en volume qu'acquiert le blé en
séjournant sous terre : cette augmentation est d'un et demi à deux pour
cent. C'est par le moyen de ces entrepôts que se fait le commerce en
grains de la Sicile.

« Les approvisionnements et le commerce des grains ont lieu aussi
dans quelques villes de l'Espagne méridionale par de semblables dépôts. Les fosses sont très-communes à Barcelone, à Villa-Franca, à
Tarragone, à Altafulia, à Urgel, dont le territoire abonde en grains. On
les nomme en catalan, *sitias* ou *matamoros*, et en castillan, *silos*, du
mot latin *sirus*, emprunté des Barbares, d'après Quinte-Curce. Vitruve,
livre VI, chapitre VII, les désigne sous le nom d'*horrea defossa*. On les
construit, soit dans des terrains destinés uniquement à cet objet, soit
même sous les rues de la ville. Dans le premier cas, on les place les
unes près des autres, dans un terrain enclos de murs, ou dans des
places publiques. J'ai vu, dans la ville de Barcelone, un terrain qui en
contenait cinquante-neuf. On trouve dans les rues les pierres qui recouvrent la bouche ou l'entrée de ces fosses ; les numéros qui les désignent sont gravés sur des pierres incrustées dans les murailles des maisons situées vis-à-vis. Des spéculateurs font construire une certaine
quantité de fosses et les louent aux marchands. Il y en a plusieurs qui
appartiennent à la ville. Je donne ici la description d'une de ces fosses,
dans laquelle je suis descendu. Elle avait dix mètres (trente et un pieds)
de profondeur et quatre mètres (douze pieds quatre pouces) de diamètre;
son ouverture, qui formait un retrait dans sa partie supérieure, avait un
diamètre de huit décimètres (deux pieds et demi). C'est sur les bords
formés par ce retrait que l'on pose la pierre qui doit servir à boucher la
fosse. Le diamètre de la partie la moins évasée était de six à sept décimètres (vingt-deux à vingt-six pouces) ; la hauteur de la prise de la
voûte à la superficie du sol était d'un mètre six centimètres (trois pieds
trois pouces). On se contente de creuser une fosse dans la terre, lorsque celle-ci est assez ferme pour se soutenir sans muraille ni voûte :

mais alors il faut revêtir avec de la paille le fond et les parois. Dans d'autres circonstances, on construit seulement une voûte ou une ouverture en briques. Les murailles sont également en briques. Il faut avoir soin que la surface du fond de la fosse soit toujours à un mètre (trois pieds un pouce) au moins au-dessus du niveau de la plus grande hauteur des eaux souterraines.

« Lorsqu'on remplit une fosse avec des grains, on met au fond une couche de fagots, et par-dessus celle-ci des nattes, ou, à leur défaut, de la paille : on applique sur la muraille de la paille, qu'on fixe avec des cannes par le moyen de crochets de fer : mais il vaut mieux ne pas employer de cannes; le blé suffit pour soutenir la paille, dont on forme des couches verticales à mesure que la fosse se remplit. Lorsqu'elle est au tiers, on foule le blé avec les pieds; on jette le second tiers, puis le troisième tiers, en foulant toujours, jusqu'à ce que la fosse soit entièrement pleine. Si le terrain est muré et qu'il soit bien sec, on ne met la paille qu'à une épaisseur de quatre doigts; on augmente cette quantité dans le cas contraire, ayant soin que les rangées inférieures soient bien recouvertes par les rangées supérieures.

« Lorsque la fosse est garnie jusqu'au-dessus de la voûte, et après que le grain a été bien foulé, on remplit de paille la gorge de l'ouverture; on pose la pierre qui sert de couvercle; on recouvre le tout avec de la terre, qu'on bat à mesure qu'elle est répandue sur l'ouverture des fosses placées les unes à côté des autres.

«Lorsqu'on veut vider une fosse, on dégage la terre et la paille; on établit au-dessus une poulie suspendue à une pièce de fer à trois branches, portant chacune une douille dans laquelle se fixent trois grosses perches, dont les extrémités inférieures reposent sur le sol. On retire par ce moyen les sacs à mesure qu'ils sont remplis par les ouvriers descendus dans la fosse, ou l'on monte le blé dans de grands paniers. On m'a dit à Barcelone qu'il fallait vider ces fosses dans l'espace de trois jours, sans quoi le blé s'échaufferait et répandrait une odeur capable de faire périr les ouvriers : je ne garantis pas la vérité de cette assertion, bien au contraire, puisque j'ai vu en Toscane tirer de ces fosses du blé à différentes reprises, et lorsqu'on en avait besoin pour la consommation particulière ou pour la vente des marchés, sans que le grain eût éprouvé la moindre altération. Lorsqu'elles sont vidées, on les tient

ouvertes pendant quinze jours avant d'y mettre d'autre blé, afin de les
bien aérer. Il faut remarquer que l'on découvre les fosses quinze ou
vingt jours après les avoir bouchées, pour remplir le vide qui est produit par l'affaissement.

« Le blé s'y conserve pendant un grand nombre d'années absolument dans le même état où il y a été mis. Le mauvais goût ou la mauvaise qualité qu'il pourrait avoir ne prend pas un plus grand degré
d'intensité. On a remarqué que, lorsque les fosses avaient été creusées
dans des terrains humides, le blé se pourrissait à l'épaisseur de quelques
pouces dans les parties qui touchaient le sol, sans qu'il en résultât aucun dommage pour la masse intérieure. Un particulier, ayant laissé du
grain pendant neuf années dans une fosse, le retrouva tel qu'il l'y avait
déposé.

« Tels sont les renseignements que j'ai obtenus dans la Catalogne :
ils prouvent que ce genre de grenier est préférable à tout autre, puisque la dépense de construction est beaucoup moindre, et que les frais
d'entretien et de réparation sont presque nuls.

« Je vais décrire ce que j'ai vu dans le royaume de Valence, où l'u-
sage de ces fosses est général. On en a pratiqué pour les approvisionnements publics, dans trente endroits différents; mais les magasins de ce
genre qui se trouvent dans un village nommé Boursasot, à deux lieues
de Valence, sont les plus considérables de toute l'Espagne : ils ont été
construits originairement par les Maures. L'insouciance du gouvernement espagnol les ayant fait abandonner après l'expulsion des infidèles,
une disette, survenue quelque temps après cette époque, enleva vingt
mille habitants à la seule ville de Valence : ce fatal événement prouva
l'utilité de ces magasins; on les fit réparer en 1575, et l'on en augmenta
le nombre. Ce beau travail ne fut terminé qu'en 1788, ainsi qu'on le
voit par une inscription sur marbre, incrustée dans la muraille d'un
bâtiment qui sert de dépôt aux grains retirés des fosses. Le terrain où
elles sont placées est un peu élevé, entouré de murailles à hauteur
d'appui, et pavé en larges dalles de pierre. Les fosses qui se trouvent
dans cette enceinte sont au nombre de quarante-une; elles sont construites en pierre de taille : j'en ai mesuré une des plus grandes, qui
contenait douze cent soixante-dix-huit caïcas de froment, et dont la
profondeur, à prendre du sommet de l'ouverture, était de onze mètres

six décimètres (trente-quatre pieds) : cette ouverture, qui allait en s'élargissant, avait dans son plus petit diamètre six décimètres et demi (deux pieds).

« La plate-forme sous laquelle sont placées les fosses est relevée vers le centre, et s'incline en pente douce, pour faciliter l'écoulement des eaux pluviales.

« Avant de jeter le blé dans les fosses, on l'étend sur la plate-forme pour le faire sécher aux rayons du soleil. On répand dans le fond des fosses de la paille à six ou sept doigts d'épaisseur, et l'on en revêt les parois dans une épaisseur de quatre doigts. On remplit jusqu'au-dessus de la voûte, et l'on garnit le gouleau de l'ouverture avec de la paille, dans une épaisseur de cinq à six décimètres. On pose sur la paille une natte et l'on bouche l'ouverture avec une pierre de forme semi-sphérique, qui joint dans toutes ses parties, et que l'on scelle avec du plâtre : cette pierre est armée de deux anneaux en fer, au travers desquels on passe une barre pour l'enlever.

« Lorsqu'on a besoin de blé, on ouvre une fosse, on la vide, et l'on dépose ce qu'elle contenait dans un magasin d'approvisionnement.

« Chaque ouverture porte deux numéros, le numéro d'ordre et celui de la quantité de grain que la fosse peut contenir. Les cultivateurs ont la faculté de recevoir de ces magasins une certaine quantité de blé, qu'ils doivent rendre après la récolte, en donnant quatorze mesures pour treize qui leur ont été délivrées.

« Les silos ou fosses à grains sont en usage dans plusieurs autres cantons du midi de l'Espagne : je ne sais s'ils sont introduits dans le nord ; mais je n'y en ai jamais vu.

« Les seules parties de l'Italie où j'en aie trouvé sont la Toscane et le royaume de Naples : Rome, située entre ces deux pays, mais éternellement ensevelie dans ses vieilles habitudes, ne connaît pas les *buche*, nom par lequel les désignent les Italiens ; mais elle entretient de vastes et dispendieux édifices pour la conservation du blé nécessaire à sa consommation.

« Les magasins souterrains sont usités non-seulement dans les villes de la Toscane, mais aussi dans presque toutes les fermes ou *poderi*. On les construit quelquefois en pierre, mais ordinairement en briques

liées avec du mortier; ou bien on se contente de former un trou en
terre, sans le revêtir de maçonnerie : tantôt elles sont à ciel ouvert ,
tantôt elles sont placées dans les maisons ou sous des péristyles. On
en voit dans presque tous les hôpitaux et les couvents de moines et
de religieuses à Florence, et dans un grand nombre de maisons.
Les loges ou péristyles qui ornent les façades de plusieurs édifices
de cette ville sont destinés à ce genre de construction souterraine,
ainsi qu'on le voit aux Enfants-Trouvés. On en pratiquait anciennement sous le palier des escaliers de toutes les maisons ; on leur donnait
une forme carrée, afin de profiter de la disposition du terrain sans
nuire à la régularité : elles existent encore , quoiqu'on n'en fasse plus
usage. Anciennement la ville de Florence était bien approvisionnée ,
car chaque famille avait le grain nécessaire pour sa consommation
annuelle.

« Dans les campagnes, où l'on a besoin de magasins plus considérables que ceux qui sont nécessaires à une famille , on construit les *buche*
ou fosses sous le rez-de-chaussée des maisons ; elles sont en pierre de
taille ; on se contente de couvrir leur ouverture d'une pierre bien ajustée. On en retire le blé partiellement , selon que la vente ou la consommation l'exige. J'ai assisté plusieurs fois à l'ouverture de ces fosses , et,
quoiqu'elles ne fussent pleines qu'aux trois quarts ou à moitié , le blé
n'avait aucune odeur et était parfaitement conservé. Je n'y ai jamais
trouvé de charançons ni de teignes, qui, en Toscane, infestent les céréales dans les greniers ordinaires ; le seul insecte que j'aie aperçu était
un iule (*iulus terrestris*). J'ai seulement observé qu'en plongeant la
main dans le blé , j'éprouvais une certaine chaleur.

« Outre les fosses dont nous venons de parler, il en existe en Toscane un grand nombre sans être abritées et au milieu des champs ;
quelques-unes sont murées, les autres simplement creusées sous terre,
et surtout dans le tuf. Pour éviter l'humidité, on forme un lit de paille
dans le fond , et l'on revêt le pourtour avec des cordes de paille liées
avec de l'osier de la grosseur de six à sept centimètres (deux pouces
à deux pouces et demi). On emploie la fougère (*pteris aquilina*), au lieu
de paille, dans quelques endroits ; mais cette plante communique un
certain goût au grain, et le garantit bien moins de l'humidité. On place
ces cordes à mesure qu'on remplit la fosse, et on les ôte à mesure

qu'on la vide. Tous les grains que j'en ai vu sortir étaient parfaitement sains et sans aucun insecte, quoique les cordes de paille fussent un peu humides. On commence à vider la fosse avec un poêlon à manche de bois; un ouvrier entre ensuite dans l'intérieur, et remplit un panier que deux autres ouvriers, placés en dehors, enlèvent par le moyen de deux cordes. La pierre qui couvre l'ouverture des fosses situées en plein champ ne peut être déplacée que par le moyen d'une clef qui entre dans un trou carré et qui saisit cette pierre : on la taille de manière qu'elle se joigne exactement avec la pierre qui forme l'entrée de l'ouverture, et qu'elle puisse la déborder d'un pouce; enfin, on la mastique avec du plâtre, on la couvre de terre pour que l'eau des pluies puisse s'écouler, à quelque distance, dans une rigole circulaire, et ne séjourne point au-dessus de la fosse.

« J'ai trouvé à Livourne, à Pescia, à Pise, des fosses qui servent de magasins pour le public et pour le commerce; elles sont situées en plein air et construites en maçonnerie. Les Pisantins en avaient creusé une centaine le long de la forteresse de Pise, à l'époque où ils formaient une république indépendante et commerciale : elles avaient cinq mètres (quinze pieds) de largeur sur six (dix-huit pieds) de profondeur : on en trouve encore sous les rues, dans la ville d'Arezzo. Dans quelques endroits, on y reçoit le blé des particuliers à raison de tant par sac, ou l'on se contente de rendre un nombre de mesures égal à celui qu'on a reçu. Le bénéfice du loyer se prend sur l'augmentation en volume, qui s'élève à deux pour cent.

« L'usage des fosses à grains est aussi très-commun dans plusieurs parties du royaume de Naples. Cette capitale offre de beaux magasins à blé souterrains, qu'une toiture met à l'abri des pluies. On rapporte que le marquis Buonarotti, ayant acheté une terre aux environs de Naples, et faisant reconstruire l'ancienne habitation, découvrit, en creusant les fondements, une fosse remplie d'une si grande quantité de blé, qu'il en fréta plusieurs bâtiments : ces grains furent envoyés en Portugal, et trouvés d'une excellente qualité. Les vendeurs, possesseurs de cette habitation pendant quarante ans, intentèrent au marquis un procès qui fut jugé en sa faveur. Une famille qui avait joui pendant soixante-dix ans de la même terre avant la personne qui venait d'en faire la vente, réclama sur ce même blé un droit de propriété qui fut également déclaré nul. Ainsi ce blé s'était conservé au moins pendant un espace de cent dix ans[1].

« On pratique en Calabre, et dans quelques autres parties du royaume de Naples, des magasins souterrains : leur construction n'offrant rien de particulier, nous dirons un mot sur ceux qui existent dans quelques contrées méridionales de la France.

« Il paraît que les Maures, excellents agriculteurs, avaient introduit cette pratique parmi nous. J'ai vu ces fosses dans le département des Pyrénées-Orientales; leur construction est la même qu'en Espagne; on n'en fait aujourd'hui aucun usage. Elles sont connues en Languedoc, quoique bien moins communes qu'elles ne l'étaient anciennement. Quelques agriculteurs en emploient aux environs de Toulouse : ils creusent dans une terre argileuse et tenace, des trous de deux mètres (six pieds deux pouces) ou plus de profondeur, sur quatorze décimètres (quatre pieds trois pouces) de diamètre, en forme de bouteille, avec une ouverture suffisante pour laisser passer un homme; on les entoure de paille, qu'on soutient avec des roseaux ou des lattes; on y jette le blé; puis on bouche avec de la paille et une planche, sur laquelle on élève un monceau de terre un peu mouillée et fortement battue : le blé s'y conserve parfaitement. Cette méthode pourrait être employée dans des terrains secs et qui ont de la consistance; elle serait utile aux petits cultivateurs et ne demanderait aucune avance.

Poires d'Ardres.

« Il paraît que l'usage des fosses souterraines était connu même dans le nord de la France, quoiqu'il soit tombé en désuétude. On trouve dans l'*Architecture hydraulique* de Bélidor (voir pl. X, fig. 9 à 11), qu'il y a sous le terre-plein d'un bastion de la ville d'Ardres, petite place forte près de Calais, neuf magasins construits dans un grand souterrain, destinés à renfermer les grains de la garnison en cas de siége. On les appelle communément les *poires d'Ardres*.

« Le terrain est creusé à la profondeur de trente pieds, où l'on a établi une première voûte qui forme un souterrain de vingt pieds de largeur, trente de longueur et dix de hauteur. Sur cette voûte on a élevé six poires ou cylindres de maçonnerie, se terminant en demi-sphère en bas

---

[1] Voyez *Museum rusticum et commerciale*, tome I, page 154.

et en haut, aboutissant à une seconde voûte qui affleure le rez-de-chaussée. Chaque tour ou cylindre a huit pieds de diamètre et douze pieds de hauteur, et est isolée, afin que l'air circule autour. On a ménagé, à la partie supérieure, une ouverture de dix-huit pouces de diamètre, par laquelle on jette le blé, et dans la partie inférieure, une autre ouverture de six pouces, fermée par un clapet à cadenas. Le blé se conserve très-bien pendant plusieurs années dans ces poires, quand il y a été renfermé bien sec. Piganiol de La Force dit que ces fosses ont été construites par Charles-Quint, ou plus vraisemblablement par François Ier.

« Réaumur cite plusieurs faits qui prouvent également que l'usage de conserver les grains dans des magasins souterrains était pratiqué anciennement dans quelques autres parties de la France [1]. On découvrit de son temps, à Sedan, une fosse taillée dans le roc, remplie d'une grande quantité de blé qui s'était conservée pendant cent dix ans; mais le lieu étant assez humide, il s'était formé autour de ce blé, par l'effet de la germination, une croûte dure et épaisse d'un pied : la partie intérieure, convertie en farine, donna du pain de très-bonne qualité.

« Dans le Querci, on conservait le blé, après l'avoir déposé dans des trous creusés dans le sable et revêtus de paille. Le hasard a fait découvrir des provisions de blé qui avaient été oubliées dans des caves en Touraine et en Bourgogne; on a trouvé à Saint-Quentin et à Montargis, sous des ruines d'anciens bâtiments, des portions de grain qui n'avaient souffert aucune altération. On sait qu'en 1707 on découvrit, en travaillant aux fortifications de la citadelle de Metz, d'anciens magasins qui contenaient un tas de blé de dix toises de long sur cinq ou six de large et deux de hauteur. Ce blé, déposé en 1578, s'était recouvert d'une croûte assez dure pour qu'on pût marcher dessus sans la faire enfoncer; il avait perdu sa faculté germinative, mais on en fit du pain qui fut trouvé très-bon.

« M. le comte Chaptal m'a dit avoir examiné, près d'Amboise, un vaste magasin creusé dans le roc par les Romains; on avait revêtu l'intérieur d'une muraille en briques à une petite distance du rocher, afin d'éviter l'humidité du sol [2].

---

[1] *Mémoires de l'Académie des sciences*, année 1708, page 63.

[2] M. Jourdain, qui était sous l'Empire directeur des subsistances de l'armée, a fait con-

« Les réservoirs souterrains sont connus en Lithuanie et dans l'Ukraine: les paysans de ces contrées, après avoir creusé des fosses d'une capacité proportionnée à la quantité de blé qu'ils veulent mettre en réserve, y jettent de la paille à laquelle ils mettent le feu, afin de cuire les parois des fosses et d'en former une espèce de brique : elles sont ainsi moins accessibles à l'humidité, et conservent les grains un grand nombre d'années. On les recouvre de terre, sur laquelle on fait passer la charrue, surtout lorsqu'on a à redouter les incursions de l'ennemi; on a seulement l'attention de les revêtir intérieurement avec de la paille. La même pratique est en usage dans plusieurs cantons de la Hongrie, de la Transylvanie, de la Pologne et de la Russie; on fait des revêtements en planches, au lieu de paille, dans les contrées où les bois sont abondants.

« Pendant la guerre que les Russes firent en 1817 sur les bords du Cuban, dans le Caucase et aux environs de la mer Noire, ils découvrirent dans ces différentes contrées des fosses à blé, d'où ils retirèrent des quantités considérables de froment, de millet et d'orge. Ces fosses, de dix pieds de profondeur sur seize de large, avaient une ouverture de quatre pieds bouchée avec de la paille et recouverte de terre. On avait donné à toute la surface intérieure la dureté de la pierre par le moyen du feu.

« Les habitants de quelques-unes de ces contrées ayant été forcés d'abandonner leurs villages durant les guerres qui avaient eu lieu précédemment, les Russes trouvèrent des magasins de blés parfaitement conservés, quoique enfouis depuis un certain nombre d'années sous une terre inculte, que la nature avait couverte de végétation. »

J'espère que l'importance du sujet et l'autorité d'un homme aussi

---

naître avec quelques détails, dans un mémoire publié en 1810, les moyens employés en Espagne pour la conservation des grains dans les silos. L'auteur, se fondant sur la presque universalité de ce mode de conservation dans une grande partie des contrées de l'Europe, et sur sa parfaite réussite dans tous les pays où il est connu, se proposait de démontrer que c'était par pur préjugé, ou par suite d'expériences incomplètes et mal conduites, que cette opinion, *que notre climat ne convenait pas à ce mode de conservation*, s'était établie en France.

Comme l'on a retrouvé en France de nombreuses excavations destinées à y conserver du grain, nous sommes porté à conclure que les observations de M. Jourdain sont tout à fait fondées.

haut placé dans la science expliqueront et justifieront même l'étendue que j'ai cru devoir donner à une citation puisée dans l'ouvrage de M. le comte de Lasteyrie, qui doit servir de guide à tous ceux qui s'occupent de la question de la conservation des céréales.

Parmentier convient que le grain déposé à l'état sec dans un lieu à l'abri des alternatives de la chaleur et de l'humidité doit se conserver pendant un temps indéterminé, sans fermenter et sans que les insectes puissent l'attaquer ; mais il dit que l'usage des silos tend à racornir le blé, et à lui donner les défauts qu'on reproche aux blés durcis sur les planchers ; il fait observer qu'en général il se gâte dans les silos une certaine quantité de blé, et que la couche inférieure contracte souvent une odeur de moisi. Il ajoute cependant : que le pain fait avec des blés qui comptaient deux cents ans de conservation dans les caveaux de la citadelle de Metz, fut trouvé bon par le roi et la famille royale. Cette dernière remarque est d'un grand poids en faveur des silos, et permet de présumer que quelques-uns de leurs défauts peuvent être attribués à des vices de construction faciles à éviter.

Opinion de Parmentier sur les silos.

M. Ternaux, avec l'aide de M. Darcet dont la science déplore la perte récente[1], est le premier qui ait repris en France, en 1819, l'essai des silos. Les résultats qu'obtint cet homme si recommandable et si dévoué aux intérêts de son pays ne furent pas tous heureux, mais il conserva des grains en très-bon état et à des frais modérés pendant plusieurs années ; et si ses tentatives n'ont pas été couronnées d'un plein succès, il faut l'attribuer à des vices de construction, qui s'opposaient à ce que les grains fussent entièrement soustraits à l'humidité.

Silos Ternaux.

Le silo de M. Ternaux représentait un cylindre creusé dans la terre, terminé par une calotte sphérique en maçonnerie ou en briques, au sommet de laquelle était un tube d'un mètre de diamètre que l'on fermait avec un bouchon en bois et une pierre. A la partie inférieure de cette fosse il y avait un lit de fagots recouvert de paille, et les parois verticales, ainsi que celles de la calotte, étaient aussi garnies de paille.

---

[1] M. le ministre de la guerre a autorisé à Vincennes la construction d'un silo sur les données de M. Darcet.

Le silo, construit en moellons noyés en partie dans une composition hydrofuge, est muni d'un double fond percé de trous qui permettent à un courant d'air ou de gaz d'avoir accès dans toutes les parties de la masse du blé. (Voir pl. X, fig. 5 à 8.)

Le silo avait trois mètres quatre-vingt-dix centimètres de hauteur et deux mètres quinze centimètres de diamètre dans sa partie cylindrique (Voir pl. X, fig. 14). Un de ces silos, pouvant contenir mille quintaux métriques ou douze cents hectolitres, avait coûté environ 1,000 francs.

Lorsque l'on consulte les rapports qui ont été rédigés à l'occasion des expériences faites par M. Ternaux, on voit que M. Bosc a constaté que l'un des silos, construit avec le plus de soin, avait été creusé dans une couche de marne qui contenait trois huitièmes d'eau.

Cette circonstance explique, à elle seule, comment le grain déposé dans cette fosse, accessible à l'humidité, a dû, après quelques années, déceler certains signes d'altération. Mais elle autorise à penser que si le silo eût été hermétiquement construit, le grain s'y serait parfaitement conservé.

USAGE
DES RÉCIPIENTS
MÉTALLIQUES.

Moyens proposés
par
M. le comte
de Lasteyrie
et M. le comte Dejean.

Vers l'époque où M. le baron Ternaux expérimentait sur les silos, M. le comte de Lasteyrie et M. le comte Dejean remettaient aussi en essai des moyens qui avaient été employés il y a des siècles. Ils cherchaient à conserver les blés en les enfermant dans des récipients qui ne permettaient pas à l'air d'avoir accès sur eux, mais ils ne les soustrayaient pas aux variations de la température extérieure. Les récipients, faits en plomb ou en zinc [1], et remplis de grains, furent placés indifféremment dans des caves, au rez-de-chaussée et au grenier; et, après plusieurs années d'attente, il fut constaté que ces procédés, *qui n'étaient autre chose que la reproduction des jarres ou des caisses, ou des paniers usités chez les anciens et chez les Chinois*, donnaient d'excellents résultats.

Moyen proposé
par
M. de Sainte-Croix-
Molay.

M. le marquis de Sainte-Croix-Molay, ancien chevalier de Malte, et qui avait eu dans ses attributions la conservation des grains de l'approvisionnement de réserve de l'ordre, a aussi appelé l'attention sur ce mode de conservation qui était en usage à Malte; et j'ai lu des procès-verbaux qui attestent que les grains traités suivant ses indications avaient pu se conserver pendant plusieurs années sans avoir subi de détérioration notable.

Le procédé de M. de Sainte-Croix se réduit à placer les grains dans des récipients en zinc, fermés aussi hermétiquement que possible; et si

---

[1] Si l'on employait le plomb ou le zinc, on aurait à craindre la formation des carbonates de plomb ou de zinc, ce qui rendrait le blé insalubre.

l'on en croit les rapports qui ont été faits, on ne pourrait objecter contre ce mode de conservation que la cherté des vases. Mais lorsqu'on réfléchit à l'économie de main-d'œuvre qu'il procure, et à la durée probable des récipients en métal, on est porté à conclure qu'il est à l'abri de tout reproche.

Cependant, comme les variations de température exercent une influence destructive sur tous les corps, il semblerait prudent de placer ces récipients dans des caves où la température ne varie que de 10 à 12°, et de ne les remplir qu'avec du blé bien sec et parfaitement nettoyé. En opérant ainsi, on rentrerait dans les idées des chevaliers de Malte, qui avaient leurs récipients dans des souterrains, et qui ne mettaient dans leurs caisses en métal que du grain bien sec et bien nettoyé. (Voir pl. X. fig. 12 et 13.)

Les moyens de M. de Sainte-Croix, qui à diverses époques ont été mis en expériences soit par le département de la guerre, soit par celui de l'intérieur, et je crois même par celui de la marine, seraient jugés aujourd'hui, si les événements de 1830 n'étaient venus distraire l'attention publique, et empêcher qu'on ne donnât suite à un essai en grand qui se faisait avec l'assentiment de l'administration de la réserve de Paris.

En 1826, M. Moreau, capitaine du génie, alors aide-de-camp de M. le lieutenant-général Dode, s'est appliqué à traiter dans un mémoire des plus intéressants, qui lui a valu une médaille d'or, la question de la conservation du blé dans des silos.

Silos proposés par M. Moreau.

Après avoir indiqué que pour subvenir à l'approvisionnement nécessaire à la sustentation de 200,000 hommes, on doit avoir ordinairement un approvisionnement en blé de 450,000 quintaux métriques, qui, étendus sur des planchers à une hauteur de 0^m 50, occupent une surface de 120,000 mètres carrés (soit 375 kilog. par mètre carré), ce qui équivaut à l'espace nécessaire au logement de 20,000 hommes; après avoir appelé l'attention sur les dépenses qui incombent au mode de conservation en usage et sur les vices qui l'accompagnent, et après avoir mis en évidence l'embarras dans lequel se trouve le gouvernement lorsqu'il s'agit de répondre à des circonstances de guerre, qui mettent dans l'obligation de faire des approvisionnements considérables sur des points déterminés, M. Moreau rappelle les tentatives qui ont été faites dans le but de remettre en usage les silos ou l'emploi des récipients métalliques.

et il se livre à une discussion approfondie sur l'avantage qu'il y aurait d'adopter les silos pour les administrations publiques, telles que la Marine et la Guerre. Il examine :

1° Le cas où on aurait à convertir en silos des caves ou des chambres d'un rez-de-chaussée, en revêtant l'intérieur en plomb ;

2° Celui où il s'agirait d'établir les silos en terre, comme sous un hangar, au milieu d'un terre-plein, de bastions, etc., avec des parois en maçonnerie hydraulique, ou autre aussi coûteuse, de un mètre d'épaisseur, recouvertes de voûtes à l'épreuve, en toute maçonnerie ;

3° Enfin, le cas où l'on voudrait construire les silos à l'épreuve, soit dans des caves, soit au rez-de-chaussée de quelque bâtiment militaire, en ménageant au-dessous et tout autour un courant d'air.

Dans le premier cas, il trouve que la dépense serait au minimum 4 fr. 79 par hectolitre, et au maximum 5 fr. 73 ; dans le deuxième, de 6 fr. 02 ; dans le troisième, de 2 fr. 89.

Il fait remarquer que la dépense première pour la construction des silos étant une fois faite, on économiserait les sommes qu'il faut débourser annuellement pour conserver le grain par les méthodes en usage, c'est-à-dire :

D'une part, pour la location de magasins à raison par hectolitre de..........	0 f. 71 c.
De l'autre part, pour prime allouée aux gardes-magasins, afin de couvrir les déchets et les frais de conservation, par hectolitre......................	0 51
Total de la dépense par hectolitre..............	1 22

Il conclut en disant qu'il serait possible, en adoptant les silos, de faire une économie annuelle d'un franc par hectolitre de blé conservé, et de rentrer dans la dépense affectée à la construction de ces monuments de haute utilité, dans l'espace de six années au plus.

Voir pl. X, fig. 21 et 22, la représentation des silos proposés par M. Moreau.

Du reste, le temps a pris soin de démontrer l'efficacité des procédés indiqués par M. de Sainte-Croix, M. le comte Dejean, M. de Lasteyrie et M. Moreau ; et des personnes animées du besoin de se rendre utiles, mettant à profit les travaux de ces hommes de bien, sont entrées dans la même voie, et elles ont obtenu, à des époques diverses et dans des localités différentes, des résultats qui confirment ceux qui avaient été

précédemment constatés par des commissions officielles. Ainsi, M. Delacroix, propriétaire à Ivry, a construit, dans les vastes souterrains d'une
carrière anciennement exploitée, plusieurs récipients de différentes dimensions, garnis à l'intérieur de carreaux émaillés, ou d'un mélange
d'huile, de cire et de litharge. Ces récipients, qu'il appelle greniers clos,
ne touchent pas aux murs de la carrière, et ils sont bâtis sur des dés en
pierre d'un mètre de hauteur, de sorte qu'ils sont à l'abri de l'humidité,
et la température constamment basse de la carrière maintenant les insectes dans un état absolu d'engourdissement, il s'ensuit que le blé mis
en grenier clos a des chances de conservation indéfinie. Mais pour pouvoir établir de pareils greniers, il faut avoir à sa disposition de vastes
souterrains, et sacrifier une somme assez considérable, au moins
6,000 francs, pour subvenir aux frais de construction d'un grenier contenant 1,000 hectolitres. (Voir pl. X, fig. 17 et 18.)

Le général Demarçay, poursuivant ses recherches dans la même
direction, a conservé du blé pendant plusieurs années. Son appareil
consiste en une caisse de bois blanc qui n'a point de contact avec les
murs de la fosse où elle est placée, de manière que l'air circule librement entre les parois de cette espèce de glacière et celles de la caisse.
La partie supérieure est terminée par une toiture en paille, qui permet
aux vapeurs humides de s'échapper d'autant plus facilement, que la
couverture est exposée aux courants d'air et à l'action du soleil. (Voir
pl. X, fig. 16.) Les expériences répétées par le général Demarçay ne
laissent aucun doute sur la bonté des moyens dont il conseille l'emploi,
et elles sanctionnent en même temps l'idée que les indications de
M. de Sainte-Croix et celles de M. Delacroix peuvent être mises en pratique avec des chances de succès.

L'appareil qui vient d'être décrit ne garantit cependant pas le blé de
certaines causes de destruction auxquelles il serait essentiel de le soustraire. Ainsi, l'enveloppe en bois peut être attaquée par les vers, les
termites; elle peut contracter et transmettre de l'odeur et de l'humidité;
la toiture en paille, dont l'effet est de maintenir un courant d'air à l'intérieur de la fosse, peut être incendiée et devenir la cause de la perte
totale du grain.

Je serais d'avis de remplacer la caisse en bois par une caisse en tôle,
et la couverture en paille par une construction en briques ou en moel-

17

lons, ayant des soupiraux; et je proposerais de charger la partie supérieure d'une masse de terre d'un mètre d'épaisseur.

En résumé, les silos des anciens, ceux de Ternaux, de Lasteyrie, de Darcet, de M. Moreau; les récipients de M. de Sainte-Croix,
les greniers clos de M. Delacroix et ceux de Demarçay, sont des
modes à peu près semblables, qui donnent la possibilité de conserver
les grains pendant longtemps et avec économie; mais, adoptant les idées
émises dans les mémoires publiés par MM. Ternaux, Moreau, Delacroix et Demarçay, qui établissent comme condition indispensable
à la conservation le placement du grenier clos dans un lieu ayant constamment une température basse, je pense que des récipients en tôle
brayée, qui coûteraient moins cher que ceux de M. Delacroix et qui auraient beaucoup plus de durée que ceux de Demarçay, devraient être
mis dans des caves, ou des glacières, ou des fosses; et j'ajouterai : qu'un
vase rempli de grain laissant toujours un tiers[1] de son volume occupé
par de l'air atmosphérique, il me semblerait utile de remplir cette fraction de la capacité du récipient par un gaz neutre, tel que du gaz acide
carbonique, ou mieux encore du gaz acide sulfureux, ou un mélange
d'azote et de gaz acide carbonique, au milieu duquel les insectes vivent
dans un état d'engourdissement complet. (Voir pl. X, fig. 15.)

CONCLUSION.

L'examen rapide de tous les appareils qui ont été employés jusqu'à
ce jour dans le but de débarrasser les blés des corps étrangers qui
y sont mêlés, ou de ceux qui adhèrent à leur surface, nous a fourni
la possibilité d'indiquer les procédés à l'aide desquels on pourra faire
subir aux blés des préparations qui donneront le moyen de fabriquer
des farines d'une grande pureté et d'une grande blancheur, et qui
permettront de conserver les grains avec économie pendant un long
espace de temps.

---

[1] La pesanteur spécifique du froment est plus grande que celle de l'eau; cependant
l'hectolitre de froment pèse 75 à 80 k., et l'hectolitre de farine 50 k. On peut juger
d'après cela quelle est la quantité d'air interposée entre les grains et entre les particules
de farine.

Le nettoyage sans l'emploi de l'eau, opéré par le frottement et par la ventilation, ne débarrassant jamais le grain de la carie ni de la rouille, dont la présence nuit non-seulement à la blancheur de la farine, mais la prédispose à s'altérer, nous croyons qu'il serait utile de faire laver et sécher tous les blés à consommer par la marine, et nous pensons que l'adoption des procédés que nous avons soumis à de nombreux essais produirait des résultats avantageux.

Le blé, en sortant d'une trémie, recevrait l'impression d'un ventilateur qui enlèverait la balle, la paille et les corps légers; il se rendrait ensuite dans un cylindre émotteur, qui le débarrasserait des pierres plus grosses que le grain; il tomberait alors dans le cylindre enveloppant, pour se rendre à une anche communiquant avec le laveur.

Par cette anche, le blé arriverait aux meules du laveur; il y serait immergé, frotté, puis rejeté sur une toile sans fin cheminant vers un système d'éponges destinées à l'essuyer; il tomberait alors dans une trémie en communication avec une étuve composée d'un ou de plusieurs cylindres parcourus par un courant d'air chaud. Au sortir de cette étuve il serait pris par une chaîne à godets et transporté à des cylindres refroidisseurs qui recevraient une certaine quantité d'air à la température de l'air ambiant, par des ventilateurs placés à l'une de leurs extrémités.

Le blé serait enfin rejeté de l'appareil nettoyeur, dans un état tel qu'il pourrait être soumis à la mouture.

Si l'on se déterminait à laver le blé, le système le plus simple et le plus efficace, celui auquel il conviendrait de donner la préférence, est représenté pl. V, fig. 6.

Cependant, si l'on croyait devoir s'en tenir au mode de nettoyage par le frottement et la ventilation, nous conseillerions d'adopter les dispositions analogues à celles mises en expériences dans les grandes usines, sur lesquelles nous avons appelé l'attention, et de préférence au système représenté pl. V, fig. 7.

Après que le blé aura été nettoyé, des circonstances peuvent forcer à le moudre immédiatement, ou à le conserver pendant quelques mois avant de le convertir en farine; ou bien enfin il peut arriver que l'administration, ayant profité des bas prix pour faire des achats considérables, trouve que l'intérêt du Trésor, celui du consommateur, et même celui de l'agriculture lui font une loi de n'utiliser cet approvisionnement de réserve qu'au moment où les prix tendront à subir l'effet d'une hausse, indice de la rareté.

Si les blés doivent être conservés pendant quelques mois ou deux années au plus, il y aura de l'avantage à appliquer les procédés de M. Vallery, puisqu'ils permettent de faire l'économie des frais de pelletage.

Mais, si les blés devaient être mis en réserve pendant plusieurs années, nous engagerions à adopter le système de conservation dans des lieux clos, en lui faisant subir certaines modifications.

Je vais donner un devis approximatif de ce que coûterait un grenier clos, et indiquer les chances de gain que sa mise en usage offrirait au Trésor.

Devis d'un grenier clos, à récipient métallique, pouvant contenir 1,200 hectolitres ou 1,000 quintaux métriques. (Voir pl. X, fig. 19 et 20.)

Fouille de la fosse, 222 m. cubes, à raison de 60 cent. l'un..............	133 f.	20 c.
Mur de revêtement, de 40 cent. d'épaisseur, en terre et moellons, 133 m. carrés à 3 fr. l'un..	399	»
Cylindre en tôle de deux millimètres d'épaisseur, ayant 5 mètres de diamètre et 6 mètres de hauteur :		
Corps du cylindre, 96 mètres carrés de tôle, à mettre en œuvre, pesant 16 kilogrammes le mètre carré, ou 1,536 kilog. à raison de 85 fr. 50 c. les 100 kilog. (tôle de deuxième qualité)............................	1,313	28
Fond du cylindre, 40 mètres carrés de tôle de première qualité, à 16 kilog. le mètre carré, ou 640 kilog. à 97 fr. 50 c. les 100 kilog.............	624	»
50 kilogr. de rivets en fer forgé à 1 fr. 60 c. le kilog...................	40	»
Main-d'œuvre estimée à raison de 16 fr. par 100 kilogr. de matière employée. Le poids de la matière est de 2,226 kilogr................	386	16
Peinture à l'huile à l'intérieur et à l'extérieur, à raison de 50 c. le mètre carré	156	»
Corridor et portes...	150	»
Installation pour l'introduction du gaz	50	»

Total.........	3,201	64
Pour erreurs ou omissions..............	320	16
Total de la dépense présumée [1]..........	3,521	80

Supposons maintenant que l'administration ait acheté 1,200 hect.

---

[1] Je crois que les formes et les dispositions indiquées (pl. X, fig. 19 et 20), qui se rapprochent de celles données aux poires d'Ardres, sont préférables à celles représentées pl. X, fig. 15.

de blé, en 1825, au prix de 15 fr. 74 c. l'hectolitre, et qu'elle les ait conservés en silos jusqu'au commencement de 1829, pendant quatre années ; voyons à quel prix ils lui reviendraient.

1,200 hectolitres de blé achetés en 1825 à 15 fr. 74 cent. l'hectolitre.... 18,898 f. » c.
Intérêts composés pendant 4 ans de la somme de 18,898 fr..... .... 4,063 48
Intérêts composés du capital employé à la construction du grenier clos.   788 97
Somme totale à laquelle seraient revenus, en 1829, les 1,200 h. achetés

en 1825. . . . . 23,720 43

Si au lieu de conserver ces 1,200 hectolitres achetés en 1825, l'administration les eût achetés en 1829, elle eût payé le blé 22 fr. 59 c. l'hectolitre, et elle eût déboursé une somme de 27,108 fr. ; de sorte que le bénéfice offert par le système de réserve eût été de 3,388 fr. C'est-à-dire que, dans une période de quatre années, il s'est présenté des différences entre les cours, qui auraient permis de faire une économie égale à la somme affectée à l'établissement du grenier. On objectera peut-être que la variation entre les cours ne donnera pas toujours le moyen de faire de pareils bénéfices. A cela je répondrai qu'en

1799 le cours du blé était de 16 f. 20 c. et en 1802 de 24 f. 32 c. l'hectol.
1809 —   —   14 86 — 1812 34 34
1814 —   —   17 73 — 1817 36 16
1825 —   —   15 74 — 1829 22 59
1835 —   —   13 55 — 1838 19 31

et je ferai remarquer que si, depuis quarante ans, il s'est présenté cinq circonstances où le système de réserve eût été d'une application avantageuse [1], rien ne saurait autoriser à penser que l'avenir n'offre pas

[1] Selon M. de Montvéran, le déficit d'une mauvaise récolte de grains est de 0,04, ou de quinze jours de nourriture ; une très-mauvaise récolte laisse un déficit de 0,07, ou de vingt-six jours de nourriture ; une année de disette laisse un déficit de 0,125, ou de quarante-cinq jours de nourriture.
Ces déficits peuvent encore être accrus par le défaut de qualité des grains qui produisent moins de farine et rendent moins à la panification. Ainsi, en 1811, le déficit, évalué à 0,09 sur les grains, s'est porté à 0,15, à cause de la mauvaise qualité des blés dans quelques parties de la France ; et en 1817, un déficit de 0,08 sur les grains s'est élevé à 0,12, dans quelques endroits, par la mauvaise qualité des récoltes ; en sorte qu'il

les mêmes chances que le passé, et l'on peut ajouter, sans la moindre crainte d'être démenti par le temps, que si l'administration de la Marine adoptait le système de réserve, en maintenant intact pendant quelques années un approvisionnement de 120,000 hectolitres, elle réaliserait probablement en faveur du Trésor une économie de 60,000 fr. par an, si le bénéfice offert par la différence des cours se réduisait, par période de six années, à la somme de 3,000 fr. par 1,000 hectolitres.

La raison d'économie milite donc en faveur de la création d'un système de réserve. Mais il y a des motifs plus puissants encore, qui font désirer que le gouvernement applique cette combinaison aux départements de la Marine et de la Guerre : ces motifs sont puisés dans des idées d'ordre public et de protection à accorder à l'agriculture; car, si l'administration faisait des achats considérables dans les temps où les prix sont peu élevés, elle mettrait obstacle à leur avilissement, et si la rareté était menaçante, elle ne se trouverait jamais dans la nécessité de se porter acquéreur pour nourrir ses matelots et ses soldats; elle se soustrairait ainsi au reproche de contribuer à favoriser la hausse des cours. Enfin, l'exemple donné par l'administration trouverait, sans aucun doute, des imitateurs; et la spéculation, et l'agriculture elle-même, s'emparant de moyens dont le gouvernement aurait pris soin de démontrer l'efficacité, il pourrait en résulter que la libre exportation des grains fût rendue en tout temps d'une exécution possible, exempte de tout danger; de plus, la mise en pratique de procédés capables de conserver les blés empêcherait les pertes occasionnées par les ravages des insectes et les in-

---

semblerait convenable d'établir l'évaluation des récoltes en pain et non en grains pour avoir une base stable et à l'abri de toute variation.

Il serait d'autant plus facile de prévenir la pénurie en grains, que, dans beaucoup d'années, les récoltes sont plus favorables, et que, dans les années ordinaires, l'excédant de la récolte sur les besoins est de 0,035, ou de treize jours de nourriture; cette quantité peut s'élever à 0,075, ou 27 jours de nourriture dans les bonnes années; et même à 0,155, ou à cinquante-six jours de nourriture pour les années très-abondantes.

Un système de réserve sagement combiné donnerait la possibilité de conserver en dépôt une quantité de blé suffisante pour cinquante-deux jours de nourriture; ce qui fournirait le moyen de combattre l'effet désastreux de trois mauvaises récoltes successives, ou de deux très mauvaises, ou enfin d'une année de disette.

fluences de la température, et elle contribuerait à augmenter les ressources du pays [1].

RÉSUMÉ.

Les considérations que je viens de présenter sur *le commerce et la conservation des grains* formaient l'objet d'un mémoire adressé au ministre de la marine, au retour de la mission qui m'avait été confiée.

---

[1] En 1832, l'excédant en froment s'est élevé à 19,652,000 hectolitres, Si, à l'aide de moyens peu coûteux, on eût pu conserver sans altération aucune les 5/10 seulement de cet excédant (9,816,000 hectolitres), et si la moitié de cette quantité eût été appliquée au commerce extérieur, on aurait eu à transporter, par la voie de la navigation, 568,100 kilolitres, ce qui eût nécessité l'affrètement de 1227 navires de 500 tonneaux ; et, en supposant que le fret eût été à 20 fr. le tonneau, notre marine marchande aurait réalisé une somme représentative du fret de plus de 7,000,000 fr.

Dans la même année, le chiffre du tonnage pour le transport du blé à l'étranger aurait donc pu surpasser celui à l'entrée et à la sortie dans la totalité de nos colonies, comme on peut le voir par le tableau ci-après, savoir :

	NAVIGATION AUX COLONIES EN 1832.			
	ENTRÉE.		SORTIE.	
	Navires.	Tonnage.	Navires.	Tonnage.
Guadeloupe.	184	45,178	170	42,098
Martinique	137	35,200	147	38,249
Bourbon	63	19,521	69	21,640
Sénégal.	26	2,762	31	3,896
Guyane.	24	4,304	24	3,904
Saint-Pierre et Miquelon.	363	49,472	371	49,884
	797	156,437	812	159,671

Ainsi, le nombre de kilolitres incombant au commerce colonial a été de 316,108 hectolitres, et celui qui représente la quantité de blé qui eût pu être exportée eût été de 368,100 hectolitres ; et si l'on suppose que les navires chargés de blé eussent pu trouver des frets au retour, ce que des lois favorables aux échanges eussent assuré, on reconnaîtra que notre commerce maritime peut être presque doublé par la seule liberté accordée à l'exportation des grains.

Démontrer les avantages qui sont attachés à la liberté du commerce des grains, c'est, comme on le voit, plaider la cause de la marine marchande, l'auxiliaire de la marine royale.

Je me suis peu arrêté sur la première de ces questions, parce qu'elle m'entraînait hors du cercle qui m'avait été tracé, tandis que j'ai cru devoir donner à la seconde des développements nombreux et variés.

C'est ainsi qu'après avoir exposé rapidement ce qui concerne la législation des blés, et les principes rationnels qui devraient, à mon avis, lui servir de base, je me suis étendu sur la production et sur la consommation des céréales dans les principales contrées de l'Europe, et je suis arrivé à parler de la conservation des blés. La marche que j'ai suivie dans l'examen de cette dernière question était tracée par la nature du sujet; il fallait d'abord reconnaître et apprécier toutes les causes d'altération des grains, puis il était nécessaire d'indiquer les moyens à employer pour les nettoyer, soit par la voie sèche, soit par la voie humide; enfin il restait à indiquer les moyens propres à garantir le grain, convenablement assaini et séché, contre les causes de détérioration que le temps entraîne à sa suite, et dans ce but j'ai fait connaître, en les discutant, les différents procédés qui ont été proposés ou mis en usage depuis les temps les plus reculés jusqu'à nos jours.

La méthode que j'ai constamment adoptée dans le cours de mon travail consiste à rappeler les anciens procédés, ce qui constitue la partie historique; à décrire les divers systèmes et à les soumettre à la discussion; à faire ressortir enfin, soit par un choix parmi les moyens connus, soit par une combinaison nouvelle, ce qui, dans ma pensée, doit mériter la préférence : cette méthode, à laquelle je me suis rigoureusement astreint, m'a paru être la meilleure pour mettre de l'ordre dans mes idées, et pour donner aux lecteurs la facilité de compléter les parties de mon ouvrage susceptibles de recevoir un plus grand développement.

Le mémoire qui va suivre traitera de l'art de la meunerie et de la conservation des farines.

TROISIÈME PARTIE.

MEUNERIE.

———•———

CHAPITRE I.

APERÇU HISTORIQUE.

———

Les procédés qui peuvent être mis en usage pour nettoyer les blés ayant été décrits dans le chapitre précédent, il sera désormais toujours possible, en faisant un choix parmi les appareils de nettoyage les plus parfaits, de livrer à l'action des meules des grains entièrement débarrassés de tous les corps étrangers qui auraient pu nuire à la blancheur de la farine et causer une prompte altération de ce produit.

Nous avons donc à rechercher maintenant quels sont les moyens à employer pour obtenir les farines les plus blanches et les meilleures, en un mot, nous sommes amenés à faire une étude spéciale de la meunerie.

L'art du meunier paraît avoir précédé de beaucoup celui du boulanger, c'est du moins ce que semblent indiquer les passages nombreux d'anciens écrits, où il est souvent question de bouillies, de gruaux et de farines, sans qu'il soit fait mention du pain.

On commença sans doute par écraser le grain entre deux pierres, comme le pratiquent encore de nos jours les peuples non civilisés; l'art de broyer le blé dans un mortier dut être un perfectionnement[1]; on se

———

[1] Ce fut Pilumnus qui, à Rome, inventa les pilons et la manière de piler et de broyer les grains dans les mortiers; les Pison, l'une des plus illustres familles de Rome, durent leur nom à l'art de piler les grains perfectionné par leurs ancêtres.

Chez les Grecs, on écrasait le grain sur des tables de pierre, au moyen de rouleaux, ainsi que de nos jours on triture le chocolat.

servit aussi d'un rouleau que l'on faisait mouvoir sur des plates-formes
en pierres dures; plus tard, à une époque difficile à préciser, apparurent les moulins à bras, composés de deux meules de petites dimensions dont la supérieure était mobile et l'inférieure fixe; ensuite,
les petites meules furent remplacées par des meules épaisses et à grands
diamètres, qui eurent successivement pour moteur des esclaves, des
animaux, un courant d'eau, le vent, et enfin la vapeur[1].

---

[1] Voir la Bible au chapitre xi de l'*Exode*, où il est dit : « Morietur omne primogenitum
in terra Ægyptiorum, etc., usque ad primogenitum ancillæ quæ est ad molam. » On a
aussi la preuve que Samson a été condamné à tourner la meule. Enfin, les livres anciens
rapportent que Plaute fut contraint, soit par la misère, soit par suite d'une disgrâce, à
tourner les meules. L'exactitude de ce fait a été contestée; mais que le fait ait eu lieu
ou non, son énonciation prouve toujours, à n'en pas douter, que l'usage des moulins
à bras existait à Rome du temps d'Auguste.

On lit dans plusieurs auteurs : « Molæ jumentariæ, molæ asininæ. »

Pomponius Sabinus fixe au temps de Jules César le premier essai des moulins mus
par l'eau; Vitruve, qui vivait sous Auguste, donne la description d'un moulin à eau, et
Pline, qui écrivait soixante ans après Vitruve, en parle comme d'une machine remarquable et encore fort rare. Ce ne fut qu'au quatrième siècle de notre ère, sous le règne
d'Honorius et d'Arcadius, qu'on établit à Rome les premiers moulins à eau destinés au
service public.

Antipater y fait allusion dans une de ses épigrammes : « Vous qu'on a jusqu'ici
« employées à moudre le grain, femmes, laissez désormais reposer vos bras, et dormez
« sans trouble, etc. Cérès a ordonné aux Naïades de remplir vos travaux; elles obéissent
« et tournent avec vitesse une roue qui meut rapidement elle-même les meules
« pesantes, etc. »

Lorsque Rome fut assiégée par Vitigès, roi des Goths, comme les moulins à eau étaient
dans la campagne, et au delà du camp des ennemis, Bélisaire, qui commandait dans
Rome pour Justinien, fit promptement construire au pied du Janicule des moulins qui
tournaient par la chute des eaux de la décharge des fontaines. Ce secours n'ayant point
suffi à la consommation de la ville, le général hasarda d'en faire construire sur le Tibre,
dans des bateaux au milieu du courant, à peu près comme ceux qu'on a vus à Paris
entre le Pont-Neuf et le Pont-au-Change.

De l'Italie, les moulins à eau ont passé en France dès le commencement de la monarchie,
car la loi Salique en fait mention.

Suivant l'abbé Grégoire et l'abbé Rozier, les moulins à vent nous sont venus des pays
orientaux, au retour des Croisades, vers 1040.

L'acte le plus ancien dans lequel il soit question des moulins à vent est un diplôme
qui porte la date de 1105, dans lequel on permet à une communauté de religieuses en
France d'établir un moulin à vent : « Molendinam ad ventum. »

Les premiers moulins mus par la vapeur sont dus à l'immortel Watt, qui, vers 1780,

Nous pourrions consigner ici un assez grand nombre de détails historiques sur la mouture, mais, dans la crainte qu'ils ne paraissent étrangers à l'objet de notre travail, nous nous bornerons à la note ci-jointe, et nous entrerons immédiatement dans l'examen détaillé de chacune des parties dont l'ensemble compose un moulin à blé.

---

en fit l'essai à Londres. Les frères Périer suivirent de près l'exemple de Watt, et ils établirent à Paris des moulins à vapeur qui, vu la cherté du charbon de terre et sans doute aussi l'imperfection du système de transmission de mouvement, ne purent soutenir la concurrence avec les moulins à eau.

CHAPITRE II.

DES MEULES.

ET DISPOSITIONS
DES MEULES.
Les dimensions, la forme et la disposition des meules ont subi un grand nombre de changements.

Les Romains se servaient de moulins à bras dont les meules avaient 0^m 40 à 0^m 50 de diamètre, et 0^m 12 à 0^m 14 d'épaisseur; la meule supérieure était creusée, de manière à recevoir le blé destiné à être moulu, et les deux meules se rencontraient suivant des surfaces qui, tantôt étaient sphériques, tantôt coniques, tantôt planes, tantôt partie courbes et partie planes. (Voir les fig. 1, 2, 3 et 4, pl. C du vol.)

des peuples de l'Orient.
On trouve encore en usage, parmi les peuples de l'Orient, des moulins à bras dont les meules à surfaces planes rappellent les meules romaines. (Voir la pl. II, fig. 1 et 2, sous le titre Meule romaine.)

En Algérie, les Arabes se servent aussi de moulins à bras, presque semblables à ceux que nous venons d'indiquer, mais moins commodes. La meule inférieure se place entre les jambes, et la meule supérieure est mise en mouvement au moyen d'un bâton, servant de poignée, engagé dans une lanière ou dans une corde passée dans un trou pratiqué près du bord de la meule tournante. (Voir la pl. II, fig. 3 à 5.)

mues par les hommes
ou par les animaux.
Les meules que les Romains faisaient mouvoir en employant des hommes ou des animaux, se composaient de deux pierres taillées, l'une intérieurement, l'autre extérieurement, en forme de cônes qui se pénétraient; la supérieure, munie de leviers horizontaux, était mobile, et l'inférieure était fixe. (Voir la pl. II, fig. 6 [1]). Quant aux meules des

---

[1] Les meules romaines étaient ou de grès, ou de poudingue, ou de lave, et partout où l'on rencontre des vestiges d'habitations romaines, on trouve des fragments de meules, ce qui semblerait indiquer que le moulin était aussi commun chez eux que le pétrin dans nos campagnes.

Les Romains appelaient *catillus*, petite écuelle, la meule courante, et *meta*, borne, la meule fixe. « Superior pars catillus a Romanis vocabatur, et inferior meta. »

moulins à eau, décrits par Vitruve, elles diffèrent peu de celles qui sont maintenant en usage.

Dans les temps modernes on a essayé de se servir de meules placées dans une position verticale, et cela afin d'utiliser la force motrice d'une manière plus directe; le grain arrivait tantôt par le centre de la meule tournante et était écrasé et rejeté à la circonférence par l'effet de la force centrifuge. (Voir la pl. II, fig. 7); tantôt le blé était introduit par la partie supérieure des meules, et il sortait réduit en farine par un trou ménagé près du centre de la meule fixe, ainsi qu'on le voit dans la' pl. II, fig. 32 à 35. Puis, on a imaginé, pour opérer la mouture du grain, de faire tourner un cylindre tangentiellement à une portion de cylindre de même diamètre que le cylindre tournant, et ayant une surface concave égale au quart de la surface convexe de la meule mobile ; et, dans un trajet de 0ᵐ 50 au plus, le blé devait être réduit en farine. (Voir la pl. II, fig. 8.) On a voulu aussi moudre le grain avec des meules parfaitement planes, ayant des diamètres différents; dans cet appareil, la meule la plus petite est placée à la partie supérieure et elle est suspendue par un collier qui lui laisse la liberté de participer au mouvement imprimé à la grande meule, laquelle reçoit directement l'action du moteur. (Voir la pl. II, fig. 9.) Ces tentatives diverses n'ayant conduit à aucun perfectionnement, nous nous bornons à les mentionner.

(Meules verticales.)

(Meules cylindriques horizontales.)

(Meules planes de diamètres différents.)

§ I. — DES PIERRES A MOUDRE LE GRAIN.

Les meules généralement employées sont faites de pierres meulières siliceuses, ayant une grande dureté. Si elles étaient calcaires, elles s'useraient promptement et abandonneraient par le frottement une certaine quantité de débris terreux qui, mélangés à la farine, en altéreraient la qualité.

Les meulières se distinguent en meulières à coquilles et en meulières sans coquilles. Les premières forment des dépôts superficiels peu puissants et ne sont, pour ainsi dire, que des représentants des rognons de silex du calcaire supérieur, lesquels, au lieu d'être enveloppés dans cette roche, se trouvent dans des sables argilo-ferrugineux, ou dans des marnes argileuses; les coquilles qu'ils renferment sont des lymnées, des hélices, des planorbes, des potamides et d'autres coquilles d'eau douce; quelques végétaux fossiles, notamment des troncs de palmiers, se rencontrent dans les sables qui lient entre eux les rognons de silex.

Les meulières sans coquilles forment des dépôts plus puissants que les meulières à coquilles ; elles sont abondantes à La Ferté-sous-Jouarre, dont les carrières sont en possession de fournir des meules à une grande partie de l'Europe et de l'Amérique.

Cette roche se trouve ordinairement en amas, en blocs ou en fragments anguleux enfouis dans des sables plus ou moins souillés d'argile ferrugineuse ou de marne plus ou moins argileuse. Du reste, on sait que c'est un silex criblé d'une multitude de cavités irrégulières, garnies de filets siliceux, disposés à peu près comme le tissu réticulaire des os, et tapissé d'un enduit ocreux. Ces cavités sont souvent remplies de marne argileuse ou de sable argileux, et ne communiquent point entre elles. D'autres fois, la meulière est plus compacte et passe au silex corné. Sa couleur ordinaire est blanchâtre passant au rougeâtre, au jaunâtre et même au bleuâtre.

Dans l'une des carrières exploitées par MM. Gueuvin, Bouchon et Cie, celle de Tarterel, les pierres meulières se trouvent en blocs irréguliers dans une couche d'alluvions à peu près horizontale, élevée de 160 mètres au-dessus du niveau de la mer, et qui règne sur la partie supérieure des montagnes qui entourent La Ferté-sous-Jouarre.

La couche dans laquelle on rencontre la meulière repose le plus ordinairement sur des marnes gypseuses; elle est recouverte par une épaisseur de 5 à 25 mètres de terre végétale. Cependant, la pierre meulière paraît à nu dans ses affleurements sur le penchant des montagnes.

La pierre meulière que l'on extrait de cette carrière est composée de silice pure, coloriée légèrement par le fer en jaune ou en gris bleuâtre ; l'intérieur de cette pierre, qui est parfois poreuse et parfois pleine et serrée, est tapissé souvent par des dépôts de carbonate de chaux.

La coupe indiquée, faite à travers la vallée de la Marne et les montagnes de Tarterel qui l'avoisinent, donne une idée de la structure géologique du terrain.

COUPE GÉOLOGIQUE.

Carrières de Tarterel,	180 mètres au-dessus du niveau de la mer.			
Terre végétale,	160	—	—	—
Pierre meulière.				
Marnes gypseuses.				
Grès à coquilles marines.	49	—	—	—
Calcaire marin.				
Calcaire marin gris, vert, chlorité, coquilles.				
Sable vert chlorité à nummulites.				
Argiles à lignites et terres noires pyriteuses.				
Argile grise.				
Mélanges crayeux alternant avec des sables.				
Grande masse de craie.				

La Ferté-sous-Jouarre (Marne).

Les pierres meulières réputées les meilleures sont celles qui proviennent des carrières de La Ferté-sous-Jouarre; la première qualité affecte une teinte d'un blanc un peu diaphane veinée de bleu, et la seconde est comme blonde, œil de perdrix, criblée d'une infinité de petits pores. La couleur est un indice de la qualité, mais ce à quoi il faut particulièrement s'attacher, c'est à l'homogénéité parfaite et à la régularité de la porosité de la pierre. Plus les pierres sont résistantes, meilleures elles sont; cependant, une dureté égale dans les deux meules produit un mauvais effet, aussi la pratique conseille-t-elle de n'employer pour la meule fixe qu'une pierre moins dure que celle de la meule courante. C'est sans doute cette considération qui a déterminé M. Désaubry, l'un des meuniers les plus capables de France, à tirer ses meules courantes du bois de Labarre, et à prendre ses meules fixes dans les carrières de Tarterel, chez MM. Gueuvin, Bouchon et compagnie, de La Ferté, qui possèdent aussi des carrières dans le prolongement du banc découvert au bois de Labarre.

Il existe à La Ferté-sous-Jouarre plusieurs exploitations de pierres meulières, dont les principales nous ont paru être celles de MM. Gueuvin, Bouchon et compagnie, propriétaires des carrières de Tarterel; de MM. Nayliés et compagnie, propriétaires des carrières du bois de Labarre; celles de MM. Gilquin, et celles de M. Roger. L'outillage de ces ateliers est parfaitement entendu, et l'on doit aux directeurs de ces établissements des perfectionnements très-remarquables.

Dans le département du Calvados. En Normandie, nous avons rencontré des meules tirées du Calvados, et nous avons reconnu qu'elles sont plus propres à servir de meules fixes ou gisantes, que de meules tournantes, à cause de leur peu de dureté.

A Lésigny en Poitou. A Lésigny, dans le Poitou, on extrait aussi des pierres meulières; mais, de même que celles du Calvados, elles sont plutôt propres à faire des meules gisantes que des meules courantes. Cependant il y a des meuniers, tels que M. Conty, de la Haye Descartes, qui ont des jeux de meules faits entièrement en pierre de Lésigny, et ils en obtiennent des résultats avantageux.

A Pair et à Caunay (Deux-Sèvres). Il existe aussi à Pair et à Caunay (Deux-Sèvres), et à Lhermenault (Vendée), des carrières de pierres meulières qui sont employées dans les anciens moulins; ces carrières sont peu exploitées, et on a remarqué que les meules qui en proviennent font de la farine moins blanche A Lhermenault (Vendée). que celle faite avec des meules de La Ferté; quant aux pierres de Lhermenault, elles ont l'inconvénient de se désagréger facilement.

A Bergerac (Dordogne). Les meuniers de Moissac, de Montauban et de Toulouse font usage des meulières de Bergerac, et ils assurent qu'elles sont préférables aux pierres de La Ferté-sous-Jouarre. J'ai entendu dire à plusieurs meuniers qu'elles font de la farine plus blanche, et que, dans un temps donné, elles moulent plus de blé que les meulières de La Ferté. C'est un fait qu'il serait important de vérifier.

La première qualité des pierres de Bergerac est un agrégat qui a l'aspect du marbre blanc; la deuxième a la couleur de la pierre à fusil; elle est moins dure que la première et sert ordinairement à faire la meule fixe. On reproche aux meulières de Bergerac d'être trop compactes[1]. Ce ne serait pas un défaut si les meules faites avec cette sorte de pierres étaient rayonnées à l'anglaise, car pour les meules à l'anglaise on recherche les pierres très-pleines; mais je dois ajouter que j'ai vu des pierres de Bergerac qui étaient très-éveillées.

A la Savonnière, sur les bords du Cher. Aux environs de Tours, à la Savonnière, sur les bords du Cher, j'ai vu une carrière de pierres meulières qui m'ont paru avoir quelque rapport avec la deuxième qualité des pierres de La Ferté.

---

[1] Une paire de meules en pierres de Bergerac de 1ᵐ 75 de diamètre revient à 800 fr., et les prix varient dans le rapport des dimensions.

Dans la plupart des grands moulins à blé que j'ai visités en Angleterre et en Irlande, j'ai remarqué qu'on fait usage des pierres de La Ferté-sous-Jouarre, et les noms de MM. Gueuvin, Bouchon et compagnie y sont cités avec éloge par les plus célèbres meuniers; quant à la mouture de l'orge, de l'avoine et du seigle, elle s'opère avec une espèce de grès tiré du pic de Derbyshire, et j'ai pu reconnaître que cette pierre manque de dureté et demande à être taillée très-souvent. *Au Pic de Derbyshire.*

Pendant la guerre entre la France et la Grande-Bretagne, les relations commerciales ayant cessé entre les deux pays, le gouvernement anglais offrit une récompense à la personne qui trouverait une carrière de pierres capables de suppléer les meulières françaises. Après bien des recherches, on rencontra près de Conway, dans le pays de Galles, un gisement de 2^m 50 de large, sur une profondeur assez considérable, composé d'un agrégat de quartz et de schiste qui se durcissait à l'air. A défaut d'autres, cette pierre a été mise en usage, mais on a reconnu qu'elle était très-inférieure aux pierres de La Ferté. *De Conway, pays de Galles.*

Il y a peu d'années qu'une carrière de pierres propres à la mouture des grains a été trouvée par M. James Brownhill, dans le grand rocher basaltique d'Alley-Craig, près Stirling. Ces pierres ont été soumises à l'expérience, pour la première fois, par M. Alexander Ball, agent des moulins d'Alloa, et on a prétendu que ces meules pouvaient être préférées aux pierres tirées de France, parce qu'elles sont plus pleines et plus régulièrement poreuses. *D'Alley-Craig, près Stirling.*

J'ai examiné les meules d'Alley-Craig, et il ne m'a pas été possible de saisir de notables différences entre elles et les meules de seconde qualité des carrières de La Ferté-sous-Jouarre.

Les meules que nous avons vues en Hollande proviennent des carrières qui avoisinent Cologne; elles sont d'un seul morceau; la pierre en est poreuse, tendre et a l'aspect de la pierre ponce, mais elle n'a pas de ces trous à bords tranchants, appelés *éveillures*, que l'on rencontre dans les meulières de France et d'Angleterre.

Ces pierres demandent à être taillées très-souvent, et elles ne sont pas propres à faire de belles farines.

Les meules dont on se sert en Suisse et en Allemagne sont formées d'un granit que l'on trouve en masses isolées en Savoie, sur le revers de la Salève et dans plusieurs autres parties du territoire helvétien. Les *Des montagnes de la Savoie.*

unes sont blanches et dures, les autres sont très-colorées et plus tendres. Les meuniers les plus habiles considèrent l'association d'une meule de La Ferté et d'une meule de granit comme ce qui convient le mieux pour les blés du pays.

On fait usage aussi de granit et de granitelle des pentes du Jura. Ce dernier a l'apparence d'un grès quartzeux grossier; il est assez tendre.

De Thuringe.

En Saxe, les meules réputées les meilleures sont celles de Thuringe.

Les aspérités des granits n'étant pas toujours également inclinées, et leur homogénéité étant différente, cela force à faire des meules de quatre pièces et même davantage, que l'on réunit par des cercles de fer.

En résumé, il résulte des renseignements que nous avons pu nous procurer, que les pierres meulières les plus propres à faire d'excellentes farines sont celles que l'on extrait des carrières de La Ferté-sous-Jouarre et de celles de Bergerac; nous ajouterons qu'il serait utile d'avoir dans les établissements du gouvernement des jeux de meules de ces deux espèces de pierres , afin de se livrer à des expériences comparatives, qui pourraient éclairer l'industrie sur la question de savoir si l'on doit accorder la préférence à l'une de ces deux pierres.

§ II. — DU POIDS DES MEULES ET DE LEUR VITESSE.

D'après les principes exposés dans divers ouvrages sur la meunerie, et d'après ce qui s'est fait dans les moulins les mieux construits, il s'ensuivrait qu'on peut varier dans des limites assez étendues le poids et la dimension des meules : pour les vitesses angulaires, tout le monde admet qu'elles doivent être en raison inverse des diamètres; mais, pour un même rayon, il existe encore de grandes variations chez les différents auteurs. On trouve dans Fabre qu'une meule de 1^m 98 doit peser 1995 kilogr.; qu'elle doit faire 48 à 61 tours à la minute, et moudre par heure, en une fois, c'est-à-dire sans remoudre les gruaux et les sons, 195 kilogr. ou plus de deux hectolitres et demi. On a constaté qu'une meule de 1^m 20 de diamètre, semblable à celles dont

A Plymouth, Deptford et Portsmouth.

se servent les Anglais à Plymouth, à Deptford et à Portsmouth , dans les établissements du gouvernement, doit peser 800 à 900 kilogr., faire 120 à 125 tours à la minute, et moudre par heure 180 kilogr. de blé , ou 2 hectol. 40 l. Aux environs de Paris on a reconnu qu'une meule de 1ᵐ30, avec son équipage, devait peser environ 700 kilogr.; que pour obtenir de très-belle farine, il fallait ne lui faire faire que 100 à 120 tours par minute, et ne lui faire moudre, par heure, que 65 à 75 kilogr. Ces derniers résultats sont confirmés par les praticiens les plus expérimentés, et lorsque la quantité de farine produite dépasse 19 à 22 hectolitres par jour, ils pensent que ces rendements ne sont obtenus qu'aux dépens de la qualité.

Dans le beau moulin de Saint-Maur, dirigé par M. Ch. Touaillon fils, les meules pèsent 550 à 600 kilogr.; elles ont 1ᵐ 10 de diamètre; elles opèrent 160 à 170 révolutions à la minute, et elles ne réduisent en farine que 48 à 50 kilogr. de blé par heure, ou 15 à 16 hectolitres par 24 heures.

Cependant en Angleterre, dans les établissements particuliers, et chez M. Packam, à la ville d'Eu, avec des meules de 1ᵐ 28 à 1ᵐ 30 de diamètre, faisant 110 à 120 tours, on moud ordinairement 1 hect. 41 l. par heure, et parfois même 2 hectol. 40 l.; la farine obtenue est considérée comme étant de bonne qualité.

En Hollande, où le blé est plutôt concassé que moulu, avec des meules de 1ᵐ 50 à 1ᵐ 60 de diamètre, on réduit communément en farine 2 hectol. 26 l. par heure, et lorsque les rayons des meules sont creusés à angles droits sur les deux bords, on obtient jusqu'à 5 hectol. 33 l. par heure; mais alors la mouture est très-imparfaite, et dans l'un et l'autre cas il serait imprudent d'imiter les Hollandais.

Les meules de granit ou de lave, dont on se sert en Suisse et en Allemagne, ont 1ᵐ 14, 1ᵐ 30 et 1ᵐ 60 de diamètre au plus. La meule tournante pèse, suivant qu'elle a tel ou tel diamètre, 500, 600 ou 800 kilogr.: son épaisseur est ordinairement de 0ᵐ 30; lorsqu'elle est réduite à 22 ou 25 centimètres de hauteur par l'usure et le repiquage, c'est-à-dire lorsqu'elle est devenue assez légère pour être soulevée par le grain, on s'en sert pour meule fixe. Les meules font de 120 à 180 tours à la minute, et elles ne réduisent en farine que 12 à 18 quintaux métriques de blé par 24 heures, mais elles ne dépensent au maximum que la force de 2 chevaux 6/10 vapeur, et au minimum 1 5/10.

§ III. — DE LA CONSTRUCTION DES MEULES.

Les meules sont ou d'un seul bloc, ou composées de plusieurs morceaux. La difficulté de rencontrer une meule d'une seule pièce, à peu près homogène, a fait recourir à la formation des meules par l'assemblage de plusieurs pierres, que l'on taille de manière à pouvoir faire, par leur réunion, un carrelage parfait. Ces *solides* ou *carreaux*, comme on les nomme, sont choisis de densité et de grain à peu près semblables, et ils sont unis par une couche de plâtre. L'une des faces, celle destinée à moudre le blé, est rendue aussi régulière que possible ; la surface qui lui est opposée est laissée presque brute, et présente des aspérités et des creux que l'on remplit avec des fragments de meulière et du plâtre, afin de conserver, autant que possible sur tous les points, une certaine uniformité de densité. Mais on a remarqué que, malgré toutes les précautions qu'on s'applique à prendre, les pierres liées entre elles par une couche de plâtre (ce qui forme le rechargement de la meule supérieure) tendent à sortir du plan général de la meule à mesure que, par des causes nombreuses, le plâtre perd de son adhérence avec la pierre. On a aussi reconnu que les couches de plâtre, ayant des épaisseurs différentes, se chargent, par leur hygrométricité, de quantités d'eau qui ne sont pas les mêmes, ce qui contribue encore à altérer l'équilibre de la meule [1].

Les faces travaillantes des meules, dans les anciens moulins, ne sont pas planes ; celle de la meule inférieure est convexe, et celle de la meule

---

[1] Les meules à l'anglaise sont composées de *deux couches*, l'une en pierres *propres au travail*, de 0m 14 à 0m 16, qui forment le moulage ; l'autre en pierres de rebut *propres au rechargement*, qui forment le contre-moulage et servent à équilibrer convenablement les meules.

La densité de la pierre propre au travail et employée à la confection des meules à l'anglaise varie de 2,367 à 2,413.

La densité du rechargement mélangé de plâtre et de pierre est de........... 1,315k.
La densité des meules à l'anglaise confectionnées (pierre et rechargement) est de 1,944
La densité des meules à la française, en pierre tendre, est de.............. 1,780
La même en pierre dure et compacte................................. 2,241

Une paire de meules de première qualité, de 1m 95 de diamètre, coûte, à la carrière, de 900 à 1,000 fr.

Une de 1m 62 de diamètre, 800 à 900 fr., et une de 1m 30, de qualité supérieure,

supérieure est plus concave que l'inférieure n'est convexe, de manière à ménager entre elles, près de l'ouverture pratiquée au centre de la meule courante, un espace de cinq à neuf millimètres. Mais depuis l'introduction de la mouture américaine, la meule fixe est parfaitement plane, et la meule courante a une concavité de cinq millimètres, mesurée au centre.

Les meuniers divisent la meule en trois parties :

1° Le cœur; c'est la portion des deux meules la plus voisine du centre, où la séparation entre les surfaces est la plus grande ;

2° L'entrepied ; c'est une zone où les surfaces des meules se rapprochent sensiblement l'une de l'autre ;

3° La feuillure; c'est une zone qui arrive jusqu'à la circonférence, et dans toute la largeur de laquelle les surfaces des deux meules sont absolument parallèles. Comme on le voit, les deux meules sont disposées de manière à ce que leurs surfaces se rapprochent à une certaine distance du centre, où il existe entre elles un parallélisme parfait. On comprend qu'à l'aide de cette disposition, le grain, sollicité par la force centrifuge, passe du centre à la circonférence en étant d'abord roulé, puis brisé, puis aplati; et que, dans le trajet qu'il a parcouru, avant de sortir de dessous les meules, toutes ses parties constituantes, le péricarpe, le périsperme et l'embryon, c'est-à-dire le son, la farine et ce que les ouvriers appellent les petits grains, ont été désunis.

---

façon anglaise, pareille à celles que l'on emploie dans les nouveaux moulins, coûte 600 fr., et de deuxième qualité, 400 à 450 fr., prise à la carrière.

Je dois ces renseignements et ces chiffres à l'obligeance de MM. Gueuvin, Bouchon et compagnie.

J'ai fait moi-même des expériences directes sur la densité des pierres meulières ; sur deux échantillons que MM. Nayliès et compagnie ont bien voulu mettre à ma disposition, je les ai pesés avec le plus grand soin, après en avoir constaté le volume d'une manière exacte. L'un de ces échantillons appartenait à la meilleure pierre du bois de Labarre, employée pour les meules courantes, et l'autre se trouvait pris parmi les pierres destinées aux meules dormantes; de telle sorte qu'ils représentaient assez bien les deux limites dans lesquelles il est permis de se tenir, quand on considère seulement la pierre destinée au travail. Les résultats obtenus m'ont conduit à prendre pour base des calculs que j'exposerai plus loin, les deux limites 2,450 k. 50 et 2,341 k. 50, l'une supérieure et l'autre inférieure. La différence qui existe entre mes chiffres et ceux de MM. Gueuvin, Bouchon et compagnie, n'est pas très-grande, et prouve la confiance que l'on doit avoir dans les uns et dans les autres.

De la taille des meules.

Dans les anciens moulins on taille les meules ou on les pique en les frappant, à coups perdus, sur la surface qui doit opérer le travail, et on les repique aux endroits qui prennent du poli par le frottement. (Voir la pl. XI, fig. 10 et 11.) Cette méthode est très-vicieuse, et depuis plus de cinquante ans, elle a été abandonnée par tous les meuniers instruits, qui ont adopté le piquage des meules en traçant à leurs surfaces des sillons réguliers, indiqués tantôt par des rayons partant du centre, tantôt par des rainures ayant des directions et des longueurs très-variables.

La meule inférieure et la meule supérieure étant sillonnées de la même manière, lorsqu'elles seront placées l'une sur l'autre, leurs sillons, en se croisant, feront l'effet de deux lames de ciseaux, disposition non-seulement propre à faire moudre promptement, mais qui a pour effet de favoriser l'action de la force centrifuge, en rejetant la farine à l'extérieur.

§ IV. — RAYONNEMENT DES MEULES.

Le rayonnement des meules a été considéré comme un progrès réel, parce qu'il a permis de se servir de pierres très-pleines et d'augmenter ainsi les surfaces de contact, en régularisant la succession des chocs destinés à broyer le grain, et parce qu'il a donné aussi la possibilité de réduire la longueur du diamètre des meules et d'accélérer leur vitesse, en augmentant leur puissance de brisement, sans s'exposer à échauffer davantage la farine. Les meules taillées à coups perdus ou piquées au hasard ont sur les meules rayonnées le désavantage de trop écraser, de trop échauffer la farine, et de réduire le son en très-petites parties, qui passent avec la farine à travers les mailles du tamis le plus fin; tandis que l'usage des meules sillonnées permet de ne jamais réduire en poussière le son et l'embryon, et donne le moyen de détacher l'enveloppe corticale en larges fragments, que l'on peut aisément séparer de la farine par l'opération du blutage.

DIVERSES MANIÈRES DE TRACER LES SILLONS DES MEULES.

Rayonnement droit passant par le centre de la meule.

Nous allons donner maintenant une description de la plupart des rayonnements qui ont été mis en usage jusqu'à ce jour.

1° Le premier rayonnement qui ait été tenté consistait à tracer huit sillons passant par le centre et s'arrêtant à l'œillard, et à mener dans chaque compartiment tantôt quatre et tantôt cinq sillons passant aussi par le centre et s'arrêtant à environ 0^m 12 de la circonférence de l'œillard. La meule sur laquelle j'ai relevé ce tracé avait 1^m 95 de diamètre.

La largeur des rayons, près de la circonférence de la meule, était environ de 0^m 027, et à l'autre extrémité de 0^m 015. (Voir pl. II, fig. 12 et 13, et pl. C du vol., fig. 5.)

En Allemagne et en Suisse, où l'on fait usage de meules de 1^m 30, on rencontre l'application de cette manière de rayonner.

2° Le rayonnement hollandais se compose, dans les meules de 1^m 50 à 1^m 60 de diamètre, de 108 cannelures déterminées par des portions de circonférences passant par le centre de la meule et ayant 0^m 60 à 0^m 70 de rayon. Ces sillons partent de la circonférence de la meule, 54 s'arrêtent parfois à 0^m 25 du centre, tandis que les 54 autres sont prolongés jusqu'à l'œillard. Les sillons ont environ 0^m 003 à 0^m 005 de profondeur; ils sont de forme arrondie; leur largeur est de 0^m 03, et les surfaces planes qui les séparent ont à peu près 0^m 01. (Voir pl. II, fig. 16 et 17, et pl. C du vol., fig. 6.) *Rayonnement hollandais.*

3° Rayonnement courbe de Dransy. (Voir pl. II, fig. 18 et 19, et pl. C du vol., fig. 7.) *Rayonnement Dransy.*

On divise la circonférence de rayon AB en huit parties égales, marquées 1, 2, 3, 4, 5, 6, 7 et 8. Le cercle de rayon AB"=1/6 AB limitant le vide de la meule, se trouve de même divisé en huit parties égales correspondantes, marquées 1, 2, 3, etc. Cela fait, on décrit un cercle avec le rayon AB'=1/2 de AB, sa circonférence servira de limite aux petits rayons intermédiaires et aux parties rectilignes des grands.

On mène BX faisant avec AB un angle de 18"; on joint K avec la circonférence AB", au moyen d'une courbe figurant une développante de cercle. On opère de la même manière pour la division 2; puis on place 5 rayons intermédiaires arrêtés à la circonférence AB', également distribués entre 1 et 2, lesquels sont assujettis à la condition de faire avec les rayons correspondants des angles égaux à 18"; de sorte que les angles 0 0' 0" 0'" 0'ᵛ 0'ᵛ 0ᵛ' sont égaux entre eux et à 18°.

4° Rayonnement courbe d'Evans.

Il suppose qu'il ait à rayonner une meule de 1^m 52. (Voir pl. II, fig. 22 et 23, et pl. C du vol., fig. 8 et 9), et il dit : *Rayonnement d'Olivier Evans.*

1° Décrivez sur la meule deux cercles *aa'*, *ee'* concentriques avec elle, et ayant pour rayon : le premier 0^m 152, et le deuxième 0^m 076;

2° Divisez la zone comprise entre les circonférences *aa' ee'* en quatre autres zones, par trois nouveaux cercles *bb' cc' dd'*, équidistants; nommez ces cinq cercles *aa' bb' cc' dd' ee'* directeurs;

3° Divisez la surface restante en cinq zones, en décrivant quatre autres cercles équidistants, BB' CC' DD' EE' entre l'œillard et le bord de la meule;

4° Divisez la circonférence de la meule en dix-huit parties égales, nommées compartiments; menez une tangente du point A au cercle directeur *aa'*, situé à 0^m 152 du centre, et tracez une ligne AB pour indiquer la direction du sillon depuis le bord A de la meule jusqu'au cercle BB'. Du point B, menez une tangente au cercle *bb'*, et tracez la ligne BC pour marquer la continuation du sillon; du point C menez une tangente au cercle *cc'*, et joignez le point C au point D, pour indiquer la direction du sillon; du point D, menez une tangente au cercle *dd'*, et joignez le point D au point d'intersection E de la tangente et du cercle EE'. Enfin, du point E menez une tangente au cercle *ee'*, et joignez le point *a'* du cercle *aa'* avec le point E;

5° Servez-vous de la ligne courbe A B C D E *a* ainsi obtenue, comme type pour tracer tous les sillons de la meule.

Les sillons, pratiqués suivant cette ligne courbe, se croiseront les uns les autres sous les angles montrés par la figure.

Sur le cercle *aa'*	bord de l'œillard	de la meule	75°
—	EE'	—	—	45
—	DD'	—	—	55
—	CC'	—	—	31
—	BB'	—	—	27
—	AA'	—	—	23

Olivier Evans ajoute : qu'il pense que ces angles *eae'' aEa''* EDE'', D*c*D'', *cBc''*, BAB'', seront bons dans la pratique, qu'ils moudront bien, et feront peu de grosse farine.

Rayonnement adopté à Plymouth.

5° Rayonnement rectiligne incliné par rapport au rayon.

Divisez la circonférence de la meule en 4, 8, 11 ou 12 parties, menez de chacun des points de division marqués à la circonférence, des tangentes à un cercle tracé par le centre de la meule, dont le diamètre est différent dans beaucoup de moulins; subdivisez chaque compartiment en un certain nombre de parties égales, et menez par les points indi-cateurs des divisions des parallèles aux grands sillons. Ces parallèles doivent s'arrêter à 3 ou 4 centimètres environ des grands sillons. (Voir pl. II, fig. 24 et 25, et pl. C du vol., fig. 10.)

Cette manière de rayonner les meules est imitée des Américains.

6° Mode de rhabillage indiqué par M. Paradis. Il s'agit d'une meule de 1ᵐ 62. (Voir pl. II, fig. 26 et 27, et pl. C du vol., fig. 11.)

Rayonnement de M. Paradis.

Divisez la circonférence de la meule en dix compartiments, par des rayons terminés à l'œillard marqué par un cercle concentrique de 0ᵐ 325 de diamètre. Cela fait, de chaque point de division B, abaissez une per-pendiculaire, sur un rayon de séparation suivant, dirigée dans le sens où la meule est parcourue par les points de celle qui lui est opposée, et que M. Paradis désigne par le nom de sinus du compartiment qui le précède.

Par les points A et C, conduisez perpendiculairement au sinus suivant deux droites qui seront ainsi parallèles au rayon diviseur OB, qui sépare de celui qui suit le compartiment sur lequel vous opérez. Ces deux droites, CD et AE, indiquent la position des avant-bords des sillons extrêmes à pratiquer dans le compartiment. Ces sillons auront 0ᵐ 030 à 0ᵐ 032 de largeur, et 0ᵐ 003 à 0ᵐ 004 de profondeur à cet avant-bord, suivant la grosseur du blé ordinairement moulu. Le fond des sillons ira en pente régulière, afin de les faire mourir à leur arrière-bord. On voit, d'après ces indications, que les grands sillons de chaque compartiment partiront de l'arc de l'œillard correspondant, et que les plus courts auront leur entrée du côté de l'axe de la meule, au pied du sinus du compartiment qui précède.

Il ne reste plus qu'à intercaler maintenant, dans chaque comparti-ment, deux sillons FG, HI, parallèles à ceux déjà pratiqués et de même section transversale; ces sillons s'étendront depuis la circonférence de la meule jusqu'au rayon diviseur qui précède.

Suivant M. Paradis, ces meules devraient opérer de 80 à 90 révolu-tions par minute, et avoir de 0ᵐ 320 à 0ᵐ 350 d'épaisseur.

Ces données correspondent à une vitesse à la circonférence de 6ᵐ 78 à 7ᵐ 62, ou, ce qui est la même chose, de 4ᵐ 50 à 5ᵐ 10 par seconde aux deux tiers du rayon.

En supposant que le poids spécifique de la pierre meulière soit 2.5, et l'épaisseur moyenne de la meule de 0ᵐ 355, on trouvera pour son poids 1725 kilogrammes. Ce qui revient à 838 kilog. par mètre carré de surface [1].

Rayonnement Désaubry. 7° Manière de rayonner les meules chez M. Désaubry, dans son moulin, établi sur le canal de Saint-Denis.

Divisez la circonférence en 12 parties égales; subdivisez ensuite chaque partie en cinq; prolongez les deux plus grands sillons jusques à l'œillard qui doit avoir au moins 0ᵐ 35 de diamètre. (Voir pl. C du vol., fig. 12.)

Rayonnement adopté dans le midi de la France. La plupart des meules dont on se sert dans le midi de la France sont planes; elles ont 5, 6 et 8 rayons qui vont jusqu'à l'œillard. Leur diamètre est ordinairement de 1ᵐ 60, l'œillard a de 0ᵐ 50 à 0ᵐ 80 de diamètre; les rayons ont environ 0ᵐ 10 de largeur et 0ᵐ 02 de profondeur près de l'œillard, et 0ᵐ 16 de largeur, et 0ᵐ 03 de profondeur près de la circonférence; ils sont formés par un plan vertical et un plan incliné qui vient rencontrer la surface de la meule [2]. (Voir pl. II, fig. 14 et 15.)

Rayonnement suisse. Les meules en usage en Suisse ont des rayonnements divers; tantôt ce sont quatre sillons, creusés suivant deux diamètres perpendiculaires entre eux (Voir pl. C du vol., fig. 13.); tantôt des rayons courbes, au nombre de trois, de quatre ou de six, comme ceux représentés pl. II, fig. 20 et 21; enfin, on rencontre l'application du rayonnement à l'anglaise.

Le nombre des sillons qu'il est le plus avantageux de tracer, l'inclinaison à leur donner, et même la préférence qu'il y aurait à accorder

[1] Cette sixième méthode de rhabillage est extraite de l'ouvrage de M. Benoit, p. 587.
[2] Le rayonnement des meules dans le Midi date de 1761, époque à laquelle les États du Languedoc firent venir, aux frais de la province, un cordelier de Mantes-sur-Seine, nommé Lefèvre, pour construire des moulins et donner des instructions sur l'agriculture. Le rayonnement de Lefèvre différait de celui qui vient d'être décrit et se rapprochait du rayonnement adopté dans les nouveaux moulins; il consistait en 45 ou 50 rayons creusés sur chaque meule, qui commençaient à un pied du centre et allaient finir au bout.
Ce cordelier, dit Béguillet, méritait que les États du Languedoc lui fissent ériger une statue.

aux rayons courbes ou aux rayons droits, sont des questions diversement résolues dans la pratique, et sur lesquelles la théorie ne s'est pas encore expliquée. Mais, nous pensons qu'on se placera dans des circonstances favorables, si l'on divise une meule de 1ᵐ 30 de diamètre en onze compartiments, parcourus chacun par cinq rayons; ou bien encore, si l'on adopte le diamètre de 1ᵐ 45, la meule étant partagée en douze divisions de 5 sillons, si *la pierre est pleine*, ou en onze divisions de 5 sillons, si *la pierre est un peu éveillée*. Je fais observer que, dans les meules de 1ᵐ 45, l'excentricité, c'est-à-dire la longueur de la perpendiculaire menée du centre de la meule sur le grand sillon, *le maître sillon*, est en général de 18 lignes ou 40 mil. environ.

On voit, chez M. Darblay, des meules de 1ᵐ 46, à sillons un peu courbes, ayant onze divisions de 5 sillons chacune, qui fonctionnent parfaitement. (Voir pl. C. du vol., fig. 14.)

<small>Rayonnement courbe en usage chez M. Darblay.</small>

Nous terminerons cette note sur le rhabillage, en citant l'*Écho des Halles*, du 16 juin 1839, qui fait connaître dans les termes suivants la modification tentée récemment par M. Blouët.

<small>Rayons à fonds mobiles en métal.</small>

« Le rayon dans le rhabillage a pour but de permettre à l'air de pé-
« nétrer bien avant sous les meules, et de rafraîchir ainsi les surfaces
« en contact ; mais quelle doit être la profondeur de ce rayon ? Jusqu'ici
« voici ce qui se pratique à cet égard : la profondeur de l'avant-bord
« ne dépasse pas la grosseur d'un grain de blé, et suit une pente de 0ᵐ
« 025 jusqu'à l'arrière-bord, dont l'arête doit se trouver sur la surface
« même de la meule ; c'est cette arête qui travaille, qui attaque le
« blé, et qui développe et nettoie le son. De cette disposition, il est
« facile de conclure qu'il y a nécessité, toutes les fois qu'on rhabille, de
« modifier tant soit peu le rayon lui-même. Pour éviter ce travail et
« pour pouvoir donner toujours au rayon une profondeur réglée suivant
« la qualité des blés, ou les phases diverses de la mouture, un ouvrier
« praticien a imaginé de placer dans le rayon même une plaque de fer
« montée sur des vis, et qui peut s'élever ainsi ou s'abaisser à volonté.»

L'expérience n'a pas sanctionné le mérite de cette invention. (Voir pl. II, fig. 28 et 29, et pl. C du vol., fig. 15 à 17.)

Rhabillage à la main.   Le rhabillage des meules se fait ordinairement à la main; il consiste à former sur chaque surface travaillante, entre chacun des rayons, et parallèlement à ceux-ci, des tailles fines et régulières à l'aide d'un ciseau ou d'un marteau tranchant; mais on a tenté, depuis quelques années, d'opérer le rhabillage des meules par une action mécanique, et l'on semble bien près d'avoir donné une solution satisfaisante de ce problème.

J'emprunte à la publication industrielle de M. Armengaud une partie de ce que je crois devoir dire sur le rhabillage exécuté mécaniquement.

Rhabillage mécanique, appareil de MM. Leistenschneider et Noirot.   En 1840, MM. Leistenschneider et Noirot ont pris un brevet pour une machine qu'ils nomment rhabilleuse, ayant pour objet de tailler les meules.

Cet appareil consiste à faire d'un seul coup une taille tout entière dans la largeur du rayon de la meule, à l'aide d'un certain nombre de ciseaux (trente par exemple) ajustés dans une espèce de pince, que des cames, mues par un arbre à manivelle, soulèvent et laissent tomber à propos. Une certaine disposition de la machine permet de la faire tourner aussitôt, et à chaque fois qu'une taille est faite.

Cette machine, agissant uniformément sur une surface d'inégale dureté et d'inégale porosité, n'a pas donné de bons résultats, et elle ne s'est pas propagée.

Les imperfections de cette machine ont fait comprendre que, pour fonctionner convenablement, il fallait que l'appareil à imaginer aidât l'ouvrier dans son travail, mais qu'il lui laissât le libre exercice de son intelligence et le moyen facile de modifier l'action de l'outil suivant la nature de la pierre à entailler.

Appareil de M. Legrand.   Ainsi, M. Legrand, de Bar-le-Duc, a inventé, en 1841, une machine à rhabiller, qui laisse entièrement à la disposition de l'ouvrier la force et le nombre de coups de marteau. Elle se compose d'une espèce de règle, qui peut tourner autour du centre de la meule, et se fixer par une vis de pression que l'on serre à la circonférence. Sur cette règle est un chariot ou support mobile que l'on peut faire glisser le long de celle-ci, et qui porte le ciseau propre à former les tailles, dont l'écartement

peut toujours être régulier, un guide appliqué à la règle permettant de
mesurer l'espace qui les sépare.

M. Dard fils, de Troyes, a imaginé aussi un instrument qui sert à
diriger la main de l'ouvrier, et qui lui permet d'apporter une grande
régularité dans l'écartement et le parallélisme des tailles.

Appareil
de M. Dard fils

Cet outil (Voir pl. XII, fig. 1 à 4.) se compose d'un châssis en
fonte, dressé sur tout le bord de sa base inférieure sur la meule ; il
est assez lourd pour être suffisamment retenu sur celle-ci, et cependant on peut facilement le changer de place. Sur les deux côtés
parallèles de ce châssis sont rapportées deux tringles cylindriques
en fer tourné, fixées par leurs extrémités, et destinées à recevoir un
chariot en cuivre, que l'on peut y promener à volonté sur toute leur
longueur.

Avec ce chariot sont fondus deux coussinets, sur lesquels sont ajustés
des chapeaux qui portent une vis de rappel filetée, placée dans une direction horizontale et perpendiculaire aux deux tringles. Cette vis peut
glisser dans son coussinet, et elle traverse un écrou en cuivre, qui est
embrassé par un second coussinet, et qui peut avoir un mouvement
de rotation sur lui-même.

Sur la base de cet écrou est adaptée une étoile à plusieurs dents qui,
lorsqu'on fait marcher le chariot sur les tringles, de droite à gauche,
par exemple, rencontre une barrette en fer méplat, qui est appliquée
sur le côté de la machine au moyen d'un boulon à écrou ; cette étoile
tourne alors de une ou de deux dents, et fait tourner en même temps
l'écrou. La vis de rappel marche, par suite d'un quart, d'un sixième ,
ou d'un huitième de filet, suivant le nombre de dents de l'étoile
adoptée.

Au milieu de cette vis est ajustée une douille mobile en cuivre, qu'on
peut faire librement tourner autour comme sur un axe, et qui porte
une espèce de manche terminé par une oreille sur laquelle l'ouvrier
appuie la main lorsqu'il veut soulever le marteau, qui se termine à
l'autre extrémité par une fourchette à deux branches dans laquelle
est disposée une bague en fer, qui doit pincer le marteau par son
milieu.

Le corps du marteau, dans cet appareil, n'a pas la forme carrée
des marteaux ordinaires ; il est composée d'une tige cylindrique en

fer, acérée par les deux bouts, et légèrement conique dans les deux sens.

Pour le maintenir solidement sur le porte-marteau, il suffit de l'introduire dans la bague, qui est fendue d'un côté.

L'ouvrier fait marcher le marteau en appuyant sur la partie méplate pour le soulever de la quantité qu'il juge nécessaire, puis le laisser retomber immédiatement; à chaque coup il recule le chariot en le tirant vers lui, à la main, d'une quantité correspondante à la longueur du tranchant du couteau, et lorsqu'il arrive au bout du bâti, l'étoile rencontrant la barrette inclinée tourne et fait changer le porte-marteau de place; il repousse alors le chariot en tête, pour faire une nouvelle taille semblable et parallèle à la première; il forme ainsi une suite de tailles parallèles aux rayons de la meule.

Comme on le voit, cet appareil ne sert que de guide au rhabilleur; c'est toujours celui-ci qui doit régler la force et la répétition des coups de marteau et l'écartement des tailles; mais il est forcé de les faire en ligne droite, et avec une grande régularité, conditions essentielles pour un bon rhabillage.

Appareil
de M. Touaillon fils. M. Touaillon fils a imaginé un appareil plus simple que le précédent, et qui paraît mieux approprié au travail du rhabillage, en ce qu'il laisse à l'ouvrier la possibilité de faire un usage plus soutenu de son intelligence.

Je renvoie à la pl. XII, fig. 5 à 9, et à la légende, qui donnent le moyen de se rendre un compte exact de cet ingénieux outil, et je me borne à énumérer les motifs qui me semblent militer en sa faveur.

1° Les marteaux ordinaires sont employés;

2° Le marteau frappe toujours d'aplomb, et dans les mêmes ciselures;

3° Le marteau se place dans le manche aussi facilement et en aussi peu de temps que dans les manches dont on se sert habituellement;

4° Quelle que soit la longueur du marteau, il prend instantanément son aplomb, obéit à toutes les exigences du conducteur, se place obliquement à droite ou à gauche, pour tailler le fond des rayons et les arrière-bords, et il fait le rhabillage en blanc avec autant de facilité qu'à la main;

5° Un appui étant ménagé pour poser le bras qui travaille, le rhabilleur fait fonctionner cet appareil sans fatigue aucune;

6° Comme dans le rhabillage à la main, le marteau peut aller et venir, frapper plusieurs coups à la même place, sans perte de temps et sans exiger d'efforts de la part de l'ouvrier.

J'ai vu fonctionner les diverses machines à rhabiller qui ont été mises en essai jusqu'à ce jour, et la plus simple, la plus commode à manœuvrer, celle qui donne les résultats les plus parfaits, me paraît être la machine de M. Touaillon.

Le rhabillage exécuté par elle tiendra-t-il aussi bien que celui exécuté à la main, c'est ce que l'expérience seule peut démontrer.

CHAPITRE III.

APPAREILS DIVERS.

GRUE.

Lorsque les meules ont besoin d'être rhabillées, il faut les enlever. et les placer la face du contre-moulage sur le plancher du moulin; pour opérer cette manœuvre, on se sert d'une petite grue. (Voir pl. XII, fig. 10 et 11.)

Elle consiste en un montant A assemblé avec le sommier B, formé d'une seule pièce et consolidé par l'écharpe C; le tout repose et pivote sur un patin que l'on assujettit solidement au plancher, tandis que le pivot supérieur tourne dans un collet attaché à une des solives du plancher d'en haut. Le sommier B est traversé à son extrémité par une forte vis D, qui est supportée par l'écrou à embase E, lequel porte quatre longues poignées qui servent à le manœuvrer; il tourne sur une petite plaque de fer encastrée dans le bois. A l'extrémité de la vis D, est ajusté solidement un croissant F en fer, dont l'écartement des branches est un peu plus grand que le diamètre des cercles de la meule; ce croissant est terminé par deux trous renflés.

Voici comment se fait la manœuvre de cette grue : on l'établit solidement, à proximité de la meule qu'on veut déplacer, en s'arrangeant toutefois de manière que dans sa rotation l'axe de la vis vienne correspondre juste au centre de l'œillard de la meule courante; on descend ensuite la vis en tournant les poignées de gauche à droite, jusqu'à ce que les trous des extrémités du croissant correspondent à des trous semblables pratiqués dans la pierre de la meule et vers le milieu de son épaisseur; on y engage de fortes broches en fer munies d'anneaux. La meule se trouvant ainsi attachée solidement, on fait marcher la vis pour la soulever; puis, faisant pivoter l'arbre de la grue, on la dépose à l'endroit convenable pour la rhabiller.

Il est nécessaire de retourner la meule, puisque la face travaillante se trouve en dessous ; comme elle est en équilibre, cette opération devient facile : il suffit pour cela d'appuyer sur un côté pour la faire basculer et la disposer convenablement.

CRIC.

Pour débrayer le pignon de la meule courante, on fait usage d'un cric monté sur un pied à base creuse pouvant se placer facilement au-dessus du massif où est établie la crapaudine sur laquelle tourne l'axe de la meule mobile.

Cric de débrayage.

Ce cric à engrenage (voir pl. XII, fig. 12 et 13) a été appliqué par M. Touaillon fils, à qui l'on doit aussi un système de graissage du boitard dont on a reconnu l'utilité, et qui est représenté pl. XII, fig. 14 à 18.

A ces détails, je crois devoir ajouter divers moyens employés pour soulever la meule supérieure mobile et la maintenir à une distance voulue de la meule fixe.

MOYEN EMPLOYÉ PAR M. DARBLAY POUR RÉGLER L'ÉCARTEMENT DES MEULES.

Je reproduis pl. XII, fig. 19, la coupe verticale du mécanisme qui sert à régler l'écartement des meules. Il est renfermé dans le massif en pierre A, et se compose d'un pignon B, dont l'axe vertical traverse la plaque C encastrée dans la pierre, et se prolonge au dehors ; il porte un carré auquel on adapte une manivelle, lorsqu'on veut faire monter ou descendre le fer de la meule. Le pignon B engrène avec la roue D qui sert d'écrou à la vis à filets carrés E, laquelle porte une tête hexagonale qui l'empêche de tourner dans la boîte qui la renferme ; lorsque la roue D tourne, la vis E est obligée de monter ou de descendre selon le sens de rotation de la roue ; et comme sa tête supporte la cra-paudine dans laquelle tourne le fer F de la meule, on comprend que la position de celle-ci est facilement réglée en agissant légèrement sur l'axe du pignon B.

Appareils employés pour régler l'écartement des meules.

Les boîtes sont recouvertes par un chapeau G en fer mince.

Un appareil du même genre, représenté pl. XII, fig. 20 et 21, qui ne diffère du premier que par sa simplicité, a été souvent employé dans les

21

moulins construits sous la direction de M. Touaillon fils, meunier à Saint-Denis.

L'appareil dont les détails sont indiqués pl. XII, fig. 14 à 18, représente un mode de graissage du boitard, qui consiste en un entonnoir établi à un niveau supérieur au boitard, de manière à permettre à l'huile dont il est rempli de couler entre les surfaces en contact.

Lorsque les meules ont été convenablement taillées et rayonnées, on les dispose de manière à ce que, dans le mouvement rapide qui est imprimé à la meule supérieure, l'espace qui la sépare de la meule inférieure soit maintenu le plus égal possible.

La meule inférieure est fixée d'une manière invariable dans une position parfaitement horizontale.

La meule supérieure, la meule mobile, est garnie à sa partie centrale d'une armature en fer appelée *anille*, au milieu de laquelle aboutit l'axe en communication avec le moteur. Cet axe, dont la partie supérieure supporte ainsi l'anille, repose par sa partie inférieure sur un palier garni d'une crapaudine, que l'on peut élever ou abaisser au moyen d'une vis ou d'un levier, de manière à maintenir entre les meules une distance convenable.

Dans les anciens moulins, le palier est fixé sur une poutre transversale (appelée *trempure*) ayant une certaine élasticité. Cette pièce peut varier de haut en bas, et en agissant sur l'une de ses extrémités on fait lever ou baisser la meule courante afin de l'éloigner ou de la rapprocher de la meule fixe. L'élasticité de la trempure a été considérée pendant longtemps, et par Bélidor lui-même, comme une condition sans laquelle il était impossible d'opérer une bonne mouture ; mais les perfectionnements apportés depuis trente ans, dans la disposition et l'ajustage des diverses parties du mécanisme des moulins, ont permis de remplacer la trempure élastique par des pièces absolument inflexibles, dont la rigidité ne devient pas un obstacle à la perfection du travail [1].

Lorsque la meule est placée sur l'extrémité de l'axe vertical (sur le

[1] Les constructeurs modernes ont pu du reste trouver des exemples nombreux et

pointal), il faut examiner si elle est en équilibre à l'état de repos; et si, en faisant usage des niveaux à bulle d'air, on reconnaît qu'elle penche d'un côté, on charge le côté opposé avec une plaque de fer, ou en coulant du plomb dans la pierre.

Enfin, lorsque tous les points de la circonférence de la face inférieure de la meule mobile sont à égales distances de ceux de la circonférence de la face supérieure de la meule fixe, placée dans une position horizontale, la meule courante est dite en équilibre, et en état de bien moudre.

Parmi les améliorations qui ont été apportées au montage des meules, il faut noter les changements que l'on a fait subir à la forme de l'anille et à la place qu'on a cru devoir assigner au point de suspension.

Les meules romaines sont munies d'une anille rigide, c'est-à-dire d'une anille fixée à l'axe vertical ou arbre de la meule : l'extrémité supérieure de l'axe est un fer carré, sur lequel s'ajustent exactement les surfaces du trou pratiqué au centre de l'anille, de sorte que si la meule n'est pas parfaitement équilibrée, elle tend dans son mouvement à faire incliner l'axe du côté du poids fort. L'anille des meules romaines affecte la forme d'une hache à deux tranchants [1], qui est encastrée dans la meule. (Voir pl. XIV, fig. 14.)

Anille des meules romaines.

Dans les anciens moulins, l'anille a la forme d'un X, dont les branches sont encastrées, sans être scellées, dans la région centrale de la meule mobile et à la partie inférieure de cette meule. Elle est percée au milieu par un trou carré qui donne passage à un axe vertical, appelé *fer de la meule*. Les surfaces du trou de l'anille sont perpendiculaires entre elles et à un plan horizontal; et l'extrémité supérieure de l'axe est en forme de pyramide quadrangulaire tronquée, de manière à maintenir la meule dans un certain état de balancement. (Voir pl. XIII, fig. 1 et 2.)

Anille des anciens moulins.

La première modification apportée à ce système semble appartenir à l'ingénieur Dransy; son anille n'est pas placée à la partie inférieure de

Anille Dransy.

---

fort anciens de la trempure ou palier inflexible, en Allemagne, en Suisse et surtout en Saxe, où cette pièce d'un fort équarrissage n'a souvent que 60 à 70 centimètres de long, et cela dans le but d'éviter l'élasticité à laquelle les anciens meuniers français attachaient une grande importance.

[1] Subsendem ferream.

la meule, mais encastrée et scellée d'une manière invariable à la surface supérieure et dans l'axe de la meule. L'armature composant l'anille est garnie d'une crapaudine conique, où vient poser le mamelon qui termine l'arbre tournant, lequel est pourvu de deux parties saillantes faisant la fourche, et destinées à imprimer le mouvement à la meule, en faisant pression sur les branches de l'anille. Dransy fait observer que la meule ainsi placée est plus libre dans ses oscillations qu'elle ne l'est dans le système précédent; de plus, le boitard ayant 0ᵐ 33 de diamètre et faisant alors saillie sur la meule inférieure, le blé qui arrive par la partie supérieure ne peut plus être soumis à l'action des meules qu'entre des points où la force centrifuge a déjà assez d'effet pour l'entraîner entre les meules avec une grande rapidité, et éviter qu'il ne se produise un engorgement à l'entrée des meules. Enfin, les points d'attache de l'anille, ne se trouvant pas de niveau avec la partie frottante de la meule, on n'est pas obligé de la réencastrer lorsque la meule commence à s'user. (Voir pl. XIII, fig. 3, 4 et 5.)

Anilles maintenant en usage. Nous faisons observer que maintenant le point de suspension de la meule tournante est placé entre sa surface supérieure et sa surface inférieure; que le boitard est encastré au-dessous de la surface supérieure de la meule fixe, et que de cette disposition il ne résulte aucun inconvénient. Quant à la position de ce point de suspension entre les deux surfaces de la meule courante, on s'accorde généralement à le placer au centre de figure de la meule qui, dans les meules ordinaires, se trouve toujours au-dessus du centre de gravité [1].

Anilles employées dans les moulins de M. Benoît, de M. Désaubry, et dans ceux de Plymouth et de Deptford. Les moyens que l'on met en usage pour suspendre les meules sont en général très-bien entendus. Si l'on se reporte à la pl. XIII, sur laquelle sont figurées les anilles employées dans les moulins de M. Benoist (fig. 6 à 9), de M. Désaubry, de Saint-Denis (fig. 10 à 14), dans ceux de Deptford (fig. 18 à 21), de Plymouth (fig. 22 à 24); si l'on examine l'anille rigide à trois branches (fig. 15 à 17), et l'anille que nous proposons (fig. 25 à 27), on acquerra la certitude que, si les meules étaient absolument homogènes, soit que l'on adopte tel ou tel système d'anille, les surfaces

[1] La partie supérieure des meules étant composée d'un mélange de pierres et de plâtre, dont la densité est moindre que celle de la pierre meulière, il est évident que le centre de gravité de la masse est toujours au-dessous du centre de figure.

des meules resteraient toujours également espacées, et que jamais le contact occasionnel des pierres meulières ne pourrait écraser les globules de la fécule, ou, comme on le dit, échauffer la farine, quelle que fût d'ailleurs l'anille adoptée.

M. Conty a pris récemment un brevet pour une anille rigide à quatre branches et faisant un avec l'arbre. Elle est rendue solidaire avec un manchon monté dans la meule et portant quatre vis à l'aide desquelles il est facile d'établir l'équilibre à l'état de repos, en faisant une pression avec ces vis sur l'extrémité des branches C, qui font corps avec l'arbre de la meule. Mais on voit que les conditions d'équilibrage ne sont acquises dans ce système qu'en faisant un effort sur l'arbre de la meule, ce qui est un grave inconvénient. (Voir pl. D du vol., fig. 1, 2 et 3.)

Anille de M. Conty.

Les considérations qui précèdent, jointes aux réflexions qui nous ont été suggérées par les remarques de plusieurs meuniers, au nombre desquels sont MM. Conty, Darblay, Désaubry, Touaillon fils et Alexander de Mill-Ford, nous ont engagé à nous livrer à la recherche d'une meule parfaitement homogène, qui, une fois mise en équilibre à l'état de repos, dût nécessairement s'y maintenir, quelque rapide que fût le mouvement qu'on lui imprimât.

Pour faire disparaître les inconvénients que nous venons de signaler, nous avons pensé qu'il fallait remplacer le plâtre par de la fonte, et nous proposons d'encastrer les carreaux de pierre meulière dans un disque en fonte qui serait garni d'une anille et d'un entonnoir à l'endroit où le blé arrive aux meules et pèserait près de cinq fois autant que l'ensemble des pierres ayant pour destination d'effectuer la mouture.

Meule de MM. Bollet et Lasseron.

Pour construire cette meule, on choisit des pierres meulières aussi homogènes que possible, taillées très-régulièrement sur toutes leurs faces et mises à une épaisseur de dix centimètres au plus. Elles sont alors enchâssées dans un disque en fonte, qu'on a pris la précaution de couler horizontalement, afin qu'il soit très-homogène, et ce disque est tourné en dedans et en dehors, de manière à lui donner une même épaisseur sur tous les points également distants du centre. De plus, on conserve à la couronne du disque une épaisseur trois fois plus considérable que celle donnée à la couverture de la boîte, afin que cette enveloppe en fonte produise en quelque sorte l'effet du volant. (Voir pl. XIII, fig. 25 à 29.)

La meule composée de plusieurs carreaux, ayant été dressée et équilibrée avec soin avant d'être placée dans le disque en fonte, leur assemblage, dans lequel domine la fonte, homogène de sa nature et d'une pesanteur spécifique triple de celle de la pierre, donne une meule capable de se maintenir dans un plan horizontal, quelle que soit la vitesse imprimée et indépendamment des variations atmosphériques.

La régularité du mouvement de notre meule, son maintien en état de parfait équilibre, le bon effet que nous attendons de l'action du disque extérieur comme volant, ont été complétement justifiés par une expérience de plusieurs années.

Il résulte en outre de l'adoption des dispositions qui viennent d'être indiquées une égalité de mouvement, l'impossibilité de l'existence d'un frottement entre les surfaces des meules, et par suite une régularité parfaite dans l'opération du moulage. Enfin, la fonte étant un excellent conducteur du calorique, elle tend à ôter à la pierre la chaleur qu'elle acquiert par son frottement contre le grain, et elle contribue à la ramener, autant que possible, à la température de l'air ambiant.

Pour rendre compte des modifications que nous avons fait ainsi subir aux meules actuellement en usage, nous allons exposer sommairement

Ce qui se passe quand une meule équilibrée à l'état de repos, est mise en mouvement.

et de la manière la plus simple possible ce qui se passe lorsqu'on met en mouvement une meule équilibrée à l'état de repos. Si nous considérons (pl. D du vol., fig. 4) un secteur élémentaire horizontal SS', pour qu'il soit en équilibre, suspendu à un point K de la ligne MM', il faut que les poids P et P' des demi-secteurs, appliqués aux centres de gravité G et G', soient tels que l'on ait $P \times GA = P'G'A'$ ou $Pr = P'r'$, en appelant GA r et G'A' r'; pour qu'ensuite le secteur, tournant autour du point K avec une vitesse quelconque, conserve sa position horizontale ou d'équilibre, il faut et il suffit que les forces centrifuges horizontales F et F', développées par le mouvement, agissent sur une même ligne; car elles seront égales puisque leurs expressions sont $\frac{P}{g} \times w^2 r$ et $\frac{P'}{g} \times w^2 r'$ (w étant la vitesse angulaire de rotation et g l'intensité de la pesanteur). Or, si les lignes GA et G'A' sont dans le prolongement l'une de l'autre, ces forces égales et contraires se détruiront, et le secteur restera horizontal; s'il n'en est pas ainsi, on voit que le secteur tendra à tourner autour du point K, avec un moment égal à $F \times KA - F'' \times K'A'$, et comme $F = F'$, ce moment sera égal à $F \times AA'$, ce qui veut dire que le secteur tendra à s'incliner du côté où le centre de gravité sera le plus élevé (ce qui est toujours vrai, quel que soit le point de suspension) avec un moment égal à la force centrifuge multipliée par la distance qui existe entre ces deux centres de gravité [1].

Si d'un secteur nous passons à une meule entière (pl. D du vol., fig. 5), on voit que celle-ci ne penchant jamais que d'un côté, du moins à un instant donné, nous pourrons considérer cette meule divisée en deux par un plan vertical passant par l'axe, dont la trace sur la meule serait perpendiculaire à la ligne de plus grande pente PQ. Soit MN la trace de ce plan. Nous supposerons la force centrifuge de la partie MPN appliquée au centre de gravité de cette demi-meule et de même pour MQN. Dans cette hypothèse, en appelant P le poids d'une demi-meule et P' le poids de l'autre, w la vitesse angulaire de chacune des demi-meules, et r et r' les distances des centres de gravité de chacune des demi-meules à l'axe; l'expression des forces centrifuges serait pour la demi-meule $MPN. \frac{P}{g} w^2 r$ et $\frac{P'}{g} w^2 r'$ pour celle MQN. Si la meule équilibrée à l'état de repos, penche vers le point Q à l'état de mouvement, c'est, d'après ce que nous avons dit plus haut, que le centre de gravité de MQN sera plus élevé que le centre de gravité de MPN, et le moment qui tendra à faire incliner la meule du côté Q, sera égal à la force centrifuge multipliée par la distance entre les centres de gravité.

Nous ne chercherons à apprécier cette action que pour notre meule, car dans les meules ordinaires rechargées en plâtre, les densités sont trop diverses pour qu'il soit possible d'établir à leur égard un calcul un

---

[1] Cette expression de *moment* doit s'entendre d'une force multipliée par son bras de levier; ainsi, $F \times AA'$ qui, dans la limite de petites oscillations, agit pour incliner le secteur du côté S', peut être remplacé par un poids égal à F placé sur le demi-secteur S' à une distance AA' de l'axe, ou par un poids différent placé en un autre point S', mais tel que son produit par sa distance à l'axe MM' soit égal à $F \times AA'$.

Ce que nous venons de dire du secteur élémentaire est rigoureusement vrai; mais les considérations qui suivent n'ont plus cette rigueur mathématique; et pour être saisissables et rester dans des limites que nous n'avons pas l'intention de franchir, nous avons dû faire des simplifications et établir des hypothèses différant aussi peu que possible de la vérité.

peu positif. Dans la meule que nous présentons, au contraire, il sera
facile, en nous mettant dans l'hypothèse la plus défavorable, de trouver
une limite supérieure qui nous permette d'établir la plus grande force
qui puisse altérer l'horizontalité de la meule. Nous avons déjà dit que
cette meule se compose d'un anneau en pierre meulière enchâssé dans
un disque en fonte, fondu horizontalement et tourné en dedans et en
dehors, de manière à ce que la matière soit homogène et parfaitement
équilibrée. La partie en pierre meulière a 0^m 10 d'épaisseur et forme un
anneau cylindrique ayant pour base la surface comprise entre deux
circonférences, ayant leur centre sur l'axe et dont l'une aurait pour
diamètre 1^m 30 et l'autre 0^m 30. Ce qui peut arriver de plus défavorable,
c'est qu'en considérant (pl. D du vol., fig. 6) cet anneau cylindrique
divisé verticalement en deux S et S' par un plan PQ passant par le
point de suspension, et horizontalement par un plan horizontal CK
passant par le milieu de la hauteur AB, les parties M N' soient les plus
denses, et les parties M'N les moins denses, ou réciproquement. Or,
nous avons vu que l'on ne pouvait admettre dans les bonnes pierres
meulières (telles que celles dont on doit se servir pour former cet
anneau) des variations autres que celles comprises entre les limites
2430^k 50 et 2343^k 50 dont la différence est de 87^k 00, soit $\frac{1}{28}$. Il suit de
là, en faisant le calcul, que le centre de gravité de la demi-meule S
sera en un point G distant de l'horizontal de 0^m 0005 et situé en dessous;
par une raison analogue, le centre de gravité de la demi-meule S' sera
également à 0^m 0005 de l'horizontale, mais en dessus; la distance entre
les centres de gravité sera donc 0^m 001; et, d'après ce que nous avons
dit plus haut (comme nous n'avons pas à considérer la partie en fonte
qui reste en équilibre au mouvement comme au repos [1]), la meule
tendra à s'incliner du côté de la demi-meule S, par l'action d'une force
F égale à $\frac{P}{g} w^2 r$ agissant sur un bras de levier égal à 0^m 001; le moment

---

[1] Si dans le calcul on voulait faire entrer la partie en fonte, la différence entre les
centres de gravité ne serait plus que de 0,00025, et on obtiendrait toujours la même
force perturbatrice.

On pourra objecter que, malgré toutes les précautions prises dans l'assemblage des
pierres meulières, le coulage de la fonte, son alésage au tour et le montage, on n'arri-

de cette force sera donc $\dfrac{P}{g} w^2 r \times 0^m\,001$.

P étant le poids de la demi-meule S.

g intensité de la pesanteur,

w vitesse angulaire, autrement vitesse qui a lieu à la circonférence dont l'unité (ici le mètre) est le rayon,

r distance du centre de gravité de la demi-meule S à l'axe.

Or. . . . . $P = 152^k\,50$

En supposant ensuite que la meule fait 90 tours par minute. . . . . $w = 9^m\,42$

et comme le centre de gravité est à très-peu près au tiers du rayon. . . . . $r = 0^m\,22$.

d'ailleurs. . . . . $g = 9^m\,81$.

On a donc pour l'expression du moment cherché $\dfrac{152^k\,50}{9,81}\,(9,42)^2 \times$

$0,22 \times 0,001$ ou $0^k\,301$; ce qui veut dire qu'à un mètre de distance de l'axe, l'effort pour abaisser la meule serait de $0^k\,301$, et par conséquent $0^k\,70$ aux $\dfrac{2}{3}$ du rayon (0,43 de l'axe). Cet effort peut être regardé comme une pression agissant sur la meule pendant son mouvement, et restant constamment la même tant que la vitesse ne change pas. Pour la com-parer à la résistance du blé, qui est égale au $\dfrac{1}{22}$ du poids de l'équipage, il faut la supposer appliquée à $0^m\,22$ de l'axe de rotation, point où se trouve à peu près le centre des forces de résistance du blé pour la demi-meule S; sa valeur exprimée en poids est alors de $1^k\,36$; et il est facile de voir qu'elle n'est pas de nature à troubler la mouture, car la résistance du blé étant égale à $\dfrac{600^k}{22}$ (600 étant le poids du demi-équipage) ou $27^k\,27$; $1^k\,36$, qui en est la $\dfrac{1}{20}$ partie environ, se confondra avec l'inégalité de résistance offerte par le blé lui-même. On comprendra ceci d'autant

---

vera point à obtenir de si petites différences entre les centres de gravité : nous livrons cette objection à l'appréciation des constructeurs; mais, dans tous les cas, les résultats de nos calculs sont de nature à démontrer la parfaite régularité de mouvement de notre meule, d'autant plus que nous avons supposé que le poids de la pierre meulière était à celui de la fonte ∷1∷5, tandis que nous l'établissons dans la construction ∷1∷4.

mieux, qu'en se plaçant, pour des meules ordinaires chargées en plâtre, dans les circonstances les plus défavorables, la différence entre les centres de gravité ira jusqu'à 2 centimètres (voir plus bas), et alors, en suivant la même marche que ci-dessus, ce n'est plus une pression de 1^k 36 qu'il faut considérer sur la meule, à 0^m 22 de l'axe vertical, mais bien 90 à 100 kilogrammes. Nous pouvons donc avancer que notre meule sera équilibrée suffisamment dans le mouvement comme au repos.

Si on a suivi les considérations qui précèdent, on comprendra facilement pourquoi les meuniers sont dans l'usage de pratiquer à la partie supérieure de leur meule quatre poches situées deux à deux sur des lignes passant par l'axe et perpendiculaires entre elles; quand la meule penche d'un côté, ils mettent dans la poche opposée de la grenaille en plomb, pour vaincre la pression qui s'exerce de l'autre côté de l'axe; on conçoit aussi suffisamment que s'ils rétablissent l'équilibre dans deux directions perpendiculaires entre elles, la meule pourra rester horizontale. Malheureusement, il faudrait, pour qu'une pareille méthode pût réussir, que les tâtonnements fussent faciles, que la vitesse restât constamment la même, que les poids ajoutés ne participassent point à la force centrifuge, et même qu'ils ne tendissent point à déplacer le centre de gravité, quoiqu'en l'élevant ils produisent par là un effet favorable. Toutes ces conditions, dont les deux principales sont la facilité des essais et l'uniformité de vitesse, ne pouvant être remplies, le problème doit être considéré comme insoluble par ces procédés.

M. Boudsot, ingénieur civil à Besançon, a proposé, dans un mémoire imprimé dans les comptes-rendus de la Société du Doubs (déc. 1841), un système d'équilibrage des meules en mouvement, qui nous semble rationnel : ce système consiste à placer dans chacun de deux plans perpendiculaires entre eux et passant par l'axe, deux poids égaux et à égale distance de l'axe; ces poids sont mobiles dans le sens vertical au moyen de vis, et en les élevant ou les abaissant il peut établir l'équilibre quelle que soit la vitesse; en effet, sans altérer en rien l'équilibre de la meule à l'état de repos, il parvient à ramener deux à deux, dans un même plan horizontal, les centres de gravité de quatre secteurs, dans lesquels on peut supposer la meule décomposée ; alors les forces centrifuges se détruisent, puisqu'elles sont égales et contraires, et dans le mouvement la meule reste horizontale.

(marginalia : Méthode des meuniers.)

(marginalia : Meule de M. Boudsot.)

Nous renvoyons au mémoire de M. Boudsot pour les considérations théoriques dont il appuie la méthode qu'il propose; nous donnons seulement, pl. D du vol., fig. 7 à 10, les dessins de deux meules équilibrées de cette manière; dans le premier, les disques en fonte sont renfermés dans des poches pratiquées dans la meule; dans le second, ces disques sont situés à la circonférence, et figurent des parties d'anneaux. Cherchant le poids qu'il faudrait donner à chacun de ces disques, il cite, comme résultat d'expérience, que les centres de gravité des divers secteurs d'une meule se trouvent placés entre deux plans horizontaux distants de la onzième partie de l'épaisseur de la meule; prenant alors le cas le plus défavorable, il trouve que le poids d'un disque ne serait pas supérieur à 15^{k}40, ce qui, ajoute-t-il, démontre la facilité d'application de la méthode. Pour la meule que nous présentons, une addition de cette nature serait inutile, eu égard au faible poids des disques.

Des considérations analogues à celles qui nous engagèrent à arrêter au mois de juin 1838, les modifications qui ont été décrites ci-dessus, déterminèrent M. Houyau, d'Angers, à construire une meule à enveloppe en fonte, placée sur le pointal du gros fer, reposant sur quatre ressorts partant de l'arbre et dont les extrémités entrent dans des coulisses pratiquées à l'intérieur de l'œillard. De plus, M. Houyau a complétement isolé le boitard de la meule gisante, qui porte à son centre une boîte recouverte de toile métallique, sur laquelle le blé tombe avant de passer sous les meules. Cette disposition, qui permet à un courant d'air de s'établir au milieu de la meule, a pour inconvénient d'augmenter l'évaporation, et elle n'empêche pas la meule de s'échauffer. (Voir pl. XIII, fig. 30 à 33.)

Meule de M. Houyau.

Nous croyons devoir faire remarquer qu'entre la meule que nous proposons et celle de M. Houyau il existe des différences qui méritent d'être signalées.

Le poids de l'enveloppe en métal de la première est à celui de la pierre :: 4 : 1.

L'enveloppe n'a pas la *même épaisseur* dans toutes ses parties; à la couronne du disque, par exemple, l'épaisseur est *triple* de celle donnée à la couverture de la boîte.

Enfin, le parfait équilibre, dans notre meule, vient de son homogénéité et de la répartition calculée du poids de la matière employée à la confection de l'enveloppe [1].

Le poids de la boîte en métal de la seconde est un peu plus de la moitié de celui de la pierre employée [2].

L'épaisseur du disque est la même que celle de la partie supérieure de la boîte, et la portion en fonte ne descend pas jusqu'à la surface inférieure de la masse de pierre.

Enfin, pour arriver au maintien d'un équilibre aussi parfait que possible, M. Houyau est obligé d'avoir recours à l'usage des ressorts qui, lorsqu'ils se détendent inégalement, ce qu'on ne saurait vérifier quand les meules tournent, peuvent devenir la cause du défaut d'horizontalité de la meule en mouvement.

On remarquera que M. Houyau place le boitard à la partie inférieure de la meule gisante, et l'anille à la partie supérieure de la meule courante; de telle sorte que les points de l'axe, maintenus par le boitard, sont éloignés de plus de 45 centimètres de ceux qui exercent un effort sur l'anille. (Voir pl. XIII, fig. 30.)

Nous croyons qu'il n'est pas possible que cette disposition offre à l'arbre de la meule des garanties de stabilité suffisantes. Dransy avait reconnu l'inconvénient que nous signalons, et son anille étant aussi fixée à la partie supérieure de la meule courante, il avait jugé nécessaire de prolonger le boitard jusque dans l'intérieur de la meule tournante. (Voir pl. XIII, fig. 3 à 5.)

Aujourd'hui les constructeurs ont adopté un boitard ayant la même épaisseur que la meule gisante, et ils placent l'anille à la moitié de l'épaisseur de la meule courante, de manière que la portion de l'arbre dépasse le boitard de 12 centimètres au plus, ce qui rend toute flexion de l'arbre impossible.

---

[1] Le poids de la fonte homogène est de . . . . 800 kil.
Celui de la pierre inhomogène est de 200

Le poids de la fonte homogène l'emporte sur celui de la pierre inhomogène de. 600

[2] Le poids de la pierre inhomogène est de 746
Celui de la fonte homogène est de 428

Le poids de la pierre inhomogène l'emporte sur celui de la fonte homogène de. 318 kil.

Dans ce détail de construction, le système de M. Houyau ne nous paraît pas valoir celui qui est généralement adopté.

M. Gosme, dont le nom est connu par la publication de plusieurs machines ingénieuses, ayant remarqué que toute la partie des meules environnant l'œillard n'opérait que peu de travail, et que des meules de même diamètre, ayant des œillards plus ou moins grands, pouvaient donner des produits presque semblables, a imaginé d'augmenter l'œillard et de construire une meule qui ne travaille qu'avec la feuillure.

Meule de M. Gosme.

Dans ce système, des carreaux de pierre meulière sont ajustés et scellés dans des cuvettes annulaires dont la largeur est de 22 centimètres environ, et dont le diamètre de la circonférence extérieure est celui des meules ordinaires à l'anglaise.

La meule inférieure est également annulaire, mais le cœur et l'entre-pied sont remplacés par un cône en tôle, sur lequel glisse le blé avant d'arriver entre les surfaces travaillantes. (Voir pl. XIII, fig. 34 et 35.)

L'inventeur pense qu'il résultera de l'application de la meule annulaire :

1° Economie notable sur l'emploi de la pierre ;

2° Economie de la puissance motrice, parce que les meules sont d'un moindre poids et qu'il y a diminution de frottement ;

3° Réduction considérable de la chaleur que l'action des parties centrales des meules ordinaires communique à la boulange ;

4° Augmentation des produits obtenus dans un temps donné avec la même force motrice.

On a reconnu que par ce système le blé s'échauffe peu, mais il paraît aussi que l'on a constaté que les sons obtenus sont trop brisés.

Enfin, on pense qu'il faut attendre, avant d'adopter ce système, que l'expérience ait prononcé sur l'importance des avantages et des désavantages qu'il semble présenter.

La combinaison que nous avons indiquée et celles qui ont été mises en expérience par MM. Boudsot, Houyau et Gosme, nous paraissent mériter d'arrêter l'attention de l'administration de la marine, qui a l'intérêt le plus sérieux à apporter des perfectionnements dans la fabrication des diverses farines qu'elle emploie.

DE LA QUANTITÉ DE GRAIN QUI PEUT ÊTRE MOULUE PAR PAIRE DE MEULES, ET DE LA FORCE NÉCESSAIRE A LA MISE EN MOUVEMENT DE LA MEULE COURANTE.

Les principaux auteurs qui ont traité de l'influence du poids des meules dans l'opération de la mouture, de la quantité de grain qu'elles peuvent réduire en farine, de la vitesse à leur imprimer, et de la force à employer pour les mettre en mouvement, sont MM. Fabre, Navier, Lambert, Benoît, Olivier Evans, Ellicot, Brewster, Fenwick, Taffe, etc., etc.

Principes admis par Fabre.

Fabre, dans son *Essai sur la manière la plus avantageuse de construire les machines hydrauliques, et en particulier les moulins à blé*, publié en 1783 (pages 232 à 240), pose en principe que le poids de l'équipage, la force horizontalement détruite par les résistances, et la quantité de farine entière produite, sont des quantités proportionnelles au carré du rayon de la meule, et par conséquent proportionnelles entre elles. Quant à la vitesse de rotation des meules, elle doit être en raison inverse de la longueur de leurs rayons.

Puis il énonce les données suivantes comme résultat de ses expériences :

Que le poids de l'équipage d'une meule de $0^m 81$ de rayon doit être de 1953 kilogr., et que l'équipage d'une meule courante (c'est-à-dire la meule et toutes les pièces qui s'y rattachent) dont le poids ne s'élèverait qu'à 703 kilogr., le rayon étant toujours $0^m 81$, serait désavantageux.

Il établit que la résistance du blé peut être regardée comme sensiblement égale à la 22ᵉ partie du poids de l'équipage, et que le bras de levier moyen de cette résistance est égal aux deux tiers du rayon de la meule.

Que des meules de $0^m 81$ de rayon produisent par heure 191 kilogr. de farine en rame [1], et ne doivent faire que 48 révolutions par minute, quoiqu'on puisse, sans trop d'inconvénient, leur en faire effectuer jusqu'à 61.

Formules établies d'après les expériences de Fabre.

M. Benoît, en admettant les expériences de Fabre et les prenant pour base de ses calculs, donne les formules suivantes :

Le nombre *n* de révolutions d'une meule est à 1. 6242 comme

---

[1] On appelle farine en rame celle qui sort du moulin sans être blutée.

48 est à d; d'où $n = \dfrac{77,9616}{d}$; mais au lieu de 48 on peut admettre 61,

et l'on aura $n = \dfrac{99,0762}{d}$.

Le poids e de l'équipage d'une meule est à d^2 comme 1953^k 129 est à $1,6242^2$; d'où $e = (749,376\ d^2)$ kilogr.

Le poids F de la farine produite par une meule en une heure, est à 190^k 9073 comme d^2 est à $1,6242^2$; d'où $F = (72,3675\ d^2)$ kilogr.

Enfin M. Benoît dit qu'il résulte de ces données, que la vitesse à la circonférence d'une meule peut varier entre 4^m 08206 et 5^m 18760, ce qui donne aux deux tiers du rayon une vitesse comprise entre 2^m 7214 et 3^m 4584 par seconde; et il fait remarquer que ces vitesses sont bien inférieures à celles indiquées par Evans (7^m 4653 et 5^m 5990 ou 7^m 7401 et 5^m 16), et même aux vitesses adoptées par Ellicot (6^m 984 et 4^m 656); et que celles recommandées par Tredgold et Fenwick ne diffèrent que de quelques millimètres de celles indiquées par Ellicot. Formules de Navier

Navier, dans les notes dont il a enrichi le premier volume de l'architecture hydraulique de Bélidor (pages 401 à 406), après avoir indiqué les diamètres différents et les poids divers des meules observées par Bélidor, Fabre, Lambert, Brewster, Fenwick, etc., etc., admet que la vitesse de la meule courante doit être de quatre mètres aux deux tiers du rayon, et que le poids du mètre carré d'une bonne meule (équipage compris) doit être égal à 850 kilogr., admettant du reste que la résistance du blé est égale au $\frac{1}{22}$ du poids de la meule et de son équipage, et qu'on peut la considérer agissant au $\frac{2}{3}$ du rayon.

Il déduit les formules suivantes :

d diamètre de la meule.

n nombre de tours d'une meule par seconde $= \dfrac{4}{\frac{2}{3}\pi d} = \dfrac{1,91}{d}$.

P poids de la meule et de son équipage $= 850 \times \frac{1}{4}\pi d^2 = (668\ d^2)^{km}$.

E effort exercé aux $\frac{2}{3}$ du rayon $= \frac{1}{22}\ 668\ d^2 = 30,36\ d^{2\,k}$.

Q quantité d'action dépensée par $1'' = 4^m \times \frac{1}{22}\ 668\ d^2 = 121,4\ d^{2\,km}$.

De ces formules résulte le tableau suivant :

DIAMÈTRE des MEULES.	POIDS des MEULES.	NOMBRE DE TOURS par seconde.	QUANTITÉ D'ACTION dépensée par seconde.	QUANTITÉ DE BLÉ MOULU par seconde.	QUANTITÉ DE BLÉ MOULU par seconde, par 1000km. de force.
m. 1,0	k 668	1.91	km 121.4	0.02185	k 0.18
1,1	808	1.81	146.9	0.02644	0.18
1,2	961	1.72	174.8	0.03147	0.18
1,3	1,128	1.62	205.2	0.03693	0.18
1,4	1,308	1.53	238.0	0.04283	0.18
1,5	1,501	1.43	273.2	0.04917	0.18
1,6	1,709	1.34	310.7	0.05594	0.18
1,7	1,929	1.24	350.8	0.06315	0.18
1,8	2,163	1.14	393.2	0.07080	0.18
1,9	2,410	1.05	438.2	0.07888	0.18
2,0	2,670	0,95	485.5	0.08741	0.18
2,1	2,944	0.86	535.3	0.09637	0.18
2,2	3,231	0.76	587.5	0.10576	0.18
2,3	3,521	0.67	642.2	0.11560	0.18

Navier fait remarquer que les évaluations précédentes conviennent à la mouture à la grosse, et qu'il faudra se rappeler que dans la mouture économique il y a environ le tiers du temps employé à remoudre les gruaux; qu'il ne faut pas oublier que les quantités d'action indiquées dans la quatrième colonne sont censées dépensées dans l'axe de la meule, et qu'il faudra y ajouter celles consommées dans les frottements pour la transmission de l'effort du moteur à cet axe.

Olivier Évans, dans son ouvrage sur la meunerie, traduit par M. Benoît, cite plusieurs expériences faites sur des moulins en activité; voici quelques-uns de ses résultats :

FORCE ABSOLUE DÉPENSÉE par seconde.	NOMBRE DE TOURS DES MEULES par seconde.	DIAMÈTRE DES MEULES.	QUANTITÉ DE BLÉ MOULU par seconde.
km. 655.88	1.66	m. millim. 1.525	k. 0.0217
578.21	2.16	1.205	0.0155
793.96	1.75	1.525	0.023
742.18	1.90	1.525	0.036
828.43	1.70	1.525	0.0217

Résultats donnés par Olivier Évans.

De ce tableau, Ol. Évans conclut que pour faire tourner une meule de 5 feet (1^m 525), la puissance absolue moyenne du moteur hydraulique par seconde doit être de 87, 50 cubochs (755^{km} 12); que la vitesse de la meule aux deux tiers du rayon est de 18,37 feet (5^m 60); et que la quantité moyenne de grain moulu par minute est de 3,80 pounds (0^k 03) environ par seconde. Ce qui pour 1000^{km} ou une unité dynamode représente 0^k 04 environ de blé moulu par seconde. On vient de voir que Navier trouve, par l'application de ses calculs, 0^k 18 de blé par unité dynamode, mais il suppose la puissance appliquée à l'axe de la meule, tandis qu'Ol. Évans ne considère que la puissance absolue du moteur hydraulique, c'est-à-dire le poids de l'eau dépensée, multiplié par la hauteur de la chute. On peut admettre que le travail utile n'est que les 0,20 à 0,25 du travail absolu, surtout si on considère que dans les moulins examinés par Ol. Évans la transmission se faisait au moyen de deux engrenages; alors il y aurait à prendre 0,20 à 0,25 de la force dépensée ci-dessus pour obtenir le même effet, ce qui augmente dans une proportion 5 à 4 fois plus grande le produit obtenu, si on conserve la même valeur pour la force; il s'ensuit donc que 1000^{km} de travail utile correspondront de 0^k 20 à 0^k 16 de blé moulu dans une seconde, et la moyenne de ces deux nombres est bien 0^k 18, ainsi que le trouve Navier. Nous allons voir en citant les expériences de M. Taffe, capitaine d'artillerie, dans son ouvrage intitulé : *Application de la mécanique aux machines mues par l'eau, la vapeur*, etc., que 0^k 18 à 0^k 20 de blé moulu par seconde sont des nombres que l'on peut très-bien admettre comme représentant le produit d'une unité dynamode de travail utile, ou autrement, dépensé dans l'axe de la meule, ce qui correspond à 6 ou à

5 unités dynamodes pour moudre un kilogramme de blé. M. Taffe a examiné avec beaucoup de soin quatre moulins tout à fait semblables entre eux, mus par une roue hydraulique horizontale, et les résultats consignés dans le tableau suivant peuvent être regardés comme aussi exacts qu'il est possible de les obtenir.

Résultats donnés
par M. Taffe.

DÉSIGNATION DES MOULINS.	DIAMÈTRE des MEULES.	POIDS DES MEULES et de leur équipage	NOMBRE DE TOURS par seconde.	QUANTITÉ D'ACTION dépensée dans l'axe de la meule.	QUANTITÉ de BLÉ MOULU par seconde	QUANTITÉ de BLÉ MOULU par seconde pour 1000km.
	m. c.	k.		km.	k.	
Moulin de M. Burlet à Sisteron..	1.70	1442	1.33	456.55	0.1138	0.249
— du Pertuis.............	1.70	1000 à 1200	1.50	630.97	0.138	0.218
— du Breeh.............	1.70	1000 à 1200	1.38	528.90	0.1146	0.216
— de M. Nièvre..........	1.60	»	1.35	263.12	0.066	0.25

Discussion.

L'auteur déduit de ses expériences que l'on peut compter pour une mouture à la grosse sur 0^k 20 de blé pour 1000^{km} de travail utile, et par conséquent 5000^{km} par chaque kilogramme de blé moulu. Il est facile de voir que, quoique les résultats énoncés par Navier et Evans soient un peu inférieurs, ils en diffèrent si peu que nous admettrons avec M. Taffe que 5000^{km} correspondent à la mouture d'un kilogramme de blé moulu, quand on opère à la grosse. Si on remoud les gruaux, d'après Navier, le tiers du temps se trouvant employé à cette nouvelle opération, on ne moudrait que 0^k 14 environ par seconde pour 1000^{km} de force utile ; par conséquent, si une meule ne moud que 69^k 50 de blé par heure, comme l'expérience nous l'a fait admettre plus haut, ce qui équivaut à 0^k 0193 par seconde, il faudra dépenser une force X exprimée en kilogrammètres, telle que X soit à 0^k 0193 : : 1000^{km} : 0^k 14 ; d'où $X = \dfrac{19,3}{0,14} = 137^{km}8 = \dfrac{137,8}{75} = 1^{ch} 77$. Si l'on suppose que le moulin soit installé comme un moulin à l'anglaise, on admet (et nous allons citer une expérience de M. Taffe à l'appui) que le travail consommé par tous les appareils est égal au travail nécessaire à faire marcher les meules ; nous aurons donc alors dans un pareil moulin, par paire de meules, un travail utile qui devra être égal à 3,54 chevaux. Ce qui prouve que les constructeurs, en admettant quatre chevaux vapeur par paire de meules, sont très-voisins de la vérité.

L'expérience suivante a été faite par M. Taffe au moulin de Vadney.

Il a appliqué le frein de Prony, et reconnu que le moteur produisait un travail utile de 10^{ch} 40. Trois paires de meules marchaient et moulaient 80 hectolitres en vingt-quatre heures, quand le blé ne passait qu'une fois sous les meules; et 52 hectolitres quand il y passait trois fois.

Admettant, comme pour les autres moulins à la grosse, que 1000^{km} de travail utile répondent à 0^k 20 de blé moulu dans une seconde, on trouve que, pour les 80^h en 24 heures, il faut 360^{km} par seconde. Comme la force de la machine est de 780^{km}, le travail moteur serait 2,16 fois le travail utile; ou en d'autres termes, le travail dépensé par les appareils autres que les meules serait 1,16 fois celui absorbé par les meules. On voit aussi par cette expérience qu'une meule de moulin à l'anglaise, pour moudre à l'économique 17^h 30 par vingt-quatre heures, demande une force de 3^{ch} 46; tandis qu'à la grosse elle moud, avec le même moteur, 26^h 66. D'où il suit aussi que, si 0^k 20 représente la quantité de blé moulu par seconde à la grosse pour 1000^{km}, on ne doit admettre que 0^k 13 pour la même force, par la méthode économique.

Nous avons adopté plus haut le chiffre 0^k 14 que nous croyons exact.

Nous conclurons donc que dans un moulin tel que celui qui convient à la marine, on doit pouvoir disposer de la force de quatre chevaux par chaque paire de meules.

BEFFROIS ET ENGRENAGES. — BEFFROIS A UNE PAIRE DE MEULES.

Les meules peuvent être mises en action par divers moteurs; mais entre la puissance motrice et les meules il existe des agents intermédiaires, auxquels on a donné des formes et des dispositions différentes.

Dans les anciens moulins il y avait un beffroi[1] par paire de meules,

---

[1] Beffroi vient, suivant Béguillet, du latin barbare *belfredus*, qui désignait ces tours en bois sur lesquelles les anciens approchaient des murs des villes assiégées; ensuite le nom a passé aux charpentes qui suspendent les cloches et à celles qui soutiennent les

et on affectait à chaque meule tournante un appareil moteur distinct.

La disposition donnée aux engrenages du plus ancien beffroi connu est décrite dans Vitruve (liv. X, chap. 10, traduction de Perrault).

On y lit : que l'axe de la roue hydraulique est aussi celui d'une roue de champ, garnie de dents à sa circonférence, lesquelles s'engrènent dans les *dents* d'une roue plus petite [1], placée horizontalement, qui est traversée par un axe dont l'extrémité supérieure, terminée en fer de hache à deux tranchants, est encastrée dans la meule mobile, de manière que la meule fait autant de révolutions que la roue horizontale. (Voir planche XIV, fig. 1.)

A Alger, où l'industrie est restée stationnaire depuis des siècles, on rencontre des moulins à bras, que nous avons décrits, des moulins à manége dont nous n'avons pu nous procurer des dessins, et des moulins à eau qui peuvent donner une idée de l'état de l'art dans son enfance.

Les moulins à eau, mus par des roues à aubes, que l'on y a vus, sont à peu de choses près semblables à ceux décrits par Vitruve, et les différences, s'il en existe, ne méritent pas d'être signalées ; mais dans le ravin de Constantine il y a des moulins dont la disposition est assez singulière. Je crois devoir en donner une idée.

Moulin de Constantine.

Dans un canal où l'eau parcourt 10^m en douze secondes, on a fait une prise d'eau qui déverse dans un conduit en bois, de 0^{m}30 de large et 0^{m}40 de hauteur ; on donne ordinairement à la lame d'eau 0^{m}30 de hauteur. Ce conduit a une longueur de 8^m, et une pente de 36° ; il amène l'eau sur une roue horizontale, composée d'une trentaine de bâtons, dont plusieurs sont assemblés dans des fourrures adaptées à l'axe, et dont les autres sont chassés de force entre les premiers. Les

moulins, etc. Le mot beffroi s'entend aujourd'hui d'une sorte de bâti en forme de pavillon à colonnettes, composé d'entre-colonnements toujours correspondants à celui des meules qui leur sont superposées. C'est dans l'intérieur de cet appareil que sont placés les organes mécaniques qui transmettent le mouvement aux meules, aux nettoyeurs et aux bluteries. On dit un beffroi circulaire ou rectiligne, à engrenages ou à courroies, à simple, double ou triple harnais.

[1] Perrault, dans le dessin qu'il donne, représente une roue à alluchons faisant mouvoir une lanterne ; mais mon dessin, qui figure une roue à dents, s'engrenant avec une roue plus petite aussi à dents, s'accorde avec le texte. (Minus item dentatum planum est collocatum.)

rayons de cette sorte de turbine sont tantôt droits, tantôt courbes ; ils ont en général de 60 à 75 c. de longueur.

Au centre de cette roue est établi un axe, qui, fixé à la meule par son extrémité supérieure, la fait participer au mouvement imprimé par l'eau à la turbine.

Cet axe, ainsi que les surfaces moulantes, sont dans une position inclinée par rapport à l'horizon, mais l'axe est perpendiculaire à la surface fixe sur laquelle est écrasé le blé, et à la surface travaillante de la meule. (Voir pl. XIV, fig. 11 à 13.)

Dans ce moulin, le blé est versé dans un auget suspendu dans l'espace, formé par quelques rondins engagés dans les murs. *Il n'existe pas de babillard ;* les vibrations produites par les mouvements de la machine suffisent pour faire tomber le blé dans une espèce de boîte à quatre parois suspendue par une ficelle, et de cette boîte il tombe entre les meules.

Le mouvement est très-peu uniforme, la vitesse de la roue varie depuis 280 jusqu'à 316 tours en trois minutes.

On a donné à la surface fixe sur laquelle est écrasé le blé une position inclinée, de manière à faciliter le rejet de la farine dans un auget creusé à la partie inférieure du plan incliné.

Depuis que les Français occupent Constantine, ces moulins tendent chaque jour à être remplacés par des usines aussi parfaites que celles qui existent en Europe, et l'active intelligence de M. Lavit, qui a déjà construit plusieurs usines à farines aux environs de Constantine, ne tardera pas à faire disparaître bientôt jusqu'aux moindres traces des moulins dont j'ai voulu conserver le souvenir en en donnant une description [1].

La première modification qui ait été apportée au système d'engrenage décrit par Vitruve, consiste dans la substitution de la lanterne à la roue dentée horizontale. La lanterne est un pignon à jour, composé de deux disques en bois, près de la circonférence desquels sont fixées des barrettes en bois, appelées *fuseaux*, dans lesquelles engrènent les dents de la roue verticale, roue de champ ou rouet. (Voir pl. XIV, fig. 2.)

[1] Je dois à l'obligeance de M. Mitrécé, capitaine d'artillerie, les détails que j'ai donnés sur le moulin de Constantine.

Ce changement a peu d'importance et ne saurait être considéré comme un perfectionnement.

Enfin, on a appliqué récemment au montage des moulins à une paire de meules les roues coniques qui rendent plus facile la transmission de la force et offrent la possibilité d'imprimer à la meule courante un mouvement plus régulier, tout en permettant de donner plus de solidité au mécanisme général du moulin. (Voir pl. XIV, fig. 3.)

BEFFROIS A PLUSIEURS PAIRES DE MEULES.

L'invention des beffrois à plusieurs paires de meules n'est pas ancienne.

En 1707, M. de La Garouste, voulant indiquer une application utile d'un levier qu'il avait inventé en 1702 (voir le 2ᵉ vol. du recueil des machines publiées par l'Académie), a donné une figure représentant une roue horizontale faisant marcher quatre paires de meules à la fois, et l'Académie fait remarquer que : « quoique M. de La Garouste « n'ait proposé de faire cette machine que pour un usage particulier « de son levier, il est aisé de voir que l'on pourrait dans un courant « rapide y adapter une roue de moulin ordinaire. » (Voir pl. XIV, fig. 4 et 5.)

En 1777, le marquis Ducret a fait paraître des essais sur les machines hydrauliques, où l'on trouve un projet de construction pour faire tourner deux ou trois meules de six pieds de diamètre, au moyen d'une roue de 16 pieds de diamètre, 9 pieds 6 pouces de largeur, ayant au moins 40 aubes. La hauteur de la chute étant 5 pieds et la vitesse des meules 52 à 53 tours par minute; Fabre a reproduit en 1780, d'une manière très-étendue et très-bien développée, la possibilité de faire tourner plusieurs meules par une même roue d'engrenage.

La première application des beffrois à plusieurs paires de meules a été faite, en 1782, par Olivier Évans, le savant auteur du *Guide du meunier*; et vers 1795, O'Reilly, dans le 9ᵉ vol. des *Annales des arts*, a donné la description d'un moulin à blé perfectionné par l'Américain Ellicot, et construit par lui sur la rivière Ocquam; dans ce moulin, trois roues hydrauliques font mouvoir chacune deux paires de meules.

Ainsi, la première idée des beffrois à plusieurs paires de meules semble appartenir aux Français; la première application de ce système ingénieux est due aux Américains, et depuis longtemps les Anglais et les Français surtout ont apporté de notables perfectionnements dans l'installation et le montage de cet appareil.

/ Les grands moulins construits depuis vingt ans environ, les seuls que l'on ait intérêt à prendre pour modèles, ont des beffrois composés de plusieurs meules, et suivant qu'elles sont placées à la circonférence d'un cercle ou en ligne droite, on dit que le beffroi est circulaire ou rectiligne. Si l'on demandait à laquelle de ces deux dispositions on doit donner la préférence, nous répondrions : que c'est à la forme circulaire, parce que, pour faire mouvoir un même nombre de meules que par la forme rectiligne, elle permet de ne se servir que d'un arbre de couche moins long et moins lourd, et qu'elle ne nécessite pas l'emploi d'un aussi grand nombre de roues d'engrenages. (Voir pl. XV, fig. 1 et 2, beffroi circulaire ; pl. XVI, fig. 1 à 3, beffroi rectiligne.)

Beffrois circulaires à engrenages.

En donnant la préférence au beffroi circulaire à engrenage sur le beffroi à engrenage rectiligne, on fera une économie de force, puisqu'on évitera des frottements sans but utile, et qu'on supprimera des poids qui n'ajoutent rien à la bonté de l'usine.

Nous n'avons vu de beffrois rectilignes à engrenages qu'à Montivilliers, près du Havre ; à la ville d'Eu, chez M. Packam ; à Chelsea, près de Londres. et à Mill-Ford, en Irlande ; malgré la grande perfection du montage de ces moulins, il nous a été facile de reconnaître à leur marche qu'on devait préférer pour des beffrois à engrenages la disposition circulaire qui est, du reste, généralement adoptée en France, en Belgique et en Angleterre. (Voir le beffroi de Mill-Ford, pl. XVI, fig. 1 à 3.)

Beffrois rectilignes à engrenages.

Il existe encore une combinaison qui a été souvent appliquée à la mise en mouvement des meules des tarares verticaux, et aussi parfois à celle des meules de quelques moulins à blé. Elle réside dans le remplacement du pignon fixé sur l'axe vertical de la meule, par une poulie mue à l'aide d'une courroie. Ce système a pour avantage d'imprimer aux meules un mouvement exempt des saccades occasionnées par l'emploi des engrenages les mieux faits, et de donner la possibilité de débrayer à volonté une ou plusieurs paires de meules, sans obliger à suspendre l'action du moteur sur toutes les meules du moulin, ainsi qu'on est forcé de le faire lorsqu'on se sert de roues à engrenages.

Remplacement des engrenages par des poulies et des courroies.

Ce sont les Américains qui, les premiers, dans un moulin à manége

(Voir pl. XIV, fig. 10), ont essayé de communiquer le mouvement aux meules au moyen de courroies[1]; mais c'est en France que ce mode a été perfectionné et mis en application sur une grande échelle.

Beffrois circulaires à courroies. Le beffroi circulaire à courroies est disposé comme le sont les beffrois à engrenages, mais au lieu d'avoir une roue horizontale , il est muni d'un tambour ou cylindre vertical, portant autant de gorges qu'il y a de meules. Les poulies des meules sont mises à diverses hauteurs, les courroies ne peuvent être placées que les unes au-dessus des autres.

Lorsqu'on veut arrêter une meule, il suffit de faire passer la courroie de la poulie fixe sur la poulie folle (Voir la pl. XVII, fig. 1 , et élévation, pl. XXXV); ou si, au lieu de poulies folles, on fait usage de rouleaux tendeurs, il suffit d'approcher ou d'éloigner le tendeur de la courroie pour faire marcher ou pour arrêter la meule.

Beffrois rectilignes. Le beffroi rectiligne à courroie diffère des beffrois rectilignes à engrenages qui ont été construits jusqu'à ce jour, en ce qu'il ne nécessite qu'un seul arbre de couche pour faire marcher les meules établies sur deux lignes parallèles.

Cet arbre de couche transmet le mouvement par des roues coniques à des arbres verticaux qui peuvent être prolongés pour porter le mouvement dans les étages supérieurs du moulin ; ils sont munis chacun d'une poulie ou tambour, qui fait tourner à la fois deux meules. (Voir pl. XVI, fig. 4 et 5, et pl. XVII, fig. 2, et projets d'ensemble, pl. XXXV.)

L'adoption des courroies, dans le cas particulier qui nous occupe , permet d'éviter l'emploi d'une partie des engrenages reconnus indispensables dans la construction des beffrois rectilignes ordinaires. L'expérience ayant démontré, dans le beau moulin de M. Darblay, à Corbeil, que ce système a de grands avantages sur ceux qui l'ont précédé, je pense qu'il faut lui accorder la préférence.

Beffroi de M. Baron Bourgeois (les deux meules tournant en sens contraire). M. Baron-Bourgeois a imaginé un beffroi à engrenages dans lequel la meule inférieure tourne dans un sens et la meule supérieure dans un sens contraire.

Un récipient intérieur reçoit les farines de gruaux , et un récipient extérieur les farines de blés.

---

[1] Journal de Franklin , juillet 1826.

Ce système n'a pas reçu d'application. (Voir pl. XIV, fig. 9.)

Dans la construction du beffroi d'un moulin, ce que l'on doit surtout rechercher, c'est l'extrême solidité ; et, pour arriver à ce but, M. Gosme a proposé de placer les meules au rez-de-chaussée, en les faisant reposer dans des cuvettes en fonte, fixées sur un massif en pierres, assis lui-même sur le sol.

Beffroi de M. Gosme.

Cette disposition, malgré les avantages qu'elle présente, a donné prise à la critique ; on a dit, entre autres choses, qu'elle rendait peu commode l'opération du rhabillage des meules, et que, dans bien des cas, l'établissement des meules au rez-de-chaussée nécessiterait la construction d'un massif en pierres fort élevé au-dessus du sol, qui entraînerait dans des frais considérables.

D'une autre part, MM. Eck et Chamgarnier, adoptant le système de beffroi à meules au premier étage, et considérant que l'emploi de la fonte a pour inconvénient de transmettre à tout l'appareil des vibrations résultant de la sonorité du métal, ont proposé de construire les beffrois en pierre. Les prétendus désavantages attribués aux beffrois en fonte sont loin d'être reconnus ; cependant, comme les dispositions indiquées par ces deux hommes expérimentés sont bien entendues, je crois devoir rappeler leur idée en reproduisant leur dessin qui a été publié dans le *Bulletin de la Société d'encouragement* de 1839. (Voir pl. E du vol.)

Beffroi de MM. Eck et Chamgarnier.

Ici se borne ce que j'ai cru devoir mentionner sur les beffrois.

On dit qu'un moulin est à simple, double, triple harnais, etc., suivant que l'action du moteur est transmise aux meules par une roue et un pignon, pl. XIV, fig. 1, 2 et 3, ou deux roues et deux pignons, pl. XIV, fig. 6 et 7, ou trois roues et trois pignons, etc. (Voir pl. XIV, fig. 8.)

Les circonstances justifient l'emploi de tel ou tel mode d'engrenage ; mais il est bien de noter que plus il est simple et moins est grande la force dépensée pour arriver à la transmission du mouvement.

APPAREILS SERVANT A FAIRE ARRIVER LE BLÉ ENTRE LES MEULES.

On fait souvent subir au grain, avant de le moudre, une préparation essentielle, conseillée par Parmentier; c'est le mouillage des blés lorsqu'ils ont été récoltés trop secs, ou que leur passage à l'étuve les a durcis.

Cylindres mouilleurs. Pour mouiller les blés, on les verse dans un cylindre incliné fait en tôle ou en bois, ayant un mouvement de rotation, à l'intérieur duquel passe un jet d'eau ou de vapeur. Au sortir de ce cylindre, le blé est reçu dans des sacs où il séjourne pendant vingt-quatre heures avant d'être soumis a la mouture.

Cette manière d'opérer, que nous avons vu pratiquer dans les meilleurs moulins de France et de Belgique, n'est pas usitée en Angleterre; elle a cependant pour avantage incontestable de faciliter la séparation de l'enveloppe corticale du grain, et, par cette raison, il nous paraît utile d'en introduire l'usage dans les établissements de la marine, tout en recommandant de proportionner la quantité d'eau ou de vapeur au degré de siccité du blé qui devra être moulu.

En Suisse et en Allemagne, on ne mouille le blé que lorsqu'il est très-sec; mais un peu plus lorsqu'on moud pour la consommation ordinaire, que lorsqu'on a l'intention d'exporter les farines; du reste, la quantité d'eau employée à humecter les blés est toujours très-faible.

Il suffit ordinairement de 5 kilogrammes d'eau pour humecter un quintal métrique de blé; mais l'expérience peut seule servir de guide dans cette opération.

Comprimeurs. Les divers modes de nettoyage n'étant pas toujours suffisants pour extraire les pierres de même diamètre que le blé; afin d'éviter de soumettre à l'action des meules des corps capables de nuire à la qualité de la farine, on a imaginé de faire passer le blé entre deux cylindres en fonte, séparés par une distance moindre que l'épaisseur moyenne d'un grain de blé[1]. (Voir pl. XIV, fig. 20 et 21; pl. XXI, fig. 1, 2 et 3.)

Le blé, en passant entre les cylindres, est aplati, et les pierres qui s'y

---

[1] Les modifications telles qu'elles sont apportées aux comprimeurs de grains (pl. XXI, fig. 1 à 3), appartiennent à M. Lasseron, ingénieur civil.

trouvent mêlées sont brisées, désagrégées et réduites en petits fragments qui passent à travers les mailles d'une toile métallique, dont est formé le plan incliné auquel aboutissent les tuyaux qui conduisent le blé vers les meules.

Les cylindres comprimeurs ont un double objet, de débarrasser le grain des pierres qui l'égalent en grosseur, et, en l'aplatissant, de le rendre plus facile à moudre.

Cet agent mécanique parfois précède, parfois vient immédiatement après le distributeur de grains.

Les anciens faisaient arriver le blé aux meules par un entonnoir ou une espèce de trémie, qui consistait en une caisse de bois en forme de pyramide tronquée renversée, ouverte à sa partie inférieure, et communiquant avec l'œillard de la meule courante[1]. (Voir pl. XIV, fig. 14.)

Dans les vieux moulins encore en activité dans une partie de la France, il y a au-dessus de la meule courante une trémie dans laquelle on verse le grain qui coule de cette espèce de réservoir dans un conduit incliné, appelé *auget*, aboutissant à l'ouverture pratiquée au centre de la meule courante, par où il s'introduit entre les pierres pour y être broyé. L'auget reçoit un mouvement d'agitation à l'aide d'une pièce appelée *babillard* ou *frayon*. Ce babillard, qui est représenté pl. XIV, fig. 15, est mis en action par une tige fixée dans le prolongement du fer de la meule, et le mouvement qu'il imprime à l'auget sollicite le blé à tomber entre les meules d'une manière continue et à peu près uniforme.

Cet appareil imparfait, dont les secousses tendent à disloquer certaines parties du moulin, et qui produit un bruit incommode, était encore appliqué en 1839, dans les beaux moulins que possède la marine royale d'Angleterre. (Pl. XIV, fig. 16 et 17.)

M. Conty de la Haye Descartes a inventé un appareil à distribuer le grain, qui se compose d'un tuyau en fer-blanc, d'un grand entonnoir

Distributeurs de blé.

Distributeur Conty.

---

[1] Ainsi, on trouve dans Vitruve (liv. X, chap. x) : « In qua machina impendens infundibulum subministrat molis frumentum. » Perrault, dans le dessin qui accompagne la traduction qu'il a donnée de Vitruve, a représenté un auget et un babillard; mais ces agents ne sont mentionnés dans aucun auteur, et ils disent tous qu'un esclave réglait l'arrivage du blé aux meules.

se prolongeant jusqu'à l'œillard de la meule mobile, d'un petit entonnoir et d'une coupe ajustée sur l'anille.

Voici quelle est la marche de l'appareil : le blé, après avoir été nettoyé, est versé dans une grande trémie, d'où il descend par un tuyau dans un grand entonnoir; là, il se trouve resserré et forcé de passer par le petit entonnoir, pour aller tomber sur la coupe qui tourne comme l'arbre de la meule, et projette le grain entre les meules. (Voir pl. XIV, fig. 18.) Cet appareil vient d'être mis en pratique dans les moulins de la marine en Angleterre (1844).

Les moyens de M. Conty ont été adoptés en Belgique, et aussi en Irlande par M. Alexander de Mill-Ford près Carlow.

Distributeur Paradis. M. Paradis a apporté une modification au distributeur Conty; au lieu de soulever tout le système des entonnoirs et du tuyau, il adapte au bas du grand entonnoir un manchon mobile, qu'on hausse ou qu'on baisse au moyen d'un levier, suivant qu'on veut admettre telle ou telle quantité de blé; en outre, la coupe est remplacée par une calotte hémisphérique, surmontée d'une tige traversée par une barrette inclinée, dont le mouvement agite le blé et prévient toute espèce d'obstruction dans le tuyau.

Afin de donner un avertissement au meunier lorsqu'il ne reste que très-peu de blé dans la trémie, on dispose au fond un flotteur attaché avec une ficelle qui maintient le levier de la sonnette dans la position horizontale; mais quand le flotteur n'est plus chargé, il s'échappe, soulevé par la ficelle, et le levier devenant vertical, la sonnette est frappée par les dents d'un plateau qui couronne le babillard.

La direction de l'auget varie suivant que l'on tend plus ou moins une corde qui, partant d'un de ses points, va s'enrouler sur un rouleau. (Voir pl. XIV, fig. 19.)

Distributeur Ferray. Dans un appareil imaginé par M. Ferray, connu comme constructeur très-habile, le blé n'arrive aux cylindres comprimeurs que par l'intermédiaire d'un système de distribution qui consiste en un cylindre cannelé, divisé, dans le sens de la longueur, en autant de sections égales qu'il y a de paires de meules à alimenter.

Les cannelures s'étendent parallèlement à l'axe; elles sont rapprochées et peu profondes. On en compte environ 40 sur la circonférence entière qui est de 30 à 32 centimètres.

Au fond de la trémie placée au-dessus du distributeur, il y a autant de tuyaux en fer-blanc qu'il existe de divisions; chacun d'eux porte à sa partie supérieure un petit registre qui s'ouvre ou se ferme pour laisser tomber le blé ou le retenir. Au sortir de ces tuyaux, le blé arrive dans une petite trémie divisée en autant de cases qu'il y a de zones au cylindre distributeur. Les cloisons qui forment les compartiments sont engagées dans les gorges du distributeur, et se prolongent en restant tangentes aux rouleaux comprimeurs, jusqu'aux tuyaux inférieurs; de sorte que le blé qui arrive par un conduit ne se mêle jamais avec celui qui est versé par le conduit voisin.

Enfin, à l'aide d'un mécanisme très-simple, le meunier peut, du rez-de-chaussée, régler les tirettes du distributeur qui est toujours placé dans les étages supérieurs du moulin, (Voir pl. XIV, fig. 20 et 21.)

Le concasseur, cette machine fort utile puisqu'elle complète le système de nettoyage et qu'elle abrége le travail des meules, en permettant de ne leur donner à moudre que du blé déjà aplati, n'a pas encore été adopté en Angleterre; mais, comme il a été constaté en France et en Belgique que sa mise en pratique est un perfectionnement réel, nous pensons qu'il ne faut pas négliger de l'admettre au nombre des machines qui doivent entrer dans l'installation des moulins à construire.

DES DIVERS MODES DE MOUTURE.

D'après Béguillet, qui a fait une étude spéciale des arts de la meunerie et de la boulangerie chez les anciens, on voit qu'au temps même où les pilons étaient en usage, on s'appliquait à obtenir des farines de différentes qualités, en broyant le grain à plusieurs reprises, et en passant les produits dans des sas ou des tamis garnis de tissus plus ou moins fins. Il paraît aussi que lors de l'adoption des premières meules, petites et légères, on fut obligé de moudre et de remoudre les blés pour les réduire en farine, et que c'était seulement par des moutures réitérées et des blutages répétés qu'on parvenait à extraire toute la farine du grain. D'après ces remarques, on est porté à penser que la mouture économique, si nouvelle chez nous, était pratiquée chez les anciens.

L'art de moudre les grains semble avoir été totalement négligé pendant des siècles, et il y a à peine quatre-vingts ans qu'il était encore très-imparfait en France. Depuis cette époque, on a tenté de nombreux essais, et l'on peut distinguer aujourd'hui diverses sortes de moutures, savoir : la mouture méridionale, la mouture septentrionale, la mouture saxonne, la mouture américaine, la mouture française et la mouture à gruaux.

Par la première on blutait la farine longtemps après que le blé avait été soumis à l'action des meules; et par la seconde, on séparait le son de la farine, à l'aide d'un blutage qui se faisait aussitôt après l'opération de la mouture.

Mouture
des farines minot
dans
le midi de la France.

La mouture méridionale est encore pratiquée, en France, à Toulouse et à Moissac, par les meuniers qui font le commerce des farines de minot pour l'approvisionnement des colonies [1].

Ainsi, en général, les farines de Toulouse et celles de Moissac sont faites d'un seul moulage, c'est-à-dire que le blé est soumis à l'action de meules assez rapprochées pour qu'elles ne fassent que peu de gruaux [2]; mais l'on remarque que la farine obtenue par cette méthode est souvent très-chaude lorsqu'elle s'échappe de dessous les meules.

La farine en rame (farine brute), après avoir séjourné pendant plusieurs jours sur les planchers, est passée en totalité à un bluteau qui donne environ 51^k de farine minot (farine d'armement). Les 49^k de gruaux et de sons restants, après avoir été repassés dans un bluteau, se trouvent divisés en 18^k de sons et recoupes rejetés à l'extérieur du bluteau, et en 31^k, tombés dans l'intérieur, lesquels sont versés à un autre bluteau qui réserve dans quatre compartiments les résillons beaux, les fins, les ordinaires et les communs. Ce qui sort de ce bluteau est bluté de nouveau et donne les quatre qualités de repasses belles, fines, ordinaires et communes. Quelquefois on repasse au premier bluteau les farines de toutes sortes afin d'extraire la plus grande quantité possible de minot [3].

---

[1] On dit farine minot pour farine mise en minot, parce que l'on appelait *minots* les barils destinés à contenir des farines pour l'exportation.

[2] Le gruau est la partie la plus dure et la plus sèche du grain; c'est celle qui a pu résister à l'effet de la meule; mais ce n'est pas, comme le périsperme, le péricarpe et l'embryon, une partie constitutive, distincte du grain de blé.

[3] Ces détails de fabrication m'ont été fournis par M. Léon Bouffio de Montauban,

Comme on le voit, par cette méthode, les gruaux, cette partie du grain la plus estimée, sont exclus des farines d'armement. D'anciennes habitudes, la routine, peuvent seules expliquer cette manière d'opérer.

La mouture septentrionale se subdivise en mouture rustique pour le pauvre, en mouture rustique pour le riche, en mouture rustique pour le bourgeois, et en mouture à la grosse.

Dans la mouture rustique pour le pauvre, le blé ne passait qu'une fois sous la meule; la farine était aussitôt blutée et l'on n'employait qu'un seul blutoir, dont le tissu était fin à un bout et très-lâche à l'autre. *Mouture septentrionale.*

La mouture rustique pour le riche différait de la précédente en ce que le blutoir était dans toute sa longueur d'un tissu très-serré qui ne laissait passer que la fine fleur; les gruaux et la farine bise restaient dans le son.

La mouture rustique pour le bourgeois constituait une espèce de moyen terme entre les deux précédentes; mais elle n'équivalait pas à un perfectionnement; le blutoir avait des toiles moins grosses que celles employées dans le premier cas, et moins fines que celles dont on se servait dans le second.

Dans la mouture à la grosse, le blé ne passait qu'une seule fois aussi entre les meules, et le blutage immédiat se faisait dans des bluteaux différents qui séparaient les divers éléments de la mouture, chaque bluteau donnant des produits de qualités dissemblables.

Comme on peut le remarquer, la mouture proprement dite est la même dans ces méthodes, et il n'y a de différence que dans le mode de blutage.

A ces modes d'opérer succéda la mouture économique inventée à la fin du seizième siècle par Pigeaut [1], meunier de Senlis, et mise en application seulement vers 1760 par Malisset, Marin et le célèbre meunier Buquet. Cette mouture, qui s'effectue à l'aide de plusieurs *Mouture économique.*

---

meunier en très-haute réputation dans le Midi. — Les bluteaux dont on fait usage dans les minoteries du Midi sont semblables ou analogues à celui représenté pl. XXI, fig. 14 à 17.

[1] Voir Mallouin, page 29.

moulages successifs, était exécutée avec des meules ordinaires de 1ᵐ 62 de diamètre, et qui tournaient avec une vitesse de 45 à 60 tours à la minute.

La seule différence qui existe, d'après Mallouin, entre la mouture économique et les autres, consiste en ce que dans celles-ci le blé ne passe qu'une fois sous la meule, et que dans la mouture économique on moud le blé en plusieurs fois.

Au premier passage du blé entre les meules, la meule supérieure, mobile, est plus soulevée que dans les opérations subséquentes ; parce que l'on veut d'abord, tout en écrasant et triturant le périsperme du grain, ménager les téguments afin qu'ils puissent mieux se séparer au blutage ou au dodinage; après cette mouture effectuée, on extrait la première farine, les plus gros gruaux, et l'on élimine le son. On reporte entre les meules, alors plus serrées, les gruaux dont la mouture donne une deuxième farine blanche et les seconds gruaux. Ceux-ci, remoulus, produisent encore une certaine quantité de farine blanche et des gruaux.

Les moutures des quatrièmes et cinquièmes gruaux donnent une farine que l'on désigne sous le nom de farine bise, et des issues appelées *remoulages* ou *recoupes*, qui contiennent des parties dures et grisâtres avoisinant l'enveloppe des grains.

Mouture lyonnaise. Puis s'est introduite la mouture à la lyonnaise, ainsi appelée parce que le célèbre meunier Buquet l'avait mise en usage dans la ville de Lyon; elle consistait à remoudre à un grand nombre de reprises les sons et les gruaux; cette mouture n'était, à bien prendre, que l'exagération de la mouture économique.

Les avantages qu'on devait attendre de l'application de ces deux dernières méthodes furent constatés par les soins du gouvernement; et, bien qu'il ait été démontré qu'à leur aide on peut obtenir une plus grande quantité de belles farines que par les anciens procédés, on n'est pas même encore parvenu à les faire adopter généralement.

Mouture saxonne. En Saxe, longtemps avant que la mouture économique fût répandue en France, on moulait le blé par des moyens à peu près semblables à ceux qui constituent la mouture économique.

La mouture saxonne, pratiquée en Suisse, en Allemagne et surtout en Saxe, s'exécute par des opérations successives avec des meules plates, qui n'ont d'entrure que par le moyen d'entailles creusées près de l'œillard, et dont le gros fer, reposant sur un palier inflexible, reçoit le mouvement par une roue de petit diamètre.

Le blé, versé par l'œillard entre les entailles, est entraîné par le mouvement de la meule tournante sous les parties plates, et cela d'autant plus facilement, qu'elle est tenue écartée de la meule gisante, afin qu'elle puisse, sans briser le grain, le dépouiller de son écorce. La partie la plus extérieure du son s'enlève sous forme de petites coquilles, qui se trouvent complétement dépourvues de farine; la partie intérieure du son se brise en petites écailles plates. Le grain, ainsi privé de son enveloppe corticale, devient plus fragile, se brise un peu, s'approche peu à peu à la circonférence des meules et tombe dans l'archure. On le blute alors dans un tamis métallique pour le séparer du son. Le produit obtenu porte le nom de *semoule* [1].

On passe ces semoules entre les meules en les rapprochant un peu, et l'on en sépare la fine fleur par un bluteau de soie ou de laine.

On repasse sous les meules, de la même manière, les gruaux qui proviennent de ce blutage, en continuant à rapprocher les meules, et l'on répète cette opération jusqu'à ce que la mouture soit complète. A chaque blutage, il se sépare quelques parties de son, échappées aux blutages précédents.

---

[1] Extrait de Béguillet : étymologie du mot semoule :

« .... M. Malouin, qui fait dériver le mot *semoule* du latin *simila*, semble croire que
« les anciens employaient les gruaux de blé, comme les Italiens, à faire diverses pâtes :
« c'est en ce sens qu'il explique ce passage de Pline : *Similago ex tritico fit laudatis-*
« *sima*. Les anciens, dit-il encore, attribuaient de grandes qualités à la semoule, et ils
« en faisaient un fréquent usage.

« Nec poteris dotes similæ numerare nec usus.
« MART., livre XIII.

« On peut aussi appuyer le sentiment de M. Malouin de l'autorité de notre fameux
« Saumaise. Si nous en croyons ce dernier, notre mot semoule et l'italien *semola*
« viennent du latin *simila*, qui veut dire la grosse farine, le son dur.

« Summula ne pereat, quâ vilis tessera venit
« Frumenti.   JUVÉN.

« Summolam vel summulam vocat quam veteres similam, unde nos dicimus *semoule*.

On écarte de nouveau les meules, mais moins qu'à la première opération, et l'on traite les divers sons qui ont plus ou moins de farine en adhérence, de la même manière que les gruaux, ce qui produit des farines moyennes et bises.

Lorsqu'un moulin possède deux paires de meules, l'une opère sur les gruaux et l'autre sur les sons.

Par les procédés usités en Allemagne, le son ne se trouve pas uni à la masse de la farine moulue, on en fait l'extraction, pour ainsi dire, au fur et à mesure qu'il se produit, et enfin la farine étant extraite par plusieurs moulages ne se trouve jamais échauffée; fait important, énoncé par M. Deriaz, qui affirme que, lorsqu'on plonge la main dans la farine au moment où elle sort de l'archure, on éprouve une sensation de fraîcheur bien marquée. Il ajoute que la multiplicité des opérations n'est point un sujet notable de perte, parce que le moulin consomme peu de force, et parce que toute la surface de la meule est employée au travail.

J'ai reconnu que la mouture saxonne s'exécute très-bien avec des moulins montés à l'anglaise et des bluteaux ordinaires; et suivant M. Deriaz, elle est pratiquée avec succès par M. Bodmer, à Zurich, dans un

---

« Cette question sur l'étymologie du mot de semoule est fort intéressante, parce qu'elle
« servirait à prouver que les anciens moulaient leurs grains à plusieurs reprises, et
« distinguaient leurs farines des gruaux qu'ils employaient à divers usages. Mais Isidore
« et tous les lexicographes expliquent le mot latin *simila* par celui de fleur de farine :
« *Simila, similago, flos et deliciæ farinæ triticeæ*; d'où Sénèque nomme *similagineus*
« *panis* le pain le plus blanc fait de fleur de farine, bien préférable au *panis siligineus*,
« qui est un pain fait avec le blé blanc de la même espèce qu'on cultive en Flandre et
« en Dauphiné. Si donc le mot latin *simila* signifie la fine fleur du froment, il est évi-
« dent que le mot semoule et l'italien *semola*, qui signifient les sons durs et les gruaux,
« doivent avoir une autre origine. Le docte Ménage est de même avis; il prétend que
« ces mots viendraient plutôt de *summula*, diminutif de *summa*, qu'on aurait dit
« absolument pour *summa farina*, c'est-à-dire *farina crassior quæ in cerniculo transmitti*
« *non potest et summa remanet*; duquel mot *summa* les Espagnols ont fait *somas*, pour
« dire du son, comme nous avons fait le mot son de *summum*. »

Dans ce dernier membre de phrase il existe une erreur; le mot *soma* en espagnol ne veut pas dire son, mais bien la farine dont on a ôté la fleur et le gros son; *soma* signifie donc, comme on le voit, la semoule et les gruaux; il vient évidemment du latin *summa*. Quant au mot son, il se dit en espagnol *salvado*, du verbe *salvare*, éviter un inconvénient, sauver, pour exprimer que le son est une enveloppe préservative du grain.

moulin qui a beaucoup d'analogie avec celui de M. Benoît, à Saint-Denis.

M. Deriaz dit que, par la mouture saxonne pure, en extrayant de la farine brute 8 à 12 pour cent, on obtient un mélange qui est de la farine blanche, et que la farine n'est bise que lorsqu'on la sépare de la fleur.

Si cette remarque est exacte, ce que je suis loin de mettre en doute, car M. Deriaz est un observateur qui doit inspirer une grande confiance, la mouture saxonne ou une mouture analogue pourrait être adoptée avec avantage pour réduire en farine les blés destinés au service journalier de la marine.

Enfin, depuis trente ans, les changements qui ont été apportés dans la taille des meules ont donné naissance à deux systèmes que l'on distingue sous les noms de *mouture anglaise* ou *américaine*, qui est une mouture faite d'une seule fois avec des meules rayonnées; et de *mouture française*, qui ressemble d'une part à la mouture économique, en ce qu'elle admet le moulage des gruaux, et qui, d'une autre part, se rapproche de la méthode américaine parce qu'elle s'opère avec des meules rayonnées.

De tous les procédés de mouture, celui à l'aide duquel on peut faire la plus grande quantité de farine dans un temps donné, c'est, sans contredit, le procédé américain [1], qui permet de moudre, en vingt-quatre heures, et avec chaque paire de meules, 36, 40 et même 50 hectolitres de blé, ainsi que le constatent les épreuves qui ont été faites dans les moulins de la marine royale d'Angleterre [2]. Tandis que dans la mouture française, qui exige des remoulages, on ne moud en

---

[1] La mouture américaine a été importée en France sous le règne de Louis XVIII, par le célèbre ingénieur Mausdley, qui fonda, en 1816, à Saint-Quentin, des établissements de ce genre, dont les plans et les dessins furent levés par ordre du gouvernement et déposés au Conservatoire des arts et métiers.

[2] Extrait du journal des expériences qui ont été faites dans les moulins des subsistances de la marine royale d'Angleterre.

Établissement royal des subsistances de la marine à Gosport. — 21 décembre 1850.

1re Expérience. — Machine à vapeur de la force de 40 chevaux, construite par MM. Boulton et Watt.

« La machine a mis en mouvement huit paires de meules de 1 m. 22 de diamètre, « un appareil à bluter la farine à biscuit, blutant 14 hect. 17 par heure, un tire-sac

moyenne avec des meules de 1ᵐ 30, faisant 115 à 120 tours à la minute,
que 20 à 22 hectolitres par vingt-quatre heures; mais on ne doit pas
négliger de prendre en considération que la farine obtenue par ces
derniers procédés est meilleure et plus belle que celle fabriquée par la
mouture américaine.

Ce qui constitue le mérite de la méthode française, c'est de permettre :

1° La réduction du blé en farine, en maintenant les meules à une
distance telle que jamais il ne se développe beaucoup de chaleur pendant l'opération de la mouture, et d'éviter que la farine ne contracte
l'odeur que dégagent les meules, lorsqu'elles sont mues avec une grande
vitesse, ou même un goût analogue à cette odeur désagréable.

« placé dans les combles, montant 150 hectol. par heure, et toutes les machines à
« nettoyer le blé, qui sont nécessaires au service d'un moulin. Le produit moyen du
« travail fait en une heure par chaque paire de meule a été estimé à environ un hecto-
« litre et demi. La dépense en charbon a été de 2 hect. 57 pour une heure de travail; le
« charbon était de mauvaise qualité. »

2ᵉ expérience. — « Un seul bluteau à brosses, garni de toiles métalliques, a bluté
« dans l'espace de neuf minutes,

                              SAVOIR :
     « Farine à biscuit...................... 252 k. 200
     « Issues 44 700
     « Son 51 500

                 « Total............ 275 400

« La machine a consommé environ 194 kilog. de charbon de Llangennech, c'est-
« à-dire 1 k. 510 par cheval et par heure. »

Le calcul ci-dessus prouve que le bluteau à brosses fonctionne avec une grande rapidité;
et il fait voir que la farine employée à la fabrication du biscuit n'est épurée qu'à 18
pour 100, tandis qu'en France elle l'est à 55 pour 100. Mais le système de mouture des
Anglais est si parfait, comparativement à celui qui est usité pour le service de la marine
en France, qu'il n'y a pas une grande différence de blancheur entre les deux sortes de
biscuit.

Établissement royal des subsistances de la marine à Plymouth. — 11 avril 1834.

« Deux machines à vapeur de la force de 45 chevaux, construites par MM. Boulton
« et Watt. Le diamètre des meules est de 1 m. 30; leur vitesse est de 120 révolutions
« par minute.
     « La machine à vapeur, près du bassin, commença à marcher à 1 heure 22 minutes;

2° Le remoulage des gruaux et leur tamisage avec des bluteaux à secousses, garnis de tissus de soie, donnent toujours la possibilité d'extraire, sans mélange de particules de son, toute la fécule contenue dans
le grain; c'est un avantage que n'a pas la mouture américaine dont
l'adoption rend indispensable l'emploi des bluteaux en toile métallique
dans lesquels se meuvent, avec une grande vitesse, des brosses ayant
pour inconvénient de faire passer à travers les mailles de l'enveloppe
des parcelles ténues de son brisé par le frottement, qui altèrent la blancheur des farines et nuisent à leur qualité.

Le procédé à l'aide duquel on parvient à fabriquer les belles farines
qui servent à préparer les pains de luxe, est celui de la mouture à gruaux
blancs.

*Mouture
à gruaux blancs.*

« le baromètre marquait 28°. On nettoya d'abord une quantité de blé capable de donner
« le moyen d'alimenter les meules, ce qui demanda une demi-heure. La machine fut
« arrêtée et mise de nouveau en mouvement à 11 heures 25 minutes; elle donnait
« 19 coups de piston à la minute. On trouva que les 12 paires de meules n'avaient moulu
« en une heure que 5 hect. 99. Mais, comme on pensa que ce résultat n'était que la suite
« d'une erreur commise, on recommença l'expérience, et l'on trouva que chaque paire
« de meule avait moulu par heure 5 hect. 28, ou 65 hect. 45 pour les 12 paires de meules
« pendant une heure. »

Ces résultats, constatés de la manière la plus authentique, ne permettent pas de douter
qu'on ne puisse, avec un même nombre de paires de meules, moudre par la méthode
anglaise, dans un temps donné, plus de blé qu'on ne le fait en employant la mouture
française; mais je dois faire observer que les meuniers de France pensent généralement
qu'on ne parvient à élever le chiffre des produits qu'en faisant en grande partie le
sacrifice de la qualité.

Etablissement royal des subsistances de la marine à Deptford.
« Deux machines de 40 chevaux.
« Diamètre des meules, 1 m. 22; vitesse, 125 révolutions à la minute; huit paires de
« meules travaillant pendant 9 heures ont converti 440 hect. 58 en 75 hect. 60 de farine
« d'armement, et 5 hect. 27 de farine de biscuit. Chaque paire de meule se trouve
« avoir réduit en farine 1 hect. 50 par heure. »

Ce dernier calcul donne la preuve que la farine d'armement n'est épurée, en Angleterre,
qu'à 52 ou 55 pour 100, tandis que dans les usines qui étaient dirigées par l'administration de France il y a 35 à 40 ans, la meunerie y était si peu avancée, que les
farines, pour être livrées très-blanches, étaient blutées à 45 pour 100. Aujourd'hui,
avec un bon système de mouture, il suffirait d'extraire d'un quintal de farine brute
38 pour 100 de matières bises pour obtenir des farines beaucoup plus belles que les
farines anglaises, et infiniment supérieures en qualité aux farines que l'on embarque
maintenant.

Il consiste à écorcer et à concasser le grain, de façon à séparer non-seulement les parties corticales externes, mais encore celles qui sont repliées dans l'intérieur, puis à moudre les gruaux ainsi obtenus.

Le grain, après avoir été soumis au système de nettoyage le plus efficace, est livré à l'action des meules, qui doivent être écartées de manière à écorcer le grain et bien détacher les gruaux, en formant le moins possible de folle farine. Le produit tombe dans un blutoir en étamine, qui sépare la farine à vermicelle ou petit blanc.

On procède alors au travail des bluteries : le mélange de gruaux et de son est versé dans la bluterie supérieure, garnie en soie. Le tissu, de plus en plus large, correspond à trois cases du récipient; la première case reçoit les gruaux fins-finots, donnant la farine de première marque; les gruaux moyens et les gros, extraits des deuxième et troisième cases, sont traités séparément et débarrassés de son à l'aide de sas mécaniques; puis complétement épurés, par fraction de 2 à 3 kilogrammes, sur des sas ronds en peaux, mus à la main ; enfin, on les porte à l'enturlu ou au tarare à gruaux, qui a pour effet d'en séparer les particules fines de son dont les blutoirs ni les sas n'ont pu les débarrasser.

Après avoir été ainsi épurés, les gruaux prennent le nom de semoule ; on les soumet alors à la mouture; la farine obtenue est blutée, ce blutage donne de la farine et des gruaux que l'on fait remoudre et dont on obtient une farine qui, mêlée à la précédente, forme la farine première des gruaux, ou N° 1. Les moutures des troisième et quatrième gruaux fournissent le N° 2 ; la cinquième mouture produit la farine dite blanche; la sixième mouture, jointe à la farine de décorçage, se vend sous le nom de farine à vermicelle; la septième enfin est dite farine bise.

En résumé, la méthode saxonne ou une méthode à peu près semblable paraît le mieux convenir à la mouture des farines employées pour le pain et le biscuit; et la mouture à gruaux blancs ou une mouture analogue semble devoir être appliquée particulièrement à la fabrication des farines minot embarquées pour de longues campagnes.

Les tableaux ci-après donnent l'exemple des diverses transformations opérées par les moutures décrites plus haut.

MOUTURE DE MINOT.	MOUTURE ÉCONOMIQUE.	MOUTURE SAXONNE.	MOUTURE AMÉRICAINE.	MOUTURE FRANÇAISE.	MOUTURE À GRUAUX.
Farine minot.... 51.09	Farine blanche { 1re dite blé.... 58.33 / 2e de 1er gruau. 19.16 } 66.00 / 3e de 2e gruau. 8.51 }	Farine de blé 67.82	Farine de 1re qualité. 64	Farine de blé de 1re qual. 50	Farine de vermicle. 20.52
Semble-beau... 13.14		Moyenne... 14.06	— de gruau 1re q. 3	— de gruau id. 18	— de gruau no 1. 20.52
Résillon beau... 3.83		Grossière... 8.12	— sortant des bluteaux........ 6 } 75.00	— de gruau 2e qua. 10 } 76.00	— no 2. 6.41 } 78.22
Résillon fin..... 4.74	Farine bise { 4e de 3e gruau. 5.00 / 5e de 4e gruau. 3.33 } 8.33 }	Son....... 8.43	— lâche et gruaux remoulus....	— de 2e qualité... 6	— blanche..... 11.54
Résillon ordinair. 6.02		Déchet.... 1.57	3e et 4e qualités 2	— de 3e id. 3.5	— bise........ 19.23
Repasse belle... 0.86		TOTAL ÉGAL 100.00	Gros son à 20 k. l'hect. 6	— de 4e id. 2.5	Sons gros........ 6.05
Repasse fine.... 1.64	Issues { Sons gros et menus..... 10.82 / Remoulage et recoupette. 12.50 } 23.32 }		Petit son à 24 id. 7 } 23.00	Gros son de 17 à 18 k. l'h. 5	Recoupe......... 6.45 } 20.16
Repasse ordinair. 0.36			Recoupettes de 28 à 30 6	Petit son de 20 à 22 k. l'h. 6	Remoulage....... 7.66
Repasse commune 0.55	Déchet.......... 2.31		Remoulage de 45 à 50. 4	Recoupettes de 23 à 30 kilog. l'hect... 6	Déchet.......... 1.62
Sons de diverses grosseurs..... 16.00	TOTAL ÉGAL.... 100.00		Déchet............ 2.00	Remoulage de 42 à 45 kilog. l'hect...... 5	TOTAL ÉGAL. 100.00
Déchet à la mouture.......... 2.27			TOTAL ÉGAL.. 100.00	Déchet............ 2.00	
TOTAL ÉGAL 100.00				TOTAL ÉGAL.... 100.00	

Nota. Lorsque les blés sont très-beaux et que le temps sec favorise le blutage, on peut obtenir du premier blutage 55 kilog. de farine minot, et l'on atteint aussi parfois ce résultat en reblutant les semble-beaux et les résillons.

NOTA. Dupré de Saint-Maur présente comme ci-dessous, et d'après un passage de Pline, le relevé des chiffres de la mouture chez les Romains :

Médimne ou mine de froment pesant environ 108 livres,

rendait :	Farine 1re (similago).......	50
	— 2e (pollen)..............	17
	— 1re gruau (farina triticï)...	30 1/3
	— 2e gruau (secundarii panis).	2 1/2
	— 3e gruau (cibarii panis.....	2 1/2
	Gros son de rebut (furfurum)....	3
	Déchet......................	2 2/3
	TOTAL ÉGAL......	108

Ainsi les Romains, au rapport de Pline, tiraient de 108 liv. de blé 97 l. 1/3 de belle farine, 5 l. de recoupe, 3 de son, et leur déchet à la mouture était de 2,2/3. Comme on le voit, l'industrie moderne a encore des progrès à faire pour arriver à de pareils résultats.

On remarquera sans doute que dans la note relative à la méthode américaine, on a fait remoudre les gruaux, et on pourrait croire que j'ai mal observé, si je n'ajoutais que la manière dont M. Benoist a opéré est une modification de ce que j'ai vu pratiquer dans tous les moulins anglais, où la farine s'obtient par un seul moulage et comme on dit d'un seul coup.

Dans plusieurs moulins bien dirigés, qui font la mouture anglaise en remettant les gruaux sous les meules, on a eu la complaisance de faire faire des épreuves ayant pour objet d'éclaircir mes doutes, et voici dans quels termes peuvent se résumer ces expériences dont les résultats se rapprochent beaucoup de ceux obtenus par M. Benoist.

Soit 100 kilog. de blé bien nettoyé pesant 76 à 77 k. à l'hectolitre.

1re opération. Farine de blé de première qualité............	66	
2e — — gruaux deuxième —	10	78 k.
3e — — bise	2	

ISSUES.

Gros son à 20 kil. l'hectolitre...........................	6	
Petit — 24 —	6	20
Recoupettes de 28 à 30 kil. l'hectolitre...................	5	
Remoulage — 45 50 —	3	
Déchet à la mouture et au blutage.............	2	

Total égal .... 100 k.

Ainsi, un quintal de blé, déchet de mouture et de blutage compris, donne 66k de farine de la plus belle qualité; tandis qu'aujourd'hui, dans le service des subsistances de la marine, en faisant subir à un quintal de blé 34 1/2 pour 100 tant en perte à la mouture qu'en extraction, on n'a pas la possibilité de faire du pain très-blanc pour l'hôpital.

Nous allons maintenant indiquer un mode d'opérer la mouture, dont l'application n'a été faite que dans peu de moulins, mais qui nous paraît cependant devoir arrêter l'attention des personnes appelées à faire faire un progrès à l'art de la meunerie.

NOUVEAUX PROCÉDÉS DE MOUTURE.

De l'examen comparatif des diverses moutures et des avantages qui résultent de l'emploi de la méthode saxonne, nous étions conduits à penser que le perlage des grains, avant de les soumettre à l'action des meules, constituerait un perfectionnement réel, et au moment où nous nous préparions à nous livrer à une série d'expériences, dans le but de nous éclairer, nous avons trouvé, dans le Nouveau Traité de chimie organique, l'exposé de la théorie que nous nous proposions de développer.

Pour fixer les idées, nous allons reproduire un extrait de cet ouvrage.

« Depuis la publication de mon travail sur l'hordéine (c'est M. Ras-
« pail qui parle), j'avais soupçonné qu'il serait possible de ramener la
« série de ces procédés si ingénieusement compliqués (ceux de la mou-
« ture) à une formule pratique beaucoup plus simple, et d'obtenir ainsi,
« à moins de frais, une farine de plus belle qualité; et cette opinion
« était fondée sur ce que m'avait appris le perlage de l'orge. En effet,
« la farine d'orge ordinaire est presque inséparable du son, elle en est
« bise tant le péricarpe s'est brisé en fragments microscopiques. La fa-
« rine que j'obtenais, au contraire, avec l'orge perlée, est aussi blanche
« que la plus belle farine de gruau de sassage. Or, le perlage de l'orge
« dépouille le périsperme de tout l'embryon et de toute la surface cor-
« ticale, de tout le péricarpe enfin, à l'exception d'une faible fraction
« de la nervure qui est logée dans la rainure du grain, nervure qui,
« sous la meule, se détache d'un bloc, et partant ne passe pas avec la
« farine fine. En soumettant au perlage le blé, au lieu de l'orge, on ob-
« tiendrait donc d'un seul coup, par la mouture, une farine bien plus
« pure que les procédés les plus riches ne seraient dans le cas de nous
« la donner; car la meule n'aurait plus rien à écraser qui ne fût de la
« fine farine, puisqu'elle n'aurait à écraser que le périsperme du
« grain.

« Le perlage de l'orge s'opère au moyen de petites meules horizon-
« tales de grès ou de bois, ayant environ 18 pouces de diamètre, 4 pouces
« d'épaisseur, et tournant sur leur axe 400 fois par minute; chacune

« d'elles est enveloppée d'une chemise de tôle qui est criblée de trous
« comme une râpe, les bavures des trous tournées en dedans; il existe
« entre les côtés de la meule et ceux de la tôle un intervalle d'un demi-
« pouce environ. Au sortir du tarare, les grains d'orge tombent, par une
« trémie, sur la surface supérieure de la meule, qui, en vertu de son
« mouvement de rotation, les lance vers la circonférence, où ils sont usés
« alternativement contre les surfaces verticales de la meule et de la
« tôle; ils se perlent et s'arrondissent en boules, comme le font les billes
« de marbre. Le déchet s'échappe en dehors, et quand on voit que les
« grains sont assez usés et n'offrent qu'une surface blanche sur toute
« leur périphérie, on les fait sortir par une soupape pour les remplacer
« par une nouvelle quantité d'orge non perlée.

« On serait porté à croire qu'un frottement aussi rapide dégage une
« chaleur considérable et qui serait dans le cas d'altérer le grain. Ce-
« pendant, ainsi que nous l'avons constaté dans l'usine de perlage
« d'orge, à Lagny, en 1834, le thermomètre, plongé dans le tas de
« perles au sortir de la soupape, dépasse à peine 33° centigrades, tem-
« pérature inférieure encore à celle que nous avons constatée sur la
« farine au sortir de la meule à l'anglaise (35° centigrades), etc.

« Quoi qu'il en soit, soumettant le blé à l'opération du perlage, la
« mouture des farines de luxe présenterait encore un large bénéfice, même
« alors qu'on ne pousserait pas le perlage à un point de perfection aussi
« élevé; et l'on obtiendrait, en trois opérations, une farine qui rivali-
« serait avec la plus belle de celles que l'on fabrique par le sassage à
« la main ; ces trois opérations seraient de perler, de moudre et de
« bluter, sauf à remettre les gruaux sous la meule, pour les réduire en
« plus fine farine. Ici le tarare serait inutile, puisque le perlage, en en-
« levant le plus, enlèverait à plus forte raison le moins [1], et qu'en pla-

---

[1] Malgré les avantages de ce nouveau système, il y aurait toujours nécessité de faire
usage des machines à nettoyer, parce que le blé étant parfaitement net, la farine qu'on
retirerait par la mouture des résidus serait pure et par conséquent propre à la panification. Si le nettoyage parfait du blé n'était pas opéré avant son perlage, les parties du
grain enlevées par cette dernière opération seraient mélangées à une si grande quantité de poussière, qu'il deviendrait impossible de les recueillir pour les soumettre à la
mouture; ainsi, le perlage ne peut pas dispenser du nettoyage, c'est un fait qui nous
a été démontré par l'expérience.

« çant sous la soupape un crible d'une certaine structure, les perles.
« ayant acquis un égal diamètre, s'épureraient en passant de tout ce qui
« n'est pas elles. Ces prévisions se sont amplement réalisées par les ex-
« périences que nous entreprîmes, en 1834, à l'usine de Lagny; dès les
« premiers blutages, *les garçons meuniers avouèrent n'avoir jamais vu*
« *une farine d'une plus belle qualité;* les boulangers la prirent pour une
« farine de gruau de sassage et n'y découvrirent pas la moindre diffé-
« rence, les deux espèces sous les yeux. Cette farine pourtant n'avait
« pas été obtenue par des procédés plus délicats que ceux de la mou-
« ture à la grosse ou mouture bourgeoise; elle avait été blutée assez
« grossièrement.

« Il est vrai que le grain ne se perle qu'au détriment d'une portion
« de sa substance, et que cette portion est d'autant plus considérable
« qu'on vise davantage à perler en boules sphériques. Sous le rapport
« du volume, notre blé perlé était au blé entier dans le rapport de 10 à
« 12, c'est-à-dire que le blé avait perdu, en se perlant, 1/6 de son vo-
« lume. Mais il avait augmenté en poids dans la proportion de 9,6 : 10 :
« en sorte que l'hectolitre du blé perlé aurait pesé 78^k, celui du blé en-
« tier étant de 75^k, etc. Mais il ne serait pas nécessaire de perler le blé
« destiné à la farine aussi fort que l'orge destinée à être versée, sous
« forme de boulettes perlées, dans le commerce des drogues, et la fa-
« rine n'en serait pas moins belle, alors que la surface du grain n'en
« serait usée que par compartiments.

« Or, pour atteindre ce premier degré de perlage, il ne serait pas
« besoin d'un appareil propre à perler; il suffirait d'écarter la meule
« tournante ordinaire, assez pour que le grain n'en fût que roulé sur
« lui-même et usé à la surface, au lieu d'être écrasé; on vannerait
« ensuite les grains avant de les remettre à la meule, etc. »

L'auteur termine son article intéressant sur la mouture en proposant
un nouveau système qui permettrait, dit-il, de supprimer les meules
ordinaires et de réduire le grain en farine à l'aide de cylindres décorti-
cateurs, de cylindres à pulvériser et de meules coniques destinées spécialement à écraser les gruaux.

Je ne saurais émettre d'opinion sur la valeur des procédés mécaniques
proposés; c'est à l'expérience à démontrer s'ils doivent être préférés à
ceux qui sont maintenant en pratique. Mais je serais d'avis qu'en conti-

nuant à faire usage des meules ordinaires, on ne soumît à leur action que du blé *imparfaitement* perlé, et je pense que cette façon, qui n'apporterait pas une complication notable dans le système général d'un moulin, serait de nature à assurer à la marine des farines d'une qualité infiniment supérieure à celles qu'elle embarque maintenant pour de longues campagnes.

Perlage des grains. Dans la pensée de faciliter l'application de cette nouvelle méthode, je vais décrire quelques-unes des machines employées à perler les grains, et dont on pourrait faire usage avant de soumettre le blé à l'action des meules.

La première consiste en une meule en pierre faisant 200 à 220 tours par minute, et se mouvant dans une caisse en tôle piquée, dont les aspérités font saillie à l'intérieur.

Le grain qui est versé entre la meule et les surfaces rugueuses de la caisse est frotté avec force et se débarrasse de son enveloppe. Quand on reconnaît que la décortication est opérée, on ouvre une soupape à la partie inférieure de la caisse et l'on recueille le grain perlé. (Voir pl. XVIII, fig. 8 à 10.)

Cet appareil, qui avait l'inconvénient d'être alternatif et de nécessiter la présence d'un ouvrier, a été simplifié par M. Grignet, inventeur, breveté en 1801. Il a remplacé beaucoup d'engrenages inutiles par une poulie sur laquelle on enroule une courroie qui transmet le mouvement avec facilité. (Voir pl. XVIII, fig. 1 et 2.)

En 1829, M. Teste-Laverdet a pris un brevet pour un moulin à décortiquer (pl. XVIII, fig. 3 à 7); il consiste en deux meules coniques rayonnées à la hollandaise, dont la supérieure est recouverte d'un cuir tendu portant l'empreinte des rayons.

Sur l'un des panneaux, dans la fig. 5 (Voir pour le détail la fig. 7), il existe une aiguille mise en mouvement par une vis; la vis est destinée à rapprocher ou à éloigner les meules, et l'aiguille indique sur le cadran la distance qui sépare les meules.

Ce moulin a été spécialement employé à décortiquer les haricots qu'il fallait mouiller avant de les soumettre à l'action des meules, et qu'on était obligé de faire sécher ensuite.

Je doute que cette machine puisse être employée avec avantage à perler les blés.

MM. Boisnet et Pinet ont imaginé une machine à décortiquer les légumes et à perler les grains, qui consiste en un tambour de tôle d'acier, percé de trous très-rapprochés, ayant chacun 3 millimètres de diamètre, dans lequel tourne une meule en bois garnie de tôle en acier piqué, ou une meule en grès; toutes les deux sont munies de nervures. (Pl. XVIII, fig. 11 à 15.)

Cette machine, qui ressemble beaucoup à celle de M. Grignet, fonctionne bien, mais elle est plutôt propre à décortiquer les légumes qu'à perler les grains, et elle a pour inconvénient d'avoir un effet alternatif.

Dans la vallée du Mésien (Basses-Alpes), on se sert, pour enlever l'enveloppe des grains, de cylindres à concasser dont les meilleurs ont $0^m 60$ de diamètre, une longueur de $0^m 48$, et pèsent 418^k. (Voir pl. XVIII, fig. 16.)

La vitesse la plus grande de la pierre à gruau est comprise entre 50 et 55 tours par minute. On ne la veut pas plus grande, afin que l'homme qui dirige le travail puisse sans inconvénient ramener les grains à mesure que la pierre tourne. (Je fais remarquer que cette main-d'œuvre pourrait s'effectuer facilement par la machine en imitant ce qui se pratique dans les cuves à broyer le charbon ou dans celles à faire le mortier.)

Cette machine peut perler par heure 56 à 60^k, et elle exige l'emploi de la force d'un cheval. (Application de la mécanique de M. Taffe.)

Cet appareil a encore l'inconvénient de ne pas être continu.

J'ai vu fonctionner une machine à perler de l'invention de M. Cartier, qui n'est qu'une modification du tarare Niceville; elle se compose de deux cylindres concentriques. Le cylindre enveloppant est fixe; il est en tôle piquée à barbures intérieures. Le cylindre enveloppé, recouvert d'une tôle piquée, fait 400 tours à la minute. Le grain est versé entre l'espace qui sépare ces deux cylindres; il est entraîné par son poids à la partie inférieure de l'appareil, en parcourant une hélice dans le sens du mouvement du cylindre intérieur; il tombe sans écorce dans une trémie, après avoir reçu l'action d'une brosse et d'un ventilateur.

Cet appareil, qui oblige à l'emploi d'une force de deux chevaux, agissant d'une manière continue, me paraît devoir être préféré à ceux précédemment décrits. (Voir pl. XVIII, fig. 17 à 20.)

Si l'on adoptait le perlage des grains préalablement à leur mouture, ce qui, d'après les essais récents que j'ai faits, me paraîtrait réellement avantageux, on se bornerait, dans les projets généraux que je donne, pl. XXIX, XXX, XXXII, XXXV et XXXIX, à remplacer le rouleau concasseur par la machine à perler; le surcroît de dépense serait peu considérable, et il serait du reste largement compensé par la supériorité et la quantité des produits.

DES APPAREILS DESTINÉS A RECUEILLIR LA FARINE QUAND ELLE S'ÉCHAPPE DE DESSOUS LES MEULES.

Chaque beffroi est muni d'un appareil destiné à recevoir la farine qui s'échappe des meules. Dans les anciens moulins, en France, en Belgique, et dans les moulins les plus récemment construits en Angleterre, la farine tombe dans des coffres appelés huches, d'où elle est retirée et mise en sacs par des hommes, puis montée, à l'aide d'un tire-sac, aux étages supérieurs où sont installées les bluteries.

Récipient circulaire. Dans les moulins de construction moderne, si le beffroi est circulaire, la farine qui s'échappe des meules est reçue dans un récipient circulaire ordinairement fixe, et parcouru par des palettes destinées à pousser la farine vers l'issue qui lui a été ménagée. Cet appareil est parfois mobile, et entraîne dans son mouvement de rotation la boulange vers l'anche qui la verse dans une noria en communication avec la chambre à farine.

Récipient rectiligne. Si le beffroi est rectiligne, le récipient est une dalle en ligne droite parcourue par une chaîne à palette ou une hélice.

Double récipient. Il y a souvent deux récipients par beffroi, l'un intérieur, qui reçoit la farine de gruaux, et l'autre extérieur, dans lequel tombe la farine de blé. Cette disposition donnant le moyen de maintenir séparées des farines de qualités très-différentes, que l'on a souvent intérêt à ne pas mélanger, nous pensons qu'il y aurait avantage à l'adopter. (Voir pl. XXVIII, XXIX, XXX, XXXI et XXXV.)

Du récipient, la farine est portée par une chaîne à godets dans une chambre à farine où se meut un râteau refroidisseur qui consiste en un arbre faisant environ quatre révolutions à la minute, entraînant avec lui une pièce de bois horizontale portant de petites planches obliques, disposées de manière à pouvoir ramener la farine vers le centre, ou à l'étaler à partir du centre jusqu'au point au-dessous duquel est la trémie du blutoir. (Voir pl. XXIX et XXXV.)

Ce dernier appareil, d'invention américaine et dont on a reconnu l'utilité, n'a pas été adopté en Angleterre ; mais on le retrouve dans tous les moulins récemment construits en France et en Belgique ; nous pensons qu'il doit être conservé parmi les moyens propres à favoriser le refroidissement de la farine et par suite l'opération du blutage.

Les appareils qui viennent d'être décrits ont pour désavantage de s'imprégner de l'eau de condensation produite lorsque la farine tend à se refroidir, et ils retiennent en adhérence à leurs parois une certaine quantité de farine humide qui encombre les conduits, les détériore et oblige à visiter et réparer fréquemment cette partie du mécanisme du moulin.

Ces inconvénients ont été reconnus par tous les meuniers, et plusieurs d'entre eux, afin d'empêcher la condensation dans les conduits que parcourt la farine pour aller à la chambre où fonctionne le râteau refroidisseur, ont élevé, à l'aide de tuyaux de chaleur, la température de l'air contenu dans ces conduits ; d'autres, non moins ingénieux, ont imaginé de modifier les meules, de telle sorte qu'elles puissent effectuer la mouture des grains sans que la farine obtenue ait acquis un degré de température sensiblement plus élevé que celui du grain avant d'avoir été soumis à l'action des meules.

M. Darblay, par exemple, a établi dans son moulin un calorifère dont les tuyaux chauffent les conduits parcourus par la farine depuis sa sortie des meules jusqu'à la chambre à râteau. La température de l'intérieur des conduits étant la même que celle de la farine au moment où elle quitte les meules, il ne se produit plus d'eau de condensation, et les conduits, étant maintenus toujours parfaitement secs, n'ont plus besoin d'être visités et ont rarement besoin d'être réparés. Mais toujours est-il que par les procédés employés chez M. Darblay, la température de la farine, au sortir de dessous les meules, est plus élevée que celle de l'air ambiant, et que, si par l'emploi de certains moyens elle pouvait être plus

Appareil de M. Darblay.

basse ou au moins égale, il n'y aurait plus à redouter cette humidité qu'il combat à l'aide de certains frais ; il est probable même que les farines faites par de tels procédés seraient de très-bonnes qualités. Parmentier énonçait que la farine a déjà acquis un principe d'altération lorsque la chaleur développée par les meules l'a élevée à la température de 15° centigrades [1] au-dessus de celle de l'air ambiant.

Appareils ayant pour objet d'empêcher la condensation dans les tuyaux conducteurs de la farine. Des considérations de ce genre ont entraîné des meuniers et des constructeurs à chercher le moyen de moudre le grain sans développer de chaleur.

Meule de M. Gosme. M. Gosme a, dans ce but, imaginé une meule qui réduit le blé en farine dans une zone très-étroite ; certes, opérer la mouture du grain en diminuant les dimensions des parties travaillantes, c'est se donner des chances d'obtenir de la farine moins chaude ; mais le travail sera-t-il aussi bien fait que par les anciens procédés ? C'est ce qu'il faudrait constater. (Voir pl. XIII, fig. 34 et 35.)

Appareil de M. Damy. M. Damy, fabricant de Vic-sur-Aisne, a tenté d'appliquer la ventilation à la mouture anglaise ; son système consiste à établir, par des tuyaux se développant suivant une certaine courbe, une communication entre les surfaces travaillantes des meules et un ventilateur à palettes placé à peu de distance au-dessous. Ce ventilateur, aspirant de l'air extérieur, le refoule dans les conduits et de là entre les meules qu'il doit ainsi constamment maintenir dans un état de fraîcheur.

L'archure et les conduits que parcourt la farine sont complétement clos et l'évaporation est ainsi rendue impossible, bien que dans la distance qui sépare les meules de la chambre à râteaux la farine soit sous l'impression d'un courant d'air.

Appareil de MM. Corrège et Chamgarnier. En 1842, M. Corrège, ingénieur mécanicien très-connu comme habile constructeur de moulins, a pris un brevet avec M. Chamgarnier, meunier à Duvy, pour un appareil à peu près semblable à celui de M. Damy.

Le système, expérimenté au moulin même de l'un des inventeurs, consiste en un ventilateur prenant l'air à l'extérieur et le lançant dans un récipient placé à l'intérieur du beffroi ; de ce récipient, l'air se dis-

[1] *Mémoire sur les avantages que le royaume peut retirer de ses grains*, etc., etc., pages 139 et 140.

tribue dans des conduits qui correspondent avec d'autres, embranchés autour de l'archure hermétiquement close, et s'introduit dans l'appareil juste à la jonction du jeu des meules, passe par les rainures des rayons, et rafraîchit dans son trajet les surfaces travaillantes des meules.

D'après les inventeurs, les meules sont ainsi placées dans une condition de basse température, et l'évaporation est rendue impossible.

Pour donner une issue à l'air refoulé entre les meules et recueillir la folle farine entraînée par le courant d'air, on a établi, au moyen d'un conduit en gaze, une communication entre l'archure de chaque meule et une chambre à farine disposée au-dessus du beffroi ; et afin d'empêcher qu'il ne se produise de la vapeur d'eau dans cette chambre à farine, on a placé à son pourtour six tuyaux par lesquels sort l'air chargé d'humidité ; mais M. Chamgarnier pense que la manière de placer et d'établir le conduit en gaze sur le récipient suffit pour remédier à l'inconvénient qui vient d'être signalé, et qu'ainsi l'installation des tubes condensateurs devient inutile.

M. Armengaud dit que M. Corrège s'est appliqué à donner une issue aux gaz délétères qui se produisent pendant l'opération de la mouture, et qu'il place à cet effet sur l'archure même, pour servir de passage à une partie de l'air lancé par le ventilateur, un tuyau qui s'élève jusqu'à la partie supérieure de l'édifice.

Pour compléter le système, la farine, en sortant du récipient, arrive dans un tube impénétrable à l'humidité, continuellement parcouru par un courant d'air froid et au centre duquel tourne un axe armé de palettes inclinées, qui, en remuant la farine, la conduisent jusqu'à l'élévateur qui la porte au-dessus des bluteries [1].

Tous ces systèmes agissant avec peu d'efficacité ou n'atteignant qu'imparfaitement le but que l'on s'était proposé, on a cherché à modifier la meule courante, de manière que dans son mouvement elle pût introduire de l'air entre sa surface travaillante et celle de la meule gisante.

Diverses modifications apportées aux meules.

---

[1] Si l'on désirait avoir plus de détails sur le système de MM. Corrège et Chamgarnier, on pourrait les trouver dans le *Traité pratique et analytique de l'art de la meunerie*, par M. Chamgarnier, et dans la publication industrielle des machines, outils, etc., de M. Armengaud aîné.

Le premier essai qui ait été tenté dans cette voie consistait dans l'établissement d'un certain nombre de trous cylindriques de 0^m 03 à 0^m 05 de diamètre, creusés perpendiculairement à la surface dressée. On a fait varier le nombre de trous depuis 10 jusqu'à 40, sans qu'on ait pu obtenir le moindre résultat. (Voir pl. F du vol., fig. 1 et 2.)

Plusieurs meuniers, poursuivant toujours l'idée d'empêcher l'élévation de la température de la farine pendant la mouture, ont imaginé de placer quatre cornets sur le contre-moulage de la meule courante (Voir pl. F du vol., fig. 3 et 4), le pavillon étant établi près du bord extérieur, et l'autre bout, figurant un tuyau de 0^m 03 de diamètre environ, venant aboutir au bas de l'œillard en un point où commence un grand sillon.

L'orifice de prise d'air étant très-grand et le conduit d'écoulement comparativement très-petit, cet appareil avait pour inconvénient de lancer entre les meules une quantité d'air considérable animé de beaucoup de vitesse. Il arrivait alors que la farine était poussée hors des meules avant d'avoir été complétement moulue, qu'elle se blutait mal, et il résultait enfin de l'application de ce système une perte notable de farine, le courant d'air devenant une cause incessante d'évaporation.

Récemment on a pratiqué dans la meule courante, obliquement au plan de la surface travaillante, des trous dans le sens des sillons et ayant la même largeur qu'eux; cette tentative est demeurée sans succès. (Voir pl. F du vol., fig. 5 et 6.)

Meule de M. Train. Vers le commencement de 1843, M. Train, mécanicien de la Ferté-sous-Jouarre, a inventé un système de meules dites aérifères, qui ne ressemble pas aux moyens essayés jusqu'à ce jour, dans le but de moudre le grain sans échauffer la farine [1].

Voici en quoi consiste l'appareil de M. Train.

Quatre orifices, partant à peu près du centre de la meule courante jusqu'à 14 centimètres environ de la feuillure et percés en pente, sont pratiqués dans toute l'épaisseur de la pierre. Dans l'œillard de la meule courante est placé un œillard en fonte de la forme d'un cône renversé. A sa partie extérieure, la meule est entourée d'un cercle en fer dépassant en hauteur de 14 à 20 centimètres environ le bord supérieur de cette

---

[1] Voir le *Journal des arts agricoles et industriels*, des 2 et 13 avril, et du 24 août 1845.

meule. Puis des plaques de tôle fortement rivées sur ce cercle et sur l'œillard en fonte sont placées sur la partie supérieure de la meule ; les unes inclinées de 45° au-dessus des orifices dont nous venons de parler, les autres formant des quarts de cercle perpendiculaires au grand cercle et servant de conducteur à l'air qui vient ainsi forcément s'engouffrer dans les orifices.

J'ai vu fonctionner les meules aérifères, et il m'a paru que l'appareil placé sur le contre-moulage favorisait l'apport entre les meules d'une certaine quantité d'air, qui ne se trouve cependant expulsé en grande partie à la circonférence que par l'effet de la force centrifuge qui se développe lorsque la meule est en action.

L'air ambiant étant à 18°, la température de la farine s'élevait à 26°, tandis que celle qui s'échappe d'une meule ordinaire atteint 36°. La différence entre la chaleur développée par les deux meules est donc de 10°. Les parois des archures de la meule aérifère étaient sèches, et la farine qui en provenait m'a paru bien faite.

Je donne, pl. F du vol., fig. 7 à 10, le dessin de la meule aérifère, exécuté sur un modèle mis à ma disposition par M. Caillaux, de Meaux, qui a expérimenté cet appareil.

On a essayé de remplacer les archures en bois par des archures en osier ; mais cette modification n'a produit aucun résultat.

Comme on le voit, le problème qui a pour énoncé : *moudre les grains de manière à ce que la farine obtenue soit à la température de l'air ambiant*, est à l'étude parmi les constructeurs de moulins et les meuniers les plus progressifs, et il est permis de s'attendre à voir bientôt résoudre cette importante question.

Les systèmes qui viennent d'être passés en revue ont été le sujet de critiques plus ou moins fondées ; on a dit que chez M. Darblay l'élévation de la température de l'air contenu dans les tuyaux conducteurs de la farine entraînait dans de fortes dépenses, et qu'en définitive la farine qui s'échappait chaude d'entre les meules étant maintenue dans cet état jusqu'à son arrivée dans la chambre à farine, devait cependant être ramenée à la température de l'air ambiant avant d'être blutée ; et que, pour atteindre ce résultat, il fallait l'aérer, ce qui nécessitait une façon qu'il eût été désirable d'éviter ; que, du reste, on ne faisait que retarder la condensation de l'eau contenue dans la farine.

L'efficacité des appareils de ventilation mis en expérience à Vic-sur-
Aisne et à Duvy a été contestée; on a prétendu que l'air, lancé à la hauteur de l'intervalle qui sépare les meules et dans la direction des rayons,
mais en sens contraire au courant établi par le mouvement des meules,
qui tend à chasser l'air du centre à la circonférence, ne pouvait pas s'introduire en assez grande quantité entre les surfaces travaillantes pour
opérer un abaissement sensible de température, et que la portion d'air
introduite mettait obstacle à la sortie de la farine. On a fait observer
que l'air soufflé entre les meules, humide ou sec, chaud ou froid, tel
qu'il se trouve à l'extérieur de l'établissement, était souvent à une haute
température, et que parfois il était saturé d'humidité, de sorte que dans
bien des circonstances la farine, soumise à cette espèce de ventilation,
ne s'échappait d'entre les meules qu'imparfaitement froide et souvent
humide. — Quant aux résultats obtenus par l'emploi des meules aérifères, ils ont paru donner une solution plus satisfaisante du problème.
On conçoit en effet que l'air étant introduit par des ouvertures pratiquées
dans la meule mobile et passant entre les surfaces travaillantes en quantité d'autant plus considérable, que la vitesse des meules augmente, il
exerce une action efficace ; on comprend également que l'air, parcourant en outre une direction déterminée par le mouvement même de la
meule, il s'établisse entre les meules un renouvellement de couches d'air
qui ait pour effet de diminuer l'élévation de la température des pierres
en contact avec le grain.

On a dit aussi, contre ce système, que l'air entraîné, pris nécessairement
dans l'usine, était impur; qu'il pourrait être souvent très-chaud et parfois chargé d'humidité; qu'enfin, le courant d'air n'était pas assez puissant ou qu'il l'était beaucoup trop. Mais cependant on s'accorde à
reconnaître que la meule aérifère est un appareil ingénieux dont la
meunerie peut tirer parti.

Il me semble qu'il serait facile de soustraire à la critique l'appareil de
M. Train, en le combinant avec un système de ventilation qui donnerait
la possibilité de ne lancer entre les meules qu'une quantité déterminée
d'air complétement sec et ayant une température sensiblement plus
basse que celle de l'air ambiant.

Voici la disposition générale que je proposerais d'adopter.

Dans une cave au-dessous du beffroi on établirait une chambre garnie de treillis étagés, couverts de chlorure de calcium. A la partie inférieure de cette chambre viendrait aboutir, d'un côté, le tuyau d'un ventilateur qui refoulerait de l'air pris dans la cave, et, de l'autre côté, un tuyau d'un autre ventilateur qui refoulerait de l'air pris à l'extérieur. Dans l'été, on ferait usage de l'air de la cave, tandis que dans l'hiver on emprunterait de l'air à l'extérieur; dans l'un et l'autre cas, l'humidité de l'air serait absorbée en traversant les couches de chlorure de calcium. De la partie supérieure de la chambre partiraient des conduits qui passeraient par les colonnes du beffroi et iraient déboucher dans l'intérieur des archures qui seraient closes aussi hermétiquement que possible. L'air sec et froid, lancé en proportion voulue dans les compartiments de la meule aérifère, passerait entre les surfaces travaillantes pour sortir par les issues en communication avec le récipient circulaire, et monterait vers la chambre à farine par les tuyaux dans lesquels seraient renfermées les chaînes à godets.

Pour que le courant d'air eût toute l'intensité et la régularité désirables, on établirait à la partie supérieure du bâtiment un ventilateur en communication avec les enveloppes des chaînes à godets, et, par suite, avec le récipient; de sorte que l'air, lancé par le ventilateur placé à la partie inférieure de l'édifice, serait aspiré par le ventilateur établi à son sommet. Par ce moyen, le courant d'air serait uniforme et toutes les chances capables d'amener la dessiccation des farines et leur refroidissement seraient largement acquises.

Il est probable qu'au sortir de dessous les meules des farines ainsi traitées pourraient être blutées sans jamais *encrasser* les bluteaux. Quant aux gaz délétères qui affectent si souvent la santé des meuniers, ils seraient entraînés au dehors, et l'usine serait complétement assainie.

Je crois que le système dont je viens de donner des indications, et qui se trouve représenté pl. XIX, fig. 1 à 4, fournit une solution aux questions posées par M. le vicomte Héricart de Thury à la Société d'Encouragement, dans le but d'améliorer le mode actuel de mouture [1].

---

[1] « Trouver des moyens mécaniques et manufacturiers applicables à toutes les usines à farine, quel qu'en soit le moteur, pour tempérer et détruire même la vapeur alcoolique qui se dégage de la mouture pendant le travail ;

« Remédier aux graves inconvénients de la pâte qui se forme dans les conduits et

Après que le blé a été soumis à l'action des meules, le produit obtenu est de la farine brute, c'est-à-dire un mélange, sous forme de poudre, du périsperme, du péricarpe et de l'embryon.

Pour obtenir de belle farine, il importe de rechercher quel est le procédé le plus commode, le plus efficace et le moins coûteux pour opérer la séparation du périsperme mêlé au péricarpe brisé en morceaux et à l'embryon.

Tamis. Or, les anciens faisaient passer à plusieurs reprises les farines brutes à travers le tamis[1] et ils obtenaient, à force de travail, des produits d'une grande blancheur[2]. On dit que cette méthode, qui exige beaucoup de temps et de main-d'œuvre, est encore aujourd'hui celle qui permet d'isoler de la manière la plus complète la farine pure des parties capables d'en altérer la nuance. (Voir pl. XX, fig. 1 et 2.)

Sas. En même temps qu'on se servait du tamis, on faisait aussi usage du

récepteurs de la farine brute, et à l'évaporation qui cause un déchet préjudiciable par la déperdition des fleurs de farine qui s'échappent pendant l'action rotatoire des meules ;

« Opérer plus facilement la desquammation des grains et ajouter un degré de supériorité aux farines, en les livrant au commerce, dégagées d'une partie de cette humidité surabondante qui prédomine jusqu'à ce jour ;

« Enfin, sous le rapport de l'hygiène du meunier, préserver les ouvriers de l'influence des poussières amilacées, qui compromettent à un si haut degré leur santé en les exposant à diverses maladies. »

[1] Pline nous apprend que les Égyptiens connaissaient les tamis, et qu'ils les faisaient avec des filaments de papyrus et de jonc très-minces. Les anciens habitants de l'Espagne faisaient leurs tamis de fil, et les Gaulois sont les premiers qui aient eu l'adresse d'y employer le crin des chevaux. (*Hist. nat.*, livre XVIII, p. 2.)

Nous ferons remarquer que les anciens Égyptiens ne passaient pas toujours leur farine au tamis, car le pain qu'on trouve dans les momies contient souvent de la farine mélangée de son et assez grossièrement moulue. (Voir au Musée égyptien du Louvre.)

[2] Le blutage a été aussi pratiqué très-anciennement chez les juifs (Jos., *Antiq. judaïques*, livre I, c. xxn), puisqu'il était expressément ordonné de n'employer que de la fleur de farine pour les gâteaux d'offrande qui faisaient partie des devoirs religieux, dont l'institution remontait à celle de la théocratie; il n'y avait d'exception que pour les gâteaux offerts pendant les épreuves de la femme soupçonnée d'adultère.

sas à la main ¹ qui était un sac de soies d'animaux, dans lequel on mettait de la farine au sortir du moulin. Un ou deux hommes imprimaient des secousses de va-et-vient à ce sac, et forçaient ainsi la farine fine à s'en échapper, tandis que le son, trop gros pour passer à travers le tissu, restait en entier dans le sac. (Voir pl. XX, fig. 3.)

Le sas à la main a donné l'idée du premier bluteau lâche ²; c'est un sac d'étamine ayant 2ᵐ 30 à 2ᵐ 70 de longueur sur 40 à 50 de diamètre, placé dans une position inclinée, recevant la farine brute par l'une de ses extrémités, et rejetant par l'autre le son ainsi que les gruaux, après avoir laissé échapper la farine fine à travers le tissu de cette espèce de chausse, qui est soumise au battement répété d'une règle, le frappant dans une partie de sa longueur. (Voir pl. XX, fig. 4 et 5.)

De ce bluteau à battes, le son et les gruaux tombaient dans un autre sac de même dimension que le précédent, appelé sas ou *dodinage* ³, parce qu'on lui imprimait un mouvement mesuré de va-et-vient, dans le sens de sa longueur, ce qui occasionnait une sorte de frottement tendant à détacher du son les parties de farine qui pouvaient y adhérer.

Le *dodinage* est composé d'un tissu peu serré (étamine); il a la forme d'un cône tronqué de 2ᵐ à 2ᵐ 50 de longueur sur 0ᵐ 40 à 0ᵐ 50 de diamètre à une de ses extrémités, et 15 à 20 à l'autre. Des cerceaux en bois, placés de distance en distance dans son intérieur, le maintiennent dans une forme régulière.

Le premier tiers de la longueur de cette espèce de cône, du côté de son plus grand diamètre, est fait d'une étamine fine qui donne la fleur

Bluteau.

Dodinage.

---

¹ Sas, de *seta*, soie, crin.

² M. Caseneuve dérive les mots bluteau, bluter, du latin barbare *blutare*, vider. Quelques-uns le font venir de l'allemand, *beutelen*, qui signifie un sac de soie. Le glossaire de Grotius dit *blutare*, *blooten*, *spoliare*, *evanire*; ce qui se rapporte au sens du mot *blutaverit*, dans la Loi des Lombards, liv. I, chap. xxv : *Si quis casam blutaverit aut restulerit*; sur quoi la Glose remarque *blutaverit aut evacuaverit*.
Ménage croit que le français et l'allemand viennent du latin *volutare*, rouler. Farine se dit *bleut* en bas-breton, et en anglais, *bolt*, pour bluter; deux mots qui se ressemblent et se rapprochent de bluteau.
Selon Ducange, le mot bluteau vient de *butellus*, qui était en usage dans la basse latinité.

³ Béguillet pense que le mot dodinage vient du verbe dodiner que l'on emploie pour exprimer le mouvement de balancement que l'on imprime au berceau des enfants.

de farine ; le deuxième tiers est d'une étamine moins fine, et procure la
farine de deuxième qualité ; et enfin, le troisième tiers est fait d'un canevas très-clair, laissant échapper les farines grosses sans cependant
donner passage au son qui va tomber à l'extrémité inférieure. Ce sas a
une position inclinée dans un coffre fermé de toute part, dont le bas est
divisé en autant de compartiments qu'il y a de zones d'étamines différentes, et dans chacun de ces compartiments tombent les diverses sortes
de farine par l'effet de l'agitation donnée à l'appareil par une roue à
cames (Pl. XX, fig. 6.)

Ces divers moyens ont été généralement abandonnés et remplacés
par ceux qui vont être décrits, auxquels l'expérience paraît accorder la
préférence.

Au dodinage a succédé le bluteau cylindre, qui consiste en un cylindre
à mouvement rotatif continu de 2^m 50 de longueur sur 0^m 55 à 0^m 60
de diamètre, ouvert aux deux extrémités, et dont la surface est composée de zones en tissus plus ou moins serrés, de manière à faire
recueillir, de distance en distance, de la farine de diverses nuances.
(Pl. XX, fig. 7.)

Du lanturelu.   Dans le but d'extraire des gruaux blutés les particules de son qui
n'ont pu être séparées par l'opération du blutage, on se servait du lanturelu, machine fort ancienne et qui est cependant encore en usage dans
quelques moulins où l'on fait des farines de gruaux.

Le lanturelu est composé de trois roues, à ailes obliques, placées sur
un même axe vertical à une certaine distance l'une de l'autre, de
manière à tourner librement en marchant toutes trois dans des plans
horizontaux. La roue supérieure et l'inférieure, dont les ailes sont
inclinées du même côté, ont un mouvement dans le même sens, et la
roue du milieu, ayant ses ailes inclinées en sens inverse de celles des
deux autres, se meut dans un sens opposé. (Pl. XX, fig. 22 et 23.)

L'effet produit par la chute d'un courant continu de farine sur les
pelles inclinées explique le mouvement de l'appareil et fait comprendre
que les ailes, dans la rotation qu'elles opèrent, déterminent des courants
d'air qui rejettent au loin les pellicules de son d'une pesanteur spécifique
moindre que celle de la fécule.

Marche de l'appareil.   La farine tombe du plancher par un trou de 6 centimètres de diamètre
qui est traversé par une tringlette au milieu de laquelle est suspendu

l'axe du lanturelu ; la chute de la farine faisant tourner les ailes de manière à déterminer des courants d'air, la farine lourde, qui est la plus pure, tombe près de l'axe de la machine, tandis que les particules légères de son, chassées un peu au loin, vont former une zone qui entoure la farine blanche.

Les gruaux et le son se trouvent ainsi séparés. Les ouvriers enlèvent la couronne extérieure la plus chargée de son, et les gruaux qui avoisinent le centre, aussi bien nettoyés que le permet l'efficacité de l'appareil, n'ont plus besoin que d'être sassés une seule fois à la main pour être exempts de tout mélange de son [1].

L'action exercée par un courant d'air étant le principe sur lequel se trouvait fondé le lanturelu, on pensa à le remplacer par un système de ventilation analogue à celui employé pour le nettoyage des blés, et ce fut Pinet, habile charpentier employé par le célèbre Buguet, qui, vers 1775, inventa les premiers ventilateurs à gruaux, dont j'ai le regret de n'avoir pas pu retrouver les dessins.

Nous reparlerons de ces appareils en traitant des bluteries modernes.

Les bluteries nouvelles se divisent en bluteries américaines, en bluteries anglaises, bluteries méridionales et bluteries à gruaux.

Dans les bluteaux américains, la forme exactement cylindrique a été abandonnée : ils sont à six, huit, dix ou douze faces ; leur diamètre varie de 0^m 60 à 1^m 30, et leur longueur de 2^m 50 à 7 ou 8^m. Bluteries américaines.

Pour faciliter l'opération du tamisage, on imprime ordinairement des secousses au bluteau, soit en disposant des barrettes en bois, qui, soulevées par les cames d'une roue soumise au mouvement rotatif de l'appareil, retombent avec force sur le squelette du bluteau (voir pl. XX.

---

[1] Lanturelu. Son étymologie paraît assez difficile à trouver ; on dirait que c'est un mot d'invention populaire. Lanturelu était le refrain d'un fameux vaudeville qui eut un grand succès en 1629, et dont l'air était brusque et militaire.

En 1630, il y eut une révolte à Dijon ; les vignerons insurgés furent nommés lanturelus, parce qu'ils faisaient jouer cet air pendant leur marche, et cette sédition s'est appelée lanturelu dijonnais.

On trouve dans le Glossaire de Bullet, turl, tur, turn, qui signifient tour, mouvement circulaire, etc., d'où vient notre mot tourner, selon le même auteur. Cette racine exprimerait assez bien le mouvement circulaire, en sens opposé, des trois roues du lanturelu. (Extrait de Béguillet.)

fig. 9), soit à l'aide de boules en bois qui, traversées par des tringles partant de l'axe et aboutissant à la charpente du bluteau, lui impriment par leur chute des secousses qui, ajoutées au mouvement de rotation donné à l'appareil, favorisent le passage de la farine à travers les toiles. (Voir pl. XX, fig. 8.)

Le bluteau américain est partagé en un certain nombre de zones garnies de tissus en soie ou en étamine de diverses grosseurs, de manière à obtenir des farines de nuances différentes.

Nous avons remarqué dans quelques moulins, à Stains, par exemple, des bluteaux qui n'étaient pas pourvus d'appareils propres à secouer les toiles : le tamisage de la farine s'opérait par sa chute sur les surfaces du bluteau en mouvement; mais cette méthode n'étant pas de nature à accélérer le travail, nous ne conseillons pas de l'adopter.

Les bluteaux qui nous paraissent devoir donner les meilleurs résultats sont ceux de 1^m 10 à 1^m 30 de diamètre, garnis de boules à l'intérieur et ayant en longueur 6^{m}50 à 8^m [1]. (Voir pl. XXI, fig. 9, 10, 11 et 12.)

Bluteries anglaises. La bluterie anglaise complète consiste en un cylindre muni de brosses à l'intérieur, et en une bluterie à sac sans couture, qui fait fonction de sas.

Le bluteau à brosses se compose de deux demi-cylindres réunis l'un contre l'autre par des boulons, et il est fixé dans une position inclinée de 21 à 22° sur un bâti formant coffre. Son squelette, dans les établissements des subsistances de la marine royale, est entièrement en fer, et on lui donne 2^m de longueur et 0^m 70 de diamètre.

Le centre de ce cylindre est occupé par un axe en fer tournant librement sur lui-même, et portant, sur des cercles en fer dont il est muni, quatre, six ou huit brosses en soie de sanglier.

Chacune de ces brosses étant tenue par des fourchettes, dont les tiges taraudées passent à travers les cercles, a son extrémité réglée par un écrou et un contre-écrou, de manière qu'on est maître de les faire appuyer plus ou moins fortement contre la surface intérieure du cylindre.

---

[1] Sans une excellente bluterie, il est impossible de faire de belle et même de bonne farine; le montage de cet appareil demande beaucoup de soins et coûte fort cher. Les meilleurs fabricants de bluteries sont MM. Manvielle, à Meaux, et François Giraud, rue de Viarmes, 18, à Paris.

La farine arrivant par l'extrémité supérieure du bluteau, est continuellement ramassée par chaque brosse en mouvement; et, en vertu de la pente du cylindre, les molécules qui ne passent pas immédiatement à travers la toile retombent toujours de plus bas en plus bas, jusqu'à ce qu'enfin elles trouvent un tissu qui corresponde à leur volume; car les toiles métalliques qui garnissent le bluteau sont d'inégales grosseurs, et les plus fines se trouvent à l'extrémité supérieure. Enfin, les parties qui ne peuvent traverser les mailles de la toile sortent par l'extrémité inférieure du bluteau, avec le son entièrement dépouillé de la farine qui y était adhérente. (Voir pl. XX, fig. 10.)

La bluterie rotative à sas (*bolting-mill*) consiste en une lanterne de dévidoir, fixée à un axe faisant 200 tours à la minute. Ce squelette de dévidoir est enveloppé d'une étoffe sans couture qui ressemble à l'étamine, et à l'intérieur de cette espèce de sac est placée la farine à bluter. Dans le sens de la longueur de la boîte où est renfermée la lanterne qui a 1ᵐ 75 de longueur, sont placées plusieurs barres de bois appelées batteurs, contre lesquelles la toile vient frapper avec force, ce qui oblige les parties les plus fines de la farine à passer à travers le tissu, et les isole ainsi de la farine grosse et du son qui s'écoulent par l'extrémité inférieure de l'appareil. La lanterne est généralement composée de six fuseaux unis par des bras partant de l'axe, formant quand ils sont assemblés des diamètres de 0ᵐ 57 à l'extrémité supérieure, et de 0ᵐ 52 à l'extrémité inférieure; mais dans beaucoup de moulins, les diamètres sont de 0ᵐ 57 dans toutes les parties du bluteau.

Le sas à bluter est donc une sorte de tamis cylindrique beaucoup plus large que la lanterne sur laquelle il est ajusté, lequel, par l'action rotative qu'il reçoit, va frapper sur les batteurs et sollicite ainsi la farine à passer à travers la toile [1]. (Voir pl. XX, fig. 11, représentant un de ces bluteaux perfectionné par M. Ayton de Trowse, dans le comté de Norfolk.)

Les bluteries des établissements des subsistances de la marine royale, en Angleterre, sont pourvues des deux appareils qui viennent d'être dé-

---

[1] M. Conty a fait l'expérience de ce bluteau à sas, et il en a abandonné l'usage comme ne présentant pas d'aussi bons résultats que le bluteau américain.

crits fig. 10 et 11, et leur usage permet d'obtenir les farines communément employées à la fabrication du biscuit, et même la farine blanche
destinée à être embarquée sur les navires qui font de longues campagnes; mais je dois faire observer que ces procédés, qui suffisent aux
exigences du service de la marine anglaise, ont été mis en essai aux
environs de Paris, et qu'on leur a préféré les bluteries américaines
comme donnant le moyen d'obtenir des produits d'une plus grande
blancheur que ceux recueillis en se servant de ces appareils.

En France, où les matelots sont habitués à consommer à la mer de la
farine extrêmement blanche, il y a nécessité d'adopter les bluteries américaines pour la fabrication des farines d'armement ; mais je pense qu'il
y aura un avantage réel à ne bluter les farines destinées au biscuit et
celles attribuées au service journalier qu'à l'aide des moyens usités en
Angleterre, parce qu'ils présentent une économie de main-d'œuvre, et
permettent d'effectuer le travail du blutage avec une grande célérité ; et
j'ajouterai que la bluterie à brosses, bien qu'ayant pour inconvénient
de briser les sons, a cependant pour avantage incontestable de les parfaitement nettoyer, et que sa mise en usage, toutes les fois qu'il ne sera
pas indispensable d'obtenir de la farine très-blanche, tendra vers un but
économique qui mérite d'être pris en considération.

Bluteau
de M. Laperrière.

M. Laperrière indique un bluteau en soie, à trois compartiments,
dont je ne fais mention que pour ne rien omettre de ce qui a été tenté
dans le but de perfectionner les appareils destinés à épurer les farines.
(Voir pl. XX, fig. 12 et 13.)

Bluteries méridionales.

Je désigne sous le nom de bluteries méridionales celles dont on fait
usage dans les minoteries où l'on fabrique les farines destinées au service
de la marine royale.

Elles ont de 14 à 15 mètres de longueur, et sont composées de quatre
bluteaux de 85° de diamètre, placés à la suite les uns des autres et rendus solidaires entre eux par des engrenages.

La force est appliquée à l'extrémité de l'un des axes, et elle met en
action tout le système.

Les soies et les quintins qui garnissent les bluteaux sont de tissus de
diverses grosseurs, les plus fins à la tête et les plus lâches à la queue.

Dans la première section, on recueille le minot de première qualité ;
dans la seconde, celui de deuxième; dans la troisième, le semble

fin, dans la quatrième, le semble ordinaire ; dans la cinquième, le résillon fin ; dans la sixième, le résillon ordinaire ; dans la septième, la repasse fine ; dans la huitième, le son fin, et par l'extrémité sort le gros son qui est reçu dans des sacs [1]. (Voir la pl. XXI, fig. 14 à 17.)

Pour opérer le blutage des gruaux, on se sert de tamis, de sas mécaniques et de sas à la main.

Parmi les appareils les plus nouveaux, je citerai un sas à ventilateur que j'ai vu fonctionner chez M. Benoist, de Saint-Denis ; un tamis bluteau de M. Cartier, et une machine à sasser imaginée aussi par cet habile constructeur.

Le sas qui fonctionne chez M. Benoist reçoit la farine par une trémie, au sortir de laquelle elle ressent l'impression d'un ventilateur qui chasse les parties légères dans trois compartiments en communication avec trois sacs. Dans le premier compartiment, tombent les parties les plus lourdes ; dans le deuxième, les parties moyennement lourdes ; et dans le troisième, les parties les plus légères. Les gruaux trop pesants pour avoir été entraînés par le courant d'air se rendent dans une trémie, dont l'anche s'ouvre au-dessus d'un sas composé d'une peau trouée. Cette peau, dont les trous sont très-petits à l'extrémité supérieure et plus larges à l'extrémité inférieure, reçoit un mouvement de va-et-vient qui facilite le tamisage. Les plus beaux gruaux tombent dans la première trémie, de moins beaux dans la deuxième, etc. ; enfin, les gruaux les plus gros sont rejetés dans une huche placée à l'extrémité du crible incliné.

Dans l'usine de M. Benoist, deux ou trois appareils de ce genre sont superposés les uns aux autres, et ils opèrent assez bien le nettoyage des gruaux pour qu'il en résulte une grande économie de main-d'œuvre.

Bluteries à gruaux.

---

[1] Le semble fin ou simple fin est une farine moins fine que le minot et qui s'emploie pour le *pain bourgeois*. Quand on mêle de la farine minot avec du simple, on appelle le mélange *simple fin*, ou *farine en cô*.

Le résillon ou grésillon est ce qu'on nomme ailleurs gruau ; il sert à faire le *pain du pauvre*. Le mot résillon ou grésillon vient apparemment de sa ressemblance avec du grésil, espèce de petite grêle, grandine, granzine, grésille, grésillon. (Extrait de Béguillet.)

La repasse, farine commune, ainsi appelée parce qu'on la remet dans un autre bluteau pour en extraire la farine très-bise, mêlée de gruaux gris et gruaux bis.

Néanmoins pour compléter le travail, on est encore obligé de faire en dernier lieu un sassage à la main. (Voir pl. XX, fig. 14 et 15.)

Tamis bluteau. Le tamis bluteau de M. Cartier se compose d'une caisse en bois semblable au coffre des bluteries ordinaires, dans laquelle sont placés deux tamiseurs inclinés en sens inverse ; ces tamiseurs se composent de châssis en bois rond, sur lesquels sont fixés et tendus par des cordons noués sur des barres transversales des espèces de sacs prismatiques en tissu de soie ou en peau criblée de trous : les faces supérieures et les faces latérales sont formées d'une toile fine et très-serrée.

Les substances à tamiser sont placées dans une trémie occupant la partie supérieure du coffre, et munie d'un tiroir mobile qui reçoit un mouvement de va-et-vient par une palette coudée à ressort, prenant son action de la roue motrice à échappement.

Un conduit en toile de forme conique dirige les substances à tamiser de l'ouverture du tiroir à la partie supérieure du châssis tamiseur, où elles arrivent dans toute la largeur par une ouverture longitudinale.

Les substances tamisées sont réunies, comme à l'ordinaire, sur des toiles ou dans des coffres placés au-dessous de chaque châssis.

Le châssis supérieur, garni de la toile la plus serrée ou de peau criblée de petits trous, donne la substance pulvérulente la plus fine ; le second châssis, d'un tissu plus ouvert, donne un second produit moins fin. L'auteur fait remarquer que l'on pourrait, si l'on avait besoin d'obtenir un troisième degré de finesse, placer un troisième châssis au-dessous des deux autres. (Voir pl. XX, fig. 16 et 17.)

La force d'un homme, appliquée à chaque châssis, suffit pour faire marcher cet appareil.

Sasseur à gruaux. Le sas de M. Cartier consiste en deux tamis placés l'un au-dessus de l'autre ; ces tamis, dont le fond est en peau criblée de trous, ont à l'intérieur des parois en spirale qui limitent le chemin que parcourent les gruaux pendant qu'ils sont sassés.

Le sassage s'opère par trois mouvements imprimés au tamis : deux sont donnés par une roue à rochet ; le premier de bas en haut, le second de haut en bas, et le troisième, qui est circulaire, s'exécute au moment où le tamis suspendu par des ressorts, étant soulevé, est frappé par une came qui lui fait faire un demi-tour, puis il est ramené dans sa position primitive par l'effet des ressorts de suspension. (Voir pl. XX. fig. 18 à 21.)

Ce mécanisme ingénieux reproduit assez bien la manœuvre de l'homme lorsqu'il fait usage du sas à la main.

Ici se termine l'exposé des procédés de mouture et de blutage ; nous allons, dans le chapitre suivant, nous livrer à l'étude des moyens employés pour conserver les farines.

CHAPITRE IV.

DE LA PRÉPARATION ET DE LA CONSERVATION DES FARINES.

Conservation des farines.

Les moyens employés pour conserver les farines reposent sur le degré de siccité qu'on parvient à leur faire acquérir, soit en les exposant par couches peu épaisses à l'action de l'air libre, soit, dans les climats humides, comme en Angleterre, en faisant passer le blé dans un séchoir avant de le convertir en farine, soit en soumettant les farines elles-mêmes, placées dans un séchoir, à l'influence d'une température qui ne devrait jamais dépasser 60° centigrades, soit, enfin, en les exposant par couches très-minces à un courant d'air chauffé dans des vases clos, ou à un courant d'air à la température ordinaire desséché artificiellement, et mis en mouvement par un moteur quelconque.

Dessiccation à l'air libre.

La première de ces méthodes, celle qui consiste à dessécher les farines à l'air libre, est pratiquée à Carcassonne, à Castelnaudary, à Toulouse, à Moissac, à Montauban, à Nérac, à Laubardemont, etc., et voici comment on procède :

La farine sortant de dessous les meules est mise en tas, et, suivant les idées du minotier, car il n'y a pas de règle fixe à cet égard, elle reste dans cet état pendant un laps de temps qui varie de trois jours à trente, sans recevoir d'autre soin que d'être remuée de temps en temps à la pelle. Il s'opère alors une certaine fermentation qui, d'après l'opinion d'anciens minotiers, fait acquérir aux farines une qualité supérieure; d'après d'autres, le séjour de la farine en rame sur les planchers n'a pour but que de les dessécher et de les rendre plus faciles à bluter.

La farine en rame ayant séjourné en magasin pendant un certain temps est passée au bluteau; elle est étendue sur les planchers, et lorsqu'elle est reconnue sèche, elle est mise dans des barils de hêtre cerclés en bois, et c'est dans cet état qu'elle est livrée au commerce d'exportation.

La dessiccation des farines à l'air libre, qui exige l'emploi de vastes magasins, est seulement applicable avec succès si elle est exécutée par un temps sec et lorsque la température est élevée; mais, dans bien des cas, il doit arriver que l'état de l'atmosphère s'oppose à ce que la farine, qui est très-hygrométrique, soit mise en vases clos dans un état de parfaite siccité. Quant à cette pratique, qui consisterait à faire fermenter la farine avant de la soumettre à l'action des bluteaux, elle me paraît vicieuse, parce qu'elle est capable de lui faire contracter un principe d'altération que le temps doit nécessairement contribuer à développer.

Si l'on suppose que les blés sont toujours bien choisis, que les moutures sont irréprochables, que les barils sont confectionnés en bois parfaitement sec, et si malgré cela on est contraint de reconnaître que les farines séchées à l'air libre s'altèrent promptement, on sera autorisé à conclure, ou qu'elles pèchent par défaut de siccité, ou que la fermentation première qu'on leur a fait subir est devenue une cause d'altération; enfin, on devra craindre que les procédés en usage dans le Midi ne soient point assez parfaits, et penser qu'il y aurait avantage à substituer, par exemple, au mode de séchage à l'air libre un mode de séchage artificiel, dont l'action s'exercerait hors de l'influence des variations atmosphériques [1].

En même temps que Duhamel se livrait à ses belles expériences sur la conservation des blés en appliquant le système des étuves, il soumettait les farines à des essais analogues; et quelques plaintes des officiers de la marine, touchant la mauvaise qualité des farines embarquées, déterminèrent cet académicien célèbre à tenter, en 1766, une épreuve que nous allons rapporter.

Il fit moudre une certaine quantité de grain récolté aux environs de Paris, que les minotiers du Midi considéraient comme ne pouvant produire des farines propres à l'exportation; il fit bluter la farine brute après

Observations.

Premiers essais de conservation des farines desséchées artificiellement.

Étuve Duhamel.

---

[1] Parmentier, en parlant de la conservation des farines pour exportation, énonce son opinion dans les termes suivants :

« L'étuve, très-bonne en pareil cas, n'est jamais employée par les marchands qui « font le commerce des farines dans l'intérieur du royaume. »

29

l'avoir laissée pendant quelques jours refroidir sur les planchers, puis il la mit en barils de hêtre.

Ensuite, il procéda à la dessiccation par l'étuve d'une autre portion des mêmes farines, et en fit remplir des barils semblables à ceux dont nous venons de parler.

Tous ces barils avaient été enduits à l'extérieur d'une couche de brai.

Ces farines furent envoyées à Saint-Domingue en 1766, et en 1770, trois ans et demi après leur préparation, on constata qu'aucun insecte n'avait attaqué les fûts [1]; mais on reconnut que les farines préparées par les moyens usités dans le midi de la France étaient gâtées, tandis que celles qui avaient été étuvées s'étaient conservées légères et exemptes de la moindre trace d'altération.

En 1768, le ministre de la marine, désirant connaître d'une manière positive le degré d'avantage qu'il y aurait à faire étuver les blés et les farines, fit expédier à la Martinique 72 barils, dont 12 pleins de blé non étuvé, 12 de blé étuvé, 12 de farine non étuvée, 12 de farine étuvée, 12 provenant de blé étuvé, et 12 de farine provenant de blé non étuvé.

Duhamel fut chargé, après plusieurs années, d'examiner l'état de ces blés et de ces farines, et il constata que les grains et les farines qui n'avaient pas été étuvés étaient gâtés, tandis que les grains et les farines qui avaient été soumis à l'action de l'étuve, ou les farines provenant de blés étuvés, se trouvaient dans un état parfait de conservation.

Antérieurement aux expériences précitées, vers 1740, le comte de Maurepas, alors ministre de la marine, envisageant tout le parti que pouvait tirer son département des grains du Poitou et de la Saintonge, avait chargé M. de Brémond, l'un des administrateurs généraux des

---

[1] J'ai répété le brayage des quarts en 1827, pendant que je dirigeais le service des subsistances de la Martinique; et, à l'aide de cette précaution, j'ai pu retarder l'altération des farines envoyées de France; mais je dois ajouter qu'aussitôt que la couche de brai a eu perdu son odeur, elle n'a pas pu préserver le bois des attaques des insectes.

Je pratiquais aussi le brayage à l'intérieur des boucauts à biscuits, et j'obtenais ainsi des soutes de petites dimensions, dans lesquelles le biscuit se conservait mieux que dans les fûts non brayés. Ces expériences ne me font pas proposer d'enduire de goudron et les quarts à farine et les boucauts à biscuits, mais elles me permettent d'affirmer qu'en se servant de vases en métal parfaitement hermétiques, on augmentera les chances de conservation.

vivres de la marine, d'aviser au moyen d'utiliser, pour le service du roi, les céréales récoltées dans ces provinces; et M. Desloges, successeur de M. de Brémond, reçut de M. le ministre Rouillé la même mission. Ces deux hommes, zélés et très-experts dans leur spécialité, échouèrent complétement dans leurs tentatives, parce que les moyens de dessécher les farines étaient trop imparfaits.

Mais vers 1777, à une époque où l'on pouvait déjà s'étayer des travaux des Buquet, des Malisset et des Duhamel, le gouvernement rencontra dans le comte de Montausier ce dévouement qui ne recule pas devant des sacrifices pécuniaires lorsqu'il s'agit de se rendre utile à son pays. Ce grand seigneur, riche propriétaire, ayant obtenu le privilége de fournir une partie des farines nécessaires à la marine, se fit aider des avis du célèbre meunier Buguet, et de ceux du savant Duhamel; l'un présida à la construction du moulin, l'autre à l'installation des étuves, et il fut érigé à Salle une minoterie qui ne tarda pas à rivaliser avec les usines établies sur la Garonne, le Tarn et le Lot. Les officiers du port de Rochefort, au retour de longues campagnes, attestèrent que les farines étuvées du nouvel établissement étaient d'une qualité supérieure à celles séchées à l'air libre des moulins de Moissac; et il est probable que si la révolution de 1793 n'avait pas amené la ruine de l'usine de Salle, un successeur de M. de Maurepas n'aurait pas été amené à reconnaître que la création d'une minoterie modèle au port de Rochefort était d'un haut intérêt pour la marine.

L'expérience démontrait donc le grand avantage qu'on pouvait tirer de la dessiccation des farines au moyen d'étuves; il en fut établi pour l'usage de la marine à Brest, à Lorient et à Nantes. Ces étuves fonctionnèrent pendant plusieurs années, et si elles ont été abandonnées, ce n'est pas seulement à cause de leur imperfection, mais surtout parce que les farines qu'on soumettait à leur action, provenant de blés battus sur des aires graniques, contenaient des parcelles sableuses qui rendaient croquantes les pâtes du pain ou du biscuit faites avec elles. Cet effet désagréable devint le motif de plaintes; et, comme alors on ne connaissait pas de moyen pour débarrasser entièrement les blés des pierres de toutes dimensions qui peuvent s'y trouver mêlées, on fut contraint de renoncer à faire des farines d'armement sur des points placés au centre de chaque pays de production. La préparation des farines d'armement fut alors transportée en Normandie, et le gouvernement prit à Vernonnet, à titre de location, un vaste établissement où les moulins se trouvaient réunis aux étuves et dans lequel on fabriquait, sous la direction des agents de la marine, environ 14,000 quintaux métriques de farine étuvée par an, quantité qui pouvait satisfaire aux besoins des ports de l'Océan ; et jusqu'en 1810, époque à laquelle l'État fit la remise de cet établissement à l'industrie, on constata, maintes et maintes fois, la supériorité des farines étuvées sur celles séchées à l'air libre.

Depuis environ trente ans, la marine achète directement ses farines au commerce ; les unes sont desséchées à l'air libre, une faible quantité est amenée à un certain degré de siccité par son passage dans des séchoirs imparfaits, et en général elles contiennent trop d'humidité pour qu'elles puissent se conserver sans altération pendant huit ou dix mois.

Il y a donc un sérieux intérêt à examiner tous les moyens qui ont été employés pour arriver à dessécher convenablement les farines et à chercher une meilleure solution du problème, en s'appuyant sur les publications récentes justement appréciées dans le monde industriel.

C'est à l'étude de cette question que nous allons nous livrer actuellement.

DES ÉTUVES OU SÉCHOIRS SANS RENOUVELLEMENT DE L'AIR CHAUD.

Étuve de Duhamel (approuvée par Béguillet).

Béguillet dit qu'une étuve doit avoir 5ᵐ 20 de longueur sur 2ᵐ 60 de largeur et 2ᵐ 60 de hauteur; que cette chambre longue, au milieu de laquelle il faut réserver un passage, doit être garnie de chaque côté de tablettes étagées les unes au-dessus des autres, à la distance de 0ᵐ 32, à l'exception des tablettes inférieures qui doivent être éloignées de 0ᵐ 80 du plancher. Son moyen de chauffage est un poêle en fonte placé au milieu ou à l'une des extrémités de la chambre, dans le foyer de la cheminée; ce poêle est muni d'un tuyau de chaleur débouchant dans l'étuve où il doit maintenir la température de 60 à 80° Réaumur.

La farine est étendue à une épaisseur de 0ᵐ 10 sur les tablettes, dont le fond est en bois, en plâtre ou en tôle; elle est remuée six fois pendant les 24 heures qu'elle demeure dans l'étuve; et si, au sortir de l'appareil, un kilogramme de farine absorbe 0ᵏ 600 à 0ᵏ 620 d'eau, elle est dite *bien séchée;* si elle en absorbait en plus grande proportion, elle serait moins blanche, mais elle aurait acquis, par un excès de siccité, d'autant plus de chances de se bien conserver.

Duhamel fait observer que la perte à la dessiccation varie de 5 à 7 pour 100, mais il ajoute que parfois on est obligé de faire évaporer jusqu'à 10 pour 100 de la farine soumise à l'étuve. (Voir planche XXII, fig. 1 et 2.)

Je me borne à faire remarquer ici que de nouvelles observations ayant fait reconnaître que les farines contiennent en moyenne 17 pour 100 d'humidité, il faut, pour qu'une étuve ou un séchoir produise un résultat utile, qu'il fasse évaporer au moins 17 pour 100 d'eau, ou en d'autres termes que 100^k de farine mis au séchoir aient pu perdre 17^k au sortir de l'appareil.

Les étuves de la marine à Brest étaient placées au-dessus des fours, dont la chaleur perdue servait à élever leur température. Elles se composaient de caisses en tôle de $3^m 41$ de longueur, sur $1^m 14$ de largeur et $0^m 24$ de hauteur; lesquelles, étagées les unes au-dessus des autres à la distance de $0^m 32$ environ, étaient fixées à des montants en fer.

A Brest, il y avait 24 caisses ayant les mêmes dimensions. (Voir pl. XXII, fig. 6 et 7.)

De petits panneaux percés à la voûte de l'appartement et donnant dans les bluteries, livraient passage à des manches en toile, que l'on dirigeait au-dessus des caisses pour les remplir de farine; et, pendant cette opération, qui durait au moins une heure et demie, plusieurs hommes étaient obligés, afin de remuer et d'étendre les farines déposées dans les bassines, d'entrer dans l'étuve dont la température excédait souvent 60° Réaumur.

L'étuve était d'ordinaire soigneusement fermée, la porte n'était ouverte que pour laisser entrer les ouvriers, qui, de deux heures en deux heures, devaient remuer la farine. Cette manœuvre très-pénible ne se faisait pas en moins de trente minutes.

Enfin, après 48 heures de séjour dans l'étuve, la farine était retirée des bassines; on l'étendait sur le plancher d'un magasin convenablement aéré, et on l'y laissait jusqu'à ce qu'elle fût mise en équilibre de température avec l'air extérieur; lorsque cet effet était produit, on l'écrasait avec des pilons, on la blutait, et on l'embarillait.

Six hommes étaient employés pour agiter la farine mise dans les

Étuves construites à Brest.

bassines ; et pour garnir l'étuve ou la vider, le travail de seize hommes, pendant trois heures, était indispensable.

Les étuves de la minoterie de Vernonnet ne différaient pas essentiellement de celles de Brest ; on rapporte cependant que la chaleur y était portée jusqu'à 80° Réaumur.

Les procédés étaient les mêmes, le travail des hommes aussi dur ; seulement les étuves étaient chauffées par des fourneaux au lieu de l'être par la chaleur perdue des fours d'une boulangerie.

Les étuves consistaient en des chambres voûtées renfermant chacune dix bassines en tôle, qui contenaient ensemble 3 quintaux métriques de farine ; de sorte que les six étuves étant en activité, permettaient de faire sécher à la fois, en 48 heures, 180 quintaux métriques, par mois 1,700 quintaux, et par an 14,000 quintaux métriques. (Voir pl. XXII, fig. 8 et 9.)

La température des étuves ne devant pas être au-dessus de 75 à 80°, une fois que l'air à 80° contenu dans la chambre était saturé, que la farine était aussi chaude que l'air, la température de l'étuve devenait constante, l'évaporation cessait complétement ; la farine, bien qu'elle restât dans l'étuve, ne se desséchait plus, et lorsque deux heures avant de la retirer on laissait tomber le feu, sans donner issue à l'air chargé d'humidité, l'air se refroidissait et la vapeur qu'il tenait en suspension venait se condenser à la surface des bassines pour retomber en gouttes sur la farine.

Par ce système, la farine était soumise plutôt à une sorte de cuisson qu'à une dessiccation, et le gluten et la fécule qui restaient exposés, pendant 48 heures, à une température de 60 à 80°, avaient dû subir une certaine altération.

Depuis quelques années on fait usage au Havre et à Bordeaux de séchoirs qui sont un peu moins imparfaits que les étuves dont nous venons de parler.

Voici, d'après ce que nous a dit M. Mazeline, le constructeur des calorifères employés par les minotiers du Havre, comment sont disposés les séchoirs de M. Wass, ceux de M. Amot et ceux de M. Baron, qui tous trois font sur une grande échelle le commerce d'exportation des farines.

Une cloche en fonte, servant de foyer, traversée par un tuyau de la longueur d'un mètre, qui, ouvert par les deux bouts, livre passage à l'air chaud, et un tambour en tôle destiné à augmenter les surfaces de chauffe, en utilisant la chaleur qui s'échappe par le conduit de la cheminée, constituent le calorifère destiné à élever la température du séchoir qui a 7^m environ de longueur, autant en largeur, et 2^m 50 à 3^m de hauteur. Enfin, deux issues sont ménagées au plafond pour favoriser la sortie de la vapeur produite.

Ce séchoir est composé de plusieurs étagères ayant chacune douze tiroirs dont le fond est garni en toile; ils sont disposés sur coulisseaux, de manière à pouvoir permettre de visiter les farines sans ouvrir la porte du séchoir, ce qui occasionnerait une déperdition de chaleur. On garnit l'étuve deux fois par jour, et chaque fois on fait sécher 40 quintaux en 12 heures, ou 80 quintaux métriques en 24 heures. (Voir pl. XXII, fig. 5.) (Chaque charge est de 32 sacs pesant chacun 125^k.)

D'après les renseignements qui nous ont été donnés, il paraîtrait que les farines sont séchées à la température de 66 à 75° centigrades, et que la dépense en combustible est de 2 hectolitres de coke par 24 heures.

Chaque quintal métrique de farine contient en moyenne 17^k d'eau; il faudrait que dans ces séchoirs deux hectolitres de coke, ou 90^k environ, évaporassent 1360^k d'eau en 24 heures, pour que la farine sortît de l'appareil complétement desséchée; ou, en d'autres termes, qu'un kilogramme de coke évoporât plus de 15^k d'eau; ce qui est impossible, la puissance calorifique du coke ne différant pas de beaucoup de celle de la houille.

Cette observation démontre que dans cet appareil les moyens de séchage ne sont pas calculés d'une manière rigoureuse.

De plus, dans ce séchoir, la circulation de l'air n'étant pas rendue uniforme par une cheminée d'appel, et les matières n'étant pas disposées de façon à favoriser le renouvellement des surfaces en contact avec l'air chaud, la dessiccation des farines ne peut jamais être que très-imparfaite.

Ces séchoirs sont établis sur les mêmes principes que ceux du Havre, et leur chauffage s'opère à l'aide d'un calorifère qui m'a paru avoir une grande ressemblance avec celui de M. Mazeline. La seule différence qui existe entre cet appareil et ceux du Havre, consiste en ce que les étagères sont disposées contre les murs de la chambre, et que, par conséquent, lorsqu'on veut entrer dans le séchoir on est obligé d'ouvrir la porte, ce

Séchoirs établis à Bordeaux.

qui cause une perte de chaleur, mais ce qui, d'une autre part, favorise l'entrée d'un certaine quantité d'air non saturé.

Quatre ouvertures de dix centimètres carrés environ sont pratiquées au plafond dans le but de permettre à l'air saturé de s'échapper; mais comme il n'existe pas de cheminée d'appel, cette disposition demeure sans effet, ou ne produit aucun résultat. (Voir pl. XXII, fig. 3 et 4.)

Séchoirs traversés par un courant d'air chaud.

Dans plusieurs brasseries, on fait usage de séchoirs où l'air chaud est sans cesse renouvelé, et où les matières à sécher sont souvent remuées, afin d'opérer le changement des surfaces exposées au courant d'air chaud.

Dans le séchoir, pl. XXII, fig. 10, l'orge germée est placée sur plusieurs cadres garnis de toiles métalliques, superposés et mobiles chacun autour d'un axe horizontal passant par son centre. Lorsque l'orge qui recouvre le cadre inférieur est séchée, on incline le cadre et elle sort de la touraille par un orifice qui est garni d'une vanne qu'on lève seulement pour cet effet. Alors on charge le cadre inférieur de l'orge, déjà en partie séchée, sur le second cadre; on la fait ainsi tomber d'un cadre sur celui qui est au-dessous, et on charge le dernier d'orge humide. A chaque opération on étale uniformément le grain sur les cadres. (Voir pl. XXII, fig. 11.)

Séchoir de la brasserie de Louvain.

Un autre séchoir, que j'ai vu fonctionner en Belgique, est une touraille continue, construite dans la grande brasserie de Louvain. Dans cet appareil, l'orge est séchée sur des cadres en fer AAA, inclinés, garnis de toiles métalliques, mobiles autour de leurs centres, et auxquels la tige verticale BB imprime des secousses fréquentes qui font cheminer l'orge de haut en bas ; chaque châssis dépasse le suivant de 0^m 12, l'orge est amenée sur les deux systèmes de châssis par les tuyaux CC. DD est un plancher en fer sur lequel tombe l'orge après sa dessiccation. F est un calorifère qui fournit l'air chaud; il renferme 100 mètres carrés de surfaces de chauffe, brûle 400^k de houille en 12 heures, et sèche par 24 heures 50 hectolitres de malt, renfermant chacun de 27 à 36^k d'eau. Chaque kilogramme de houille évapore donc 1^k 7 à 2^k 2 d'eau.

En substituant de la toile ordinaire aux toiles métalliques qui recouvrent les châssis, ces deux séchoirs, dont j'emprunte la description à l'ouvrage de M. Peclet, pourraient être appliqués au séchage des farines.

Séchoir agissant d'une manière continue.

On peut, à l'aide de diverses dispositions, construire une étuve agissant d'une manière continue : la plus simple serait celle qui se composerait de deux rouleaux A, B, placés dans une caisse fermée, et autour desquels se trouve une toile sans fin, mise en mouvement par la rotation qu'on leur imprime; la matière à sécher tombe sur la toile sans fin par la trémie C, et après avoir parcouru la longueur de la caisse tombe dans la trémie D. L'air chaud arrive par l'extrémité E et sort par l'extrémité opposée F. Son mouvement est produit par un ventilateur ou une cheminée d'appel. (Voir pl. XXII, fig. 13.)

L'appareil représenté pl. XXII, fig. 12, dont la description est empruntée, ainsi que celle des séchoirs fig. 10 et 11, au grand ouvrage de M. Peclet, sur la chaleur, donne l'idée d'un séchoir à tiroir qui, sans être continu, permet de ne laisser échapper que de l'air saturé. Les tiroirs s'appuient alternativement à gauche et à droite contre les faces latérales de la caisse dans laquelle ils sont placés, et les planches qui les supportent sont garnies de larges orifices, dans les parties qui ne sont pas couvertes par les tiroirs; par cette disposition, l'air peut circuler sur toutes les matières disposées dans la caisse. L'air chaud arrive par le canal A; mais il peut être dirigé vers la partie supérieure ou vers la partie inférieure de la caisse au moyen des deux tuyaux B et C et des registres c' b. De même, l'air qui a traversé la caisse peut s'écouler par le bas ou par le haut, au moyen des tuyaux B′ et C′ et des registres b' et c'.

En fermant les registres c et b', l'air chaud arrivera par la partie supérieure de la caisse et s'écoulera par la partie inférieure; et quand la dessiccation, qui sera nécessairement plus rapide à la partie supérieure qu'à la partie inférieure, aura atteint les tiroirs du milieu, on videra ceux de la partie supérieure, on les remplira de matière humide et on fera marcher l'air en sens contraire. Lorsque la moitié inférieure des tiroirs, dans lesquels la dessiccation s'opérera alors plus vite que dans l'autre, ne renfermera plus que des matières sèches, on les videra; on les remplira de matières humides, et on fera marcher l'air chaud en sens contraire. Que l'air chaud parcoure une direction de haut en bas, ou de bas en haut, il s'écoule toujours par le conduit A′.

A Bruxelles, dans les beaux moulins de MM. Michels, Behrr et Compagnie, j'ai pu examiner un séchoir dans lequel la farine se dessèche par son contact avec des surfaces métalliques élevées à une haute température.

Ce séchoir se compose de trois vis sans fin, de 6ᵐ 60 de longueur et de 0ᵐ 30 de diamètre, fonctionnant dans des auges de même diamètre. Ces auges sont pourvues d'un double fond, et dans l'intervalle qui sépare la surface du fond de celle du double fond, on introduit de la vapeur ayant une température semblable à celle que l'on emploie pour le service de la machine motrice.

La farine entraînée par le mouvement des vis parcourt les conduits calorifères et passe d'une auge à une autre, tombe sur une toile continue en fil de laiton, ou en tissu de chanvre, de 6ᵐ 60 de longueur et de 0ᵐ 30 de largeur, sur laquelle elle commence à se refroidir; de cette toile, elle passe sur une autre entièrement semblable, pour venir dans une auge à double fond, dans l'intérieur de laquelle on fait couler de l'eau à la température extérieure; enfin elle se rend dans une auge où elle finit de se refroidir. (Voir pl. XXII, fig. 14.)

On dit qu'avec un séchoir ainsi disposé, l'on peut sécher et refroidir 100 quintaux métriques de farine en 24 heures.

Inconvénients. Ce système offre trop peu de surface de chauffe pour que la dessiccation de la farine qui lui est soumise s'y opère complétement, et nous pensons que la vapeur d'eau, élevée à la température de 100°, communique aux enveloppes métalliques une chaleur capable d'altérer les produits. Quant au mode de refroidissement, il manque d'efficacité, et il expose à embariller les farines lorsqu'elles sont encore chaudes, ce qui nous paraît constituer un défaut grave.

Étuve de M. Bransoulié fils, à Nérac. M. Bransoulié fils a fait récemment l'expérience d'une étuve dont nous allons donner la description.

La capacité de cette étuve (Voir pl. G du vol., fig. 1, 2, 3 et 4) est de 7ᵐ 10 de longueur, 4ᵐ 90 de largeur et 2ᵐ 30 de hauteur.

Elle se compose de dix-huit cylindres à mouvement rotatif ayant chacun 3ᵐ 20 de longueur et 0ᵐ 40 de diamètre. Neuf cylindres sont placés à la partie supérieure de l'étuve et les neuf autres sont à la partie inférieure. Neuf chaînes à godets servent à transporter la farine d'une paire de cylindres à une autre.

Deux calorifères placés à l'intérieur de l'étuve servent à élever la température de l'air de 75 à 80°. Une dixième chaîne à godets amène la farine de l'extérieur au premier cylindre.

MARCHE DE L'APPAREIL.

La farine arrive au premier cylindre par une anche en communication avec une chaîne à godets établie en dehors de l'étuve ; de ce cylindre elle tombe dans le cylindre inférieur qui la verse dans un récipient parcouru par une chaîne à godets qui la transporte au deuxième cylindre supérieur, et elle suit cette marche jusqu'au dix-huitième cylindre, d'où elle se rend dans un conduit en communication avec la machine à embariller.

Au sortir de l'étuve, la farine, dont la température est de 75 à 80°, est immédiatement embarillée. Une cheminée d'appel favorisant l'expulsion de l'air saturé d'humidité complète sans doute l'appareil.

Le travail, comme on le voit, se fait d'une manière continue, sans que les hommes soient contraints d'entrer dans l'étuve pour un autre motif que celui d'entretenir l'action des calorifères.

La farine est sans cesse remuée, et les surfaces renouvelées continuellement favorisent dans toutes ses parties l'accès de l'air chaud, et les chances de dessiccation sont plus certaines que dans les étuves à tablettes.

On pense que la température de l'air employé à la dessiccation est trop élevée, et qu'ainsi au sortir de l'étuve la farine desséchée a subi, comme dans les étuves ordinaires, une sorte de cuisson qui altère la qualité du gluten.

De plus, on regarde comme vicieux d'embariller la farine chaude, parce que, renfermée en vase clos dans cet état, elle est nécessairement exposée à fermenter.

Ces craintes ont paru d'autant plus fondées aux personnes qui ont goûté la farine envoyée à l'Exposition, qu'elles l'ont trouvée profondément altérée.

Si par des moyens simples la farine, au sortir de l'étuve, était refroidie en peu temps par des procédés qui ne lui permissent pas de reprendre une partie de l'humidité qu'elle a perdue pendant son passage dans les cylindres, l'appareil de M. Bransoulié, qui ne serait pas encore parfait, aurait de l'avantage sur les étuves que l'on rencontre chez la plupart de nos minotiers.

Inconvénients

Après avoir réfléchi aux diverses méthodes employées dans le but de sécher les farines, nous croyons devoir proposer de nouveau la mise en application d'une étuve dont nous avons remis les plans à M. le baron Tupinier, lorsqu'il fit une inspection générale des arsenaux dans l'année 1837.

Nous avons reconnu que pour opérer la dessiccation complète de la farine, sans s'exposer à lui faire subir d'altération, il fallait ne la soumettre qu'à une température moyenne de 41° centigrades, ce qui suppose que l'air, en entrant dans le séchoir, aura 56°, et qu'à sa sortie il aura 25°; que de plus, la farine devrait être étendue à une épaisseur maximum de 0,06, et qu'elle devrait être soumise à une agitation ininterrompue, capable de favoriser l'évaporation par le renouvellement continuel des surfaces exposées à l'action directe de la chaleur.

L'expérience nous ayant appris que la farine ainsi traitée absorbait facilement dans la panification 0^m 700 d'eau par kilogramme, indice d'une dessiccation suffisante, nous croyons qu'il y aurait avantage à adopter l'appareil que nous allons décrire, parce qu'il produit l'effet exigé, en donnant le moyen de se livrer à une fabrication continue.

Dans un séchoir chauffé à l'aide de la chaleur perdue par la cheminée des chaudières d'une machine à vapeur sont placés, sur un même axe, les uns au-dessus des autres, sept râteaux circulaires soumis au même mouvement, lesquels sont munis de palettes diversement inclinées, et de petits cylindres destinés à empêcher la formation des grumeaux (boulettes de farine). La farine arrive par le centre et elle est rejetée à la circonférence par le premier râteau; reprise par le second, elle est ramenée au centre, et elle continue à se mouvoir ainsi pendant 24 heures consécutives. Alors elle sort du séchoir et elle tombe dans un appareil refroidisseur qui est formé d'un tube en tôle étamée ayant un mètre de diamètre.

La farine arrive à l'intérieur de ce tube, où elle chemine lentement d'une extrémité à l'autre, tandis que la surface extérieure du cylindre entrant en contact avec une éponge humide, est continuellement recouverte d'une couche d'eau qui est évaporée par l'action d'un courant d'air. L'effet de l'évaporation cause un refroidissement qui se communique à la farine, et tend à lui faire abandonner promptement la chaleur qu'elle a acquise pendant son séjour dans l'étuve. (Voir pl. XXI, fig. 4 à 8.)

Au sortir du cylindre refroidisseur, la farine est conduite par une chaîne à godets, dans une chambre à farine au-dessous de laquelle est l'appareil à embariller, qui consiste en un tube conducteur de la farine et en un piston que l'on met en action en pesant sur un levier. (Voir pl. XXI, fig. 18)[1].

L'appareil qui vient d'être décrit ayant l'avantage d'être continu, de permettre d'augmenter ou de diminuer, à la faveur d'un changement de poulie, le temps de station de la farine dans l'étuve; le mode de refroidissement étant commode, prompt et efficace, et tous les détails de l'opération s'effectuant sans la coopération des hommes, qui ne devient indispensable que lorsqu'on embarille, nous pensons que l'adoption de ce système est de nature à assurer à la marine les moyens de fabriquer d'excellentes farines à aussi peu de frais que possible[2].

---

[1] *Description de la presse à embariller les farines, dont on se sert en Amérique et en France.*

Un baril A, ouvert par le haut et contenant la farine, est couronné par un entonnoir B, dans lequel passe le fouloir C; celui-ci est manœuvré à la main à l'aide d'un levier composé G, F, E, D. Les armatures, qui lient les extrémités de la verge I et reçoivent de fortes broches de fer, passent à travers du fouloir et du manche. Celui-ci est assemblé à charnière en F, au haut d'un support en fer K, passant à travers une des solives du plancher et serré par-dessous avec une clavette; la tête de cette tige est percée d'un œil qui reçoit la broche autour de laquelle pivote la ferrure du manche.

Voici comment fonctionne cet appareil :

En agissant avec la main sur la poignée G du manche J du levier G, F, E, D, la broche I se meut autour de l'axe F, dans le cercle ponctué, en entraînant le point D et faisant descendre le fouloir C, lequel presse la farine dans le baril. A mesure que celle-ci est plus fortement pressée, la puissance de la machine augmente, parce que la verge I se rapproche de plus en plus du support K, tandis que la poignée G du manche J s'en éloigne. Un contre-poids L, suspendu à une corde passant sur les poulies M et N, aide à relever le manche J du levier pour soulever le fouloir. (P. XXI de l'Atlas, fig. 13.)

[2] Les séchoirs qui agiront d'une manière continue devront, en 24 heures, amener à une dessiccation complète la farine produite par cinq paires de meules.

Cinq paires de meules donneront, en 24 heures, en farine épurée à 35 p. 100.. 5070k
Et par heure.. 211
Dont la moitié pour chaque séchoir................................... 105
On juge nécessaire que la farine séjourne pendant 24 heures dans le séchoir avant de l'amener à une parfaite dessiccation; on devra donc y faire entrer 105k de farine par heure, et en 24 heures........................... 2520
Les râteaux ayant 4m de diamètre, et la surface parcourue par chacun d'eux, sur laquelle la farine est étendue à une épaisseur de 0m 06 étant de 12,566m3, et le mètre

Séchoir à air sec,
à la
température ordinaire,
proposé par M. Rollet.

Le séchoir que nous venons de décrire nous paraît offrir des avantages réels sur ceux que nous avons vus fonctionner; cependant, pour ne pas lui donner des dimensions démesurées, il faut que la farine s'y trouve étendue sur une hauteur de 0^m 06, ce qui nous paraît pouvoir s'opposer à une dessiccation absolument efficace. D'une autre part, la forme générale de l'appareil n'oblige pas l'air chaud à lécher nécessairement toutes les surfaces des planchers, et il se pourrait aussi que l'air chaud ne séjournât pas assez de temps dans le séchoir pour se saturer complétement; enfin, notre séchoir a encore pour inconvénient d'exiger qu'on lui adjoigne un appareil refroidisseur qui aura certainement ses imperfections.

---

cube de farine pesant 500^k, le poids total de la farine étendue sur chaque surface parcourue par les râteaux sera exprimé par $12.566 \times 0,06 \times 500 = 376^k$ 980. Or, en divisant la quantité de farine que doit contenir un séchoir, 2520^k, par 376^k 980, on trouve 6.68, ce qui indique qu'il faut six râteaux et une fraction, soit sept.

La farine devant rester dans le séchoir pendant 24 heures, il faudra que l'inclinaison des lames ou palettes des râteaux soit telle, que ces râteaux, faisant cent révolutions par heure, puissent forcer la farine à abandonner le plancher parcouru par eux 5^h 24^m après qu'elle aura été soumise à leur action.

Une chaleur dépassant 60° pouvant altérer la farine, nous pensons que la température moyenne du séchoir doit être élevée seulement à 44°, et nous établissons nos calculs en admettant que l'air, au sortir du séchoir, sera à 28°, et que par conséquent à l'entrée dans l'appareil il sera à 56°, ce qui donne en moyenne 40°.

Dépense d'air chaud, calculée d'après les données fournies par l'ouvrage de M. Peclet. On suppose que l'air extérieur est à 15° et saturé; qu'à la sortie de l'étuve l'air aura 25°, et que par conséquent il aura pu dissoudre par mètre cube d'air 0^k 009 d'eau, à la pression de 0^m 76. 100^k de farine contenant en moyenne 17^k d'eau [*], et les deux appareils devant sécher par heure 244^k, on aura à faire évaporer par heure 36^k d'eau.

Pour dissoudre 36^k de vapeur d'eau, un mètre cube d'air sec à 25° pouvant dissoudre 0^k 022 de vapeur d'eau, il faudra $\dfrac{36,000}{22} = 1590^{m3}$; et comme on suppose l'air extérieur saturé à 15°, chaque mètre cube en contient déjà 15; en négligeant la dilatation de l'air de 15 à 25°, le volume d'air à 25° nécessaire pour enlever les 36^k d'eau en vapeur sera $1590 \times \dfrac{22}{22-15} = 5887$.

Ce volume réduit à zéro $= \dfrac{5887}{1+0,00565 \times 25} = 5,562$, dont le poids $= 5562 \times 1^k, 3 = 4651^k$.

La quantité de chaleur fournie par l'air chaud en arrivant dans le séchoir, pour se

---

[*] *Traité de chimie* de M. Dumas, tome VI, page 391, où il est dit que les farines contiennent en moyenne 17 p. 100 d'eau.

Ces considérations m'ont déterminé à combiner un appareil où la dessiccation s'opérât par un courant d'air desséché, en passant sur de la chaux vive, ou du chlorure de calcium ; et ici encore j'ai puisé mes idées dans le *Traité de la chaleur* publié par M. Peclet.

Ce séchoir, où l'air sec agirait à la température ordinaire, serait composé d'une caisse de quinze mètres de longueur, quatre mètres de hauteur, et deux mètres douze centimètres de largeur, à l'intérieur de laquelle se trouveraient neuf toiles sans fin, rendues solidaires de rou-

---

refroidir à 25°, doit produire l'évaporation de 36^k d'eau ; par conséquent, cette quantité de chaleur $= 36 \times 650 = 23,400$ unités de chaleur, qui peuvent élever 4651^k d'air, d'un nombre de degrés égal à $\dfrac{23400 \times 4}{4651} = 20$. Ainsi, la température de l'air chaud, en entrant dans le séchoir, devra être de $25 + 20 = 45$ degrés.

Quant à la quantité de chaleur que l'on doit faire passer dans l'air avant son introduction dans le séchoir, elle est d'après la température de l'air à l'entrée du séchoir $= 4651 \times \dfrac{45-45}{4} = 34,732$.

En supposant que l'on emploie pour combustible de la houille grasse dont la puissance calorifique est au minimum de 7054, la quantité de houille employée par heure serait égale à $\dfrac{34732}{7054} = 4^k\,937$, si l'air chaud était celui qui a alimenté la combustion ; mais le chauffage de l'air ne s'opérant pas directement dans ces sortes d'appareils, le nombre d'unités de chaleur utilisée est égal seulement aux 0.80 de 7054 ou à 5627, le chauffage indirect de l'air faisant perdre 20 p. 100 de la chaleur dégagée dans le foyer. Dans ce cas, le poids de la houille employée par heure sera de $\dfrac{34732}{5627} = 6^k\,172$. Le séchage de 5070^k de farine nécessiterait donc l'emploi de 148^k de charbon, qui, à raison de 3 fr. 75 les 100^k, portent la dépense en combustible à 5 fr. 55.

Afin d'empêcher que la farine ne reprenne en partie l'eau qu'elle a abandonnée dans l'étuve, du moment qu'elle entre dans l'appareil refroidisseur, elle est mise en contact avec l'air desséché à l'aide de la chaux vive.

Un mètre cube d'air à la température ordinaire de 15° contient 0^k 013 d'eau qui saturent 0^k 025 de chaux. Cette quantité pourrait être un peu plus faible, mais il faut que la chaux conserve une action hygrométrique suffisante pour qu'on ait la certitude que l'air a été desséché. Aussi nous en tenons-nous aux chiffres que nous venons de poser.

Comme on ne doit employer l'air sec que pour s'opposer à ce que la farine reprenne de l'humidité pendant qu'elle se refroidit, il suffira de faire passer par heure dans l'appareil 125^{m3} d'air, qui satureront 3^k 12 de chaux *.

---

* Cette chaux, une fois éteinte, pourra être vendue au prix de la chaux ordinaire, si la marine ne trouve pas à l'employer.

leaux qui forceraient la première à marcher dans un sens, la seconde dans le sens contraire, et ainsi de suite jusqu'à la neuvième. A l'une des extrémités, je placerais des étagères en toiles métalliques couvertes de chaux vive ou de chlorure de calcium, et à l'autre, à la partie supérieure du séchoir, il y aurait un ventilateur aspirant, qui forcerait l'air à passer sur les couches de farine chargées d'humidité, en entrant dans le séchoir par une extrémité, et à en parcourir tous les canaux avant de l'abandonner. (Pl. XXII, fig. 15 à 21.)

Je suppose que l'on ait à sécher, en vingt-quatre heures, $2,520^k$ de farine, contenant 17 p. 100 d'eau.

La farine mise la première dans le séchoir ne devant en sortir que vingt-quatre heures après son entrée, et les toiles ayant chacune 15^m de longueur, il faudra qu'en vingt-quatre heures elle parcoure $15^m \times 9 = 135^m$ ou 5^m 62 en une heure, ou 0^m 936 en une minute, ou 0^m 156 en une seconde.

Neuf toiles de 15^m de longueur sur 2^m de largeur pourront permettre d'introduire dans le séchoir, à la hauteur de 0^m 02 les $2,520^k$ de farine, le poids du mètre cube étant en moyenne 500^k, car $2^m \times 15^m \times 0.02 \times 500 = 300$ qui se trouvent contenus 8 fois 3 dixièmes dans 2,520. Ce qui indique qu'il faut huit toiles et une fraction, soit neuf.

Les 2,520 kil. de farine contenant 17 p. 100 d'eau, ou 428^k, et un mètre cube d'air à 10°, saturé de vapeur d'eau, en contenant 9. 7, la quantité d'air sec qui devra passer dans le séchoir en vingt-quatre heures, abstraction faite de la petite différence qui existe entre le volume de l'air sec et celui de cette même quantité d'air saturé, sera $428 : 0.0097 = 44124^{m3}$.

Cette quantité pourra être desséchée en la faisant passer à travers de la chaux vive ou du chlorure de calcium desséché.

Si l'on se sert de la chaux vive, la quantité nécessaire pour qu'elle conserve sa puissance hygrométrique pendant tout le cours de l'opération s'élèvera à 900^k environ, deux parties de chaux absorbant un peu plus qu'une partie d'eau; et la chaux hydratée pourrait alors être employée pour les constructions. Mais si l'on veut faire usage de chlorure de calcium desséché, 100 parties de ce sel absorbant 125 d'eau, il en faudra 342^k, soit 350^k, pour dissoudre 428^k d'eau; et dans le cas où l'on emploierait du chlorure de calcium anhydre, qui, par 100 parties, absorbe 150 d'eau, il faudrait seulement 285^k, soit 300^k de ce sel pour dessécher les 2,520^k de farine [1]. Le chlorure de calcium, passé à l'état liquide, tomberait dans un vase placé au-dessous des étagères, lequel serait mis en communication avec des bassines d'évaporation chauffées par la chaleur perdue de la cheminée des chaudières à vapeur, et là, il serait converti en sels.

L'orifice d'introduction de l'air, les canaux qu'il parcourt et l'orifice d'évacuation ont deux mètres de longueur sur 0^m 255 de hauteur; la vitesse du courant d'air est d'un mètre par seconde, à chaque seconde il entre cinquante et un centièmes de mètre cube d'air, en une minute 30^{m3} 6^{d3}, en une heure 1836^{m3} et en 24 heures 44,060^{m3}. La longueur totale des toiles étant 90^m et l'air mettant 90 secondes à les parcourir, les couches d'air seront renouvelées par opération, autant de fois que 90 secondes sont contenues dans 24 heures, ou 960 fois, et les surfaces exposées à l'action de l'air sec auront été changées neuf fois pendant ce laps de temps.

M'appuyant sur ce que dit M. Péclet, le diamètre de la somme des orifices d'appel étant 0^m 81, j'ai donné au tambour du ventilateur un diamètre double 1^m 62; j'ai supposé six grandes ailes ayant pour hauteur la distance des bords de l'orifice d'appel à la circonférence du tambour, et j'ai placé entre elles, au milieu des intervalles qui les séparent, six autres ailes d'une hauteur deux fois plus petite, mais terminées, comme les premières, à la circonférence du tambour. Puis le ventilateur

Marche de l'air sec.

Ventilateur.

---

[1] Bien que le chlorure de calcium anhydre puisse absorber beaucoup plus d'eau que le chlorure de calcium desséché, nous conseillons de ne faire usage que de ce dernier, parce qu'il reviendra toujours infiniment moins cher, et qu'il pourra facilement et sans dépense être ramené à l'état de sel desséché; tandis que la préparation coûteuse du chlorure de calcium anhydre présente quelques difficultés et aussi quelques dangers pour les ouvriers employés à sa fabrication.

Quant au chlorure de calcium desséché, lorsque par l'emploi qu'on en aura fait il aura été liquéfié, il suffira, pour le rendre à son état primitif, de faire bouillir le liquide salé dans une chaudière en fonte que l'on remplira à mesure que l'évaporation aura lieu; le chlorure de calcium se déposera en croûte sur les parois de la chaudière, et lorsque toute l'eau sera évaporée, on enlèvera le sel adhérent à la chaudière à l'aide d'un maillet et d'un ciseau. Le produit sera du chlorure de calcium aussi pur que celui dont on aura fait usage, seulement il y aura un déchet que je crois estimer trop haut en le portant à 5 p. 100.

aspirant par les deux joues, je les ai espacées d'une distance égale au rayon de l'orifice total d'appel [1].

Pour connaître la quantité d'air qui peut être aspiré en un tour par le ventilateur, il suffit de savoir quel est le cube du canal circulaire parcouru par les ailes; ce chiffre exprimera la quantité d'air déplacé, en supposant toutefois que les ailes ne laissent échapper aucune fraction de l'air attiré.

La surface comprise entre la circonférence d'appel et celle qui limite l'enveloppe du ventilateur est égale à ($1^m 6^d, 2^c + 0, 5, 7$) $\times$ 105 $\times$ 7854 $= 1^m 8^d 0^c 6^m$ carrés, qui, multipliés par la largeur du ventilateur $4^m 0^d 5^c$, donnent pour produit 0, 73^{c3}, ou le cube du canal parcouru par les ailes du ventilateur.

Quelle vitesse faudra-t-il donner à ce ventilateur écoulant en un tour 0, 73^{c3}, pour qu'il fournisse 0, 51^{c3} d'air par seconde?

La proportion suivante me semble répondre à la question. Pour que 51 centièmes de mètre cube d'air passent en 1″ dans un ventilateur qui écoule en un tour 73 centièmes de mètre cube d'air, combien faudra-t-il que 73^{c3} mettent de temps à s'écouler ou que le ventilateur mette de temps à faire un tour? 51 ÷ 1 :: 73 : x = 1″, 43.

Il faudra donc que le ventilateur ne fasse qu'un tour en 1″ 43 centièmes de seconde, ou en une seconde et demie environ.

Observations. Ce système de séchage me paraît devoir être très-efficace, parce que, premièrement, nous avons supposé que les farines contiendraient 17 pour cent d'eau, ce qui est en général au-dessus de la réalité lorsqu'on emploie des blés de première qualité, comme ceux dont on extrait les belles farines, pour exportation; secondement, parce que la farine, étendue en couches très-minces, recevra complétement l'influence du courant d'air desséché, et qu'enfin la farine, sortant du séchoir à la température de l'air ambiant, pourra être mise immédiatement en baril, sans qu'on soit contraint, comme dans les appareils à air chaud, de la soumettre

---

[1] Le diamètre du grand cercle est de......................... $1^m 6^d 2^c$

Le diamètre du petit................................ $0\ 5\ 7$

La différence entre les diamètres..................... $1\ 0\ 5$

La différence entre les rayons est de.... .... $0\ 5\ 3\ 5^m$

L'espace qui sépare les deux joues du ventilateur est de... .. $0\ 4\ 0\ 5$

pendant un certain temps à un système de refroidissement, qui, trop souvent, les expose à reprendre les parties d'humidité qu'elles avaient perdues par leur passage dans le séchoir.

La force nécessaire à la mise en mouvement de tout l'appareil serait peu considérable, et elle peut être évaluée au maximum à celle d'un cheval vapeur.

Le chlorure de calcium s'obtiendrait à très-bas prix, les résidus de la préparation de l'ammoniaque en fournissant plus que l'industrie actuelle ne peut en consommer. Du reste, comme la marine aura dans tous ses établissements des machines à vapeur, et qu'en faisant usage de la chaleur perdue par la cheminée des chaudières, on pourrait, sans surcroît de dépense, ramener à l'état sec le sel liquéfié, il s'ensuit qu'une même quantité de chlorure de calcium pourrait servir un grand nombre de fois, sans entraîner dans des frais appréciables; de telle sorte qu'en définitive, pour sécher 2520^k de farine, il faudrait dépenser :

1° La valeur d'un cheval vapeur en action qui pendant 24 heures coûterait.   4 f. 01 c.
2° Le vingtième de 1,050 fr., valeur de 350 k. de chlorure de calcium desséché [1], en supposant une perte de 5 p. 100 toutes les fois qu'on le ferait passer de l'état liquide à l'état solide.........................   52   50
3° L'intérêt par jour à 10 p. 100 l'an de la somme dépensée pour la construction du séchoir, qu'on ferait certainement établir pour 5,000 fr........   1   37
_____
Total de la dépense.................   57 f. 88 c.

Ce qui ferait ressortir les frais de dessiccation de 100^k de farine à 2 fr. 46.

Nous avons supposé que des machines à vapeur devant être établies dans les moulins des subsistances de la marine, il y aurait toujours moyen, en utilisant la chaleur perdue des cheminées des chaudières, de chauffer les étuves ou de ramener sans frais appréciables à l'état de sel le chlorure de calcium liquéfié, et nous nous sommes appuyé sur l'autorité de M. Peclet.

Dans son *Traité de la chaleur*, ce savant physicien dit : « Les che-

_____

[1] Le chlorure de calcium desséché, bien propre et parfaitement inodore, se vend en détail 5 fr. le kilogramme ; mais il est probable que si on l'achetait par grandes quantités, on l'obtiendrait à 1 fr. 50 et peut-être à 1 fr.

Emprunt de la chaleur
aux cheminées
des machines à vapeur.

« minées des chaudières à vapeur renferment souvent l'air brûlé à
« une température très-élevée, et quand la fumée est à une tempéra-
« ture qui dépasse 400°, il y a de l'avantage à la refroidir, ce qui
« existe à plus forte raison quand le refroidissement produit un effet utile.

« Pour les cheminées des chaudières à vapeur, la température de l'air
« brûlé dépassant peu celle qui correspond au maximum du tirage, un
« refroidissement considérable diminuerait leur effet. Mais, comme la
« variation du tirage est très-lente, non-seulement dans le voisinage de
« la température qui correspond au maximum, mais à des distances
« très-grandes, et que d'ailleurs on doit toujours avoir dans les cheminées
« un excès de puissance résultant d'une grande section ; si les cheminées
« ont été bien construites, on pourra toujours abaisser au moins de
« moitié la température de l'air brûlé, sans diminuer le tirage, même
« en augmentant un peu les frottements par le passage de l'air à travers
« un calorifère, pourvu toutefois que l'on ouvre davantage les registres.

« On voit dans la pl. XXII, fig. 27 et 28, une disposition très-simple
« d'un calorifère placé au bas d'une cheminée. L'air brûlé passe autour
« d'un grand nombre de tuyaux de fonte qui traversent la cheminée à
« sa base. L'air extérieur pénètre simultanément dans tous les tuyaux,
« et se rend dans une chambre à air chaud qui se trouve sur la face op-
« posée, d'où il est dirigé dans le lieu où il doit être utilisé. Dans la
« fig. 29, pl. XXII, on a indiqué la disposition qu'il faudrait employer
« pour chauffer un plus petit volume d'air à une plus haute température.

« Les fig. 30 et 31, pl. XXII, représentent un calorifère qu'on peut fa-
« cilement établir à côté des cheminées construites. Un registre tour-
« nant permet de faire passer à volonté l'air brûlé à travers le calorifère
« ou directement dans la cheminée. »

À l'appui des opinions de M. Peclet, on pourrait citer aujourd'hui plusieurs applications qui prouvent que l'on peut, sans nuire au tirage, utiliser la chaleur perdue par la cheminée des chaudières à vapeur.

Reprenant la combinaison des séchoirs à air chaud, nous faisons remarquer que les farines pouvant s'altérer si elles étaient exposées à une
chaleur qui dépasserait 60° centigrades, nous pensons que les séchoirs à
air chaud devraient toujours être pourvus d'un appareil régulateur de
la température, qui s'opposât à ce que la limite fût jamais dépassée,
et nous indiquons celui de M. Sorel, dont M. Peclet conseille l'emploi.

Cet appareil consiste en deux vases communiquant par leur partie inférieure, et renfermant de l'eau jusqu'à une certaine hauteur; l'un d'eux, qui est fermé, se compose d'un faisceau de tubes parallèles et d'un tube parallèle qui indique la hauteur du niveau; l'autre, qui est ouvert, contient un flotteur lié par une corde et une poulie au registre de la cheminée. Quand la température extérieure augmente la tension du gaz, dans le vase fermé, augmente et par l'accroissement de température de l'air, et par l'accroissement de la force élastique de la vapeur; alors le niveau du liquide s'abaisse dans ce vase et s'élève dans l'autre, et les vases peuvent avoir des dimensions telles, qu'à une température assignée, le mouvement imprimé au registre le ferme complétement. (Voir pl. XXII, fig. 22 et 23).

Dans le cas qui nous occupe, il serait convenable de placer, en partie, le régulateur de la température dans l'intérieur du séchoir, de telle sorte que le registre, venant à s'abaisser, empêchât seulement l'air chaud de continuer d'y entrer, sans créer un obstacle à ce qu'une fraction de l'air fourni par le calorifère continuât de se distribuer dans les autres parties de l'établissement que l'on serait intéressé à chauffer.

Il reste encore à mentionner quel est le moyen qu'il faudra employer pour reconnaître que l'air chemine dans le séchoir avec une vitesse déterminée. C'est ce dont on s'assurera en faisant usage de l'anémomètre de M. Combes (Pl. XXII, fig. 24, 25 et 26), qui se compose d'un axe très-délié A, terminé par deux pivots très-fins tournant dans des chapes d'agate B, et sur lequel sont montées les quatre ailettes planes CCCC, également inclinées sur un plan perpendiculaire à l'axe. Au milieu de l'axe est taillée une vis sans fin a, laquelle conduit une roue de cent dents D, de sorte que celle-ci avance d'une dent pour chaque révolution de l'axe A. L'axe de la roue D porte une petite came b, qui peut agir sur les dents d'un rochet E de 50 dents; ce rochet est maintenu par un ressort en acier très-flexible F, attaché sur une plaque horizontale G, sur laquelle est monté l'instrument. A chaque révolution complète de la roue D, la came fait sauter une dent du rochet; les deux roues sont numérotées de 10 en 10 dents, la première de 1 à 10, et la seconde de 1 à 5; des aiguilles indicatives HH', fixées au montant I, qui porte l'une des chapes de l'arbre des ailettes, servent à marquer le nombre de dents dont chaque roue a avancé, et, par suite, à indiquer le nombre de ré-

Appareil régulateur de la température, par M. Sorel.

Anémomètre de M. Combes.

volutions de l'axe **A**. Au moyen d'une détente **K**, et de deux cordons LL, qui servent à la faire mouvoir, on peut, à distance, arrêter le mouvement de rotation des ailes, ou leur permettre de tourner sous l'impulsion du courant d'air qui les frappe ; ces cordons, attachés aux extrémités de la lame *cc* fixée sous la plaque, servent à la faire tourner sur le bouton *d;* cette lame fait mouvoir la détente **K** au moyen d'une tige de communication *e* qui traverse la plaque **G** par l'ouverture *f*. **M** est une tige verticale fixée sur la plaque **G**, et servant à porter l'anémomètre.

L'usage de cet appareil, dont j'emprunte la description à **M**. Peclet, me paraît indispensable, comme le précédent, toutes les fois que l'on voudra acquérir la certitude que les séchoirs dont on fera usage opèrent efficacement, et dans des limites qui ne permettent pas de mettre en doute que les farines n'ont pas été altérées par l'emploi d'air élevé à une température au-dessus d'un certain degré.

LOGEMENT DES FARINES.

Je me suis appliqué à indiquer les divers moyens qui peuvent être mis en pratique pour perfectionner la fabrication des farines d'armement ; mais je crois devoir ajouter que les soins minutieux que je conseille de prendre deviendraient sans objet si les farines, après qu'elles auront été complétement desséchées, n'étaient pas logées dans des vases hermétiquement fermés qui les rendent inaccessibles à l'humidité et aux attaques des insectes. Pour éviter les chances d'altération, il serait nécessaire que les farines fussent mises dans des vases de tôle, ou au moins dans des fûts de chêne ou de hêtre d'une épaisseur convenable, cerclés en fer, ainsi que cela se pratique en Angleterre pour les farines embarquées à bord des bâtiments de la marine royale. Les fûts de métal me semblent devoir être préférés aux fûts en bois, parce que leur durée deviendra une source d'économie, en même temps qu'elle assurera la longue conservation de la matière. Je fais remarquer du reste que l'emploi des vases en métal rentre dans des dispositions arrêtées par des règlements relatifs au logement des denrées à bord, qui malheureusement n'ont pas reçu une exécution générale.

DU CHOIX DE LA MACHINE MOTRICE.

Avant d'entrer dans l'examen des dispositions d'ensemble des établissements de meunerie, et pour servir de complément à ce que j'ai dit des machines diverses appliquées à la transformation des blés en farine, je vais indiquer quel est le système de machine à vapeur qui me paraît le plus propre à apporter dans toutes les parties de l'usine une uniformité de mouvement sans laquelle on devrait renoncer à obtenir des produits de belles qualités.

La régularité parfaite du mouvement imprimé aux meules étant une condition sans laquelle il est impossible de faire de bonnes moutures, j'ai dû rechercher si la construction des machines à vapeur employées en France, en Belgique et en Angleterre, imprimait aux meules une vitesse toujours égale; et en les examinant avec soin, il m'a été possible de reconnaître que, malgré l'effet du volant, l'espèce de temps d'arrêt (passage au point mort) qui se produit aux instants où le piston arrive aux extrémités de sa course, se fait sentir jusqu'à un certain degré sur les meules en action.

Je réfléchissais au moyen de remédier à cet inconvénient très-grave, qui, jusqu'à ce jour, a porté les meuniers à donner la préférence aux cours d'eau comme moteur, lorsque je fus amené à visiter, sous les auspices et avec l'assistance du savant M. Eaton-Hodgkinson, la superbe machine à vapeur construite par M. Fairbairn, dans l'immense filature de M. Bayleys, à Staley-Bridge, près Manchester, et je reconnus que cet habile ingénieur avait appliqué un système qui donnait la solution du problème que je croyais encore à résoudre.

L'appareil de M. Fairbairn est composé de deux machines à moyenne pression, de puissance égale, disposées comme le sont celles des bateaux à vapeur, et la force produite par chacune d'elles est transmise par des manivelles faisant entr'elles un angle droit; elles sont fixées sur un même axe passant par le centre d'un volant, garni, à la circonférence, de dents qui engrènent sur les pignons des arbres de couche. A l'aide de cette disposition, il arrive que lorsque le piston de l'une des machines est parvenu à l'extrémité supérieure ou à l'extrémité inférieure de sa course, le piston de l'autre machine étant à moitié de la sienne, agit avec toute sa puissance, et réciproquement. Par suite de cette combinaison ingénieuse, le passage au point de mort, qui est apparent dans le jeu des machines simples, et dont la reproduction a lieu dans toutes les parties des appareils accessoires, cesse d'exister, et cette régularité de mouvements, qu'on croyait ne pouvoir obtenir que par l'emploi d'un cours d'eau, est donnée par la machine à vapeur ainsi modifiée.

L'adoption d'une machine à vapeur construite sur les idées de M. Fairbairn étant, sans aucun doute, de nature à contribuer puissamment à la bonne qualité des farines, nous ne saurions trop insister pour qu'on n'emploie dans les moulins du gouvernement que des machines analogues à celles dont il nous a été permis d'étudier le mécanisme à Staley-Bridge.

Une autre innovation, tentée il y a longtemps par le célèbre Watt, distingue encore cette machine, c'est la manière dont la combustion y est entretenue. Le tirage simple, produit par l'élévation de la température, a été abandonné, et ce sont des ventilateurs semblables à ceux dont on se sert dans les forges, qui, en même temps qu'ils lancent une grande quantité d'air dans le foyer, y rejettent sans cesse, pour y être brûlées, toutes les parties légères de charbon qui sont ordinairement entraînées dans le courant d'air ascendant.

Les résultats constatés prouvent qu'il y a économie à remplacer le tirage ordinaire par un soufflage mécanique; et comme d'une autre part, à l'aide de ces moyens, la production de la fumée est tellement réduite, qu'une machine de 220 chevaux devient moins incommode que ne l'est dans nos villes la cheminée d'un simple artisan en serrurerie, il me semble qu'il y a intérêt à suivre l'exemple donné par M. Fairbairn.

Je dois ajouter ici que, dans la crainte de me laisser surprendre par des idées qui ne pouvaient pas avoir d'importance réelle en pratique, j'ai soumis mes observations aux MM. Rennie, qui sont les constructeurs de tous les moulins que possède la marine royale anglaise, et que ces ingénieurs de grande distinction m'ont dit qu'ils partageaient entièrement mes opinions; et il est digne de remarque que, dans les projets qu'ils m'ont remis concernant les constructions à entreprendre pour la marine française, ils ont indiqué des machines doubles, bien qu'ils

aient adopté, il y a peu d'années, des machines simples pour les établissements de Deptford, de Portsmouth et de Plymouth.

Ces motifs divers ne permettent pas de douter que la marine ne trou-
vât de grands avantages à adopter le système de machines qui vient
d'être indiqué.

EXAMEN

DE DIVERS ÉTABLISSEMENTS ET MOULINS.

ÉTABLISSEMENTS DES SUBSISTANCES DE LA MARINE
EN ANGLETERRE.

CHAPITRE V.

PLYMOUTH.

Le magnifique établissement royal des subsistances de la marine récemment érigé à Stone-House, sur une presqu'île entre Plymouth et Devonport, peut être considéré comme ayant trois issues, une qui donne sur la ville, et les deux autres qui mettent les magasins en communication directe avec l'arsenal et la rade par la voie d'eau.

De larges quais garnis de quatorze grues, facilitant les opérations de chargement et de déchargement, sont bordés de superbes édifices dont la richesse architecturale ne le cède en rien à l'intelligente distribution intérieure.

Au centre des principales constructions est un bassin creusé par la main des hommes, permettant à tout instant l'entrée des navires de 200 à 300 tonneaux, et assurant ainsi la possibilité des arrivages et des départs des approvisionnements nécessaires à la flotte.

En entrant par la porte monumentale, au-dessus de laquelle est la statue pédestre du fondateur, Guillaume IV, on trouve sur la gauche l'habitation de l'inspecteur qui exerce une surveillance active, une police sévère, efficace, aidé seulement de trois sergents et de douze constables[1].

A droite, au raz du quai, se trouve la boucherie et ses dépendances, où l'on peut faire stationner, abattre et détailler 70 à 80 bœufs. A côté sont les magasins de distribution, une petite pièce dallée dans laquelle on sale les langues seulement, et un lieu où l'on dépose les légumes verts.

Les premières grandes constructions que l'on rencontre ensuite contiennent vingt-quatre paires de meules et une boulangerie de douze fours: elles ont quatre étages au-dessus du rez-de-chaussée et des greniers.

Le moulin, dont l'achèvement ne date que de 1833, a été construit par MM. John et Georges Rennie; il est l'un des plus considérables et des plus beaux qui existent en Angleterre. Le bâtiment où sont établis les meules a 74^m de longueur, 18^m de largeur et 21 à 22^m de hauteur. Chaque aile contient douze paires de meules mues par deux machines, chacune de la force de 45^{ch}. Les meules ont 1^m 22 de diamètre, et font 123 révolutions par minute; chaque paire moulant au minimum 1^h 82 en une heure, les vingt-quatre paires de meules étant en ouvrage peuvent moudre par heure 43^h 68; les appareils destinés à nettoyer les blés et les bluteries fonctionnent en même temps que la mouture s'opère.

Les machines à vapeur qui mettent en mouvement les meules et les appareils divers se voient en M dans la planche XXIII. AA est le grand axe dont les tourillons passent dans les supports H. A cet axe sont ajustées deux roues d'angle BB, de 2^m 44 de diamètre, qui engrènent avec deux roues de 1^m 62 fixées sur les grands axes verticaux CC CC.

Les grands axes verticaux reposent, par leur extrémité inférieure, sur le sommet des supports H; et dans le sens de leur longueur ils sont maintenus dans une position verticale à l'aide de coussinets en cuivre, encastrés dans les planchers des étages supérieurs. Au rez-de-chaussée, les points de réunion des axes horizontaux et des axes verticaux, à l'endroit où sont ajustés les principaux engrenages, sont placés au centre d'un massif en briques NN, appelé beffroi, formant la base d'un assemblage en fonte sur lequel sont posées les meules. DD DD sont des

---

[1] L'inspecteur s'occupe de la constatation des opérations matérielles, et le contrôle des écritures se fait à l'administration centrale de Londres.

L'établissement des subsistances occupe une surface que j'ai évaluée à un hectare et demi.

roues dentées de 3^m 05 de diamètre, ajustées sur les axes verticaux CC. et autour de la circonférence desquelles sont situés, à égales distances, six pignons fixés sur les axes des meules courantes.

Le blé qui doit être moulu est déposé sur les planchers du troisième étage dans des sortes de caisses formées par des planches, dont les extrémités sont entrées dans des rainures pratiquées aux colonnes en fonte qui supportent l'édifice.

De là, le blé est dirigé par des conduits vers les machines à nettoyer R,R,R, qui consistent en des tamis cylindriques en forme de vis d'Archimède. Le blé y arrivant par une extrémité chemine vers l'autre, et après avoir parcouru une grande surface de toile métallique et avoir abandonné en partie la poussière qu'il contenait, tombe dans une trémie d'où il se rend par des tuyaux au babillard et à l'œillard de la meule courante. Chacune de ces vis peut alimenter six paires de meules. On remarquera sans doute que la trémie O' correspond à deux vis à nettoyer, mais je fais observer que cette disposition a été adoptée seulement dans le but de faciliter l'arrivage du blé aux meules de toutes les parties du magasin; l'autre trémie O ne correspond qu'avec un nettoyeur. K, K, K, sont de petites trémies fixées aux archures; LLL sont des augets placés dans une position presque horizontale, sujets à recevoir les saccades transmises par des saillies pratiquées au prolongement de l'axe de la meule par le frayon. (Voir pl. XIV, fig. 16 et 17.) Enfin, la farine qui s'échappe des meules est dirigée par des tuyaux dans les huches GG, situées au rez-de-chaussée.

L'un des grands axes verticaux CC est prolongé jusqu'aux combles du moulin, et par des roues d'engrenage donne le mouvement à un tire-sac qui élève la farine brute au-dessus des bluteaux H et H, où s'opère la séparation de la fine fleur, des farines bises et des sons. Ces divers produits se rendent par des conduits dans des sacs, qui sont rangés ensuite sur les planchers; car en Angleterre on agit comme aux environs de Paris, ainsi que Parmentier a conseillé de le faire il y a cinquante ans, et on ne commet pas la faute d'étendre les farines sur les planchers, comme on le pratique encore dans les boulangeries des subsistances de la marine.

Après les établissements de la meunerie et de la boulangerie, se trouve le pavillon de Melville, bâtiment central dans lequel sont les bureaux de l'administration, le logement du directeur, les magasins de draps en pièces, ceux des habits confectionnés, et les magasins de matelas, où sont les machines à peigner et à nettoyer le crin, etc.; puis un lieu de dépôt dans lequel sont rangés en ordre des livres de prières, des bibles, l'histoire abrégée de la marine, etc. Ces magasins, communiquant entre eux, forment un carré qui limite une vaste cour; non loin de là est la tonnellerie, qu'on pense à remplacer par une fabrique de caisses en tôle. Cet atelier se trouve au milieu d'un carré formé par de vastes hangars, ayant 90 à 100ᵐ de longueur.

Viennent après les magasins Clarence, dont le rez-de-chaussée contient les viandes salées et les spiritueux; au premier étage les denrées sèches, telles que le thé, le chocolat, les pois, etc., et au-dessus de ce premier étage, dans un vaste grenier dont la charpente est en fer, l'on met le biscuit en sacs, en attendant qu'on se serve de caisses en tôle. Les autres bâtiments contiennent la brasserie et ses dépendances. Dans l'une des ailes est l'atelier où se prépare la drèche, et dans l'autre, celui des caisses à eau. Il existe, pour servir à la confection ou à la réparation des caisses, une machine à vapeur de la force de 20 chevaux.

Un immense réservoir contenant sept mille tonneaux d'eau douce complète cet ensemble très-remarquable d'établissements d'utilité publique[1]. (Voir la pl. XXXIII pour les détails, la pl. XXXVII pour le plan, et la vue perspective, pl. XXXVIII.)

PORTSMOUTH.

Les constructions des subsistances de la marine à Portsmouth, bien qu'exécutées sur une grande échelle, ont cependant quelque chose de moins monumental que celles de Plymouth. Mais leur disposition

---

[1] La direction des subsistances à Plymouth peut disposer de plusieurs machines à vapeur pour la mise à exécution de ses travaux :

SAVOIR :

Meunerie, deux machines de 45 chevaux	90 chevaux.
Boulangerie, une machine pour faire marcher les pétrins à biscuits...	14
Brasserie, une machine..................................	45
Atelier des caisses à eau, une machine....................... ..	20
Total de la force employée..........	169 chevaux.

est irréprochable, et elle permet en tout temps de subvenir, avec la plus grande promptitude, aux demandes de la flotte.

Le moulin, distribué comme celui qui vient d'être décrit, a seulement dix paires de meules; les magasins attenants, et qui arrivent jusqu'au bord du quai, peuvent contenir 20,000 quintaux métriques de blé. Ils sont soutenus par des colonnes qui laissent entre elles un espace abrité, donnant la facilité de déposer, hors des atteintes de l'humidité, les approvisionnements que l'on s'apprête à embarquer. Les magasins où sont le rhum, le thé, le vin, le tabac et le cacao, sont auprès de la brasserie, dans laquelle est préparée la bière nécessaire aux équipages, à l'hôpital naval et aux infirmeries de l'infanterie de marine. Vient ensuite la tonnellerie que l'on a le projet, comme dans l'établissement de Plymouth, de remplacer par une fabrique de caisses en tôle, les barils n'étant pas considérés comme offrant des chances d'une assez longue conservation pour les denrées soumises aux influences de la mer et des climats chauds. Tout auprès de ces magasins il y en a six autres servant d'entrepôts aux viandes salées, au suet, au vinaigre et au sel. Chacun peut contenir 90,000 à 100,000 quintaux métriques de matières diverses. A la suite, il y a un grand magasin et trois petits où se trouvent la farine de froment, la farine d'avoine, les raisins, les pois et le savon; puis enfin, on rencontre les dépôts d'effets d'habillements des matelots et des soldats de marine, le magasin contenant les bibles, les livres de prières, l'histoire abrégée de la marine, la vie de Nelson, etc., et enfin le magasin à biscuit capable de contenir 100,000 quintaux métriques de biscuit en sacs. (Voir pl. XXXVI.)

En Angleterre, le biscuit, au sortir du four et après qu'il est resté durant trois jours dans une étuve ouverte, chauffée seulement à 30 ou 35° centigrades, n'est pas arrimé dans des soutes, comme cela se pratique en France, mais on le met dans des sacs tarés et prêts à être embarqués. Il résulte de cette disposition la possibilité de mettre une grande célérité dans la distribution des vivres de campagne. En France, on opère autrement; le biscuit, au sortir des fours, est arrimé dans des soutes; lorsqu'il faut l'embarquer, on le place avec soin dans des caisses ou dans des boucauts qui servent à effectuer son transport à bord du navire; là, on le retire des caisses pour l'arrimer dans les soutes du bâtiment. Ces manœuvres sont longues, coûteuses, et elles devraient être évitées.

Il y aurait de l'économie à imiter les Anglais, en substituant toutefois les caisses en tôle aux sacs dont ils vont cesser de faire usage. Je reviendrai sur ce sujet, ainsi que sur l'avantage qui résulterait de l'emploi de certaines machines, lorsque je traiterai la question de la boulangerie.

Je termine ce que j'ai à dire de l'établissement de Portsmouth, en citant des chiffres que j'ai trouvés en compulsant les rapports adressés au Parlement, au sujet des dépenses occasionnées par la construction des établissements des subsistances.

Bâtiments contenant un moulin de dix paires de meules en deux beffrois, une boulangerie de neuf fours et des magasins à blé. (Voir pl. XXXVI, le plan du moulin et de la boulangerie)	668,000 f. 00 c.
Touraille à sécher les blés et les légumes......................	7,875 00
Machines à vapeur de la force de 52 chevaux et machines diverses, comme moulins proprement dits, machines à nettoyer les grains, à bluter les farines, à faire le biscuit, etc	462,500 00
Chaudières bouilleurs......................................	16,000 00
Boucherie, magasins aux légumes frais, magasins de distribution..	64,000 00
Bureaux et logements.......................................	301,200 00
Puits et réservoirs...	171,250 00
Total..............	1,687,825 f. 00 c.

Pour avoir la dépense intégrale occasionnée par l'érection de ces établissements, il faudrait ajouter à la somme ci-dessus celle nécessitée par la construction de la brasserie, et celle représentative de la valeur du terrain sur lequel ils ont été érigés. Il ne m'a pas été possible de me procurer ces renseignements.

Les déboursés ont donc été considérables! Eh bien, malgré cela, on estime que la concentration de tous les établissements des subsistances, sur un même point, vaut à l'État, à Portsmouth seulement, une économie de plus de 100,000 fr. par an.

Ce résultat n'a rien qui doive exciter la moindre surprise, si l'on songe que la centralisation de toutes les opérations dans une même enceinte a fourni la possibilité de supprimer une foule d'emplois [1].

---

[1] Nombre d'employés affectés à la direction des subsistances de la marine à Portsmouth et indication de leurs émoluments :

Un directeur..	15,000 f. 00 c.
Deux commis de deuxième classe	10,500 00
A reporter..............	25,500 00

L'établissement royal des subsistances de la marine à Deptford ne le cède ni en magnificence, ni en grandeur à celui de Plymouth ; il possède un moulin de 20 paires de meules, une boulangerie de douze fours, des magasins considérables parfaitement distribués ; en outre, une fabrique de chocolat, une scierie pour débiter le merrain et un vaste atelier des salaisons.

Le bâtiment dans lequel est établi le moulin diffère de celui de Plymouth en ce que les planchers sont en pierres ; les fermes, les supports de toute nature, les portes mêmes sont en fer et en fonte, et par conséquent à l'abri des atteintes du feu, et que le bâtiment entier est construit de manière à ne jamais nécessiter de réparations onéreuses. (Voir pl. XXIII, sur laquelle se trouve représenté le moulin de Deptford.)

Il est utile de faire remarquer que les établissements des subsistances de la marine en Angleterre, qui tous ont été construits depuis l'année 1829 et qui ont nécessité une dépense de 16,000,000 de fr. environ,

Report....................	23,500	00
Un commis de troisième classe	5,750	00
Un maître tonnelier.....................................	4,000	00
Onze tonneliers..	18,033	12
Deux tailleurs de pierre et deux manœuvres..............	5,732	06
Un maçon et un manœuvre..............................	2,062	86
Un gardien portier, quatre manœuvres employés dans les celliers et trente-sept manœuvres affectés à divers services.	39,086	04
Trois meuniers	4,107	56
Vingt-sept boulangers employés à la fabrication de 30,000 quintaux métriques de biscuits......................	26,700	00
Total des dépenses annuelles occasionnées par		
le personnel des subsistances	126,971 f. 64 c.	

Les écritures dans les ports se bornent à la constatation des entrées et des sorties de matières, et à l'expédition des certificats comptables.

Les adjudications se passent à Londres, et c'est aussi à l'administration centrale que s'apurent les comptes des bâtiments : nous gagnerions beaucoup à imiter ce qui se fait en Angleterre.

Le système de centralisation est complet, et il ne se fait dans les ports que ces sortes d'achats que nous portons sur les états de convention.

pourraient satisfaire à l'approvisionnement d'une flotte immense, ne comptant pas moins de 150,000 hommes embarqués.

Ces établissements attirent à juste titre l'admiration, parce qu'ils sont bien conçus et qu'ils ont produit des résultats économiques très-remarquables ; cependant, ils ne sont pas exempts de quelques imperfections qui doivent être signalées.

La machine à vapeur simple, dont on se sert, ne transmet pas aux meules un mouvement régulier ; si l'on employait une machine double, comme celle que j'ai indiquée, on remédierait à cet inconvénient.

Les grands engrenages sont tellement enfermés dans la maçonnerie des beffrois, qu'il serait impossible de leur faire subir la moindre réparation sans opérer un démontage complet.

Les emmanchements des arbres dans les roues sont carrés ; ce système, qui ne présente pas de solidité, a été abandonné et remplacé dans les moulins en France, par un emmanchement cylindrique.

Le beffroi n'est pas consolidé par un assemblage en fonte, comme on le remarque à Saint-Maur et dans les beaux moulins de France et de Belgique.

Le tire-sac est fait de manière à ce qu'on ne puisse pas s'en servir pour descendre les sacs ; on le met en marche par le moyen d'un embrayage, tandis que l'emploi d'une courroie a été reconnu préférable.

On n'a pas prévu en Angleterre les cas où il est avantageux de mettre en réserve un grand approvisionnement de grains, et on a entièrement négligé d'indiquer un système de conservation des blés, comme des silos ou l'appareil Vallery.

Les nettoyages ont lieu seulement à l'aide d'un cylindre à hélice, que le blé parcourt sans abandonner complétement les impuretés qu'il contient. On ne fait pas usage des machines à laver, bien que MM. Rennie en reconnaissent l'utilité.

Les cylindres compresseurs, dont le bon effet a été constaté en France, n'existent pas.

On ne mouille pas les blés avant de les soumettre à l'action des meules, et on se prive ainsi du moyen d'enlever le son avec facilité.

Les meules vont trop vite pour faire de très-bonne farine, et le sys-

Inconvénients et imperfections.

33

tème d'anilles place le point de suspension trop au-dessous du centre de gravité des meules.

Le blé arrive aux meules par le moyen d'un babillard, tandis que l'engreneur Conty est généralement préféré en France et en Belgique.

La farine sort trop chaude de dessous les meules; elle tombe dans des huches et n'est reportée aux étages supérieurs qu'après avoir été mise en sacs par la main des hommes, ce qui occasionne une main-d'œuvre coûteuse, facile à éviter si l'on se servait des récipients circulaires et des chaînes à godets en usage en Amérique, en France et en Belgique.

Les bluteries à brosses, en toile métallique, donnent des farines qui ne sont pas exemptes de parcelles de son; pour obtenir des farines très-blanches, il faut adopter les bluteries en soie.

On ne fait pas usage en Angleterre des râteaux refroidisseurs, cependant l'utilité de ces appareils est reconnue par tous nos bons meuniers.

La farine d'armement n'est pas passée à l'étuve, c'est au blé seulement qu'on fait subir une sorte de dessiccation, il en résulte que la meule, agissant sur un grain excessivement sec, en brise l'écorce en parcelles ténues, qu'on ne peut séparer par l'opération du blutage.

Dans leur ensemble, les établissements anglais sont très-beaux et bien conçus; mais, on le voit, ils pèchent essentiellement dans les détails, et il serait facile d'éviter ce qu'ils ont d'incomplet ou de réellement défectueux.

ÉTABLISSEMENTS DE MEUNERIE EN BELGIQUE.

L'avantage que peut procurer le commerce des farines a été compris par la spéculation en Belgique, et depuis peu d'années des capitaux considérables ont été affectés à la création de quatre moulins, à Bruxelles, à Chatelineau, à Gand et à Anvers, ayant chacun dix paires de meules, pouvant moudre 150,000 quintaux métriques de blé, et produire en farine propre à l'exportation 50,000 quintaux métriques.

Ces moulins, dont la construction repose sur l'étude des principaux établissements de France et d'Angleterre, indiquent une tendance vers le perfectionnement; mais ils n'offrent pas de ces modifications fondamentales, de nature à faire faire un progrès sérieux à l'art de la meunerie.

Je me bornerai à donner la description du moulin de Gand, qui m'a paru être le plus complet. (Voir pl. 24.)

La machine servant à mettre en mouvement dix paires de meules disposées sur deux beffrois et les appareils accessoires est de la force de 50 chevaux ; elle est à basse pression, n'a qu'un seul cylindre de 0^m 80 de diamètre, et trois chaudières. *Machine à vapeur.*

La machine agit sur un arbre de couche portant une grande roue dentée qui engrène avec deux pignons placés sur les arbres de couche, faisant marcher les meules des deux beffrois.

Sur l'arbre du volant est placée une roue intermédiaire faite d'une seule pièce et ayant quatre mètres de diamètre, sur laquelle vient s'engrener une roue conique qui fait tourner un arbre vertical, porteur du mouvement aux machines diverses.

Les dix jeux de meules sont répartis en deux beffrois de cinq paires de meules ; chaque beffroi est soutenu par cinq colonnes de 0^m 30 de diamètre et de 2^m 20 de hauteur, qui sont appuyées sur un socle construit en pierre dure, recouvert d'une plaque de fondation en fonte.

Les beffrois sont de forme pentagonale, et composés de pièces droites venant s'assembler sur les colonnes au moyen de boulons ; ces pièces sont reliées par un hérisson à cinq bras, portant au centre un coussinet en bronze servant à maintenir l'arbre vertical.

Les meules sont en pierres de la Ferté-sous-Jouarre ; elles ont 1^m 50 de diamètre, et font 100 à 110 révolutions par minute. Des écrous sont placés sous le plancher, et servent à régler la meule gisante qui repose sur trois vis.

Les anilles sont semblables à celles en usage dans le moulin de M. Desaubry.

L'archure est un cylindre en zinc supporté par un châssis en bois, composé de deux cercles réunis par des demi-colonnes. Le couvercle est en tôle et ressemble au dôme d'un alambic ; une gouttière est disposée au bord intérieur pour recevoir l'eau de condensation qui se dépose sur la surface intérieure du chapeau. Un trou est pratiqué au sommet du cône pour ménager une issue à la vapeur non condensée [1].

----

[1] La quantité d'eau recueillie est peu appréciable, et je doute que cette pratique ait une importance réelle.

Le blé arrive aux meules par un engreneur Conty.

Au-dessus de l'engreneur se trouvent les cylindres compresseurs à peu près semblables à celui que l'on voit, pl. XXI, fig. 1 à 3.

Nettoyage des grains. Avant de parvenir à l'appareil compresseur, le blé a été soumis à l'action d'un système de nettoyage composé de tarares verticaux, de cylindres inclinés faits en tôle percée de trous de formes différentes, et d'une ramonerie.

Les tarares verticaux sont comme ceux représentés pl. V, fig. 4. Le blé en sortant de cet appareil reçoit l'impression d'un ventilateur, tombe dans les cylindres en tôle piquée où il se débarrasse des petites graines qu'il contenait, puis il est conduit à la ramonerie où il est soumis à l'action de meules en bois et à celle d'une brosse.

Le système de nettoyage, quoique d'une certaine efficacité, consomme cependant trop de force pour ne pas être onéreux. Il pourrait être remplacé par un laveur qui permettrait de faire une économie de la force de six chevaux.

Bluteries. Les bluteries, disposées deux à deux, sont de dimensions différentes; elles ont toutes un mètre de diamètre, mais les unes n'ont que quatre mètres de longueur, et les autres sept mètres. Elles sont recouvertes en soie et sont soumises aux secousses occasionnées par la chute de boules que traversent des barrettes en bois partant de l'axe et s'arrêtant à la charpente du bluteau.

Étuves à farine. Une étuve à farine complète cet établissement; elle est semblable à celle que l'on voit pl. XXII, fig. 14, et si elle n'est pas représentée sur le dessin d'ensemble, c'est parce qu'elle est placée en dehors du moulin et près des machines à vapeur.

Inconvénients. Les roues d'engrenage, les arbres de couche, les arbres verticaux, et en général toutes les pièces mobiles, sont d'une pesanteur excessive, ce qui occasionne l'usure prompte des coussinets qu'il faut remplacer fréquemment.

Les arbres de couche devraient être soutenus de distance en distance, afin d'empêcher qu'ils ne fouettent et ne fatiguent les engrenages.

Les pièces fixes sont trop légères, et il résulte de ce défaut un manque de solidité.

Le beffroi n'a pas été rendu indépendant du plancher, et les flexions

de ce dernier pourront nuire souvent à la parfaite horizontalité des
meules gisantes.

L'étuve est construite sur des données qui doivent conduire à des résultats plus avantageux que ceux qui ont été obtenus par l'emploi des
procédés mis en usage jusqu'à ce jour; cependant elle ne permet pas
de dessécher les farines, en ne les exposant qu'à l'influence d'une température peu élevée, et le système réfrigérant est sans effet.

En résumé, l'étude des moulins de Belgique peut conduire à faire
faire un progrès à la meunerie; mais ces établissements, très-remarquables par leurs dimensions et l'entente des distributions, ne sauraient
cependant être pris pour modèles.

La plupart des machines usitées dans les moulins les mieux montés
viennent d'être décrites, et l'on se bornera ici à donner la description
générale de quatre établissements, l'un construit à La Rochelle, par
M. Hallette, d'Arras; deux autres à Corbeil, et un autre, enfin, qui
fonctionne à Orléans.

MOULIN DE LA ROCHELLE. — PLANCHE XXV.

Le bâtiment a six étages.

La machine, de la force de trente chevaux, met en mouvement six
paires de meules, deux huileries, les nettoyeurs de grains et deux bluteries.

Lorsque les deux huileries sont en fonction, deux paires de meules
restent inactives.

Le blé est conduit à un système de nettoyage Gravier (voir pl. III, fig.
12-14), composé de trois tarares D placés au-dessus les uns des autres;
pris par des chaînes à godets et des hélices, il arrive à des distributeurs Conty F, qui le livrent aux meules. Ces meules, de 1^m 30 de diamètre, font 110 tours à la minute, et opèrent la mouture du grain; la
farine tombe dans un récipient circulaire, et elle est conduite par une

anche C, à une chaîne à godets destinée à l'élever jusqu'au troisième étage, où elle est soumise à l'action d'un système de bluterie américaine E.

Cette usine était, pour 1830, aussi parfaite que celles qui fonctionnaient alors avec le plus d'avantage; mais aujourd'hui on peut la considérer comme incomplète et réellement inférieure à celles qui, à certains égards, peuvent être prises pour modèles.

Inconvénients. Les pièces mobiles sont trop pesantes, et les pièces fixes, auxquelles il est essentiel de donner un excès de solidité et de force, sont beaucoup trop légères.

On a maintenu solidaires l'un de l'autre le beffroi et le plancher du premier étage, de sorte que les flexions du plancher, par suite des charges qu'on est souvent obligé de lui faire supporter, influent nécessairement sur l'assiette du beffroi et tendent à en altérer la stabilité.

Les nettoyages sont incomplets, si on les compare à ceux des nouveaux moulins; on ne remarque ni tarares verticaux, ni ramoneries.

Il n'existe pas de cylindres concasseurs.

L'on n'y trouve pas les râteaux refroidisseurs généralement adoptés, et les bluteries sont de trop petite dimension.

Enfin, ce moulin qui, à cause de la simplicité de ses dispositions générales, méritait d'attirer l'attention il y a quelques années, peut être considéré aujourd'hui comme incomplet.

MOULIN DE M. DARBLAY, A CORBEIL.

Ce moulin contient 34 paires de meules, dont 14 marchent à l'aide d'engrenages et 20 avec des courroies. Nous ne nous occuperons ici que des beffrois à courroies. (Voir planches XXVI et XXVII.)

Les 20 paires de meules qui tournent par des courroies sont divisées en deux beffrois de 10 paires de meules, ayant chacune pour moteur une turbine dont la force moyenne est de 30 chevaux et la vitesse de 33 à 34 tours par minute. Le mouvement imprimé à l'arbre de couche se transmet par des engrenages coniques aux arbres verticaux; et sur ces arbres sont montées des poulies, correspondant à droite et à gauche avec d'autres poulies de même diamètre montées sur les fers de chaque paire de meules.

Des rouleaux à tension sont destinés à établir ou à suspendre le mouvement des meules, et de petits axes qui portent des poulies commandées par des courroies croisées, impriment le mouvement à un récipient circulaire disposé autour de chaque meule.

Afin de maintenir dans une position voulue les poulies de tension, on a fixé au plancher des meules une suite de couples de poulies à gorge, sur lesquelles passe une corde attachée à l'extrémité du levier des poulies de tension. Cette corde descend jusqu'à la balustrade i, autour de laquelle on lui fait faire deux tours et on la charge d'un poids; de sorte que, lorsqu'on veut faire marcher une paire de meules, il suffit de rapprocher, à l'aide du levier, la poulie de tension, de manière à ce qu'elle vienne appuyer sur la courroie et lui faire prendre l'angle indiqué sur la fig. 2. Pour arrêter, il suffit de détourner la corde et de faire pivoter la chaise tournante; alors la courroie devient molle et le mouvement cesse.

Pour empêcher les courroies de tomber lorsqu'elles sont détendues, on a établi au plancher des guides munis d'une barrette qui supporte les courroies lorsqu'elles cessent de fonctionner. (Voir planches XXVI et XXVII.)

Chaque couple de paires de meules à courroies marche par deux roues d'engrenage qui reçoivent le mouvement d'une roue en communication directe avec le moteur, s'engrenant avec un pignon conique placé sur un arbre horizontal; ainsi, un beffroi à courroies de 10 paires de meules nécessite l'emploi de 12 roues d'engrenage, et un beffroi de 8 paires de meules également à courroies nécessiterait l'emploi de 10 roues d'engrenage.

On a essayé récemment avec succès une combinaison permettant de diminuer le nombre des roues d'engrenage dans la construction des beffrois à courroies, et l'on trouve des exemples des tentatives faites dans ce but, dans le moulin de l'Arquebuse, appartenant à M. Darblay, à Corbeil (voir planche H du volume), dans le beau moulin de M. Morel, à Essone, et dans celui de M. Clavière, à Orléans.

MOULIN DE M. CLAVIÈRE, A ORLÉANS.

En décrivant le moulin de M. Clavière, je ferai connaître en même temps comment cet ingénieur utilise, pour le chauffage d'une chaudière à vapeur, les gaz combinés résultant de la distillation de la houille dans de grands fours à coke.

Les meules sont disposées sur deux beffrois parallèles et symétriques (voir planche XXVIII), comprenant chacun quatre paires de meules. Ces deux beffrois reçoivent leur mouvement d'une même roue dentée montée sur un arbre vertical, mis en action par un arbre de couche en communication avec une machine à vapeur.

La grande roue ou hérisson commande à la fois deux pignons d'un diamètre assez petit pour que la vitesse à leur circonférence soit proportionnelle à celle que doivent avoir les meules. Sur chacun de ces pignons sont montées quatre grandes poulies, d'un diamètre égal à celui des meules, qui par le moyen de courroies impriment le mouvement à des poulies de même dimension que les premières, placées sur les arbres de chacune des meules.

Ainsi, à l'aide de ce système, on peut faire marcher, par une machine à vapeur, huit meules en n'employant que cinq roues d'engrenage, et si l'on faisait usage d'une turbine, il suffirait du hérisson et de deux pignons, c'est-à-dire de trois roues d'engrenage, comme cela a lieu chez M. Morel.

L'installation des courroies et des tendeurs dans ces sortes de beffrois est la même que dans le beffroi de M. Darblay.

Chauffage des chaudières à vapeur par l'emploi de gaz provenant de fours à coke.

Le moulin de M. Clavière est mis en mouvement par une machine à vapeur, dont la chaudière est chauffée par la combustion des gaz résultant de la transformation de la houille en coke.

Depuis longtemps on s'occupait d'utiliser la chaleur provenant des fours à coke. On avait réussi quant à la chaleur rayonnante, mais avant M. Clavière on n'avait pu mettre à profit, pour un chauffage constant et régulier, les produits gazeux qui sont cependant en grande abondance. La difficulté particulière venait de l'irrégularité de la marche de la carbonisation; en effet, on obtient dans cette opération, et dans des proportions variables avec son degré d'avancement, un mélange de vapeur d'eau, de composés sulfureux et ammoniacaux, d'acide carbonique, d'oxyde de carbone et de divers carbures d'hydrogène : or, ce mélange ne pouvait s'enflammer qu'au contact de l'air et sous l'influence d'une température élevée, et de plus dans le cas d'une prédominance des gaz oxyde de carbone et carbures d'hydrogène. Dans le premier moment de la carbonisation, ces derniers gaz sont en petite quantité ; les surfaces refroidies par le chargement du four n'ont plus la température convenable, et il en résulte alors qu'une énorme quantité de gaz se perd sous la forme d'une fumée épaisse; ce n'est que lorsque le four et les carneaux sont devenus incandescents et les gaz plus hydrogénés, que ceux-ci s'enflamment sous l'influence d'une certaine quantité d'air ; mais cette circonstance ne se présente que neuf ou dix heures après l'enfournement (lorsque l'opération dure quarante-huit heures), et en outre, à partir de la trentième heure jusqu'à la fin de l'opération, le dégagement des gaz décroît très-rapidement. Il devient évident, d'après cela, qu'un seul four à coke ne peut donner lieu à un chauffage régulier; mais si on dispose plusieurs fours de manière à ce qu'il y en ait toujours quelques-uns en pleine carbonisation, si de plus les vapeurs et les gaz sont dirigés dans un récipient commun, alors, sous l'influence de la haute température du récipient et d'un courant d'air réglé suivant le besoin, l'acide carbonique est décomposé par l'hydrogène en eau et oxyde de carbone; et ce dernier gaz, ainsi que les carbures d'hydrogène, s'enflammant d'une manière continue et se produisant en quantité sensiblement constante, la chaleur qui résulte de cette combustion est assez grande pour faire marcher de puissantes machines avec une régularité égale à celle due aux meilleurs fourneaux.

Nous allons décrire succinctement l'appareil qui réalise, au moulin d'Orléans, les dispositions indiquées ci-dessus [1]. (Voir pl. XXVIII.)

Description de l'appareil de M. Clavière.

Dans un massif de 20^m de longueur sur 10^m de largeur, au milieu

---

[1] L'application dont il est ici question, avant d'être employée au moulin d'Orléans, avait déjà reçu la sanction de l'expérience au moulin de la Paludat, à Bordeaux : M. Clavière a su, en 1843, relever cet établissement qui ne pouvait se soutenir à cause de la cherté du combustible, et on peut voir, dans la publication industrielle de M. Armengaud

duquel est placée la chaudière à vapeur, se trouvent disposés sur chacun des plus grands côtés cinq fours à coke; cinq de ces fours sont particulièrement destinés à chauffer les carneaux intérieurs, et les cinq autres les carneaux extérieurs. Chaque four, construit en briques réfractaires, a pour sole une sorte d'ellipse dont le grand axe a 4^m et le petit 3^m 30; la hauteur de la paroi verticale est de 0^m 60, et la distance sous la clef de la voûte à la sole est de 1^m; la capacité qui résulte de ces dimensions permet de charger un four de 40 hectolitres. Au sommet de la voûte est pratiquée une ouverture circulaire de 0^m 50 de diamètre, d'où part une espèce de cornue en briques réfractaires qui amène les gaz aux carneaux. Des conduits horizontaux amènent de l'extérieur aux cornues l'air nécessaire pour enflammer les gaz; des registres servent à régler la quantité d'air, qui doit être variable à chaque époque de la carbonisation. Comme cette opération est très-essentielle, ces ouvertures ont été déterminées à l'avance pour chaque période : d'ailleurs, la marche de la chaudière et l'aspect de la flamme qui doit être vive et blanche, servent de guide infaillible, et un conducteur un peu habitué n'éprouve aucun embarras à cet égard. La durée de chaque opération est de quarante-huit heures, et pour charger et décharger les fours, on suit absolument la même méthode que pour les fours à coke ordinaires. Quand on n'a pas besoin de toute la vapeur, ou même quand l'évaporation doit être suspendue, on dirige directement dans la cheminée, au moyen d'un conduit particulier et de registres convenablement disposés, les produits gazeux des fours, et comme alors il est inutile de les enflammer, les registres d'air restent fermés.

De la chaudière à vapeur.

La chaudière à vapeur est en tôle, de forme cylindrique, de 7^m de long sur 1^m 30 de diamètre intérieur; elle est munie de tous ses appareils de sûreté, de niveau d'eau, sifflet, etc.; elle marche à moyenne pression, c'est-à-dire de 4 atmosphères; on a appliqué un manomètre qui fait connaître exactement la pression de la vapeur, et pendant la

aîné (tome 1, 10e livraison), la description complète de l'appareil qui y est employé. En comparant les établissements de Bordeaux et d'Orléans, on trouvera entre eux peu de différence notable; seulement on pourra apprécier l'efficacité du procédé par ce seul fait, que la grille conservée comme éventualité dans le premier est supprimée dans le second.

marche régulière de la machine, le niveau de l'eau dans la chaudière est maintenu à une certaine hauteur; toute la capacité pour la vapeur est encore augmentée de celle de la cloche placée au-dessus et que le constructeur a fait disposer, ainsi que dans les locomotives, comme magasin de vapeur. Le tuyau qui doit amener cette vapeur au cylindre de la machine, se rend, en se recourbant, dans l'intérieur de cette cloche, de sorte qu'on n'a pas à craindre les bouillonnements qui pourraient y envoyer les molécules d'eau avec la vapeur.

Un bouilleur alimentaire est placé le long du carneau de retour de flamme et peut être ainsi fortement chauffé; et comme l'eau d'alimentation provient d'une partie de l'eau de condensation qui, en sortant de la pompe à air, est généralement à une température de 40 degrés, on comprend que cette disposition permet aisément d'alimenter la chaudière avec de l'eau à une température très-élevée.

On peut vider la chaudière à l'aide d'un tuyau qui est muni d'un robinet placé au-dessus du fourneau, ce qui permet de l'ouvrir au besoin, et on conduit les eaux de vidange hors de l'appareil.

L'intérieur de la chaudière est à peu près disposé comme celui des locomotives; pour arriver à augmenter la surface de chauffe, qui est de 44^m carrés, on y a placé un certain nombre de tubes qui, comme nous l'avons vu, reçoivent les gaz enflammés sortant des quatre fours à coke. Ces tubes, au nombre de sept seulement, sont en cuivre rouge; ils portent 0^m 20 de diamètre intérieur et sont de toute la longueur de la chaudière; ils ont ensemble une surface de 30^m carrés.

Or, les parois intérieures de la chaudière qui sont en contact avec les gaz présentent une surface de 14^m carrés.

Ainsi, la surface totale de chauffe est bien de 44^m carrés.

Il y a donc certitude qu'on obtiendra avec ces chaudières, qui sont traversées et léchées par une flamme très-active, un effet égal, si ce n'est supérieur à celui qui résulterait de l'emploi des chaudières construites par Watt. Car la chaudière produisant de la vapeur pour une machine de 35 chevaux, on voit que cela correspond à environ 1^m 25 de surface de chauffe par force de cheval, et l'on sait que dans la chaudière de Watt, à basse pression, on compte sur 1^m 10 à 1^m 40 de surface de chauffe par force de cheval.

L'application des procédés de M. Clavière ne conduisant à rien moins qu'à obtenir à très-bon marché une force considérable lorsque l'on trouvera, soit dans les fonderies, soit dans le voisinage des chemins de fer, le débit d'une certaine quantité de coke, j'ai cru devoir appeler l'attention sur des résultats qui promettent de prêter un secours efficace à toutes les branches d'industrie qui réclament de la force à bas prix.

PROJETS D'ÉTABLISSEMENTS DE MEUNERIE APPROPRIÉS AU SERVICE DES SUBSISTANCES DE LA MARINE.

Dans les dispositions générales que nous allons décrire avec détails, nous nous sommes appliqués à éviter les inconvénients que nous avons signalés dans les établissements de la marine en Angleterre, dans les moulins de Belgique et dans ceux de France ; nous avons accepté les installations qui ont paru nous présenter des avantages, et enfin nos études et les essais multipliés auxquels nous nous sommes livré, nous ont permis d'ajouter à ce qui a été fait jusqu'à ce jour, des appareils nouveaux qui contribueraient à faire obtenir, avec toute l'économie désirable, des produits d'une qualité supérieure à celle des farines que les fabricants peuvent maintenant livrer à la marine, aidés qu'ils sont de moyens évidemment imparfaits.

A l'imitation de ce que le gouvernement anglais a cru sage de faire, nous conseillons de construire exprès les bâtiments destinés à recevoir les nombreuses machines qui doivent servir à opérer la transformation du blé en farine ; et nous insistons sur ce point, parce que, si l'on tentait d'utiliser d'anciennes constructions, nous pensons qu'on s'ôterait la possibilité de disposer les appareils divers de manière à éviter l'emploi inutile d'une certaine quantité de force.

Pour que les opérations variées du nettoyage du grain et de sa transformation en farine puissent s'opérer dans un ordre tel que la surveillance soit possible, et que le mouvement des matières s'effectue avec facilité, il faut que le bâtiment dans lequel le moulin devra être établi ait un rez-de-chaussée et quatre étages.

Nous pensons qu'il est tout à fait essentiel de construire le bâtiment de manière à le garantir contre les chances malheureuses d'incendie, et nous croyons devoir conseiller de ne se servir, comme à Deptfort, que de pierre, de fonte et de fer.

Les planchers pourraient être en bois; cependant il serait plus prudent de n'employer que la pierre. Des colonnes en fonte soutiendraient toutes les parties de l'édifice, et la toiture, reposant sur une charpente en fer, serait en métal.

Les beffrois seraient établis sur un massif en pierre surmonté de colonnes en fonte sur lesquelles s'appuierait un entablement également en fonte; un double rang de colonnes, soutenant un second entablement en fonte, serait destiné à supporter le plancher.

Cette disposition rendrait le plancher et le beffroi indépendants l'un de l'autre, et assurerait la parfaite stabilité des meules.

Les meules gisantes seraient renfermées dans une boîte en fonte, et les meules courantes seraient encastrées dans un disque en fonte qui, contribuant à rendre la meule de densité homogène, garantirait son équilibre parfait pendant qu'elle serait en mouvement.

Ce qui vient d'être énoncé indique sommairement les principaux détails de construction de l'établissement projeté.

Il reste maintenant à faire connaître le mode d'emmagasinement du grain et comment le blé, après avoir été introduit dans le moulin, recevrait les diverses façons que doivent lui faire subir les machines jusqu'après sa réduction en farine. (Voir les planches XXIX, XXX, XXX bis, XXXI, XXXII, XXXIII et XXXIV.)

Examen des dispositions de détails.

L'emmagasinement du blé a lieu dans des silos Vallery.

Le grain est versé dans une trémie [1], au-dessous de laquelle est un cylindre nettoyeur B. Ce cylindre, qui opère un nettoyage préparatoire imparfait, verse le grain dans le laveur C. Au sortir du laveur, le blé passe dans un cylindre en bois dans lequel un ventilateur souffle de l'air à 35°, en quantité suffisante pour lui ôter l'excès d'humidité dont il est chargé. Il tombe ensuite dans une auge parcourue par une chaîne à godets C, qui le transporte à un cylindre refroidisseur F muni d'un

---

[1] Cette trémie ne paraît pas dans la coupe en long, planche XXIX, où elle a été supprimée, afin de laisser voir les appareils placés derrière elle, ni dans la coupe en travers, parce qu'elle est masquée par les bluteries.

ventilateur. De ce cylindre, le grain passe dans une trémie G faisant office de réservoir, puis il est livré à l'action des cylindres concasseurs H, et ensuite à celle des meules auxquelles il parvient par des tubes et des engreneurs Conty.

Dans le cas où il s'agirait de faire de la farine d'armement, il serait bien que le blé fût imparfaitement perlé avant d'arriver aux cylindres compresseurs [1], et que les farines soient soumises à l'action des séchoirs indiqués planche XXII, fig. 15 à 21.

Les meules sont au nombre de six sur chaque beffroi I.

La farine sortant des meules se rend dans un récipient circulaire extérieur K, d'où une chaîne à godets L la transporte aux râteaux refroidisseurs M. Ces râteaux, après avoir étendu la farine sur le plancher, la distribuent aux bluteries à farine N; la fine fleur tombe sur des vis placées sous les bluteries; toutes ces vis vont correspondre à une grande vis O, qui conduit la fine fleur dans la chambre à farine P, tandis que les gruaux, les recoupettes et les sons tombent dans des bluteries inférieures Q, destinées à opérer la séparation des gruaux, des recoupettes et des sons. Au-dessous de ces bluteries, des vis sans fin versent les sons dans une vis transversale R, qui les conduit dans la chambre à son S au moyen d'une chaîne à godets qui n'est pas aperçue dans les dessins.

Les gruaux recueillis à la tête de ces dernières bluteries sont repassés sous les meules et versés par elles dans le récipient intérieur T, où une chaîne à godets U les transporte aux bluteries à gruaux V. Une vis sans fin X les entraîne alors dans la chambre à gruaux Y, qui a une porte de communication donnant dans la chambre à farine où les mélanges s'opèrent par un travail manuel. Enfin, une bluterie à brosses Z, destinée à bluter la farine pour pain de munition, est placée au-dessous des râteaux refroidisseurs, avec lesquels elle peut être mise en rapport par le moyen d'une petite vanne.

Après avoir décrit les principaux établissements de meunerie qui fonctionnent en Angleterre, en Belgique et en France, et s'être appliqué

---

[1] Les machines à perler n'ont pas été représentées dans les projets d'ensemble; si leur usage était adopté, on les substituerait aux rouleaux compresseurs.

à réunir dans un projet d'ensemble les appareils à l'aide desquels il semble possible d'apporter des économies réelles et de notables perfectionnements dans la mouture des grains et la fabrication des farines d'armement; il nous reste, afin de remplir l'objet de notre mission, à fournir des indications capables de fixer approximativement l'administration sur l'importance des sacrifices qu'elle aurait à s'imposer pour créer en France des établissements semblables à ceux que nous avons examinés à l'étranger.

Dans le but d'offrir un aperçu du montant des sommes à appliquer à l'érection et à l'installation des meuneries que la marine a intérêt à établir, nous avons sollicité des offres de plusieurs industriels. Les réponses qui nous ont été adressées ne satisfont qu'en partie aux questions qui avaient été posées; cependant elles peuvent fournir des éléments de comparaison et guider l'administration dans les traités qu'elle aura à passer.

Je vais d'abord donner connaissance du programme énumérant les appareils dont j'ai demandé à savoir les prix; j'exposerai ensuite les offres qui m'ont été faites, et je m'appliquerai à les discuter.

PROGRAMME D'UNE MEUNERIE A CONSTRUIRE POUR LA MARINE ROYALE EN FRANCE.

1° Deux machines à vapeur de 30 chevaux chacune, agissant sur le même arbre de couche, destinées à mettre en mouvement les meules, les appareils accessoires et les machines nécessaires à la fabrication du biscuit et du pain; plus trois chaudières, dont deux seulement devront suffire à la production de la vapeur. Indiquer la quantité de combustible dépensé par la machine.

La machine sera essayée au frein de Prony avant l'acceptation.

2° La meunerie devra comprendre un système d'emmagasinage des blés pour le service courant de 50,000 quintaux métriques.

3° Un système de conservation des grains, pour approvisionnement de précaution, devant agir sur 100,000 quintaux métriques.

4° Un système de nettoyage à sec et un appareil pour laver le grain, avec séchoirs, calorifères et accessoires. Noter la quantité de combustible nécessaire au séchage de 25,000 quintaux métriques en trois cents jours.

5° Deux beffrois de six paires de meules chacun (les meules de 1ᵐ 30) avec les mouilleurs, cylindres concasseurs, récipients circulaires, refroidisseurs des farines, chaînes à godets, etc. Indiquer, s'il est possible, un meilleur système d'équilibrage des meules que celui qui est en usage.

6° Bluteries américaines en nombre suffisant pour obtenir 12,000 quintaux métriques de farine en trois cents jours, à l'épurement de 35 à 40 pour 100.

7° Bluteries à l'anglaise capables d'épurer 10,000 quintaux métriques à 12 pour 100, et 10,000 quintaux métriques à 25 pour 100.

8° Étuves pour sécher 100 quintaux métriques de farine d'armement en vingt-quatre heures, et les appareils nécessaires au refroidissement de la même quantité.

9° Appareils à embariller les farines d'armement et les ensacheurs pour les farines non embarillées.

OFFRES DE MM. WENTWORTH ET FILS.

Le 1ᵉʳ janvier 1850.

Ces ingénieurs sont d'avis de faire usage de deux machines à vapeur à haute pression et à condensation de la force de 25 chevaux chacune, agissant sur un même arbre de couche et pouvant fonctionner ensemble ou séparément, suivant les besoins du service.

Ils disent que leurs machines ne consommeront que 2ᵏ 250 de charbon de première qualité par cheval et par heure, et ils font observer que cette quantité n'est pas équivalente à la moitié de celle nécessaire à l'alimentation d'une machine à basse pression d'une force semblable. Ils prétendent aussi que leurs machines surpassent toutes les autres en solidité.

Puis, faisant valoir l'avantage qui découle de l'application de la force de deux machines sur un même arbre de couche, ils reproduisent, à l'appui de leur opinion, les motifs indiqués dans une lettre que nous avons adressée de Plymouth, en décembre 1838, à M. le ministre de la marine. Mais ils affirment en outre, chose à laquelle on n'a pas besoin d'engager l'administration à ne pas ajouter foi, que deux machines, ayant chacune une force de 25 chevaux, disposées comme ils l'indiquent, produisent l'effet d'une machine de 60 chevaux. Sur ce point, ces messieurs sont dans l'erreur; mais ils ont raison lorsqu'ils disent qu'à la faveur de cette disposition il sera possible d'obtenir, dans toutes les parties du moulin, une régularité de mouvement que ne donnerait pas l'emploi d'une seule machine.

Ici sont relatés sommairement les principaux articles d'un devis estimatif extrêmement incomplet remis par ces messieurs, et que nous avons eu l'honneur d'adresser à M. le ministre de la marine.

Deux machines à vapeur à doubles cylindres, à haute pression et à condensation, chacune de la force de 25 chevaux, avec pistons métalliques, pompes d'alimentation, conduits pour l'eau froide, etc., bouilleurs, fourneaux, etc.

Les roues d'engrenage, les arbres de couche et les arbres verticaux nécessaires à la mise en mouvement de douze paires de meules et des machines accessoires, ainsi que toutes les pièces indispensables à l'établissement du système compliqué du quadruple harnais.

Deux beffrois en fonte.

Douze paires de meules et douze babillards complets.

Deux récipients circulaires placés au rez-de-chaussée.

Quatre chaînes à godets.

Quatre tire-sacs extérieurs et deux tire-sacs intérieurs.

Deux cylindres à nettoyer le blé.

Deux bluteries à brosses.

Deux bluteries à sas circulaires.

Enfin, les roues d'engrenage, les poulies et les arbres nécessaires aux diverses transmissions de mouvement.

Pour l'exécution des machines qui viennent d'être énoncées, MM. Wentworth et fils demandent 6,960 livres sterling, ou 174,000 fr. sous la condition qu'ils en feront la livraison sur la Tamise, à Londres.

35

Mais pour connaître la somme à laquelle ces machines mises en place reviendraient au gouvernement français, il faut ajouter à ces. . . . .   174,000 fr. 00 c.

1° Fret, emballage, assurance.   12,000   00
2° Pour droits d'entrée..   58,000   00
3° Montage des machines.   30,000   00

                              Total. . . . .   274,000 fr. 00 c.

EXAMEN DU PROJET DE MM. WENTWORTH ET FILS.

Les machines à haute pression n'étant en usage que dans peu d'usines, ne serait-il pas à craindre qu'elles ne fussent sujettes à des inconvénients qui peuvent engager à ne pas les adopter?

Le système d'engrenage à quadruple harnais n'est, dans le cas de transmission de mouvement *d'une machine à vapeur à des meules*, qu'une complication inutile ; il suffirait d'un double harnais pour obtenir le meilleur effet possible.

Le récipient circulaire est placé de manière à ce que la farine qui s'évapore vienne encrasser les pignons des meules et leur roue motrice.

On n'indique pas un seul perfectionnement à apporter à l'équilibrage des meules.

Le distributeur de grain est celui en usage dans les moulins les plus anciens et les moins bien installés.

Il n'existe pas de compresseur de grain ; cette machine est cependant indispensable.

Le système de nettoyage des grains se borne à l'emploi d'un cylindre à hélice, comme dans les établissements de la marine anglaise ; il est trop imparfait pour qu'on en conseille l'adoption.

Il n'est pas indiqué de laveur de grains. Lorsque j'ai parlé de cet appareil à MM. Wentworth, ils ont répondu qu'ils n'en construisaient pas, et il a été impossible de les amener à réfléchir sur le degré d'utilité d'une telle machine, à laquelle l'industrie de la meunerie attache cependant beaucoup d'importance.

Les bluteries à brosses pourraient être employées pour la préparation

des farines destinées au pain de munition ; mais des bluteries en soie,
dites américaines, sont indispensables toutes les fois qu'on a intérêt à
faire des farines blanches, comme le sont les farines d'armement.
MM. Wentworth n'ont pas voulu les comprendre dans leur projet, parce
qu'elles ne sont pas en usage en Angleterre.

Il n'existe ni râteaux refroidisseurs, ni chambre à farine.

MM. Wentworth se sont également refusés à comprendre dans leur
projet une étuve à farine et une machine à embariller, et cela par les
mêmes motifs qui les ont déterminés à ne s'occuper ni d'un laveur de
grains, ni de bluteaux en soie, ni des râteaux à farine.

Le projet de MM. Wentworth n'est pas assez complet, et il ne répond
pas à toutes les questions posées au programme.

	Prix à Manchester.
Une machine de la force de 50 chevaux, à condensation, avec deux bouilleurs, etc...	44,500 fr. 00 c.
Un appareil à consommer la fumée.............................	4,000 00
Un bouilleur en plus...	7,000 00
Evaluation de la machine à vapeur........	55,500 fr. 00 c.

MACHINES ET LEURS ACCESSOIRES POUR DOUZE PAIRES DE MEULES
DISPOSÉES EN BEFFROI RECTILIGNE A ENGRENAGE.

Pièces principales.

Une grande roue dentée et deux pignons.........................	4,115	40
Deux arbres de couche et treize roues d'angles à dents de bois.....	8,062	50
Tous les arbres verticaux et cinq id. id.	1,915	60
Six arbres en fer poli et dix roues d'angles pour les machines.......	5,910	80
Quarante poulies tournées assorties............................	1,000	00
Douze arbres de meules à tourillons en fer aciéré et douze roues d'angles..	6,000	00
Douze engreneurs brevetés, etc...............................	1,500	00
Douze enveloppes en fonte pour les meules......................	2,250	00
Embasements, colonnes, ponts pour supporter les arbres..........	5,948	40
Boulons, clefs, écrous..	2,562	50
Modèles, outils, etc..	875	00
A reporter.....................	92,540 fr.	20 c.

Machines diverses.

Report...........................	92,340 fr.	20 c.
Une vis d'Archimède à nettoyer le blé, avec cylindre, brosses, venti-		
lateurs, etc..................................	1,200	00
Deux machines rotatives à nettoyer le blé.......................	2,780	00
Trois cents boulons, chaises, paliers, roues d'engrenage...........	1,850	00
Six élévateurs, les transmissions de mouvement, cent cinquante		
godets et quatre-vingt-onze mètres de courroies, poulies, etc.....	2,450	00
Une paire de cylindres compresseurs........................	1,125	00
Quatre blutoirs recouverts en toile de Zurich, avec leur poulie......	2,000	00
Pour diverses transmissions de mouvement......................	1,250	00
Pour remplacer une machine de cinquante chevaux par deux machi-		
nes de chacune vingt-cinq chevaux, à cette somme il faudrait ajouter.	8,000	00
Les machines ci-dessus détaillées reviendraient		
donc, livrées à Manchester, à..............	112,665 fr.	20 c.
Pour obtenir le prix des machines rendues et mises en place en		
France, il faut ajouter :		
1º Pour emballage, fret et assurance....................	15,000	00
2º pour droit d'entrée à raison de 35 p. 100 de la valeur...	57,179	52
3º Montage..	30,000	00
Total des sommes auxquelles reviendraient les ma-		
chines rendues en France....................	194,844 fr.	72 c.

Comme il est facile de le reconnaître, le devis estimatif remis par M. Fairbairn est encore moins complet que celui de MM. Wentworth et fils.

D'abord, la machine, au lieu d'être de 60 chevaux, n'est que de 50 ; puis la forme rectiligne donnée au beffroi, nécessitant l'emploi d'une quantité de roues d'engrenage dont on peut se passer en adoptant la forme circulaire, il serait mieux d'accorder la préférence à ce dernier système, à moins cependant qu'on ne communique le mouvement aux meules par des courroies, ce qui n'est pas indiqué par M. Fairbairn.

Il est utile de faire remarquer qu'il n'est pas proposé d'appareil à laver le grain, et qu'un seul appareil à comprimer ne saurait suffire à écraser le blé que peuvent moudre 12 paires de meules.

M. Fairbairn ne comprend pas au nombre de ses diverses machines les râteaux refroidisseurs. Il n'emploie que quatre bluteries, ce qui est tout à fait insuffisant. Il ne parle pas de bluteries américaines. Il ne propose ni étuve à farine, ni machine à embariller.

Dans ses évaluations les meules sont omises.

Lorsque les offres de M. Fairbairn me sont parvenues, je me suis empressé de lui signaler toutes ces lacunes, et je l'ai prié de me fournir un plan d'ensemble pouvant aider à faire comprendre les avantages qu'il attribue à son système. Alors il m'a répondu qu'il ne consentirait à s'occuper de faire un travail comme celui qui lui était demandé, qu'autant qu'on lui donnerait la certitude qu'il exécuterait tout ou partie des machines.

En résumé, le moulin proposé par l'habile M. Fairbairn n'est pas assez complet pour qu'on puisse le prendre pour modèle.

OFFRES DE MM. GEORGES ET JOHN RENNIE, DE LONDRES.

Ces messieurs font précéder l'énonciation de leurs offres d'un exposé des raisons qui ont déterminé le gouvernement anglais à fonder des établissements complets des subsistances, et surtout des meuneries, sur les principaux points où s'exécutent les armements des vaisseaux de guerre.

Ils font remarquer qu'aucune dépense n'a été épargnée, dans le but d'apporter toute la perfection imaginable, tant à la construction des bâtiments, qu'à l'installation des machines, sans cependant qu'on se soit jamais écarté des règles d'une sage économie.

Ils disent quelques mots de la disposition des établissements déjà décrits en détail et dont j'ai donné les plans; et, après avoir signalé l'imperfection des séchoirs de grains et des magasins à blés de l'Angleterre, ils rappellent les avantages d'une machine à biscuit, dont il sera question lorsque je traiterai de la boulangerie; enfin, ils entrent en matière et développent leur proposition dans les termes suivants.

PROJET D'UN MOULIN DE DOUZE PAIRES DE MEULES.

« Des plans et des devis estimatifs ont été rédigés dans le but d'offrir « au gouvernement-français l'étude d'une meunerie complète, et nous « allons indiquer quelles sont les machines diverses qui doivent trouver « leur place dans cet établissement.

« 1° Deux machines à vapeur de la force de 30 chevaux, ayant leurs
« manivelles à angles droits et agissant sur le même arbre de couche.

« Plus, trois bouilleurs de la force de 30 chevaux, chacun pouvant
« alimenter une machine.

« Ces machines à vapeur seront à basse pression, à condensation et
« à expansion.

« Elles seront établies de manière à être indépendantes l'une de
« l'autre, et de telle sorte qu'étant mises toutes deux en mouvement,
« elles puissent faire tourner 12 paires de meules et les machines ac-
« cessoires.

« La consommation de bon charbon n'excédera pas 9 à 10ᵏ ou 4ᵏ à
« 4ᵏ 50 par force de cheval et par heure.

« 2° Le moulin devra pouvoir moudre en moyenne 5 à 6 bushels ,
« 180 à 216ᵏ de blé par heure et par paire de meules, en même
« temps que fonctionneront les machines à nettoyer, à laver, à sécher,
« à bluter, à sasser, et que s'effectuera le transport, dans toutes les
« parties de l'établissement, du blé, de la farine à biscuit et de la farine
« fine fleur.

« 3° Il comprendra donc l'ensemble des machines propres à hisser
« les blés, à les nettoyer, à les laver, à les sécher, à les transporter
« suivant un plan horizontal; à les remonter aux étages supérieurs
« pour qu'ils puissent être soumis à l'action des compresseurs et à celle
« des meules, et pour transporter et remonter la farine brute, afin de
« la livrer aux bluteaux et aux sas, et en outre pour conduire la farine
« fine fleur aux séchoirs.

« 4° Les opérations confiées aux machines devront s'enchaîner de
« telle sorte, que le blé, entrant au moulin, sera travaillé sans la
« moindre interruption, jusqu'à ce qu'il soit réduit en farine brute ou
« en farine épurée.

« Les beffrois seront construits suivant les perfectionnements ap-
« portés par MM. Rennie, qui consistent à régulariser l'opération de
« la mouture par la manière dont ils établissent leurs meules gisantes.

« Les machines à bluter et à sasser, tant anglaises qu'américaines,
« seront faites d'après les derniers perfectionnements qui y auront été
« apportés.

« Les tourailles à sécher le blé seront faites comme les meilleures

« connues dans ce pays, et on y ajoutera des agitateurs à l'aide des-
« quels le blé sera tenu en mouvement pendant tout le temps que s'o-
« pérera la dessiccation.

« Les tourailles à sécher les farines seront construites sur les mêmes
« principes que celles à sécher les blés, mais au lieu d'air chauffé, on
« fera usage de la vapeur d'un bouilleur. Les courants résultant de la
« raréfaction de l'air, ayant sur l'air stagnant employé à sécher un
« avantage qui est dans le rapport de 10 à 1, il y a évidemment intérêt
« à adopter ce procédé de séchage.

« Chaque touraille devra sécher environ 260 bushels ou 93 hectolitres
« en 24 heures, ou 780 bushels ou 297 hectolitres pour les trois tou-
« railles, lorsqu'elles fonctionneront en même temps pendant 24 heures.
« La consommation du charbon sera par touraille et par jour de 2 1/2
« bushels, et pour la troisième de 7 1/2 à 8 bushels, ou 2 hectol. 88.

« Le moulin pouvant moudre en 12 heures 720 bushels ou 259 hec-
« tolitres, le nombre des tourailles devra être considérable. »

(Je passe le détail relatif à la machine à biscuit, me réservant de
traiter ce sujet lorsque je parlerai de la boulangerie.)

« Voici quel est le nombre des ouvriers employés dans l'un des mou-
« lins de Deptford.

« Un mécanicien chargé de la machine.

« Un garde-magasin.

« Sept meuniers.

« Deux ouvriers mécaniciens.

« Deux journaliers.

« Mais dans le moulin que l'on propose, un moindre nombre d'em-
« ployés serait nécessaire.

GRENIERS.

« L'art de construire les greniers et de conserver les grains est
« mieux entendu en France et sur le continent qu'il ne l'est en An-
« gleterre.

« La question se résout d'elle-même en une parfaite dessiccation du
« grain au moment où la germination se fait sentir et au moment où

« les insectes que contient le blé peuvent être détruits par l'action
« de la chaleur. Pour conserver le grain déjà séché, il faut le déposer
« dans des bâtiments ou des greniers construits exprès, exempts d'hu-
« midité et exposés seulement aux vents secs. *Les murs de ces bâti-*
« *ments doivent être épais, et peut-être doit-on les faire doubles.* La
« pierre ou la brique employée à ces constructions doit être aussi peu
« hygrométrique que possible, *et l'intérieur des bâtiments doit être*
« *garni de plomb, de plâtre ou de bois.*

« Les bâtiments doivent être percés de fenêtres garnies de châssis
« en toile métallique, afin de mettre obstacle à l'entrée des oiseaux,
« et de persiennes permettant à l'air et à la lumière d'avoir un accès
« facile. Ces fenêtres seront pratiquées du côté le plus favorable, et
« elles seront tenues fermées dans les temps de pluie ou d'humidité.
« Des ventilateurs seront établis à chaque étage, afin de maintenir la
« circulation de l'air dans le bâtiment. Le grain devra être continuelle-
« ment remué ou agité par des ouvriers, ou à l'aide de machines ;
« ce dernier moyen nous paraît d'une exécution difficile. Diverses mé-
« thodes nous semblent pouvoir être employées pour aider à conserver
« les blés.

« 1° En faisant tomber le grain sur des plans inclinés du haut jus-
« qu'au bas du bâtiment.

« 2° En faisant passer le grain sur des plans inclinés mobiles, faits
« en toile métallique, et soumis à l'action de la chaleur.

« 3° A l'aide de cylindres en toile métallique se mouvant dans une
« chambre chauffée avec un calorifère.

« 4° En faisant passer le blé sur des cylindres, ou des plans chauffés.

« 5° Par l'emploi de râteaux.

« Chacune de ces méthodes oblige à une dépense considérable de
« force mécanique qui, eu égard à la grande surface qu'occupe le grain,
« rendra toujours l'application des machines d'une économie douteuse.

« Après avoir donné nos idées sur les sujets variés sur lesquels on a
« appelé notre attention, nous produisons ci-joint un devis estimatif
« de l'ensemble des machines nécessaires aux établissements projetés.

« Nous pensons que l'expérience que nous avons acquise par l'érection
« des moulins les plus considérables du pays, tant pour le compte du
« gouvernement anglais que pour celui des particuliers, et que la

« modération de nos offres, seront des motifs qui engageront le gou-
« vernement français à nous accorder la préférence. »

Devis estimatif de MM. Rennie pour la construction des machines
nécessaires à l'établissement d'un moulin à blé, consistant en deux
machines à vapeur de la force de 30 chevaux chacune, et douze paires
de meules, avec tous les appareils nécessaires au séchage du grain et de
la farine, suivant le plan ci-annexé [1].

MACHINES A VAPEUR.

Prix à Londres.

Deux machines à vapeur de la force de trente chevaux chacune, avec
trois bouilleurs de la force de trente chevaux et toutes les pièces
accessoires... 75,000 00

BEFFROIS.

Les appareils nécessaires à la mise en relation des machines à vapeur
avec les meules, arbres de couches, pignons, roues motrices, man-
chons d'embrayage, coussinets, supports, assemblage en fonte
pour consolider les deux beffrois circulaires; les pièces de chaque
beffroi, consistant en six paires de meules de 1m 28 dans des *enveloppes en pierre*, trémies, distributeurs de grain; tout ce qui est
relatif à l'ajustage et l'appareil servant à arrêter les meules en dé-
plaçant leurs pignons. Les meules, leurs arbres, leurs pignons, etc.,
ainsi qu'une paire de cylindres compresseurs pour écraser le blé,
avant qu'on ne le soumette à l'action des meules................ 98,250 00

BLUTERIES.

Les axes, les roues, les pignons, les poulies, les courroies et tous les
accessoires nécessaires à mettre en mouvement ou à arrêter les machines. Deux bluteries doubles à brosses, un sas rotatif double et
une bluterie double américaine pour bluter la fine fleur......... 29,375 00

VIS SANS FIN ET CHAINES A GODETS POUR LES FARINES.

Les vis sans fin des meules aux chaînes à godets; les chaînes à godets
pour transporter la farine aux étages supérieurs; les diverses vis

A reporter.............. 202,625 fr. 00 c.

[1] Sur le plan, ces messieurs représentent une machine à vapeur simple, mais dans le
corps du devis ils indiquent une machine double; système auquel on a le plus haut
intérêt à donner la préférence. Ce plan, que je ne publie pas, a été remis au ministre
de la marine.

Report.................... 202,625 fr. 00 c.

sans fin pour conduire la farine brute, soit aux bluteries à brosses, soit aux bluteries à sas. Les transmissions de mouvement pour faire marcher les élévateurs et les vis sans fin, consistant en arbres de couche, coussinets, paliers, roues, poulies, courroies et vis...... 14,700 00

SÉCHOIR A FARINE.

Les pièces nécessaires à la mise en mouvement de l'appareil dans le séchoir, comme arbres de couche, coussinets, paliers, roues, poulies, courroies, etc. Le râteau destiné à agiter la farine dans le séchoir; l'appareil à vapeur pour chauffer; le bouilleur à haute pression, avec les robinets, les soupapes; l'appareil d'alimentation de vapeur; les chaînes à godets pour enlever la farine après qu'elle aura été desséchée; les vis sans fin pour transporter la farine jusqu'au lieu où elle devra être embarillée ou ensachée, ou bien pour la conduire sur un point quelconque du moulin................ 8,500 00

MACHINES A NETTOYER LE BLÉ SANS L'EMPLOI DE L'EAU.

Le ventilateur, le cylindre à hélice intérieure, les chaînes à godets conduisant de la machine à ventiler au cylindre à nettoyer; les transmissions de mouvement, comme arbres de couche, roues, poulies, courroies, coussinets, etc........................ 19,600 00

APPAREIL A LAVER ET A SÉCHER LE BLÉ.

Surfaces filtrantes placées au fond des cuves à laver, moyens d'agiter le blé dans les cuves, appareils pour trois séchoirs, consistant en poutres, solives, toile métallique pour garnir le sol du séchoir, le foyer, les barres, etc.; le râteau à agiter le grain dans le séchoir et les transmissions de mouvement consistant en arbres de couche, coussinets, paliers, boulons, roues, poulies, etc................ 48,525 00

CHAINES A GODETS, VIS SANS FIN, SERVANT A TRANSPORTER LE GRAIN HORS DU SÉCHOIR.

Vis sans fin pour ramasser le grain et le conduire des trémies du séchoir aux élévateurs ou chaînes à godets; les chaînes à godets pour transporter le grain aux meules, transmissions de mouvement, etc. 6,250 00

Valeur des machines prises à Londres au quai de MM. Rennie,' sans y comprendre les frais d'emballage, de transport par gabares, d'assurance et le fret............................. 500,000 00

Emballage, gabarage, fret et assurance........ 15,000 fr. 00 c.
Droits d'entrée à raison de 33 pour 100........ 99,000 00   144,900 00
Montage 30,000 00

Total des dépenses effectuées jusqu'à la mise en fonction des machines décrites ci-dessus, non compris la valeur des constructions accessoires qu'elles exigent............ 444,000 00

Les beffrois exécutés par MM. Rennie pourraient être disposés d'une manière plus convenable, et, dans le cas où le gouvernement jugerait qu'il y a avantage à traiter avec ces ingénieurs, il serait prudent de leur imposer l'obligation de construire des beffrois semblables à ceux dont je donne les dessins ; car, d'après les observations que j'ai faites, celles que j'ai entendu faire et l'examen attentif des moulins nouvellement érigés, j'ai acquis la certitude que dans la construction des beffrois un excès de solidité est tout à fait indispensable. *Beffrois.*

En général, on prend pour règle de parfaitement asseoir les constructions et de donner une grande pesanteur à toutes les pièces qui ne sont pas sujettes à mouvement, et on pense que si l'on négligeait de prendre cette sage précaution, il se produirait des vibrations qui nuiraient essentiellement à la qualité des produits. Pour remédier d'une manière efficace à l'inconvénient signalé ci-dessus, on jugera sans doute qu'il y a avantage à adopter le système de beffroi rectiligne avec l'emploi des courroies, cette combinaison étant de nature à éviter toutes les vibrations.

Au sortir des meules, la farine brute tombe dans des huches, et, pour qu'elle soit conduite aux bluteaux, des hommes sont obligés de la mettre en sacs. Cette disposition a été abandonnée parce qu'elle est incommode, et l'adoption de récipients circulaires et de chaînes à godets nous paraît indispensable. *Récipients.*

On ne fait mention que d'un système de cylindres compresseurs, tandis que deux appareils de ce genre sont absolument utiles.

Les machines à nettoyer les grains sans l'emploi de l'eau sont celles usitées dans les établissements de la marine royale anglaise, dont les imperfections ont déjà été signalées.

Quant au système de lavage des grains, il est plutôt énoncé que décrit, et les dessins fournis ne peuvent offrir une idée de l'efficacité de cet appareil important. Si l'on acceptait les offres de MM. Rennie, il faudrait ajouter au prix de leur laveur livré à Londres celui qu'entraînerait l'érection de la touraille.

Les moyens proposés pour étuver les farines sont des tourailles de brasseur, dont la construction en maçonnerie exigerait beaucoup d'emplacement.

En résumé, de tous les constructeurs auxquels je me suis adressé. MM. Rennie, dont le mérite est généralement reconnu, sont les seuls qui aient compris l'importance des établissements que le gouvernement a l'intention de fonder, mais ils n'ont pas eu le temps d'en faire une étude complète; et si l'administration acceptait les offres de ces ingénieurs, je crois qu'il faudrait les engager à fournir une étude plus détaillée que celle qu'ils se sont empressés de me soumettre.

J'aurais voulu pouvoir également offrir des devis estimatifs rédigés par MM. Packam, de la ville d'Eu, et Cockrill de Seraing; mais ces constructeurs ont répondu à mes demandes que leurs occupations ne leur permettaient pas d'entreprendre l'étude de ces travaux importants, bien que je leur eusse laissé entrevoir que le gouvernement était disposé à leur en confier l'exécution, si la modération de leurs offres concordait avec l'entente ingénieuse de leurs projets.

CHAPITRE VI.

COMMERCE DES FARINES.

Dans la première partie de ces mémoires, j'ai fait ressortir tout l'avantage que pourraient retirer l'agriculture et la marine de l'adoption d'un système prudemment coordonné, qui assurât, dans des limites peu restreintes, la permanence de la liberté du commerce des grains; et la relation intime existant entre le blé et la farine ne permet pas de mettre en doute que les motifs qui militent en faveur de la question des blés ne soient également applicables à celle des farines; aussi me contenterai-je d'indiquer sommairement une combinaison donnant la possibilité de permettre d'étendre l'exportation des farines.

Le commerce des blés ne diffère de celui des farines qu'en ce que, dans un cas, on agit sur la matière brute, et, dans l'autre, sur cette même matière après que l'industrie lui a donné une plus grande valeur en lui faisant subir certaines modifications. Il résulte du fait de la fabrication des farines que le blé, avant d'être mis en état d'être exporté sous une nouvelle forme, a été divisé en plusieurs parties de qualités diverses, pouvant recevoir des destinations différentes. De telle sorte que, si une quantité de blé est transformée en farine blanche, les fractions séparées sont autant de produits distincts, infiniment moins parfaits que la farine et pouvant être employés sur les lieux de fabrication, soit à l'engrais et à l'élève du bétail, soit à la sustentation des nombreux individus qui recherchent plutôt le bon marché du pain que son extrême blancheur. Il est donc de l'essence du commerce des farines propres à l'exportation de venir plus qu'un autre en aide à l'agriculture et à la masse peu aisée de la population.

Ces avantages ont un tel caractère d'évidence, qu'ils ont entraîné les partisans les plus prononcés du système prohibitif, l'abbé Galiani, Parmentier, Béguillet, etc., etc., à déroger à leurs principes et à déclarer, d'un commun accord, qu'il y a des raisons de haute utilité publique à autoriser en tout temps et sans restriction la libre exportation des farines. Aujourd'hui, la faculté d'exporter les blés et les farines indigènes existe sous la condition de l'acquittement de certains droits variables. La loi ne met de restriction à l'exportation que par l'importance des droits ; quant à la prohibition absolue, elle ne peut avoir lieu que dans des cas d'urgence et par ordonnance spéciale.

La législation ne met donc pas obstacle à l'exportation des farines de blés indigènes ; mais elle n'est pas favorable à l'accroissement du commerce d'exportation des farines en général, lorsqu'elle interdit la faculté de faire moudre, pour en réexporter les farines, les blés durs richelles de Naples, ceux de la mer Noire, du Danube, de l'Égypte, de la Barbarie, du royaume des Deux-Siciles, de la Sardaigne, de l'Espagne, et tous les blés de même essence, non dénommés, qui pourraient leur être assimilés ; et alors qu'elle ne concède la permission de moudre pour réexporter que les blés tendres de Naples, et sous la réserve que, pour 100^k de blé tendre moulu, on devra lui représenter 78^k de farine fraîche, blanche, blutée à 30 ou 32 [1] ; ce qui implique la nécessité d'ajouter à la farine blutée à 32, obtenue de 100^k de blé exotique, au moins 10^k de farine blanche provenant de blé indigène ; car les 100^k de blé exotique, quelque beau qu'il soit, ne pourront jamais donner que 64^k de farine propre à la réexportation. Cette obligation, qui ne saurait être sérieusement profitable au pays où se fait la mouture, impose donc une condition vraiment onéreuse au commerce de réexportation.

Si les circonstances permettaient un jour de modifier la législation, si, par exemple, au lieu de limiter la réexportation, elle l'accordait par bâtiments français pour tous les blés étrangers convertis en farine blanche de première qualité, moyennant l'allocation d'un déchet de 4 pour 100 pour le nettoyage du blé et la représentation de 35 pour 100 de basses farines et de sons extraits des 96^k de blé nettoyé, alors le commerce français pourrait, dans l'Amérique centrale et dans l'Amérique du Sud, faire une sorte de concurrence aux farines des États-Unis et à celles de Copenhague, parce que les farines exportées auraient été

---

[1] Voir le *Code des douanes*, par M. Bourgat, tome II. page 152.

obtenues avec des blés achetés à bon marché; et, vu l'intérêt que présenterait cette nouvelle voie ouverte au commerce maritime, l'industrie minotière, qui est déjà en progrès, ne tarderait pas à apporter de notables perfectionnements dans ses procédés, et enfin elle pourrait offrir à la vente des produits de qualités supérieures, livrables sans pertes, à des prix modérés.

D'une autre part, les sons, les recoupes et les gruaux communs provenant des blutages, pouvant être employés avec profit à l'engrais du bétail, il s'ensuivrait que l'admission des blés étrangers, sous la condition de ne les réexporter que sous forme de farine très-épurée, ne pourrait en aucune façon porter le moindre préjudice à la vente des blés indigènes, dont la consommation est largement assurée par l'accroissement graduel et uniforme de la population, et qu'elle aurait pour effet certain de fournir un moyen très-efficace d'augmenter la production de la viande par la création d'une quantité considérable de matières propres à l'engraissement du bétail.

Telles sont les considérations générales auxquelles je crois devoir m'arrêter; mais, rentrant dans une application restreinte, j'ajouterai que la question des céréales et celle des bestiaux sont si étroitement solidaires l'une de l'autre, que si la marine créait une minoterie au port de Rochefort, au centre d'une contrée où la production du blé est égale en importance à celle de la viande, l'administration obtiendrait pour double résultat de fabriquer avec économie des farines de qualités infiniment supérieures à celles livrées maintenant à la consommation, et de faire de très-belles salaisons à des prix modérés; la viande devant baisser de valeur en raison de l'abondance des basses farines provenant de la minoterie.

RÉSUMÉ.

Les divers appareils qui fonctionnent dans les moulins, depuis la meule jusqu'aux machines dues à l'invention la plus récente, viennent d'être l'objet d'un examen détaillé. La manière de disposer les agents mécaniques dans les établissements que l'on regarde comme les plus complets et les mieux entendus a été indiquée dans des projets d'ensemble où sont reproduites les améliorations confirmées par l'expérience; les bluteries de toutes les formes ont été décrites ; les différents modes de préparation des farines pour l'exportation ont été étudiés et développés ; enfin, l'attention a été appelée sur la possibilité de donner de l'extension au commerce des farines. Maintenant nous avons à rechercher quels sont les moyens les plus avantageux pour transformer les farines en pain et en biscuit de mer.

La quatrième et dernière partie de cet ouvrage comprendra donc spécialement tout ce qui est relatif à la boulangerie appliquée au service de la marine royale.

QUATRIÈME PARTIE.

ORIGINE ET PROGRÈS DE L'ART DE LA BOULANGERIE [1].

CHAPITRE I.

APERÇU HISTORIQUE.

L'art de faire du pain avec la farine des céréales remonte à la plus haute antiquité [2]; il se réduisait, dans le principe, à opérer le mélange d'une certaine quantité de farine avec de l'eau et à soumettre cette pâte à l'action de la chaleur, soit en l'exposant sur l'âtre d'un foyer, ou sur un gril reposant sur des charbons ardents, ou sur une feuille de métal, ou dans une poêle placée tantôt sur un âtre échauffé, tantôt sur des corps en ignition. Les galettes cuites sur l'âtre et sans levain nourrissent encore une partie de l'Italie et de l'Espagne, et dans le nord de l'Afrique, dans la partie que nous occupons, c'est la seule panification connue des Arabes. Ainsi, en certains points du globe, l'art de la boulangerie est resté tel qu'il était il y a quatre mille ans.

A ces moyens simples, mais incommodes, vint succéder l'usage des fours portatifs et des fours fixes, dont on attribue l'invention aux peuples d'Orient.

L'art de pétrir, celui de cuire les pâtes, l'emploi des levains, étaient connus des anciens, ainsi que le témoignent les échantillons de pains et de gâteaux trouvés dans les plus anciennes catacombes de Thèbes.

---

[1] Boulangerie, boulanger : c'est, suivant Ducange, venu du mot boule, indiquant la forme que les boulangers ont donnée au pain pendant très-longtemps.

[2] Le pain a été considéré de tout temps comme l'aliment par excellence ; les Hébreux lui donnaient le nom de lekem, qui signifie toute nourriture ; et Cicéron faisait venir le mot panis, du grec παν (Orat. pro Cluentio).

avec les caisses de momies; et toutes les personnes qui ont visité des musées égyptiens ont été sans doute à même de reconnaître du pain fabriqué avec ou sans levain. Ces deux modes de panification étaient aussi usités chez les Hébreux, qui paraissent avoir appris à faire le pain pendant leur captivité en Égypte [1].

L'art de la boulangerie ne fut pratiqué chez les Romains qu'après la guerre qu'ils entreprirent contre Persée, roi de Macédoine [2]; avant cette

---

[1] On lit dans la *Genèse*, chap. xiv, v. 18, que Melchisedec, roi de Salem, offre à Abraham du *pain* et du *vin*. Au chap. xix, v. 3, Loth, ayant fait entrer des étrangers dans sa maison, ordonna que l'on fit cuire du pain *sans levain*, et ils en mangèrent. Puisqu'il est dit que Loth fit cuire du pain *sans levain*, cela indique que le *levain* était connu des Hébreux. Le pain sans levain se faisant en beaucoup moins de temps que le pain avec du levain, Loth dut donner la préférence au premier, afin de satisfaire plus promptement aux besoins des étrangers. Il existe encore quelques détails sur l'usage du pain chez les Hébreux, dans les versets 8, 15, 17, 18, 19, 34 et 39, chap. xii, et 3, 6 et 7, chap. xiii de l'*Exode*, relatifs aux prescriptions à observer dans la fête de l'agneau sans tache et à la sortie de la terre d'Égypte. Moïse dit que les Égyptiens avaient si fort pressé les Hébreux de partir, qu'ils ne leur avaient pas laissé le temps de mettre le levain dans la pâte.

[2] Quando pistorum initium Romæ.

Pistores Romæ non fuere [*] ad Persicum usque bellum, annis ab urbe condita super DLXXX. Ipsi panem faciebant Quirites: mulierumque id opus erat, sicut etiam nunc in plurimis gentium. Artoptam Plautus appellat in fabula, quam aululariam scripsit: magna ob id concertatione eruditorum, an is versus poetæ sit illius; certumque sit, A. Atcii Capitonis sententia coquos tum [**] panem lautioribus coquere solitos, pistoresque tantum eos, qui far pisebant, nominatos. Nec coquos vero habebant in servitiis, eosque ex macello conducebant. Cribrorum genera Galli setis equorum invenere, Hispani e lino excussoria [***] et pollinaria, Ægyptus e papyro atque junco. (Pline, lib. XVIII.)

[*] *Pistores Romæ non fuere.* Varro, in περὶ Μενιππου, referente Nonio : « Nec pistorem ullum nossent, uisi eum qui in pistrino pinseret farinam. » Et lib. I, *De vita pop. rom.* : « Nec pistoris nomen erat, nisi ejus qui far pinsebat », hoc est molebat. Nam ut Festus ait, « Pistum a pinsendo pro molitum antiqui usurpabant. » Sic Plautus pistor fuit, quum molas trusatiles versando operam locaret. Minutius Felix : « Octavius homo Plautinæ prosapiæ, ut pistorum præcipuus, ita postremus philosophorum. » Ævo tamen subsequente, florente rep. ac deinceps, pistores ut notum est, στρεπτασὶ appellati. Apud Plautum sane, coquum sæpius, pistorem nunquam offendas, nisi pro eo qui far pinsit, hoc est, qui molit. Hard.

[**] *Coquos tum.* Festus : « Coquum et pistorem apud antiquos enmdem fuisse accipimus. » Nævius : « Coquus inquit, edit Neptunum, Venerem, Cererem : significat per Cererem, panem ; per Neptunum, pisces : per Venerem, olera. » Hard.

[***] *Excussoria.* Excussoria sunt, quæ ad excutiendam farinam facta : pollinaria, quæ ad purgandum pollinem. H. *Excussoria* et *pollinaria* se traduisent par, bluteaux, tamis, sas. On voit par ce passage que chez les anciens, le blutage des farines se faisait dans la boulangerie même.

époque, ils faisaient usage de bouillies [1]. Ce sont des Grecs qui, les premiers, ont exercé la profession de boulanger à Rome, où l'art de faire le pain était en si grand honneur, que ceux qui l'exerçaient pouvaient aspirer aux plus hautes dignités. Mais les procédés de panification étaient en usage chez les Celtes longtemps avant qu'ils fussent passés dans la pratique chez les Grecs et chez les Romains [2].

Le sel, mêlé à la pâte comme assaisonnement, était connu du temps de Plutarque, qui dit : « Le pain est plus agréable au goût quand on y met du sel. »

Comme on le voit, les anciens étaient, suivant les apparences, à peu près aussi instruits que nous le sommes dans l'art de faire du pain. Ils opéraient le pétrissage par le travail manuel, faisaient emploi des levains de pâte ou de bière, se servaient du sel comme moyen d'assaisonnement, et ils cuisaient la pâte dans des fours qui différaient peu des nôtres. Enfin, si l'on s'en rapporte à l'opinion d'observateurs consciencieux, de véritables savants, parmi lesquels on peut citer MM. Cailleux, Jomard, Raspail, etc., on se trouve porté à penser que l'art de la boulangerie n'a subi que de faibles modifications depuis les temps anciens jusqu'à nos jours.

---

[1] Pline, lib. XVIII. «Pulte autem, non pane, vixisse longo tempore Romanos manifestum, quoniam inde et pulmentaria hodieque dicuntur.» Un passage de Val.-Max., 11, 5, confirme ce que dit Pline : «Erant majores nostri adeo continentiæ intenti, ut frequentior apud eos pultio usus quam panis esset.» Enfin Caton (*De re rust.*, 85) nous apprend la manière de préparer ce mets. «Pultem punicam sic coquito. Libram alicæ in aquam indito, facito, est bene madeat. Id infundito in alveum purum, eo casei recentis p. ıı, mellis p. s., ovum unum, omnia una permisceto bene. »

[2] L'usage du pain était réellement ancien chez les Celtes, alors qu'il était à peine connu chez les Romains. Le soin que les prêtres ont de ne rien innover dans leurs cérémonies, même dans celles qui paraissent les plus insignifiantes, prouve le fait chez l'un et l'autre peuple. Tandis qu'à Rome des *pâtes* et des *gruaux* étaient constamment employés dans les cérémonies du culte, c'est le *pain* que les druides employaient pour la cérémonie où ils coupaient avec une serpe d'or, chaque année, le gui de chêne (gui sacré); l'usage de la bière, aussi ancien que celui du pain, servait encore à sa préparation : la levûre de l'un servait à la fermentation de l'autre. (Pline, *His. nat.*, l. XVIII, c. xII; Legrand d'Aussi, *Vie des anc. Fran.*, t. I, p. 65.)

Voir l'ouvrage de Goguet pour des détails historiques plus étendus, et le *Précis de l'histoire générale de l'agriculture*, par M. de Marivault.

Voir aussi les ouvrages de L. Reynier sur l'économie publique et rurale des Celtes, des Juifs, des Perses, des Grecs et des Carthaginois.

Les progrès qu'ont tenté de faire faire les boulangers modernes ont rencontré des obstacles qui avaient pour base les préjugés les plus injustes. Ainsi on voit qu'en 1756, une ordonnance du prévôt de Paris défend l'introduction des gruaux dans le pain, comme matière indigne d'entrer dans le corps humain; et maintenant le pain le plus recherché se fait, comme chez les anciens, avec des gruaux.

En 1668, *la Faculté de médecine déclare que la levûre de bière est contraire à la santé et préjudiciable au corps humain, à cause de son âcreté, née de la pourriture de l'orge et de l'eau!!!* et malgré cette décision, prise, il faut le dire, à une époque où les connaissances chimiques étaient très-peu avancées, des contrées entières, la Belgique, la Hollande, l'Allemagne, l'Angleterre et une partie de la France, font usage de levûre de bière, et le pain de luxe ne se fait à Paris qu'avec une adjonction de cette levûre.

D'habiles boulangers, ayant remarqué que ceux de leurs confrères qui se livrent à la boulangerie de luxe, à la pâtisserie, enfournent les pâtes sur des plaques ou dans des moules de tôle, se déterminèrent à adopter les moules qui permettent de faire l'épargne d'une partie de la farine dont on saupoudre la pâte pour l'empêcher de s'attacher à la pelle, et cela avec la certitude d'améliorer le produit en apportant une certaine économie dans la fabrication.

En Belgique, en Allemagne, en Angleterre, et dans plusieurs villes de France, cette innovation est mise en usage avec le plus grand succès; cependant, les administrations publiques, en France, n'ont pu faire adopter ce mode d'opérer, qui, malgré la critique, constituait un perfectionnement réel.

Dans l'histoire de la boulangerie, les tentatives de progrès sont peu nombreuses : l'usage du four et celui des levains appartiennent aux temps anciens; la panification des gruaux n'appartient pas non plus aux temps modernes [1], et la cuisson du pain dans des moules de tôle, qui ne compte guère que quatre-vingts ans d'application en Angleterre,

---

[1] Les Juifs faisaient usage du blé sous forme de gruau; sa préparation consistait à le griller un peu avant qu'il eût atteint son entière maturité. (*Lévit.*, chap. ii, v. 12 ; chap. xiv, v. 256; chap. xxiii, v. 14.)

rappelle cet usage des anciens qui consistait à faire cuire la pâte sur de minces plaques de fer.

Quelques essais d'une grande importance ont été tentés récemment dans le but de modifier les fours et de substituer des agents mécaniques au travail des hommes; je m'arrêterai sur ces points qui intéressent à un haut degré les administrations publiques; mais l'ordre que je me suis imposé de suivre m'oblige à entrer d'abord dans l'examen détaillé des matières appelées à concourir à l'œuvre de la panification.

CHAPITRE II.

EXAMEN DES MATIÈRES QUI SONT EMPLOYÉES DANS LA MANUTENTION DU PAIN.

§ I. — DE LA FARINE [1].

La farine brute est le grain sous forme de poudre, ou un mélange composé de l'embryon réduit en fragments, de l'enveloppe corticale (le son), de la fécule ou amidon et du gluten. La farine contient, d'après quelques auteurs, de l'extrait gommeux et sucré, de l'albumine, de la dextrine glutéique, ou un mélange de fécule ou de sucre, du sucre gluténique ou un mélange de gluten, de sucre et de la gliadine; une matière résineuse, une matière graisseuse, etc.

Pendant longtemps on a ignoré la composition de la farine, et c'est seulement vers 1720 que l'on a cherché à la déterminer. On procéda par la distillation, et ensuite on essaya de s'assurer de l'importance alimentaire de la farine en la traitant par l'eau. Le produit extractif résultant de cet examen était alors considéré comme la matière nutritive qui s'y trouvait contenue. En agissant ainsi, on ne pouvait extraire tout

---

[1] Le mot farine dérive de *far*, qui signifiait originairement manger : φάγω, je mange, vient lui-même de *pha*, qui, dans presque toutes les langues orientales, signifie bouche; farine signifie donc nourriture par excellence. (*Hist. de la chimie*, par Hoefer.)

La finesse de la farine dépend de celle du tamis ou du bluteau. L'alica de première qualité (mélange de farine, de zéa et de terre blanche), la plus fine de toutes celles employées, était reçue dans un bluteau à pores si étroits, qu'ils laissaient à peine passer un fil d'araignée (*tantum aranea transmittent*).

On trouve dans Pline les expressions *far molitum*, *salsum* et *tostum*. Le *far molitum* était une farine brute, comme est la farine sortant de dessous la meule. Le *far salsum* était la farine préparée pour le sacrifice, *far cum sale mixtum*. Quant au *far tostum*, c'était du blé rôti ou légèrement torréfié, de sorte que *far* signifie farine et blé (froment). On répandait du blé moulu, *far milium*, sur la tête des victimes avant de les immoler, d'où est venu le mot immoler, *a molendo*. (Extrait des notes de l'édition Panckoucke.)

ce que la farine renfermait de soluble, et il en était de même lorsqu'on opérait par la distillation.

Maintenant, on analyse la farine et l'on procède de la manière suivante :

On fait une pâte avec une quantité donnée de farine et une quantité suffisante d'eau ; on abandonne le tout pendant l'espace d'une heure ; au bout de ce temps, on porte la pâte sur un tamis placé dans une terrine contenant de l'eau distillée, de manière que l'eau touche au tissu ; on malaxe la pâte entre les mains jusqu'à ce que la séparation de l'amidon ait été effectuée. Ce produit se répand dans l'eau, tandis que d'autres principes s'y dissolvent, le gluten seul reste dans la main ; on renouvelle le lavage jusqu'à ce que l'eau ne sorte plus laiteuse de la pâte. On réunit les divers liquides laiteux dans un vase que l'on place dans un lieu frais, afin qu'aucune fermentation ne puisse se déclarer. Lorsque le précipité a eu lieu, on décante la solution louche, alors le dépôt formé d'amidon et d'un peu de gluten très-divisé, qui a passé à travers les mailles du tamis, est recueilli sur un filtre ; on le lave jusqu'à ce que l'eau sorte claire, on le fait sécher et on le pèse ; on tient note du poids qui est celui de l'amidon ; on prend ensuite le liquide séparé par la décantation, on le réunit aux eaux de lavage de l'amidon et l'on fait évaporer à la température de l'eau bouillante. Pendant l'évaporation, on remarque qu'il se forme des flocons grisâtres présentant la plus parfaite analogie avec l'albumine coagulée. On sépare, en filtrant, la matière albumineuse, puis on évapore au bain-marie, jusqu'à ce que le résidu soit en consistance sirupeuse ; on laisse refroidir, puis on le délaye dans de l'alcool qui dissout le sucre ; on fait évaporer l'alcool à une basse température, et le résidu pesé donne le poids du sucre contenu dans la farine. La partie insoluble traitée par l'eau froide fournit, par l'évaporation, le mucilage que l'on pèse ; le résidu est formé de phosphate et de matière azotée. Si l'on veut obtenir la résine, il faut traiter la farine par de l'alcool avant de la soumettre à l'action de l'eau, sans cela elle reste mêlée avec le gluten.

Lorsqu'on a la solution alcoolique contenant la résine, on la fait évaporer, et le résidu donne le poids de la résine. Pour avoir le poids du gluten, on le ramasse avec précaution, de manière à ce qu'il ne reste plus rien sur le tamis et sur la main ; on en forme un tout que l'on étend en couches minces sur des assiettes en porcelaine, on le porte ensuite à l'étuve pour déterminer la dessiccation; lorsqu'il est sec, on le pèse et on a le poids du gluten contenu dans la farine analysée. On prend le poids des diverses substances obtenues, et le chiffre total doit être égal à la quantité de farine employée, si on a opéré avec soin et sans rien perdre.

La farine contient toujours une certaine quantité d'humidité (le minimum est de 6 pour 100, et le maximum de 20 ou 25, en moyenne 17 pour 100); on doit en tenir compte dans l'analyse.

En suivant une méthode à peu près semblable à celle qui vient d'être décrite, Vauquelin a constaté la composition de neuf espèces différentes de farines;

SAVOIR :

COMPOSITION des FARINES.	FARINE brute de froment.	FARINE de méteil.	FARINE de blé dur d'Odessa.	FARINE de blé tendre d'Odessa.	FARINE de blé tendre d'Odessa 2ᵉ qualité	FARINE de service dite seconde.	FARINE des boulangers de Paris.	FARINE des hospices 2ᵉ qualité	FARINE des hospices 3ᵉ qualité
Eau..........	10.000	6.000	12.000	10.000	8.000	12.000	10.000	8.000	12.000
Gluten.........	10.960	9.800	14.550	12.000	12.000	7.300	10.200	10.300	9.020
Amidon	71.490	75.500	56.500	62.000	70.8400	72.000	72.800	71.200	67.780
Glucose	4.720	4.220	8.480	7.360	4.900	5.420	4.200	4.800	4.800
Dextrine......	3.320	3.280	4.900	5.800	4.600	3.300	2.800	3.600	4.600
Son resté sur le tamis........	0.000	1.700	2.300	1.200	0.000	0.000	0.000	0.000	2.000
	100.490	100.500	98.730	98.360	100.340	100.000	100.000	97.000	100.200

Ainsi qu'on peut le remarquer, le maximum d'amidon, dans les neuf espèces de farines examinées, est de 75 centièmes, et le minimum de 56; c'est le blé dur d'Odessa qui donne le plus de gluten et contient le moins d'amidon.

La farine où se trouve le plus de gluten est celle d'Odessa; cependant elle n'absorbe pas beaucoup plus d'eau que les autres farines. M. Dumas attribue ce résultat à l'état de l'amidon de cette farine, qui, loin de former une poudre impalpable et moelleuse, se montre en petits grains durs, demi-transparents et comme cornés, et exige moins d'eau pour être mouillé que s'il était complétement divisé.

En analysant des farines par une méthode différente de celle suivie

par Vauquelin, M. Dumas a obtenu des résultats qu'il me semble intéressant de consigner. Voici comment ce célèbre professeur expose sa
manière d'opérer :

« Lorsqu'on humecte avec de l'eau la farine de blé, de manière à en
former une pâte ferme et homogène, et qu'on malaxe ensuite cette
dernière sous un filet d'eau, il reste entre les mains de l'opérateur, lorsque celle-ci passe tout à fait claire, une substance d'un blanc grisâtre,
élastique, tenace, d'une odeur fade à laquelle les anciens chimistes ont
donné le nom de gluten.

« La liqueur trouble qui s'écoule entraîne la fécule avec quelques
débris de gluten et se charge de tous les produits solubles.

« En abandonnant cette liqueur au repos, la fécule se dépose ; la liqueur
éclaircie étant ensuite soumise à l'ébullition, on voit se former à sa surface des écumes qui se contractent sous forme de flocons grisâtres, et
qui présentent la plus parfaite analogie avec l'albumine coagulée.

« Si, après avoir séparé par les filtres la matière albumineuse, on
évapore au bain-marie le liquide jusqu'à consistance sirupeuse, il est
facile d'y reconnaître la présence du sucre et d'une matière gommeuse
analogue à la dextrine, sinon identique à elle.

« D'autre part, si l'on examine de plus près le gluten brut, dont nous
avons parlé plus haut, il est facile d'y reconnaître la présence de quatre
substances distinctes qu'on peut séparer de la manière suivante :

« On fait bouillir ce gluten brut d'abord avec de l'alcool concentré,
puis avec de l'alcool affaibli ; on obtient alors un résidu grisâtre que je
désignerai sous le nom de *fibrine végétale*.

« Les liqueurs alcooliques, abandonnées au refroidissement, laissent
déposer une substance floconneuse qui possède un grand nombre de
propriétés par lesquelles on caractérise la *caséine*.

« Enfin, si l'on concentre les liqueurs alcooliques jusqu'à consistance
sirupeuse, et qu'on y ajoute de l'eau, il se précipite une substance
pultacée qui offre les propriétés des matières albumineuses, mais qui,
par la spécialité de quelques-uns de ses caractères, mérite un nom particulier : nous lui donnerons celui de *glutine*.

« Il se précipite avec la glutine une matière grasse qu'on peut facilement extraire au moyen de l'éther, et qui offre toutes les propriétés des
huiles grasses, ou mieux des matières butyreuses, dont elle se rapproche

38

par son point de fusion. Cette analyse de la farine de blé, dont l'exécution ne présente aucune difficulté, et qui pourrait s'appliquer également à la farine de toutes les céréales, nous apprend à y connaître :

« 1° L'albumine ;

« 2° La fibrine ;

« 3° La caséine ;

« 4° La glutine ;

« 5° De l'amidon ;

« 6° Du glucose et de la dextrine ;

« 7° Des matières grasses. »

M. Dumas donne ensuite un tableau de la composition des matières albumineuses, caséeuses et fibrineuses, extraites de la farine de froment :

	Albumine.	Caséine.	Fibrine.
Carbone	55.74	55.46	55.23
Hydrogène	7.41	7.13	7.01
Azote	15.65	16.04	16.40
Oxygène, etc	23.50	23.37	23.46
	100.00	100.00	100.00

L'analyse de la glutine lui fournit des nombres qui, ramenés en centièmes, donnent :

Carbone	55.20
Hydrogène	7.17
Azote	15.94
Oxygène, etc	23.69
	100.00

M. Dumas fait remarquer enfin que cette composition est sensiblement la même que celle que présentent l'albumine et la caséine.

Après avoir exposé les résultats auxquels on est arrivé à l'aide d'analyses faites avec soin par les chimistes les plus distingués, je vais indiquer quels sont les signes auxquels on en réfère communément pour reconnaître la qualité des farines.

Les farines de bonne qualité, telles que celles destinées à l'alimentation des marins pendant les longues campagnes, sont d'un blanc mat, tirant plutôt au jaunâtre qu'au gris, sèches et douces au toucher : elles ne laissent apercevoir, à l'œil nu, aucune parcelle de son. Elles développent une très-légère odeur agréable à sec ou quand on les humecte. Leur saveur est douce et peut être comparée à celle de la colle fraîche. Délayées et pétries avec moitié de leur poids d'eau, elles donnent une pâte susceptible de s'allonger et de s'étendre en nappes minces et élastiques, homogènes, dans lesquelles on ne doit rencontrer ni insectes, ni grumeaux, ni corps étrangers.

Les farines altérées sont ternes et affectent une couleur qui tend vers le gris ou le rougeâtre ; elles décèlent souvent une odeur de poussière ou de moisi, ou même de pourri; leur saveur est parfois celle des haricots ou celle du savon, ou bien elles ont une saveur acide ou alcaline, et alors elles ne sauraient, sans danger, être livrées à la panification. La pâte qu'on en fait devient molle, s'attache aux doigts lorsqu'on la pétrit; elle est courte et se rompt facilement.

L'humidité exerce sur les farines une influence rapide et fort à redouter. Elle altère le gluten, le rend impropre à la panification, et elle favorise, suivant M. Dumas, la formation des sporules de divers champignons qui, plus tard, se développent abondamment dans le pain : de ce nombre, diverses espèces des genres *penicilium*, *oidium*, etc.

Nous nous bornerons à examiner d'une manière générale le son, la fécule et le gluten.

§ II. — DU SON.

Le son est l'enveloppe corticale du grain ; cette enveloppe est composée de trois pellicules très-minces, d'un tissu vasculaire formé de petits tubes placés à côté les uns des autres, communiquant entre eux par de nombreuses anastomoses.

Entre la seconde et la troisième membrane, on aperçoit une couche de substance visqueuse, semblable à celle de la gomme, laquelle entoure le grain. On observe donc dans le son deux parties distinctes : une qui est purement ligneuse, impropre à la nourriture de l'homme, et l'autre féculeuse, gommeuse et qui est assimilable.

Suivant M. Poncelet, le docteur Herpin et beaucoup d'autres auteurs, le son proprement dit n'entre que pour 5 ou 6 pour 100 dans le poids spécifique du blé; cependant, il faut remarquer qu'en retirant 12 pour

100 de ce qui est appelé son dans le langage habituel, on n'obtient
pas une qualité de farine qui puisse permettre de fabriquer du pain
blanc.

L'imperfection des moutures et l'infériorité des procédés de blutage
expliquent en partie ce résultat; mais, comme les moyens les meilleurs
appliqués à la mouture et au blutage des grains ne permettent d'obtenir
que 70 à 75^k de farine blanche d'un quintal métrique de blé, il demeure
évident que sur 100^k de blé contenant 5 à 6^k de son, il reste, dans les
25 à 30^k mis à l'écart, une grande quantité de fécule, de gluten, de
gomme, enfin de matières propres à la panification.

On a essayé de retirer du son du commerce les parties panifiables, et
le moyen le plus simple, celui qui a été indiqué par Parmentier et par
le docteur Herpin [1], consiste à laisser tremper une certaine quantité de
son dans de l'eau froide, à décanter au-dessus d'un tamis, et à se servir
de l'eau chargée de fécule, de gluten et de parties gommeuses pour opérer
le pétrissage.

Les expériences du docteur Herpin, qui classe sous le titre de *son* ce
que nous appelons *sons, basses matières et gruaux*, dans le service des

---

[1] M. le docteur Herpin, qui pensait qu'en lavant à l'eau froide les sons (ce que nous
appelons sons et basses matières), on pouvait augmenter de beaucoup le produit d'un
quintal de blé en pain, a pris en 1833 un brevet qui tendait à interdire, sauf son autorisation, la pratique du lavage des sons, en tant qu'elle s'applique à la panification.
J'ai fait des expériences qui m'ont démontré que M. Herpin est dans l'erreur quant à
l'augmentation des produits; mais j'ai reconnu qu'en lavant les sons et les basses
matières, en employant d'autres moyens que ceux indiqués par Parmentier, et qui sont
à peu près ceux employés par M. Herpin, on obtient de 100 k. de farine brute autant de
pain blanc que peut produire en pain brun la même quantité de farine traitée par les
procédés de blutage ordinaires. Je dois faire observer de plus *que le lavage des sons à l'eau
froide* a été mis en pratique depuis plus de cent ans, à plusieurs reprises, dans diverses
localités, et que Parmentier indique ce moyen pages 301, 302, 303 et 304 de son Mémoire
publié en 1789, *Sur les avantages que le royaume peut retirer de ses grains*, et qu'ainsi,
en 1833, le procédé qui fait l'objet du brevet de M. Herpin était doublement du domaine
public depuis quarante ans.
Je pense que le son et les basses matières doivent être immergés dans de l'eau élevée
à la température de 35 à 40°, chaleur qui ne fait subir aucune altération à la fécule,
mais qui facilite sa séparation des particules de son auxquelles elle est en adhérence ;
et je conseille d'agiter la masse humide pendant une heure ou deux, afin d'arriver en
peu de temps à l'extraction de la fécule mêlée ou attachée au son et aux basses matières.

subsistances de la marine, semblent démontrer que 100ᵏ d'issues de toute nature contiennent :

Amidon sec.............	25 k.
Matières solubles.......	18 à 25
Son lavé et séché.......	52

De sorte que si l'on opérait, par exemple, sur 400ᵏ de farine brute, et si l'on supposait que les procédés de mouture et de blutage fussent assez parfaits pour qu'une extraction de 25 pour 100 permît d'obtenir 75 pour 100 de farine blanche par 100ᵏ de farine brute, on aurait pour résultat :

Farine blanche provenant de mouture.........................	300 k.
Amidon et matières solubles paniflables obtenus par le lavage....	44
Son lavé (sec)...	52
Perte..	4
Total égal..............	400 k.

D'où l'on voit que 400ᵏ de farine brute pourraient fournir 344ᵏ de farine propre à faire du pain blanc, et que, par l'introduction du mode de lavage du son et des basses matières préalablement à leur emploi, il deviendrait possible, en portant l'épurement à 14 ou à 15 pour 100, de ne sustenter les matelots qu'avec du pain blanc; et j'ai reconnu même qu'en se bornant à rejeter 12 pour 100 de son à l'état sec d'une quantité donnée de farine brute, on obtient, en adoptant le mode de lavage des basses matières, à peu près autant de pain blanc qu'on pourrait en obtenir de bis, si l'on faisait usage des procédés ordinaires.

Peut-être me fera-t-on l'objection que les frais de main-d'œuvre nécessités par ce changement pourront devenir un sujet notable de dépense. J'y répondrai en faisant observer qu'il sera toujours facile de faire exécuter le lavage et le séchage des sons en empruntant un peu de force et de chaleur aux appareils destinés à mettre les pétrins en mouvement, et que les quantités de basses matières, rendues propres à la panification du pain blanc, donneront en outre à la marine la possibilité d'employer avec bénéfice ces sortes de résidus dans la fabrication du biscuit.

L'extraction de la fécule mélangée ou en adhérence aux sons et aux basses matières peut s'opérer par divers moyens, ayant pour principe essentiel le lavage avec de l'eau à 35 ou 40°.

Pour arriver à obtenir la séparation de la fécule des sons et des basses matières, on peut se servir d'une cuve terminée en cône renversé, munie, au tiers de sa hauteur, d'un diaphragme criblé de trous assez petits pour ne laisser passer que la fécule et s'opposer à la sortie des particules de son. Entre le double fond et l'orifice supérieur de la cuve, des agitateurs ou des brosses exerceraient leur action, et, par l'agitation ou le frottement, détacheraient la fécule qui se précipiterait dans la partie inférieure. Cette disposition donnerait à la fécule la possibilité d'abandonner en peu de temps le son avec lequel elle se trouve mélangée. La fécule, mêlée à une certaine quantité d'eau, s'écoulerait par un robinet en communication avec une chaudière dans laquelle fonctionnerait un agitateur.

Les sons, en grande partie privés de fécule, seraient soumis à l'action d'une presse, et l'eau exprimée, chargée de fécule, de matières extractives, solubles, gommeuses, sucrées, serait versée dans la chaudière pour être employée au pétrissage.

Le son lavé, après avoir été soumis à l'action d'une presse puissante et séché à l'étuve, contenant encore plus de la moitié de son poids de matières nutritives, se vendra sans doute à un prix à peu près égal à celui auquel est livré le son ordinaire.

Il est utile de remarquer que le son, après avoir été trempé, a perdu une partie de la fécule qui y était en adhérence ; mais il ne faut pas oublier de noter qu'il s'est emparé de parties gommeuses et de parties sucrées qu'il ne possédait pas avant le lavage, et que, si on le laisse fermenter pendant six heures et qu'on le fasse sécher à une haute température, il a subi alors une sorte de préparation analogue à la panification, ce qui le rend très-propre à servir de nourriture au bétail; j'ai fait plusieurs expériences qui ne me laissent aucun doute à ce sujet.

Les détails dans lesquels je viens d'entrer me semblent de nature à arrêter l'attention de l'administration ; car de la mise en pratique de moyens très-simples il pourrait résulter une amélioration réelle dans le régime alimentaire de nos soldats et de nos matelots, sans que les dépenses de manutention fussent augmentées d'une manière notable.

Dans le cours de mon travail, je reviendrai sur le mode d'application des procédés qui viennent d'être décrits sommairement.

§ III. — DE L'AMIDON OU FÉCULE.

L'amidon ou la fécule existe principalement dans le maïs, le riz, le millet, les pommes de terre, les marrons, les pois, les fèves, les haricots, les lentilles, etc. L'amidon obtenu de telle ou telle plante est à peu près de même nature ; les formes qu'il affecte sont seulement différentes.

L'amidon des céréales est blanc, opaque, grenu, craquant sous le doigt, plus pesant que l'eau, inaltérable à l'air, inodore et insipide ; insoluble dans l'eau froide, l'alcool, l'éther et les huiles ; très-soluble dans l'eau bouillante. L'acide nitrique convertit l'amidon en acide acétique, malique et oxalique. Si l'on fait bouillir une partie d'amidon, pendant trente-six heures, avec quatre parties d'acide sulfurique étendues de 90/1000 d'eau, l'amidon, d'après les expériences de Kirchoff, est converti en matière sucrée. M. de Saussure a également reconnu que l'empois, soit avec le contact de l'air, soit dans le vide, se change au bout de quelque temps en une substance égale à la moitié de l'amidon employé.

Suivant les observations de M. Raspail, la fécule est toujours libre dans les cellules des végétaux ; mais elle se présente sous l'aspect de grains de formes différentes pour chaque espèce. Les grains de fécule se composent d'une enveloppe solide et d'une substance molle intérieure, qui est de même nature que son enveloppe ou n'en diffère, suivant quelques savants, que par son état physique ; tandis que, suivant d'autres, les globules féculents seraient formés de deux substances différentes par leurs propriétés.

Comme on trouve parfois mélangées à la farine de froment des fécules de maïs, de fèves, de haricots et de pommes de terre, je vais indiquer leurs formes, afin d'aider à les reconnaître.

Fécule de froment.

Les grains de fécule de froment ne dépassent pas 1/20 de millimètre; ils sont sphériques, déprimés ou discoïdes; ils ne laissent voir ni leur hile ni couches concentriques, et dans la farine on les observe au milieu de téguments vidés, déchirés par l'action de la meule.

Suivant M. Dumas, l'examen attentif de l'un des plus beaux types des blés blancs, la tuzelle de Provence, et des espèces de blés durs bien caractérisés, notamment le blé de Pologne et le blé de Tangarock, montre dans leurs grains d'amidon une physionomie toute particulière. Bien développés, ils sont irrégulièrement aplatis ou plutôt lenticulaires et à rebords arrondis, l'une de leurs faces est ordinairement plus proéminente, et le sens des fractures étoilées qui s'y aperçoivent quelquefois indique vers leur sommet le siége du hile [1].

Fécule de maïs.

La forme de la fécule de maïs est tout à fait particulière et dépend en grande partie de la constitution du grain de maïs, qui se compose d'une substance centrale et d'une substance corticale très-dure. Dans l'intérieur du grain, les granules de fécule libres sont ovoïdaux ou sphériques, présentant souvent un hile fendillé ou étoilé. Les fentes sont toujours au nombre de deux ou trois, parfois quatre, en tout semblables à celles qui se voient dans le hile des fécules âgées. A mesure que le grain grossit, le hile éclate.

Dans la partie corticale, qui est très-dense, les grains de fécule se soudent, chaque grain comprimé par ses voisins en acquiert des formes polyédriques; ils ressemblent, par leur arrangement, au tissu cellulaire. Il y a donc deux grains distincts dans le maïs; ceux qui se trouvent dans l'intérieur sont libres et humides, ceux de la partie corticale sont adhérents et ne se séparent pas; on peut les concasser, mais la farine en est toujours rugueuse. Les grains ne se disjoignent pas ou se disjoignent du moins avec d'autant plus de difficulté qu'ils se trouvent placés plus extérieurement.

Fécule de féveroles.

La fécule de féveroles, que l'on trouve souvent mélangée avec les farines de froment employées par la boulangerie de la Saintonge, a des grains ovoïdes ou réniformes, offrant souvent dans leur sein un grain

---

[1] Le mot hile, comme le fait observer M. Dumas, ne désigne plus un point ombilical, mais bien le trou par lequel la substance amilacée s'est introduite.

interne comme enchâssé dans le principal, quelques-uns affaissés et presque vidés; ils atteignent 1/20 de millimètre.

M. Dumas dit que les grains de cet amidon se distinguent par les bords généralement sinueux de leurs projections, par les ondulations marquées de leurs surfaces, par la difficulté d'apercevoir, directement du moins, leurs lignes d'accroissement, bien que l'on parvienne à discerner près de leurs bords deux ou trois épaisseurs apparentes, et encore par l'absence du hile tout au moins invisible; enfin par l'aplatissement de tous les grains volumineux.

M. Raspail a reconnu que les gros grains de fécule de haricots blancs atteignent environ 1/15 de millimètre; qu'ils sont ovoïdes, allongés en pointe d'un côté, ou très-obscurément trigones, mais fortement ombrés sur les bords; il y a aussi un grain enchâssé à l'intérieur. *Fécule de haricots.*

Quant à la fécule de pommes de terre, bien qu'elle affecte des formes variées, elle est aisée à reconnaître. Ses grains ont des dimensions très-grandes, leur surface est pourvue, au sortir de la plante, de rides qui disparaissent à la dessiccation; les plus gros atteignent 1/8 de millimètre, et les plus ordinaires varient de 1/10 à 1/25; ils sont ovales, étranglés en cocons, gibbeux, obscurément triangulaires, arrondis et sphériques, au moins ceux de la plus petite dimension. Les globules de fécule, mis dans de l'eau à la température de 60° environ, ou soumis à l'action d'un ferment, comme dans la panification, augmentent de volume, et la substance qu'ils contiennent à l'intérieur se fait jour à travers le tégument, soit en le déchirant, soit en ouvrant son tissu. *Fécule de pommes de terre.*

Voici la description de la fécule de pommes de terre, telle qu'on la trouve dans le traité de chimie de M. Dumas :

« Cette fécule se distingue par le fort volume de ses grains, par les formes des portions de sphéroïdes et d'ellipsoïdes qui les composent, enfin par la marque du hile et les traces ou lignes d'accroissement plus faciles à discerner que sur la plupart des autres fécules. Quelques déchirures s'observent sur les grains vieux ou très-volumineux, qui se rencontrent surtout dans les tubercules arrivés au maximum de leur développement: ces déchirures anguleuses partent généralement du hile. »

Mais il paraît bien difficile à M. Dumas de constater, même approximativement, dans quelle proportion le mélange des fécules a été fait.

Lorsque je traiterai de l'altération des farines, je parlerai des procédés autres que le microscope, qui ont été mis en usage pour constater la présence de certaines fécules mélangées à la farine de froment.

A l'aide des beaux travaux de MM. Raspail, Dumas et Payen, et avec un peu d'habitude du microscope, il est possible de reconnaître les différences qui existent entre les diverses sortes de fécules.

§ IV. — DU GLUTEN.

Le gluten est le tissu cellulaire dans les mailles duquel s'engendre l'amidon ; il se trouve dans toutes les céréales, etc. [1]. On obtient cette substance en mettant une certaine quantité de farine dans un linge noué ; ce nouet est placé au-dessus d'un tamis en crin ou en toile métallique très-fin ; on fait tomber un filet d'eau sur le sachet plein de farine ; tandis qu'on le malaxe entre les doigts, la fécule passe à travers le linge et le tamis, et le gluten reste en partie dans le sachet, en partie sur le tamis. Lorsque l'eau n'entraine plus de fécule, on réunit le gluten qui se trouve dans le linge à celui qui est resté sur le tamis, et on le pèse humide ou sec. Le gluten doit être pesé à l'état sec, attendu que, suivant les plantes dont il provient et ses qualités propres, il perd plus ou moins à la dessiccation.

A l'état frais, le gluten est mou, très-extensible, comme membraneux ; si ses filaments allongés viennent à se casser, ils se retirent sur eux-mêmes ; il est insoluble dans l'eau, l'alcool, l'éther ; mais soluble dans l'ammoniaque, l'acide acétique et l'acide chlorhydrique ; il passe à l'état solide par la dessiccation à l'air sec, ou par son séjour dans l'alcool, ou par son contact avec l'acide sulfurique.

Henry père et Proust ont trouvé, en analysant un grand nombre de farines premières, c'est-à-dire des farines de qualités analogues à celles que l'on embarque pour de longues campagnes, 10, et même jusqu'à 12 pour 100 de gluten sec ; M. Gaultier de Claubry et d'autres chimistes font observer que ces quantités sont très-variables,

---

[1] On trouve dans les légumineuses une substance qui a été regardée pendant long-temps comme analogue au gluten ; Braconnot l'a appelée *légumine*.

et que la nature du gluten est presque autant à considérer que sa proportion, relativement à la qualité du pain.

Les propriétés du gluten expliquent comment la farine mélangée avec de l'eau peut former une pâte plus ou moins solide et remplie de cavités à l'intérieur. Le gluten ramolli, membraneux de sa nature, enveloppe tous les autres principes constituants de la farine, et si l'on ajoute au mélange d'eau et de farine un ferment quelconque, il agit sur le sucre produit par la réaction de l'eau, de la température et du gluten sur l'amidon, et la fermentation favorise alors la production de gaz acide carbonique, d'alcool, d'acide acétique, et, suivant quelques auteurs, d'acide lactique.

Le gaz acide carbonique, faisant effort pour s'échapper de l'enveloppe où il se trouve enfermé, distend le réseau glutineux, pénètre dans la pâte et y forme une multitude de petites cellules. Puis, lorsque la chaleur du four, en combinant une partie de l'eau avec l'amidon et vaporisant l'autre, solidifie la pâte, celle-ci reste parsemée d'une infinité d'alvéoles dans lesquelles l'acide carbonique était retenu [1].

L'humidité, comme nous l'avons déjà fait observer, altère les farines, et c'est sur le gluten surtout que se produit la détérioration, car les globules de fécule n'absorbent pas d'humidité, ce sont comme autant de grains de sable qui ne peuvent être mouillés qu'à la surface. Ainsi, quand les farines se prennent en masse, lorsqu'elles dégagent une odeur de haricots ou de savon, on peut être assuré que le gluten a subi une certaine altération, et qu'elles sont déjà peu propres à la panification.

M. Raspail a reconnu que le gluten pétri avec les mains, ou à l'aide d'une cuiller en fer, ne changeait pas de nature, mais que seulement dans le premier cas il acquérait une plus grande tendance à la fermentation putride.

Plusieurs faits importants que je vais indiquer ont été mis hors de doute par tous les chimistes qui ont étudié le gluten, depuis Beccaria qui l'a découvert, jusqu'à nos jours : 1° cette substance joue un rôle essentiel dans

---

[1] En parlant de la fermentation, Bernouilli fait observer que le pain doit sa porosité aux airs qui, au moment où ils s'échappent, soulèvent la pâte et la font ressembler à une éponge ; et que le pain non fermenté est au contraire lourd et compact. (*Dissertatio de effervenia*, etc., c. xv.)

l'œuvre de la panification ; 2° une farine est d'autant plus apte à absorber une grande quantité d'eau qu'elle contient plus de gluten ; 3° la quantité de gluten contenue dans les farines est en raison directe du poids spécifique des grains soumis à la mouture ; 4° les yeux qui se forment à l'intérieur du pain pendant la cuisson, et qui sont un indice de la légèreté des pâtes et du soin mis à les travailler, sont dus à la présence du gluten [1] ; 5° enfin le gluten absorbe les 2/3 de son poids d'eau, et, si la qualité du pain dépend nécessairement de celle du gluten, il faut noter encore qu'une quantité donnée de farine produira une quantité d'autant plus considérable de pain bien fabriqué, qu'elle contiendra du gluten en plus grande proportion.

Dans la pratique, si l'on en réfère aux observations de Henry père, il faut se garder d'admettre des farines contenant moins de 10 pour 100 de leur poids en gluten à l'état sec, et 12 5/10 pour 100 si l'on s'en rapporte aux expériences de Proust ; ces chiffres indiquent le poids du gluten contenu dans les farines provenant des blés récoltés en France, et je dois ajouter que les blés sains, bien nettoyés et pesant 77 à 78^k à l'hectolitre, tels enfin que ceux admis ordinairement dans les établissements des subsistances, donnent, si la mouture a été bien faite, des farines contenant 10 pour 100 de gluten. Ainsi, toutes les fois que le blé aura été bien choisi, parfaitement nettoyé, que son poids à l'hectolitre aura été de 77 à 78^k, l'administration des subsistances aura été mise en position de faire un excellent service, si d'ailleurs les moutures ont été exécutées avec intelligence et fidélité [2].

---

[1] Comme on le voit, s'il est utile de constater la proportion dans laquelle le gluten entre dans une farine donnée, il n'est pas moins important de reconnaître quel est son pouvoir d'extensibilité sous formes d'alvéoles, puisque c'est à cette cause que l'on doit d'obtenir un pain léger, c'est-à-dire paraissant d'un faible poids eu égard à son volume.

[2] Extrait de la *Chimie organique* de Liebig.

« La proportion de gluten diffère essentiellement dans le froment, le seigle et l'orge ; leurs grains, même dans l'état parfait de développement, en sont inégalement riches. Ainsi, Proust a trouvé dans le froment de France 12 5/10 pour 100 de gluten ; M. Vogel, dans celui de Bavière, 24 pour 100 ; d'après Davy, le froment d'hiver en contient 19 ; le froment de mars, 21 ; celui de Sicile, 21, et celui de Barbarie, 19 pour 100.

« Il faut qu'il y ait une cause à ces différences majeures ; or, cette cause, nous la trouvons dans la culture. Une augmentation de fumier animal influe non-seulement

Le gluten semble devoir prendre sa place comme substance alimentaire d'un usage général, depuis que d'utiles perfectionnements, apportés par M. Martin de Vervins dans la fabrication de l'amidon, ont cessé de rendre indispensable la décomposition putride du gluten, et ont donné le moyen de recueillir ce produit dont les propriétés nutritives sont bien reconnues.

Le procédé de M. Martin consiste à faire une pâte avec de la farine de froment et à la soumettre à un lavage continu, sur un tamis métallique n° 120.

On obtient, d'une part, l'amidon et la matière sucrée ; de l'autre, sur le tamis, le gluten pur, si la farine sur laquelle on agit a été blutée, ou le gluten mêlé de son si l'on agit sur de la farine brute.

Le gluten frais obtenu par le lavage de la pâte de la farine blutée forme d'ordinaire un peu plus du quart en poids de la farine employée ; mais cette proportion varie selon les pays et la qualité du froment.

Le gluten, en sortant du tamis métallique, a besoin d'être nettoyé par un second lavage sur un tamis en crin ; séché, il perd trois parties sur cinq.

À l'état frais, cette substance peut être ajoutée à la pâte dans la proportion d'un sixième ou même d'un cinquième de la farine de

---

sur la richesse de la récolte, mais encore, d'une manière moins marquée il est vrai, sur la proportion de gluten qui se forme dans le grain, etc.

« En Flandre, l'urine putréfiée est employée comme engrais avec le plus grand succès. Dans la putréfaction de l'urine, il se forme en abondance, pour ainsi dire exclusivement, des sels à bases d'ammoniaque ; car l'urée, la matière azotée qui domine dans l'urine, se transforme en carbonate d'ammoniaque par l'action de la chaleur et de l'humidité.

« Sur la côte du Pérou, le sol, qui est lui-même d'une stérilité remarquable, est fertilisé au moyen d'un engrais nommé guano *, qu'on exploite dans plusieurs îlots de la mer du Sud. Dans un terrain composé uniquement de sable blanc et d'argile, il suffit d'ajouter une faible quantité de ce guano pour pouvoir y récolter les plus riches moissons de maïs : le sol ainsi préparé ne renferme aucune autre matière organique que le guano, et cet engrais est composé d'urate d'ammoniaque, d'oxalate d'ammoniaque, de phosphate d'ammoniaque, de carbonate d'ammoniaque et de quelques sels terreux. »

---

* Le guano est déposé dans ces îlots par une foule immense d'oiseaux aquatiques qui les habitent pendant l'incubation. Ce sont les excréments putréfiés de ces oiseaux ; ils couvrent la terre d'une couche de plusieurs pieds de haut.

froment employée. On peut aussi l'ajouter à la farine de méteil, à celle
de seigle et à la fécule de pommes de terre, et avec l'adjonction d'une
certaine quantité de ferment on obtient toujours un pain de bonne
qualité.

Le gluten frais, pur, est encore propre à faire du vermicelle en y
ajoutant de la farine ou de la fécule pour le durcir convenablement. A
l'état frais, il se conserve vingt-quatre ou trente-six heures pendant
l'été, et deux ou trois jours en hiver. Passé ce temps, il s'aigrit et se
liquéfie. En cet état, il est encore très-bon pour la nourriture des
animaux; il s'agit de le pétrir avec du son pour en former du pain,
que l'on cuit au four et que l'on fait tremper quelques heures avant de
l'employer. On obtient 200^k de pain avec le gluten de 500^k de farine;
le son y entre pour 65^k; il se conserve dix à douze jours sans se moisir,
selon la saison et le degré de cuisson. S'il est destiné à être conservé plus
longtemps, on le coupe par tranches qui sèchent bien au four, à l'étuve
et même à l'air libre.

Le gluten obtenu des farines non blutées, et par conséquent mélangé
de son, peut se donner à l'état frais; mais on fera mieux de lui donner
aussi un léger degré de cuisson, soit qu'on en forme des pains ou qu'on
le fasse bouillir dans une chaudière.

Le seul moyen applicable pour conserver le gluten propre à la panification ou même à la nourriture des hommes et des animaux est la
dessiccation. Pour le premier cas, il ne faut pas que la chaleur employée
soit supérieure à 45 ou 50° centigrades. La seule manière facile d'opérer
cette dessiccation est de pétrir le gluten frais dans une bassine chaude,
avec partie égale de fécule parfaitement desséchée.

On laisse ensuite refroidir le mélange, qui de mou devient ferme; alors
on l'émiette sur les rayons d'une étuve ou dans un grenier chaud et bien
aéré. Du matin au soir, la pâte est sèche, blanche, d'un goût franc,
sans aucune acidité. 200^k de cette farine pourront servir à panifier
300^k de farine de pommes de terre, de maïs, d'avoine et de toute
autre farine privée de gluten ou n'en contenant qu'en faible proportion [1].

---

[1] Voir, pour plus de détails, les *Bulletins de la Société d'encouragement*, n°ˢ 34 et 36.

La difficulté d'écouler à l'état frais tout le gluten au fur et à mesure de son extraction, la dépense qu'aurait occasionnée son introduction dans le vermicelle, et le débit peu lucratif que l'on trouvait des pains propres à la nourriture du bétail, ont donné à MM. Véron, qui dirigent la belle minoterie de Ligugé, près Poitiers, l'idée de créer avec le gluten un produit propre à l'alimentation des hommes.

Ces messieurs obtiennent le gluten par les moyens indiqués par M. Martin, et leur invention consiste :

1° A granuler et dessécher le gluten ;

2° A séparer en trois ou quatre sortes, suivant leur grosseur, les grains tout formés ;

3° Enfin à livrer le gluten ainsi préparé pour être employé surtout à la confection des potages.

Dans l'établissement de Ligugé, le gluten est d'abord extrait suivant les procédés de M. Martin ; on l'étire tout frais dans de la farine employée à poids égal, et de façon à profiter de sa ductilité pour le diviser en menues lanières que sépare la farine interposée; alors on porte le tout dans une sorte de pétrin, où la division s'achève mécaniquement entre deux cylindres concentriques tournant dans le même sens, mais animés de vitesses très-différentes, et dont l'un, le plus petit, qui tourne rapidement, est armé d'un grand nombre de chevilles saillantes.

Le produit de cette trituration se présente sous la forme de granules oblongs composés de gluten renfermant de la farine interposée ; on le dessèche dans une étuve à courant d'air, chauffée de 40 à 50°, et garnie de tiroirs qui facilitent les chargements et les déchargements à l'extérieur.

Des tamisages au travers de canevas métalliques à mailles offrant des ouvertures graduées donnent directement des grains de quatre grosseurs différentes, mais d'une qualité identique.

Voici comment on peut se rendre compte de leur composition :

100^k de gluten frais, contenant 38^k de gluten sec, divisés par 200^k de farine contenant 24^k de gluten, en tout 300^k, se réduisent, par la dessiccation, à 228^k contenant 62^k de gluten.

Donc, 100^k de ce produit granulé renferment 27,2 de gluten sec, c'est-à-dire plus du double de la quantité contenue dans la farine employée.

Le rapport sur les procédés de MM. Véron, fait à la Société d'encouragement[1] par le savant M. Payen, a appelé l'attention du ministre de la marine, qui a ordonné l'embarquement d'une certaine quantité de gluten granulé sur les navires qui doivent entreprendre de longues campagnes; nous espérons que l'expérience, d'accord avec les prévisions de la science, sanctionnera les résultats déjà obtenus, et que les marins seront redevables à l'industrie d'une amélioration dans leur régime alimentaire.

Après cet examen analytique de la farine, nous allons énumérer quelles sont les diverses altérations dont peuvent être atteintes les farines, et nous chercherons à indiquer les moyens de les découvrir.

§ V. — ALTÉRATIONS DE LA FARINE DE FROMENT ET MOYENS DE LES RECONNAITRE.

Le défaut de qualités des farines peut provenir de l'imperfection de la mouture. Les praticiens les plus habiles ont reconnu que l'influence exercée par la mouture sur les blés est tellement profonde, que la farine provenant d'excellent blé mal moulu est parfois de qualité inférieure à celle des blés ordinaires dont la mouture a été parfaite. Si le manque de qualités des farines provient de l'imperfection de la mouture, au toucher elles paraissent huileuses, grosses et granuleuses; le son en est mal nettoyé, raide et blanc dans l'intérieur, et souvent il est brisé. Si l'on prend de la farine dans la main, qu'on la serre subitement, elle ne s'échappe pas entre les doigts, enfin le blutage en est difficile.

Le département de la marine, n'ayant pas de moulins perfectionnés dans ses arsenaux, est placé dans les conditions les plus défavorables, et l'infériorité marquée des procédés en usage pour la confection des farines met obstacle aux améliorations qui pourraient être apportées dans la manutention du pain.

Si la fraude consiste dans la substitution d'un blé mal nettoyé et de médiocre qualité à un blé propre et de première qualité, elle ne peut se reconnaître facilement à l'inspection de la farine, les moyens de comparaison manquant en général. Mais dans le cours du travail de la fabri-

___

[1] Voir le *Bulletin de la Société d'encouragement* de janvier 1845.

cation du pain, on trouve que d'une quantité de farine on a obtenu une quantité moindre de pain, comparativement à celle produite par une même quantité de farine de bon grain boulangée précédemment.

Dans le cas où il aurait ajouté par quintal métrique un kilogramme ou deux de son, réduit en poudre pouvant passer à travers les mailles des bluteaux, il serait fort difficile de le reconnaître *à priori*; et c'est à la couleur du pain et au rendement de la farine en pain qu'il faut avoir recours pour asseoir un jugement qui, en définitive, ne permet pas de convaincre le fraudeur.

Ceci m'amène à dire qu'il faudrait que des moulins fussent construits dans les établissements de la marine afin que l'administration ne fût pas exposée aux inconvénients inhérents à une mauvaise mouture, pour rendre impossible la substitution d'un mauvais blé à un bon, et mettre un obstacle à l'introduction de son menu dans les farines. C'est ce qui a été compris en Angleterre, où l'on a érigé des moulins dans chacun des grands arsenaux.

L'altération des farines peut provenir aussi de l'humidité qu'elles contiennent; on la reconnaît en plaçant dans une capsule de faïence ou de platine une certaine quantité de farine, qu'on fait chauffer à la température de l'eau bouillante en agitant continuellement avec un tube de verre. Lorsque la farine est bien sèche, ce dont on s'aperçoit dès qu'elle ne se pelotonne plus et qu'elle n'adhère plus au tube, on la pèse, et la différence du poids indique la quantité d'eau qu'elle a perdue.

Les farines de froment peuvent avoir été altérées par une adjonction de certaines fécules, ou de carbonates, ou de sulfates. Nous allons indiquer les moyens que l'on met le plus souvent en usage pour reconnaître ces sortes de fraudes.

Si l'on suppose que les farines sont mélangées avec des fécules autres que celles de froment, il est certain qu'elles ne contiendront pas, à poids égal, autant de gluten que la farine pure de froment. S'arrêtant à cette donnée, on se livre à la recherche de la quantité de gluten, et si, comme nous l'avons déjà dit, cette substance à l'état sec est dans une proportion moindre de 10 pour 100 de la masse sur laquelle on a opéré, on peut douter de la pureté de la farine. Mais ce procédé n'offrant aucune certitude, la quantité de gluten pouvant varier en raison des sols où le blé a été cultivé et en raison de la nature des engrais, il devient utile, pour constater l'état des farines, d'avoir recours aux divers moyens que nous allons indiquer.

M. Rodriguez [1] a reconnu qu'en décomposant de la farine pure, à l'aide de la chaleur, dans une cornue, et en recevant les produits dans un vase contenant de l'eau, on obtenait un produit *complétement neutre* si la farine est pure; qu'il en est de même pour la farine de seigle, tandis que, pour les farines de riz, de maïs, d'amidon, de froment, les fécules donnent des produits acides, et que les divers mélanges faits avec ces farines et celles de froment donnent les mêmes résultats que si l'on eût distillé les farines de riz, de maïs, de pommes de terre, etc. Ainsi, l'auteur a reconnu que parties égales de farine de froment et de fécule de pommes de terre fournissaient un produit dont l'acidité était exactement la même que si l'on eût distillé de la fécule de pommes de terre pure; que le liquide obtenu de ces diverses opérations, saturé par des solutions équivalentes de carbonate de potasse (d'après la quantité qu'il en faut pour la saturation), pourrait faire connaître, à quelque chose près, les proportions du mélange. Ainsi, 1° 100 parties de fécule de pommes de terre ont donné un produit acide ayant exigé pour sa saturation en carbonate de potasse 38 divisions; 2° 50 de froment et 50 de fécule de pommes de terre ont donné un produit qui en a nécessité 19. M. Rodriguez a encore fait des observations sur les farines de froment mélangées à la farine de pois, de haricots, de lentilles et de féveroles, et il a obtenu de bons résultats.

On s'accorde à regretter que cette opération, qui fournit d'excellentes indications, exige un temps assez long et ne puisse être faite que par des personnes ayant l'habitude de manier des appareils.

On peut constater le mélange de la fécule de pommes de terre avec la farine de froment à l'aide d'un procédé indiqué par M. Bolland, l'un des boulangers les plus instruits de Paris.

On prend vingt grammes de farine, on en fait une pâte ni trop ferme ni trop molle, et on la malaxe sous un filet d'eau pour en séparer le gluten et l'amidon. Ce dernier principe, entraîné par l'eau, passe à travers un tamis disposé sur un verre conique. On laisse reposer l'eau

---

[1] Voir *Annales d'hygiène publique*, tome VI.

de lavage pendant une heure, et on l'enlève de dessus le dépôt avec un siphon; les dernières portions doivent se retirer avec une pipette. Le dépôt étant bien tassé au fond du verre, on enlève avec une cuillère à café une couche grisâtre de gluten divisé qui occupe la surface. Ensuite, on laisse bien sécher le dépôt, on le détache en masse du verre, en appuyant légèrement l'extrémité du doigt tout autour, jusqu'à ce qu'il cède et se détache sous forme de cône. La fécule de pommes de terre étant plus pesante que celle de blé, se trouvera plus près que cette dernière du sommet du cône.

Pour apprécier la quantité de fécule ajoutée à la farine, on enlève successivement du sommet de ce cône d'amidon, cinq couches d'un gramme chacune; on les laisse sécher complétement, et on les pulvérise séparément et par ordre. Cette opération étant faite, on délaye peu à peu dans 12 ou 15 parties d'eau froide, et on filtre à travers un papier gris. Les cinq solutions sont ensuite placées dans des verres, et on y plonge un tube qui a été trempé dans la teinture d'iode; aussitôt, si la fécule existe dans ces diverses couches, il se produit une couleur bleu foncé, et si chaque couche d'un gramme donne ce résultat, on constatera une addition de 5 pour 100 de fécule de pommes de terre sur les 20 grammes de la farine essayée. Ainsi, en admettant que les deux premières couches se colorent seulement, cela indiquera que la fécule entre pour 2/20 dans la farine, ou dans la proportion de 10 pour 100. Quand la farine est pure, la solution ne prend qu'une légère teinte jaunâtre ou violette qui disparaît en peu de minutes.

Les observations sur lesquelles est basé le moyen proposé par M. Bolland sont :

1° Que la pesanteur spécifique de la fécule de pommes de terre est assez supérieure à celle de froment pour que dans le précipité la fécule de pommes de terre occupe toujours et sans mélange le sommet du cône;

2° Que la fécule de pommes de terre triturée, mise en suspension dans l'eau, donne par une addition d'iode une couleur *bleu foncé persistante:* tandis que la fécule de froment triturée et mise en suspension dans l'eau, par une addition d'iode, ne produit qu'une *teinte violette* qui disparaît.

Voici un autre moyen indiqué par M. A. Chevalier dans le *Journal des Connaissances nécessaires*, etc., mai 1839 :

On prend :

Farine	16 grammes.
Grès en poudre	16 —
Eau....................	1/6 de litre.

On triture ensemble ces substances dans un mortier pendant cinq minutes; puis on ajoute l'eau par petites portions de manière à former une pâte homogène qui est délayée avec le reste de l'eau. On jette ensuite le liquide sur un filtre pour obtenir une liqueur claire; on prend alors 1/32 de cette liqueur, on la met dans un verre à expérience, puis on y ajoute 1/32 de litre d'une solution aqueuse d'iode qu'on a préparée à l'instant en jetant 8 grammes d'iode dans 1/2 litre d'eau[1], agitant pendant huit minutes et laissant reposer.

Si l'on opère sur de la farine pure, l'eau se colore en rose tirant sur le rouge, et cette coloration disparaît d'autant plus vite que les blés moulus ont été récoltés plus humides, ou qu'on a employé des farines moins sèches.

Mais si l'on expérimente sur de la farine contenant seulement 10 pour 100 de fécule, la partie supérieure de l'eau se colore en violet, tandis que la partie inférieure est blanche.

Altérations
par l'addition de farine
de féveroles. La farine de féveroles[2] est souvent employée à cause de l'œil jaunâtre fort recherché qu'elle donne à la farine de froment; mais le pain offre une teinte rose vineux qui décèle la fraude.

L'un des moyens les plus certains de découvrir cette fraude a été proposé par M. Rodriguez :

Il consiste à distiller dans une cornue de grès de la farine de féveroles, à recueillir le produit de la distillation dans un vase contenant de l'eau;

---

[1] La quantité d'iode indiquée peut servir à préparer plus de 50 litres d'eau; mais il faut que la mixtion soit récente; aussi, chaque fois qu'on s'en est servi, on jette le reste du liquide, on laisse l'eau dans le fond du flacon, et l'on remet de l'eau quand on veut opérer de nouveau.

[2] Dans les temps anciens, on mélangeait parfois la farine de fèves à celle de froment pour faire du pain. Pline dit, livre VIII : « *Frumento etiam miscetur apud plerasque gentes, et maxime panico solido, ac delicatius fracta.* »

si l'on examine le produit après la distillation, on remarque qu'il y a une réaction alcaline; tandis que, si l'on agit de la même manière avec de la farine pure, on obtient un produit parfaitement neutre.

Pour reconnaître la présence de la farine de féveroles dans celle de froment, on peut aussi employer le moyen indiqué dans le *Journal des Connaissances nécessaires et indispensables* de M. A. Chevalier;

On prend :

Farine	16 grammes.
Grès en poudre	16 —
Eau.....................	1/6 de litre.

On triture la farine avec le grès pendant cinq minutes dans un mortier de biscuit ou de porcelaine, puis on ajoute l'eau par petites portions de manière à former d'abord une pâte bien homogène que l'on délaye ensuite dans le reste de l'eau; on jette sur un filtre. Lorsque l'eau est filtrée, on prend 1/32 de litre de la liqueur que l'on met dans un verre à expérience, puis on y ajoute 1/32 de litre d'eau iodée préparée à l'instant par le procédé que nous avons indiqué plus haut.

Si l'on agit sur de la farine pure, l'eau se colore en rose tirant sur le rouge, et si on opère sur de la farine contenant de la farine de fèves, la liqueur prend une couleur de chair rose qui disparaît d'autant plus vite que la fraude a été plus grande.

Un autre procédé très-simple peut aussi être employé avec succès:

On prend 8 grammes de farine suspectée, qu'on délaye dans un verre à pied, avec 1/32 de litre d'eau ordinaire, de manière à en former une pâte bien homogène, et qui ne contienne plus de grumeaux; on y verse ensuite 1/32 de litre d'eau iodée; si l'on agit sur de la farine pure, on remarque que la liqueur se colore en rose tirant sur le rouge; si, au contraire, l'expérience a lieu sur de la farine mélangée de farine de féveroles, elle prend une couleur de chair. Cette coloration persiste moins longtemps que celle donnée par la farine pure, et elle disparaît d'autant plus vite que la farine de féveroles y est mêlée en plus grande quantité.

Les fécules ayant toutes une structure qui leur est propre, on conçoit qu'aidé d'un microscope et sachant en faire usage avec une certaine habileté, on puisse avec cet instrument reconnaître les diverses espèces de fécules mélangées à la farine de froment, et nous croyons qu'à défaut de réactifs, le microscope à micromètre peut être d'une grande utilité pour constater les fraudes faites par une addition de fécule aux farines de froment.

Farine mélampyrée. La graine de mélampyre, réduite en farine et mélangée avec le blé, communique au pain une teinte violâtre, une odeur piquante et nauséabonde, une saveur amère.

Voici le procédé indiqué par M. Dizé, membre de l'Académie royale de médecine, pour arriver à reconnaître si les farines sont mélampyrées.

Il consiste à prendre 5 grammes ou une forte cuillerée de la farine que l'on veut essayer, à en former une pâte très-molle avec une certaine quantité de vinaigre ordinaire ; à placer ce mélange dans une cuiller d'argent, à l'exposer à une chaleur suffisante pour former un petit pain ; si la farine est mélampyrée, l'intérieur du pain se colore vers la fin de l'évaporation de l'eau et de l'acide acétique, et lorsque, après l'évaporation complète, le pain est solide, on voit, en le brisant, son intérieur coloré en rouge violacé très-foncé.

Falsification de la farine par le carbonate de chaux. S'il a été mêlé à la farine du carbonate de chaux (craie), on le reconnaîtra en s'y prenant de la manière suivante :

On prend 20 grammes de farine que l'on délaye dans 100 grammes d'*eau distillée*, puis on y ajoute de l'acide chlorhydrique. On remarque, lorsqu'on agit sur une farine contenant du carbonate de chaux, qu'il y a production d'une effervescence plus ou moins considérable, selon la quantité de carbonate ajoutée ; effervescence due à l'acide carbonique qui se dégage. On filtre la liqueur, en ayant soin de se servir de papier à filtre ne contenant pas de carbonate calcaire. On verse ensuite dans la liqueur filtrée de l'oxalate d'ammoniaque ; il y aura un précipité d'oxalate de chaux si on a agi sur de la farine mêlée de carbonate de chaux. Si on opère de la même manière sur de la farine pure, il n'y aura point effervescence par l'acide chlorhydrique et on n'obtiendra aucun précipité par l'oxalate d'ammoniaque.

Falsification par le phosphate de chaux. Pour découvrir la présence du phosphate de chaux dans la farine, on carbonise et on incinère 10 grammes de farine préalablement desséchée, et on pèse le résidu de cette calcination qui doit être de 8 à 9

centigrammes. S'il excédait ce poids, on pourrait considérer cette farine comme contenant des matières étrangères.

La falsification des farines avec des cailloux pulvérisés est très-ré- *Falsification avec des cailloux pulvérisés.*
cente ; elle se fait dans le département de l'Allier, avec des cailloux
très-blancs, qui étant concassés, pulvérisés et blutés, donnent une
poudre tout à fait analogue par sa blancheur et sa finesse à la farine
de froment.

Pour reconnaître cette fraude, M. A. Garnier conseille de faire dissoudre à froid 20 grammes de farine dans $\frac{1}{16}$ de litre d'eau distillée,
de bien délayer et de filtrer; on évapore ensuite dans une capsule de
porcelaine la liqueur jusqu'à siccité, et l'on retrouve entraînés à
travers le filtre, les cailloux qui auraient pu être introduits fraudu-
leusement dans la farine; leur poids indique la quantité qu'on détermine à raison de tant pour cent.

On ajoute parfois à la farine de froment de l'albâtre pulvérisé (sul- *Falsification avec de l'albâtre (sulfate de chaux).*
fate de chaux).

On peut reconnaître ce mélange par le procédé employé pour constater la présence de cailloux pulvérisés; ou par le moyen suivant, qui
nous paraît plus rationnel pour découvrir les deux falsifications :

On fait une pâte avec la farine suspectée, on la malaxe dans l'eau, on
recueille l'eau et on conserve le gluten. On agite la solution d'amidon et on laisse reposer; après l'agitation, l'albâtre, en raison de sa
densité, se précipite ainsi que la fécule, mais tout à fait à la partie
inférieure; quand l'amidon a formé, au fond du vase conique, un
dépôt dur, on décante l'eau qui a conservé le gluten de son côté; on
verse le cône sur un carreau de plâtre où il se dessèche, puis on enlève la partie supérieure du cône avec un couteau, on la met dans
un verre à expérience avec de l'eau chaude, on agite, l'amidon se
dissout et l'albâtre se précipite.

On procède de la même manière pour les autres couches.

§ VI. — DIVERS MOYENS DE RECONNAÎTRE LA QUALITÉ DES FARINES.

Lorsqu'on s'est assuré que les farines ne contiennent pas de matières *Quantité de gluten contenue dans la farine.*
étrangères, il est utile de constater leur qualité; et d'abord il est essen-

tiel de savoir quelle est la quantité de gluten contenue dans la farine, et quel est le pouvoir d'extensibilité de cette matière, puisque une farine est d'autant meilleure qu'elle contient plus de gluten et que celui-ci est plus extensible.

Pour fixer l'expérimentateur à ce sujet, M. Bolland, si connu par sa longue expérience dans l'art de la boulangerie, se sert d'un petit instrument de son invention qu'il appelle aleuromètre; c'est un cylindre en cuivre, creux, long de 15 centimètres environ et d'un diamètre de 2 à 3 centimètres, composé de deux pièces principales : l'une de 5 centimètres, fermée à son extrémité, sorte de capsule, qui se visse au reste du cylindre et peut contenir 15 grammes de gluten frais. Une petite tige légère en cuivre, graduée, de 5 centimètres de longueur, descend au tiers du cylindre et peut en sortir par la partie supérieure opposée à la capsule, de sorte que celle-ci étant chargée, il se trouve entre le gluten et la base de la tige mobile un espace à peu près double de son volume. L'appareil étant ainsi disposé, on l'introduit dans un bain d'huile chauffée à 200°; à cette température le gluten se gonfle; en augmentant de volume, il s'élève dans le cylindre, atteint bientôt la base de la tige graduée qu'il soulève plus ou moins selon qu'il est de plus ou moins bonne qualité. Chaque fois que la tige s'élève, on compte les degrés déplacés; ceux-ci correspondant à une certaine augmentation de volume du gluten qui a été donnée par la moyenne des essais; les bonnes farines donnent un gluten qui peut augmenter de quatre à cinq fois son volume; lorsque celui-ci appartient à une farine altérée, il ne se boursoufle pas, devient visqueux et presque fluide, adhère aux parois du cylindre et développe même quelquefois une odeur désagréable : celle du bon gluten rappelle celle du pain chaud.

Si l'on a eu soin de peser le gluten à l'état humide et à l'état sec, on a pu constater combien il absorbe d'eau, et d'une autre part, l'instrument ayant donné le degré d'extensibilité du gluten, on peut connaître après l'expérience quelle sera la qualité du pain que l'on obtiendra avec la farine examinée.

Comme dans les farines avariées, le gluten, ainsi que le fait remarquer M. Dumas, a pu disparaître et se trouver remplacé par des sels ammoniacaux, alors la chaux en dégagera de l'ammoniaque à froid. Dans un état d'altération moins avancé, le gluten est seulement dépourvu d'élasticité; sa mollesse est plus ou moins grande. Il importe beaucoup d'exécuter l'essai du gluten par le procédé de M. Bolland, qui donne à la fois la proportion du gluten, et sa valeur réelle comme aliment et comme agent de la panification.

Pour déterminer la quantité de pain qu'une farine peut produire, M. Robine, s'appuyant sur la solubilité du gluten dans l'acide acétique, a proposé un instrument qui n'est autre chose qu'un aréomètre. On conçoit qu'un poids de farine étant pris et traité par l'acide acétique, celui-ci dissoudra tout le gluten et la matière albumineuse de cette farine, sans altérer la matière amilacée, et fournira une liqueur plus ou moins dense, suivant que la quantité de gluten et de matières albumineuses sera plus ou moins considérable. Si l'on vient ensuite à placer un aréomètre dans ce liquide, il s'enfoncera d'autant moins que la liqueur sera plus dense, *et vice versâ*. Ces faits établis, on conçoit que plus une farine doit rendre de pain, plus la liqueur fournie doit être dense, puisqu'il n'y a que le gluten et la matière albumineuse dissous qui déterminent cette densité, et qu'il est démontré qu'une farine fournit d'autant plus de pain qu'elle contient plus de gluten et de matière albumineuse.

Appréciation de la qualité des farines, par M. Robine.

Si l'on divise cet aréomètre de telle manière que chaque degré représente un pain du poids de 2^k, en employant une quantité de farine représentant un sac de farine contenant 159^k et une quantité donnée d'acide acétique; moins l'instrument s'enfoncera dans la liqueur provenant du traitement de la farine par l'acide acétique, plus cette farine sera d'un bon rendement et pourra être considérée comme étant de bonne qualité, pourvu, toutefois, que le gluten soit de bonne nature, ce dont on peut s'apercevoir facilement comme nous l'indiquerons tout à l'heure.

Manière d'opérer : On prend de l'acide acétique distillé, concentré et pur; on l'étend d'eau distillée de manière à ce que l'acide étendu marque 93° à l'appréciateur, en ayant soin d'opérer à la température de 15°, indiquée par un thermomètre centigrade plongé dans la liqueur. On prend ensuite 24 grammes de farine si elle est belle, et 32 grammes si elle est de deuxième ou troisième qualité; on place cette farine dans un mortier de porcelaine ou de verre, on la divise convenablement au moyen d'un pilon; on prend ensuite 183 gram. d'acide acétique préparé ou 6/52 de litre si on a employé 24 grammes de farine, 244 grammes ou 8/32 de litre si on a employé 32 grammes [1]. On verse une portion de cette quantité d'acide dans le mortier en agitant de manière à délayer la farine sans laisser de grumeaux ; on triture pendant cinq à six minutes afin que la dissolution du gluten ou de la matière albumineuse soit complète, puis on ajoute le reste de l'acide acétique ; on jette le tout dans un verre conique, que l'on couvre avec du papier et que l'on place dans un vase contenant de l'eau fraîche, afin que la température du liquide soit à peu près constante, 15° ; on laisse reposer cette solution laiteuse pendant une heure. Il se produit alors un précipité qui est formé de deux couches, l'inférieure d'amidon et l'autre de son ; le liquide au-dessus du précipité est laiteux, il tient en dissolution le gluten. On remarque, à la surface de ce liquide, une écume que l'on enlève avec une cuiller. Par la seule inspection de ces produits, ainsi séparés, on peut reconnaître, lorsqu'on en a l'habitude, la qualité de la farine, la blancheur et la qualité du pain qu'elle doit donner.

Après une heure écoulée, on décante dans une éprouvette la liqueur qui est mucilagineuse ; on attend deux ou trois minutes, puis on plonge l'appréciateur dans le liquide, et l'on examine jusqu'à quel degré l'instrument s'enfonce ; ce degré indique la quantité de pains de 2k qu'elle doit donner pour 159k de farine. Une farine de bonne qualité ordinaire doit marquer 101 à 104 à l'appréciateur, c'est-à-dire qu'un sac de farine de 159k doit fournir 101 à 104 pains de 2k, ou 100k de farine devront donner au maximum 130k de pain [2].

Si l'on veut poursuivre l'expérience pour connaître entièrement la nature du gluten, sa qualité ou la quantité dissoute, on verse le liquide dans un vase convenable, et on le sature de sous-carbonate de potasse.

---

[1] Il faut toujours que l'acide acétique étendu soit dans la proportion de 1/52 de litre pour quatre grammes de farine.

[2] Dans les manutentions de la marine, de 1824 à 1840, les rendements en pain ont varié de 136 à 141 pour 100k de farine de qualité ordinaire. Ces résultats économiques, qui indiquent, à n'en pas douter, que le pain de munition contient plus d'eau que celui des boulangers des villes, sont acquis, il est du moins à craindre, aux dépens de la qualité du pain ; et il serait désirable, dans l'intérêt des rationnaires, que les rendements ne dépassassent jamais 136 ; en se renfermant dans cette limite, on ferait d'excellent pain de munition, et toute économie ne serait pas entièrement sacrifiée.

en ayant soin de ne pas trop ajouter de ce sel à la fois, sans cela l'effervescence qui se produirait pourrait faire passer le liquide sur les
bords du vase; on agite avec un tube de verre afin de faciliter le
mélange. Le gluten, dissous par l'acide acétique, se sépare et vient
nager à la surface du liquide; on le recueille sur une toile très-serrée,
ou, ce qui vaut mieux, sur un morceau de bluterie, et on le lave à l'eau
froide; on obtient alors le gluten entier, jouissant de toutes ses propriétés.

M. Dumas fait observer que ce procédé offre quelques chances d'erreur provenant de l'altération des farines ou de la présence des sels
ou matières solubles, telles que la dextrine, qu'on aurait ajoutés dans
la farine.

M. Dumas dit : que le moyen le plus direct pour apprécier la qualité
des farines consisterait à les soumettre à la panification régulière et en
quelque sorte mécanique à laquelle on est parvenu aujourd'hui, et qui
est assez constante pour faciliter la comparaison entre les résultats
obtenus avec les différentes matières premières. On jugerait ainsi leur
rendement et la qualité du pain produit; mais on conçoit aussi qu'il
faudrait faire plusieurs fournées, tant pour modifier l'influence des
levains que pour obtenir une moyenne suffisamment exacte.

Peut-être, ajoute-t-il, parviendrait-on à des résultats aussi sûrs, plus
prompts et avec de plus petites quantités, en prenant des doses bien
égales d'eau et de farine, la pétrissant au même point et à la même
température dans un petit pétrisseur mécanique, déterminant le soulè-
vement de la pâte par d'égales quantités de bi-carbonate de soude dissous
dans l'eau et décomposé au moment de mettre au four par une addition
déterminée d'alun rapidement mélangée dans la pâte; enfin, soumettant celle-ci à la cuisson dans un petit four à la température constante
d'un bain d'huile.

Comme on le voit, avec beaucoup d'attention et en appelant à son
secours des expériences assez délicates, il serait possible de reconnaître
une partie des altérations que l'infidélité aurait pu faire subir à des
farines; mais si l'on se place dans les circonstances où se trouvent les
services publics, la marine par exemple, on reconnaîtra que l'analyse
des farines devient très-difficile à mettre en pratique, puisque, pour être
efficace, elle devrait s'exercer sur 12,000 barils de farine d'armement

et sur 100,000 sacs de farine livrés par les meuniers. L'administration aurait donc le plus grand intérêt à adopter un système qui lui donnât la certitude de n'employer que d'excellentes farines, sans être contrainte à faire des analyses multipliées au milieu desquelles l'erreur serait iné-vitable. Il suffit, pour arriver à ce résultat important, d'imiter les Anglais en faisant moudre les grains dans l'enceinte des arsenaux.

Après avoir examiné la farine dans ses éléments principaux ; après avoir indiqué les altérations que l'impéritie ou l'infidélité peut lui faire subir et nous être livrés à la recherche des moyens indiqués par la théorie ou la pratique éclairée pour faire reconnaître la qualité des farines, nous allons parler des procédés qu'il est utile de mettre en usage pour effectuer le pétrissage des farines. Mais avant d'aborder ce sujet, il nous reste à faire connaître, d'une manière générale, les corps qui, unis à la farine, permettent d'effectuer sa transformation en pâte, c'est-à-dire l'eau, le sel et les agents employés pour accélérer ou régulariser la fermentation.

§ VII. — DE L'EAU.

Qualité de l'eau.   Toutes les eaux potables peuvent servir également à la fabrication du pain, bien qu'elles contiennent parfois en assez forte proportion du sulfate de chaux, comme à Paris, ou d'autres matières qui en altèrent plus ou moins la pureté. Les eaux légèrement saumâtres ne sont même pas un obstacle à la panification.

Je m'empresse de dire que les eaux dont on fait usage dans les ma-nutentions des subsistances de la marine sont excellentes.

Température de l'eau.   L'eau doit s'employer à divers degrés de chaleur, qui varient en raison inverse de la température de l'air ambiant; ainsi, Parmentier conseille de se servir de l'eau sans la faire chauffer pendant la saison chaude, et il engage à la faire tiédir durant les temps froids.

Les boulangers reconnaissent bien que l'eau employée à 25 ou 30° donne une meilleure pâte que celle dont la température est de 38 à 40°: mais, comme plus l'eau est chaude et moins le travail est pénible, il arrive parfois que l'ouvrier, exténué de fatigue, sacrifie la qualité du produit à l'obligation de ménager ses forces, en faisant usage d'eau élevée à une haute température.

Un bon pétrin mécanique remédierait à ces graves inconvénients.

§ VIII. — DU SEL ORDINAIRE [1].

Le sel marin, chlorure de sodium, est employé, non-seulement pour assaisonner le pain, en relever le goût, mais aussi pour donner du soutien aux pâtes qui manquent de corps. Le sel doit être employé en dissolution et vers la fin de l'opération du pétrissage, à la dose seulement de 1^k par 100^k de farine. En Angleterre, on emploie jusqu'à 2^k de sel par 127^k de farine, et parfois 1^k de sel et 1^k d'alun.

Chlorure de sodium.

Les farines sèches et provenant d'une bonne mouture n'ont pas besoin, pour donner un bon pain, d'une forte addition de sel ; il suffit de l'emploi d'une grande quantité de levain jeune, d'un pétrissage vif, d'une fermentation graduée arrêtée à point, et d'une cuisson parfaite pour obtenir un pain blanc, léger et du meilleur goût. Mais si l'on agit sur des matières en fermentation ou ayant subi un certain degré d'altération, l'adjonction d'une forte quantité de sel devient indispensable, comme moyen de masquer une saveur désagréable et pour donner à la pâte la consistance qu'il serait difficile et, dans plusieurs cas, impossible de lui faire prendre sans l'aide de cet ingrédient.

Le sel marin employé avec discernement a pour effet de donner de la consistance à la pâte, de rendre le pain plus sapide et de le conserver longtemps à l'état frais.

---

[1] Chez les Romains, le sel était associé à la farine dans les sacrifices, et cet usage fort ancien remonte à Numa, puisqu'on trouve dans Pline, livre XVIII : « Numa instituit deos fruge colere, et *mola salsa* supplicare, etc. »

L'emploi du sel marin comme assaisonnement du pain était aussi commun chez les anciens, ainsi que le prouve un passage de Pline, dans lequel il blâme l'emploi de l'eau de mer pour pétrir la farine : « Marina aqua subigi, quod plerique maritimis in locis faciunt, occasione *lucrandi salis*, inutilissimum. Non alia de causa opportuniora morbis corpora exsistunt. » (Lib. XVIII.)

§ IX. — DES SUBSTANCES EMPLOYÉES POUR FALSIFIER LE SEL MARIN [1]

Le sel peut être falsifié de diverses manières :

1° Avec de l'eau pour en augmenter le poids;

2° Avec le sel marin des salpêtriers, dont le prix est moins élevé que celui du sel des salines;

3° Avec le sel marin retiré des soudes de varech, qui a moins de valeur que le sel marin pur;

4° Avec le sulfate de soude, dont le prix est aussi moins élevé;

5° Avec le sulfate de chaux réduit en poudre très-fine, et par des matières terreuses.

Addition d'eau au sel marin. Pour reconnaître si le sel marin a été mouillé, on fait dessécher 100 grammes du sel à essayer, réduit en poudre fine, à l'action de la chaleur, dans une capsule de porcelaine placée sur une bassine contenant de l'eau en pleine ébullition. On pèse le sel après dessiccation pour reconnaître la part qui peut être attribuée à l'eau. Si elle dépassait 8 à 10 pour 100, il y aurait probabilité que ce sel aurait été mouillé.

Sel des salpêtriers, mélangé au sel marin. On n'a pu trouver jusqu'à ce jour un *procédé simple* permettant de reconnaître si le sel marin du commerce a été altéré par une addition de sel des salpêtriers; et pour empêcher la fraude, on conseillerait de colorer ce dernier en y ajoutant une substance noire ou une huile animale, qui ne nuirait en rien à son emploi dans les arts.

Falsification du sel marin par du sel de varech. On peut reconnaître si du sel de varech a été ajouté au sel marin ordinaire en s'y prenant de la manière suivante :

On prend quelques grammes du sel à examiner que l'on met sur une assiette de faïence ou de porcelaine; on verse dessus quelques gouttes d'une dissolution de colle d'amidon préparée en faisant bouillir dans 31 grammes d'eau 61 centigrammes d'amidon; lorsque la colle d'amidon

---

[1] Ce que nous allons exposer sur les falsifications du sel est extrait d'un mémoire publié en 1852 par M. Chevalier, et de l'ouvrage sur les falsifications des farines et du pain par MM. Robine et Parisot.

est préparée, on la mêle à parties égales d'acide chlorhydrique et de chlore, puis on met une pincée du sel à examiner dans ce liquide : si le sel marin a été additionné de sel de varech brut ou de sel de varech raffiné, le sel essayé se colore en rouge violâtre, en violet ou en bleu, selon que la quantité de sel de varech ajoutée est plus ou moins considérable et que les sels contiennent plus ou moins d'iodhydrate.

Si l'on voulait déterminer exactement la proportion d'iode contenue dans un sel, il faudrait suivre le procédé de Serullas, qui consiste à pulvériser le sel, à le triturer dans un mortier et à le laver par de l'alcool à 39°, qui dissout l'iodure de potassium. On continue le lavage à l'alcool jusqu'à ce que le sel ne contienne plus d'iodhydrate, ce qu'on reconnaît à ce qu'il ne bleuit plus par l'amidon. On filtre les solutions alcooliques contenant et l'iodhydrate et le chlorhydrate, et on y ajoute de l'azotate d'argent, qui précipite le chlore et l'iode ; on traite par l'ammoniaque en excès, qui redissout le chlorure d'argent et qui laisse l'iodure ; on recueille sur un filtre, on lave, on fait sécher et on pèse ; le poids de l'iodure donne celui de l'iode, et par conséquent celui de l'iodhydrate de potasse mêlé au sel marin.

Le moyen à mettre en usage pour constater la quantité de sulfate de soude contenue dans du sel marin, consiste à faire dissoudre une quantité donnée de ce sel (100 grammes) dans l'eau distillée, à filtrer la liqueur, à laver le filtre, à mêler les eaux de lavage à la dissolution, et à ajouter aux liqueurs réunies de la solution de chlorure de barium, continuant d'en ajouter jusqu'à ce que cette liqueur ne produise plus de précipité. La précipitation terminée, on laisse en repos, on décante le liquide clair, on lave à l'eau distillée, puis on traite par l'acide azotique affaibli à l'aide de la chaleur ; on laisse déposer, on décante le liquide, qui s'est éclairci, on jette sur un filtre ; on lave une dernière fois à l'eau distillée bouillante, on fait sécher le précipité détaché du filtre dans un creuset de platine, et on pèse. Le poids du sulfate de baryte produit donne le poids de l'acide sulfurique, et par conséquent du sulfate de soude.

Par du sulfate de soude.

Le moyen le plus simple pour reconnaître ce genre de fraude consiste à traiter 100 parties de sel par l'eau distillée froide dissolvant le sel et laissant le plâtre, qui est insoluble ; on décante la solution, on jette sur un filtre le précipité, on lave à l'eau froide le résidu qui contient le

Par du sulfate de chaux ou des matières terreuses

sulfate de chaux; on voit ensuite quelle est la différence entre le poids du résidu fourni par le sel essayé, et on le compare au poids du résidu obtenu d'opérations semblables faites sur des sels qui n'ont pas été altérés.

CHAPITRE III.

§ I. — FERMENTATION.

A diverses époques, les chimistes ont reconnu jusqu'à sept espèces de fermentation ; pendant longtemps on n'a plus parlé que de l'alcoolique, l'acéteuse et la putride, et maintenant on en admet douze sortes. Dans la panification, c'est à celle alcoolique que l'on cherche à arrêter l'effet du ferment, et on ne saurait observer tout au plus qu'une tendance aux fermentations acides et putrides, pendant le cours du travail des levains ; alors il y a dégagement de gaz carbonique.

Beccaria, qui paraît être le premier qui se soit occupé d'expliquer l'acte de la panification par les lois de la chimie, la considère comme une fermentation *sui generis*, et il l'appelle fermentation panaire ; elle ne serait, suivant lui, qu'un commencement de décomposition spontanée, se terminant promptement par la putréfaction et la dissolution complète de la matière, si on ne l'arrêtait pas à une certaine époque, en soumettant la pâte à l'action de la chaleur, qui la convertit en pain.

Les chimistes contemporains n'admettent pas qu'il y ait, dans le cas qui nous occupe, une fermentation particulière ; ils pensent que deux fermentations se succèdent, la fermentation alcoolique et l'acéteuse, dont les produits sont de l'alcool, de l'acide acétique et du gaz acide carbonique qui tend à se dégager. M. Thénard fait observer que le gluten s'oppose au dégagement du gaz ; qu'il cède, s'étend comme une membrane, aide à former une foule de petites cavités donnant de la légèreté et de la blancheur au pain, et l'empêchant d'être mat. Il suit de là, ajoute-t-il :

« 1° Que dans la panification on ne saurait trop mettre de soins à *bien mêler le levain avec la pâte ;* car toutes les fois que le mélange ne sera pas assez intime, le pain sera toujours mat.

2° Que la pâte sera d'autant plus longue et capable de lever, et le pain d'autant plus blanc et léger, que la farine contiendra plus de gluten.

« 3° Qu'en détrempant soit de l'amidon pur, soit de l'amidon entre-mêlé de parenchyme, il en résultera une masse qui ne lèvera jamais, et qui ne fera qu'un pain mat, même en y ajoutant les matières propres à y développer la fermentation. »

Edlin (*Treatise on the art of bread making*), considérant que le gaz acide carbonique est l'élément de la fermentation panaire; que la porosité et les yeux du pain sont dus au dégagement de l'acide carbonique, a proposé d'employer pour le pétrissage de l'eau saturée de ce gaz, afin d'obtenir du pain très-léger, et il rapporte des expériences à l'appui de son système. Mais, d'une autre part, M. Colquhoun affirme s'être convaincu, par une série d'expériences tentées en variant les circonstances, que le pain fabriqué avec de l'eau saturée d'acide carbonique ne levait pas plus que le pain fait avec de l'eau pure, et les expériences de M. Colquhoun viennent en confirmation de celles publiées par Vogel dans son travail sur la panification; elles établissent :

1° Que le gaz acide carbonique ne peut pas remplacer la levûre et le levain;

2° Que le gaz hydrogène a la faculté de soulever la pâte, mais qu'il n'a pas la propriété de la faire fermenter;

3° Qu'il est impossible de faire du pain en réunissant les éléments de la farine préalablement séparés par l'analyse;

4° Que lorsqu'une farine de mauvaise qualité refuse d'entrer en fermentation et donne un mauvais pain, on peut l'améliorer en y ajoutant du carbonate de magnésie, comme le conseille aussi Edmond Davy.

M. Raspail énonce : que la fermentation panaire a pour but de transformer une partie de l'amidon en sucre, et ensuite ce sucre et celui qui existait déjà dans la farine en alcool et en acide carbonique, dont la pâte s'imprègne; il ajoute : que la chaleur du four, en dilatant ces deux produits, détermine la formation de ces larges cellules qui favorisent la cuisson de l'amidon, et il fait observer que si l'on abandonnait trop longtemps cette fermentation à elle-même, le gluten réagirait sur l'alcool, et que la fermentation deviendrait acide.

M. Thénard avait dit que toutes les substances capables de fermenter renfermaient un principe identique; M. Cagnard-Latour croit pouvoir prouver que la propriété fermentescible est due au développement *d'animalcules*. M. Colin attribue la fermentation à un phénomène électrique, se développant dans un point d'abord, et continuant à se propager dans toute la masse. M. Liébig considère la fermentation comme un corps en putréfaction, dont les atomes se trouvent dans un mouvement continuel. Ce mouvement se communique aux matières auxquelles le ferment est mêlé, et ce conflit des éléments détruit l'équilibre des atomes, qui obéissent ensuite à leurs attractions spéciales, de manière à former des corps nouveaux. M. Raspail dit que celui qui expliquera la fermentation aura expliqué la germination.

Sur ce point, comme on le voit, la théorie n'apporte aucun secours à l'art de la boulangerie, et dans l'état actuel des choses, l'ouvrier doit se borner à obtenir le degré de fermentation nécessaire à la pâte, afin que le pain soit de belle qualité et puisse convenir aux fonctions des organes digestifs.

Après avoir rappelé succinctement ce que l'on sait sur la fermentation, je vais maintenant parler des moyens employés pour faire lever la pâte destinée à être transformée en pain [1].

§ II. — DES LEVAINS.

La fermentation de la pâte est ordinairement déterminée soit par l'adjonction d'une portion de farine imbibée d'eau qu'on a laissée aigrir, soit par celle d'une certaine quantité de levûre de bière [2].

---

[1] Voir sur la fermentation le sixième volume de la *Chimie* de M. Dumas.

[2] On prépare maintenant le levain (fermentum), dit Pline, avec la farine ordinaire ; on en fait une pâte non salée que l'on fait cuire comme une bouillie, après quoi on l'abandonne jusqu'à ce qu'elle s'aigrisse. Ordinairement on se dispense de la faire cuire, et on se sert seulement de la matière qui a été gardée la veille. On voit par là que la fermentation repose sur un principe aigre (naturam acore fermentari). Le pain fermenté est plus sain que le pain non fermenté. (Pline, XVIII.)

Il remarque aussi que le ferment se préparait autrefois dans la saison des vendanges, en pétrissant de la farine de millet avec le moût de raisin blanc (musto albo), et que l'on formait de cette pâte des espèces de trochisques que l'on faisait sécher au soleil. « Celui qui veut s'en servir, ajoute-t-il, les délaye dans de l'eau avec de la fleur de farine, et les ajoute à la farine à pétrir. » Les Grecs estiment que huit onces de levain

Le levain est une portion de pâte qu'on a laissée fermenter. Pour préparer du levain, on prend, par exemple, 0ᵏ 250 de farine que l'on pétrit dans un litre d'eau à la température de 35°; on met la pâte dans un vase que l'on couvre, en ayant soin de le placer dans un lieu chaud. Quarante-huit heures après cette opération, lorsque la fermentation se fait observer, on ajoute au mélange 0ᵏ 500 de farine et 0ˡ 25 d'eau; on opère ainsi, augmentant dans le rapport indiqué l'eau et la farine, pendant un jour ou deux, et l'on obtient un produit qui, ajouté à une quantité déterminée de farine et d'eau, est capable de faciliter la fermentation d'une certaine masse de pâte [1].

C'est seulement dans des circonstances particulières qu'on a recours à la fermentation d'un levain nouveau; car, après le pétrissage de la pâte, il suffit d'en mettre en réserve une portion qui entre bientôt en fermentation et sert de levain dans le cours d'un travail continu.

suffisent pour un boisseau de farine; et l'on prétend que le pain ainsi préparé est excellent. (Pline, XVIII.)

Voici textuellement ce que dit Pline au sujet des levains :

« Milii præcipuus ad frumenta usus, e musto subacti in annuum tempus. Simile fit ex tritici ipsius furfuribus minutis et optimis, e musto albo triduo maturato subactis, ac sole siccatis. Inde pastillos in pane faciendo dilutos, cum similagine seminis fervefaciunt, atque ita farinæ miscent, sic optimum panem fieri arbitrantes. Græci in binos semodios farinæ satis esse besses fermenti constituere. Et hæc quidem genera vendemiis tantum fiunt. Quo libeat vero tempore, ex aqua hordeoque bilibres offæ ferventi foco, vel fictili patina torrentur cinere et carbone, usque dum rubeant. Postea operiuntur in vasis, donec acescant : hinc fermentum diluitur. Quum fieret autem panis hordeaceus, ervi aut cicerculæ farina ipse fermentabatur : justum erat, duæ libræ in quinque semodios. Nunc fermentum fit ex ipsa farina, quæ subigitur priusquam addatur sal, ad pultis modum decocta, et relicta donec acescat. Vulgo vero nec suffervefaciunt, sed tantum pridie adservata materia utuntur. Palamque est naturam acore fermentari : sicut et validiora esse corpora, quæ fermentato pane aluntur : quippe quum apud veteres ponderosissimo cuique tritico præcipua salubritas perhibita sit. »

[1] Ces détails, que la pratique nous a appris à connaître, ne sont en définitive que la reproduction de ce qu'ont écrit Malouin, Béguillet, Parmentier, Mutel, Edlin, Colquhoun, Dessable, Julia Fontenelle, etc.

On dit que le levain est jeune lorsqu'il n'a subi qu'un commencement de fermentation ; fort, quand la fermentation est arrivée à un haut degré : et vieux, lorsque la fermentation est très-avancée et que le levain tend à devenir acide.

Le levain jeune n'imprime à la pâte qu'un faible mouvement de fermentation ; le levain fort opère la fermentation avec rapidité, et le vieux levain, s'il était employé sans avoir été modifié, donnerait à la pâte une saveur acide désagréable.

Les boulangers, dans le cours de la panification, classent les levains sous les titres de levain de chef, levain de première, levain de seconde et levain de tout point.

Le levain de chef, ainsi appelé parce qu'il précède les autres, consiste en une certaine quantité de pâte, à laquelle on a donné une consistance ferme en la pétrissant.

Levain de chef.

Ce levain peut être employé lorsque, par la fermentation, il a acquis un volume double de celui qu'il avait à l'état frais ; alors aussi il offre une surface lisse et bombée ; il repousse légèrement la main lorsqu'on le presse, et, mis dans l'eau, il surnage ; enfin il a une consistance tenace, et il répand une odeur vineuse agréable.

Le levain de première, ou la première modification que l'on fait subir au premier morceau de pâte en fermentation, s'opère par le mélange d'une portion de farine équivalente au double, au triple et parfois même au quadruple du poids de levain de chef, et d'une quantité d'eau proportionnée à la masse. Un creux, appelé fontaine par les boulangers, est pratiqué dans la farine mise au pétrin, on y verse l'eau que l'on veut employer ; on met le levain dans cette sorte de cavité, on l'y délaye, puis on pétrit jusqu'à ce que le mélange soit transformé en une pâte consistante et tenace. Cette opération terminée, on met ce morceau de pâte dans un coin du pétrin, et on l'y laisse fermenter pendant quelque temps ; puis, lorsque la fermentation est arrivée à un certain degré, dont le boulanger expérimenté peut seul être juge, cette pâte travaillée est alors replacée à un bout du pétrin pour y fermenter et y prendre de l'apprêt, pendant un certain nombre d'heures qui varie en raison de la température et de la qualité des farines.

Levain de première.

Lorsque le levain de première est reconnu dans un état de fermentation convenable, on procède à une opération semblable à celle décrite

Levain de seconde.

plus haut pour la préparation du levain de première, et l'on fait ce qu'on appelle le levain de seconde, qui tire son nom de ce qu'il est obtenu par la seconde manipulation donnée au levain de chef.

Levain de tout point. Le levain de seconde ayant acquis un degré suffisant de fermentation, on fait le levain de tout point, le dernier levain, en répétant les opérations pratiquées dans la manipulation des deux levains qui l'ont précédé, et l'adjonction de farine et d'eau est telle que le levain de tout point est double à peu près du levain de seconde. On le laisse pendant quelque temps dans une cavité faite au milieu de la farine mise dans le pétrin, et on en fait usage lorsqu'on reconnaît qu'il a atteint un certain degré de fermentation.

Moyens employés pour rendre les levains plus ou moins actifs. Avant de procéder au pétrissage, il faut s'assurer si les levains sont arrivés à un degré suffisant de fermentation, ou bien s'ils ont dépassé le degré de fermentation nécessaire.

Des levains faibles. Si la fermentation a été retardée ou suspendue, soit parce que la quantité de levain de chef employée était trop faible, soit par suite de l'action exercée sur la matière en fermentation par une température basse, alors, pour activer la fermentation, on ajoute à la pâte du vinaigre, du vin, de l'eau-de-vie, ou des liqueurs fermentées, comme du vin doux, de la bière, ou du cidre. Mais ces divers ferments ayant une action prompte, on ne doit les employer qu'à faibles doses, et ne pas négliger de faire usage du levain réparé, avant qu'il indique une tendance à passer à l'acide.

Des levains trop faits. Lorsque le levain est trop avancé en fermentation, on verse dessus de l'eau froide ou de l'eau tiède, suivant que la température est haute ou basse, puis on ajoute une faible quantité de farine, et on pétrit avec force et avec soin, de manière à mettre le plus de surface possible en contact avec l'air ambiant, afin de protéger l'évaporation des gaz qui existent en excès. Puis on ajoute une certaine quantité de farine et d'eau, et on pétrit de nouveau la masse. Cette opération s'appelle *fatiguer, décharger* les levains.

Parmentier conseille d'ajouter une certaine quantité de sel à un levain qui menace d'entrer trop promptement en fermentation.

Quelles que soient les difficultés à vaincre dans le cours du travail des levains, il est certain que le boulanger instruit et attentif sait toujours, ou presque toujours, se rendre maître des résultats, et

que son art lui donne la possibilité de modérer ou d'accélérer à son gré
la fermentation, et de pouvoir en tout temps arriver à fabriquer un pain
de bonne qualité. Il faut bien qu'il en soit ainsi, puisque les boulangers
manquent rarement une fournée.

Je terminerai les détails que j'ai cru devoir donner sur la formation des levains de pâte, en faisant observer que les levains frais employés dans une grande proportion, eu égard à la quantité de farine à
pétrir, procurent en général d'excellents résultats; et que les levains
forts ne sont utiles que par les temps froids, ou lorsqu'on opère le pétrissage de farines humides.

Pour compléter ce qui est relatif à l'emploi des levains, je vais parler
de la levûre de bière employée par beaucoup de boulangers.

§ III. — DE LA LEVURE [1].

La levûre est une matière mousseuse, légère, grasse et visqueuse, qui
se forme à la surface des liquides pendant la fermentation spiritueuse
ou alcoolique; elle sert à favoriser et à exciter la fermentation de la pâte.

La levûre de bière dont on fait le plus ordinairement usage est fluide
ou solide. Pour l'obtenir à l'état solide, on la verse liquide dans un sac
de toile que l'on soumet à la presse pour exprimer l'eau qu'elle contient;
la pression est continuée jusqu'à ce que la matière renfermée dans le
sac soit sèche et ferme; dans cet état, elle peut se conserver longtemps,
tandis que liquide elle se décompose promptement.

Mêlée aux levains destinés à faire le pain, elle permet de moins
travailler la pâte, de la faire lever plus aisément, et n'oblige pas le
boulanger à rafraîchir les levains.

Sa substitution au levain n'a aucun inconvénient; cependant, si
elle n'est pas fraîche, elle acquiert assez vite une acidité très-pro-

---

[1] L'usage de la levûre de bière dans la préparation du pain était connu des Gaulois
et des Ibères. (Voir Pline, lib. XVIII.) « Galliæ et Hispaniæ frumento in potum resoluto ,
quibus diximus generibus, spumâ ita *concreta* pro fermento utuntur, quâ de causâ levior
illis quàm cæteris, panis est. »

noncée; elle exhale une odeur aigre et contient alors une grande quantité d'acide acétique, communiquant au pain une saveur acide désagréable.

La levûre fraîche n'a pas d'odeur acide, elle ne rougit pas le papier bleu de tournesol; elle peut être comparée au levain jeune, mais elle n'agit pas de la même manière; elle exerce une action vive et marquée sur la pâte, tandis que le levain jeune, au contraire, n'agit que lentement; chaque molécule constituant la levûre entre en fermentation, au lieu que dans le levain il n'y a qu'une partie qui est à cet état, l'amidon s'y trouve en entier : aussi a-t-on estimé que 500 grammes de levûre font le même effet que 40^k de levain.

On reconnaît qu'une levûre est de bonne qualité quand elle jouit des caractères suivants : sa couleur est d'un blanc jaunâtre tirant sur le chamois, qui varie d'intensité en raison de la qualité de l'orge et de celle du houblon employés pour la fabrication de la bière; lorsqu'on la brise, elle doit se rompre nettement et ne déceler aucune odeur d'aigre. La mauvaise levûre est gluante, molle, d'une saveur aigre, et elle est noirâtre à la superficie.

Dans le but de pouvoir disposer en tout temps de ferment capable de produire l'effet de la levûre, on a imaginé certaines préparations que je ferai connaître après avoir traité de la falsification de la levûre et des moyens de la découvrir.

On trouve souvent de la fécule ou du carbonate de chaux (craie) mélangés à la levûre; ces falsifications sont faciles à constater.

On prend 20 grammes de la levûre à examiner, on la délaye dans un litre d'eau, en se servant d'un mortier; on verse le tout dans un vase transparent et de forme conique. On laisse le liquide en repos pendant une demi-heure. La presque totalité de la fécule, qui ne peut rester en suspension dans l'eau, se dépose; pour l'obtenir pure, on lave le dépôt à plusieurs reprises avec 2 ou 300 grammes d'eau, et on laisse reposer chaque fois; lorsque l'eau sort claire de dessus la fécule, on jette celle-ci sur un filtre, on la laisse bien égoutter et on en détermine le poids.

Il est facile de s'assurer si le dépôt est de la fécule, car on sait que la fécule est insoluble dans l'eau froide, qu'elle se convertit par l'eau bouillante en colle ou empois, qu'elle se colore en bleu par l'eau iodée

On peut encore s'assurer qu'il existe de la fécule ou de l'amidon dans la levûre en la faisant bouillir avec une grande quantité d'eau, puis filtrant et essayant le liquide filtré et froid par l'eau iodée, celle-ci prend une couleur bleue si la levûre contient de la fécule : elle reste incolore si elle n'en contient pas.

On reconnaît que du carbonate de chaux, de la craie ou du blanc de Meudon sont mêlés à la levûre, en jetant une petite quantité de la levûre suspectée dans de l'acide chlorhydrique; elle donne lieu à une effervescence ou bouillonnement, si elle contient un carbonate.

Moyen de reconnaître la présence d'un carbonate dans la levûre.

LEVURES ARTIFICIELLES.

Première recette.

Faites élever 1ˡ 50 d'eau à la température de 50° centigrades; coulez cette eau sur 0ᵏ 900 de malt (farine d'orge germée torréfiée); couvrez le vase contenant la liqueur, puis faites bouillir 0ᵏ 056 de houblon dans 1ˡ 50 d'eau pendant une heure et demie; réunissez ensuite les deux préparations. Laissez reposer le mélange pendant huit heures et décantez.

1ˡ 12 de cette liqueur en été, et 1ˡ 50 en hiver, suffiront pour faire fermenter 70ᵏ de farine.

Deuxième recette.

Prenez 4ˡ 53 d'eau, et quand elle commencera à entrer en ébullition, versez dessus 1ᵏ 800 de malt. Laissez refroidir jusqu'à 26° centigrades, et ajoutez 0ˡ 75 de levûre. Agitez le tout et couvrez. Lorsque la liqueur tendra à s'élever au-dessus des bords du vase par l'effet de la fermentation, décantez et ajoutez 0ˡ 75 d'eau dans laquelle on aura fait bouillir pendant dix-huit minutes 0ᵏ 084 de houblon; ce mélange refroidi devra alors être ajouté au premier. Après douze heures de repos, le filtrage sera opéré et la liqueur pourra servir de ferment.

1ˡ 50 de cette liqueur suffira pour faire fermenter 105ᵏ de farine.

Troisième recette.

Faites bouillir 2¹ 27 de malt, pendant huit ou dix minutes, dans 1¹ 70 d'eau, puis ajoutez 1¹ 12 d'eau chaude et placez ce mélange dans un lieu chaud. La fermentation commencera après trente heures, et alors 2¹ 26 d'une décoction de malt, semblable à la première, devra être ajoutée. Quand le mélange sera entré en fermentation, on ajoutera encore 2¹ 26 de décoction de malt, et ainsi de suite, jusqu'à ce qu'on ait obtenu une quantité suffisante de levûre.

Quatrième recette.

M. Stock a pris une patente pour la composition d'une levûre, qui n'est qu'une sorte de mou de bière artificiel.

Le mou se compose de 0ᵏ 900 de malt, 0ᵏ 004 ou 0ᵏ 005 de sucre, 0ᵏ 028 de houblon, mélangés de 4¹ 54 d'eau.

9¹ 08 de cette liqueur fermentée suffisent pour faire lever 400ᵏ de farine.

L'emploi de la levûre fraîche ou de la levûre conservée par la dessiccation, ou enfin l'emploi des ferments factices qui ont pour base le malt, sont en usage en Angleterre pour faire lever la pâte, et l'on pense que la panification qui dérive de ces moyens divers n'est pas inférieure à celle que l'on obtient avec des levains de pâte.

❀

CHAPITRE IV.

DE LA FABRICATION DU PAIN.

Les matières que l'on réunit pour faire du pain ayant été l'objet d'observations spéciales, je vais maintenant m'appliquer à décrire le travail auquel doit se livrer un ouvrier habile, dans le but de faire de bonne pâte avec de la farine, de l'eau, du levain et du sel.

Mais comme les deux formes différentes sous lesquelles on fait usage des levains déterminent deux manières distinctes de manipuler la pâte, nous traiterons séparément de la pâte faite avec du levain de pâte et de celle faite avec du levain de bière.

§ I. — TRAVAIL AU PÉTRIN, DE LA PÂTE FAITE AVEC DU LEVAIN DE PÂTE.

Le levain, après avoir été préparé suivant les procédés que nous avons indiqués, est mis dans le pétrin, et l'on procède au travail complexe du pétrissage, dans lequel les ouvriers observent six temps : *la délayure, la frase, la contre-frase, le bassinage, les tours* et *les battements*. Ces diverses façons doivent être exécutées comme les ont décrites Malouin, Parmentier, Béguillet et les anciens auteurs.

1° **Délayure.** — Le levain est délayé dans une partie de l'eau destinée au pétrissage; le délayement doit être exécuté avec promptitude et de manière à ce qu'aucun grumeau ne subsiste dans la masse.

En été, cette façon doit être terminée en moins de temps qu'en hiver.

2° **La frase**. — On ajoute à la *délayure* le reste de la farine destinée à composer la fournée, et l'on mélange, le moins imparfaitement qu'il est possible, le levain délayé, la farine et l'eau. Dans cette partie du travail, la pâte ne présente pas une homogénéité parfaite, c'est un mélange préparatoire.

3° **La contre-frase**. — On rassemble toute la masse de pâte en la tournant et la changeant de place avec rapidité, et en la portant d'un bout à l'autre du pétrin.

Ces deux opérations, et surtout la dernière, demandent à être faites, dans tous les temps, avec célérité.

Si dans cette partie du travail il y avait négligence ou lenteur de la part de l'ouvrier, la pâte serait manquée, ou, en termes du métier, la *frase serait brûlée* [1].

4° **Découpage et tours donnés à la pâte**. — Dès que la pâte a acquis une certaine consistance, on la travaille en la découpant, ce qui se pratique en plaçant les mains sous la pâte, la tirant, la rapprochant, la retournant par *gros pâtons* que l'on jette de droite à gauche et de gauche à droite. La première partie de cette façon constitue ce qu'on appelle le *tour*.

5° **Bassinage**. — Lorsque la pâte a reçu trois tours, qu'elle a été portée dans le pétrin autant de fois d'un côté que de l'autre, on y pratique plusieurs enfoncements dans lesquels on verse de l'eau où l'on a fait dissoudre du sel marin. Dès que cette eau a été absorbée, on donne à la pâte plusieurs tours, et le bassinage est effectué.

Si le boulanger reconnaît que la pâte fermente trop vite, il fait le bassinage à l'eau froide et il presse son travail.

---

[1] La manière dont la frase et la contre-frase sont exécutées exerce une grande influence sur le pétrissage, et une faute commise dans ces parties du travail est difficilement réparable.

6° **Battement** — Pour donner de la souplesse, de l'élasticité et de l'homogénéité à la pâte, on la saisit par portions, on l'enlève et on la projette avec force sur les parois ou sur le fond du pétrin. Elle acquiert par cette façon plus de ténacité, de blancheur et de volume. Cette opération, répétée plusieurs fois, constitue ce qu'on appelle les battements. Elle est d'autant mieux faite, que l'ouvrier qui en est chargé est plus courageux et plus vigoureux. La durée de cette phase importante du pétrissage est soumise à l'état de la température, à la qualité des farines et au degré de fermentation plus ou moins avancé des levains.

Les battements donnent à la pâte le moyen de prendre son apprêt, et c'est à cette façon bien donnée que l'on doit de voir la pâte prendre beaucoup de volume au four.

DE LA FERMENTATION EN MASSE.

Lorsque la pâte a été travaillée comme il vient d'être indiqué, elle est réunie en masse, saupoudrée de farine, recouverte d'un linge, puis le pétrin est fermé.

§ II. — DU PÉTRISSAGE LORSQU'ON FAIT USAGE DU LEVAIN DE BIÈRE.

MANIÈRE DE FAIRE LE PAIN A LONDRES.

Je vais décrire le travail ainsi que je l'ai vu pratiquer :

Le travail commença par la mise de la levûre dans le pétrin ; ensuite 220^k de farine furent passés à travers un tamis de toile métallique, et l'on fit dissoudre 0^k 056 d'alun dans une petite quantité d'eau en ébullition. Cette dissolution fut versée dans le baquet à levûre avec 4^k 050 ou 3^k de sel, puis l'on coula dans le baquet deux seaux d'eau chaude ; lorsque ce mélange fut arrivé à peu près à la température de 28 à 29° centigrades, 3^l 40 de levûre fraîche furent ajoutés. On agita le tout, on passa à travers un tamis, on versa la liqueur dans un trou fait au milieu de la pâte contenue dans le pétrin, et l'on forma un pâton d'une certaine consistance. On saupoudra ensuite avec un peu de farine et l'on recouvrit le morceau de pâte pour qu'il conservât sa chaleur. En cela consiste la première opération du levain. Trois heures après que cette opération avait été terminée, deux seaux d'eau chaude furent coulés sur la masse du levain et mêlés avec une certaine quantité de farine ; alors le nouveau pâton fut recouvert.

Cinq heures après cette opération, cinq seaux d'eau chaude furent ajoutés ; on pétrit alors, pendant une heure environ, toute la farine mise dans le pétrin, et les diverses façons qui furent données ne diffèrent que très-peu de celles indiquées dans le travail de la pâte faite avec du levain ordinaire.

La pâte ayant été réunie dans un espace équivalant à la moitié du pétrin, on en saupoudra la surface avec de la farine, on laissa prendre l'apprêt en masse ; lorsque le boulanger jugea que la fermentation était convenable, il pétrit toute la pâte pendant une demi-heure environ. Ces diverses façons furent données dans un espace de temps égal à peu près à douze heures. La pâte fut alors sortie du pétrin, coupée en morceaux et pesée par fractions de 2^k 220 à peu près, poids du pain en pâte qui perd à la cuisson 0^k 400 environ ; et, avec 220^k de farine ou 359^k 710 de pâte, on put produire 163 pains 1/2 de 1^k 800 ou 294^k 500 (poids faible) de pain. Ce qui offre un résultat de 135^k et une fraction par 100^k de farine, et la quantité d'eau était équivalente à peu près à 135^l. Mais les boulangers m'ont fait observer que les rendements sont variables en raison de la qualité des farines et de l'habileté des ouvriers ; et que souvent la bonne farine transformée en pain donne 138^k de pain par 100^k de farine, tandis qu'avec des farines inférieures ils obtiennent à peine 128^k de pain pour 100^k de farine.

§ III. — MANIÈRES DONT ON CONDUIT EN FRANCE LE TRAVAIL AU PÉTRIN.

Le travail au pétrin s'exécute de deux manières différentes : la première consiste à opérer le pétrissage sur levain, c'est-à-dire à pétrir en s'assujettissant à reprendre le travail des fournées qui suivent la première faite, à partir des levains de seconde et des levains de première. La deuxième est plus simple ; elle se réduit à effectuer le pétrissage sur pâte, c'est-à-dire à porter, dès la première fournée, le levain de tout point au double de la quantité nécessaire à la fournée que l'on fait, et à rejeter sur la fournée suivante cette quantité excédante de levain de tout point, qui a pour destination de communiquer un degré de fermentation convenable à la masse de pâte que l'on doit soumettre à l'action du four.

DU PÉTRISSAGE SUR LEVAIN.

1° Un morceau de pâte que l'on a rendu plus ferme que ne l'est la pâte ordinaire, à l'aide d'une adjonction de farine et d'un peu d'eau, est mis en réserve, pendant environ douze heures, dans une corbeille ou dans un coin du pétrin. Ce morceau de pâte est recouvert d'un linge épais et soigneusement soustrait à l'action de l'air et à celle de la lumière. C'est le levain de chef, qui peut varier d'un demi-kilogramme à deux kilogrammes, suivant qu'il est destiné à servir d'élément fermentescible à une petite ou à une grande fournée.

2° Avec le levain de chef, de la farine et de l'eau, que l'on mélange et dont on fait le pétrissage, on obtient le levain de première qui peut être porté à 7 ou à 9ᵏ.

La pâte du levain de première doit être moins ferme que celle du levain de chef, et elle est propre à être employée lorsqu'elle est restée quatre ou six heures en fermentation, suivant que l'on opère en été ou en hiver.

3° Le levain de seconde peut être porté au double, au triple, au quadruple et même au quintuple du levain de première, et en trois ou quatre heures il arrive au degré de fermentation nécessaire.

S'il s'agit d'un travail continu, le levain de seconde se fait d'un quart à une moitié plus considérable que la quantité utile à la fournée en exécution, de manière à donner le moyen de commencer la suivante avec cette portion de pâte qu'on laisse arriver à un certain degré de fermentation. Par ce mode, on réserve pour chaque fournée un levain de seconde; et, à la première en hiver, ou à la dernière en été, on met à part sur le levain de seconde ou sur le levain de tout point, suivant l'état des levains et celui de la température, un levain de chef devant servir au travail du lendemain.

Le pétrissage sur levain se fait souvent d'une autre manière dans les boulangeries de la marine.

On fait le levain de seconde de la première fournée en assez grande quantité pour qu'il puisse se partager en un levain de seconde, devant servir à la première fournée, un levain de seconde pour la deuxième, et un levain de première pour la troisième; puis, lorsqu'on fait avec ce levain de première le levain de seconde de la troisième fournée, on prélève un levain de première pour la quatrième. Comme dans le travail précédent, le levain de chef nécessaire au travail du lendemain est prélevé sur le levain de seconde ou sur le levain de tout point de la première fournée en hiver, et sur le levain de seconde ou le levain de tout point de la quatrième en été.

TRAVAIL SUR LEVAIN.

Exemple : Sur une manutention de quatre fournées consécutives de 134 pains de 1ᵏ 500 chacun ou 201ᵏ de pain cuit; les 100ᵏ de farine étant supposés devoir produire en pain cuit et rassis 138ᵏ; le déchet à la cuisson et au refroidissement étant évalué à 0ᵏ 250 par chaque pain en pâte;

PRÉPARATION DES LEVAINS ET PÉTRISSAGE.

NATURE DES LEVAINS.	FARINE.	EAU.	DÉCHET	LEVAINS				PÉTRIS-SAGE.	OBSERVATIONS
				de chef.	de 1re.	de 2e.	de tout point.		
1re FOURNÉE.	k g	k g	k g	k g	k g				Comme on le voit, sur le levain de tout point de cette fournée, l'on retire 20 k. 250 gr. pour servir de levain de 1re à la seconde fournée, et 6, k. 750 gr. pour servir de levain de 1re à la 3e fournée, et 1 k. 500 gr. pour prélevum, de chef emprunté devant servir à la fournée du lendemain.
Levain de chef.........	»	»	»	1.500	1.500				
— de 1re..........	5.565	3.493	0.058	»	9.000				
TOTAL du levain de 1re...............					10.500				
Levain de 1re devant servir de base au levain de 2e ci-dessous.........	»	»	»	»	k g 10.500			
Levain de 2e,.........	29.678	18.629	0.307	»	»	48.000			L'eau et la farine nécessaires pour faire le levain de tout point de la 2e fournée, sont ajoutées aux 59.230, aussitôt après que la 1re fournée est pesée; puis on ajoute l'eau et la farine nécessaires aux 6 k. 730 gr. de pâte réservée, afin de faire le levain de 2e de cette 3e fournée et le levain de 1re de la 4e fournée.
TOTAL du levain de 2e......................						58.500			
Levain de 2e devant servir de base au levain de tout point..........	»	»	»	»	»	h g 58.500		
Levain de tout point....	57.502	36.093	0.595	»	»	»	93.000		
TOTAL du levain de tout point......................							151.500		
A déduire sur le levain de tout point :									
Chef devant servir à la 3e fournée.........................							6.750		*Nota.* Dans le poids de l'eau employée se trouve compris 1 k. 650 g. de sel.
Levain de 1re de la 2e fournée.........................							39.250	47.500	
Remise du levain de chef emprunté.....................							1.500		
Levain de tout point de la 1re fournée.								104.000	
PÉTRISSAGE DE LA 1re FOURNÉE.								k g	
Levain de tout point....	»	»	»	»	»	»	»	104.000	
Pétrissage.............	80.697	50.638	0.835	»	»	»	»	130.500	
Pâte nécessaire à la 1re fournée..................								234.500	
2e FOURNÉE.									Aussitôt que cette fournée est pétrie, on fait le levain de tout point de la 3e fournée, avec le levain de 2e qui a été préparé en faisant usage du levain de 1re pris sur le levain de tout point de la 1re fournée.
Provenant de la 1re fournée, levain de tout point devant servir de base au levain de tout point ci-dessous.............	»	»	»	»	»	»	39.250		
Levain de tout point....	40.038	25.129	0.414	»	»	»	61.750		
TOTAL du levain de tout point.....................							101.000		
PÉTRISSAGE DE LA 2e FOURNÉE.									Aussitôt que la 2e fournée est pesée, on procède à la préparation du levain de 2e de la 3e fournée.
Levain de tout point....	»	»	»	»	»	»	»	104.000	
Pétrissage.............	80.697	50.638	0.835	»	»	»	»	130.500	
Pâte nécessaire à la 2e fournée.....								234.500	

BOULANGERIE.

SUITE DE LA PRÉPARATION DES LEVAINS ET PÉTRISSAGE.

NATURE DES LEVAINS,	FARINE.	EAU.	DÉCHET	LEVAINS de chef.	de 1re.	de 2e.	de tout point.	PÉTRISSAGE.	OBSERVATIONS
3e FOURNÉE.									
Levain de chef prélevé sur la 1re fournée....	k g "	k g "	k g "	k g "	k g "	k g 5.750			Le levain de tout point de la 1re fournée se fait à l'issue du pétrissage de la 2e.
Levain de 2e............	24.888	15.019	0.257	"	"	40.250			
Masse de levain de 2e, se composant du levain de 2e de la 3e fournée et du levain de 1re de la 4e fournée..........	"	"	"	"	"	47.000			
A déduire :									
Pour servir de levain de 1re à la 4e fournée......................						6.750			
Reste en levain de seconde..................						40.250			
Levain de 2e devant servir de base au levain de tout point ci-dessous..	"	"	"	"	"	"	k g 40.250		
Levain de tout point....	39.417	24.741	0.407	"	"	"	63.750		
TOTAL du levain de tout point..............							104.000		
PÉTRISSAGE DE LA 3e FOURNÉE.									
Levain de tout point....	"	"	"	"	"	"	"	k g 104.000	Nota. Dans le poids de l'eau employée se trouve compris 1 k. 050 g. de sel.
Pétrissage............	80.696	50.639	0.835	"	"	"	"	130.500	
Pâte nécessaire à la 3e fournée...............								234.500	
4e FOURNÉE.									
Levain de 1re de la 3e fournée, devant servir de base au levain de 2e ci-après..............	"	"	"	"	"	6.750			
Levain de 2e..........	24.732	15.524	0.256	"	"	40.000			
TOTAL du levain de seconde..............						46.750			
Levain de 2e devant servir de base au levain de tout point ci-dessous..	"	"	"	"	"	"	46.750		
Levain de tout point....	35.398	22.218	0.366	"	"	"	57.250		
TOTAL du levain de tout point.....................							104.000		
PÉTRISSAGE DE LA 4e FOURNÉE.									
Levain de tout point....	"	"	"	"	"	"	"	104.000	
Pétrissage..............	80.696	50.639	0.835	"	"	"	"	130.500	
Pâte nécessaire à la 4e fournée...............								234.500	

NOTA. L'eau a été employée proportionnellement aux diverses quantités de farine, et cela afin d'apporter de la régularité dans les calculs; mais on fait remarquer que, dans le cours du travail, les levains sont ordinairement plus fermes, et que le complément de la quantité d'eau, pour arriver à 91k.000 par fournée, s'ajoute à l'opération du pétrissage.

Le levain de pâte a beaucoup moins d'acidité que le levain de tout point ordinaire, et son nom lui vient de sa ressemblance avec la pâte.

Pour préparer le levain de pâte, on prend un chef que l'on délaye dans beaucoup d'eau et de farine afin d'en former d'abord un levain de première plus abondant que n'est ce levain dans la méthode précédemment indiquée. Avec ce premier levain, on fait celui de seconde; et, à l'aide de ce dernier, un levain de tout point, qui doit être double de celui nécessaire au pétrissage de la première fournée. La moitié de la quantité, celui de tout point mis en réserve, est transformée en une quantité double; une moitié sert à pétrir la fournée en travail, et l'autre est mise à part pour être doublée, puis partagée en deux portions égales; la première devant servir au pétrissage de la troisième fournée et la deuxième à celui de la quatrième.

En été, le levain de chef, pour le travail du lendemain, est prélevé sur le levain de tout point de la dernière fournée; et en hiver, ce prélèvement se fait sur le levain de seconde de la première fournée.

Dans le cours de ce travail, deux circonstances peuvent se présenter : ou les levains sont déjà trop avancés, et l'on remédie à cet inconvénient en bassinant la pâte avec de l'eau froide; ou bien les levains menacent de perdre leur énergie, et afin de la leur rendre, on met à chaque fournée un morceau de pâte à apprêter dans une corbeille; et, s'il est utile, on ajoute ce levain à la masse de pâte pour lui rendre l'élément de fermentation dont elle a besoin pour produire un pain léger.

Exemple du travail de quatre fournées pétries sur pâte :

PRÉPARATION DES LEVAINS A LA PREMIÈRE FOURNÉE.

NATURE DES LEVAINS.	FARINE.	EAU.	DÉCHET.	LEVAINS de chef.	de 1re.	de 2e.	de tout point.	PÉTRIS- SAGE.
1re FOURNÉE.								
Levain de chef emprunté.......	»	»	»	1.500				
Levain de chef devant servir de base au levain de 1re ci-dessous.	»	»	»	»	1.500			
Levain de 1re..................	8.656	5.433	0.089	»	14.000			
TOTAL du levain de 1re..................					15.500			
Levain de 1re devant servir de base au levain de 2e ci-dessous.	»	»	»	»	»	15.500		
Levain de 2e..................	35.243	22.122	0.365	»	»	57.000		
TOTAL du levain de 2e..................						72.500		
Levain de 2e devant servir de base au levain de tout point ci-dessous..................	»	»	»	»	»	»	72.500	
Levain de tout point..........	63.067	39.586	0.653	»	»	»	102.000	
TOTAL du levain de tout point..................							174.500	
PÉTRISSAGE DE LA 1re FOURNÉE.								
Levain de tout point..........	»	»	»	»	»	»	»	174.500
Pétrissage....................	102.340	64.218	1.958	»	»	»	»	165.500
TOTAL des quantités pétries.....................................								340.000
A déduire :								
Chef emprunté................							1.500	105.500
Pâte destinée à faire fonction de levain de la 2e fournée................							104.000	
Pâte nécessaire à la 1re fournée................................								234.500
2e FOURNÉE.								
PÉTRISSAGE DE LA 2e FOURNÉE.								
Pâte faisant fonction de levain de tout point................	»	»	»	»	»	»	»	104.000
Pétrissage....................	115.000	91.000	1.500	»	»	»	»	234.500
TOTAL des quantités pétries.....................................								338.500
A déduire :								
Pâte destinée à faire fonction de levain de tout point pour la 3e fournée.....................								104.000
Pâte nécessaire à la 2e fournée.................................								234.500

SUITE DE LA PRÉPARATION DES LEVAINS A LA PREMIÈRE FOURNÉE.

NATURE DES LEVAINS.	FARINE.	EAU.	DÉCHET.	LEVAINS				PÉTRIS-SAGE.
				du chef.	de 1re.	de 2e.	de tout point.	
3e FOURNÉE.								
PÉTRISSAGE DE LA 3e FOURNÉE.								
Pâte faisant fonction de levain de tout point.................	"	"	"	"	"	"	"	104.000
Pétrissage..................	145.000	91.000	1.500	"	"	"	"	234.500
Total des quantités pétries..								338.500
A déduire :								
Pâte destinée à faire fonction de levain de tout point pour la 4e fournée.....................								104.000
Pâte nécessaire à la 3e fournée.....								234.500
4e FOURNÉE.								
PÉTRISSAGE DE LA 4e FOURNÉE.								
Pâte faisant fonction de levain de tout point..................	"	"	"	"	"	"	"	104.000
Pétrissage...................	80.688	50.647	0.835	"	"	"	"	130.500
Pâte nécessaire à la 4e fournée								234.500

Dans le poids de l'eau employée se trouve compris 1k.630g de sel.

Nota. Ce dernier mode de travail, recommandé par Parmentier et que j'ai mis en expérience, est celui que je proposerai d'adopter si Son Excellence juge avantageux de confier la fabrication du pain, comme l'est déjà celle du biscuit, à des agents mécaniques. Les levains de la 1re fournée seraient toujours préparés par les soins des hommes, parce que, suivant l'opinion de tous les praticiens, ce travail, sur lequel repose la réussite de toutes les fournées suivantes, exige beaucoup de précautions ne pouvant être prises que par un ouvrier intelligent, sans cesse occupé à combattre les causes accidentelles qui exercent leur influence sur les levains.

Je crois devoir faire observer que les chiffres que je viens d'énoncer ne peuvent être considérés que comme approximatifs; car, malgré les nombreuses expériences faites pour constater les pertes et les déchets qui ont lieu dans le cours du travail et du pétrissage, il a été impossible d'arriver constamment à des chiffres semblables, par la raison que des éléments variables, comme la température, l'état plus ou moins hygrométrique de l'air, la qualité même des farines, exercent une influence marquée sur les matières soumises aux opérations complexes de la formation des levains et du pétrissage.

Lorsque le travail de la pâte est entièrement terminé, on la réunit dans le pétrin, et on l'y laisse fermenter pendant quelque temps. La pâte ayant acquis dans cet état un certain degré de fermentation, l'ouvrier la divise en autant de parties qu'il doit entrer de pains dans la fournée; il les pèse exactement et les dépose alors, ou sur des toiles, en ayant soin de faire un pli entre chaque morceau de pâte, ou dans des pannetons en osier garnis de toile, ou dans des moules en bois ou en tôle.

La pâte ainsi disposée continue à fermenter, et lorsque l'ouvrier reconnaît qu'elle a pris assez d'apprêt, il procède à son enfournement.

Avant l'invention des fours, deux méthodes étaient employées pour soumettre les pâtes à l'action du feu; si elles étaient consistantes, on les mettait en contact direct avec les charbons ardents, ou elles étaient étendues sur des grils que l'on plaçait au-dessus du foyer; si elles étaient molles et comme coulantes, elles étaient mises dans des vases en forme de tourtière, que l'on exposait à l'action du feu. Lorsque les fours furent inventés, on adopta, pour l'enfournement, des moyens analogues à ceux qui viennent d'être décrits; les pâtes fermes, ou quelque peu résistantes, furent étendues sur l'âtre, et les pâtes très-douces, comme plusieurs de celles faites par les pâtissiers, furent toujours mises au four dans des espèces de tourtières, afin de conserver au pain de luxe une forme déterminée et de l'empêcher d'être sali par la cendre et les charbons dont l'âtre ordinaire des fours est constamment couvert.

Le mode d'enfournement le plus généralement adopté en France, et qui est depuis longtemps en usage, consiste à mettre sur la pelle la pâte déposée dans des pannetons ou sur des toiles appelées couches, après qu'elle a été pesée, et à la glisser dans le four où elle est laissée sur l'âtre. Cette manière d'opérer a pour inconvénient de laisser la cendre et les charbons s'attacher à la surface inférieure du pain ; elle oblige à établir entre les pains des points de contact que l'on appelle baisures et qui sont rejetées par les consommateurs ; enfin, par cette méthode, il faut de dix à douze minutes à un ouvrier habile pour enfourner 140 pains et un temps égal pour opérer le défournement.

Dans le but d'obtenir des pains très-propres et n'ayant pas de baisures, Malisset, dont le nom est très-connu dans les annales de la boulangerie, avait imaginé, vers l'année 1760, à l'imitation de ce que pratiquaient les Romains lorsqu'ils faisaient le pain qu'ils nommaient *artopticius*, de mettre les pains en pâte à prendre leur apprêt dans des moules en tôle, avec lesquels on les enfournait pour les faire cuire [1].

Cette méthode fort ancienne, remise en essai par un habile praticien, n'eut pas de succès en France, mais elle fut adoptée en Angleterre, où,

---

[1] « Siligineæ farinæ modius gallicæ XXII libras panis reddit, italicæ duabus tribusve amplius in artopticio pane. Nam furnaceis binas adjiciunt libras in quocumque genere. (Pline, lib. XVIII.)

Je donne ici la liste des diverses sortes de pains connues des anciens, parmi lesquelles se trouvent comprises des préparations qui aujourd'hui sont du ressort de la pâtisserie. (Extrait des notes mises à la suite de l'édition Panckoucke.)

Panis aquaticus seu Parthorum. Ainsi nommé à cause de la grande quantité d'eau qui entrait dans sa composition.

Panis artopticius. Pain cuit dans une tourtière ; il était préparé avec de la fleur de farine.

Panis astrologicus. Sorte de beignets ou de gâteaux dont le mode de préparation était très-varié.

Panis athletarum. Pain sans levain, grossier, pesant, pétri avec le fromage mou ; on le nommait *coliphium*.

Panis autophirus. C'était un gros pain de ménage fait avec une farine dont on n'avait pas retiré le son ; c'est le pain bis des modernes.

Panis azymus. Pain sans levain, *a privatif*, ζύμη, levain. Celse le disait bon pour l'estomac, c'est-à-dire de facile digestion : *Stomacho aptus panis sine fermento.* Les modernes pensent différemment.

Panis cacabaceus. Ce pain était fait avec de l'eau qui avait bouilli dans du bronze ; de *cacabus*, marmite, chaudron.

Panis civilis, ou *panis rotundus vopiscus.* Il était ainsi nommé, parce qu'il était distribué au peuple romain à la place du blé qu'on lui donnait auparavant ; son poids varia de vingt-quatre à vingt-cinq et à trente-six onces.

Panis clibanis. Comme le *panis artopticius*, ce pain était cuit dans une tourtière. Il avec de l'étude et de la constance, on est parvenu à l'appliquer de manière à obtenir un pain parfaitement cuit, et à réaliser une économie notable dans la fabrication. La bonne qualité du pain est incontestable, et le mauvais vouloir peut seul motiver le rejet de ce mode d'opérer qui, depuis soixante ans, reçoit une application générale dans la plupart des boulangeries de l'Angleterre, dans une partie de celles de Belgique et

---

n'est pas facile de déterminer la différence qui existait entre le *panis artopticius* et le *panis clibanis*, cuit aussi dans des moules.

Panis dejesticium, voyez *panis speusticus*.

Panis dispensatorius, voyez *panis cicilis*.

Panis furnaceus. Pain cuit au four. *Tryphon*, (*apud Athen*, III, 109) dit que les Grecs le nommaient *hipniles*.

Panis gradilis. Ce pain est le même que le *panis civilis;* on le nommait ainsi, parce qu'on le distribuait au peuple, rangé ou assis sur les degrés de l'amphithéâtre.

Panis madidus. Ce n'était point un pain, mais une pâte de farine de blé et de fève ; on l'appliquait sur le visage pour entretenir la fraîcheur du teint ; c'est pourquoi Juvénal l'avait nommé *cutoria :*

> Tandem aperit vultum, et cutoria prima rependit.

Faciem quotidie pane madido linere consueverat, a dit Suétone en parlant du voluptueux Othon.

Panis militaris. Pain grossier fait de grain à peine écrasé à l'aide de meules portatives, ou broyé entre deux pierres. Ce pain sans levain était cuit sous la cendre.

Panis ostrearius. Le texte de Pline nous apprend qu'on le mangeait avec des huîtres ; c'était sans doute un pain de luxe.

Panis parthicus, voyez *panis aquaticus*.

Panis secundus. Pain demi-blanc ; il venait après celui qu'on faisait avec la fleur de froment. Horace en parle :

> ..... Vivit siliquis et pane secundo.

C'est le pain de la petite propriété.

Panis siligineus. Pain blanc fait de fleur de farine et avec le blé *siligo*.

panis sordidus. Pain fait presque entièrement de son ; on le donnait aux chiens.

Panis speusticus. C'était moins un pain qu'une sorte de galette faite et cuite en peu d'instants dans un couvercle de tourtière. Il n'y entrait point de levain. Caton (cap. LXXIV) indique la manière de préparer le *panis speusticus*, qu'il nomme *panis depsticius :* « Panem depsticium sic facito. Manus, mortariumque bene lavato. Farinam in morta- « rium indito : aquæ paulatim addito, subigitoque pulchre : ubi bene subegeris, « defingito, coquitoque sub testu. »

Je crois devoir compléter ce que j'ai dit sur la fabrication du pain en mentionnant d'Allemagne, et dans beaucoup de boulangeries de luxe en France. Quant à l'économie qui dérive de l'emploi des moules, elle tient à ce que le boulanger n'est plus contraint de jeter sur la pelle une certaine quantité de farine destinée à empêcher la pâte d'adhérer à la surface sur laquelle elle est momentanément déposée. Cette économie peut être estimée à 1^k par 100^k de farine transformée en pain; de sorte que, si la quantité de farine boulangée est de 40,000 quintaux métriques, l'économie sera de 400 quintaux, qui, à raison de 25 francs seulement, représentent une somme de 10,000 francs; et si le gouvernement avait 400,000 rationnaires, et qu'il consommât par an 793,473 quintaux métriques de farine, l'usage des moules lui procurerait une économie de 7,934 quintaux de farine, qui, évalués à 25 francs le quintal, représentent une somme de 198,350 fr.

Si l'économie que je signale devait être acquise par le sacrifice de la qualité du pain, je me serais bien gardé d'en faire mention; mais comme l'expérience démontre d'une manière incontestable que la diminution apportée dans la dépense n'influe pas sur la qualité du produit, j'ai cru devoir appeler l'attention de l'administration sur ce détail important de la fabrication du pain, qui, à mon avis, n'a pas été suffisamment étudié.

Si, après de nouvelles études, on consentait à adopter l'usage des moules, on arriverait, en se servant des fours aérothermes convenable-

---

ici un passage de Pline (lib. XVIII), dans lequel il indique la manière de faire le pain :

« PANIS FACIENDI RATIO.

« Panis ipsius varia genera persequi supervacuum videtur : alias ab obsoniis appellati, ut ostrearii : alias a deliciis, ut artolagani : alias a festinatione, ut speustici : nec non a coquendi ratione, ut furnacei, vel artopticii, aut in clibanis cocti : non pridem etiam e Parthis invectus, quem aquaticum vocant, quoniam aqua trabitur a tenui spongiosa inanitate, alii parthicum. Summa laus siliginis bonitate et cribri tenuitate constat. Quidam ex ovis aut lacte subigunt : butyro vero gentes etiam pacatæ, ad operis pistorii genera transeunte cura. Durat sua Piceno in panis inventione gratia, ex alicæ materia. Eum novem diebus macerant : decimo ad speciem tractæ subigunt uvæ passæ succo : postea in furnis, ollis inditum , quæ rumpantur ibi, torrent : neque est ex eo cibus, nisi madefacto : quod fit lacte maxime mulso. »

45

ment disposés et dont je donne plus loin la description, à faire vingt-quatre fournées en vingt-quatre heures dans un même four, tandis qu'en faisant usage des fours ordinaires, sans employer les moules, il est difficile de cuire dans le même temps plus de douze fournées.

M. Selligue, ayant compris tout l'avantage qui découlait de l'adoption d'un procédé d'enfournement accéléré, avait imaginé d'enfourner le pain sur des châssis garnis de treillis de fil de fer, recouverts d'une toile métallique à mailles serrées. Quatre châssis devaient recevoir tout le pain de la fournée et occuper la surface entière de l'âtre carrelé en plaques de fonte, dans le but de fournir une grande quantité de chaleur à la pâte qui se trouvait distante de la sole de 0^m 02 environ.

A l'aide du système proposé par M. Selligue, la mise au four de tout le pain d'une fournée devait s'opérer instantanément, le défournement aurait été également très-prompt, et le pain n'eût jamais été sali par la cendre, le charbon et la poussière qui se trouvent sur l'âtre de tous les fours. La pâte cuisait suspendue entre deux couches d'air, l'évaporation se faisait facilement; enfin, tout eût été très-bien si la pâte, molle de sa nature, n'eût pénétré entre les mailles de la toile métallique et n'y fût devenue très-adhérente par l'effet de la cuisson, de telle sorte même qu'on ne pouvait pas retirer les pains de dessus les châssis sans qu'il y restât attaché des portions de la croûte inférieure. Cet inconvénient, auquel il a été impossible de remédier, n'a pas permis l'adoption du système de M. Selligue, qui avait encore pour désavantage d'obliger l'ouvrier à vider sur la toile métallique chaque panneton ou chaque moule contenant la pâte pesée, comme il l'aurait fait sur la pelle par la méthode ordinaire. Il y a dans cette manœuvre une perte de temps que l'on éviterait si l'usage des moules était adopté.

§ VI. — AUTRE MODE D'ENFOURNEMENT.

Je suppose que l'on se serve d'un four aérotherme rectangulaire à coins arrondis, divisé en deux parties dans sa longueur, chacune des parties étant parcourue par un chemin de fer pouvant, à l'aide d'un mécanisme simple, s'élever à 5 centimètres au-dessus de l'âtre, et s'abaisser à volonté à son niveau. Je suppose en outre que la pâte ait été mise dans des moules rangés au nombre de 12 à 15 sur des châssis; chaque partie du four pouvant contenir cinq châssis, il suffira d'une minute au plus pour faire glisser les dix châssis et opérer l'enfournement de 120 à 150 pains qui seront cuits à la fois; de plus, le défournement pouvant s'effectuer en une minute, il s'ensuit que le pain enfourné le premier sera resté seulement une minute de plus dans le four que celui enfourné le dernier, ce qui ne peut amener une différence appréciable dans le degré de cuisson des pains de toute la fournée.

Ce mode accéléré d'enfournement et de défournement est le plus simple, le plus commode et le plus expéditif qu'il me paraisse possible d'imaginer, et sans les objections d'ailleurs peu fondées adressées au prétendu défaut de cuisson des pains dans les moules, je me serais arrêté à cette combinaison. Mais l'opinion s'étant prononcée contre l'usage des moules, je proposerai une modification; elle consiste à se servir d'un four à deux issues et à remplacer le fond des moules par des plaques mobiles établies dans des coulisses au-dessous de la surface déterminée par les circonférences inférieures des moules. Lorsque l'on procédera à la pesée de la pâte, les plaques seront mises dans leurs coulisses, et la pâte sera placée dans chaque moule. Les châssis, munis de leurs doubles fonds et chargés de la pâte, seront glissés au four. Après dix minutes de cuisson, la pâte étant consistante, les doubles fonds seront retirés, et le pain sera posé sur la sole en contact avec la brique ou les carreaux dont elle est formée.

Par ce moyen, la célérité dans le travail aura été obtenue, et on aura fait une économie de fleurage que j'estime, pour la marine, à la somme de 10,000 francs par an; de plus, pendant quarante-cinq minutes que le pain reste au four, il aura été trente-cinq minutes en contact avec l'âtre, ce qui est plus que suffisant pour assurer sa dessiccation parfaite.

Comme l'expérience m'a démontré qu'un mode d'enfournement analogue à celui que je viens d'indiquer, joint à l'adoption du four aérotherme, doit conduire à des résultats fertiles en économie, je ne saurais trop engager l'administration à adopter en partie les moyens mis en pratique à la boulangerie dirigée avec tant d'intelligence par les habiles frères Mouchot, à Montrouge, près Paris.

Lorsque la farine n'aura reçu qu'une quantité d'eau convenable ; quand la pâte, bien travaillée, aura acquis un certain degré de consistance et que le pain cuit à point aura pu prendre des formes bien arrondies au four, sa mie sera homogène dans toutes ses parties ; il sera léger, agréable au goût et facile à digérer. Mais, si la pâte a reçu un excès d'eau au pétrissage, les caractères du pain cuit seront fort différents ; en général, ses formes seront plus déprimées, sa croûte plus épaisse et plus brune, son poids plus fort à volume égal. La mie aura vers la croûte inférieure une consistance presque pâteuse et retiendra plus d'eau ; elle sera désagréable à manger et d'une digestion difficile ; enfin, le rendement aura été plus considérable.

Les variations dans les proportions d'eau sont moins grandes dans les parties superficielles du pain, qui, exposées à découvert au rayonnement des parois du four, se dessèchent toujours à peu près au maximum ; mais dans les parties intérieures, la dessiccation est d'autant plus entravée, que la vapeur, pour s'exhaler, doit traverser une couche plus épaisse pendant la cuisson.

C'est donc sur la mie du pain que l'on doit opérer pour constater la quantité d'eau qu'il contient ; voici comment M. Dumas conseille de s'y prendre :

Le pain étant sorti du four, le laisser se refroidir pendant cinq ou six heures, le couper en deux, prendre une quantité de mie pesant 20 à 25 grammes au centre du pain, peser, puis dessécher dans une étuve à courant d'air chauffée à 100°, jusqu'à cessation de perte de poids.

Cet essai donne la quantité d'eau contenue dans le pain, mais M. Dumas engage à y joindre les deux suivants, qui en sont le complément.

Le premier consiste à brûler 20 ou 25 grammes de pain dans une capsule de porcelaine, jusqu'à complète incinération. On pourrait opérer dans un four à moufle. Le poids de la cendre, soustrait du poids du pain sec, fait connaître le poids réel du pain.

Le second essai a pour objet de déterminer la proportion du gluten; il est très-important. On y parvient en faisant digérer à 75°, au bain-marie, 100 grammes de pain avec une infusion de 100 grammes d'orge germée, concassée, dans 500 grammes d'eau. Quand l'iode ne colore plus les produits, on recueille le gluten sur une toile, on le lave et on le fait sécher à 100°.

La couleur et le goût du gluten doivent être pris en considération aussi bien que son poids.

On a observé dans la moisissure du pain des végétaux différents entre eux par la conformation et les dimensions; leur couleur, dans certains cas, est d'un gris soyeux, et dans d'autres, d'un beau vert ou d'un beau jaune orangé.

Moisissure du pain.

D'après M. Chevallier, il y aurait deux modes d'altération du pain dans lesquels se produit la moisissure. Le premier résulte de ce que le pain a été placé dans un lieu humide; mais, dans ce cas, cette altération marche assez souvent avec lenteur; les moisissures ont alors une couleur gris bleuâtre, et quelquefois on observe sur le pain un duvet long. Le deuxième mode d'altération est presque instantané, et après quelques jours seulement, le pain se couvre de végétations d'une couleur rouge clair.

On a dit que le pain moisi détermine certaines maladies; mais les moisissures pouvant être attribuées à diverses causes, il serait bien utile de savoir si toutes jouissent des mêmes propriétés, ou si seulement quelques-unes peuvent exercer une action toxique. Cette étude, qui, assure-t-on, doit être entreprise par le savant M. Payen, atteindra un but fort utile, si, comme le dit M. Chevallier, le pain moisi est, dans certains cas, un poison pour les hommes et pour les animaux.

Il est excessivement rare que le pain de munition distribué aux marins soit atteint de moisissure; cependant il arrive parfois que du pain parfaitement fabriqué, mais placé dans des lieux de dépôt mal aérés, ne tarde pas à se moisir, et dans ce cas on a tort de s'en prendre au manutentionnaire.

Nous avons vu que les farines destinées à être transformées en pains pouvaient être mélangées avec des fécules diverses ou avec certaines substances terreuses; mais la pâte est l'objet de sophistications encore plus condamnables qu'il nous importe de signaler en indiquant dans quel but ces fraudes coupables sont exercées, et en faisant connaître les moyens de les constater.

Alun.

L'alun est en usage depuis fort longtemps en Angleterre, et on l'emploie même en assez grande quantité pour que l'adjonction du sel ordinaire dans la pâte devienne inutile.

Ce sel n'agit qu'à la dose de 1/686, et surtout à celle de 1/176. Le docteur Andrew Ure porte à 113 grains (pennyweight) ou 0^k 734, et le docteur Markham à 240 grains (pennyweight) ou 1^k 540, la quantité d'alun que l'on mêle à 109^k de farine; quelquefois on introduit 1^k de ce sel dans 127^k de farine donnant 80 pains de 2^k, et par conséquent 1, 127 à 1/7664 de la farine et 1/145 à 1. 1077 du pain.

L'alun a pour propriété de retenir et de faire *pousser gras,* pour se servir des termes usités en boulangerie; employé à fortes doses, ce sel peut avoir de mauvais effets sur l'économie animale.

Sulfate de cuivre.

On a employé le sulfate de cuivre en Belgique, en Angleterre et dans le nord de la France, pour changer l'aspect du pain provenant de farines avariées, et aider ces farines à s'emparer d'une plus grande quantité d'eau.

Barruel a cru reconnaître que l'introduction de ce sel à la dose de quelques centigrammes rendait la pâte impropre à lever, et lui donnait une couleur et une odeur désagréables. Mais M. Kuhlmann a constaté plus tard que le sulfate de cuivre exerce une action énergique sur la fermentation, et qu'elle est la plus forte pour 1/70,000 ou 1^k de cuivre sur 300,000^k de pain, soit 0^g 053 de sulfate de cuivre par 3^k 670 de pain.

Le levage le plus grand est obtenu avec 1/30,000 à 1/15,000 ; si la quantité de sulfate est augmentée, le pain devient humide, il affecte une teinte moins blanche et dégage une odeur désagréable qui ressemble à celle du levain.

M. Kuhlmann a aussi trouvé que le sulfate de cuivre donne aux farines la propriété de bien lever, et qu'il augmente de 1/16 la proportion d'eau retenue par la pâte. On ne peut, suivant le même auteur, outre-passer de 1/40,000 de sulfate ; plus loin, le pain devient aqueux et à grands yeux. Avec 1/800, la pâte ne peut lever, la fermentation paraît arrêtée, et le pain présente une couleur verte.

L'emploi du sulfate de cuivre doit être sévèrement banni, car une substance vénéneuse à un si haut degré ne saurait être laissée, sans une coupable imprudence, à la merci d'ouvriers toujours peu attentifs.

Le sulfate de zinc, qui est un poison très-actif dont il faut aussi condamner l'usage, a été également essayé dans le but de faire absorber une plus grande quantité d'eau aux farines ; mais il a été reconnu que ce sel exerce peu d'action. L'acide sulfurique et les autres sulfates ne produisent aucun effet. *Sulfate de zinc.*

Le sous-carbonate de magnésie produit également peu d'effet sur le levage de la pâte ; mais à 1/442, il lui donne une couleur jaunâtre qui modifie la teinte sombre de quelques farines de qualité inférieure. Edmond Davy avait indiqué l'emploi de ce sel pour améliorer de mauvaises farines ; deux à quatre grains par kilogramme produisent cet effet d'une manière très-marquée [1]. *Sous-carbonate de magnésie.*

---

[1] Pline rapporte qu'à Rome, pour obtenir un pain parfaitement blanc, on ajoutait à la farine une espèce de craie blanche et très-douce au toucher, qu'on recueillait sur la colline *Leucogée*, située entre Pouzzole et Naples. On suppose que cette espèce de craie n'était autre chose que du carbonate de magnésie.

Cette terre entrait dans la composition de l'alica, qui était un aliment fait avec le grain de zea, et dont le caractère principal était l'extrême blancheur.

Voici, à ce sujet, le texte de Pline, *Histoire naturelle*, l. XVIII, ch. xii.

« Postea (mirum dictu) admiscetur creta, quæ transit in corpus, coloremque, et

Carbonate
d'ammoniaque.

Le carbonate d'ammoniaque ne paraît pas beaucoup aider au lever de la pâte ; il se convertit bientôt en acétate, mais il conserve peut-être alors l'humidité de la pâte, comme les carbonates alcalins.

Carbonate
et bi-carbonate
de potasse ;
carbonate de soude.

D'autres carbonates, ceux de potasse et de soude, surtout le carbonate et le bi-carbonate de potasse, ont été mis souvent en usage par les boulangers anglais, et cela dans le but de retenir plus longtemps l'humidité dans le pain, ou d'en augmenter la légèreté par le dégagement de l'acide carbonique. Du reste, les sels alcalins sont de peu d'effet sur le levage de la pâte, et leur emploi, qui a lieu à faibles doses, est sans dangers ; car ces sels se changent en acétates, qui seraient tout au plus légèrement purgatifs.

Plâtre,
terre de pipe, etc.

L'emploi du plâtre, de la terre de pipe, etc., ne peut avoir lieu que dans le but d'augmenter le poids ou la blancheur du pain ; mais, comme ces substances ne peuvent procurer de l'avantage au fraudeur que lorsqu'elles sont introduites en assez grande quantité, il sera facile, ainsi que nous le verrons, de constater cette falsification.

§ X. — MOYENS DE CONSTATER LES FALSIFICATIONS DU PAIN.

Adjonction de fécule
de pommes de terre.

Une partie des détails qui suivent, sur les altérations du pain et les moyens de les constater, sont puisés dans l'ouvrage de MM. Robine et Parisot, intitulé : *Essai sur les Falsifications qu'on fait subir aux farines et au pain.*

On prend cinq grammes de mie de pain, on les place dans un verre

---

teneritatem adfert. Invenitur hæc inter Puteolos et Neapolim, in colle Leucogœo appellato. » Il ajoute : « Que ceux qui faisaient de la fausse alica, *alica adulterina*, se servaient de lait au lieu de cette terre blanche (candorem autem ei pro creta lactis incocti mixtura confert). »

On faisait pour l'alica une si grande consommation de cette espèce de craie, que la colonie de Napolitains qu'Auguste envoya à Capoue, ayant représenté qu'ils ne pouvaient faire l'alica sans cette terre, l'empereur ordonna qu'il serait pris tous les ans sur son fisc une somme pour en fournir. « Exstatque divi Augusti decretum, quo annua vicena millia Napolitanis pro eo numerari jussit e fisco suo, coloniam deducens Capuam. Adjecitque causam adferendi, quoniam negassent Campani alicam confici sine eo metallo posse. »

à expérience; on verse par-dessus 1/32 de litre d'eau pure, et ensuite 1/32 d'eau iodée [1]. Si le pain contient de la fécule hydratée, la liqueur se colore en cramoisi; cette coloration augmente de plus en plus, elle est d'autant plus intense que la quantité de fécule ajoutée au pain est plus considérable; une demi-heure après, la coloration sera encore visible.

Si le pain est pur, il n'y a d'abord aucune coloration, mais au bout d'un quart d'heure il se forme dans la liqueur des stries qui se dirigent de haut en bas, et après une demi-heure écoulée, la liqueur se trouve colorée en bleu clair; cette coloration augmente ensuite de plus en plus.

Si le pain contenait de la fécule non hydratée, c'est-à-dire à l'état sec, la liqueur ne se colorerait en aucune manière; mais il arrive, lorsque la fécule n'y est qu'en petite quantité, que la liqueur se colore au bout d'une demi-heure, et alors jamais on ne remarque de stries dans le liquide; d'ailleurs la coloration est moins foncée.

On pourrait, dans certains cas, confondre du pain qui contiendrait du riz hydraté avec du pain contenant de la fécule hydratée, car ce pain se comporte de la même manière, mais cependant la coloration est un peu moins foncée.

Le procédé suivant peut permettre de reconnaître aussi ces diverses falsifications. Pour cela, on prend cinq grammes de pain, on les divise convenablement, puis on les place dans un mortier avec cinq grammes de grès; on prend ensuite un décilitre d'eau, on fait avec une partie de l'eau une pâte semi-solide, que l'on triture pendant trois à quatre minutes; on délaye ensuite cette pâte dans le restant de l'eau, on laisse déposer, puis on filtre; on prend 1/32 de litre de la liqueur filtrée, et on l'additionne de 1/32 de litre d'eau iodée préparée à l'instant même.

Addition de riz.

Si l'on agit sur du pain préparé avec de la farine de froment, la liqueur se colorera en bleu; cette coloration persistera pendant quatre à cinq heures.

Si l'on opère sur du pain qui contient de la fécule hydratée, la liqueur

---

[1] Cette eau iodée se prépare, comme je l'ai déjà dit, en jetant sur huit grammes d'iode un litre d'eau ordinaire, agitant pendant huit minutes et laissant déposer.

se colorera en cramoisi plus ou moins foncé, suivant la quantité de fécule qui s'y trouve.

Si le pain contenait de la fécule non hydratée, la coloration serait la même que celle du pain pur; de même que si celui-ci contenait du riz hydraté, la coloration persisterait aussi longtemps.

Les caractères physiques du pain peuvent encore, jusqu'à un certain point, faire reconnaître si on a ajouté de la fécule à la pâte : le pain de fécule hydratée se présente comme le pain ordinaire, sa saveur est aussi à peu près la même; mais celui contenant de la fécule non hydratée est ordinairement sec; il s'émiette facilement, il renferme moins d'eau que le pain pur; il a en outre une saveur particulière, caractéristique, qui est propre à la fécule; cette saveur est perceptible, même lorsqu'il n'entre dans le pain que 6 pour 100 de cette substance.

Le pain contenant du riz hydraté est plus tendre, retient une plus grande quantité d'eau, ce qui ne permet pas de le confondre avec d'autres.

Addition de farine de féveroles. MM. Robine et Parisot indiquent deux moyens pour reconnaître si la farine de féveroles est mélangée au pain :

1° On prend cinq grammes de mie de pain non divisée, mais en un seul morceau; on la place dans un verre à expérience, on verse par-dessus 1/32 de litre d'eau pure et 1/32 d'eau iodée; on remarque que si le pain est en entier de farine de froment, il n'y a aucune coloration, mais au bout d'un quart d'heure il se forme des stries bleues qui descendent dans le fond du verre; au bout d'une demi-heure, la liqueur est légèrement colorée en bleu : cette coloration augmente ensuite, tandis que si on opère sur du pain contenant de la farine de féveroles, on ne remarquera aucune coloration. Il arrive cependant que la liqueur se colore légèrement en bleu après une demi-heure; mais cette coloration ne se fait jamais au moyen de stries descendant dans le fond du verre : nous n'avons remarqué ces stries qu'avec le pain de pur froment. Le pain contenant de la fécule non hydratée se comporte de la même manière que le pain *féverolé*.

2° Le moyen suivant peut aussi servir à faire connaître si le pain a été préparé avec une *farine féverolée*. Pour cela, on prend cinq grammes de mie de pain, on la met, après l'avoir divisée complétement, dans un mortier de porcelaine ou de biscuit, avec cinq grammes de grès ; on prend ensuite un décilitre d'eau, on fait avec une partie de l'eau une pâte demi-solide que l'on triture pendant trois ou quatre minutes ; au bout de ce temps, on délaye cette pâte dans le reste de l'eau, on laisse reposer, puis on décante la liqueur sur le filtre ; on prend ensuite 1/32 de la liqueur filtrée, on y verse 1/32 de litre d'eau iodée, et on laisse agir. On remarque que si l'on opère sur du pain pur ou sur du pain contenant de la fécule non hydratée, la liqueur se colore en bleu, et que la couleur persiste même au bout de trois à quatre heures ; tandis que si le pain contient de la farine de féveroles, la liqueur se colore en bleu moins foncé, couleur qui diminue, puis disparaît immédiatement. Si la quantité de farine de féveroles est un peu considérable, cette décoloration est plus prompte ; elle l'est d'autant plus que le pain contient plus de farine de féveroles.

D'après ce qui vient d'être dit, il sera facile, un pain étant donné, de reconnaître s'il est pur ou s'il contient : 1° de la fécule hydratée ; 2° de la fécule non hydratée ; 3° du riz hydraté ; 4° de la farine de féveroles.

M. Kuhlmann indique le moyen suivant pour reconnaître la présence de l'alun dans le pain.

Addition d'alun.

Il fait incinérer 200 grammes de pain et il traite les cendres après les avoir porphyrisées par l'acide azotique. Il fait évaporer le mélange jusqu'à siccité, il délaye le produit de l'évaporation dans vingt grammes environ d'eau distillée ; puis, il ajoute à la liqueur, qu'il n'est pas nécessaire de filtrer, de la potasse caustique en excès. Il filtre après avoir chauffé un peu, et il précipite l'alumine de la dissolution, filtrée au moyen du chlorhydrate d'ammoniaque. La séparation totale de l'alumine n'a lieu qu'à la faveur de l'ébullition, à laquelle il est convenable de soumettre le liquide pendant quelques minutes. Il recueille ensuite l'alumine sur un filtre, et il détermine, d'après le poids de l'alumine, la quantité d'alun contenue dans le pain.

MM. Robine et Parisot ont indiqué un procédé qui permet de reconnaître la présence de l'alun. Il consiste à prendre 100 grammes de pain, à l'émietter grossièrement, à le placer dans l'eau pendant deux ou trois heures, à passer, au bout de ce laps de temps, la liqueur au travers d'un linge blanc, à exprimer légèrement, à filtrer la liqueur, puis à la placer dans une capsule de porcelaine, à la soumettre à l'action de la chaleur, en

ayant soin d'employer un bain de sable; à faire évaporer jusqu'à siccité ;
à laisser refroidir le résidu, puis à le traiter par une petite quantité d'eau
et à filtrer. La liqueur filtrée est ensuite partagée en deux portions :
dans l'une on verse de l'ammoniaque, et dans l'autre du chlorure de
baryum; si le pain contient de l'alun, il se formera un précipité dans
les deux cas, même lorsque le pain ne contient que 1/5000 d'alun; si,
au contraire, il est pur, il n'y a aucun précipité. Cependant, dans certains cas, la liqueur pourrait donner un précipité par le chlorure de baryum, surtout si on n'a pas employé l'eau distillée pour traiter le pain ;
mais, dans aucun cas, ces messieurs n'ont pu obtenir de précipité avec
l'ammoniaque dans les liqueurs préparées avec le pain pur, en agissant
comme nous l'avons indiqué. L'alumine que l'on obtient ne peut être
attribuée qu'à la présence d'un sel d'alumine que l'on aurait ajouté au
pain.

Addition
de sulfate de cuivre.

Voici le procédé indiqué par M. Kuhlmann pour reconnaître si le pain
contient du sulfate de cuivre.

On fait incinérer complétement, dans une capsule de platine, 200
grammes de pain. Le produit de l'incinération, après avoir été réduit
en poudre très-fine, est mêlé dans une capsule de porcelaine avec huit
ou dix grammes d'acide azotique; ce mélange est soumis à l'action de
la chaleur jusqu'à ce que la presque totalité de l'acide libre soit évaporée et qu'il ne reste plus qu'une pâte gluante qu'on délaye dans environ
vingt grammes d'eau distillée, en facilitant la dissolution par la chaleur.
On filtre et on sépare ainsi les parties inattaquées par l'acide, et dans la
liqueur filtrée on verse un petit excès d'ammoniaque liquide et quelques
gouttes de dissolution de sous-carbonate d'ammoniaque; après refroidissement, on sépare par le filtre le précipité blanc et abondant qui s'est
formé, et la liqueur alcaline est soumise à l'ébullition pendant quelques
instants, pour dissiper l'excès d'ammoniaque et la réduire au quart de
son volume. Cette liqueur étant rendue légèrement acide par une
goutte d'acide azotique, on la partage en deux parties : sur l'une on
fait agir le prussiate jaune de potasse; sur l'autre, l'acide sulfhydrique
ou le sulfhydrate d'ammoniaque.

En suivant ponctuellement ce procédé, le pain ne contiendrait-il que
1/70,000 de sulfate de cuivre, la présence de ce sel vénéneux sera rendue apparente au moyen du prussiate jaune de potasse, par la colora-

tion immédiate du liquide en rose, et la formation, après quelques heures de repos, d'un léger précipité cramoisi. L'action de l'acide sulfhydrique ou du sulfhydrate d'ammoniaque communiquerait au liquide une couleur légèrement fauve, avec formation, par le repos, d'un précipité brun, moins abondant toutefois que le précipité obtenu par le prussiate de potasse.

On peut mettre en pratique un moyen d'essai fort simple, qui décèle déjà la présence du sulfate de cuivre dans le pain, bien avant que ce sel soit en quantité suffisante pour occasionner des accidents graves. Une goutte de dissolution de prussiate de potasse, versée sur le pain, le colore en rose jaune au bout de quelques instants, lors même que cet aliment ne renferme qu'une partie de sulfate de cuivre sur neuf mille parties de pain. MM. Robine et Parisot font observer que la coloration n'est apparente que si l'on a opéré sur du pain très-blanc, et qu'on ne saurait la constater sur du pain bis semblable au pain de munition. ·

MM. Robine et Parisot, agissant sur cinq cents grammes de pain, ont pu reconnaître, par le procédé suivant, la présence du sulfate de cuivre, à la dose de 0,00833 millièmes. On prend une certaine quantité de pain (100 grammes), on le délaye avec de l'eau, de manière à en faire une pâte molle; on place cette pâte dans une capsule de porcelaine; on y ajoute une certaine quantité d'acide sulfurique, de manière à rendre la liqueur fortement acide; on place ensuite au milieu de cette pâte un cylindre de fer bien décapé et bien uni; on abandonne ainsi le tout pendant un jour ou deux, suivant la quantité de cuivre qui se trouve dans le pain; au bout de ce temps, si on retire et qu'on examine le cylindre de fer, on aperçoit une couche de cuivre qui le recouvre entièrement; cette couche sera d'autant plus marquée et plus visible, que la quantité de cuivre contenue dans le pain sera plus considérable; on remarquera, si on agit sur du pain qui ne contient que de très-petites quantités de cuivre, que le cylindre de fer se couvrira de ce métal, principalement à la partie supérieure, c'est-à-dire au-dessus du point où le cylindre est en contact avec le liquide ou la pâte dans laquelle il est plongé.

Si le pain était pur, on n'obtiendrait rien de semblable.

Pour reconnaître la présence du sulfate de zinc dans le pain, on prend une certaine quantité de pain; on le divise convenablement, puis on le

Addition
de sulfate de zinc.

place dans un vase avec de l'eau, on le laisse digérer environ deux ou trois heures. Au bout de ce temps, on exprime le liquide dans un linge propre, on le filtre, on l'expose, dans une capsule de porcelaine, à l'action de la chaleur, sur un bain de sable ; on fait évaporer à siccité ; arrivé à ce point, on laisse refroidir, puis on traite le résidu par de l'eau. On filtre et on partage la liqueur en deux parties : dans l'une, on verse avec beaucoup de précaution de la potasse qui donne lieu à un précipité d'oxyde de zinc soluble dans un excès de réactif ; dans l'autre portion, on verse du cyanure rouge de potassium et de fer, qui fournit un précipité jaune.

Addition
de sous-carbonate
de magnésie.**MM.** Robine et Parisot décrivent ainsi qu'il suit un procédé qui leur a toujours permis de reconnaître la présence du sous-carbonate de magnésie employé à la dose très-faible de 1/5000.

On prend 200 grammes de pain, on le divise convenablement et on le met à macérer avec de l'eau distillée en assez grande quantité pour qu'elle recouvre le pain ; on le laisse ainsi pendant environ deux ou trois heures ; au bout de ce laps de temps, on jette le tout sur une toile, et on presse afin de faire écouler le liquide que l'on filtre ; on le fait ensuite évaporer dans une capsule de porcelaine, jusqu'à siccité, en ayant soin d'employer un bain de sable, afin de ne pas décomposer le résidu ; on retire la capsule du feu, on laisse refroidir, et lorsque le résidu est complétement froid, on le traite par une certaine quantité d'alcool à 33° ; on agite avec un tube en verre, l'alcool ne dissout que l'acétate de magnésie ; on filtre, on fait évaporer la liqueur alcoolique, on reprend ce résidu par une petite quantité d'eau ; on filtre s'il est nécessaire, et dans la liqueur claire on verse du carbonate de potasse ou du carbonate de soude ; on voit alors apparaître un précipité insoluble dans un excès de réactif.

En agissant de la même manière sur du pain non falsifié, on n'obtient pas de précipité.

Si l'on voulait déterminer la quantité de sous-carbonate de magnésie ajoutée au pain, il faudrait avoir recours au procédé suivant :

On incinère deux cents grammes de pain, on porphyrise les cendres, qui sont plus blanches et plus volumineuses quand le pain contient du sous-carbonate de magnésie ; lorsqu'elles sont porphyrisées, on les délaye dans de l'acide acétique ; on évapore jusqu'à siccité afin de chasser l'excès d'acide libre; lorsque le résidu est desséché, on le traite par l'alcool, on filtre. La liqueur filtrée est ensuite évaporée jusqu'à siccité, et l'on dissout de nouveau le produit de l'évaporation avec une petite quantité d'eau. Lorsque la dissolution aqueuse est opérée, on y verse un léger excès de bi-carbonate de potasse, et on filtre; si le pain contient du sous-carbonate de magnésie, la magnésie se sépare lorsqu'on fait bouillir la liqueur filtrée. On peut alors recueillir le précipité, le laver, le dessécher et en prendre le poids.

Pour reconnaître la présence du sous-carbonate d'ammoniaque dans le pain, on prend une faible quantité de pain; on verse dessus de la potasse; en se plaçant au-dessus du tube de verre imprégné d'acide acétique, on voit immédiatement apparaître des vapeurs plus ou moins épaisses qui entourent le tube de verre. Ces vapeurs sont dues à de l'ammoniaque que la potasse a mis à nu et qui, en se volatilisant, rencontre des vapeurs d'acide acétique, s'y combine, forme de l'acétate d'ammoniaque qui apparaît en nuage, parce que les vapeurs de ce sel sont plus denses.

MM. Robine et Parisot ont pu, à l'aide de ce moyen simple, constater la présence du carbonate d'ammoniaque dans un pain de 500 grammes qui avait reçu, dans sa préparation, cinq décigrammes de ce sel.

Si le pain contenait des quantités assez petites de carbonate d'ammoniaque pour qu'il ne puisse être reconnu par ce moyen, il faudrait avoir recours au procédé suivant :

On prendrait deux cents grammes de mie de pain, que l'on placerait dans un vase avec de l'eau, pendant deux ou trois heures; au bout de ce temps, on jetterait le tout sur une toile, on presserait légèrement de manière à faire couler le liquide, on filtrerait, puis on le ferait évaporer sur un bain de sable jusqu'à siccité. Arrivé à ce point, on retirerait la capsule du feu, on laisserait refroidir; lorsque le produit serait complétement refroidi, on y verserait de la potasse dissoute et on placerait au-dessus une baguette de verre imprégnée d'acide acétique; on remarquerait la formation immédiate de vapeurs abondantes; en plaçant au-dessus du vase un papier de tournesol rougi par un acide, préalablement humecté, on le verrait bleuir.

Plusieurs procédés ont été indiqués pour démontrer la présence du carbonate de potasse dans le pain. Le moyen employé par MM. Robine

Addition de sous-carbonate d'ammoniaque.

Carbonate et bi-carbonate de potasse.

et Parisot a permis de faire reconnaître deux décigrammes de carbonate de potasse dans 500 grammes de pain.

On prend 200 grammes de pain, afin d'opérer sur une quantité un peu grande ; on place ce pain, suffisamment divisé, dans un vase avec de l'eau ; on laisse macérer pendant deux ou trois heures, on le jette sur un linge au bout de ce temps, on exprime afin de faire écouler le liquide que l'on filtre ensuite ; on expose la liqueur filtrée, dans une capsule en porcelaine, à l'action de la chaleur, sur un bain de sable, et on fait évaporer jusqu'à siccité. Arrivé à ce point de l'évaporation, on retire la capsule du feu, on laisse refroidir ; lorsque le résidu est froid, on y verse de l'alcool et on agite avec un tube en verre pour faciliter la dissolution des substances solubles dans ce véhicule ; on filtre, puis on fait évaporer la liqueur alcoolique jusqu'à siccité ; on reprend le résidu par une très-petite quantité d'eau, on filtre de nouveau et l'on essaye la liqueur, par une dissolution de chlorure de platine très-concentrée, qui donne lieu à un précipité jaune-serin adhérent au verre, si l'on a mêlé à la pâte destinée à faire le pain une certaine quantité de carbonate de potasse.

Addition de plâtre, terre de pipe, etc.

Le plâtre, la terre de pipe, etc., ont encore été mis en usage pour l'adultération du pain. L'emploi de ces substances ne pouvait avoir lieu que dans le but d'augmenter le poids du pain et peut-être sa blancheur ; mais, comme tous ces corps n'offrent quelque résultat avantageux au boulanger que lorsqu'ils sont introduits en assez grande quantité pour pouvoir influer sur le poids du pain, l'incinération seule pourra faire apercevoir ces sortes de fraudes, par l'augmentation des cendres.

Pour effectuer cette calcination ou cette incinération, on prend de 100 à 200 grammes de pain, on le carbonise dans une capsule de platine, ou dans un creuset ; on porphyrise le charbon et on l'incinère dans un creuset de porcelaine de terre ; lorsque la calcination est complète, on pèse le résidu qui doit être de 1.07 à 1.50 grammes, pour 200 grammes de pain ; si le résidu excédait ce poids, on pourrait en conclure que des substances étrangères sont mélangées au pain ; il faudrait alors procéder à l'examen des résidus pour savoir si l'on a affaire à un carbonate ou à un sulfate.

§ XI. — RENDEMENTS DES FARINES EN PAIN.

La question des rendements a été examinée par M. Dumas dans le tome VI de son *Traité de Chimie*, et nous citons, comme exemple, les résultats de ses essais sur quelques farines.

NOMS DES BLÉS.	POIDS de la FARINE EMPLOYÉE	ÉQUIVALENT SEC.	GLUTEN HUMIDE.	GLUTEN SEC.
		k	k	k
Tangarock......................	100	87.36	45.00	22.67
Odessa.........................	100	86.90	33.33	15.00
Saissette......................	100	84.92	30.00	12.66
Rochelle.......	100	87.15	27.33	11.17
Brie...........................	100	86.55	26.00	10.06
Tuzelle........................	100	87.01	22.60	8.30

Toutes ces farines, converties en pain dans les mêmes circonstances, ont présenté des rendements assez rapprochés; on en jugera par les produits de deux farines très-différentes entre elles (la première et l'avant-dernière de ce tableau), sous le rapport des proportions de gluten. La farine de blé de Tangarock a donné 1ᵏ 430 de pain pesé deux heures après cuisson, tandis que la farine de Brie a donné 1ᵏ 415; mais le premier pain, dans lequel le gluten avait augmenté bien peu le rendement, contenait à peu près, dans le même rapport, une plus grande quantité d'eau, ainsi qu'on le verra dans le tableau suivant, où M. Dumas a compris plusieurs résultats obtenus sur d'autres pains.

DÉSIGNATION DES PAINS.	POIDS des PAINS ESSAYÉS.	TEMPS ÉCOULÉ depuis la sortie du four.	ÉQUIVALENT en SUBSTANCE sèche.	PROPORTION D'EAU.
	k	heures		
Pain de munition	1.5	2	48.50	51.50
Id.	1.5	6	48.93	51.07
Id.	1.5	10	48.89	51.11
Id.	1.5	18	49.14	50.86
MOYENNE..............	1.5	9	48.86	51.1
Pain de ménage avec farine de blé de Tangarock.	3	12	52.02	47.08
Id. id. de Brie	3	12	52.56	47.44
MOYENNE..............	3	12	52.57	47.71
Pain blanc ordinaire de Paris................	2	12	54.50	45.42
Id. id.	2	6	55.10	44.90
Id. id.	»	»	»	»
Id. cuit au four aérotherme..........	1	2	54.04	45.69
Id. id.	1	4 ;	55.65	45.33
Id. id.	1	10	55.97	43.03
Id. id.	1	24	56.55	43.45
MOYENNE..............	1	9.6	55	45
Pâte de pain de munition..........	»	»	49.10	50.90
Pâte du pain aérotherme....................	»	»	54.64	45.10
Farine du pain de munition................	»	»	84.10	15.90
Id. four aérotherme....	»	»	83.45	16.55

Ce tableau montre que la quantité d'eau ajoutée dans la farine pour le pétrissage de la pâte à pain de munition, a dû être en moyenne de 105 pour 100 (sauf une faible quantité évaporée avant l'enfournement); qu'en conséquence, 100 de farine sèche représenteraient 205 de pâte. Cette grande quantité d'eau rend le travail de la pâte beaucoup plus facile, mais elle ralentit la cuisson, augmente l'épaisseur de la croûte, et laisse la mie plus hydratée, en quelque sorte plus pâteuse, puisqu'elle contient en moyenne 0.5114 d'eau.

Dans les pains blancs ordinaires de Paris et dans ceux des colléges, cuits au four aérotherme, la proportion d'eau ajoutée pour confectionner la pâte, avait dû être de 52.27 pour 100, et la farine, parfaitement desséchée représenterait, pour 100 parties employées, 181 de pâte obtenue.

En comparant entre eux les nombres qui précèdent, on reconnaîtra que, pour un poids égal à la mie du pain de munition, la substance réelle se trouve moindre que dans le pain fourni aux collèges de Paris, et que la différence s'élève à 14 pour 100.

Le rendement de la farine blanche ordinaire varie assez habituellement à Paris entre les limites 102 à 106 pains de 2^k par sac pesant 150^k; il est porté en général à 104 pains; on peut déduire de ces données le tableau suivant :

POIDS du SAC DE FARINE.	NOMBRE DE PAINS.	POIDS DU PAIN.	AUGMENTATION : le poids de la farine ordinaire étant 1.	RAPPORT du poids de la farine sèche au poids du pain.
^{k} 159	102	^{k} 201	1.283	
159	104	208	1.308	::1:1.60
159	106	212	1.333	

Ainsi, l'on voit que le rendement moyen de la farine correspondrait à 130^k de pain pour 100^k de farine employée; or, en admettant que celle-ci contînt 0.17 d'eau, le produit équivaudrait à 156 de pain obtenu pour 100 de farine réelle ou privée d'eau.

Il en résulterait, dit M. Dumas, que ce pain tout entier, contenant 0.33 de substance sèche et la mie 0.44, le rapport du poids de la croûte à la mie serait de 25 à 75 dans les pains longs essayés.

Nous joignons ici un tableau indiquant les quantités de farine, d'eau et de sel employées pour la fabrication du pain de munition de 1^k 500 au rendement de 130 à 150^k de pain par 100^k de farine.

Nous admettons que la farine ordinaire contient en moyenne 17 pour 100 d'humidité et le sel 10 pour 100; et de plus que le déchet pendant le cours du travail est, en farine, de 1^k pour 145^k de farine ; en eau, de 0^k 500 pour 104^k 138 d'eau employée au pétrissage de 160^k de farine ; et qu'enfin, le déchet de la cuisson s'élève à 1/7 du poids de la pâte mise au four.

FARINE.	EAU (1)	SEL.	DÉCHETS en FARINE	DÉCHETS en EAU.	PATE.	PERTE à la CUISSON et au refroidissem.	Rendement ou quantité de pain obtenu.	ÉQUIVALENT EN SUBSTANCES sèches et humides. FARINE.	SEL.	EAU.	ÉQUIVALENT, EN SUBSTANCES sèches et humides, de 100 kilog. de pain. FARINE	SEL.	EAU.
1	2	3	4	5	6	7	8	9	10	11	12	13	14
k g	k g	k g	k g	k g	k g	k g	k	k g	k g	k g	k g	k g	k g
100k	51.578	1.081	0.689	0.283	151.677	21.677	130	82.428	0.955	46.617	63.408	0.735	35.859
100	52.743	1.069	0.689	0.290	152.833	21.833	131	82.428	0.962	47.610	62.922	0.735	36.343
100	53.908	1.078	0.689	0.296	154.001	22.001	132	82.428	0.970	48.602	62.445	0.735	36.820
100	55.073	1.086	0.689	0.302	155.168	22.168	133	82.428	0.977	49.595	61.976	0.735	37.289
100	56.238	1.094	0.689	0.309	156.334	22.334	134	82.428	0.985	50.587	61.513	0.735	37.752
100	57.413	1.102	0.689	0.316	157.501	22.501	135	82.428	0.992	51.580	61.058	0.735	38.207
100	58.568	1.110	0.689	0.322	158.667	22.667	136	82.428	0.999	52.573	60.609	0.735	38.656
100	59.733	1.118	0.689	0.328	159.834	22.834	137	82.428	1.006	53.566	60.166	0.735	39.099
100	60.898	1.126	0.689	0.335	161.000	23.000	138	82.428	1.013	54.559	59.730	0.735	39.535
100	62.063	1.134	0.689	0.341	162.167	23.167	139	82.428	1.021	55.551	59.300	0.735	39.965
100	63.227	1.143	0.689	0.347	163.333	23.333	140	82.428	1.029	56.543	58.877	0.735	40.388
100	64.393	1.151	0.689	0.354	164.501	23.501	141	82.428	1.036	57.536	58.460	0.735	40.806
100	65.557	1.159	0.689	0.360	165.667	23.667	142	82.428	1.043	58.529	58.048	0.735	41.217
100	66.723	1.167	0.689	0.366	166.835	23.835	143	82.428	1.050	59.522	57.642	0.735	41.623
100	67.885	1.175	0.689	0.373	168.000	24.000	144	82.428	1.058	60.514	57.241	0.735	42.024
100	69.052	1.183	0.689	0.379	169.167	24.167	145	82.428	1.065	61.507	56.847	0.735	42.418
100	70.217	1.191	0.689	0.386	170.333	24.333	146	82.428	1.072	62.500	56.457	0.735	42.808
100	71.383	1.199	0.689	0.392	171.501	24.501	147	82.428	1.079	63.493	56.073	0.735	43.192
100	72.547	1.208	0.689	0.399	172.667	24.667	148	82.428	1.087	64.485	55.694	0.735	43.374
100	73.712	1.216	0.689	0.405	173.834	24.834	149	82.428	1.094	65.478	55.321	0.735	43.944
100	74.877	1.224	0.689	0.412	175.000	25.000	150	82.428	1.102	66.470	54.952	7.735	44.313

(1) On voit dans Pline, l. XVIII, dans quelle proportion l'eau entrait dans le pain de munition. « Lex certa naturæ, ut in quocumque genere pani militari tertia portio aquæ ad grani pondus accedat : sicut optimum frumentum esse, quod in subactu congium aquæ capiat, etc. » Ainsi, 100 de blé moulu donnait 133 de pain, tandis qu'aujourd'hui, pour 100 de farine, on produit 139 de pain. 100 k. du pain que les Romains appelaient *Panis militaris* contenaient 37 k. 289 d'eau, et 100 k. de notre pain de munition en contiennent 39 k. 965 ; mais le pain de leurs soldats était néanmoins inférieur au pain des nôtres, parce qu'il était fait avec des farines grossièrement moulues, dont on n'extrayait pas de son, tandis que la farine que nous employons est mieux moulue que la leur et qu'enfin elle est épurée à 10 ou 12 pour 100 ¹.

¹ MÉTHODE EMPLOYÉE POUR CALCULER LES RÉSULTATS CONSIGNÉS AU TABLEAU D'AUTRE PART.

a la quantité de farine employée.

b   Id.   d'eau   Id.

x   Id.   de sel   Id.

$\frac{1}{n}$ La fraction du poids de la farine perdue pendant la fabrication.

$\frac{1}{m}$ Id.   Id.   de l'eau   Id.

$\frac{1}{k}$ Id.   Id.   de la pâte mise au four évaporée par la cuisson.

§ XII. — TAUX DES RENDEMENTS.

Si l'on consulte les tableaux placés à la fin de cet ouvrage et qui présentent le relevé des rendements obtenus dans diverses boulangeries depuis 1824 jusqu'en 1840, on observera des résultats dissemblables

---

r le rendement.

$\frac{1}{p}$ la fraction du poids de la farine et de l'eau représentant le poids du sel.

$\frac{1}{q}$ Id.   Id.   total de la farine représentant la farine entièrement sèche.

$\frac{1}{u}$ Id.   Id.   du sel   Id.   le sel.

D le déchet de la farine pendant la fabrication.

E   Id.   de l'eau   Id.

F la quantité de farine entièrement sèche.

S   Id.   de sel   Id.   sec.

Il existe entre ces différentes quantités des relations qui permettent de former les diverses colonnes du tableau précédent ; plusieurs d'entre elles sont données par l'expérience et varient avec les matières et les procédés ou différentes circonstances extérieures ; ce sont : $m - n - k - p - q - d$. Dans le tableau d'autre part, on a supposé :

$$\frac{1}{k} = \frac{1}{7}; \ \frac{1}{n} = \frac{1}{145}; \ \frac{1}{m} = \frac{1}{182}; \ \frac{1}{p} = \frac{1}{142}; \ \frac{1}{q} = \frac{1}{1.205}; \ \frac{1}{d} = \frac{1}{1.111}.$$

On a entre les quantités a, b, r, la relation suivante :

$$a = \frac{\dfrac{r \times k}{k-1} - b \times \left(\dfrac{m-1}{m} + \dfrac{1}{p}\right)}{\dfrac{n-1}{n} + \dfrac{1}{p}}$$ qui donne a en supposant b et r connus (colonne 1).

$$b = \frac{\dfrac{r \times k}{k-1} - a \times \left(\dfrac{n-1}{n} + \dfrac{1}{p}\right)}{\dfrac{m-1}{m} + \dfrac{1}{p}}$$ qui donne b en supposant a et r connus (colonne 2).

$$r = \frac{k-1}{k} \times \left\{ a \times \frac{n-1}{n} + b \times \frac{m-1}{m} + \frac{a+b}{p} \right\}$$ qui donne r en suppos. a et b connus (col. 8).

Les quantités s, D, E, F, et S, s'obtiennent par les formules suivantes :

$$s = \frac{a+b}{p} \text{ colonne 3. } \quad D = \frac{a}{n} \text{ colonne 4. } \quad E = \frac{b}{m} \text{ colonne 5. } \quad F = \frac{a \times (n-1)}{n \times q} \text{ colonne 9.}$$

$$S = \frac{a+b}{p \times d} \text{ colonne 10.}$$

Quant aux autres colonnes, elles résultent avec la plus grande facilité de simples additions ou soustractions entre celles que l'on vient d'obtenir ; et les trois dernières (12, 13 et 14) ne sont que les trois précédentes réduites à un total égal à 100.

qui indiquent cependant une tendance uniforme vers l'élévation des rendements.

En France, dans les manutentions de la marine, de 1824 à 1840, le produit de 100^k de farine épurée à 12 pour 100, transformés en pain, s'est élevé graduellement de 137 à 139 et même 140^k et une fraction. Dans l'année 1837, l'administration belge a obtenu, avec 100^k de farine brute provenant de blé pesant 80^k à l'hectolitre, de 143^k à 160^k de pain. A l'hôpital de Greenwich, avec 100^k de farine très-blanche, pareille à la farine d'armement que l'on embarque à bord des bâtiments de notre marine royale, on obtient seulement 130 à 131^k d'un pain excellent. En France, à bord des navires de l'État, avec 100^k de farine très-blanche, les produits en pain varient de 133 à 136^k.

A la limite inférieure du chiffre des rendements, à l'hôpital de Greenwich, le pain est excellent; et à la limite supérieure, en Belgique, le pain est mou, pâteux, et contient évidemment de l'eau en quantité trop considérable : c'est entre ces deux termes qu'il me semble raisonnable d'opérer pour unir, autant que possible, la raison d'économie à la perfection du produit.

Pour arrêter mes idées sur cette importante question, j'ai fait une série d'expériences avec des farines provenant de blés pesant 76^k à l'hectolitre, et j'ai reconnu qu'en me bornant à produire 135^k de pain par 100^k de farine, j'obtenais un résultat meilleur que celui auquel il m'était possible d'arriver si je voulais produire un rendement supérieur. J'ai poursuivi mes recherches sur des blés de poids différents, et je me suis convaincu : qu'avec du blé pesant 77^k à l'hectolitre, on peut donner 136^k de pain excellent pour 100^k de farine; et qu'enfin, à mesure que le poids de l'hectolitre de blé augmente d'un kilogramme, le rendement en pain de 100^k de farine peut s'élever d'un kilogramme, sans que la qualité du pain diminue par suite de l'augmentation de la quantité produite.

§ XIII. — DES CAUSES QUI TENDENT A MODIFIER LE RENDEMENT DES FARINES.

1° **La nature des blés.** — Les blés diffèrent essentiellement entre eux; l'espèce de terrain où ils ont végété et le genre même de leur culture exercent une influence marquée sur leur qualité; de plus, leur degré de dessiccation et les altérations diverses que leur ont fait subir les attaques des insectes sont aussi des causes qui les font classer en différentes qualités; mais généralement on peut être certain que le chiffre du rendement en pain, de farines provenant de blés propres et sains, sera en raison directe du poids spécifique des grains soumis à la mouture, et que les blés rouges donneront un produit supérieur à celui obtenu par l'emploi des blés blancs.

2° **Système de mouture.** — Le système de mouture exerce une influence considérable sur le chiffre des rendements, car une mauvaise mouture altère les farines et met obstacle à ce qu'elles absorbent une quantité d'eau capable d'assurer le bénéfice du boulanger.

La mouture ayant été bien faite, les meules ayant agi sur de bons blés, pesant 77 à 78^k l'hectolitre, et les farines n'étant employées qu'après un séjour de plusieurs semaines sur les planchers, elles sont alors placées dans des conditions favorables à leur transformation en pain. Mais il faut encore que les farines provenant de blés de bonne qualité, convenablement moulus, soient soumises à un mode de blutage qui réponde à la perfection des procédés de mouture mis en application. Si ces conditions n'étaient qu'imparfaitement remplies, les rendements ne pourraient être que faibles.

3° **De la présence ou de l'absence des gruaux dans la farine.** — La présence ou l'absence des gruaux dans les farines influe sur leur produit en pain, et cela s'explique facilement si l'on considère que les gruaux proviennent de la partie la plus dure et la plus sèche du blé, de celle qui peut, par conséquent, absorber une plus grande quantité d'eau.

Ainsi les farines de fine fleur, avec lesquelles on peut faire du pain d'une excessive blancheur, rendent moins que les farines de gruaux qui ont une teinte d'un blanc doré. C'est ce qui fait dire que plus *on tire à blanc, moins on a de produit;* mais si on mélange la farine de gruaux, légèrement remoulue et convenablement blutée, avec de la farine de fine fleur, on obtiendra un pain blanc, d'un goût agréable, sans faire le sacrifice des rendements.

Du reste, il faut noter que si le remoulage des gruaux est fait de trop près, si les globules féculents sont écrasés par la meule, on n'aura

qu'une farine sans corps, qui ne pourra absorber qu'une faible quantité
d'eau.

Les rendements sont donc solidaires de la mouture; et, comme
on le voit, il est très-important qu'un service public, comme celui de
la marine, puisse disposer en tout temps de moulins aussi parfaits que
ceux dont l'industrie fait usage dans beaucoup de localités en France.

4° **Perte au pelletage.** — Le pelletage des farines, dans des magasins ouverts à tous vents, comme le sont ceux de la marine, devient
une cause de perte ou de diminution de rendement, à laquelle il serait
possible de se soustraire par l'établissement de chambres à farine.

5° **Évaporation.** — Lorsque les boulangers jettent la farine avec
force et sans précaution dans le pétrin, il en résulte une perte, connue
sous le nom d'évaporation, que l'on peut éviter en versant doucement
la farine destinée à être travaillée.

6° **Inhomogénéité de la pâte.** — Si le mélange intime de la farine et
de l'eau n'a pas été opéré, s'il reste des parties de farine qui ne se soient
pas emparées de la quantité d'eau qu'elles étaient capables d'absorber,
alors le rendement n'atteindra pas son maximum, car, pour arriver à ce
résultat, il est indispensable que le mélange de l'eau, de la farine et des
levains soit parfait, et que le pétrissage de la pâte ait été exécuté avec
énergie et à plusieurs reprises dans un court espace de temps.

C'est seulement avec l'aide d'un pétrin mécanique qu'il sera possible
d'obtenir un pétrissage constamment parfait.

7° **Apprêt de la pâte.** — L'acide carbonique, l'alcool et les autres
produits résultant de la réaction des principes de la pâte les uns sur les
autres, affectent nécessairement le poids de la masse; et, comme une
pâte ayant plus d'apprêt perd davantage au four que celle qui en aurait
moins, le rendement est parfois atténué par cette cause, que peuvent
faire varier une foule de circonstances. Mais, en général, l'expérience
du boulanger et sa prévoyance le mettent à l'abri des mécomptes. Il ne
faut donc pas s'exagérer les difficultés, et noter que si une première
fournée peut offrir un résultat désavantageux, un bon ouvrier sait

toujours, par un travail additionnel, combler dans le cours de ses opérations la perte faite au début; de telle sorte que le rendement ne subit pas de variations notables, si l'on opère sur des matières semblables.

8° **Proportion d'eau évaporée pendant la cuisson de la pâte.** — La quantité d'eau évaporée par l'action de la chaleur du four, pour arriver à obtenir la cuisson du pain, est invariable quelle que soit la quantité d'eau absorbée par les farines pendant l'opération du pétrissage [1].

Lorsque le travail s'exécute par l'action manuelle, il est impossible d'admettre que le pétrisseur, malgré son habileté, amènera toujours sa pâte au même degré de consistance, parce que, arrivé à un certain moment, cet ouvrier, exténué de fatigue, se trouvera comme contraint d'accepter un travail imparfait, n'ayant plus assez de force, soit pour repétrir avec une adjonction de farine, soit pour bassiner sa pâte, ce qui l'obligerait encore à pétrir en entier toute sa fournée avec beaucoup d'énergie et de rapidité.

Si l'on adopte un jour une machine à faire la pâte, qui permette à l'ouvrier d'exercer son intelligence, sans exiger de lui des efforts musculaires supérieurs à sa nature; si cette machine le soustrait à des fatigues exténuantes, tout en lui permettant de suivre et d'observer les phases de l'opération complexe du pétrissage; s'il peut, suivant sa volonté et sans s'imposer la moindre gêne, augmenter la somme des façons à donner à la pâte, alors il pourra toujours faire en sorte qu'elle ait une consistance déterminée. Nous avons la certitude que ce résultat sera constamment obtenu avec le pétrin dont nous proposons la mise en usage, puisqu'il épargne au boulanger toute espèce de travail manuel et ne le condamne pas à attendre, sans qu'il lui soit possible de mettre en pratique les résultats de son expérience, qu'une pâte bien ou mal faite sorte d'une boite fermée à tous les yeux. Mon système ne ressemble pas à ces pétrins automates; il ne supprime pas l'ouvrier; et, s'il le soustrait aux fatigues corporelles il, réclame sa coopération comme intelligence, et l'application de son talent comme homme d'art. Si, en un mot, j'ai

---

[1] Voir la discussion sur l'emploi de la chaleur, au chapitre *Four*.

confiance dans mon système, c'est parce qu'il permet d'associer à une machine donnant avec force et rapidité des façons à la matière, l'attention constante d'un ouvrier habile.

9° **Le fleurage.** — On appelle fleurage l'opération qui consiste à saupoudrer la pâte avec de la farine, soit lorsqu'on la tourne, soit lorsqu'on la met sur la pelle pour l'enfourner.

Quand l'ouvrier est soigneux et qu'il fleure avec économie, cette dépense s'élève à environ 2 pour 100 du poids de la pâte enfournée ; mais il arrive trop souvent que le boulanger, agissant ordinairement sur des pâtes douces, est conduit à faciliter son travail en employant beaucoup de farine à fleurer, et cette dépense excessive tend à diminuer les rendements.

Il m'a été possible, en faisant usage des moules pendant cinq années consécutives, de diminuer de moitié la perte occasionnée par le fleurage.

10° **Température du four.** — Suivant que la température du four est plus ou moins élevée, la pâte est exposée à perdre des quantités d'eau très-différentes. Saisie subitement par une température élevée, il se forme une croûte mince qui empêche l'évaporation ; tandis que, abandonnée plus longtemps à une température moins élevée, elle se dessèche davantage et fournit une croûte plus épaisse. D'ailleurs, l'action de la chaleur détermine entre les éléments de la farine des réactions qui modifient beaucoup la proportion des composés volatils qui se dégagent.

On comprend, d'après ce qui vient d'être dit, combien il est important d'arriver à ne faire usage que de fours établis d'après un système donnant la possibilité d'élever leur température à un degré déterminé, et de la maintenir toujours uniformément constante.

11° **Région du four dans laquelle est placé le pain.** — Dans les fours dont on se sert maintenant, l'enfournement des pains ayant lieu successivement et ayant une durée de 15 minutes, il arrive qu'ils ne se trouvent pas tous exposés à une température égale, le mode de répartition de la chaleur étant vicieux et le refroidissement de certaines

parties du four pendant l'enfournement devant amener des différences
dans la température des points divers sur lesquels on dépose la pâte.
Aussi, eu égard aux causes qui viennent d'être indiquées, distingue-t-on
par les noms de premier et de deuxième quartier, de cœur et de
bouche, les régions occupées par les pains, et remarque-t-on que leur
degré de cuisson s'y trouve assez souvent différent; par exemple, les
pains mis près de la bouche, étant enfournés les derniers, ont fréquemment besoin d'être laissés au four plus longtemps que les autres, et
souvent le brigadier, obligé de les retirer pour faire de la place, les
reporte-t-il ensuite dans un des quartiers, ordinairement dans le premier.

La diminution subie par le poids de la pâte doit être modifiée par la
place qu'elle occupe dans le four; cependant les expériences de Tillet,
membre de l'Académie des sciences, faites en 1781 sur la demande du
gouvernement, prouvent que dans une longue série d'observations, les
anomalies sur les poids des pains se présentent à peu près les mêmes
dans les diverses parties du four.

Nous devons encore faire observer que ces anomalies, qui mettent
obstacle à un contrôle facile des boulangeries, disparaîtraient si on
adoptait l'usage des fours aérothermes, modifiés de manière à permettre
d'opérer avec rapidité l'enfournement et le défournement du pain.

12° **Forme des pains.** — L'évaporation de la pâte, pendant qu'elle
est au four, est d'autant plus considérable que la figure donnée aux pains
développe une plus grande surface; mais, dans les manutentions de la
marine, tous les pains étant égaux en poids et de forme ronde, sauf la
fraction minime de pains consommés par les officiers malades, il s'ensuit que la forme ne peut pas devenir, comme chez les boulangers des
villes, une cause de différence dans les rendements.

13° **Degré de cuisson du pain.** — Moins le pain est cuit et plus
les rendements sont élevés; mais, dans l'intérêt des rationnaires, il ne
faut jamais que la boulangerie offre à l'État un bénéfice aux dépens
de la qualité du produit, et l'administration doit exiger que la cuisson
du pain soit toujours parfaite.

14° **Quantité de pains mise au four.** — Lorsque les pains mis au four se touchent et que les surfaces d'évaporation sont diminuées, le rendement tend à augmenter; mais ce résultat économique est encore, dans ce cas, atteint par le sacrifice de la qualité du produit, et dans les manutentions publiques, je pense que l'administration doit exiger que l'enfournement s'opère de manière à éviter les baisures, c'est-à-dire les points de contact des pains entre eux.

15° **Moyens essayés dans le but d'augmenter les rendements.** — Obtenir à l'aide de certains procédés, d'une quantité donnée de farine, la plus grande quantité possible de pain de bonne qualité, est l'énoncé d'un problème dont beaucoup de personnes ont cherché à donner une solution.

Parmi les moyens employés pour atteindre ce but, on trouve que, tantôt on a opéré le pétrissage avec de l'eau de riz, tantôt avec de l'eau dans laquelle on avait fait bouillir le son et que l'on avait décantée avant d'en faire usage; quelquefois on a mélangé à la farine de froment des farines de légumineuses, de pois chiches et de fèves; enfin on a tenté d'ajouter à la farine une certaine quantité d'empois, ou même des substances qui peuvent exercer une action funeste sur l'économie animale.

Depuis le temps où écrivait Parmentier jusqu'à ce jour, il a été pris un grand nombre de brevets pour des moyens à l'aide desquels on devait faire absorber à la farine de l'eau dans une proportion considérable et diminuer ainsi le prix de revient du pain. Mais on a reconnu que le produit perd de sa qualité lorsqu'on parvient à lui faire retenir une quantité d'eau qui dépasse en poids les deux tiers et une fraction de la farine manutentionnée.

J'ai répété, en grande partie, les expériences publiées, et j'ai acquis la certitude qu'aucun des procédés indiqués ne constitue une véritable amélioration ni même une économie notable.

Dans l'état actuel de l'art de la boulangerie, il est sage de se borner à faire le pain avec de la farine de froment et de l'eau; et je mets hors de doute que les soins apportés par les manutentionnaires consciencieux, aidés qu'ils peuvent être par un mode de pétrissage uniformément énergique, par l'usage de fours moins imparfaits que ceux dont on s'est servi jusqu'à ce jour, et par l'emploi de blés de bonne qualité, bien moulus, doivent conduire l'administration vers des résultats économiques importants, qui ne seront jamais atteints, je dois le dire, si la routine n'est pas mise dans l'impossibilité d'exercer sa funeste influence.

Nous avons indiqué, au commencement de ce travail, le résultat de nos recherches sur l'art de la boulangerie chez les anciens, recherches faites dans le but unique de découvrir s'il existait des traces de procédés utiles qui eussent été mis en oubli; et, après avoir constaté que l'art de faire le pain était à peu près aussi avancé dans l'antiquité qu'il l'est à notre époque, nous avons indiqué les modifications appartenant aux temps modernes; puis nous avons discuté la valeur de certains moyens qui, s'ils étaient appliqués avec intelligence, pourraient, suivant l'opinion de Parmentier et celle du docteur Herpin, produire une économie et procurer une amélioration considérable dans la qualité du pain.

La farine, dans toutes ses parties constituantes, a été l'objet de nos études; les altérations qu'on peut lui faire subir ont été signalées, et les moyens de reconnaître la fraude, en beaucoup de cas, ont été indiqués ; les falsifications du pain et les moyens de les constater ont aussi appelé notre attention ; nous avons retracé la manipulation des farines proprement dites dans l'œuvre de la panification, en supposant que toutes les façons ont été données par la main des hommes; enfin, la question des rendements a été examinée. Il nous reste maintenant à décrire les procédés mécaniques appliqués dans le but de remplacer le travail manuel et les diverses espèces de fours dont on fait usage pour opérer la cuisson du pain.

Ce nouveau sujet d'étude fera l'objet des chapitres v et vi.

CHAPITRE V.

PÉTRISSAGE DE LA PATE DESTINÉE AU PAIN, EFFECTUÉ PAR DES AGENTS
MÉCANIQUES.

§ I. — MACHINES AGISSANT PAR LA PRESSION.

Le travail de la pâte étant très-pénible et occasionnant une fatigue
extrême aux ouvriers, tout en nécessitant des frais de main-d'œuvre
considérables, on a cherché à suppléer l'action des hommes par celle
des agents mécaniques.

La bréga,
pétrin espagnol.
(Pl. XXXIX, fig. 1 et 2.)

En Espagne, on se servait il y a longtemps, et on se sert encore dans
plusieurs provinces, d'un appareil appelé bréga, qui consiste en une
table composée de trois planches, dont deux ont 1ᵐ de longueur et celle
du milieu 1ᵐ 10; le prolongement de 10 centimètres, étant encastré
dans la muraille, sert à consolider la table.

Perpendiculairement à la longueur de la table et au-dessus de la
ligne qui la partage par le milieu, est un cylindre fixé à l'extrémité
inférieure de deux montants qui sont libres dans deux boucles établies
à leur partie supérieure ; ces montants sont suspendus aux poutres du
plafond.

La pâte, en partie préparée à la main, est étendue sur la table;
l'ouvrier exerce une action sur une main en fer ayant ses points d'attache
aux extrémités de bielles en bois, traversées par l'axe du rouleau pétrisseur; il imprime un mouvement de va-et-vient au cylindre, tandis qu'un
aide est occupé à remplir la pâte; et, après un travail de vingt minutes
environ, on parvient à faire une pâte ferme qui ressemble à celle du
biscuit de mer.

On comprend que non-seulement la pâte, avant d'être soumise à l'effet du bréga, doit être frasée à la main, mais que, malgré l'adjonction du travail de l'homme, la pâte obtenue à l'aide de cette machine diffère essentiellement de celle produite par nos boulangers. Cet appareil, qui ressemble aux rouleaux pétrisseurs employés dans plusieurs ports d'Angleterre à la fabrication du biscuit, semblerait avoir fourni l'idée de la machine en fonction à Portsmouth et à Plymouth.

Le pétrisseur mécanique de MM. Guy se compose d'une caisse demi-cylindrique, dans laquelle se meut rotativement un cylindre en fer creux placé dans le sens de la longueur du pétrin, qui se trouve ainsi partagé en deux parties égales. Le cylindre tourne tantôt dans un sens, tantôt dans un autre, à l'aide d'une manivelle. Au-dessus se trouve un racloir servant à nettoyer la surface du cylindre.

Pétrisseur mécanique de MM. Guy, connu sous le nom de MM. Cavalier et frère.
(Pl. XXXIX, fig. 3 et 4.)

Le délayement des levains et le premier mélange de la farine et de l'eau se font à l'aide d'une griffe en fer fixée à l'extrémité d'un manche ; quand cette opération est terminée, le cylindre est mis en mouvement. La pâte se lamine entre le cylindre et le fond du pétrin ; elle vient s'arrêter au racloir et s'y réunit en masse ; un mouvement inverse imprimé à la manivelle fait passer la pâte du côté opposé. Après avoir soumis la farine et l'eau à cette sorte de laminage pendant 25 à 30 minutes, on obtient de la pâte aussi bien faite que le comporte ce pétrin.

Mode d'action.

La disposition du pétrin ne permet pas d'opérer le délayement des levains à l'aide de l'action mécanique, et cette façon est mal donnée quand on se sert de la griffe dont il vient d'être parlé ; dans ce système, c'est aux mains de l'homme qu'il importe de confier cette partie du travail.

Inconvénients.

Le laminage est, à ce qu'il me semble, une opération utile à faire subir à la pâte, mais elle seule ne saurait remplacer la série des façons variées données par les bons ouvriers ; aussi remarque-t-on que la pâte, en sortant du pétrin Cavalier, quoique liante, manque de corps ; elle est douce, et enfin elle n'est pas homogène dans toutes les parties du pétrin.

Pétrins
à caisses mobiles
à axes horizontaux.
Invention Lambert.
(Pl. XXXIX. fig. 5 et 6.)

Le premier pétrin inventé en France est dû à Lambert, boulanger de
Paris, et c'est en 1810 qu'il commença à faire usage de sa machine,
consistant en une caisse mobile quadrangulaire, composée de fortes
planches de chêne solidement assemblées. La partie supérieure est un
peu plus large que le fond et se ferme au moyen d'un couvercle qui est
maintenu de chaque côté par des vis passant à travers une pièce de
fer percée, attachée au couvercle. A l'intérieur de la caisse il n'existe ni
barres, ni agitateurs. A chaque extrémité sont placés des tourillons
tournant dans des collets encastrés dans les montants des bâtis; l'un de
ces tourillons porte une roue dentée engrenant dans un pignon monté
sur l'axe de la manivelle.

Usage du pétrin.

Ce pétrin est ajusté sur un bâti, et, quand on veut le rendre immobile, on place au-dessous une pièce de bois qui l'empêche de vaciller.

Le levain, après avoir été délayé à la main, la farine et l'eau sont mis
ensemble dans le coffre auquel on imprime d'abord, pendant cinq
minutes, un mouvement de va-et-vient, afin de faire opérer l'absorption
de l'eau par la farine. Lorsque cet effet a été produit, on fait tourner la
caisse sur son axe pendant quinze minutes, et l'on a soin d'ouvrir le
pétrin de temps en temps pour détacher avec un racloir la pâte qui
adhère aux parois intérieures. Enfin, après vingt minutes de travail dans
ce pétrin, la pâte est aussi bien pétrie qu'elle peut l'être avec cet appareil.

Inconvénients.

1° Les levains ne peuvent pas être pétris et délayés par la machine,
c'est à l'ouvrier qu'il faut demander ce travail.

2° La forme quadrangulaire de la caisse ne permettant pas qu'il soit
établi un racloir à l'intérieur, le nettoyage du pétrin revient encore aux
soins de l'ouvrier.

3° L'agitation et la pression subies par la pâte sont faibles, si l'on
compare ces façons à celles données par les hommes.

4° La pâte se réunit en une seule masse pendant que le pétrin est en
mouvement; elle n'est pas sollicitée à se diviser, et les parties qui ne
viennent pas frapper les parois ne sont pas travaillées.

5° La pâte n'ayant pas été pressée, elle contient toujours quelques grumeaux.

Ce pétrin est donc imparfait; mais le principe sur lequel il a été établi a servi de base à beaucoup d'appareils destinés à la confection de la pâte à pain.

§ III. — PÉTRINS MOBILES POURVUS A L'INTÉRIEUR D'AGENTS MÉCANIQUES FIXES PROPRES A DIVISER LA PATE.

En variant toujours les combinaisons dans la voie indiquée par Lambert, M. Fontaine a construit un pétrin que j'ai vu fonctionner à Paris et à Bruxelles.

Pétrin de M. Fontaine en usage chez MM. Mouchot, à Mont-Rouge. (Pl. XXXIX, fig. 7, 8, 9, 10 et 11.)

Ce pétrin consiste en un cylindre long de $2^m 30$ sur $0^m 67$ de diamètre, coupé aux deux tiers par un couvercle à charnières, pouvant se fermer hermétiquement. L'intérieur du cylindre est divisé en trois compartiments, dans chacun desquels sont placées deux barres mobiles disposées en croix et distantes entre elles de $0^m 16$. Dans le mouvement de rotation imprimé au pétrin, la pâte, entraînée à la partie supérieure, retombe sur ces barres dont l'effet est d'opérer la division de la masse en plusieurs parties.

Chaque compartiment contient environ 200^k de pâte, en tout 600^k.

Le pétrissage se fait en seize à dix-huit minutes, et pendant ce temps le pétrin est ouvert deux fois, tant pour aider à reconnaître l'état de la pâte, que pour permettre de ratisser les parois intérieures du pétrin.

A la fin du travail, les barres sont enlevées; alors, le pétrin étant fermé, la pâte est laissée en repos pendant quelque temps pour qu'elle puisse prendre son apprêt en masse, puis elle est divisée et pesée de manière à donner des pains d'un poids déterminé.

1° Le délayement des levains se fait par le travail de la machine, mais l'action exercée n'est pas assez prompte; on pourrait remédier à cet inconvénient, en imprimant au pétrin un mouvement moins lent.

Inconvénients.

2° La position des barres, la manière dont elles sont fixées, ne permettent pas l'usage d'un racloir continu, agissant en même temps que s'opère le pétrissage, et il faut arrêter le travail à diverses reprises, pour nettoyer le pétrin.

3° Aucune pression n'étant exercée sur la pâte pendant la durée du travail, elle contient parfois quelques grumeaux.

4° Enfin, le mouvement d'agitation donné à la pâte est si lent, la pression exercée sur toutes ses parties est tellement faible, comparativement à ce qui est exigé du travail manuel lorsqu'on tient à obtenir de bonnes pâtes, qu'il est permis de douter que l'usage de ce pétrin produise des résultats semblables à ceux obtenus par l'application simultanée des forces de l'homme et de son intelligence. Cependant ce pétrin permet de faire de bonne pâte, lorsqu'on emploie des farines très-blanches, entièrement dégagées de particules de son; et, à l'aide de quelques modifications, on pourrait le rendre plus parfait.

TRAVAIL DE LA PATE DANS LE PÉTRIN DE M. FONTAINE.

M. Dumas résume de la manière suivante les opérations du pétrissage exécutées avec le pétrin Fontaine dans la boulangerie de MM. Mouchot frères.

Dans un travail continu, on prépare constamment un levain dans l'une des cases du tambour. A cet effet, on y place :

Levain ordinaire...................... 125^k ⎫
Farine................. .... 67 ⎬ 225^k
Eau................................... 33 ⎭

L'homme préposé à la surveillance du pétrin mécanique ferme le couvercle du pétrin et le met en mouvement; au bout de sept minutes environ, la sonnette du compteur annonce que le nombre de tours opérés a mis la pâte au point d'être vérifiée quant à sa consistance. On ouvre à cet effet le pétrin, et après s'être assuré du bon état de la pâte, ou avoir ajouté, soit de l'eau pour l'amollir, soit de la farine pour la durcir, on referme le couvercle, et on remet, comme la première fois, le cylindre en mouvement.

Dix minutes après, le compteur fait entendre une deuxième fois la sonnette, et le pétrissage est terminé. Les 450^k de levain obtenus de deux pétrins suffisent pour préparer la pâte qui alimente alternativement chacun des deux fours. Pour cela, on retire 75^k de levain pour chacune des cases A, A', afin de les mettre dans l'autre B.

La totalité du levain est donc de 75 + 75^k .... 150^k
On y ajoute 100^k de farine et 50^k d'eau............. 150

Et la case B contient encore un mélange de.... 500^k

On rétablit dans chacune des cases A, A' la quantité primitive, en ajoutant, pour compenser les 75^k enlevés, 50^k de farine, plus 25^k d'eau.

Alors on met en mouvement le cylindre, et, d'après la disposition de l'appareil, on conçoit que le pétrissage s'opère à la fois dans les levains A, A' et sur la pâte B ; celle-ci est également vérifiée au bout de sept minutes, et finit en dix-sept minutes, au deuxième coup de sonnette du compteur.

On ouvre le pétrin, on rassemble la pâte attachée aux parois avec une raclette qui sert également à débarrasser les barres de la pâte adhérente.

Toute la pâte de la case B étant ensuite enlevée, on prend encore dans les levains 150^k, auxquels on ajoute 150^k de farine et d'eau, pour préparer les 300^k de pâte destinés au chargement du four n° 2. On remplace d'ailleurs, comme la première fois, les 75^k pris dans chaque levain, et ainsi de suite.

L'eau employée dans cette opération est portée à la température de 25 à 30° centigrades dans les temps les plus froids, et de 20° environ durant les chaleurs, en mélangeant à l'eau froide ordinaire la quantité nécessaire d'eau maintenue à la température de 70 à 75° dans le bassin placé au-dessus des fours.

Dans l'eau versée à chaque opération sur la farine de la case A, on délaye préalablement 200 à 250 grammes de levûre fraîche, telle que l'obtiennent les brasseurs après l'avoir pressée ; cette quantité suffit pour faire lever convenablement les 300^k de pâte.

M. Fontaine, ayant reconnu que dans l'appareil qui vient d'être décrit, le pétrissage ne s'opérait pas avec assez d'efficacité, a imaginé de supprimer les barres transversales et de les remplacer par des rayons partant de la surface intérieure du cylindre ; ces rayons ont pour effet de déchirer et de développer la pâte suivant de nombreuses sections, aussi est-elle, par suite de l'adoption de cette disposition, mieux faite qu'elle ne l'était par le pétrin à barres. (Voir pl. XXXIX, fig. 7, 9 et 10.)

MM. Moret, ingénieur mécanicien à Paris, et Mouchot frères, ont pris un brevet de dix ans pour les diverses modifications qu'ils ont apportées à l'appareil Fontaine. Ces modifications sont relatives à la construction proprement dite ; quant au mode de travail et au principe, ils n'ont subi aucun changement.

Pétrin
de MM. Morel
et Mouchot frères.
(Pl. K, fig. 1, 2, 3, 4,
5, 6, 7 et 8.)

Le pétrin est en fonte, et les améliorations résident dans la précision des ajustements, les moyens de suspension et de manœuvre du couvercle, l'action du compteur, et enfin dans la manière dont le mouvement est transmis aux différentes pièces de l'appareil.

Cette machine se compose d'un cylindre en fonte, séparé en deux compartiments égaux par une cloison parallèle aux deux fonds. L'un de ces compartiments est destiné au frasage et l'autre au pétrissage. Le pétrin est fermé exactement par un couvercle qui, par sa forme, complète le cylindre.

Sur les deux fonds du cylindre et à leur extérieur, sont rapportées des boîtes en fonte ayant pour objet de servir de tourillons et de recevoir de l'huile; elles donnent passage à l'axe en fer sans permettre la moindre fuite du liquide contenu dans le pétrin.

L'axe porte plusieurs barres, ainsi que le couvercle, et pendant la rotation du cylindre, les barres fixées au cylindre passent entre celles adaptées à l'axe, de manière à faciliter le mélange des matières soumises au pétrissage au fur et à mesure qu'elles sont retournées sur elles-mêmes.

Pour donner le moyen de soulever le couvercle en fonte, on a appliqué à l'appareil un système de treuil qui rend cette manœuvre très-facile. Enfin, pour avertir l'ouvrier du point où en est le travail, on a établi un compteur qui fait résonner une sonnette après que le cylindre a opéré un certain nombre de révolutions.

Travail de la machine. — Ce travail, s'il était exécuté par des hommes, demanderait l'assistance de cinq ou six ouvriers; il dure environ dix-huit à vingt minutes. Si l'on fait usage d'un moteur mécanique, on peut, avec la force d'un cheval, faire vingt à vingt-deux fournées de pain en douze heures, c'est-à-dire pétrir la quantité de pâte correspondante à 1,200^k de farine environ, ce qui, par le travail à bras, nécessiterait l'emploi de vingt ouvriers.

Le pétrin qui fonctionne chez MM. Mouchot frères, à Montrouge, peut contenir à la fois 600^k de pâte.

Pétrin de M. Hébert.
(Pl. XXXIX, fig. 12
et 13.)

Hébert, ingénieur anglais, a substitué à la caisse en forme de polyèdre de Lambert, une caisse cylindrique de 1^m 22 à 1^m 52 de diamètre, et de 0^m 45 à 0^m 50 de largeur, pourvue d'un axe que l'on rend à volonté solidaire du pétrin, au moyen d'une clavette traversant l'armature fixée au centre de la caisse et de l'axe.

La farine est versée par une porte se fermant hermétiquement, laquelle est pratiquée au pourtour du cylindre.

L'eau et la levûre délayées sont coulées dans le pétrin, par un robinet mis en communication avec l'axe creux, percé de trous. De sorte que l'eau tombe sur la farine goutte à goutte, et comme si elle s'échappait d'une pomme d'arrosoir.

Par suite du mouvement de rotation imprimé au cylindre, la pâte est sollicitée à monter le long des surfaces intérieures, et puis elle retombe de tout son poids sur la partie inférieure. Mais lorsque le mélange devient visqueux, la pâte pourrait rester adhérente aux parois, si l'inventeur, pour remédier à cet inconvénient, n'avait établi un racloir rectangulaire dont les lames frottent toutes les surfaces intérieures du pétrin, et les tiennent dans un état continuel de propreté. Ce racloir est maintenu dans une position verticale, pendant le temps que se meut la caisse; mais aussitôt le pétrissage terminé, on retire la clavette qui rendait le cylindre solidaire du mouvement imprimé à l'axe, et l'on fait agir le racloir, en appuyant sur la manivelle C (pl. XXXIX, fig. 12); on ratisse ainsi l'intérieur du pétrin, et l'on rejette vers la porte la pâte fabriquée.

1° Le travail des levains demande à être effectué dans un pétrin à part.

Inconvénients.

2° La pâte, soumise à une action régulière pendant tout le temps qu'elle est travaillée, tend à se prendre en masse, et rien n'assure sa formation homogène.

3° Aucune pression n'étant exercée sur la pâte, les molécules n'en sont pas suffisamment rapprochées; elle peut donc contenir des grumeaux.

En résumé, ce pétrin est imparfait.

§ IV. — PÉTRINS A CAISSES CYLINDRIQUES FIXES, AYANT A L'INTÉRIEUR UN APPAREIL PROPRE A DIVISER ET A AGITER LA PATE.

Le pétrin de MM. Haize et Besnier consiste en un cylindre immobile, traversé dans sa longueur par un axe armé d'agitateurs en forme de cadre, et de rayons en fer plat.

Pétrin de MM. Haize et Besnier.
(Pl. XXXIX, fig. 14 et 15.)

L'axe est fixé par des colliers à la moitié supérieure du cylindre, qui est unie à la partie inférieure par des pattes à charnières; en sorte que, lorsque le travail est terminé, on a la possibilité d'ouvrir en entier le pétrin, et il devient ainsi facile de procéder à son nettoyage. Une porte, pratiquée à la partie supérieure, sert à reconnaître l'état de la pâte pendant qu'on la travaille, sans qu'il soit indispensable d'arrêter le mouvement des parties agissantes.

Inconvénients.

1° Ce système, qui se rapproche essentiellement des *bat-beurres*, nécessite l'emploi d'une force assez considérable, si l'on tient à lui faire opérer un pétrissage à peu près comparable à celui obtenu par l'emploi des procédés ordinaires; ainsi, un homme éprouve de la fatigue pour pétrir, en vingt minutes, environ vingt kilogrammes de pâte;

2° La pâte qui avoisine les parois verticales contient toujours plus d'eau; elle est plus douce que celle qui est au milieu; la masse n'est jamais parfaitement homogène;

3° La pâte n'étant pas pressée, elle contient ordinairement quelques petites boulettes de farine qui n'ont pas été imprégnées d'eau.

On fait usage de ce pétrin à bord de plusieurs bâtiments de l'État; mais on emploierait avec un avantage égal tous les pétrins qui peuvent se tenir fermés pendant l'opération du pétrissage, une des conditions essentielles à observer à bord étant d'empêcher qu'en aucun cas les mouvements de tangage et de roulis ne puissent rejeter la pâte hors du pétrin.

§ V. — PÉTRINS DEMI-CYLINDRIQUES A COFFRES FIXES.

I. — *Agitateurs placés dans un plan perpendiculaire à l'axe.*

Pétrin de MM. Duguet et Noverre. (Pl. XXXIX, fig. 16 et 17.)

Le pétrin de MM. Duguet et Noverre consiste dans un coffre semi-cylindrique, traversé dans sa longueur par un axe armé de couteaux courbes placés dans un plan perpendiculaire à l'axe et faisant fonction de pétrisseur.

Dans la manutention de Bercy, la première qui ait entrepris sur une grande échelle la fabrication du pain à l'aide d'une machine, ces pétrins étaient de deux mètres de longueur sur environ quatre-vingts centimètres de diamètre. On imprimait d'abord aux couteaux un mouvement de va-et-vient à l'aide duquel on opérait le délayement du levain; puis la farine était mise avec l'eau dans le pétrin; l'axe recevait alors un mouvement de rotation, et après une demi-heure de travail, la pâte était aussi bien travaillée qu'il est possible de l'obtenir avec cet appareil.

Le délayement des levains ne se faisait qu'imparfaitement;

Les façons données par la machine étaient trop lentes pour que la pâte fût bien pétrie;

La pâte n'était pas pressée, elle contenait toujours quelques grumeaux;

Enfin, l'imperfection du système était telle, que l'usage de ce pétrin a été depuis longtemps abandonné.

Le pétrin de MM. Poissant et Besnier-Duchaussais, qui a la forme demi-cylindrique, est pourvu à l'intérieur de rectangles en fer fixés à l'axe, destinés à agiter l'eau et la farine, de manière à opérer le mélange de ces deux matières; il est surmonté d'un bluteau qui verse la farine par petite quantité dans la caisse où se meuvent les agitateurs.

Le travail de la pâte était imparfaitement exécuté, et cette machine n'a pas été adoptée.

M. Besnier-Duchaussais, dans le but de perfectionner son premier pétrin, en a imaginé un autre qui ne diffère du précédent que par la suppression du bluteau distributeur de farine, et par la disposition des agitateurs. Cet appareil n'a pas reçu d'application générale.

A la partie supérieure de l'appareil inventé par M. Lahore, était une espèce de trémie, dans laquelle la farine et l'eau destinées au travail étaient versées. A l'intérieur de cette trémie se trouvaient des barrettes en fer ayant un mouvement d'oscillation qui favorisait un premier mélange de l'eau et de la farine; c'était une sorte de frasage.

La pâte, imparfaitement travaillée, tombait de cette trémie dans un cylindre où se mouvait circulairement un agitateur rectangulaire qui profilait les parois du cylindre.

La pâte, après avoir été travaillée pendant vingt minutes dans ce compartiment, tombait dans une trémie, et de là sur un cylindre dont le mouvement l'entraînait dans une caisse placée à la partie inférieure de l'appareil, où elle restait jusqu'à ce qu'elle eût atteint le degré de fermentation nécessaire.

Cet appareil n'a pas reçu d'application générale.

Dans un autre système de M. Lahore, la machine principale, dite pétrin délayeur, se compose d'une auge triangulaire dans laquelle se

Inconvénients.

Pétrin
de MM. Poissant
et
Besnier-Duchaussais.
(Pl. XXXIX, fig. 18, 19 et 20.)

Pétrin
de M. Besnier-
Duchaussais.
(Pl. XXXIX, fig. 21 et 22.)

Pétrin de M. Lahore.
(Pl. XXXIX, fig. 23 et 24.)

Pétrin de M. Lahore.
(Pl. XXXIX, fig. 25, 26, 27, 28 et 29.)

meut, dans toute sa longueur, un peigne auquel on imprime un mouvement de va-et-vient, puis d'une machine accessoire, dite batteur. fig. 28 et 29.

Lorsqu'on a mis dans l'auge triangulaire l'eau nécessaire, on y dépose le levain; on fait faire quelques tours à la manivelle, et quand le délayement du levain est fini, on jette la farine. On imprime alors un mouvement alternatif au peigne pendant cinq minutes, et le délayement est opéré.

On arrête le chariot à l'extrémité opposée au trou P', et devant le peigne on met un diaphragme triangulaire en tôle, puis on fait marcher le chariot et l'on pousse toute la pâte vers le trou P', par où elle s'échappe pour tomber sur la palette R, fig. 28, qui, par son mouvement de rotation, l'agite et la fait ensuite tomber dans la caisse *u*, où elle reste jusqu'à ce qu'elle soit assez fermentée. A chaque tour que fait la palette, elle s'essuie à la corde T.

Comme on le voit, on a cherché dans cet appareil à reproduire toutes les façons données par le boulanger; mais la disposition des parties travaillantes est incommode et leur action manque d'efficacité. C'est à ces causes qu'il faut attribuer la non-adoption de ce système.

II. — *Agitateurs à hélice ou placés dans un plan oblique à l'axe.*

Pétrin à vis d'Archimède, par M. Maugeret. (Pl. XI., fig. 1 et 2.) Le pétrin de M. Maugeret consiste en une caisse demi-cylindrique, dans laquelle des agitateurs sous forme de palettes disposées en hélice autour d'un axe, se meuvent dans un sens de rotation. Ces palettes sont au nombre de trente-quatre, disposées de telle sorte qu'elles agitent et soulèvent la pâte dans toutes ses parties.

Cet appareil était très-difficile à nettoyer, et, bien qu'il fût assez compliqué, il était loin de reproduire le travail des hommes.

Pétrin Lasgorseix. (Pl. XI., fig. 3 et 4.) M. Lasgorseix imagina de faire tourner dans une caisse demi-cylindrique des lames circulaires, minces et tranchantes, ayant environ huit centimètres de largeur. Ces lames, toutes parallèles entre elles, font, avec l'axe destiné à les mettre en mouvement, un angle d'environ vingt degrés. Ce pétrisseur, qui est entraîné par un pignon s'engrenant avec une roue dentée fixée sur l'arbre, déchire la pâte, l'étire, la développe en nappes et tend à la refouler, tantôt à une extrémité du pétrin, tantôt à l'autre, suivant le sens dans lequel on fait tourner la manivelle.

L'appareil pétrisseur peut être soulevé au-dessus de la caisse, à l'aide d'un mécanisme représenté planche IV, fig. 3 et 4.

Cette machine, à laquelle nous avons vu opérer le pétrissage en vingt-cinq ou trente minutes, ne permet pas de faire le délayement des levains ; et, en définitive, elle ne donne pas à la pâte de façons assez efficaces. Le travail de cette machine est inférieur à celui des hommes. *Inconvénients.*

En 1829, M. Ferrand a inventé un pétrin qui a de l'analogie avec celui de M. Lasgorseix, et qu'il appelle pétrisseur mécanique à lames hélicoïdes. Cet appareil se compose d'un coffre semi-cylindrique, dont le fond, évidé sur une largeur d'environ quarante-huit centimètres, est garni de plaques en tôle étamée. Ce pétrin est muni d'un double fond, et dans l'intervalle ménagé entre les surfaces de l'espèce de caisse qui règne dans toute la longueur du coffre, il est possible d'introduire de l'eau chaude, afin de maintenir la pâte à une certaine élévation de température. *Pétrin Ferrand. (Pl. XL, fig. 5 et 6.)*

Le pétrisseur, qui se met en mouvement de la même manière que celui du pétrin Lasgorseix, est composé d'un arbre sur lequel sont insérés des supports soutenant une lame tranchante en fer, de cinq centimètres de largeur, se développant en hélice autour de l'arbre. Cette lame peut être divisée en plusieurs parties, de manière qu'à l'aide de diaphragmes interposés, il devient facile de pétrir plusieurs espèces de pâte.

L'axe peut être soulevé et mis hors du pétrin, après que l'opération du pétrissage est terminée.

Ce pétrin a les avantages et les inconvénients du précédent, et il ne me paraît pas capable de suppléer complétement le travail des hommes.

§ VI. — PÉTRINS A CAISSES FIXES.

Agitateurs locomobiles.

Le pétrin de M. Corrège consiste en une trémie dont les extrémités sont de formes circulaires. Sur une partie de la longueur de la caisse, règne une crémaillère dans laquelle s'engrène une roue dentée, fixée à l'axe des agitateurs qui profilent les parois du pétrin. *Pétrin de M. Corrège. (Pl. XL, fig. 7 et 8.)*

Lorsque la manivelle est mise en action, elle fait marcher les agitateurs et le pignon reposant sur la crémaillère, de manière que la pâte est agitée et soulevée, en même temps que l'agitateur chemine d'un bout de la caisse à l'autre.

La manivelle étant tournée tantôt dans un sens, tantôt dans un autre, l'agitateur reçoit en même temps un mouvement de rotation et un mouvement de translation, de manière à exercer son effet sur toutes les parties de la pâte, de telle sorte qu'il lui fait subir une façon qui ressemble assez à celle que donnent les boulangers.

L'effet produit par cette machine n'a pas été jugé assez efficace pour que l'industrie ait consenti à l'adopter.

Ce pétrin ne diffère du précédent qu'en un seul point. Ainsi, l'agitateur chemine sur des rails au lieu de cheminer sur une crémaillère.

Pétrin de M. Lah ore. (Pl. XL., fig. 9 et 10.)

§ VII. — PÉTRINS A CAISSES MOBILES.

Agitateurs fonctionnant en sens opposé au mouvement imprimé à la caisse.

Des expériences répétées ayant permis de reconnaître les imperfections des pétrins qui viennent d'être décrits, on a pensé qu'il serait peut-être possible d'arriver à une trituration plus parfaite de la pâte, en adoptant un système permettant de mettre simultanément en action, et des pétrisseurs analogues à ceux dont nous avons reconnu le degré d'efficacité, et la caisse elle-même contenant la farine et l'eau.

Pétrin anglais. (Pl. XL., fig. 11.)

Entrant dans ce nouvel ordre de combinaisons, un Anglais, dont j'ignore le nom, imagina un pétrin composé d'une caisse en forme de polyèdre, à six côtés, dans laquelle se trouvaient, à l'état de liberté, cinq à six boulets. On imprimait au pétrin un mouvement de rotation, et les boulets, auxquels venait adhérer la pâte, étaient soulevés puis retombaient au fond de la caisse, en exerçant une pression sur la pâte.

Si ce pétrin eût été cylindrique, et pourvu d'un racloir à l'intérieur, nous croyons qu'il eût donné de meilleurs résultats que ceux offerts par le pétrin de Hébert.

Caisse ayant un mouvement oscillatoire.

Le pétrin de M. Selligue est en forme de berceau; il reçoit un mouve- Pétrin Selligue.
ment d'oscillation au moyen d'un pignon engrenant dans une crémail- (Pl. XL, fig. 12 et 13.)
lère. En même temps que la caisse oscille et entraîne la pâte tantôt d'un
côté, tantôt de l'autre, des agitateurs disposés comme les barres d'une
lanterne, se meuvent circulairement et viennent diviser la masse des
matières à pétrir.

On supposait que cette double action produirait un résultat meilleur
que celui obtenu par les moyens précédemment en usage; mais on a
reconnu que la résistance offerte par les parois verticales, et le peu d'effort exercé par l'agitateur, ne permettaient pas d'arriver, en trente minutes, à la formation d'une pâte homogène; et, pour que la pâte puisse
être employée, on était contraint de la travailler à la main au sortir du
pétrin.

Cette machine, bien qu'ingénieuse, n'a pas pu être appliquée dans
les ateliers de la marine.

Caisse ayant un mouvement rotatif.

Edwin Clayton, boulanger de Nottingham, a construit un pétrin qui Pétrin
consiste en un baril mis en mouvement par une portion d'axe creux, à de M. Ewin Clayton.
travers laquelle passe un axe plein armé d'agitateurs destinés à diviser la (Pl. XL, fig. 14.)
pâte. Les agitateurs et le coffre cylindrique sont sollicités à tourner dans
des sens différents, et l'inventeur, homme pratique, dit « que cette double action, exercée d'une manière simultanée, peut rendre l'effet produit
par le travail des hommes. » La fig. 14, planche XL, donne une idée assez
exacte de cette machine qui est citée comme ingénieuse en Angleterre.

Ce pétrin exige l'emploi de beaucoup de force, parce que sa disposi- Inconvénients.
tion nécessite, comme dans tous les pétrins déjà indiqués, d'attaquer
en même temps la masse entière de la pâte destinée à composer une
fournée.

L'action des agitateurs est toujours la même, quel que soit l'état de la
pâte; tandis qu'au contraire, l'intelligence de l'homme présidant à la

trituration de la farine et de l'eau, le travail est plus ou moins accéléré.

Enfin, ce pétrin est difficile à nettoyer, et il ne donne pas d'aussi bons résultats que ceux que l'on obtient à l'aide du travail manuel.

§ VIII. — PÉTRINS A CUVES DE FORME CONIQUE.

Pétrin à cône renversé ou à cuvier fraseur, de M. Lahore.
(Pl. XL, fig. 15 et 16.)

Dans le pétrin à cône renversé et à cuvier fraseur de M. Lahore, la farine se met dans la trémie O, fig. 15. Un levier surmonté de lames très-minces joue dans l'intérieur au moyen d'une tringle frappant sur des galets placés de distance en distance sur le bord du cuvier fraseur, afin que la farine tombe régulièrement dans les cônes.

Les cônes sont mis en mouvement par une manivelle qui fait tourner l'arbre de couche, lequel imprime le mouvement à l'arbre vertical. Une lame placée à l'intérieur du cône supérieur, dans lequel on met l'eau et la farine, ramène sans cesse la pâte de la circonférence au centre, où elle s'élève en colonne pour retomber de nouveau sur le tranchant du fraseur.

Après dix minutes d'agitation, on ouvre le trou pratiqué au fond du cône supérieur, alors la pâte se rend par fraction dans le petit cône inférieur qui, en tournant avec vitesse, la presse et la force à passer par l'intervalle régnant entre la base du cône et la paroi de l'enveloppe dans laquelle se meut le cône. La pâte tombe alors dans la cuve où elle reste jusqu'à ce qu'elle ait atteint un degré de fermentation convenable.

Ce pétrin est très-compliqué, et il n'a pas reçu d'application.

§ IX. — PÉTRINS CIRCULAIRES OU ELLIPTIQUES A CUVES FIXES.

Pétrin dont on fait usage à Gênes.
(Pl. XLI, fig. 1 et 2.)

Vers 1789, on fit usage en Italie, mais principalement à Gênes, d'une machine à pétrir dont on trouve la description et le croquis dans le *Dictionnaire des Sciences mécaniques* du docteur Jamieson.

Ce pétrin consiste en une cuve circulaire fixée dans le sol, au centre de laquelle est un cylindre en bois donnant passage à un axe armé de quatre bras horizontaux se coupant à angles droits, à l'extrémité desquels sont fixées des branches verticales (batteurs) en forme de prisme triangulaire.

L'axe est mis en mouvement par une lanterne qui reçoit l'action d'une roue rendue solidaire d'un tambour, dans lequel cheminent deux hommes; l'axe en tournant entraîne les branches verticales, qui, comme on le comprend, font fonction de pétrisseurs, et l'opération du pétrissage est opérée en un quart d'heure, à moins que l'expérience du boulanger ne le détermine à prolonger le travail.

Tout est imparfait dans ce pétrin, le moteur et le mode employé pour opérer le mélange de la farine et de l'eau, et si j'ai fait mention de cette machine, c'est seulement pour ne pas laisser de lacune dans l'échelle de mes recherches.

Le pétrin de Gênes est, je crois, le premier qui ait été construit en forme de cuve.

Le pétrin de M. Neuhans est simplement une cuve dans laquelle un agitateur, composé de barres partant de l'axe et se coupant toutes à angle droit, reçoit un mouvement circulaire continu. Les barres de l'agitateur sont destinées à opérer le mélange de la farine et de l'eau; mais leur effet est trop peu efficace pour faire une pâte semblable à celle qui est obtenue par le travail des hommes.

Pétrisseur automate. de M. Neuhans-Maisonneuve. (Pl. XLI, fig. 3 à 5.)

Cette machine n'a pas reçu d'application.

§ X. — PÉTRINS CIRCULAIRES A CUVES MOBILES.

M. David a imaginé un pétrin qui se compose d'une cuve tournante, au centre de laquelle est un cône rendu solidaire d'un axe vertical.

Pétrin David. (Pl. XLI, fig. 6, 7 et 8.)

Des barrettes en fer sont disposées autour du cône, parallèlement au fond du pétrin, de manière à partager en deux parties égales l'espace qui sépare d'autres barrettes fixées aux parois intérieures de la cuve.

Un mouvement de rotation étant imprimé au cône et à la caisse, fait cheminer simultanément et en sens inverse les barrettes fixées au cône et celles fixées à la cuve, et cette double action opère un mélange imparfait de la farine et de l'eau.

Cette machine, dont on retrouve l'idée première dans certains appareils en usage dans les briqueteries, est difficile à nettoyer, et elle n'effectue pas un véritable pétrissage. (Voir le *Dictionnaire de l'Industrie*, t. VIII, art. 3, de M. Gaultier de Claubry.)

L'inventeur, probablement peu satisfait de son premier essai, pensa à remplacer les barrettes servant de pétrisseurs, par des agitateurs en forme de trépieds se mouvant en cercles, tandis que la caisse tourne lentement sur son pivot.

La marche de la caisse a pour effet de conduire la pâte vers les agitateurs, et de favoriser l'opération du pétrissage qui est encore très-imparfaitement rendue.

Ce pétrin était moins difficile à nettoyer que celui décrit précédemment ; il n'opérait qu'imparfaitement le mélange de la farine et de l'eau ; il n'agitait pas la pâte avec force, ne la battait pas, ne lui faisait pas subir l'effet nécessaire d'une certaine pression, et, en un mot, il ne pouvait en aucune façon remplacer le travail des hommes. Cependant, les formes indiquées par M. David, et le double mouvement imprimé à son pétrin et à ses pétrisseurs, sont autant de moyens qui, appliqués dans certains termes, peuvent aider à faire faire de bonnes machines à pétrir; et c'est en les étudiant que j'ai été conduit, aidé par le sieur Aubouin, maître à l'atelier des tours en métaux, à construire un excellent pétrin à biscuit.

M. David a appliqué son idée à un pétrin de forme elliptique, dont on voit la représentation pl. XLI, fig. 12 et 13.

OBSERVATIONS.

Tous les pétrins qui viennent d'être décrits agissent d'une manière uniforme sur toute la masse de pâte, quel que soit son degré de consistance, d'adhésion ; tandis que le raisonnement indique qu'il est utile de faire varier en intensité les moyens d'action, eu égard à l'état du mélange de la farine et de l'eau.

Dans les pétrins où la pression est la base du procédé, il n'est exercé sur la pâte ni agitation, ni battement; dans ceux où le principe d'agitation est employé, la pression n'est jamais produite, ou elle ne l'est qu'à un degré insuffisant.

De tout ce qui précède on est, ce me semble, en droit de conclure que, s'il n'existe par de pétrin dont le travail puisse rivaliser avec celui des hommes, c'est qu'en vue d'arriver à un appareil simple, on a réduit le pétrissage mécanique à un mélange intime de l'eau avec la farine, et qu'on n'a pas assez tenu à reproduire les façons données par le boulanger doué d'expérience, de force et d'habileté.

Nous allons maintenant donner connaissance des recherches auxquelles nous nous sommes livré, dans le but d'opérer le pétrissage à l'aide des procédés mécaniques.

§ XI. — NOUVEAUX PÉTRINS MÉCANIQUES.

Avant de donner la description des pétrins mécaniques que j'ai imaginés dans le but de reproduire, aussi exactement que possible, les façons données à la pâte par les boulangers, il est nécessaire, au risque de me répéter, de retracer succinctement les phases diverses du travail complexe du pétrissage, afin de mettre mes lecteurs en mesure de reconnaître, sans trop de peine, si l'adoption des combinaisons que je propose peut suppléer le travail des hommes.

Voici, en résumé, comment Parmentier et les auteurs qui ont écrit sur la boulangerie décrivent le pétrissage à la main.

On délaye le levain dans une quantité d'eau déterminée, élevée à une certaine température. Le délayement fini, l'ouvrier passe au frasage, ensuite au contre-frasage, c'est-à-dire qu'il agite et presse la pâte dans différents sens, tantôt perpendiculairement au pétrin, en la soulevant et en la retournant sur elle-même à mesure que le permet son état de ténacité; tantôt il la travaille dans un sens longitudinal : c'est à ce moment que coïncide le contre-frasage ou l'achèvement du mélange intime de l'eau et de la farine.

On procède ensuite au battement, qui a pour objet d'amener la pâte à un état de densité convenable. Alors l'ouvrier, plongeant ses deux mains presque verticalement dans la pâte, en commençant par un des bouts du pétrin, les réunit et les sépare vivement pour partager la pâte en petites masses; il soulève la pâte qu'il a détachée, la divise et en forme une espèce de nappe étirée, qu'il élève et projette avec force, ayant soin de modifier son travail suivant la température de l'air ambiant et la disposition qu'il reconnaît à la pâte d'entrer en fermentation. Cette façon demande à être donnée avec célérité et énergie.

Enfin, on met la pâte en planche, c'est-à-dire qu'on réunit dans un même côté du pétrin la masse destinée à être enfournée, et que, dans cet état, on lui laisse prendre un certain apprêt, tandis qu'on réserve à l'autre extrémité du pétrin une portion de pâte destinée à servir de ferment pour la fournée suivante.

Il nous semble que l'opération du pétrissage peut être exécutée par des agents mécaniques effectuant le mélange de l'eau et de la farine, la pression de la masse sur toutes ses parties, et enfin le battement et l'agitation accélérés de la pâte. Ces trois conditions étant remplies, le mélange de l'eau et de la farine, la pression et l'agitation de toutes les parties de la pâte, on ne saurait mettre en doute que la machine ne soit capable de donner une solution convenable du problème, si elle se nettoie à peu près sans le secours de l'ouvrier, si sa forme permet de réunir la pâte en quantités plus ou moins considérables sur certains points donnés, si, enfin, la disposition du pétrin rend possible l'exercice de l'intelligence de l'ouvrier pendant tout le temps que durera le travail.

§ XII. — PÉTRIN CYLINDRIQUE A CAISSE LOCOMOBILE.

Pétrisseur lent et pétrisseur accéléré.

Pétrin de M. Rollet.
(Pl. XLI. fig. 9 à 11.)
Acceptant la forme cylindrique, j'ai supposé que le pétrin serait composé de deux moitiés de cylindre, déterminées par un plan horizontal passant par l'axe, et que la caisse inférieure pourrait courir sur un chemin de fer, tandis que la partie supérieure resterait immobile. Cette disposition, dont j'avais trouvé l'exemple dans le pétrin à biscuit de M. Grand, m'a donné le moyen d'agir sur la pâte de deux manières différentes.

D'abord, lorsque la farine et l'eau ont été mises dans la caisse inférieure B, cette caisse est ramenée au-dessous de la portion cylindrique A, laquelle est parcourue, dans toute sa longueur, par un agitateur composé de couteaux, partant de l'axe et aboutissant tous à une portion de cylindre, ayant pour fonction d'écraser les grumeaux en pressant la pâte contre les parois du cylindre.

Les portions A et B étant placées symétriquement l'une par rapport à l'autre, l'axe du pétrin D reçoit un mouvement de trente tours à la minute ; la farine étant contenue dans un coffre clos ne peut sortir du pétrin pendant que fonctionne le pétrisseur, et après cinq minutes de travail, le frasage doit être effectué.

Alors, la partie supérieure du pétrin est ouverte et le pétrisseur étant gratté, la pâte est réunie dans la caisse inférieure.

Il reste à opérer le contre-frasage et le battement de la pâte : pour donner ces façons essentielles, on amène, à l'aide d'une manivelle appliquée au treuil G, fig. 9, la caisse B, sous la petite caisse C, fig. 9, dans laquelle se meut un agitateur accéléré faisant soixante tours à la minute. Cet agitateur ayant deux branches, il s'ensuit qu'au fur et à mesure que chemine la caisse B vers les poulies Y, X, la pâte est attaquée par petites portions, cent vingt fois par minute, et cela sans dépense d'une force considérable.

Lorsque la caisse B aura passé deux ou trois fois sous cet agitateur accéléré, ce qui demandera cinq minutes au plus, la pâte sera faite. Si cependant on juge utile de procéder au bassinage, l'ouvrier ajoutera la quantité d'eau nécessaire, et il répétera l'opération du pétrissage avec l'agitateur accéléré. Cinq minutes au plus suffiront pour donner cette façon, et après un travail de la durée de quinze minutes au plus, la fournée devra être parfaitement pétrie.

Comme on peut le remarquer, l'effort exercé par les pétrisseurs varie en raison de l'état où se trouvent les matières destinées à être pétries ; de plus, la disposition de l'appareil permet de soumettre avec facilité à l'action des parties travaillantes telle ou telle section du pétrin où la pâte semblerait ne pas avoir été assez triturée. Enfin, la force mécanique est mise à la disposition de l'ouvrier, de manière à lui permettre d'en faire une application intelligente.

On trouvera peut-être que ce système qui, dans la première période *Inconvénients.*
du travail, oblige l'action mécanique de s'exercer sur toute la masse de farine et d'eau (environ 350 à 400^k), nécessitera l'emploi d'une force considérable, et l'on pourra regretter que le soin de nettoyer le pétrin soit remis aux ouvriers. Il se peut enfin qu'on dise que la pâte, n'ayant pas

été suffisamment laminée, contiendra quelques grumeaux. L'expérience seule peut donner une idée de la valeur de ces remarques.

Prenant cependant en considération les objections faites contre ce premier système, nous avons adopté d'autres combinaisons qui donneront sans doute une solution plus satisfaisante de l'opération du pétrissage.

§ XIII. — PÉTRIN A CAISSE MOBILE EN FORME DE BATEAU.

Pétrin de M. Rollet.
Pl. XLI. fig. 14 à 20.

Nous avons supposé un pétrin en forme de bateau, pouvant se mouvoir en ligne droite, tantôt dans une direction, tantôt dans une autre, avec une vitesse soumise à la volonté de l'ouvrier chargé de conduire le pétrissage. Nous avons mis au-dessus du chemin parcouru par le pétrin, un agitateur se mouvant dans un plan vertical, et nous avons placé dans le pétrin des cylindres écraseurs, ou des agitateurs, fig. 15 et 17, tournant suivant un plan horizontal et dans le sens de la direction donnée au pétrin.

L'eau et la farine ayant été mises dans le pétrin, les agitateurs, ou les cylindres écraseurs, sont placés en L, fig. 17; on leur imprime un mouvement, puis on fait marcher le pétrin en faisant tourner la manivelle G; et après que des mouvements d'allées et de venues ont été opérés trois ou quatre fois, on ôte les agitateurs placés en L, fig. 17, et l'on fait usage de l'agitateur placé dans la caisse N, fig. 14, lequel fait trente ou soixante tours à la minute, suivant que l'on fait usage de la poulie I ou de la poulie K, fig. 15 et 16; lorsque le pétrin a été contraint à passer quatre fois sous le pétrisseur fig. 16, le frasage est opéré. A ce moment du travail, le mélange de l'eau et de la farine est assez parfait; mais comme il pourrait arriver qu'il y eût dans la masse des boulettes de farine non atteintes par l'eau, on place en L, fig. 17, deux cylindres presseurs qui, au moyen des poulies I, dont l'une est garnie d'une courroie croisée, tournent tantôt dans un sens, tantôt dans un autre, suivant la direction imprimée au pétrin, et la pâte se trouve ainsi laminée. Une pression uniforme ayant été exercée sur toutes les parties de la pâte, on est en droit de penser que la masse ne manque pas d'homogénéité. Les cylindres sont retirés, on bassine la pâte et on la soumet de nouveau à l'action de l'agitateur O, auquel on donne une vitesse de soixante tours à la minute.

Après un travail dont la durée ne doit pas excéder vingt minutes, le pétrissage complet sera exécuté.

Nous faisons remarquer qu'en Q, fig. 14, il existe des racloirs qui empêchent la pâte d'adhérer aux parois de la caisse.

Le premier mélange de l'eau et de la farine doit se faire avec promptitude et d'une manière assez parfaite, à l'aide des agitateurs horizontaux et de l'agitateur vertical ; l'effet des cylindres est de presser la pâte et d'écraser jusqu'au moindre grumeau, le mouvement accéléré donné à l'agitateur vertical produit l'effet du *découpage* et du *battage* de la pâte ; le pétrin se nettoie à peu près de lui-même. Enfin il semble que cet appareil n'a pas les défauts communs à beaucoup de pétrins, mais il a les siens, et nous nous empressons de les signaler : *Avantages.*

1° Le mouvement de translation qu'il faut faire subir au bateau exige un espace dans lequel on pourrait établir deux pétrins ordinaires ; *Inconvénients.*

2° Les portions de farine placées dans les parties courbes ne peuvent être atteintes ni par les agitateurs horizontaux, ni par les cylindres presseurs ; et il sera toujours nécessaire que le boulanger pousse une partie de la pâte vers ces agents mécaniques ; sans cette précaution, toute la masse ne serait pas soumise à leur action.

3° L'obligation de faire cheminer la caisse tantôt dans un sens, tantôt dans un autre, nécessite au moins l'adjonction d'un apprenti, et si l'on voulait opérer ces mouvements par des agents mécaniques, comme dans les machines à planer, cela exigerait une complication qui rendrait la machine fort chère à établir.

Il nous semble maintenant que si l'on construisait un appareil ayant les avantages que l'on peut attribuer aux deux pétrins qui viennent d'être décrits, et étant en même temps exempt des imperfections qu'on leur reconnaît, on serait en mesure d'offrir alors des moyens à l'aide desquels le pétrissage de la pâte pourrait être opéré aussi bien qu'il l'est maintenant par le soin des hommes.

Le problème du pétrissage nous paraît pouvoir être complétement résolu, et c'est après avoir examiné toutes les machines à pétrir dont nos études nous ont permis de prendre connaissance, et après nous être livré à de nombreux essais, que nous sommes amené à indiquer un appareil répondant aux exigences variées de la question.

Pétrin de M. Rollet.
(Pl. XLII, fig. 1, 2 et 5.)

Ce pétrin consiste en une cuve annulaire, ayant 0ᵐ 90 de largeur et 0ᵐ 60 de profondeur, tournant sur pivot, et traversée, suivant l'un de ses diamètres, par un axe porteur de quatre roues d'angles qui font mouvoir, ou des agitateurs destinés à opérer le premier mélange de la farine et de l'eau, ou des cylindres verticaux ayant pour fonction de presser la pâte qui n'a été qu'imparfaitement liée par les premiers agents. Enfin, dans un des segments du pétrin se meuvent, à l'aide d'une manivelle, des batteurs qui traversent la pâte, la frappent avec force, la développent en nappes successives et y introduisent une certaine quantité d'air, ainsi que le font les bons ouvriers boulangers.

Ces sortes de batteurs offrent des résultats qui n'ont été obtenus par aucun des agents mécaniques mis en essai jusqu'à ce jour pour pétrir la pâte.

Les cylindres presseurs faits en tôle sont creux, et pour que leur action soit aussi efficace que possible, pour qu'ils puissent lier facilement entre elles toutes les particules de pâte, on élève la température de leurs surfaces en versant à l'intérieur une certaine quantité d'eau chaude.

Des parties dormantes, solidement fixées aux pièces du bâti qui traversent le pétrin, nettoient les parois verticales de la cuve et les surfaces des cylindres presseurs. Enfin, une vanne établie dans le segment opposé à celui occupé par les batteurs, donne la possibilité de ne laisser arriver aux agents mécaniques chargés du travail qu'une quantité de pâte déterminée, et offre le moyen de réunir sans peine, dans un espace très-limité, toute la masse de pâte, lorsqu'elle a été suffisamment pétrie.

Jeu de l'appareil.

Les agitateurs étant mis en place, la farine destinée à être convertie en pâte est étendue dans le pétrin, l'eau nécessaire est versée et la machine est mise en mouvement. Lorsque la caisse a fait un tour, ce qu'elle opère en cinq minutes, chaque agitateur a fait six cents révolutions, et le premier mélange de la farine et de l'eau, le frasage, a eu lieu. On arrête, et les agitateurs sont remplacés par les cylindres presseurs; alors le mouvement est rendu à l'appareil, et après dix minutes de travail, la pâte a été laminée quatre fois différentes par les cylindres qui ne laissent entre eux qu'un espace de 0^m 0055. Cette façon, qui est le pétrissage proprement dit, étant achevée, les cylindres presseurs sont enlevés ; la caisse est remise en marche, les batteurs agissent, et, après cinq minutes écoulées, la pâte, ayant été soumise à l'action six cents fois répétée des batteurs, a été battue, déchirée, soufflée, et elle a reçu toutes les façons qu'auraient pu lui donner les plus intelligents et les plus vigoureux ouvriers.

La pâte est enfin réunie dans la section du pétrin limitée par la vanne, d'où elle est retirée pour être mise à fermenter en masse dans de grandes corbeilles.

La forme du pétrin le rend facilement accessible à l'ouvrier ; elle lui *Observations.* permet de suivre dans toutes ses phases et de modifier même à chaque instant le travail complet du pétrissage, et cela sans exiger d'autres efforts que ceux de son intelligence.

Le pétrin se nettoie à mesure qu'il fonctionne ; la seule opération manuelle incombant à l'ouvrier réside dans la substitution des cylindres presseurs aux agitateurs, et c'est une manœuvre simple, qui s'exécute sans embarras depuis douze années, toutes les fois que l'on fait usage de mon pétrin à biscuit.

Afin d'arriver avec certitude à faire un pétrin qui fût plus parfait que ceux mis en essai jusqu'à ce jour, nous avons fait construire, au quart d'exécution, un modèle qui nous a servi de champ d'étude ; et pendant plus de deux années nous avons changé, nous avons modifié. Après beaucoup de recherches et de tâtonnements, nous sommes parvenu à un résultat auquel nous n'osions pas prétendre. Cependant, nous n'aurions pas pensé à demander qu'on fît l'essai de notre appareil, si de sa mise en usage il ne devait résulter une notable économie. C'est un point essentiel que nous allons chercher à démontrer.

Le pétrin suffira aisément à quatre fours : comme il peut confectionner en vingt-cinq minutes la pâte nécessaire à deux fournées et celle devant servir de levain aux deux fournées suivantes, en quatre heures, au plus, il fera seize fournées.

Évaluation comparative de la dépense occasionnée par le travail de seize fournées, faites par des moyens mécaniques ou par les procédés en usage.

TRAVAIL EXÉCUTÉ PAR LE PÉTRIN MÉCANIQUE.

Pétrin mécanique et transmission de mouvement 5,000 fr., dont l'intérêt à 10 pour 100 par an est de 500 fr., et pendant un jour est de.............. 1 f. 37

Deux chevaux vapeur à raison de 1,600 fr. le cheval, 3,200 fr., dont l'intérêt à 10 pour 100 par an est de 320 fr., et pour un jour est de................ 0 90

En comptant la consommation du charbon dans une machine fixe à 4^k par cheval et par heure, on emploiera en quatre heures 32^k de charbon qui, à raison de 3 fr. 75 les 100^k, représentent la somme de.................. 1 20

Cinq boulangers à 2 fr. 20 l'un... 11 00

Un chauffeur pendant quatre heures.................................... 1 00

_____
15 f. 27

10 pour 100 pour frais imprévus...................................... 1 53

_____
Total des dépenses présumées..................... 16 f. 80

TRAVAIL EXÉCUTÉ PAR DES OUVRIERS BOULANGERS.

Quatre brigadiers à 2 fr. 20 l'un, et par jour............................. 8 f. 80

Huit boulangers à 2 fr. 10... 16 80

_____
Total des frais de main-d'œuvre pour seize fournées...... 25 f. 60

La quantité de pain cuit par chaque fournée étant de 225^k, les seize fournées en ont produit 3,600^k, qui ont coûté pour le travail manuel 25 fr. 56, ou 0.7111 par quintal métrique, et avec le pétrin mécanique 16 fr. 80, ou 0.4666 par quintal métrique. L'avantage pécuniaire offert par la machine est donc de 0 fr. 2445, qui, appliqués à 40,000 quintaux métriques, quantité moyenne de pain fabriquée chaque année pour le service des rationnaires de la marine, donne 9,780 fr., pour chiffre de l'économie annuelle que procurerait l'adoption de ce pétrin dans tous les ports militaires du royaume. Quant aux frais d'installation, ils seraient en peu d'années couverts par les bénéfices réalisés.

Si l'on veut bien considérer que nous nous étions engagé à faire quarante fournées de biscuit en onze heures avec dix hommes, un apprenti, quatre fours et l'aide d'un mauvais manège, _ce qui nécessite par les moyens ordinaires l'emploi de huit fours et de trente-deux hommes_, et que depuis douze années consécutives nous donnons la preuve que nous n'avions rien promis que nous ne puissions tenir ; on sera, nous l'espérons, porté à croire que nous avons trouvé le moyen d'apporter une économie analogue, mais moins considérable, dans la fabrication du pain.

NOTA. Les arbres de couche sont supposés faire trente tours à la minute.

La densité de la pâte est de 1,1, celle de l'eau étant 1,0.

La force de cohésion de la pâte du pain est par centimètre carré [1] 0ᵏ 025

DIMENSIONS DU PÉTRIN.

Diamètre de la grande circonférence...................................	2ᵐ	40
Id. de la petite Id.	0	60
Hauteur des parois verticales......................................	0	60
Circonférence du grand cercle	7	54
Surface du grand cercle..	4	52
Circonférence du cercle concentrique au grand cercle....................	1	88
Surface de ce cercle...	0	28
Surface comprise entre la grande et la petite circonférence, ou surface du fond du pétrin..	4	24
Hauteur des cylindres presseurs.....................................	0	78
Diamètre des cylindres presseurs	0	58
Surface occupée par chaque cylindre presseur...........................	0	11
Les quatre cylindres étant mis en place, ils occuperont une surface de	0	45
Il restera donc, pour étendre la pâte, une surface de.....................	5	78

En supposant que la pâte soit étendue sur une hauteur moyenne de 20 centimètres, il y aura dans le pétrin 0ᵐ 757600, ou 833ᵏ 360 de pâte, quantité un peu supérieure à celle nécessaire pour deux fournées et à la portion de pâte destinée à faire fonction de levain pour les deux fournées suivantes.

On peut donc admettre que la pâte se présentera aux cylindres sur une hauteur de 20 centimètres.

La cuve, faisant une révolution en cinq minutes, amènera dans ce laps de temps 833ᵏ 360 de pâte aux cylindres, qui sont espacés entre eux de cinq millimètres et demi, et qui font 120 tours à la minute.

A chaque tour, les cylindres entraineront une lame de pâte de 20 centimètres de

---

[1] Pour connaitre la force de cohésion de la pâte, nous avons pris un tube à l'une des extrémités duquel nous avons ménagé au centre une ouverture d'un centimètre carré. Nous avons rempli le tube avec de la pâte, et, à l'aide d'un piston introduit par l'extrémité opposée à celle où l'ouverture d'un centimètre carré avait été pratiquée, nous avons fait sortir par la pression un solide de pâte dont la section horizontale était un centimètre carré. Ce solide, qui figurait une barrette de un centimètre d'équarrissage, s'est rompu, et le poids de la pâte ayant occasionné la rupture, nous a paru devoir indiquer la force de cohésion de la pâte. Nous avons répété cette expérience un grand nombre de fois, et la moyenne nous a donné vingt-cinq grammes pour la force de cohésion d'un centimètre carré de la pâte faite avec de la farine épurée à 12 pour 100.

hauteur sur 1^m 19 de longueur égale à la circonférence des cylindres presseurs et 0^m 0054 d'épaisseur, ou 128 centimètres cubes environ, ou 1^k 408, et en une minute 169^k et enfin en cinq minutes 845^k.

Le poids de la pâte pouvant être entraînée étant de 845^k, quantité un peu supérieure à celle mise dans le pétrin, la marche de la caisse et celle des cylindres presseurs paraissent être convenablement réglées.

Chaque paire de cylindres entraîne par seconde 2^k 816, fait un effort de 6^k 550 pour rompre la force de cohésion de 256 centimètres de pâte laminée, et de plus, un effort de pression que j'estime égal à celui exercé par les cylindres qui fonctionnent dans le pétrin à biscuit, c'est-à-dire en moyenne celle d'un cheval vapeur.

La force de deux chevaux vapeur sera, comme on le voit, plus que suffisante pour vaincre les résistances, lorsque la caisse et les cylindres seront en marche.

Il faut examiner le cas où, les cylindres étant enlevés, les batteurs fonctionnent.

Les batteurs ont 1^m 20 de longueur, et ils se terminent par une pelle de 0^m 17 de largeur sur 0^m 40 de hauteur. Ils sont mis en mouvement par une roue d'engrenage qui fait trente tours à la minute, et à chaque tour correspondent deux oscillations des batteurs ou une par seconde.

La couche de pâte ayant 0^m 20 de hauteur, la pelle du batteur, dans le trajet qu'elle parcourt, déplace une quantité de pâte qui serait contenue dans la section verticale du cylindre, ayant pour base un segment de cercle dont la corde serait 1^m 36 et le sinus verse 0^m 20, et dont la hauteur serait 0^m 17. Ce solide contiendrait 3582 centimètres cubes, ou 39^k 402 de pâte, quantité déplacée par chaque oscillation des batteurs.

Les arêtes des pelles coupant la pâte et ne tendant pas à vaincre sa force de cohésion, comme le feraient deux forces égales et opposées agissant dans un même plan, n'ont à faire, pour traverser la masse de pâte, qu'un effort infiniment moindre que celui qui est exercé par les cylindres.

Mais quel est cet effort? Pour arriver à le constater, nous avons simulé à faux frais un batteur semblable à ceux que l'on voit dans le dessin. Ce batteur, muni d'une manivelle de 0^m 50, a été mis au-dessus d'un pétrin dans lequel on avait étendu une couche de pâte de 20 à 25 centimètres de hauteur. Un homme appliqué à la manivelle est parvenu avec peine à faire traverser la masse de pâte par la pelle, mais deux hommes arrivaient facilement à ce résultat, et enfin quatre hommes imprimaient un mouvement accéléré qui donnait une oscillation par seconde; les deux batteurs fonctionneraient donc avec la force de huit hommes, et celle de deux chevaux vapeur serait dans ce cas plus que suffisante.

REMARQUES SUR LES PÉTRINS MÉCANIQUES.

Les agitateurs ou les pétrins mêmes étant faits en fer, on a prétendu qu'une certaine quantité d'oxyde pouvait être abandonnée à la pâte par ces organes du travail; mais l'expérience est venue démontrer que le fer en contact avec la farine ne s'oxyde pas, parce que, sans doute, la farine, plus hygrométrique que le fer, tend à s'emparer de l'humidité. De plus, on a remarqué que le fer en mouvement dans la pâte affecte toujours un luisant et un poli remarquables; ce qui peut être attribué à la partie onctueuse contenue dans la farine, laquelle lubrifie le métal. Quant au refroidissement de la pâte par son contact avec le métal, il est évidemment sans effet, puisqu'on fait d'excellentes pâtes dans des pétrins en fonte.

Ainsi les pétrins mécaniques n'offrent pas les inconvénients que des suppositions méticuleuses pouvaient leur attribuer.

Il a été constaté par des expériences comparatives, que l'introduction de l'air dans la pâte n'était pas indispensable à l'œuvre de la panification; cependant, cet effet étant un de ceux que les ouvriers cherchent à produire, je pense qu'on doit demander à une machine ayant pour destination de faire de la pâte, de le rendre à un certain degré.

On a reconnu, enfin, que le pain fabriqué par des procédés mécaniques présente des cavités, des yeux plus égaux que ceux observés dans le pain fait à bras d'homme, ce qui est l'indice d'une fabrication régulière.

L'adoption des machines à pétrir aurait pour effet incontestable d'apporter d'utiles perfectionnements dans la fabrication du pain, mais il existe des raisons d'un autre ordre, qui militent hautement en faveur de la substitution des agents mécaniques à la force manuelle : ce sont les maladies auxquelles' sont sujets les boulangers par suite du travail pénible qui leur est imposé; ce sont les infirmités qui les atteignent si promptement, que rarement un ouvrier âgé de cinquante ans est capable de continuer l'exercice de sa profession, qui réclamait l'emploi de toutes ses forces, alors qu'il était jeune et valide [1].

La mise en application des pétrins mécaniques, offrant des garanties

---

[1] Ce n'est pas seulement en France que la profession de boulanger influe d'une manière fâcheuse sur la santé des ouvriers, et il serait facile de récapituler ici les observations qui ont été faites à ce sujet par beaucoup de médecins; mais nous nous bornerons à rappeler un fait signalé par Ramazzini, professeur de médecine pratique à l'Université de Padoue, dans le but de faire comprendre combien il y aurait d'intérêt à propager l'usage des machines destinées à opérer le pétrissage de la pâte. Voici ce qu'il rapporte :

« Les boulangers deviennent tous bancales en dehors, et leurs jambes ressemblent
« assez aux pattes des écrevisses et des lézards. Dans les pays en deçà et au delà du Pô,
« ils se servent d'une planche épaisse ou d'une table à trois pieds, sur laquelle est fixé
« un morceau de bois allongé, de figure conique, qui se meut en toutes sortes de sens,

de bonne façon et d'économie, serait donc utile à l'industrie de la boulangerie, et de plus elle soustrairait un grand nombre d'ouvriers à une fatigue extrême qui abrége leur existence. Mais pour que le service rendu à cette classe d'ouvriers fût complet, il faudrait remplacer les fours généralement en usage par des appareils mieux entendus.

Pour faciliter le choix à faire parmi les fours reconnus les meilleurs, nous allons, dans le chapitre suivant, donner la description de tous les appareils de ce genre que nous avons vus fonctionner, et nous indiquerons ceux qui nous paraissent offrir le plus d'avantage, tant sous le rapport économique que sous celui de l'allégement du travail dévolu aux ouvriers.

« et avec lequel ils frappent une grande masse de pâte qu'ils pétrissent en même temps
« avec les bras et les genoux, tandis qu'un autre ouvrier la retourne. C'est par cette
« manœuvre que leurs jambes se courbent en dehors, où l'articulation du genou oppose
« moins de résistance. Il n'y a aucun remède à cette incommodité, car malgré la vigueur
« de l'âge, ils deviennent bientôt bancales et finissent par boiter. »

CHAPITRE VI.

DES FOURS.

Les fours décrits par les auteurs anciens sont à peu près semblables à ceux dont Malouin a donné les plans en 1767[1].

Depuis, on a fait varier la forme de ces appareils et leur mode de chauffage. Pour élever leur température, on a employé différentes sortes de combustibles, on a disposé les foyers de manières diverses, et, en s'aidant de la théorie de la chaleur, on a cherché à appliquer des combinaisons qui permissent d'utiliser la plus grande somme

---

[1] L'usage des fours remonte à une haute antiquité, ainsi que le constate un four trouvé dans des ruines d'Egypte, et qui est maintenant exposé dans un des musées de Londres.

D'une autre part, Pline rapporte que les Romains, qui avaient personnifié le mot *fornax*, en avaient fait une déesse à laquelle on sacrifiait devant un feu. *Is et fornacalia instituit farris torrendi ferias.* L. XVIII.

Ovide raconte dans ses *Fastes* l'origine de cette fête :

> Facta dea est Fornax : læti fornace coloni
> Orant ut fruges temperet illa suas.
> Curio legitimis nunc fornacalia verbis
> Maximus indicat, etc.
>
> (*Fastes*, II, 25.)

Festus parle fort au long de ces fêtes : « Fornacalia feriæ institutæ sunt farris torrendi gratia : quod ad fornacem, quæ in pistrinis erat, sacrificium fieri solebat. Fornacalia sacra erant, quum far in fornaculis torrebant. »

Lorsque l'usage du pain commença à se généraliser et que la consommation des farines devint considérable, les meuniers, dans le but de satisfaire complétement ceux dont ils réduisaient le grain en farine, firent construire de grands fours où l'on cuisait le pain de leurs chalands. Ces lieux, où s'assemblaient les femmes pour faire et cuire leur pain, s'appelaient les boulangeries babillardes : *pistrinæ garrulæ*.

A une époque plus rapprochée de nous, on construisit, pour subvenir aux besoins du possible de la chaleur produite par la combustion du bois ou par celle du charbon de terre.

Il me semble que les fours peuvent être divisés en cinq classes :

1° Les fours qui se chauffent en faisant brûler le combustible sur l'âtre.

2° Les fours dont on élève la température en brûlant du charbon de terre dans un foyer extérieur, communiquant avec la capacité intérieure du four, par une ou plusieurs baies pratiquées dans les pieds-droits de la voûte, ou par une ouverture faite sur l'âtre.

3° Les fours qui reçoivent la chaleur par l'intermédiaire d'un calorifère.

4° Les fours qui sont entourés d'une double enveloppe ou de galeries destinées à favoriser la circulation d'une quantité d'air élevé à une haute température, et à faire circuler la flamme ainsi que la fumée par une infinité de points de l'enveloppe qui limite la capacité du four.

5° Les fours qui participent et de ceux qui se chauffent sur l'âtre, et de ceux qui sont entourés de galeries parcourues par la flamme et l'air chaud.

---

peuple, des fours publics, et il paraît, par une ordonnance du roi Dagobert II, que le gouvernement a veillé de bonne heure, en France, à ce qu'il y eût des moulins et des fours dans tous les domaines du roi pour assurer la subsistance du peuple.

Il n'y avait que les riches qui eussent le moyen d'avoir des moulins et des fours à eux ; et ces propriétaires, qui avaient fait les avances de construction, s'en firent un revenu et reçurent le produit de ce que payaient ceux qui venaient moudre à leur moulin ou cuire à leur four.

Telle est l'origine de la banalité qui s'exerça avec rigueur au profit des seigneurs jusqu'au moment où les rois, reprenant le pouvoir qui leur était échappé pendant les siècles de féodalité, anéantirent peu à peu les servitudes qui découlaient de cette forme de gouvernement. Philippe Auguste permit aux boulangers d'avoir des fours, non-seulement pour eux, mais encore pour le public. Saint Louis défendit l'établissement de fours banaux dans les villes. Enfin, Philippe le Bel donna, en 1305, à tout bourgeois de Paris, le droit d'avoir un four dans sa demeure. Les chanoines de Saint-Marcel ont conservé les derniers, à Paris, la servitude de la banalité sur leurs vassaux, qui n'en ont été tout à fait affranchis qu'en 1675 par une sentence des requêtes du palais. En 1705, Louis XIV défendit par ordonnance d'obliger les munitionnaires de moudre aux moulins banaux.

FOURS SE CHAUFFANT AVEC LE COMBUSTIBLE MIS SUR L'ATRE.

Le four qui est le plus généralement en usage est celui dont on trouve la description dans Malouin.

Fours sans ouras, décrits par Malouin. (Pl. XLIII, fig. 1, 2, 3 et 1.)

Il se compose d'une calotte sphérique surbaissée, reposant sur des pieds-droits, qui circonscrivent un âtre horizontal circulaire.

Le bois se place sur l'âtre, et la bouche du four est l'unique chemin ouvert à l'air nécessaire à la combustion et à la fumée qui se dirige vers le tuyau de la cheminée.

Le courant de fumée s'oppose, comme on le voit, au passage de l'air indispensable à l'alimentation de la combustion, le bois brûle lentement et le four est très-inégalement chauffé.

Malouin employait une partie de la chaleur perdue à chauffer l'eau destinée au pétrissage de la pâte, et cette disposition bien entendue constituait une économie.

Comparaison entre la quantité de combustible dépensée et celle nécessaire pour opérer la cuisson de 300k de pain dans le four décrit par Malouin.

NOTA. Il a été consommé 95k de bois, représentant 242,250 unités de chaleur [1], pour opérer la cuisson de 300k de pain, et le rendement a été de 140k de pain par 100k de farine.

---

[1] Dans tous les calculs relatifs à l'appréciation de la dépense occasionnée pour le chauffage des fours, nous avons supposé que le kilogramme de bois donnait 2,550 unités de chaleur (chiffre porté à la table, page 58, du premier volume du *Traité de la chaleur*, par M. Péclet, et non pas celui de 2,800 à 2,700, que le même auteur donne pour moyenne à la page 61, parce que souvent les fagots employés humides contiennent plus de 20 à 25 pour 100 d'eau); que le kilogramme de charbon de terre donnait 7,500 unités, et le kilogramme de coke 6,000 unités (voir le premier volume du *Traité de la chaleur*, par M. Péclet, page 105). De plus, nous avons adopté, pour le prix des 1000k de bois, 25 fr. 65; pour celui des 1000k de charbon de terre, 35 fr., et pour celui des 1000k de coke, 44 fr. 40. Nous avons admis aussi que la farine ordinaire contient 17 pour 100 d'humidité, et le sel 10 pour 100; que la pâte, au moment d'être mise au four, est à la température de 25°; que le pain à la sortie du four a atteint celle de 100° centigrades, et que la chaleur spécifique des substances sèches est moitié de celle de l'eau. Enfin, nous avons constaté que le pain de munition de 1,500 grammes restait 40 minutes au four, et celui de 1,854 grammes, 45 minutes environ.

Farine non desséchée........................... 214^k 285 ⎫
Eau pour pétrir.............................. 135 485 ⎬ 352^k 219
Sel non sec................................ 2 449 ⎭
Déchets ⎰ en farine............................. 1 476 ⎱ 2 219
        ⎱ en eau.............................. 0 743 ⎰

Pâte à mettre au four............... 350^k 000

Se composant de substances sèches et de substances humides dans les proportions suivantes :

SUBSTANCES SÈCHES.	EAU À ÉLEVER A LA TEMPÉRATURE DE 25 A 100 DEGRÉS.	EAU À ÉVAPORER.	TOTAL des SUBSTANCES HUMIDES.	TOTAL de LA PATE.
k g 178 . 837	k g 121 . 163	k g 50 . 000	k g 171 . 163	k g 350 . 000

Pour opérer la cuisson de ces 350^k 000 de pâte, de manière à obtenir 300^k de pain, il faut faire évaporer 50^k 000 d'eau; chauffer de 25 à 100° 121^k 163 d'eau qui restent dans le pain, et élever de 25 à 100° la température de 178^k 837 de substances sèches[1].

Chaleur employée à vaporiser 50^k 000 d'eau.............. 650×50^k 000 = 32,500.
    Id.   à chauffer de 25 à 100° 121^k 163 d'eau.... 75×121 163 = 9,087.
    Id.   id.   178 837 de sub-
                        stances sèches.. $\frac{75×178\ 837}{2}$ = 6,706.

Total des unités de chaleur nécessaires pour la cuisson de 300^k de pain au rendement de 140 pour 100^k de farine.............................. 48,293.

Mais au lieu de 48,293 unités, il en a été employé 242,250, dont il

[1] Les formules qui donnent la possibilité de constater le nombre d'unités de chaleur à employer pour opérer la cuisson d'une certaine quantité de pain, ont été publiées dans la *Revue scientifique* de mars 1842, par M. Saigey, et nous nous en sommes servi pour faire l'examen de plusieurs fours. Cependant, des expériences répétées et la confiance que nous avons dû accorder à l'ouvrage de M. Péclet, nous ont déterminé à changer quelques chiffres de base, ce qui, du reste, ne modifie pas sensiblement les résultats présentés par M. Saigey, auquel nous devons de pouvoir apprécier avec facilité combien un four quelconque utilise de combustible.

faut déduire 1/10ᵉ ou 24,225, pour tenir compte de la braise recueillie[1], ce qui réduit la dépense à **218,025** unités ou 85ᵏ 500 de bois, et porte l'effet utile de ce four à **20** p. 0/0 du combustible brûlé.

Si l'on compare ce four avec les appareils qui utilisent le mieux le combustible, en admettant que la perte de calorique par la cheminée et les parois est égale à la moitié de l'effet utile et nécessaire pour la cuisson du pain ; on trouve que les résultats eussent été aussi avantageux que possible s'il n'eût été dépensé que **72,439** unités de chaleur, ou **28ᵏ 408** de bois.

Dans ce four la cuisson de 100ᵏ de pain a nécessité l'emploi de 64,000 unités, ou 25ᵏ 333 de bois, qui représentent une somme de.............. 0ᶠ 599

Tandis que, si le four eût donné un résultat qu'il est possible d'atteindre, on n'eût dépensé par 100ᵏ de pain que 24,146 unités de chaleur, ou 9ᵏ 460 de bois, qui donnent une valeur de............................. 0 225

Parmentier, qui a apporté sa part de recherches dans tous les détails qui se rattachent à la boulangerie, a publié en **1789**, dans un Mémoire très-intéressant, le plan d'un four qu'il considérait comme parfait.

Fours à âtres ovales avec des ouras, décrits par Parmentier. (Pl. XLIII, fig. 8 à 11.)

L'âtre de ce four est incliné de 4 degrés, la partie la plus élevée se trouvant au fond. Sur la courbe ovale qui circonscrit l'âtre, s'élèvent des pieds-droits sur lesquels vient s'appuyer une voûte ovoïde, à la partie supérieure de laquelle on a pratiqué deux ouras ou conduits qui aboutissent sur le devant du four et qui donnent une issue à la fumée.

Cette disposition favorise l'accès, dans l'intérieur du four, de la portion d'air nécessaire à la combustion ; et l'application des ouras a été considérée, à juste titre, comme un progrès.

La chaleur perdue est employée au chauffage de l'eau destinée au pétrissage de la pâte.

Ce four, qui a été exécuté dans plusieurs manutentions publiques,

---

[1] Nous supposons que la braise menue provenant de la combustion des fagots est recueillie dans le rapport d'un dixième du poids du bois mis en ignition pour le chauffage du four, et nous déduisons cette quantité de braise de celle du bois mis au four, afin d'avoir exactement le poids du combustible brûlé.

et notamment à Brest, où l'on a omis d'utiliser une partie de la chaleur perdue pour chauffer une certaine quantité d'eau, nécessite une assez forte dépense de combustible, et la disposition des ouras ne permet pas d'obtenir la répartition la plus avantageuse du calorique.

Comparaison entre la quantité de combustible dépensée et celle absolument nécessaire pour opérer la cuisson de 8,164ᵏ de pain de munition dans les fours en usage à Brest.

Nota. Dans ce four il a été consommé 1,853ᵏ de bois, ou 4,725,450 unités de chaleur, dont il faut déduire 5 hectolitres [1] pour tenir compte de la braise recueillie; reste 4,595,400 unités de chaleur ou 1,802ᵏ de bois, pour opérer la cuisson de 8,164ᵏ de pain, au rendement de 140ᵏ pour 100ᵏ de farine.

CONFECTION DE LA PATE.

```
Farine  non  desséchée.....................  5,851ᵏ 429 ⎞
Eau pour  pétrir...........................  3,087   058 ⎬ 9585ᵏ 120
Sel non  sec...............................    66   635 ⎠

         ⎧ en farine........................   40   178 ⎫
Déchets  ⎨                                              ⎬  60 420
         ⎩ en eau..........................   20   242 ⎭
                                             ────────────
                       Pâte à mettre au four.  9,524ᵏ 700
```

Se composant de substances sèches et de substances humides dans les proportions suivantes :

SUBSTANCES SÈCHES.	EAU A ÉLEVER A LA TEMPÉRATURE de 25 à 100°.	EAU A ÉVAPORER.	TOTAL des SUBSTANCES HUMIDES	TOTAL DE LA PATE.
ᵏ ᵍ 4806.730	ᵏ ᵍ 3357.270	ᵏ ᵍ 1360.700	ᵏ ᵍ 4717.970	ᵏ ᵍ 9524.700

CUISSON DE LA PATE.

```
Chaleur employée à faire évaporer, 1360ᵏ 700 d'eau......  650×1360ᵏ 700=884,455
   Id.    à élever de 25 à 100°   3357 270  id. ......   75×3357 270=251,795
   Id.             id.            4806 750 de subst.sèch.  75×4806 750=180,252
                                                          ─────────────────────
                                                                  2
```

Total des unités de chaleur nécessaires à la cuisson de 8164ᵏ de pain, au rendement de 140ᵏ pour 100ᵏ de farine.   1,316,502

---

[1] L'hectolitre de braise pèse 17ᵏ 000.

Mais au lieu de 1,316,502 unités de chaleur, il en a été employé 4,595,100, ce qui fait ressortir l'effet utile à 29 pour 100 du bois brûlé.

Comparant ce four aux appareils qui utilisent le mieux le combustible, en admettant que la perte du calorique par la cheminée et les parois est égale à la moitié de la chaleur nécessaire pour la cuisson du pain, on trouve que les résultats eussent été aussi avantageux que possible s'il n'eût été dépensé que 1,974,753 unités de chaleur, ou 774^k 413 de bois.

Dans ce four, la cuisson de 100^k de pain a nécessité l'emploi de 56,285 unités ou 22^k 073 de bois, qui donnent la somme de............................   0^f 522

Tandis que, si ce four eût donné un résultat auquel il ne paraît pas impossible d'atteindre, on n'eût dépensé par 100^k de pain, que 24,188 unités de chaleur ou 9^k 485 de bois qui représentent la somme de.............   0^f 225

Au port de Lorient, les fours sont ovales, mais leur âtre est horizontal; et d'après les dessins produits dans le cours de Sganzin, on reconnaît qu'ils n'ont pas d'ouras; de sorte que la combustion s'y opère imparfaitement et avec lenteur.

Fours à âtres ovales, sans ouras, établis à Lorient. (Pl. XLIII, fig. 5, 6, et 7.)

Comparaison entre la quantité de combustible dépensée et celle absolument nécessaire pour opérer la cuisson de 1,350^k de pain de munition.

Nota. Dans ce four il a été consommé 425^k de bois ou 1,085,750 unités de chaleur, dont il faut déduire le 10e, soit 108,575 unités, pour tenir compte de la braise recueillie ; reste 973,575 unités ou 382^k 480 de bois, pour opérer la cuisson de 1350^k de pain au rendement de 138^k pour 100^k de farine.

CONFECTION DE LA PATE.

Farine non desséchée	978^k 261	
Eau pour pétrir................	593 741	1385^k 017
Sel non sec..................................	11 015	
Déchets { en farine............................	6 740	10 017
{ en eau............................	3 277	
Pâte à mettre au four..............	1375 000	

Se composant de substances sèches et de substances humides dans les proportions suivantes :

SUBSTANCES SÈCHES.	EAU A ÉLEVER A LA TEMPÉRATURE de 25 à 100°.	ÉAU A ÉVAPORER.	TOTAL des SUBSTANCES HUMIDES	TOTAL DE LA PATE.
k g 806.361	k g 543.039	k g 225.000	k g 768.039	k g 1573.060

CUISSON DE LA PATE.

Chaleur employée à vaporiser 225ᵏ 000 d'eau.............. $630 \times 225^k 000 = 146,250$

Id.   à élever de 25 à 100° 543ᵏ 039 d'eau..... $75 \times 543 \ 039 = 40,775$

Id.   Id.   806 361 de substan-

ces sèches... $\dfrac{75 \times 806 \ 561 = 30,258}{2}$

Total des unités de chaleur nécessaires pour la cuisson de 1530ᵏ de pain au

rendement de 158ᵏ pour 100ᵏ de farine............................... 217,264

Mais au lieu de 217,264 unités, il en a été employé 975,375, ce qui porte l'effet utile produit à 22 pour 100 du bois brûlé.

Comparant ce four aux appareils qui utilisent le mieux le combustible, on trouve que les résultats auraient été aussi avantageux que possible s'il n'eût été dépensé que 325,891 unités de chaleur, ou 127ᵏ 800 de bois.

Dans ce four, la cuisson de 100ᵏ de pain a nécessité l'emploi de 72,250 unités de chaleur, ou 28ᵏ 355 de bois estimés................................... 0ᶠ 670ᵐ/ᵐ

Tandis que, si le four avait donné un résultat auquel il n'est pas impossible d'arriver, on n'eût dépensé, par 100ᵏ de pain, que 24,140 unités de chaleur ou 9ᵏ 466 de bois estimés............................... 0   224

Comparaison entre la quantité de combustible dépensée et celle nécessaire pour opérer la cuisson de 440ᵏ de biscuit.

NOTA. Il a été consommé dans ce four 587ᵏ de bois ou 986,850 unités de chaleur, dont il faut déduire le 10ᵉ pour tenir compte de la braise recueillie, ou 98,683 unités; reste 888,163 unités ou 348ᵏ 500 de bois pour 440ᵏ de biscuit au rendement de 90ᵏ pour 100ᵏ de farine.

CONFECTION DE LA PATE.

Farine non desséchée.......................	488ᵏ 889 }	652ᵏ 896
Eau pour pétrir...........................	164 007 }	
Déchets { en farine......................	3 369 }	4 268
{ en eau.........................	0 899 }	
Pâte à mettre au four.............	648 628	

Se composant de substances sèches et de substances humides dans les proportions suivantes :

SUBSTANCES SÈCHES.	EAU CONTENUE DANS LE BISCUIT à élever à la température de 15 à 107°.	EAU A ÉVAPORER pour atteindre le rendement de 90 k. de biscuits pour 100 k. de farine.	TOTAL des SUBSTANCES HUMIDES	TOTAL DE LA PATE.
k g 402.985	k g 57.016	k g 208.699	k g 245.615	k g 648.628

CUISSON DE LA PATE.

Chaleur employée à faire évaporer 208ᵏ 029 d'eau.......... 630×208ᵏ 629=135,609

Id.   à élever de 15 à 107° 57ᵏ 016 d'eau. ..... 92× 57ᵏ 016= 5,405

Id.   id.   402 985 de substances

sèches.................................. $\dfrac{92\times402\ \ 985}{2}=$ 18,557

Total des unités de chaleur nécessaires à la cuisson de 440ᵏ de biscuit au rendement de 90ᵏ pour 100ᵏ de farine............................... 157,551

Mais au lieu de 157,551 unités de chaleur, il en a été employé 888,165, ce qui fait ressortir l'effet utile à 18 pour 100 du bois brûlé.

Comparant ce four aux appareils qui utilisent le mieux le combustible, on trouve que les résultats auraient été aussi avantageux que possible s'il n'eût été dépensé que 236.326 unités, ou 88 kil. 115 de bois.

Dans ce four, 100ᵏ de biscuit nécessitent une dépense de 201,856 unités de chaleur ou 79ᵏ 159 de bois, estimés........................... .. .. 1ᶠ 872ᵐ/ᵐ

Et si le four avait donné un résultat moyennement avantageux, on n'aurait dépensé que 55,710 unités ou 21ᵏ 065 de bois dont la valeur est de... 0ᶠ 498ᵐ/ᵐ

Les fours en usage au port de Rochefort ressemblent au four indiqué par Malouin, seulement ils ont au-dessus de la porte un ouras qui permet à la fumée de s'échapper du four pendant que le courant d'air arrive par la bouche jusqu'au bois en ignition.

Fours en usage à Rochefort. (Pl. XLIII, fig. 12, 13, 14 et 15.)

La combustion s'opère assez bien dans ces fours; cependant, pour porter leur température à 280 degrés centigrades, ou 300 environ à la première fournée, il faut soixante-quinze minutes au moins, et dans le cours du travail la durée du chauffage est de 25 à 30 minutes entre deux fournées.

Comparaison entre la quantité de combustible dépensée et celle absolument nécessaire pour opérer la cuisson de 225k de pain.

; Nota. Dans le four dont nous nous occupons il a été consommé 65ᵏ de bois ou 165,750 unités de chaleur, pour opérer la cuisson de 225ᵏ de pain au rendement de 138ᵏ de pain pour 100ᵏ de farine.

CONFECTION DE LA PATE.

Farine non desséchée .... 163ᵏ 043 ⎫
Eau pour pétrir............................. 99 290 ⎬ 264ᵏ 169
Sel non sec................................ 1 836 ⎭
Déchets { en farine........................ 1 123 } 1 669
{ en eau.......................... 0 546 }
Pâte à mettre au four............. 262 500

Se composant de substances sèches et de substances humides dans les proportions suivantes :

SUBSTANCES SÈCHES.	EAU A ÉLEVER à la température de 25 à 100°.	EAU A ÉVAPORER.	TOTAL des SUBSTANCES HUMIDES	TOTAL DE LA PATE.
k g 136.045	k g 88.955	k g 37.500	k g 126.455	k g 262.500

CUISSON DE LA PATE.

Chaleur employée à vaporiser 37ᵏ 500 d'eau............... 630× 37,500=24,575
Id. à chauffer de 25 à 100° 88ᵏ 955 d'eau....... 75× 88,955= 6,672
Id. id. 136 045 de substances
sèches.. 75×136,045= 5,102
⎯⎯⎯⎯⎯⎯⎯
2

Total des unités de chaleur nécessaires pour la cuisson de 225ᵏ de pain au rendement de 138ᵏ de pain par 100ᵏ de farine........................ 36,149

Mais au lieu de 36,149 unités, il en a été employé 165,750, dont il faut déduire 1/10ᵉ, ou 16,575, pour tenir compte de la braise recueillie, ce qui réduit la consommation à 149,175 unités ou 58ᵏ 500 de bois, et porte l'effet utile à 22 p. 100 du bois brûlé.

Comparant ce four aux appareils qui utilisent le mieux le combustible, en admettant que la perte du calorique par la cheminée et les parois est la moitié de l'effet utile nécessaire pour la cuisson du pain, on trouve que les résultats eussent été aussi avantageux que possible s'il n'eût été dépensé que 54,223 unités de chaleur ou 21ᵏ 264 de bois.

Dans ce four, la cuisson de 100ᵏ de pain a nécessité l'emploi de 58,955 unités ou 25ᵏ 110 de bois, qui représentent une somme de 0ᶠ 546ᵐ/ᵐ

Tandis que, si ce four eût donné un résultat auquel il ne paraît pas impossible d'arriver, on n'eût dépensé par 100ᵏ de pain que 24,099 unités de chaleur ou 9ᵏ 451 de bois, qui représentent une somme de 0ᶠ 225ᵐ/ᵐ

Comparaison entre la quantité de combustible dépensée et celle nécessaire pour la cuisson de 70ᵏ de biscuit.

Noᴛᴀ. Dans ce four, la dépense en combustible brûlé est de 46ᵏ de bois, dont il faut déduire le 10ᵉ pour tenir compte de la braise recueillie, de sorte que la consommation du bois est de 41ᵏ 400 ou 105,370 unités pour opérer la cuisson de 70ᵏ de biscuit au rendement de 90ᵏ pour 100ᵏ de farine.

CONFECTION DE LA PATE.

Farine non desséchée........................	77ᵏ 778	
Eau pour pétrir............................	26 092	105ᵏ 870
Déchets { en farine........................	0 536	
{ en eau........................	0 145	0 679
Pâte à mettre au four..............	105 191	

Se composant de substances sèches et de substances humides dans les proportions suivantes :

SUBSTANCES SÈCHES.	EAU RESTANT DANS LE BISCUIT à élever à la température de 15 à 107°.	EAU A ÉVAPORER.	TOTAL des SUBSTANCES HUMIDES	TOTAL DE LA PATE.
k g	k g	k g	k g	k g
64.111	5.889	33.191	39.080	103.191

CUISSON DE LA PATE.

Chaleur employée à évaporer 33ᵏ 191 d'eau... .... $650 \times 33ᵏ 191 = 21,574$

Id. à élever de 15 à 107° 5ᵏ 889 d'eau......... $92 \times 5\ 889 = 542$

Id. id. 64 111 de substances

sèches.. $92 \times 64\ 111 = 2,949$

$$\overline{2}$$

Total des quantités d'unités de chaleur nécessaires à la cuisson de 70ᵏ de biscuit au rendement de 90ᵏ pour 100ᵏ de farine........................... 23,065

Mais au lieu de 25,065 unités de chaleur, il en a été employé 105,570, ce qui fait ressortir l'effet utile à 23 pour 100 du bois brûlé.

Comparant ce four aux appareils qui utilisent le mieux le combustible, en admettant que la perte de calorique par la cheminée et les parois est de moitié de la chaleur nécessaire à la cuisson du biscuit, on trouve que les résultats auraient été aussi avantageux que possible s'il n'avait été dépensé que 37,597 unités ou 14^k 744 de bois[1].

Dans ce four, la cuisson de 100^k de biscuit nécessite le dégagement de 150,815 unités ou 59^k 143 de bois, estimés.. 1^f 599

Tandis que, dans un four construit de manière à donner les résultats les plus avantageux, la dépense se fût réduite à 53,700 unités de chaleur ou 21^k 059 de bois, estimés... 0^f 498

On verra qu'en adoptant les fours dont l'industrie fait usage depuis quelques années, il est possible de diminuer de moitié à peu près la dépense en combustible employé pour le chauffage des fours de la marine. Ce qui constituerait une économie de 10,000 fr. sur la cuisson du biscuit, et de 18,000 fr. sur celle du pain; la fabrication du biscuit s'élevant année moyenne à environ 20,000 quintaux métriques, et celle du pain à 60,000 quintaux métriques.

(Pl. XLIII, fig. 15.) On voit, sur la coupe fig. 15, le dessin d'un four construit à Rochefort, il y a plus de vingt ans, dont la voûte repose sur l'âtre sans l'intermédiaire de pieds-droits; cette modification a été reconnue vicieuse et les quatre fours construits sur ce principe n'ont jamais pu servir.

Inconvénients attribués aux fours qui viennent d'être décrits. Pour élever la température des fours, l'ouvrier intelligent est dans l'usage de répartir le bois en cinq lots différents; deux au fond au delà des points d'où partent les ouras; deux immédiatement au-dessous, et

---

[1] Avant de se servir de fours dont on n'a pas fait usage depuis longtemps, il faut d'abord élever à une haute température la masse de matériaux dont ils sont construits ; ainsi, pour mettre, par exemple, les fours de Rochefort en état de cuire par jour et dans un travail continu 70^k de biscuit, avec 105,570 unités de chaleur par fournée, on brûle dans chaque four 950^k de bois, dont il faut déduire le 10ᵉ pour tenir compte de la braise recueillie; il reste donc 837^k de bois ou 2,154,580 unités, c'est-à-dire une quantité de bois qui suffirait à la cuisson de 20 fournées. On a donc intérêt à ne procéder à la fabrication du biscuit qu'alors qu'on en a une grande quantité à confectionner.

un sur le devant du four. D'après cette disposition, la combustion des deux lots du fond est aussi imparfaite que dans le cas où le four n'a pas d'ouras ; les lots du milieu brûlent plus facilement, mais la flamme qui s'en dégage n'a pas le temps de rayonner son calorique avant de sortir du four, car aussitôt formée elle va se perdre dans les ouras ; quant au cinquième lot, il est mieux utilisé et l'on peut remarquer que la flamme qui s'en dégage lèche les surfaces jusqu'aux ouvertures de ces ouras.

Pour diminuer autant que possible les inconvénients qui viennent d'être signalés, l'ouvrier intelligent n'allume pas en même temps tout le bois mis au four, et, afin de faciliter la combustion des lots mis au fond, il les allume les premiers; ce n'est que quand ils sont à peu près brûlés qu'il met le feu à ceux du milieu et au bois placé à la bouche. Cette manière d'opérer oblige à une perte de temps qu'il serait possible d'éviter en adoptant une meilleure construction du four.

Il est important de noter que le bois en ignition, séjournant pendant longtemps à la même place, l'échauffe outre mesure; que, par suite, l'âtre est irrégulièrement chauffé, et que, le plus grand nombre de pains étant cuits à point, quelques-uns sont brûlés à la surface inférieure, et d'autres ne sont pas assez cuits.

Le haut prix du bois, la difficulté même de s'en procurer dans beaucoup de contrées où la houille se rencontre en abondance, ont déterminé, depuis bientôt un siècle, la plupart des industries à avoir recours à ce combustible à bon marché[1], et la boulangerie, qui a tant

Fours se chauffant avec du charbon de terre.

---

[1] En consultant les travaux publiés en 1840 par l'administration des mines, on trouve que dès l'an 1500 on savait, depuis plus de deux siècles, que le charbon de terre avait d'importants usages à Newcastle et à Liège ; et que, suivant toutes les probabilités, ce combustible était alors exploité dans les houillères de la Loire et de Brassac.

Mais, en 1520, on était loin d'être fixé en France sur l'influence que pouvait exercer l'emploi de la houille sur la salubrité publique, et vers cette époque, la Faculté de médecine ayant été consultée, déclara qu'à l'aide de certaines précautions, l'usage de ce combustible pouvait être toléré.

Néanmoins, en 1555, une ordonnance fut rendue, à l'occasion d'une maladie épidémique, portant défense aux maréchaux de se servir de charbon de pierre.

En 1601, Henri IV, pour encourager l'exploitation de la houille, exempta les exploitants de ces mines de la redevance d'un dixième due au souverain; en 1667, Louis XIV d'intérêt à livrer à un prix modéré le produit qu'elle fabrique, fait maintenant usage du charbon de terre dans presque toutes les villes de l'Angleterre, de la Belgique, de la Hollande et de l'Allemagne, et dans une partie de la France.

De nombreuses tentatives ont été faites dans le but d'utiliser la houille au chauffage des fours à pain, et nous allons nous appliquer à retracer les modifications diverses que l'intelligence a fait subir à ces appareils, depuis que l'usage du charbon de terre a été adopté.

A l'imitation de ce qui est pratiqué lorsque le bois est employé, on a mis le charbon sur l'âtre en disposant les morceaux de manière à ménager entre eux un espace qui facilitât l'accès de l'air dans toutes les parties de la masse. Mais, par ce moyen, le nettoyage du four était rendu difficile, et les points sur lesquels reposait le combustible recevaient un excès de chaleur qui avait pour effet d'imprimer à la surface inférieure du pain un degré de cuisson trop prononcé.

Chaffers.
(Pl. XLIV, fig. 1 et 2.) Pour parer à une partie de ces inconvénients, on a imaginé de mettre le charbon dans une caisse en tôle, établie sur roulettes, dont la

---

soumit à un droit équivalant à 0 fr. 97 par 100ᵏ les houilles étrangères; et en 1692, ce droit fut porté à 1 fr. 21 par 100ᵏ.

En 1698, un édit autorise les propriétaires de terrains houillers à exploiter sans permission du souverain. Cependant, en 1703, la rareté du combustible contraignit à réduire à 0 fr. 33 par 100ᵏ le droit d'entrée sur les houilles en Belgique. Puis, en 1763, le droit d'entrée sur les houilles belges fut rétabli ce qu'il était en 1692, et on abaissa à 1 fr. par 100ᵏ le droit d'entrée sur les houilles importées par la voie de mer. En 1764, un nouvel arrêt réduisit le droit d'entrée des houilles de la Grande-Bretagne importées par mer à Bordeaux et à La Rochelle, à 0 fr. 85 par 100ᵏ.

La consommation s'accrut beaucoup depuis 1764, et, de 1787 à 1789, cette consommation s'éleva de 4,055,919 quintaux métriques à 4,500,000, et, en 1815, elle était arrivée à 11,121,942 quintaux métriques.

Passé cette époque, cet accroissement devint de plus en plus considérable. En 1852, la consommation s'élevait à 25,201,596 quintaux métriques, et, en 1858, elle atteignit le chiffre de 43,048,870 quintaux métriques.

L'usage du charbon de terre tend donc à se généraliser dans l'industrie, et on ne peut se dissimuler que son application à la cuisson du pain, qui est très-ancienne en Angleterre et en Belgique, constitue une source d'économie que les services publics en France ont le plus haut intérêt à prendre en considération, puisqu'il est reconnu que la qualité du pain cuit avec du charbon de terre est égale à celle du pain dont la cuisson a été opérée dans des fours se chauffant au bois.

surface inférieure était garnie d'une grille au-dessous de laquelle était placée une plaque de tôle destinée à recevoir la cendre.

L'air utile à la combustion arrivait par la porte du four, et la fumée sortait par un ouras pratiqué à la partie supérieure de la voûte et aboutissant au tuyau de la cheminée.

Cette disposition remédiait en partie aux désavantages signalés dans la description du premier essai; le four était toujours propre, mais l'âtre ne se chauffait pas également, et la quantité d'air froid introduite par la bouche était plus considérable que celle nécessaire à la combustion; enfin, l'excès d'air froid qui entrait dans la capacité du four occasionnait un refroidissement notable, et, par suite, obligeait à une dépense de combustible qu'on avait intérêt à éviter.

Pour arriver à opérer le chauffage avec économie, au chariot porteur (Pl. XLIV, fig. 3 et 4.) du charbon on ajouta un tuyau qui, venant sortir par un trou pratiqué au milieu de la porte du four, donnait passage à l'air destiné à entretenir la combustion, tout en laissant la possibilité de tenir cette porte fermée lorsque le charbon était en ignition.

Pendant longtemps le moyen qui vient d'être décrit fut pratiqué en Angleterre : il donnait quelque économie et il simplifiait à un certain degré l'opération du chauffage des fours. Cependant, on reconnaissait qu'il était incommode, en ce qu'il tenait l'âtre occupé et qu'il obligeait à enfourner et à défourner un foyer mobile qu'il fallait réparer fréquemment.

FOURS CHAUFFÉS AU CHARBON DE TERRE, A L'AIDE D'UN FOYER EXTÉRIEUR EN COMMUNICATION AVEC LA CAPACITÉ INTÉRIEURE DU FOUR.

Afin de simplifier l'appareil de chauffage et de tendre vers un but Brander. économique, on imagina de construire un foyer donnant dans le four, (Pl. XLIV, fig. 5 et 6.) que l'on alimentait de charbon par la bouche, et au-dessous de la grille duquel étaient un cendrier et des registres qui servaient à régler l'intensité de la combustion et à l'arrêter lorsque la température du four était arrivée au point d'assurer la cuisson de la pâte.

La cheminée, étant placée sur le côté opposé au foyer, obligeait le courant de chaleur à traverser la baie du four.

Cette disposition avait pour désavantage de contraindre à ouvrir la

54

porte du four toutes les fois qu'il devenait utile de mettre du charbon dans le foyer, ce qui occasionnait une certaine déperdition du calorique; de plus, le trajet que parcourait le charbon, de la porte du four au foyer, s'opposait à ce que l'âtre fût maintenu constamment dans un parfait état de propreté.

Pour éviter ces inconvénients, on a eu recours à diverses dispositions que nous allons indiquer.

A Deptford, à Plymouth et à Portsmouth on a adopté des fours ayant l'âtre en forme d'ellipse, qui se chauffent à l'aide d'un foyer placé sur la droite en regardant la bouche; la flamme communique par un conduit du foyer dans la baie du four, fait le tour de la capacité intérieure, et va sortir par le tuyau de la cheminée, qui est placé à la gauche de la porte du four.

La distribution de l'air nécessaire à la combustion du charbon se règle au moyen de registres, de telle sorte qu'il est toujours possible à l'ouvrier chauffeur d'établir un courant de chaleur plus ou moins rapide, plus ou moins abondant, et de porter la chaleur dans les parties du four où la température ne serait pas arrivée à un degré convenable.

On a pratiqué au-dessus de la bouche du four un ouras donnant une issue à la vapeur qui se forme lorsque la pâte commence à entrer en cuisson.

Ces dispositions donnent la possibilité de chauffer le four en maintenant la porte constamment fermée, et sans que jamais le combustible puisse, par son contact avec l'âtre, ou le salir ou le chauffer d'une manière inégale.

L'âtre de ces fours est une ellipse dont le grand axe a 4^m 27, et le petit axe 3^m 81; les pieds-droits ont 0^m 45 de hauteur, et la flèche de la voûte 0^m 55. Ces fours contiennent 600 galettes hexagonales, dont 5 1/3 à 5 1/2 pèsent 0 k. 453; de sorte que l'on peut considérer que le four, étant exactement carrelé avec du biscuit, en contient 50^k.

La quantité moyenne de combustible consommée par fournée est de 29 livres anglaises et 1/8, ou 13 k. 610, et coûte à l'administration 4 d. 1/8, ou 0 fr. 41, le charbon étant évalué dans les comptes de l'amirauté à 3 fr. 01 le quintal métrique.

Mais, afin de donner le moyen de comparer entre elles les dépenses

(marginal note: Furnaces. Fours en usage à Deptford, Plymouth et Portsmouth. (Pl. XLIV, fig. 7 à 9.))

occasionnées pour le chauffage des divers fours dont nous connaissons la consommation en combustible, nous évaluerons le charbon de terre à raison de 35 fr. les 1000 kil.

Comparaison entre la quantité de combustible dépensée dans les fours des manutentions d'Angleterre et celle nécessaire pour opérer la cuisson d'une fournée de 50ᵏⁱˡ de biscuit.

Il faut noter que ces sortes de fours consomment 13ᵏ 500 de charbon de terre ou 101,250 unités de chaleur, pour la cuisson de 50ᵏ 000 de biscuit; et que l'on admet que le rendement est de 90ᵏ de biscuit pour 100ᵏ de farine.

CONFECTION DE LA PATE.

Farine non desséchée .... 55ᵏ 556 }
Eau pour pétrir .... 18 657 } 74ᵏ 195
Déchets { en farine......................... 0 583 }
         { en eau............................. 0 102 } 0 485
                    Pâte à mettre au four............ 75 708

Se composant de substances sèches et de substances humides dans les proportions suivantes :

FARINE SÈCHE à élever A LA TEMPÉRATURE de 15 à 107°.	A ÉLEVER A LA TEMPÉRATURE de 15 à 107° L'EAU QUI RESTE dans le biscuit.	EAU A ÉVAPORER pour atteindre LE RENDEMENT de 90 k.000 de biscuit par 100 k. de farine.	TOTAL des SUBSTANCES HUMIDES.	TOTAL DE LA PATE.
k g 45.791	k g 4.200	k g 23.708	k g 27.914	k g 73.708

CUISSON DE LA PATE.

Chaleur employée à faire évaporer 23ᵏ 708 d'eau............ 23ᵏ 708×650=15,410
Id.   à élever 4ᵏ 206 de 15 à 107°.............. 4 206× 92= 387
Id.   id. 45 794 id.   .... 45 794× 92= 2,107
                                                            ⁄2

Total des unités de chaleur nécessaires à la cuisson de 50ᵏ de biscuit au rendement de 90ᵏ pour 100ᵏ de farine................................. 17,904

Mais au lieu de 17,904 unités de chaleur, il en a été employé 101,250, ou 13 k. 500 de charbon de terre, ce qui fait ressortir l'effet utile à 18 pour 100 du charbon brûlé.

Comparant ce four aux appareils qui utilisent le mieux le combus-

tible, en admettant que la perte de calorique par la cheminée et les parois est de moitié de la chaleur nécessaire à la cuisson, on trouve que
les résultats eussent été aussi avantageux que possible s'il n'eût été dépensé que 26,856 unités de chaleur, ou 3 k. 581 de charbon de terre.

Dans ce four, 100ᵏ de biscuit nécessitent une dépense de 202,500 unités de chaleur
ou 27ᵏ de charbon, estimés à.. 0ᶠ 945
Et si ce four eût donné un résultat moyennement avantageux, on n'eût
dépensé que 53,712 unités de chaleur, ou 7ᵏ 162 de charbon de terre, dont la
valeur est de.. .... 0ᶠ 251

Les renseignements que nous venons de donner cadrent avec ceux
que nous avons recueillis à Deptfort, Portsmouth et Plymouth, et avec
ceux que nous devons à l'obligeance de l'amirauté.

Le biscuit fabriqué en Angleterre étant moins épais que le nôtre, ne
reste dans le four que pendant 17 à 18 minutes, et il ne faut qu'un intervalle de 10 minutes entre chaque fournée pour élever le four à une
température convenable pendant le cours du travail.

Le charbon de terre, ne valant dans nos ports que 3 fr. 50 le quintal
métrique environ, la marine aurait de l'avantage à imiter ce qui se fait
en Angleterre, et elle pourrait, en adoptant un système de four en usage
dans l'industrie en France, atteindre un résultat plus économique que
celui qui vient d'être indiqué.

Four de l'hôpital
de Greenwich.
(Pl. XLIV, fig. 10 à 12.)

Les fours employés à la cuisson du pain, que nous avons vus à l'hôpital de Greenwich, sont rectangulaires; ils ont 3ᵐ 60 de longueur,
sur 3ᵐ 00 de largeur et 0ᵐ 75 de hauteur; ils se chauffent par le côté,
à l'aide d'un foyer qui a 0ᵐ 30 de largeur et 0ᵐ 70 de profondeur; et ils
sont pourvus d'une cheminée établie près de la bouche du four, mais
du côté opposé au foyer; un ouras destiné à laisser échapper la vapeur
qui se produit pendant les premiers moments de la cuisson du pain,
a son ouverture au-dessus de la porte du four en communication avec
le tuyau de la cheminée.

Pendant que le chauffage du four s'opère, la porte reste fermée.

Chaque four contient 560 pains de 2 livres anglaises, ou 504ᵏ ¹, en

_____

¹ La livre anglaise équivaut à 0ᵏ 1555.

pain arrivé à parfaite cuisson. Le four nécessite à la première chauffe une dépense de 112 livres de charbon, ou 50^{k}780, et 64 livres, ou 28^k 800 pour les chauffes intermédiaires. Le chauffage de la première fournée s'opère en une heure et un quart environ; celui des autres, en trois quarts d'heure. On peut faire jusqu'à quinze journées en 24 heures, et la dépense est alors de 453^{k}980, ce qui porte la moyenne par fournée à 32^k. L'eau nécessaire au pétrissage est chauffée à l'aide du charbon brûlé pour élever la température du four.

Comparaison entre la quantité de combustible dépensée et celle nécessaire pour opérer la cuisson de 504^k de pain.

Nota. Dans ce four, il a été consommé 52^k de charbon de terre, ou 240,000 unités de chaleur, pour faire cuire 504^k de pain au rendement de 130^k de pain pour 100^k de farine.

CONFECTION DE LA PATE.

Farine non desséchée...................... 587^k 692 ⎫
Eau pour pétrir........................... 199 965 ⎬ 591^k 768
Sel non sec............................... 1 113 ⎭
Déchets { en farine .... 2 671 ⎫ 3 768
         { en eau .... 1 097 ⎭

Pâte à mettre au four............... 588 000

Se composant de substances sèches et de substances humides dans les proportions suivantes :

SUBSTANCES SÈCHES.	EAU A ÉLEVER A LA TEMPÉRATURE de 25 à 100°.	EAU A ÉVAPORER.	TOTAL des SUBSTANCES HUMIDES.	TOTAL DE LA PATE.
k g	k g	k g	k g	k g
323.269	180.731	84.000	264.731	588.000

CUISSON DE LA PATE.

Chaleur employée à vaporiser 84^k 000 d'eau................. 650 × 84^k 000 = 54,600
    Id.   à chauffer de 25 à 100° 180^k 731.......... 75 × 180 731 = 13,555
    Id.   id.   525 269.......... 75 × 525 269 = 12,122
                                                          ────────
                                                              2
Total des unités de chaleur nécessaires pour la cuisson de 504^k de pain, au rendement de 130 par 100^k de farine.................................. 80,277

Mais au lieu de **80,277** unités de chaleur, il en a été employé

240,000, ou 32ᵏ000 de charbon de terre, ce qui fait ressortir l'effet utile à 33 p. 100 du combustible dépensé.

Comparant ce four aux appareils qui utilisent le mieux le combustible, en admettant que la perte de calorique par la cheminée et les parois est la moitié de l'effet utile nécessaire pour la cuisson du pain, on trouve que les résultats auraient été aussi avantageux que possible s'il n'eût été dépensé que 120,415 unités de chaleur, ou 16ᵏ055 de charbon de terre.

La cuisson de 100ᵏ de pain a donc nécessité l'emploi de 47,619 unités ou 6ᵏ349 de charbon de terre, évalués à 0ᶠ 222
Tandis que, si on avait obtenu un résultat aussi avantageux que possible, il n'eût été dépensé, par 100ᵏ de pain, que 23,892 unités de chaleur ou 3ᵏ 186 de charbon de terre qui représentent une valeur de 0 111

Fours des boulangers de Londres.
Pl. XLIV, fig. 13 à 15.)

Les boulangers de Londres ont adopté le four qui vient d'être décrit, à une modification près, c'est que la partie antérieure est une portion de circonférence, disposition à l'aide de laquelle on pense obtenir une plus égale répartition du calorique.

Four en usage à Manchester et à Birmingham.
Pl. XLIV. fig. 16 à 18.)

A Birmingham, M. Lucy William, qui exerce simultanément, et sur une grande échelle, l'industrie de la meunerie et celle de la boulangerie, nous a dit : qu'après avoir soumis à l'expérience divers systèmes de fours, pendant plusieurs années consécutives, il s'était convaincu de la supériorité de ceux qui, ayant le foyer placé à la partie antérieure, au-dessous de la bouche, et donnant passage à la fumée par des carneaux pratiqués à la partie postérieure, sont mis en communication avec le tuyau de la cheminée par un conduit passant au-dessus de la voûte. Les fours ont les dimensions de ceux établis à l'hôpital de Greenwich.

Les fours se chauffant au charbon de terre, qui viennent d'être décrits, sont ceux que nous avons pu examiner pendant le séjour de peu de durée qu'il nous a été permis de faire en Angleterre.

Nous allons maintenant passer en revue une partie des appareils du même genre, qui ont été essayés en France.

Four de M. Baudour, de Tournay.
(Pl. XLIV, fig. 19 à 23.)

En 1805, quelques années avant que les Anglais fissent usage des fours se chauffant à l'aide d'un foyer placé à l'extérieur et alimenté avec du charbon de terre, M. Baudour, de Tournay, avait pris un brevet de quinze ans, pour un four à foyer extérieur pouvant se chauffer avec du charbon de terre ou du bois.

L'âtre du four était circulaire ; à l'extrémité d'un diamètre se trouvait la bouche du four, au-dessus de laquelle était placé le conduit de la cheminée ; à l'autre extrémité de ce diamètre était établi un foyer qui communiquait avec la capacité du four, laquelle était traversée par la fumée qui se rendait dans la cheminée par deux carneaux ouverts à droite et à gauche de la bouche du four.

Ce four, dont la construction est évidemment aussi parfaite que celle des fours qui fonctionnent en Angleterre, se rencontre dans quelques villes en Belgique, mais nous ne l'avons pas vu dans les départements du nord de la France.

M. Henri Dobson paraît avoir importé d'Angleterre en France, en 1814, les fours circulaires à foyers latéraux, se chauffant au charbon de terre.

Fours économiques de M. Dobson. Pl. XLIV, fig. 24 à 32.)

Dans les fig. 24, 25 et 26 on voit le four le plus simple ; la chaleur émise par le combustible en ignition s'introduit dans la capacité du four, et la fumée s'échappe par la bouche, après avoir léché les parois et la voûte.

La fig. 32 représente un four qui ne diffère du précédent que par des ouvertures pratiquées autour des pieds-droits de la voûte, et qui sont destinées à procurer le moyen de diriger un courant de chaleur sur un point donné du four. Les ouvertures, disposées à six centimètres au-dessus de l'âtre, communiquent avec la cheminée ; chacune d'elles est munie d'un registre qui se lève et s'abaisse à volonté.

La fig. 29 donne l'idée de deux fours accouplés et recevant l'action de la chaleur par un foyer commun.

La fig. 31 indique un four au-dessus duquel on a pratiqué une sorte d'étuve assez imparfaite.

Les fig. 27 et 28 représentent un four entouré d'un tuyau en métal ou en terre, qui, étant parcouru par un courant de chaleur, est destiné à maintenir le four à une température élevée. Le foyer de ce four est placé en regard de la bouche. Ce four n'a pas reçu d'application.

Enfin, on voit, fig. 30, des fours à âtres superposés, système condamné par l'expérience.

M. Baron a proposé un four se chauffant avec du charbon de terre, par un foyer établi sur le côté, qui ne diffère des fours anglais que par la forme pentagonale de l'âtre.

Four de M. Pironneau,
ingénieur de la marine.
(PL. XLV, fig. 4 à 7.) M. Pironneau, à qui la marine est redevable des fours en usage à bord des bâtiments, a fait construire à la boulangerie du port de Toulon, des fours se chauffant au charbon de terre, dont la forme et les dispositions se rapprochent de ceux de M. Dobson.

A la partie antérieure du four, sur l'un des côtés est établi un fourneau avec grille et cendrier, au-dessus duquel est pratiqué un conduit en communication avec la baie du four, et livrant passage à la flamme et à la fumée. Au fond du four, quatre carneaux prenant naissance au bas des pieds-droits de la voûte, et se réunissant au tuyau de la cheminée, donnent issue à la fumée. La flamme et la fumée traversent le four en se rendant aux carneaux; le tirage se règle à l'aide d'un registre placé dans la cheminée, dont le jeu, combiné avec la manœuvre de la porte du cendrier et celle d'une plaque venant s'abattre sur le foyer, donne le moyen d'arrêter la combustion.

Il a été constaté par des expériences successives, que dans un travail intermittent, il fallait, pour élever le four à une température convenable, 15^k de charbon de terre, plus un fagot, et que dans un travail continu 11^k, plus un fagot, seraient suffisants, ce qui donne en moyenne 13^k et un fagot.

Comparaison entre la quantité de combustible dépensée et celle nécessaire pour opérer la cuisson de 90^{kil} de biscuit.

NOTA. Il a été consommé dans ce four 11^k 000 de charbon de terre, qui représentent 82,500 unités de chaleur; et 7^k 500 de bois ou 19,125 unités, dont il faut déduire le 10e pour tenir compte de la valeur de la braise recueillie; reste 17,213 unités qui, ajoutées à 82,500, forment 99,713 unités de chaleur nécessaires à la cuisson de 90^k de biscuit provenant de 100^k de farine.

CONFECTION DE LA PATE.

Farine non desséchée........................	100^k 000 ⎫	153^k 547
Eau pour pétrir.............................	53 547 ⎭	
Déchets { en farine........................	0 689 ⎫	0 873
{ en eau........	0 184 ⎭	
Pâte à mettre au four...............	152 674	

Se composant de substances sèches et de substances humides dans les proportions suivantes :

SUBSTANCES SÈCHES.	EAU CONTENUE DANS LE BISCUIT à élever de 15 à 107°.	EAU A ÉVAPORER pour arriver AU RENDEMENT de 90 k. de biscuit par 100 k. de farine.	TOTAL des SUBSTANCES HUMIDES.	TOTAL DE LA PATE.
k g 82.128	k g 7.572	k g 42.674	k g 50.246	k g 132.674

CUISSON DE LA PATE.

Chaleur employée à faire évaporer 42ᵏ 674 d'eau............... 42ᵏ 674×650=27,758
  Id.   à élever de 15 à 107° 7,572ᵏ d'eau.......... 7 572× 92= 697
  Id.   id.   82,428 id. .... $\frac{82\ 428\times 92}{2}$= 3,792

Total des unités de chaleur nécessaires à la cuisson de 90ᵏ de biscuit provenant de 100ᵏ de farine.................................. 32,227

Mais au lieu de 32,227 unités, il en a été employé 99,713, ce qui fait ressortir l'effet utile à 32 pour 100 du combustible dépensé.

Comparant ce four aux appareils qui utilisent le mieux le combustible, en admettant que la perte de calorique par la cheminée et les parois soit la moitié de l'effet utile nécessaire pour la cuisson du biscuit, on trouve que les résultats eussent été aussi avantageux que possible s'il n'eût été dépensé que 37,473 unités de chaleur produites par 4ᵏ 996 de charbon de terre, et 10,867 unités résultant de la combustion entière de 4ᵏ 222 de bois.

La cuisson de 100ᵏ de biscuit a donc nécessité l'emploi de :
91,666 unités de chaleur, ou 12ᵏ 222 de charbon de terre qui représentent une valeur de... 0ᶠ 428
21,250 unités de chaleur ou 8ᵏ 333 de bois, dont il faut déduire 1/10 pour tenir compte de la braise recueillie; reste 19,125 unités, ou 7ᵏ 500 de bois estimés 0 177
                                            0ᶠ 605

Tandis que, si on avait obtenu un résultat aussi avantageux que possible, on n'aurait dépensé par 100ᵏ de biscuit que :
41,657 unités de chaleur, ou 5ᵏ 552 de charbon de terre, estimés............ 0ᶠ 194
12,074 unités de chaleur produites par 4,734ᵏ de bois entièrement brûlés, estimés 0 112
                                            0 306

Le four de M. Pironneau a été mis en parallèle avec les fours ordinaires de Toulon dans lesquels il est possible d'opérer la cuisson d'une quantité de 90^k de biscuit, égale à celle portée au tableau précédent, avec une dépense en combustible de 52^k 500 de bois, dont il faut déduire 1/10e pour tenir compte de la braise recueillie, ce qui réduit la dépense en combustible à 47^k 250 de bois, ou 120,487 unités de chaleur.

Si l'on compare la dépense effective en combustible avec celle théoriquement nécessaire, on voit que ce four ayant nécessité pour son chauffage le dégagement de 120,487 unités de chaleur, au lieu de 32,227, il n'a donné en effet utile que 27 pour 100 du combustible brûlé.

La cuisson de 100^k de biscuit a donc nécessité l'emploi de 133,874 unités de chaleur ou 52^k 500 de bois, estimés .... 1^f 242

Tandis que si ce four eût donné un résultat moyennement avantageux, on n'eût dépensé que 53,714 unités de chaleur ou 21^k 065 de bois, estimés 0 498

Ainsi, le four de M. Pironneau, bien qu'il n'atteigne pas le degré de perfection des appareils qui sont considérés comme utilisant le combustible d'une manière avantageuse, offre cependant un bénéfice de 5 pour 100 environ sur les fours en usage au port de Toulon.

Fours de MM. Martin et Dumas. (Pl. XLV, fig. 8 et 9.) MM. Martin et Dumas ont pensé qu'il y aurait avantage à placer le foyer au-dessous de l'autel, et à faire arriver la chaleur dans le four, par un trou pratiqué au milieu de l'âtre et communiquant avec le foyer.

Four de M. Laune. (Pl. XLV, fig. 10 à 13.) M. Laune préfère au four de MM. Martin et Dumas un système qui ne diffère de celui de ces inventeurs que parce que la fumée, au lieu de sortir par la porte du four, arrive au tuyau de la cheminée par un carneau pratiqué à la voûte.

Ces deux appareils n'ont pas été reconnus meilleurs que les fours ordinaires, et l'industrie ne les a pas adoptés.

Four de M. Selligue. (Pl. XLV, fig. 14 à 16.) M. Selligue a imaginé un four qui a quelque ressemblance avec ceux dont fait usage M. William de Lucy, mais qui en diffère cependant par des points essentiels.

L'âtre dallé en fonte est un rectangle de 4^m de longueur sur 3^m de largeur, ayant une inclinaison de 4 degrés du fond à la bouche. Deux foyers, placés à 0^m 50 à droite et à gauche de l'axe, projettent à l'intérieur la flamme et la fumée, qui sont attirées vers des carneaux ouverts au fond du four et communiquant, par un conduit passant au-dessus de la voûte, avec le tuyau de la cheminée placé à la partie antérieure du four.

Le pain devait s'enfourner sur quatre châssis garnis de fil de fer, sur chacun desquels pouvaient être rangés 35 à 40 pains.

La répartition de la chaleur paraissait devoir s'opérer avec plus d'uniformité que dans les autres fours; le calorique, rayonné par l'âtre en fonte, semblait assurer la cuisson parfaite de la surface inférieure du pain; le mode d'enfournement était rapide, et le système entier proposé par M. Selligue promettait de la célérité et de l'économie.

En 1831, d'après les comptes avantageux qui avaient été rendus de cet appareil, le ministre arrêta qu'il serait construit un four de ce genre à Rochefort, et il fut exécuté sur les plans de l'inventeur; mais, soit qu'on ait commis quelques légères omissions dans les détails de construction, soit que les données de M. Selligue fussent incomplètes, soit enfin que les ouvriers, qui ignoraient comment il fallait diriger le chauffage, s'y prissent mal, toujours est-il que, malgré la surveillance que nous avons pu exercer, il a été impossible d'obtenir que l'on fît dans ce four nouveau plusieurs fournées de pain et de biscuit.

Les bouches de ce four sont très-basses, et dès les premières chauffes les portes, faites en bois, ont été brûlées par la chaleur qui s'échappait des foyers. Inconvenients.

Le pyromètre a constamment été sans action.

La lunette à l'aide de laquelle on devait pouvoir s'assurer de l'état de cuisson du pain, sans contraindre à ouvrir les portes du four, n'a pas rempli son objet, et c'est du reste une sorte de perfectionnement dont on peut se passer.

Les barres en fonte formant le cadre des portes, n'ayant pas été disposées de manière à permettre au métal de se dilater librement, il est arrivé que, trouvant une résistance contre les murs, elles se sont courbées et que, par la forme qu'elles ont prise, elles ont rendu l'enfournement du pain tout à fait impossible.

Les grandes dimensions données aux châssis sont incommodes; il eût suffi, pour arriver à une notable célérité dans l'enfournement, qu'ils pussent porter 15 pains au plus au lieu de 40. Le treillis, bien que serré, ne s'opposait pas à l'infiltration des pâtes molles, que nous sommes obligés de faire pour donner à l'administration les rendemens qu'elle exige, et le pain, au sortir du four, était adhérent à la toile métallique, dont les mailles étaient en partie bouchées par la pâte cuite.

Le four de M. Selligue a des imperfections qu'il faut reconnaître; mais si on l'examine attentivement, on découvre que son auteur, qui a pris depuis longtemps une place honorable parmi les hommes d'invention, a été bien près de donner une solution qui eût permis de joindre à l'économie une grande célérité dans le travail.

FOURS ENTOURÉS D'UNE DOUBLE ENVELOPPE OU DE GALERIES PARCOURUES PAR LA FLAMME ET LA FUMÉE.

La dépense considérable de combustible nécessitée par l'emploi de la plupart des fours dont nous avons parlé détermina, il y a déjà longtemps, à rechercher un système qui permit de mieux utiliser le calorique.

On imagina d'abord de faire parcourir à la flamme et à la fumée, dans l'espace qui sépare le foyer de la cheminée, un long circuit autour de la baie du four, puis de lancer dans la baie elle-même de l'air élevé à une haute température, et enfin de reprendre l'air encore chaud qui avait servi à la cuisson du pain pour le chauffer et l'utiliser de nouveau.

Telles furent les idées qui présidèrent à l'invention des appareils dont nous allons donner la description.

Four de Rumford.
(Pl. XLVI, fig. 1 à 6.) Dans le centre d'un massif en briques, de forme hexagonale, ayant 8 pieds environ de diamètre, se trouve pratiqué un foyer avec grille et cendrier, propre à brûler soit du bois, soit du charbon de terre ou de la tourbe. Le foyer, de forme ronde, établi à 10 pouces au-dessus de la plate-forme inférieure, peut avoir à sa base environ 11 pouces, et au sommet, le tube qui surmonte le foyer, a seulement 4 pouces de diamètre.

Immédiatement au-dessus de l'orifice de ce tube, à l'endroit où il n'a que 4 pouces de diamètre, se trouvent six conduits séparés, munis chacun d'un registre, à l'aide desquels le chauffeur surveillant distribue la chaleur comme il le juge convenable. Les conduits, placés horizontalement, répandent la flamme en six jets séparés, au-dessous et au-dessus des plaques en fonte, qui forment la sole et le plancher supérieur des six fours.

Chacune des plaques de fonte qui garnissent l'âtre des fours ayant une forme triangulaire équilatérale, elles se réunissent toutes par leur sommet au centre du massif.

La flamme, après avoir circulé sous le fond des fours, s'élève par deux carneaux pratiqués à la face de chacun des fours à l'intérieur de la maçonnerie, et situés à droite et à gauche des portes. Elle chemine au-dessus de la partie supérieure du four, qui est aussi formée de plaques de fonte, puis elle passe par un conduit muni d'un registre, pour se rendre dans une cavité ménagée à la partie supérieure, et de là elle va se perdre dans le tuyau de la cheminée.

Ces six fours, rassemblés dans un même massif en briques, sont contigus les uns aux autres, et n'ont de séparation entre eux qu'un mur en tuiles sur champ, ayant un demi-pouce environ d'épaisseur sur 10 pouces carrés. Auprès de chacun de ces murs séparatifs existent des carneaux communiquant avec le foyer ; ces carneaux ont tous des registres, de sorte qu'on peut ne chauffer qu'un seul four ou plusieurs ensemble, suivant que l'on ouvre ou que l'on ferme un certain nombre de registres.

Cette disposition, permettant de porter la chaleur tantôt dans un four et tantôt dans un autre, donne la possibilité d'opérer la cuisson de la pâte d'une manière non interrompue, et procure ainsi le moyen de faire une économie de combustible et d'apporter une grande célérité dans le travail.

Cet appareil ingénieux, fruit des recherches d'un homme dont l'esprit éclairé était animé du besoin de se rendre utile, est de l'invention de M. le comte de Rumfort, si connu par ses ouvrages de philosophie et de physique, mais qui s'est rendu plus célèbre encore par ses applications philanthropiques.

MM. Poissant et Besnier-Duchaussais ont construit un four qui consiste en une double enveloppe en tôle. L'espace compris entre la surface enveloppante et la surface enveloppée contient, de distance en distance, des carreaux en terre qui maintiennent leur écartement. Deux foyers sont placés au-dessous de l'âtre, et la chaleur qu'ils produisent, se répandant autour des enveloppes, échauffe la capacité intérieure du four, dans laquelle la cuisson du pain doit s'opérer.

Fours
de MM. Poissant
et
Besnier-Duchaussais.
(Pl. XLVI, fig. 10.

Ce four n'a pas reçu d'application.

M. Sujol-Dupuy a imaginé de chauffer un four à âtre rectangulaire,

Four
de M. Sujol-Dupuy.
(Pl. XLVI, fig. 7 à 9.)

au moyen de deux foyers placés à droite et à gauche de la bouche. La chaleur qui se dégage des foyers élève la température de l'espace ménagé au-dessus de la voûte du four, construite en tôle, et trois tuyaux, placés au-dessus du four, donnent une issue à l'air chaud. Ces tuyaux sont munis de registres qui facilitent le moyen de régulariser la température. Quant à la fumée, elle s'échappe par les cheminées des foyers.

Ce four, qui se chauffe au charbon de terre, a été essayé aux environs de Nîmes.

Four
de l'amiral Coffin.
(Pl. XLVI, fig. 11 à 15.)

L'amiral Coffin a pris, en 1810, une patente pour un four continu appliqué à la cuisson du pain ordinaire, mais principalement à celle du biscuit de mer.

Ce four consiste en une galerie de 6ᵐ de longueur, sur 1ᵐ33 de largeur de dedans en dedans, ayant à une extrémité 0ᵐ 20 de hauteur, et à l'autre 0ᵐ 32.

De chaque côté de la galerie, et au-dessous du niveau de la maçonnerie qui supporte l'âtre, sont deux foyers, dont l'un distribue la chaleur au-dessous de la sole, et l'autre au-dessus du plafond, qui est composé de plaques de fonte.

Les galettes de biscuit sont placées sur une toile sans fin, qui chemine lentement d'un bout de la galerie à l'autre ; et dans le temps que la pâte met à parcourir la longueur totale du four, elle doit être arrivée à une cuisson parfaite. La toile n'est supposée faire qu'un trajet de 1ᵐ en trois minutes ; et comme par chaque mètre on ne peut placer que 54 galettes, il ne sort du four, par trois minutes, que 4ᵏ 860 de biscuit, ou en vingt-quatre heures 2,332ᵏ. Il ne nous a pas été possible de savoir la quantité de charbon nécessaire au chauffage de ce four.

Ce four présentait des avantages réels, et s'il n'a pas été adopté, c'est que les machines à fabriquer avec promptitude la pâte à biscuit n'étant pas encore inventées, on éprouvait de l'embarras pour produire, en temps utile, la pâte nécessaire à l'alimentation du four continu.

Pour qu'un appareil du genre de celui qui vient d'être décrit puisse recevoir une application très-sérieusement économique, il faut que sa marche soit rendue solidaire des machines à pétrir et à couper la pâte, et qu'un seul pétrin, un seul coupe-pâte et un seul four, aidés de huit hommes, puissent produire, dans un temps donné, autant de biscuit qu'on pourrait en faire cuire dans le four.

Nous croyons que ce résultat peut être obtenu, et nous donnerons une solution de cette question, lorsque nous nous occuperons de la fabrication du biscuit.

Les fours de M. Giraud, breveté en 1829, sont construits le plus ordinairement en maçonnerie; leur sole est en moellons, en briques ou en fonte. On pratique, au milieu de la sole, un trou destiné à recevoir un poêle. La sole est supportée par des carreaux en briques ou par des barres en fer; une inclinaison de 0ᵐ 3 environ, à partir du poêle jusqu'au pied de la voûte, doit être donnée à l'âtre, et une distance de 0ᵐ 5, doit être également ménagée entre le bord de l'âtre et les pieds-droits de la voûte, afin de faciliter la circulation de la chaleur.

Four de M. Giraud,
chauffé
par un calorifère
placé à l'intérieur.
(Pl. XLV, fig. 18 à 21.)

L'inventeur dit que pour un four de 2 mètres de diamètre, un poêle de forme ronde ayant 0ᵐ 35 de diamètre sera suffisant; il fait observer que la partie supérieure du poêle doit être surmontée d'un tuyau traversant la voûte, tuyau par lequel on jette le charbon dans le calorifère, qui est terminé par un chapeau en fonte.

La fig. 20 offre l'exemple d'un four simple de la même dimension que les fours ordinaires; la fig. 21 représente un four de petite dimension, et les fig. 18 et 19 donnent l'idée de deux fours superposés l'un à l'autre, dont le second a la sole en fonte.

L'appareil imaginé par M. Giraud n'a reçu d'application que dans le département de l'Isère.

FOURS AÉROTHERMES A COURANT D'AIR CHAUD. — FEU CONTINU ET ENFOURNEMENT ALTERNATIF.

Le système général des fours aérothermes consiste principalement :

1° A brûler un combustible quelconque dans un foyer sans communication avec la capacité du four, et à faire circuler la flamme et la fumée dans des carneaux établis suivant certaines directions autour de la baie du four, afin que la fumée, se refroidissant pendant le long trajet qu'on la force à parcourir, n'arrive à la cheminée qu'à une température aussi basse que possible.

2° A chauffer de l'air dans une ou plusieurs chambres à air placées autour du foyer, communiquant entre elles et avec la capacité du four, de manière à maintenir une circulation non interrompue d'air, élevé à une haute température, entre les chambres à air et l'intérieur du four.

Les fours que l'on a classés sous la dénomination d'aérothermes sont plus ou moins complets, et parfois ne satisfont qu'à une partie de la définition qui vient d'être donnée.

Four de M. Aribert.
(P. XLV, fig. 17.)

M. Aribert a pris, en 1832, un brevet pour un four que l'on doit ranger parmi les fours aérothermes, bien que l'inventeur ne le désigne pas sous ce nom; car l'appareil est pourvu d'un foyer n'ayant aucune communication avec la baie du four; de plus, il est disposé de manière à permettre de lancer de l'air chaud dans l'intérieur du four, et cet air sortant du four est soumis de nouveau à l'action d'un calorifère d'où il est ramené dans le four; enfin la flamme et la fumée parcourent la surface inférieure de la sole avant d'arriver à la cheminée.

Dans cet appareil, la réflexion de la chaleur par la voûte n'est pas prise en considération; l'air seul, suivant l'inventeur, chauffé par le calorifère, est employé à la cuisson du pain. Cet air est ensuite ramené par des conduits dans l'intérieur du calorifère; en sorte que dans ce système il y a constamment un courant d'air chaud ascendant, puis l'emploi d'une portion de la chaleur pour la cuisson du pain, et un courant d'air moins chaud descendant. D'une autre part, l'air brûlé, après avoir traversé le calorifère, est amené sous la sole dont il échauffe toute la surface inférieure, et il est repris à son point le plus bas par des conduits en communication avec la cheminée.

Ce four a été établi à Gap, à Grenoble, à Avignon et dans d'autres villes. On le chauffe avec de l'anthracite ou de la houille.

Comparaison entre la quantité de combustible dépensée et celle nécessaire à la cuisson de 6,000ᵏ de pain.

Nota. Dans ce four, pour opérer la cuisson de 6,000ᵏ de pain, il a été consommé 500ᵏ de charbon de terre ou 2,250,000 unités de chaleur, et le rendement a été supposé de 140ᵏ de pain pour 100ᵏ de farine.

CONFECTION DE LA PATE.

Farine non desséchée 4,285k 714)
Eau pour pétrir .... 2,709 729 } 7,044k 430
Sel non sec 48 987)
Déchets { en farine .... 29 529 }
         { en eau 14 871) 44 400

Pâte à mettre au four 7,000k 030

se composant de substances sèches et de substances humides dans les proportions suivantes :

SUBSTANCES SÈCHES.	EAU A ÉLEVER A LA TEMPÉRATURE de 25 à 100°.	EAU A ÉVAPORER.	TOTAL des SUBSTANCES HUMIDES.	TOTAL DE LA PATE.
k g 3,576.729	k g 2,423.271	k g 1,000.030	k g 3,423.301	k g 7,000.030

CUISSON DE LA PATE.

Chaleur employée à vaporiser 1,000k 030 d'eau .... $650 \times 1000k\ 030 = 650,019$
    Id.   à chauffer de 25 à 100° 2,425k 271 d'eau. $75 \times 2423\ 271 = 181,745$
    Id.   id.   3 576 729 subst.
                             sèches .... $\dfrac{75 \times 3576\ 729}{2} = 134,127$

Total des unités de chaleur nécessaires pour la cuisson de 6,000k de pain au rendement de 140k pour 100 de farine 965,891

Mais au lieu de 965,891 unités de chaleur, il en a été employé 2,250,000, ou 300 kilogrammes de charbon de terre, ce qui fait ressortir l'effet utile obtenu à 43 pour 100 de charbon brûlé.

Comparant ce four aux appareils qui utilisent le mieux le combustible, en admettant que la perte de calorique par la cheminée et les parois soit la moitié de l'effet utile nécessaire pour opérer la cuisson du pain, on trouve que les résultats obtenus eussent été aussi avantageux que possible s'il n'eût dépensé que 1,448,836 unités de chaleur, ou 193k 178 de charbon de terre.

La cuisson de 100k de pain a donc nécessité l'emploi de 37,500 unités de chaleur, ou 5k de charbon de terre estimés .... 0 f 175
    Tandis que, si le résultat obtenu avait été aussi avantageux que possible, la dépense par 100k de pain se fût réduite à 24,147 unités de chaleur, ou 3k 219 de charbon de terre, estimés 0   114

MM. Jametel et Lemare ont pris, en 1834, un brevet pour un four
à circulation d'air chaud, dont les dispositions s'opposent à ce que les
gaz qui s'échappent du foyer arrivent dans la baie du four. Ce sont ces
messieurs qui les premiers ont donné à ce système le nom d'aérothermes.

Les fig. 16 à 21, pl. XLVI, donnent une idée générale du four, qui a
fonctionné pendant près de dix ans, dans la boulangerie de MM. Mouchot frères, à Montrouge.

A, foyer fermé par une porte en fonte ; B B B B, galeries ou réservoir
d'air chaud qui environnent le foyer ; C C C C, carneaux pour la circulation de la fumée ; D, cheminée pratiquée dans l'épaisseur du mur ;
A', tuyau servant à conduire directement l'air chaud du réservoir dans
le four, il prend naissance à la partie supérieure des galeries B, et s'é-
lève jusqu'à la retombée de la voûte du four. B', tuyau de retour de
l'air refroidi, du four dans le réservoir ; il part du niveau de la sole du
four, et se prolonge jusqu'au bas du réservoir d'air chaud. C' C', tuyaux
conduisant l'air chaud du réservoir dans les carneaux d'air E ; ils prennent naissance au point le plus élevé de la galerie et aboutissent au
niveau du sol inférieur du carneau d'air ; ces tuyaux sont munis de
registres glissants qu'on fait mouvoir à l'aide des tringles L qui y sont
fixées. D' D', tuyaux conduisant l'air chaud des carneaux E dans le
four ; ils partent de la partie supérieure du carneau et s'élèvent jusqu'à
la retombée de la voûte du four. N, N, trappes servant à faire entrer
l'air froid dans le carneau d'air pour refroidir l'âtre : cet air passe dans
un canal pratiqué sous le cendrier qui communique avec les galeries B.

Manière dont fonctionne cet appareil. — L'air brûlé, sortant du
foyer, parcourt les carneaux C,C,C, et s'échappe ensuite par la cheminée D. L'air extérieur s'introduit, par les orifices N, N, dans les galeries B, B, et après avoir circulé autour des parois du foyer, une partie
s'élève, par les tuyaux C', C', dans les conduits E, E placés sous l'âtre et
au-dessus des carneaux à fumée E', et se rend ensuite dans le four par
les orifices D' D'. En même temps, une autre partie de l'air échauffé
dans les galeries B, B, s'élève directement dans le four par le tuyau A'.
Lorsque le four a acquis une température de 200 à 220°, on enfourne ;
pendant l'opération, les gaz refroidis descendent par le tuyau B' dans les
galeries B,B, et sont remplacés par de l'air plus fortement chauffé.

Dans les premiers fourneaux qui ont été construits, les foyers étaient sans grille, et on reconnut avec surprise que la combustion continuait quoique les portes du foyer et du cendrier fussent fermées hermétiquement et tous les joints garnis d'argile. Lemare pensait, d'après cela, que la combustion pouvait avoir lieu sans air ; mais on a reconnu qu'il se produisait dans la cheminée deux courants en sens contraire, dont l'un amenait de l'air neuf sur le combustible. Depuis, on a employé des grilles, puis on est revenu à la première disposition des foyers, parce que la combustion est beaucoup plus lente. Les deux courants dans la cheminée se reconnaissent très-facilement, car tous deux ont une grande vitesse ; il est cependant bien singulier qu'ils restent distincts dans les carneaux contournés qui se trouvent au-dessus du foyer.

L'administration des hospices de la ville de Paris, qui a étudié, en 1836, les fours aérothermes construits par MM. Jamctel et Lemare, a constaté que dans l'espace de cinq jours, durant lesquels on a fait en sa présence cent fournées, chacune de 120^k de pain, ou 12,000^k de pain, la consommation moyenne de coke a été de 9^k 480, ou 56,880 unités de chaleur par fournée, au rendement de 130^k de pain par 100^k de farine.

Nous reprenons ici les opérations qui ont eu lieu, afin d'établir une comparaison entre les résultats reconnus authentiquement et ceux qui auraient été obtenus si ce four eût été aussi parfait que possible.

CONFECTION DE LA PATE.

```
Farine non desséchée........................  92ᵏ 508 ⎫
Eau pour pétrir.............................  47  640 ⎬ 440ᵏ 897
Sel non sec.................................   0  979 ⎭
Déchets ⎰ en farine.........................   0  656 ⎱ 0  897
        ⎱ en eau............................   0  241 ⎰
        Pâte à mettre au four .............. 140ᵏ 000
```

Se composant de substances sèches et de substances humides dans les proportions suivantes :

SUBSTANCES SÈCHES.	EAU A ÉLEVER A LA TEMPÉRATURE de 25 à 100°.	EAU A ÉVAPORER.	TOTAL des SUBSTANCES HUMIDES.	TOTAL DE LA PATE.
k g 76.968	k g 43.031	k g 20.001	k g 63.032	k g 140.000

CUISSON DE LA PATE.

Chaleur employée à vaporiser 20ᵏ 001 d'eau .... 650×20,001 = 13,001

Id.　　à élever de 25 à 100° 43ᵏ 031 d'eau .... 75×43,031 = 3,227

Id.　　　id.　　　76 968 subst. sèches .. $\dfrac{75×76.968}{2}$ = 2,886

Total des unités de chaleur nécessaires pour opérer la cuisson de 120ᵏ de pain au rendement de 130ᵏ par 100ᵏ de farine.............................. 19,114

Mais au lieu de 19,114 unités, il en a été employé 56,880, ou 9ᵏ 480 de coke, ce qui fait ressortir l'effet utile à 34 pour 100 de combustible brûlé.

Comparant ce four aux appareils qui utilisent le mieux le combustible, en admettant que la perte de calorique par la cheminée et les parois soit la moitié de la chaleur nécessaire pour opérer la cuisson du pain, on trouve que les résultats eussent été aussi avantageux que possible si la dépense ne s'était élevée qu'à 28,671 unités de chaleur, ou 4ᵏ 778 de coke.

La cuisson de 100ᵏ de pain a donc nécessité l'emploi de 47,400 unités de chaleur, ou 7ᵏ 900 de coke, estimés.................................... 0 f 531

Tandis que, si le résultat obtenu avait été aussi avantageux que possible, cette même dépense aurait été réduite à 23,826 unités de chaleur, ou 3ᵏ 982 de coke, estimés.................................... 0f 177

M. Saigey, qui a eu souvent l'occasion d'étudier le four de MM. Jametel et Lemare, a publié, dans la *Revue scientifique* de mars 1842, des résultats qui diffèrent de ceux qui viennent d'être indiqués.

Ces différences proviennent : 1° de ce que M. Saigey admet que le four aérotherme consomme plus de coke que ne l'a constaté l'administration des hospices de la ville de Paris ; 2° de ce qu'il ne tient pas compte de l'eau contenue dans la farine ; 3° de ce qu'il admet que la pâte, avant d'être mise au four, est à la température de 30°, tandis que nous la supposons, en moyenne, à 25° ; et qu'enfin il fait usage du coke comme donnant par kilogramme 7,000 unités de chaleur, tandis que, nous appuyant sur les indications fournies par M. Péclet, nous supposons que le coke ne dégage que 6,000 unités de chaleur.

Nous rapportons ici les calculs de M. Saigey :

Quantité de farine employée............ 157ᵏ 000
Eau de pétrissage....................   79 000
                                      _____
                    Pâte............ 256ᵏ 000

Température à la cuisson, 300° ; température du pain à la sortie du four, 100°.

Coke brûlé pendant l'opération, 22ᵏ 250.

Le four étant maintenu à une température sensiblement constante, l'effet utile se compose :

1° De la chaleur employée à la vaporisation de 32 kilolitres d'eau, qui représentent $650 \times 32 = 20,800$ unités ;

2° De la chaleur employée à chauffer à 100° les 47ᵏ d'eau qui restent dans le pain, ce qui correspond à $47 \times 70 = 3,290$ unités;

3° De la chaleur employée à chauffer 157ᵏ de farine, de 30 à 100°, en admettant que la chaleur spécifique de cette matière soit comme celle du bois et de la gomme, la moitié de celle de l'eau, cet effet représente $157 \times 70 : 2 = 5,495$.

En réunissant ces trois effets partiels, on trouve 29,585 unités, tandis que la combustion du coke a produit $22,25 \times 7,000 = 155,750$. Ainsi l'effet utile est seulement égal, suivant M. Saigey, à 19 pour 100 de la chaleur produite dans le foyer.

Si nous reprenons les calculs de M. Saigey, en nous basant sur les données que nous avons adoptées, et en notant que pour opérer la cuisson de 204ᵏ de pain, au rendement de 130 de pain pour 100 de farine, il a été employé 22ᵏ 250 de coke, ou 133,500 unités de chaleur, nous arrivons aux résultats suivants :

CONFECTION DE LA PÂTE.

Farine non desséchée...................... 156ᵏ 925 ⎫
Eau pour pétrir............................   80 958 ⎬ 239ᵏ 523
Sel non sec ....   1 664 ⎭

Déchets ⎰ en farine........................   1 081 ⎱ 1 523
        ⎱ en eau...........................   0 444 ⎰
                                            _____
                    Pâte à mettre au four............... 238ᵏ 000

Se composant de substances sèches et de substances humides, dans les proportions suivantes :

SUBSTANCES SÈCHES.	EAU A ÉLEVER A LA TEMPÉRATURE de 25 à 100°.	EAU A ÉVAPORER.	TOTAL des SUBSTANCES HUMIDES.	TOTAL DE LA PATE.
k g 130.847	k g 73. 153	k g 34. 000	k g 107.153	k g 238.000

CUISSON DE LA PATE.

Chaleur employée à vaporiser 34ᵏ d'eau . . . .   650 × 34ᵏ 000 = 22,100

    Id.   à chauffer de 25 à 100° 75ᵏ 153 d'eau . . . . .   75 × 75 153 = 5,486

    Id.   id.   130 847 de substan-

                        ces sèches. . . . . $\dfrac{75 \times 130\ 847}{2}$ = 4,907

Total des unités de chaleur nécessaires pour la cuisson de 204ᵏ de pain au rendement de 130ᵏ par 100ᵏ de farine.   32,493

Mais au lieu de 32,493 unités, il en a été employé 133,500, ce qui fait ressortir l'effet utile produit à 24 pour 100 de coke brûlé.

Comparant ce four aux appareils qui utilisent le mieux le combustible, on trouve que les résultats obtenus auraient été aussi avantageux que possible si la dépense ne s'était élevée qu'à 48,739 unités de chaleur, ou 8ᵏ 123 de coke.

La cuisson de 100ᵏ de pain a donc nécessité l'emploi de 65,441 unités de chaleur, ou 10ᵏ 907 de coke, estimés 0ᶠ 484

Tandis que si le résultat obtenu avait été aussi avantageux que possible, la dépense par 100ᵏ de pain se fût réduite à 23,891 unités, ou 3ᵏ 982 de coke, estimés   0 177

De l'examen auquel nous venons de nous livrer il résulte que l'administration des hospices de Paris a constaté implicitement que le four aérotherme de MM. Jametel et Lemare utilise 34 pour 100 du combustible qu'il dépense ; que d'une autre part, M. Saigey trouve que cet appareil n'utilise que 19 pour 100 de la chaleur produite dans le foyer ; et qu'enfin, d'après nos calculs, ce dernier résultat nous paraît devoir être modifié, puisqu'en prenant pour exactes les quantités de pain cuit et celles du combustible consommé qui y sont énoncées, mais en tenant compte de quelques quantités négligées par le savant M. Saigey, et en supposant, avec M. Péclet, que le coke dégage seulement 6,000 unités de chaleur, nous trouvons que ce four, qui jusqu'au moment où M. Saigey en a fait l'examen, passait pour donner des résultats économiques, n'utilise en définitive que 24 pour 100 du combustible qu'il consomme.

Ce qui met hors de doute la justesse des observations de M. Saigey, c'est qu'elles ont appelé l'attention de MM. Mouchot frères qui, en commun avec M. Grouvelle, ont fait subir d'importantes modifications au four de MM. Jamctel et Lemare.

MM. Mouchot et Grouvelle ont modifié le four Jamctel et Lemare, ainsi qu'on le voit fig. 1 à 3, pl. L du volume, et en maintenant les dispositions générales, ils ont opéré le chauffage à l'aide d'un foyer direct à flamme renversée, c'est-à-dire où le chargement du combustible se fait par le haut, et où l'air nécessaire à la combustion arrive aussi par le haut. Ces foyers, suivant les inventeurs, donnent une grande égalité de combustion lente et une flamme très-longue, qui va se brûler jusqu'à l'extrémité des carneaux, pour en rougir les parois. Par cette disposition on userait moins les grilles, et le nettoyage, rendu plus facile, n'aurait besoin de se faire que tous les quinze jours. Enfin, 8 hectolitres et demi de coke, pesant 276^k 250 [1] suffiraient, en moyenne[1], pour cuire 2,041^k de pain provenant de 1,570^k de farine.

Four acrotherme modifié, par MM. Mouchot et Grouvelle. (Pl. L du vol. fig. 1 à 3.)

Comparaison entre la quantité de combustible dépensée et celle nécessaire à la cuisson de 2,041^k de pain.

Nota. Dans ce four, pour opérer la cuisson de 2,041^k de pain, provenant de dix sacs de farine pesant 1,570^k, au rendement de 130^k de pain pour 100^k de farine, on a consommé 8^h 1/2 de coke pesant 276^k 250, ou 1,657,500 unités de chaleur.

CONFECTION DE LA PATE.

Farine non desséchée......................	1,570^k 000	
Eau pour pétrir........................	809 773	2,390^k 455
Sel non sec.............................	16 638	
Déchets { en farine....................	10 817	15 360
{ en eau.........................	4 445	
Pâte à mettre au four	2,581 075	

[1] Nous considérons le coke utilisé comme provenant des usines à gaz, et nous lui donnons le poids moyen de 52^k 500 l'hectolitre.

Se composant de substances sèches et de substances humides dans les proportions suivantes :

SUBSTANCES SÈCHES.	EAU A ÉLEVER A LA TEMPÉRATURE de 25 à 100°.	EAU A ÉVAPORER.	TOTAL des SUBSTANCES HUMIDES.	TOTAL DE LA PATE.
k g 1,294.120	k g 716.880	k g 340.073	k g 1,086.953	k g 2,381.073

CUISSON DE LA PATE.

Chaleur employée à vaporiser   540ᵏ 073 d'eau...... 650×540ᵏ 073=221,047

Id.   à élever de 25 à 100° 746 880 id. ......   75×746 880= 56,016

Id.   id.   1,294 120 de substan-
                  ces sèches........ $\dfrac{75\times1,294\ 120}{2}$ = 49,529

Total des unités de chaleur nécessaires à la cuisson de 2,041ᵏ de pain au rendement de 130 pour 100ᵏ de farine employée............. 525,592

Mais au lieu de 325,592 unités de chaleur, il en a été employé 1,657,500 ou 276ᵏ 250 de coke, ce qui porte l'effet utile à 20 pour 100 du combustible dépensé.

Si l'on compare ce four avec les appareils qui utilisent le mieux le combustible, on trouve que les résultats auraient été aussi avantageux que possible s'il n'avait été dépensé que 448,388 unités de chaleur, ou 81ᵏ 398 de coke.

Dans ce four, la cuisson de 100ᵏ de pain a nécessité l'emploi de 81,210 unités de chaleur, ou 13ᵏ 535 de coke, estimés........................ 0ᶠ 601
Tandis que si cet appareil avait donné un résultat aussi avantageux que possible, on n'aurait dépensé que 25,929 unités, ou 3ᵏ 988 de coke, dont la valeur est de.................................... 0 177

Les inventeurs n'ayant pas jugé ce résultat économique assez avantageux, ont imaginé d'élever la température de leur four en utilisant la chaleur perdue par la carbonisation de la houille, et ils ont établi à cet effet des fours à coke au-dessous du four à pain.

On a construit au-dessous de la sole du four à pain deux fours à coke semblables à ceux ordinairement en usage : c'est une capacité faite en briques, solidement voûtée, dans laquelle on amoncèle environ cinq hectolitres de charbon de terre par charge, et l'on fait deux charges par jour. Une porte ferme hermétiquement ce four et n'y laisse pénétrer qu'une très-petite quantité d'air, pour alimenter la combustion au commencement de l'opération. Plus tard, on ferme tout à fait les ouvertures d'air, pour empêcher le coke de se consumer; après 24 heures écoulées, et quelquefois seulement 16 ou 18 heures, on défourne le coke.

Un hectolitre de charbon de terre rend, dans cet appareil, 1^h 30 de coke, pesant un peu plus de 40^k à l'hectol.; de sorte que 100^k de houille étant estimés 3 fr. 50 c., et les 63^k de coke qui en proviennent étant estimés à 4 fr. 44 c., les 100^k représentent une valeur de 2 fr. 80 c.; le chauffage du four revient donc à 0^{fr} 70, somme égale à la valeur de combustible nécessaire à la cuisson de $2,041^k$ de pain.

CONDUITE DU FOUR.

Un homme est employé, pendant une heure sur 24, à introduire la houille et à retirer le coke, et le chargement se fait dans des foyers à flamme renversée, d'heure en heure, ou de deux heures en deux heures, en jetant quelques pelletées de houille par-dessus le coke.

Le nettoyage des carneaux s'opère avec facilité, puisqu'il suffit, pour donner passage au ringard, de déplacer deux briques ajustées à leur extrémité pour la tenir bouchée.

De plus, il est facile d'élever la température du four, soit en ouvrant la clef de la cheminée, soit en donnant un peu plus d'air par la porte du foyer, soit en augmentant le chargement de la houille, soit enfin en fermant les bouches qui donnent issue à l'air chaud.

Ces messieurs font observer que lorsqu'ils ont allumé, en même temps que les fours à coke, le foyer à flamme renversée, placé au milieu du four, ils ont pu faire alors jusqu'à 24 fournées en 24 heures; et qu'enfin, en mêlant le poussier du coke et un même volume de houille au goudron du gaz que l'on recueille dans des cornues placées au-dessus du four à coke, on trouve le moyen de chauffer avec économie une machine à vapeur de six chevaux, qui sert à mettre en mouvement des pétrins et des tire-sacs.

Comparaison entre la quantité de combustible dépensée et celle nécessaire à la cuisson de 2,041ᵏ de pain.

NOTA. Dans ce four, pour opérer la cuisson de 2,041ᵏ de pain provenant de dix sacs de farine pesant 1,370ᵏ, au rendement de 150ᵏ de pain pour 100ᵏ de farine, on a mis dans les fours à coke, pendant vingt-quatre heures, deux charges ou 10 hectolitres de charbon de terre pesant 840ᵏ, qui, après leur carbonisation, ont donné 15 hectolitres de coke pesant 520ᵏ.

Si l'on considère la chaleur perdue pendant la carbonisation du charbon de terre comme égale à la moitié de celle que peut donner sa combustion entière, le four, en vingt-quatre heures, aura été alimenté de toutes les unités de chaleur contenues dans 420ᵏ de houille ou 3,150,000.

CONFECTION DE LA PATE.

Farine non desséchée......................	1,570ᵏ 000	
Eau pour pétrir...........................	809 775	2,596ᵏ 433
Sel non sec	16 658	
Déchets { en farine......................	10 817	15 260
{ en eau........................	4 443	
Pâte à mettre au four................		2,581ᵏ 173

Se composant de substances sèches et de substances humides, dans les proportions suivantes :

SUBSTANCES SÈCHES.	EAU A ÉLEVER A LA TEMPÉRATURE de 25 à 100°.	EAU A ÉVAPORER.	TOTAL des SUBSTANCES HUMIDES.	TOTAL DE LA PATE.
k g 1,294.220	k g 746.880	k g 340.073	k g 1,086.953	k g 2,381.173

CUISSON DE LA PATE.

Chaleur employée à vaporiser 340ᵏ 073 d'eau .... 650 × 340ᵏ 073 = 221,047
    Id.   à elever de 25 à 100° 746 880 id. .... 75 × 746 880 = 56,016
    Id.   id.   1,294 120 de substan-
                      ces sèches........ $\dfrac{75 \times 1294\ 220}{2}$ = 48,533

Total des unités de chaleur nécessaires à la cuisson de 2,041ᵏ de pain au rendement de 150ᵏ de pain pour 100ᵏ de farine.......................... 325,596

Mais au lieu de 325,596 unités de chaleur, il en a été employé 3,150,000, ce qui fait ressortir l'effet utile à 10 pour 100 environ du combustible brûlé.

Les comparaisons de dépense en combustible qui ont été établies pour les fours dont nous avons parlé ne peuvent être reproduites ici, attendu que dans l'appareil dont nous venons de donner la description les inventeurs ne se sont point préoccupés d'utiliser la plus grande quantité possible d'unités de chaleur, mais bien d'obtenir un produit d'une valeur supérieure à celle de la houille soumise à la carbonisation.

Les calculs suivants font connaître la somme à laquelle revient, dans ce four, la cuisson de 100ᵏ de pain.

Dix hectolitres de houille, pesant ensemble 840ᵏ, mis à carboniser dans les fours à coke, et estimés 5ᶠ,50 les 100ᵏ, donnent.. 29ᶠ 40

La carbonisation de ces 10 hectolitres de houille produit 15 hectolitres de coke pesant 525ᵏ, et estimés 4ᶠ 44 les 100ᵏ, donnent............................ 25 31

Dépense de combustible incombant à la cuisson de 2,041ᵏ de pain........ 6 09

Les 2,041ᵏ de pain ayant exigé une dépense de 6ᶠ 09 en combustible, la cuisson de 100ᵏ de pain coûtera [1]... 0ᶠ 050

M. Grouvelle, reconnaissant l'avantage qu'il y aurait à enfourner le biscuit sans interruption, a imaginé un four continu, se chauffant comme le précédent, à l'aide de la chaleur produite par la carbonisation du coke. Nous donnons ci-après la description de ce nouvel appareil :

Four aérotherme continu, par M. Grouvelle. (Pl. P du vol., fig. 1 à 4.)

La roue O transmet le mouvement qu'elle reçoit du moteur à l'arbre du cylindre denté J. Celui-ci le transmet à son tour au cylindre denté J', au moyen d'une chaîne engrenant sur des roues de même diamètre P. Les plaques en tôle M étant chargées de biscuits en pâte, sont posées sur les chaînes sans fin I. Près de la porte d'enfournement H, le plateau abandonné à lui-même suit le mouvement des chaînes, et entre dans l'intérieur du four. Quand la première est entièrement enfournée, on pose une seconde plaque à la place qu'occupait la première, et ainsi de suite sans interruption jusqu'à la fin de la cuisson. Le mouvement transmis aux cylindres J et J' est réglé, de sorte que chaque plaque M, chargée de biscuits, met successivement 35 minutes environ à traverser le four. Deux hommes placés à la porte de défournement H' emportent chaque plaque chargée de biscuits arrivés à parfaite cuisson, aussitôt qu'elle se trouve avoir dépassé la porte de défournement.

---

[1] Les calculs ci-dessus sont basés sur des données fournies par MM. Mouchot et Grouvelle.

MM. Mouchot et Grouvelle n'ont pas modifié dans son principe le four
inventé par MM. Jametel et Lemare, mais ils y ont joint l'application
d'autres industries; ainsi, ils ont percé un de leurs foyers et y ont introduit une paire de cornues à gaz; ils ont remplacé le foyer par un four
à coke. Mais ces rapprochements d'industries diverses, tout ingénieux
qu'ils soient, ne constituent pas un système nouveau ayant pour avantage de consommer moins de combustible que le four Jametel et Lemare;
seulement, de ces combinaisons il peut résulter que l'unité de chaleur
employée à la cuisson du pain ait coûté moins cher.

Ainsi, il paraît qu'à Paris l'unité de chaleur produite par le coke vaut
plus que l'unité dégagée par la houille, de sorte que les industries qui
emploient beaucoup de chaleur ont intérêt à ne brûler de la houille qu'à
moitié, puis à éteindre l'autre moitié et à la vendre comme; coke c'est
ce qu'ont fait MM. Mouchot et Grouvelle.

Rien ne s'opposerait à ce qu'on opérât le chauffage du four en général au moyen de la chaleur perdue pendant la transformation de la houille
en coke, si l'on reconnaissait que ce mode dût être fertile en économie.
Mais pour arriver à une grande égalité de chauffage, des hommes de
beaucoup d'expérience conseilleraient, au lieu d'employer deux foyers
à coke, brûlant et s'éteignant alternativement, de ne faire usage que
d'un seul four à coke, *mais à four continu*, c'est-à-dire recevant constamment la houille à une extrémité, la chauffant graduellement dans
son parcours, la brûlant, la refroidissant, et rejetant à l'autre extrémité
du coke éteint.

Nous répétons encore une fois que cette manière d'opérer ne nous
semble réellement bonne que dans la supposition où la valeur vénale de
l'unité de chaleur produite par le coke serait supérieure à celle dégagée
par la houille. En effet, si dans un fourneau on brûle 1ᵏ de houille, donnant
par sa combustion 7,500 unités, on réalisera 7,500 unités, dont une partie
soit *a* en perte, et l'autre partie soit 7,500−*a* en effet utile; si dans le même

fourneau on utilise la houille à moitié brûlée pour en faire du coke, on n'aura obtenu alors que $\frac{7.500}{2} = 3,750$ unités de chaleur; la perte sera, $\frac{a}{2}$ et l'effet utile $3,750 - \frac{a}{2}$; de plus on aura $1/2^k$ de coke. Mais ce $1/2^k$ de coke devrait contenir 3,750 unités pour que l'opération ne présentât pas de perte : or, au moment où le kilogramme avait déjà produit 3,750 unités, le résidu en coke incandescent aurait bien encore donné 3,750 unités, si la combustion eût continué, puisque le kilogramme entier en contenait 7,500 ; mais la combustion ayant été arrêtée, on a laissé refroidir le coke, et on a ainsi perdu la quantité d'unités de chaleur nécessaires pour ramener $1/2^k$ de coke de l'état froid à l'état incandescent, quantité qu'on peut calculer exactement, en tenant compte de la capacité calorifique du coke et de sa température lorsqu'il est en ignition ;

Soit b cette quantité de chaleur; la perte, qui est égale à $\frac{a}{2}$, devra s'augmenter de b, et on n'aura plus en effet utile provenant de $\frac{1^k}{2}$ coke que $3,750 - b - \frac{a}{2}$, ce qui donne pour effet utile total $7,500 - a - b$: qui, comme on le voit, est plus petit de la quantité b, que l'effet utile obtenu par la combustion de 1^k sans interruption, qui était de $7,500 - a$.

D'où l'on voit qu'il faut que la valeur de l'unité de chaleur produite par le coke soit supérieure à celle produite par la houille pour qu'il y ait avantage à adopter le système de four à coke pour opérer le chauffage du four à pain.

Il nous a été permis d'examiner, à la maison de détention de Gand, un four aérotherme, dont les plans nous ont été donnés par M. Bayet, architecte, directeur des travaux de cet établissement.

Four aérotherme. de M. Bayet, de Gand (Belgique). (Pl. XLVI, fig. 22 à 26.)

Ce four est chauffé par quatre foyers disposés sous l'âtre, et la chaleur produite, entourant la maçonnerie du four proprement dite, tend à élever la température de l'air contenu dans sa capacité intérieure.

Les dispositions générales de ce four ne permettent pas de supposer que son usage procure de l'économie, et c'est peut-être à tort qu'il a été désigné comme aérotherme, puisqu'il n'est pas construit de manière à ménager un courant d'air chaud en communication avec l'intérieur de la baie.

Four aérotherme
rectiligne à chauffe
et enfournement
continus
de M. Aribert.
Pl. M du vol. fig. 1 à 5.)

Les premiers fours de M. Aribert étaient, comme nous l'avons dit, à
feu continu et fournées alternatives ; un calorifère placé en dehors et
au-dessous du four échauffait une certaine quantité d'air qui, en raison
de sa dilatation, tendait à passer dans les parties hautes de l'appareil, et
l'air moins chaud, après avoir contribué à la cuisson du pain, retombait
dans les parties basses, en suivant des conduits descendants. Le caractère propre de ce four consistait en ce que, la fournée étant cuite, on
était obligé de la retirer en entier et de chauffer le four pendant 10 minutes avant de procéder à l'enfournement d'une nouvelle fournée. A
chaque opération on faisait donc une perte de temps de 10 minutes au
moins, et comme en 24 heures on cuisait vingt fournées, on perdait
dix-neuf fois 10 minutes, ou 190 minutes, le temps de faire cuire environ cinq fournées, ou 1,125^k de pain.

Cette perte de temps était un désavantage réel que M. Aribert a pu
éviter en imaginant un four à chauffe et à enfournement continus, dont
nous allons donner la description.

Ce four se compose d'une galerie en maçonnerie, étroite, horizontale,
et fermée aux deux extrémités par des portes en tôle. L'intérieur du four
est parcouru par un chemin de fer ayant une inclinaison de $0^m 02$ sur
$8^m 66$ de longueur d'une porte à l'autre.

La sole se couvre d'une série de plateaux en tôle, montés sur
des cadres en fer, garnis de galets en fonte ; chaque plateau se met
au four à un intervalle de 5 à 6 minutes, l'un poussant l'autre. Lorsqu'on introduit le huitième plateau, le four n'en contenant que sept,
le premier enfourné sort du four. De ce moment, le four reste plein,
et à chaque introduction d'un plateau chargé de pâte, il sort un plateau
chargé de pain cuit.

Un calorifère placé en contre-bas du four chauffe l'air qui, étant di-
laté par la chaleur, monte par des conduits vers la partie supérieure,
où il est introduit dans le four par deux bouches pratiquées à peu de
distance de la porte d'enfournement. L'air parcourt la galerie en abandonnant une partie de sa chaleur, qui est absorbée par le pain, et il arrive moins chaud, et relativement plus dense, près de la porte de défournement ; à ce point, il est repris par des conduits ouvrant dans la galerie au-dessous de la sole, pour être ramené vers les surfaces du calorifère,
qui sont les plus éloignées du foyer, les moins chaudes et les plus basses.

L'air remonte ensuite en se chauffant de plus en plus le long des surfaces de chauffe, jusqu'à celles qui sont les plus voisines du foyer, les plus chaudes et les plus élevées ; à partir de la capacité qui entoure le calorifère où l'air a atteint sa plus haute température, il est reconduit toujours en montant dans le four vers la porte d'entrée. Ainsi, comme on le voit, le courant d'air chaud est continu, et la cuisson est également continue.

Il résulte de cette disposition que la partie du four par où l'on introduit la pâte, recevant directement le courant d'air élevé à la plus haute température, est toujours la plus chaude, et comme à mesure que l'air circule dans le four, il perd de sa chaleur en cuisant le pain, il en résulte encore que chaque partie du four est d'autant moins chaude qu'elle s'éloigne davantage des bouches de chaleur ; de telle sorte que chaque pain chemine en parcourant des régions de moins en moins chaudes, et qu'il se trouve ainsi placé dans les mêmes circonstances que s'il était soumis à l'action d'un four chauffé à la manière ordinaire, c'est-à-dire qu'il reçoit au commencement de la cuisson une chaleur plus forte qu'à la fin.

Comparaison entre la quantité de combustible dépensée et celle absolument nécessaire pour opérer la cuisson de 2,400ᵏ de pain.

Il faut noter que dans ce four, pour cuire 2.400ᵏ de pain, au rendement de 157 pour 100ᵏ de farine, on a consommé 100ᵏ de charbon de terre, ou 780,000 unités de chaleur[1].

---

[1] *Note communiquée par M. Aribert.* La moyenne de la consommation du combustible, constatée par procès-verbaux rédigés à Metz par MM. les officiers du génie, a été, au maximum, de 67ᵏ de houille par 1,000ᵏ de pain, soit 160ᵏ de houille pour 2,400ᵏ de pain, et, au minimum, de 64ᵏ de houille pour 1,000ᵏ de pain, soit 153ᵏ de houille pour 2,400ᵏ de pain. Mais, d'une autre part, une perte de chaleur, indépendante du principe sur lequel le four a été établi, mais dépendante d'un vice de construction, a été reconnue comme devant modifier ces premiers résultats.

On s'est aperçu que les surfaces chauffées les premières, celles qui recevaient directement la chaleur du foyer, établies en briques réfractaires et qui subissaient des différences considérables de température lors du chauffage du four et de son refroidissement, s'étaient fendues en divers endroits, et qu'une grande quantité d'air chaud, passant par les fissures, était appelée par le tirage de la cheminée. La perte de la chaleur par les fissures a été évaluée par deux procédés différents que nous indiquons ci-après .

1° La section des fissures calculée approximativement et la vitesse du courant dans la cheminée ont donné la masse d'air appelée pendant l'espace de vingt-quatre heures. La capacité calorifique de l'air et sa température étant connues, il a été facile de déterminer le chiffre d'unités de chaleur perdues par cette cause. Ce chiffre a été trouvé

CONFECTION DE LA PÂTE.

Farine non desséchée......................	1,751ᵏ 825	
Eau pour pétrir...........................	1,046 417	2,817ᵏ 827
Sel non sec...............................	19 585	
Déchets { en farine......................	12 070	17 815
{ en eau..........................	5 745	

Pâte à mettre au four.............. 2,800ᵏ 012

égal à celui produit par la combustion de 250ᵏ de houille. D'une autre part, le volume de la fumée écoulée dans les vingt-quatre heures a été mesuré ; ce volume, comparé à celui nécessaire pour la combustion qui avait lieu dans le même temps, a donné un excédant et la quantité de combustible indispensable à l'élévation de la température de cet excédant a été trouvée de 250ᵏ de houille.

Enfin, ces deux résultats ont concordé avec une expérience directe : on a cuit pendant plusieurs jours 1,000ᵏ de pain en vingt-quatre heures, on brûlait alors 500ᵏ de houille. Ces 500ᵏ de houille fournissaient évidemment à la perte par les fissures qui est constante, à la perte par la fumée qui est proportionnelle à la quantité de combustible consommée, et à la cuisson du pain qui est proportionnelle à la masse de pâte mise au four.

Pour connaître la quantité de chaleur absorbée par la cuisson du pain, il suffisait d'ajouter une certaine quantité de houille aux 500ᵏ de combustible déjà déterminés, et de voir à quelle augmentation de pain cuit correspondait chaque addition de combustible. Ainsi, on a fait une addition de 40ᵏ de houille, ce qui portait le chiffre du combustible à 540ᵏ par vingt-quatre heures. L'augmentation de pain correspondante a été de 1,081ᵏ, en tout 2,081ᵏ de pain par vingt-quatre heures ; on a cuit à ce taux pendant quarante-huit heures, et le rapport de l'addition de houille à l'augmentation de pain a été de 57ᵏ de houille par 1,000ᵏ de pain.

Une deuxième addition de 40ᵏ de houille par vingt-quatre heures a donné une augmentation de 1,176ᵏ de pain, soit 34ᵏ de houille par 100ᵏ de pain, en tout 580ᵏ de houille pour 3,257ᵏ de pain. La cuisson à ce taux a duré également deux jours.

On a augmenté tous les deux jours de 40ᵏ de houille.

La 3ᵉ addition de 40ᵏ de houille a donné 982ᵏ de pain, soit 42ᵏ de houille par 100ᵏ de pain.
La 4ᵉ   id.   id.   1,052 id.   38 id.   id.

On est arrivé ainsi à la huitième addition de houille, soit 620ᵏ par vingt-quatre heures, et le produit en pain était de 9,680ᵏ par vingt-quatre heures. On a cuit pendant quelques jours à ce taux ; mais, comme la quantité du pain dépassait les besoins de la garnison, on a diminué le pain et le combustible. De sorte que le total des additions de houille a été de 8 × 40 = 320ᵏ et le total des augmentations de pain de 8,680ᵏ, soit 56ᵏ de houille en moyenne pour la cuisson de 1,000ᵏ de pain ; et, en retranchant, des 500ᵏ de houille brûlés dans le principe, 56ᵏ reconnus nécessaires pour cuire 1,000ᵏ de pain, il reste 264ᵏ de houille pour compenser la perte par les fissures.

D'après ces expériences, et prenant en considération la perte constante de calorique faite par les parois du four, MM. les officiers du génie de Metz ont évalué à 40ᵏ de houille la dépense en combustible nécessaire à la cuisson de 1,000ᵏ de pain dans le four de M. Aribert, les fissures ayant été bouchées.

Se composant de substances sèches et de substances humides dans les proportions suivantes :

SUBSTANCES SÈCHES.	EAU À ÉLEVER À LA TEMPÉRATURE de 25 à 100°.	EAU À ÉVAPORER.	TOTAL des SUBSTANCES HUMIDES.	TOTAL DE LA PATE.
k g 1461.618	k g 938.382	k g 400.012	k g 1338.394	k g 2800.012

CUISSON DE LA PATE.

Chaleur employée à vaporiser 400^k 012 d'eau............. 650× 400^k 012=260,008

    Id.   à chauffer de 25 à 100° 938^k 382 d'eau... 75× 938 382= 70,379

    Id.   id.   1,461 618 de sub-

stances sèches.................................... $\dfrac{75×1461\ 618}{2}$ = 54,811

Total des unités de chaleur nécessaires pour la cuisson de 2,400^k de pain, au rendement de 137 pour 100^k de farine................................. 385,198

Mais au lieu de 385,198 unités, on en a dépensé 750,000, ce qui fait ressortir l'effet utile produit à 51 pour 100 de la quantité de charbon de terre brûlé.

Comparant ce four aux appareils qui utilisent le mieux le combustible, en admettant que la perte de calorique par la cheminée et les parois soit la moitié de la chaleur nécessaire pour opérer la cuisson du pain, on trouve que les résultats auraient été aussi avantageux que possible si la dépense ne s'était élevée qu'à 577,797 unités de chaleur, ou 77^k 038 de charbon de terre.

La cuisson de 100^k de pain a donc nécessité l'emploi de 31,283 unités de chaleur, ou 4^k 171 de charbon de terre, estimés........................ 0^f 146

Tandis que si le résultat avait été aussi avantageux que possible, la dépense par 100^k de pain se fût réduite à 24,075 unités de chaleur, ou 5^k 210 de charbon de terre, estimés.. 0 112

Si l'on appliquait à la cuisson du biscuit le four de M. Aribert, en admettant le chiffre de l'effet utile constaté à la fabrication du pain, on arriverait probablement aux résultats ci-après :

Comparaison entre la quantité de combustible qui serait dépensée dans ce four et celle strictement nécessaire pour la cuisson du biscuit.

NOTA. La consommation de charbon de terre devrait être de 7^k 700, ou 57,750 unités de chaleur, pour opérer la cuisson de 70^k de biscuit au rendement de 90^k de biscuit pour 100^k de farine.

CONFECTION DE LA PATE.

Farine non desséchée .... 77^k 778 ⎫
Eau pour pétrir........................... 26 092 ⎭ 103^k 870

Déchets ⎧ en farine .... 0 536 ⎫
⎩ en eau........................... 0 143 ⎭ 0 679

Pâte à mettre au four............... 103 191

Se composant de substances sèches et de substances humides dans les proportions suivantes :

SUBSTANCES SÈCHES.	EAU RESTANT DANS LE BISCUIT à élever à la température de 15 à 107°.	EAU A ÉVAPORER.	TOTAL des SUBSTANCES HUMIDES	TOTAL DE LA PATE.
k g 64.111	k g 5.889	k g 33.191	k g 39.080	k g 103.191

CUISSON DE LA PATE.

Chaleur employée à faire évaporer 33^k 191 d'eau............ 650×33^k 191 = 21,574

Id. à élever de 15 à 107° 5^k 889 d'eau........ 92×5 889 = 542

Id. id. 64 111 de substances sèches... $\dfrac{92 \times 64\ 111}{2}$ = 2,949

Total des unités de chaleur nécessaires à la cuisson de 70^k de biscuit au rendement de 90^k pour 100^k de farine................................. 25,065

Mais au lieu de 25,065 unités de chaleur, il en a été employé 57,750, ce qui fait ressortir l'effet utile à 43 pour 100 du charbon brûlé.

Comparant ce four aux appareils qui utilisent le mieux le combustible, en admettant que la perte de calorique par la cheminée et les parois soit la moitié de la chaleur nécessaire pour opérer la cuisson du biscuit, on trouve que les résultats obtenus seraient aussi avantageux que possible si la dépense ne s'élevait qu'à 37,597 unités, ou 5ᵏ 013 de charbon de terre.

La cuisson de 100ᵏ de biscuit nécessiterait donc l'emploi de 82,500 unités de chaleur, ou 11ᵏ de charbon de terre, estimés............................ 0ᶠ 585

Tandis que si le résultat était aussi avantageux que possible, la dépense par 100ᵏ de biscuit ne s'élèverait qu'à 35,807 unités de chaleur, ou 4ᵏ 774 de charbon de terre, estimés.. 0ᶠ 167

1° **Economie de combustible.** — Elle résulte de ce que la fumée étant constamment refroidie par de l'air à la température minimum du défournement, est abandonnée dans la cheminée à un degré de chaleur très-peu supérieur à celui du pain à la sortie du four.

Avantage présumé du four continu sur les fours ordinaires.

2° **Economie d'emplacement.** — Un seul four, ayant les dimensions de celui représenté pl. L du volume, fig. 1 à 3, pouvant opérer en 24 heures la cuisson de 13,000 rations de pain environ.

3° **Régularité de cuisson.** — Les pains étant soumis successivement aux mêmes influences, pendant qu'ils cheminent dans le four, doivent tous être également cuits. Cette égalité de cuisson ne peut être obtenue dans les fours ordinaires qu'en laissant les pains de bouche pendant quelques minutes au four après que tous les autres ont été défournés.

4° **Economie de main-d'œuvre.** — Due à la continuité de la fabrication.

Pour tirer tout le parti possible du système de M. Aribert, il faudrait établir deux fours parallèles, la bouche de sortie de l'un étant à côté de la bouche d'entrée de l'autre; dans ce cas, les plaques couvertes de pains cuits qui seraient retirées du premier, seraient immédiatement chargées de pâte et enfournées dans le second; on éviterait ainsi toute perte de temps. Je crois aussi que l'on gagnerait à avoir des fours plus longs que ceux dont nous donnons les plans.

Lorsque nous nous occuperons de la fabrication du biscuit, nous aurons l'occasion de démontrer le degré d'avantage qu'il y aurait à en opérer la cuisson avec les fours rectilignes de M. Aribert.

Four aérotherme
circulaire à chauffe
et
enfournement
continus,
de M. Aribert.
(Pl. N du vol., fig. 1
à 5.)

M. Aribert donne parfois à son four la forme circulaire.

Cet appareil se compose alors de deux galeries demi-circulaires, comprises entre des murs concentriques et recouvertes de voûtes reposant sur le mur extérieur et sur le mur intérieur. Chaque galerie est fermée à ses deux extrémités par deux portes à coulisses.

Une surface annulaire, en tôle parfaitement rigide, est montée sur un cadre en fer, et occupe à la fois l'intérieur des fours et les deux espaces entre les portes. Cet anneau repose sur des galets en fonte, placés de distance en distance dans les galeries. Un levier en fer, tournant autour d'un point fixe, porte deux petits mentonnets, que l'on fait entrer dans des trous également espacés sur l'anneau en tôle; de manière qu'il existe toujours un trou aux quatre points D D' sous chaque porte. Pour faire marcher l'anneau, on fait occuper au levier la position D D', on charge de pâte les deux espaces compris entre les quatre portes, on engrène les deux mentonnets du levier dans les deux trous de l'anneau correspondant, on ouvre les quatre portes, et en poussant le levier jusqu'à ce qu'il occupe la position D' D, on se trouve avoir enfourné tout l'espace de l'anneau qui était couvert de pâte, et du même coup de levier on a défourné par les deux portes opposées une quantité égale de pain cuit. On referme les quatre portes, on désengrène les deux mentonnets e on ramène le levier à sa première position D D'. On enlève le pain cui: et on le remplace par de la pâte.

Toutes ces opérations se font avec célérité; pour engrener le levier, ouvrir les quatre portes, faire marcher l'anneau, désengrener le levier, fermer les quatre portes, ramener le levier dans sa position première, six secondes suffisent. On attend ensuite six à sept minutes, pendant lesquelles on enlève le pain et on le remplace par de la pâte.

Entre la forme rectiligne et la forme circulaire, l'inventeur, d'accord avec le capitaine du génie Merlin, donne la préférence à la première, parce qu'elle nécessite moins de frais de construction, et que la cuisson s'y opère de manière à obtenir une plus grande égalité dans la couleur des pains, que lorsqu'on fait usage d'un four circulaire.

Four de M. Clara,
se chauffant
par la combustion
du charbon de terre
et celle du gaz
qu'il dégage en brûlant.
(Pl. O du vol., fig. 1 à 9.)

Ce qui distingue le four de M. Clara de tous ceux qui sont décrits dans notre travail, c'est qu'il est disposé de manière à brûler les gaz produits par la houille en ignition, et à les utiliser comme combustible.

Dans ce four, deux prises distinctes d'air sont établies; l'une, en D,

destinée à activer la combustion du charbon de terre, et l'autre, en E,
pour fournir de l'air qui, après s'être échauffé en parcourant une galerie F
pratiquée parallèlement à une autre galerie H, et passant entre les
deux foyers et sous l'âtre, descend par un conduit J dans la galerie
inférieure K, et remonte par plusieurs trous L dans la galerie H qui
règne autour des foyers. De cette galerie H, cet air, élevé à une haute
température, communique par de petits trous à l'entrée des carneaux
conducteurs de flamme et de fumée, et y détermine la combustion des
gaz. Les produits gazeux de la carbonisation suivent la direction des
carneaux, fig. 1, 2, 3 et 4, et se rendent entre la voûte du four N, qu'ils
échauffent, et une autre voûte O; de là ils sortent par la cheminée P, à
laquelle est adapté un registre servant à régler le tirage.

Il est un canal qui prend naissance au fond du four, et vient rejoindre la cheminée; il est muni d'un registre S qui sert à refroidir le four,
lorsqu'on reconnaît que sa température est trop élevée.

L'inventeur assure qu'avec une dépense de 3 hectolitres de houille
sèche on peut, dans un travail continu, opérer la cuisson de quinze
fournées de 400 rations l'une par 24 heures, ou 4,500^k de pain [1].

Comparaison entre la quantité de combustible dépensée et celle nécessaire à la cuisson de 4,500^k de pain.

Nota. Dans ce four, pour faire cuire 4,500^k de pain, au rendement de 137^k pour 100^k
de farine, on consomme 5^h de charbon de terre pesant 252^k et dégageant 1,890,000
unités de chaleur.

CONFECTION DE LA PÂTE.

Farine non desséchée	5284^k 674	
Eau pour pétrir...........................	1962 054	5285^k 428
Sel non sec...............................	56 725	
Déchets { en farine.......................	22 632	35 406
{ en eau...........................	40 774	
Pâte à mettre au four.............	5250 022	

---

[1] Les calculs qui suivent ont été établis sur des données fournies par M. Clara, qui
fait observer que son four pourrait cuire, avec une faible addition de charbon à celui
indiqué ci-dessus, 5 ou 6000^k de pain, ce qui réduirait à 0^f 15 les frais de cuisson de
100^k de pain.

Se composant de substances sèches et de substances humides dans les proportions suivantes :

SUBSTANCES SÈCHES.	EAU A ELEVER A LA TEMPÉRATURE de 25 à 100°.	EAU A ÉVAPORER.	TOTAL des SUBSTANCES HUMIDES	TOTAL DE LA PATE.
k g 2740.533	k g 1759.407	k g 750.022	k g 2509.489	k g 5250.022

CUISSON DE LA PATE.

Chaleur employée à vaporiser 750ᵏ 022 d'eau.............. 650× 750ᵏ 022=487,514
    Id.   à chauffer de 25 à 100° 1,759ᵏ 467 d'eau.. 75×1759 467=131,960
    Id.   id.   2,740 533 de sub-
stances sèches.. $\frac{75 \times 2740\ 533}{2}$=102,770

Total des unités de chaleur nécessaires pour la cuisson de 4500ᵏ de pain au rendement de 157ᵏ de pain pour 100ᵏ de farine...................... 722,244

Mais au lieu de 722,244 unités de chaleur, on en a dépensé 1,890,000, ce qui fait ressortir l'effet utile produit à 38 pour 100 du combustible brûlé.

Comparant ce four aux appareils qui utilisent le mieux le combustible, en admettant que la perte de calorique par la cheminée et les parois est égale à la moitié de la chaleur nécessaire pour opérer la cuisson du pain, on trouve que les résultats obtenus auraient été aussi avantageux que possible si la dépense ne s'était élevée qu'à 1,083,366 unités, ou 144ᵏ 449 de charbon.

La cuisson de 100ᵏ de pain a donc nécessité l'emploi de 42,000 unités de chaleur ou 5ᵏ 600 de charbon, estimés.................................... 0ᶠ 196
Tandis que les résultats auraient été aussi avantageux que possible si on n'avait dépensé que 24,075 unités, ou 3ᵏ 210 de charbon de terre, estimés... 0ᶠ 112

Nous croyons que si M. Clara avait employé des fours à coke à la place des foyers ordinaires, et qu'il eût établi deux fours contigus marchant alternativement, à l'imitation de ce que pratique M. Clavière, pour utiliser les gaz qui s'échappent pendant la combustion de la houille dans la fabrication du coke, il serait peut-être arrivé à des résultats économiques encore plus complets que ceux qu'il annonce; car il aurait eu alors à sa disposition une plus grande quantité de chaleur, ce qui lui eût donné le moyen de brûler plus complétement les gaz.

M. Lespinasse, après avoir étudié les fours ordinaires et les fours aéro-thermes, en a imaginé un se chauffant sur l'âtre, et construit de manière à utiliser la chaleur développée. Des carneaux sont établis au-dessus de la voûte et parcourus par la fumée avant qu'elle aille se perdre dans la cheminée, pendant que des conduits analogues sont pratiqués sous l'âtre pour recevoir l'air destiné à alimenter le foyer. Ainsi, dans cet appareil, l'air utile à la combustion n'arrive pas par la bouche du four, mais bien par des conduits dont la capacité tend toujours à se mettre en équilibre de température avec l'intérieur du four.

Four de M. Lespinasse, construit d'après un système mixte, participant des fours ordinaires et des fours aérothermes. (Pl. XLVII, fig. 1 à 7.)

Nous donnons ci-après l'extrait de la description du four de M. Les-pinasse, dont la communication est due à l'obligeance de M. de LaRoche, ingénieur en chef des ponts et chaussées, directeur des constructions hydrauliques au port de Brest.

Ce four est construit sur un massif supporté par une voûte fermée sur le devant, pour que l'air froid ne puisse pas y pénétrer. La voûte du four, au-dessus de l'âtre, a la forme d'une surface produite par l'in-tersection d'un tronc de cône par un plan passant par son axe : le som-met du cône est du côté de la bouche, les angles sont arrondis à l'in-térieur.

Description du four.

La chapelle est composée de deux voûtes conoïdales, laissant entre elles un intervalle d'environ 0ᵐ14. Cet intervalle est divisé par cinq cloi-sons, formant six conduits qui doivent être parcourus dans toute leur longueur par la flamme et la fumée, avant que cette dernière se perde dans la cheminée, située sur le devant du four.

Entre le massif du four et l'âtre se trouvent des compartiments dans lesquels l'air froid circule, pour se chauffer avant d'être introduit dans l'intérieur du four, où il doit servir à la combustion du bois.

On le chauffe sur l'âtre; le bois se place à l'intérieur; la différence n'est que dans la combustion qui s'effectue à l'aide de courants d'air chaud, tandis que dans les fours ordinaires elle s'opère avec de l'air froid; la bouche du four est entièrement fermée; le volume d'air em-ployé à la combustion peut être augmenté ou diminué à volonté, au moyen de registres; de plus, les sections de passage de la fumée peu-vent être modifiées suivant le besoin par les deux trappes des ouras, ce

Manière de chauffer le four, et marche générale de l'appareil.

qui donne la facilité d'activer ou de ralentir la combustion, et de conserver la chaleur du four pendant l'enfournement et pendant le temps employé à la cuisson du pain.

Le bois étant placé dans le four précisément devant les introductions d'air chaud, et les ouras étant situés au fond, il suit de cette disposition que la flamme est poussée par les courants d'air chaud dans le fond du four, qu'elle tapisse en entier; le rayonnement de cette flamme se fait sentir sur toute la surface intérieure, et lorsqu'elle arrive au fond, elle se trouve utilisée en parcourant les conduits existant entre les deux voûtes, d'où elle se dirige vers la cheminée.

L'intervalle laissé entre les deux voûtes n'a pas seulement pour objet d'utiliser davantage la flamme et la fumée, mais bien aussi d'opposer un matelas d'air chaud, empêchant le calorique de la première enveloppe de s'échapper à l'extérieur lorsque les trappes des ouras sont fermées.

Ces trappes ont aussi pour fonction de permettre de chauffer à volonté une moitié du four plus que l'autre.

Les conduits d'air placés sous l'âtre et ceux adossés contre les pieds-droits de la voûte de la chapelle forment aussi une enveloppe d'air chaud qui empêche la chaleur de s'échapper dans les massifs lorsque les registres sont fermés.

La partie inférieure de la cheminée est close par une trappe qui peut s'ouvrir à volonté au moyen d'une bascule; elle est toujours fermée lors de la combustion, pour empêcher l'introduction de l'air froid dans la cheminée, ce qui ralentirait beaucoup le tirage. Cette trappe ne s'ouvre que lorsqu'on enfourne, afin de laisser échapper la fumée de l'allume qui se répandrait dans la boulangerie.

La porte du four H se manœuvre par le mécanisme G placé sous l'autel; il est à contre-poids, de sorte qu'il se trouve en équilibre dans toutes ses positions; un petit effort sur un levier à crémaillère suffit pour le rendre immobile.

Les ouvertures E sont destinées au nettoyage des conduits des ouras, elles sont fermées sur le devant du four par des tampons en tôle à double fond [1].

---

[1] Nous avons remarqué qu'à la boulangerie du quai de Billy ces ouvertures sont

Les ouvertures marquées en D sont deux ventouses pour chauffer la boulangerie dans l'hiver ; à cet effet on ouvre les deux registres A, après avoir fermé la bouche du four et les trappes B ; alors l'air qui s'est échauffé dans l'appareil est forcé de sortir par ces ventouses ; elles sont également bouchées par des tampons en tôle à double fond. On doit faire observer que la chaleur produite par les fours étant presque toujours suffisante, ces ventouses ne deviennent utiles que dans les froids excessivement rigoureux.

Les dispositions ci-dessus décrites donnent pour résultat la meilleure combustion possible, puisqu'on a tous les moyens nécessaires de régler le tirage, soit en introduisant une plus ou moins grande quantité d'air chaud, soit en augmentant ou en diminuant la section de passage de la fumée par les registres et les plaques placés à cet effet.

La disposition des charges de bois sur le devant du four vis-à-vis les introductions d'air chaud, et celle des ouras dans le fond, ont établi des courants directs qui n'ont point l'inconvénient des remous qui se produisent dans les fours ordinaires. La flamme qui tapisse entièrement le four pour se rendre du lieu de la combustion dans les ouras, donne tout l'effet possible ; puisque, après avoir chauffé toute la surface intérieure, elle se trouve encore utilisée en parcourant les conduits des ouras entre les voûtes ; la fumée qui s'échappe par la cheminée n'a plus que la chaleur nécessaire pour y faire son ascension.

Il n'y a plus autant de causes de refroidissement que dans les fours ordinaires, puisque la voûte sous le massif est bouchée sur le devant[1] ; qu'on n'introduit plus d'air froid pour la combustion ; qu'enfin, on a une enveloppe presque générale d'air chaud à une haute température au pourtour du four, et que l'air est un mauvais conducteur du calorique.

M. Lespinasse cite enfin, comme preuve de la bonté des moyens qu'il a employés, que son four, comparativement aux autres, produit peu de

Résumé présenté par l'inventeur.

---

murées ; il paraîtrait qu'on aurait reconnu que la fermeture avec des tampons est insuffisante.

[1] Dans les fours ordinaires, la voûte sous le massif est communément bouchée ; ainsi, cette disposition ne constitue pas, pour l'appareil de M. Lespinasse, un avantage exclusif.

fumée; puisque, après quatorze mois d'usage continuel, un appareil, construit d'après son système à l'ancienne manutention de la guerre, n'a pas eu besoin d'être ramoné pendant ce laps de temps.

Comparaison entre la quantité de combustible dépensée et celle nécessaire à la cuisson de 300k de pain.

Nota. Dans ce four, pour opérer la cuisson de 300k de pain au rendement de 139 pour 100 de farine, on a consommé 51k de bois ou 130,050 unités de chaleur, dont il faut déduire les 27/100 pour tenir compte de la braise recueillie, ce qui réduit la consommation à 94,937 unités.

CONFECTION DE LA PATE.

```
Farine non desséchée.....................  215k 827 ⎫
Eau pour pétrir..........................  133  949 ⎬ 352k 223
Sel non sec..............................    2  447 ⎭
Déchets ⎧ en farine ..................      1  487 ⎫  2  223
        ⎩ en eau ......................      0  736 ⎭
        Pâte à mettre au four...........  350  000
```

Se composant de substances sèches et de substances humides dans les proportions suivantes :

SUBSTANCES SÈCHES.	EAU A ÉLEVER A LA TEMPÉRATURE de 25 à 100°.	EAU A ÉVAPORER.	TOTAL des SUBSTANCES HUMIDES	TOTAL DE LA PATE.
k g	k g	k g	k g	k g
180.106	119.894	50.000	169.894	350.000

CUISSON DE LA PATE.

Chaleur employée à vaporiser 50k 000 d'eau................ $650 \times 50,000 = 32,500$
   Id.   à élever de 25 à 100° 119k 894 d'eau....... $73 \times 119,894 = 8,992$
   Id.   id.   180 106 de substances
sèches.. $\dfrac{73 \times 180,106}{2} = 6,754$

Total des unités de chaleur nécessaires pour la cuisson de 300k de pain au rendement de 139k de pain par 100k de farine......................... 48,246

Mais au lieu de 48,246 unités, on en a dépensé 94,937; ce qui fait ressortir l'effet utile produit à 51 pour 100 de la quantité de bois brûlée [1].

---

[1] Le poids du bois consommé est emprunté à la note fournie par l'inventeur à M. de La Roche, ainsi que la quantité de braise recueillie, qui semble considérable.

Comparant ce four aux appareils qui utilisent le mieux le combustible, en admettant que la perte de calorique par la cheminée et les parois soit la moitié de la chaleur nécessaire pour opérer la cuisson du pain, on trouve que les résultats obtenus auraient été aussi avantageux que possible si la dépense ne s'était élevée qu'à 72,369 unités ou 28ᵏ 380 de bois.

Dans ce four, la cuisson de 100ᵏ de pain a nécessité l'emploi de 31,646 unités, ou 12ᵏ 410 de bois, estimés.................................. 0ᶠ 295

Tandis que, si le four avait donné un résultat aussi avantageux que possible, on n'eût dépensé que 24,125 unités ou 9ᵏ 460 de bois, estimés. 0 226

Comparaison entre la quantité de combustible dépensée et celle nécessaire à la cuisson de 3,258ᵏ de biscuit.

NOTA. Dans ce four, la dépense en combustible est de 2,208ᵏ de bois, dont il faut déduire 5ᵇ de braise recueillie, ce qui réduit la dépense en bois à 2,185ᵏ, ou 5,556,650 unités de chaleur, pour opérer la cuisson de 5,258ᵏ de biscuit, au rendement de 92 pour 100ᵏ de farine.

CONFECTION DE LA PÂTE.

Farine non desséchée .... 3820ᵏ 000 ⎫
Eau pour pétrir................. .... 1214 400 ⎭ 4834ᵏ 400

Déchets { en farine....................... 24 719 ⎫
        { en eau............................ 6 661 ⎭ 31 380

Pâte à mettre au four............. 4803 020

Se composant de substances sèches et de substances humides dans les proportions suivantes :

SUBSTANCES SÈCHES.	EAU RESTANT DANS LE BISCUIT, À ÉLEVER à la température de 15 à 107°.	EAU A ÉVAPORER.	TOTAL des SUBSTANCES HUMIDES	TOTAL DE LA PÂTE.
ᵏ ᵍ 2983.894	ᵏ ᵍ 274.328	ᵏ ᵍ 1544.798	ᵏ ᵍ 1819.126	ᵏ ᵍ 4803.020

CUISSON DE LA PÂTE.

Chaleur employée à vaporiser 1544ᵏ 798 d'eau....... $650 \times 1544^k 798 = 1004,119$

Id.   à élever de 15 à 107° 274ᵏ 328 d'eau.... $92 \times 274^k 328 = 25,238$

Id.   id.   2985 894 de substances sèches... $\dfrac{92 \times 2983\ 894}{2} = 137,259$

Total des unités de chaleur nécessaires à la cuisson de 5,258ᵏ de biscuit au rendement de 92ᵏ pour 100ᵏ de farine.............................. 1166,616

Mais au lieu 1,166,616 unités de chaleur, il en a été employé 5,556,650, ce qui fait ressortir l'effet utile à 21 pour 100 du bois brûlé[1].

Comparant ce four aux appareils qui utilisent le mieux le combustible, en admettant que la perte de calorique par la cheminée et les parois soit la moitié de la chaleur nécessaire pour opérer la cuisson du pain, on trouve que les résultats obtenus auraient été aussi avantageux que possible si la dépense ne s'était élevée qu'à 1,749,924 unités ou 686ᵏ 244 de bois.

Dans ce four, la cuisson de 100ᵏ de biscuit nécessite le dégagement de 170,860 unités de chaleur, provenant de 66ᵏ 886 de bois, estimés 1ᶠ 582
Tandis que dans un four construit de manière à donner des résultats moyennement avantageux, la dépense pour 100ᵏ de biscuit serait réduite à 55,712 unités, ou 21ᵏ 064 de bois, estimés 0 498

Four de M. Ferrand, participant des fours aérothermes et des fours se chauffant sur l'âtre. (PL. XLVII, fig. 8 à 11.)

Le four de M. Ferrand affecte la forme d'un rectangle arrondi à ses angles; sa hauteur, prise à la partie la plus élevée de la voûte, est de 0ᵐ22 et de 0ᵐ14 aux pieds-droits. L'entrée est fermée par quatre pièces en fonte A, fig. 8, glissant sur des coulisses BB, également en fonte, fig. 9. Lorsqu'on veut chauffer le four, on ouvre ces quatre portes qui entrent, deux à droite et deux à gauche, dans l'épaisseur du revêtement de la façade. La bouche étant entièrement ouverte, on place les fagots à l'entrée du four; et, après y avoir mis le feu, on referme les quatre portes de manière à ne laisser qu'une petite ouverture donnant passage à l'air qui pénètre à l'intérieur avec beaucoup de vitesse. Avant d'avoir presque fermé les portes, on a eu soin d'ouvrir les six clapets C et D, fig. 11, en agissant sur les tiges E et F, fig. 8, 10 et 11. L'air chaud et la fumée parcourent alors les nombreuses galeries G, fig. 8, 10 et 11, chauffent le four à sa partie supérieure, et arrivent enfin par trois orifices H dans une cheminée commune I. Si l'on reconnaissait que le four a acquis une plus haute température dans une région que dans une autre, on ré-

[1] Les calculs ci-dessus ont été faits sur des renseignements transmis par l'administration du port de Brest, qui a plusieurs fours de ce système à sa disposition. Si l'on compare la quantité de braise recueillie par l'administration avec celle qui résulte des chiffres fournis par l'inventeur, on verra que cet appareil doit être examiné avec beaucoup de soin avant que l'on accepte comme exactes les données qui ont servi de bases aux calculs du combustible dépensé pour la cuisson du pain.

tablirait facilement l'équilibre en diminuant ou en fermant même le conduit d'air dans la direction où il se serait accumulé trop de chaleur. Ainsi, en fermant le clapet du fond à droite, ceux du milieu et de gauche du devant, on établira un courant d'air chaud obliquement du fond à la partie antérieure et de gauche à droite, qui chauffera le four plus dans cette direction que dans toute autre. En fermant les deux clapets du milieu, à la partie antérieure et au fond, il s'établira nécessairement deux courants parallèles qui chaufferont les deux côtés du four. Comme on le voit, dans ce système on peut à volonté et selon le besoin faire varier la température dans telle ou telle direction.

Les trois conduits H, fig. 10 et 11, aboutissent à un seul corps de cheminée qui a une ouverture en J, fig. 8, par laquelle s'opère le ramonage du four.

Sur l'autel on a ménagé un trou K par où tombe la braise, qui ensuite est poussée dans une galerie L, fig. 8 et 10, servant d'étouffoir, et qui en même temps est destinée à conserver la chaleur aux briques placées au-dessous de l'âtre.

Le four étant reconnu suffisamment chaud, on ferme les six clapets. et l'on met obstacle à tout accès de l'air froid, tandis qu'on tient en réserve une grande quantité de chaleur dans la partie supérieure. Pendant tout le temps que dure l'enfournement, les deux plaques supérieures A, fig. 8 et 10, restent fermées, et celles du bas sont ouvertes de la quantité strictement utile à la manœuvre.

Les galeries M servent à faire sécher le bois.

La voûte du four n'ayant à l'endroit où elle est le plus élevée que 0m22, on a été conduit à adopter des dispositions qui permissent de faire les réparations à l'intérieur sans démolir le four.

Voici ce qui a été pratiqué :

Les pierres placées au-dessus de la galerie L, marquées N, fig. 9 et 10, quoique parfaitement jointes entre elles, ont été rendues mobiles; De sorte que, lorsqu'on veut travailler dans le four, on les sort en les faisant glisser les unes sur les autres. Un homme peut alors se tenir debout dans la galerie L et atteindre toutes les parties du four.

L'appareil dont nous venons de donner la description fonctionne depuis près d'une année à la boulangerie des hospices de Paris, où l'on a reconnu qu'il offrait le moyen de cuire 1.808 kilog. de pain, en ne nécessitant qu'une consommation de 300 kilog. de bois; ce qui réduirait la dépense en bois à environ 25 kilog. par fournée de 150 kilog. de pain arrivé à parfaite cuisson.

Comparaison entre la quantité de combustible dépensée et celle nécessaire à la cuisson de 150k de pain.

NOTA. Dans ce four, pour opérer la cuisson de 150k de pain au rendement de 157 pour 100k de farine, on a consommé environ 25k de bois, ou 63,750 unités de chaleur, dont il faut déduire 1/10 pour tenir compte de la braise recueillie, soit 2k 500; il reste donc 22k 500 de bois, ou 57,375 unités de chaleur consommées.

CONFECTION DE LA PATE.

Farine non desséchée........................ 110k 294 ⎫
Eau pour pétrir............................. 64 597 ⎬ 176k 115
Sel non sec................................. 1 224 ⎭
Déchets ⎰ en farine......................... 0 760 ⎱ 1 115
        ⎱ en eau............................ 0 355 ⎰

Pâte à mettre au four............... 175k 000

Se composant de substances sèches et de substances humides dans les proportions suivantes :

SUBSTANCES SÈCHES.	EAU A ÉLEVER A LA TEMPÉRATURE DE 25 A 100 DEGRÉS.	EAU A ÉVAPORER.	TOTAL des SUBSTANCES HUMIDES.	TOTAL de LA PATE.
k g	k g	k g	k g	k g
92 . 015	57 . 985	25 . 000	82 . 985	175 . 000

CUISSON DE LA PATE.

Chaleur employée à vaporiser 25k 000 d'eau.............. $630 \times 25k 000 = 16,250$

Id.   à élever de 25 à 100° 57k 985 d'eau..... $75 \times 57 985 = 4,349$

Id.   id.   92 015 de sub-
stances sèches.................................... $\dfrac{75 \times 92 015}{2} = 3,451$

TOTAL des unités de chaleur nécessaires pour la cuisson de 150k de pain au rendement de 156 pour 100k de farine................................ 24,050

Mais au lieu de 24,050 unités, il en a été employé 57,375, ce qui porte l'effet utile de ce four à 42 pour 100 du combustible brûlé.

Si l'on compare ce four avec les appareils qui utilisent le mieux le combustible, en admettant que la perte de calorique par la cheminée et les parois est égale à la moitié de l'effet utile nécessaire à la cuisson de 150 kilog. de pain, on trouve que si les résultats avaient été aussi avantageux que possible, il n'eût été dépensé que 36,075 unités de chaleur, ou 14ᵏ 147 de bois.

Dans ce four, la cuisson de 100ᵏ de pain a nécessité l'emploi de 58,260 unités de chaleur, ou 15ᵏ 090 de bois, estimés........................... 0ʳ 388

Tandis que, si le four avait donné un résultat aussi avantageux qu'on l'a obtenu souvent dans de bons appareils, on n'eût dépensé que 24,050 unités, ou 9ᵏ 454 de bois, estimés................................. 0ʳ 225

En 1830, une patente a été prise à Londres, par M. Robert Hicks, pour un appareil applicable à la cuisson du pain. Cet appareil devait avoir pour effet de donner le moyen de recueillir l'alcool qui est créé par la fermentation de la pâte. Dans les expériences qui ont été faites, on a prétendu reconnaître que l'alcool était pur et que la quantité qu'il est possible de recueillir est de près d'un gallon (4ˡ 54) par sac de farine (63 kilog. environ) si le four est bien construit et si les joints en sont parfaitement lutés.

Four économique
de M. Hicks.

Pour qu'un four ainsi transformé en cornue soit assez hermétique pour rendre possible dans sa capacité, à un certain degré de perfection, d'une part la distillation d'une certaine quantité de liquide, et de l'autre la cuisson du pain, on conçoit qu'il ne peut être entièrement construit en matériaux friables et poreux, comme la brique ou la pierre. Par ce motif, M. Hicks a employé la fonte à la construction de la voûte de son four, et il a carrelé la sole avec de la brique, afin d'éviter que la surface inférieure du pain ne fût trop vivement saisie ou même brûlée. Le feu est allumé sous l'âtre à une certaine distance, et des tuyaux en briques, communiquant avec le foyer, sont distribués autour du four, de façon à l'envelopper de toute part.

La porte du four est munie d'une fermeture semblable à celle des bouilleurs des machines à vapeur. Un large tube, qui part du point central de la voûte, s'étend à travers la masse de briques qui recouvre la calotte de fonte. Les vapeurs qui s'élèvent du pain en cuisson se rendent dans ce tube et sont conduites, par un tuyau latéral, dans des serpentins entourés d'eau froide, où une première condensation s'opère. Cette

liqueur, la première obtenue, contient, à ce qu'on dit, de l'eau et de l'alcool ; elle est de nouveau vaporisée et passe par une série d'appareils
rectificateurs, jusqu'à ce qu'on ait obtenu de l'alcool pur.

Pour connaître et régler la température du four, un tube de la grosseur d'un canon de fusil et d'un pied environ de longueur, fermé à la
partie inférieure, est suspendu verticalement dans le milieu du tube ou
col conducteur de la vapeur. Ce tube, qui sort à la partie supérieure
du four, est rempli d'huile, dans laquelle on plonge un thermomètre qui
indique très-approximativement la température moyenne du four.

Afin d'obtenir une chauffe égale, M. Hicks fait usage du fourneau
tournant de Steel et Brunton. Le four de M. Hicks est rond ; et environ
à un pied au-dessous de la sole est établie une grande plateforme circulaire, du même diamètre que le four (six pieds), qui tourne dans un
plan horizontal, au moyen d'un mouvement imprimé à un axe vertical
passant par son centre. Cette plaque tournante, en entraînant le foyer
sous tous les points de la sole, distribue également la chaleur dans toutes les parties du four.

Le système de M. Hicks, qui est ingénieux, n'a cependant pas reçu
d'application, parce que dans la cuisson du pain il ne se forme pas de
vapeurs alcooliques.

M. Dumas dit que la fermentation d'une petite dose de sucre est nécessaire à la panification. Cette dose de sucre existe dans la farine, mais elle
est si faible qu'elle échappe à l'analyse. On peut poser en fait, ajoute-t-il,
que l'acide carbonique développé par cette fermentation demeure tout
entier dans le pain, et qu'il y occupe à peu près la moitié du volume du
pain lui-même à la température de la cuisson, c'est-à-dire 100° centigrades : il résulte de là qu'il ne faut pas en sucre un centième du poids
de la farine pour produire le gaz carbonique nécessaire à la production
du pain bien levé.

M. Dumas ajoute que lorsqu'on a proposé, il y a quelques années, de
tirer parti de l'alcool développé dans cette fermentation, on était tombé
dans une erreur complète, et qu'ayant fait cuire souvent dans un alambic plusieurs kilogrammes de pâte, il n'a jamais recueilli autre chose que
quelques gouttes d'eau insipide.

Comme on le voit, pendant la cuisson du pain il n'y a pas de production d'alcool.

Afin de donner le moyen de comparer facilement entre eux les résultats que nous avons consignés dans ce chapitre, nous rappelons, dans le tableau ci-après, les quantités et les valeurs des différents combustibles employés à la cuisson de 100^k de pain à divers rendements pour 100^k de farine, et celles qui ont été dépensées pour la cuisson de 100^k de biscuit au rendement de 90 ou 92^k pour 100^k de farine, dans les fours dont nous avons fait l'examen détaillé.

DÉSIGNATION des ESPÈCES DE FOURS.	QUANTITÉ DE PAIN ou de BISCUIT soumise à la cuisson.	TAUX des RENDE-MENTS.	UNITÉS de CHALEUR dépen-sées.	QUANTITÉ de			FRACTION de combustible utilisée par 100 de combustible brûlé.	DÉPENSE en DENIERS.
				BOIS.	CHARBON de terre.	COKE.		
	k	k		k g	k g	k g		f m
PAIN.								
Four sans ouras............	100	140	64,600	25.333	»	»	20 p. %	0.599
Four ayant des ouras........	100	140	56,285	22.073	»	»	25 p. %	0.522
Fours en usage à Lorient......	100	138	72,250	28.333	»	»	18 p. %	0.670
— à Rochefort....	100	138	58,933	23.110	»	»	22 p. %	0.546
— à Greenwich...	100	130	47,619	»	6.319	»	33 p. %	0.222
Four aérotherme de M. Aribert, chauffe continue et enfournement alternatif.............	100	140	37,500	»	5.000	»	13 p. %	0.175
Four aérotherme de MM. Jamet et Lemare, chauffe continue et enfournement alternatif......	100	130	65,441	»	»	10.907	24 p. %	0.484
Four aérotherme modifié de MM. Mouchot et Grouvelle...	100	130	81,210	»	»	13.535	20 p. %	0.601
Même four chauffé par la carbonisation de la houille........	100	130	»	»	»	»	»	0.030
Four aérotherme rectiligne de M. Aribert, à chauffe et enfournement continus........	100	137	31,283	»	4.171	»	51 p. %	0.146
Four de M. Clara.............	100	137	42,000	»	5.600	»	38 p. %	0.196
— de M. Lespinasse........	100	139	31,646	12.410	»	»	51 p. %	0.293
— de M. Ferrand..........	100	137	38,250	15.000	»	»	42 p. %	0.355
BISCUIT.								
Fours en usage à Lorient.......	100	90	201,856	79.159	»	»	18 p. %	1.872
— à Rochefort....	100	90	150,815	59.143	»	»	23 p. %	1.399
— à Greenwich...	100	90	202,500	»	27.000	»	18 p. %	0.945
Four de M. Pironneau.........	100	90	113,916	7.500	12.222	»	32 p. %	0.605
— de Toulon...............	100	90	133,874	52.500	»	»	27 p. %	1.242
— de M. Aribert............	100	90	82,500	»	11.000	»	43 p. %	0.385
— de M. Lespinasse en usage à Brest.....................	100	92	170,860	66.886	»	»	21 p. %	1.582

Si l'on compare les résultats que nous venons de rassembler avec
ceux consignés dans le tableau suivant, qui donnent la quantité théo-
rique de chaleur nécessaire à la cuisson de 100^k de pain à un rendement donné, on verra que les fours généralement en usage
sont loin d'utiliser convenablement le combustible brûlé; mais on
reconnaîtra que plusieurs fours nouveaux permettent d'espérer que
bientôt la cuisson du pain pourra s'effectuer avec une grande économie.

Calculs de la chaleur strictement nécessaire pour la cuisson de
100^k de pain à des rendements différents:

Rendement EN PAIN par 100 kil. de farine.	PAIN.	Substances sèches à élever à la température de 25 à 100°.	SUBSTANCES HUMIDES.			CHALEUR NÉCESSAIRE A LA CUISSON de 100 kilogr. de pain.			ÉQUIVALENT en		DÉPENSE en	
			EAU à élever à la température de 25 à 100°.	EAU à évaporer	UNITÉS de chaleur absolument nécessair.	UNITÉS de chaleur ordinairement perdues par la cheminée et les parois.	UNITÉS de chaleur que doit consommer un four où le combustible est bien utilisé.	BOIS.	CHARBON de terre.	BOIS, 23 f. 65 c. les 1,000 kil.	CHARBON de terre, 35 f. 00 c. les 1,000 kil.
130	100	64.141	35.859	16.667	15,927	7,963	23,890	9.3686	3.1852	0.222	0.111
131	100	63.657	36.343	16.667	15,946	7,973	23,919	9.3800	3.1892	0.222	0.111
132	100	63.180	36.820	16.667	15,961	7,980	23,941	9.3886	3.1921	0.222	0.111
133	100	62.711	37.289	16.667	15,982	7,991	23,973	9.4012	3.1964	0 222	0.112
134	100	62.248	37.752	16.667	15,998	7,999	23,997	9.4106	3.1987	0.223	0.112
135	100	61.793	38.207	16.667	16,017	8,008	24,025	9.4216	3.2009	0.223	0.112
136	100	61.344	38.656	16.667	16,033	8,016	24,049	9.4310	3.2075	0.223	0.112
137	100	60.901	39.089	16.667	16,058	8,029	24,088	9.4463	3.2117	0.223	0.112
138	100	60.465	39.535	16.667	16,065	8,032	24,097	9.4498	3.2129	0.223	0.112
139	100	60.035	39.965	16.667	16,081	8,040	24,111	9.4553	3.2148	0.224	0.113
140	100	59.612	40.388	16.667	16,097	8,048	24,145	9.4686	3.2193	0.224	0.113
141	100	59.195	40.805	16.667	16,113	8,056	24,169	9.4780	3.2226	0.224	0.113
142	100	58.783	41.217	16.667	16,128	8,064	24,192	9.4870	3.2256	0.224	0.113
143	100	58.377	41.623	16.667	16,144	8,072	24,216	9.4965	3.2288	0.224	0.113
144	100	57.976	42.024	16.667	16,154	8,077	24,231	9.5024	3.2308	0.224	0.113
145	100	57.582	42.418	16.667	16,174	8,087	24,261	9.5141	3.2348	0.224	0.113
146	100	57.192	42.808	16.667	16,189	8,094	24,283	9.5227	3.2377	0.225	0.114
147	100	56.808	43.192	16.667	16,202	8,101	24,303	9.5306	3.2401	0.225	0.113
148	100	56.429	43.571	16.667	16,217	8,108	24,325	9.5392	3.2433	0.226	0.114
149	100	56.056	43.944	16.667	16,231	8,115	24,346	9.5471	3.2461	0.226	0.114
150	100	55.687	44.313	16.667	16,244	8,122	24,366	9.5553	3.2483	0.226	0.114

Ici se termine l'examen des fours dont l'usage est le plus ordinaire : nous allons maintenant donner une description de ceux dont on se sert à bord des bâtiments de l'État.

Afin de ne rien omettre de ce qui concerne les fours, nous allons décrire ceux qui ont été employés et ceux qui son maintenant en usage à bord des navires de l'État.

Les fours de bord que nous avons vus, ou dont nous avons pu nous procurer la description, sont au nombre de six.

Le four indiqué ci-contre, dont la forme extérieure ainsi que celle de l'âtre sont ovales, se chauffe à l'intérieur avec du bois, et l'air nécessaire à l'alimentation de la combustion entre par la bouche du four, par où s'échappe aussi la fumée. (Pl. XXVIII, fig. 1, 2 et 3.)

A tous les inconvénients signalés dans les fours établis à terre suivant ce système, il faut ajouter que les mouvements de tangage et de roulis s'opposent souvent à ce que la combustion du bois puisse s'opérer ; ainsi, en faisant usage de ces fours se chauffant avec le bois mis sur l'âtre, il devient impossible, lorsque le temps est mauvais, de procéder à la cuisson de la pâte.

Les figures indiquées ci-contre donnent la représentation, à peu près exacte, du four précédemment décrit ; la seule différence qui soit à constater, c'est qu'on a imaginé de placer au-dessus d'un four reconnu incommode, un four entièrement semblable ; cette disposition avait cependant pour avantage de donner la possibilité de doubler la surface de l'âtre, en n'augmentant l'espace occupé par le four que dans le sens de la hauteur. Le système a été abandonné. (Pl. XXVIII, fig. 4, 5 et 6.)

Les figures désignées ci-contre représentent le four maintenant en usage, et dont on trouve la description dans l'ordonnance du 20 décembre 1838. (Four de M. Pironneau, ingénieur de la marine. (Pl. XXVIII, fig. 7, 8, 9 et 10.)

Ce four se compose d'une cage cylindrique en fer, à revêtement en tôle, maçonnée en dedans ; les dispositions adoptées permettent d'opérer le chauffage avec du charbon de terre, et le four est pourvu à cet effet d'un fourneau avec grille et cendrier, ainsi que d'un mode de tirage approprié à l'emploi de la houille.

Ce four a de l'analogie avec ceux dont on fait usage en Angleterre.

On remarque d'abord que la voûte du four repose sur la sole sans l'intermédiaire de pieds-droits, ce qui a été généralement considéré comme un vice de construction, soit parce que cette disposition s'oppose à une égale répartition du calorique dans la capacité du four, soit parce que le pain placé sur les rives, se trouvant trop près de la partie de la voûte qui vient reposer sur l'âtre, absorbe plus de chaleur qu'il ne lui en faudrait, et qu'au sortir du four il se trouve plus saisi que celui placé dans les autres parties de l'âtre. Il paraît que cette disposition est sans inconvénients dans les fours de petites dimensions, car ceux que nous venons de décrire sont excellents.

La rapidité apportée dans tous les détails relatifs à la fabrication du pain étant considérée comme une chose avantageuse pour le service à bord des bâtiments, on aurait intérêt à adopter les fours à âtres rectangulaires, qui donneraient le moyen d'opérer en quelques secondes l'enfournement et le défournement du pain, en se servant de moules et de plaques percées.

FOURS ENTOURÉS DE DEUX ENVELOPPES ENTRE LESQUELLES PASSENT LA FLAMME ET LA FUMÉE.

FOUR DE BORD DE M. SOCHET, INGÉNIEUR DE LA MARINE.

(Pl. XXVIII, fig. 11 et 12.) Le four de M. Sochet consiste en un tube horizontal en fonte de fer, sans ouverture à l'une de ses extrémités où il se termine en forme de calotte sphérique, et fermé à l'autre par une porte de la dimension requise par l'enfournement.

Les pains se placent au milieu de la capacité sur un plateau en tôle disposé de manière qu'il n'adhère point au four, et de telle sorte que celui-ci puisse recevoir un mouvement de rotation sur deux tourillons, sans que le plateau y participe et cesse de conserver son immobilité.

On conçoit dès lors que si on fait le feu sous le tube la chaleur se communiquera successivement à toute la surface extérieure, au moyen du mouvement de rotation qu'on peut imprimer au cylindre, et, cette chaleur rayonnant dans tous les sens sur les pains qui y sont renfermés, la cuisson s'opérera également et rapidement.

Pour réaliser complétement cet effet, le four est contenu dans une cheminée en tôle ayant grille, cendrier et tuyau; il est entièrement enveloppé, à la seule distance nécessaire entre les parois pour favoriser la circulation et le dégagement de la fumée.

Une manivelle saillante en dehors, et tenant à l'axe du corps en fonte, sert à lui donner, de loin en loin, un quart de révolution, pour que tous les points de sa superficie passent tour à tour au-dessus du foyer.

Des expériences ont prouvé qu'une économie de la moitié du combustible pouvait être obtenue, par ce système, dans la cuisson du pain.

On a constaté les bons résultats obtenus par la mise en pratique du four de M. Sochet; les inconvénients que présente ce système, ou des préventions peu fondées, ont mis obstacle à son adoption.

FOUR DE BORD DE M. PIRONNEAU, INGÉNIEUR DE LA MARINE.

Ce four, qui est une modification très-ingénieuse de celui de M. So- (PL. XXVIII. fig. 18 à chet, se compose d'un cylindre en tôle dans lequel on place le pain, et 19.) d'un fourneau dans l'intérieur duquel le cylindre est disposé, de manière que la fumée produite par le foyer ne puisse avoir aucune communication avec sa capacité intérieure.

Les deux bouts de ce cylindre sont extérieurs au fourneau, et fermés l'un et l'autre par une plaque de tôle fixée par le moyen de vis aux deux faces avant et arrière du fourneau. Le cylindre est traversé par un axe en fer qui porte, à l'extérieur, une manivelle au moyen de laquelle on peut lui imprimer un mouvement de rotation, et, à l'intérieur, deux croisillons à quatre branches servant d'appui à quatre plateaux à roulis, en tôle.

Ces plateaux, qui sont destinés à recevoir le pain, sont suspendus de manière à le faire tourner dans l'intérieur du cylindre, sur des plateaux en bois qu'on laisse dans le four et qu'on retire avec lui.

Ce four, par sa disposition, permet d'enfourner, à volume égal de celui de M. Sochet, une quantité double de pain.

Un tourne-broche sert à imprimer à l'axe un mouvement de rotation, et un appareil de distillation donne le moyen de recueillir les vapeurs qui se produisent pendant la cuisson.

Nous ignorons quels sont les défauts attribués à ce four ; mais toujours est-il que la Marine royale ne l'a adopté, jusqu'à ce jour, qu'à titre d'essai.

Nous ne croyons pas devoir terminer ce qui est relatif à l'examen des fours en usage à bord, sans appeler l'attention des personnes qui s'occupent de ce genre de construction, sur le système de M. Aribert, qui pourrait être chauffé au coke, ne plus donner de fumée, et devenir encore une source d'économie.

RÉSUMÉ.

Il découle de l'examen auquel nous venons de nous livrer que, dans des vues de sage économie, on doit abandonner l'usage des fours se chauffant avec du bois, et adopter ceux dont on élève la température par la combustion de la houille ; de cette substitution il résultera, ainsi que nous l'avons démontré, une diminution de moitié dans la dépense affectée à la cuisson du pain.

On peut en outre conclure de notre travail, que les fours auxquels on doit donner la préférence sont ceux de M. Aribert, ceux de M. Clara, et enfin les fours de MM. Mouchot et Grouvelle, lorsqu'il sera possible, cependant, de trouver un écoulement avantageux du coke provenant de la carbonisation de la houille.

Nous croyons enfin devoir émettre le vœu que ces trois fours soient essayés concurremment, et que les fours continus de M. Aribert et celui de M. Grouvelle soient appliqués à la cuisson du biscuit, dont nous allons exposer les procédés de fabrication dans le chapitre suivant.

※

CHAPITRE VII.

FABRICATION DU BISCUIT DE MER [1].

§ I. — ANCIENNES MÉTHODES USITÉES EN FRANCE POUR LA FABRICATION DU BISCUIT.

Les documents les plus anciens qu'il nous ait été possible de recueillir sur la fabrication du biscuit de mer appartiennent à l'ouvrage que Malouin a publié en 1767 sur l'art du boulanger. On y lit ce qui suit :

  « On a de tout temps fait du pain qui se conservait dans les voyages « de long cours sur mer, et dans la guerre, surtout pour les siéges. Il « y avait, du temps de Pline, du pain de mer qui se séchait sans se moisir : « c'est ce que cet auteur nomme *panis nauticus*. Les Grecs appelaient « διαρτος le pain biscuit.

  « Le biscuit est composé de farine de froment, dont on a ôté tout le « gruau et le son ; en sorte que d'un sac de 200 livres de farine brute « on ne retire pour faire le biscuit que 160 livres de farine.

  « A ces 160 livres de farine on joint, en la pétrissant, 40 livres d'eau, « ce qui produit 200 livres de pâte, dont on ne forme, selon l'auteur « du *Tarif des subsistances militaires*, que 133 rations un tiers, du poids « de 24 onces chacune, qui après la cuisson ne doit plus peser que 18 « onces, parce que les 40 livres d'eau s'évaporent ; et même, selon cet « auteur, l'humidité naturelle de la farine, qu'il estime de 9 à 10 livres

Ancienne fabrication du biscuit.

Suivant Malouin.

---

[1] La double cuisson que subissait originairement le biscuit lui a valu le nom sous lequel on le désigne aujourd'hui ; mais il est inexact qu'il soit cuit deux fois pour les petits voyages, et quatre pour les voyages de long cours, comme l'ont avancé des auteurs graves, qui ont voulu parler du biscuit, comme d'une infinité d'autres choses, sans en avoir la plus légère notion. (Parmentier, *Mémoire sur les avantages que le royaume*, etc., pages 343 et 344.)

«,pour chaque sac, se dissipe ; ainsi, selon lui, il ne reste que 150 livres
« de biscuit de 160 livres de farine et de 40 livres d'eau, etc.[1]. »

Suivant Malouin, le biscuit reste deux heures au four. Il recommande
de ne pas prendre le levain pour le biscuit, aussi jeune que pour le
pain. La première fournée faite, on doit, dit-il, préparer un levain de
tout point, pour remplacer celui qui vient d'être employé ; c'est pétrir sur pâte. La même marche doit être suivie jusqu'à la fin du
travail.

On fait, pour le biscuit, la pâte plus ferme que pour le pain de munition ; on prend l'eau plus chaude.

On met une heure de plus pour faire le biscuit que pour faire le
pain de munition. On choisit, pour faire le biscuit, les boulangers les
plus habiles.

La pâte pour le biscuit étant pétrie très-dure, il est nécessaire d'avoir
des rouleaux de bois pour la biller et pour, en l'aplatissant, lui donner
la forme que le biscuit doit avoir, qui est de 24 à 27 pouces de circonférence ou 8 à 9 pouces de diamètre, et 15 à 16 lignes d'épaisseur.
Chaque biscuit doit peser une ration de 18 onces (550 grammes).

Lorsqu'on a façonné les biscuits, on les met sur des tablettes pour
qu'ils y prennent leur apprêt.

Il faut piquer le biscuit immédiatement avant de le mettre au four,
afin d'empêcher qu'il ne se boursoufle en cuisant. On se sert pour cela
de piquoirs de fer faits exprès, à cinq ou six dents.

En 1789, Parmentier a indiqué un mode de préparation du biscuit
qui diffère peu du précédent :

Suivant Parmentier.

« On prend, dit-il, ordinairement six livres de levain un peu plus
« avancé que pour le pain ; on le délaye dans l'eau, toujours tiède, avec
« un quintal de farine que l'on pétrit. Lorsque la pâte est au point de
« n'être plus travaillée avec les mains, on la foule avec les pieds jusqu'à
« ce qu'elle soit parfaitement lisse, tenace et très-unie.

« Le pétrissage fini, on travaille encore la pâte par parties, d'abord
« en forme de rouleaux qui, séparés en petits morceaux, repassent

---

[1] Voir l'Art du boulanger, de Malouin, pages 239 à 241 (extrait).

« par la main des boulangers, ce qu'ils appellent frotter. Quand le poids
« de chaque galette est déterminé, on lui donne la forme ronde et apla-
« tie avec une bille, après quoi on l'arrange sur des tables ou sur des
« planches qu'on expose au frais, afin d'empêcher qu'il ne s'y établisse
« un mouvement de fermentation trop marqué. On a soin que le four soit
« moins chauffé pour la cuisson du biscuit que pour celle du pain ; mais
« aussitôt que la dernière galette est tournée, on commence à enfourner
« la première en la perçant de plusieurs trous au moyen d'une pointe
« de fer, ce qui favorise son aplatissement et procure des issues à l'éva-
« poration. Le séjour du biscuit au four est de deux heures environ.

« A mesure qu'on tire les galettes du four, on les met avec beaucoup
« de précaution dans des caisses, de peur qu'elles ne se brisent. On en
« renferme ainsi un demi ou un quintal. La caisse une fois remplie, on
« la porte dans les étuves ou pièces au-dessus de la boulangerie, nom-
« mées *soutes*, dans lesquelles communique la chaleur du four; le bis-
« cuit achève d'y perdre son humidité surabondante et éprouve ce
« qu'on nomme le *ressuage*. »

Le même auteur ajoute que le biscuit est de bonne qualité lorsqu'il
est sonore, qu'il se casse net, qu'il présente dans son intérieur un état
brillant qu'on nomme *vitré*, qu'il trempe et se gonfle considérablement dans l'eau, sans s'émietter ni gagner le fond du vase.

Parmentier rapporte les expériences faites par Caudin, boulanger du
Havre ; d'où il résulterait qu'avec 100 livres de farine on peut faire 126
à 127 livres de pâte, laquelle divisée en galettes de 8 à 9 pouces, étant
bien cuite, fournit 90 à 91 livres de biscuit. Enfin, il approuve avec ce
praticien qu'au lieu de se servir de levain vieux, on l'emploie à l'état
jeune, et il conseille de tenir *la pâte un peu moins ferme*, afin de pouvoir la pétrir avec plus de facilité.

Malouin dit que le poids de l'eau employée au pétrissage est le quart
du poids de la farine, et Parmentier, environ le tiers. Ce dernier chiffre
s'accorde avec ce qui se pratique dans les manutentions de la marine.

Nous continuons la citation : « Que d'argent on épargnerait à l'Etat,
« que d'hommes précieux on conserverait, si le biscuit était fabriqué
« partout aussi parfaitement et aussi économiquement qu'il pourrait
« l'être, en faisant une bonne mouture, une excellente fabrication, et en
« prenant quelques soins pour sa conservation! Cette administration des

« vivres de la marine est encore bien éloignée du point de perfection
« désiré, malgré le zèle éclairé des hommes auxquels elle est confiée[1]. »

Comme on le voit d'après les extraits que je viens de rapporter,
voici en quoi consistait la fabrication du biscuit en France il y a soixante
à quatre-vingts ans. On prenait une certaine quantité de farine, ne contenant ni son ni gruau, on humectait cette farine, les uns disent avec un
tiers, les autres avec un quart de son poids d'eau, à la température de
50 à 60 degrés centigrades; puis on ajoutait environ un dixième du poids
de la farine en levain, que certains praticiens recommandent de prendre
jeune et que d'autres invitent à prendre un peu avancé.

La farine, l'eau et les levains, mis ensemble, recevaient une première
façon, appelée frasage, qui avait pour effet de former un certain mélange; la pâte étant à demi liée, deux ouvriers entraient dans le pétrin,
et la foulaient avec leurs pieds pendant près de quinze minutes; la
masse étant alors homogène, on la divisait en plusieurs parties qui, l'une
après l'autre, étaient étendues sur une table pour y être pétries de
nouveau avec les pieds.

Ces morceaux de pâte, après avoir été convenablement travaillés,
étaient divisés en boules d'une certaine dimension; on les aplatissait
avec un rouleau, de manière à les transformer en galettes que l'on perçait de trous avec un poinçon, ou à l'aide d'un piquoir à cinq ou six
dents, afin de permettre à la chaleur d'atteindre facilement les parties
internes de la pâte et d'empêcher le boursouflement.

Ces galettes devant peser une ration, ou 550 grammes, elles avaient
de 60 à 65 centimètres de circonférence, ou 21 à 23 centimètres de
diamètre, et jusqu'à 36 millimètres d'épaisseur. Après qu'elles avaient
été piquées, on les rangeait en ordre sur des tables, où elles restaient
pendant vingt-cinq à trente minutes à fermenter, ou, en d'autres termes,
à prendre leur apprêt.

L'on procédait alors à l'enfournement, soit en jetant les galettes au
four, comme des palets, soit en les enfournant avec la pelle, de manière à en carreler le four à peu près exactement. Ces galettes, très-
épaisses, restaient pendant deux heures dans un four, dont la tempéra-

---

[1] *Mémoire sur les avantages que le royaume peut retirer de ses grains*, par Parmentier,
pages 355 à 359.

ture était plus élevée, suivant Malouin, et plus basse, suivant Parmentier, que celle des fours dans lesquels s'opère la cuisson du pain. Le défournement avait lieu, et le biscuit chaud était mis dans des caisses et porté dans les soutes placées au-dessus des fours; on élevait parfois la température de ces soutes à l'aide d'un brasier, et le biscuit continuait à s'y dessécher en se refroidissant; ce que les boulangers appellent *ressuage*.

Le biscuit, auquel on donnait beaucoup d'épaisseur, devait rester longtemps au four pour acquérir un degré suffisant de cuisson; sa croûte était nécessairement très-dure et très-épaisse, et il devenait difficile d'en faire usage sans le faire tremper; c'était un inconvénient réel, car lorsque le biscuit était délivré en place de pain, au déjeuner ou au souper, avec du fromage, le matelot ne le mangeait qu'avec beaucoup de peine.

Inconvénients attribués à l'ancienne fabrication.

Ainsi que nous l'avons vu, l'usage des levains, dans la fabrication du biscuit, était expressément recommandé par les anciens auteurs qui ont écrit sur la boulangerie; ils croyaient que sans une adjonction de levain, le biscuit n'aurait pas eu un goût agréable et qu'il eût trempé difficilement; mais l'expérience est venue prouver que leur opinion était mal fondée et que l'emploi des levains n'était qu'une complication inutile dans la préparation du biscuit.

Lorsqu'en 1813 j'ai commencé ma carrière dans l'administration des subsistances de la marine, les procédés de fabrication du biscuit différaient peu de ceux que je viens d'exposer; cependant on commençait, à l'imitation de ce qui s'est toujours pratiqué en Angleterre, à ne plus employer de levain; le pétrissage s'exécutait comme nous l'avons indiqué plus haut, mais les galettes, auxquelles on donnait la forme carrée, n'avaient que 12 à 14 centimètres de côté, et 17 à 20 millimètres d'épaisseur; il en fallait trois et une fraction pour produire une ration de 550 grammes; elles étaient faites avec un morceau de pâte auquel on donnait d'abord la forme d'une boule, qu'on aplatissait avec une billette (Voir pl. L, fig. 6), et que l'on finissait de réduire à une épaisseur déterminée en le passant sous un rouleau (Voir pl. L, fig. 11 et 12), ayant à chacune de ses extrémités un bourrelet réglant l'épaisseur à donner à chaque galette. Le morceau de pâte, après avoir été aplati, était soumis à l'action d'un instrument figurant un carré, dont les côtés étaient formés de lames tranchantes, et qui à l'intérieur était garni de poinçons;

Quels étaient, en 1813, les procédés de fabrication du biscuit en France?

Ce coupe-pâte était muni d'un double fond mobile que des ressorts solli-
citaient sans cesse à occuper le plan déterminé par les arêtes des lames
(Voir pl. L, fig. 7 à 10). L'ouvrier exerçait une pression sur la pâte avec
cet instrument, et elle était aussitôt coupée en carré et percée,
puis repoussée sur la table par le jeu des ressorts agissant sur le double
fond.

Le biscuit, étant moins épais que celui que l'on faisait du temps de
Malouin et de Parmentier, ne restait au four que 35 à 40 minutes pour
arriver à parfaite cuisson.

Pendant plus de vingt ans les changements introduits dans la fabrication du biscuit se réduisirent à de simples modifications qui tendaient
à rendre le travail des hommes moins pénible, mais qui n'apportaient ni
économie dans la main-d'œuvre, ni amélioration dans la qualité du produit. Ainsi, à Brest on avait imaginé de faire un coupe-pâte au moyen

Coupe-pâte
mis en usage
au port de Brest.
(Pl. L, fig. 2 à 5.)

duquel on pouvait couper et percer quatre galettes à la fois, en appuyant
sur l'extrémité d'un levier. Dans cet appareil, les ressorts qui existent au
petit coupe-pâte à main ont été supprimés; les galettes sont repoussées
par la chute du double-fond auquel on a donné beaucoup de pesanteur,
et qui joue librement dans des coulisses.

Coupe-pâte
de M. Crespin.
(Pl. L, fig. 1.)

Peu d'années après la tentative d'amélioration faite à Brest, M. Crespin, qui dirigeait le service des subsistances à Rochefort, eut l'idée de
remplacer le levier par une vis de rappel, et il fit construire un coupe-
pâte qui fut reconnu d'un usage plus commode que celui dont on se
servait à Brest.

Lorsque, il y a quinze ans, je quittai le port de Lorient pour
venir continuer mes fonctions de directeur à Rochefort, j'eus l'occasion, en passant par Nantes, de visiter la manutention de biscuit de

Appareil à pétrir
et à laminer,
de M. Baudry.
(Pl. L, fig. 15 à 18.)

M. Baudry. Le premier mélange de la farine et de l'eau, le frasage, s'o-
pérait dans cette boulangerie comme dans les autres, par le soin des
hommes; mais le pétrissage proprement dit s'effectuait par l'action de
meules coniques, semblables à celles que l'on voit fonctionner dans certaines fabriques de chocolat. Un ouvrier était constamment occupé à disposer la pâte de manière à ce qu'elle fût pressée en tout sens par les
meules; et lorsque le pétrissage était jugé terminé, on la coupait en
morceaux auxquels on donnait la forme d'une boule que l'on aplatissait
à l'aide d'un rouleau à main, et la pâte dans cet état était laminée entre

deux rouleaux qui la réduisaient en une galette ronde, d'épaisseur
déterminée, que l'on perçait de huit ou dix trous avec un piquoir à
plusieurs poinçons.

La manutention de M. Baudry n'offrait pas le modèle de machines
ingénieuses ; cependant comme l'usage des rouleaux rendait moins pénible le travail de l'ouvrier, qu'il lui donnait le moyen d'abandonner la
manœuvre fatigante de la billette et du régulateur, je fis disposer trois
rouleaux qui, placés dans un plan vertical et rendus solidaires les uns
des autres par des roues d'engrenage, étaient mis en mouvement par
l'action d'une même manivelle, de sorte que la pâte ayant été engagée
entre le premier et le second cylindre, était conduite sans difficulté entre le second et le troisième. Le premier et le second rouleaux étaient
séparés par un espace égal à 3 centimètres environ, et l'intervalle qui
existait entre le second et le troisième était de 15 à 18 millimètres. La
pâte, en sortant de ce laminoir, se trouvait réduite à l'épaisseur voulue
et prête à être présentée au découpoir.

Cet appareil imparfait a donné le premier la mesure de tout le parti
qu'on pouvait tirer des laminoirs dans la fabrication du biscuit.

En 1829, M. Selligue avait proposé à la Marine un pétrin dans lequel
la pâte devait être frasée, pétrie et laminée ; il consistait en deux rouleaux, un cylindrique et l'autre cannelé, placés à la partie inférieure de
l'appareil, lesquels frasaient et pétrissaient la pâte qui, arrivée à un certain état de consistance, était entraînée par un système de cylindres
figurant un plan incliné, vers la partie supérieure du pétrin, où elle était
contrainte de passer entre deux rouleaux lamineurs, qui la réduisaient
à l'épaisseur convenable.

Ce pétrin, ce nous semble, aurait eu pour avantage, à l'aide de certaines modifications, de pouvoir être combiné avec un coupe-pâte
continu ; mais dans l'état où il était lorsque nous en avons fait l'essai, son
adoption ne pouvait pas être proposée.

Nous venons de résumer les essais qui ont été faits en France, jusqu'en 1830, dans le but de simplifier la fabrication du biscuit de mer.
Après que nous aurons indiqué les moyens employés en Angleterre,
nous donnerons connaissance de ceux qu'on a mis en usage depuis 1830
dans les boulangeries de la marine en France.

Pétrin à biscuit,
de M. Selligue.
(Pl. L, fig. 13 et 14.)

Méthode employée
à Deptford.

Dans la boulangerie de Deptfort, on fait usage de pétrins demi-cy-lindriques en fonte, ayant 1ᵐ 50 de longueur et environ 0ᵐ 60 de diamè-tre. Au-dessus de chacun d'eux se trouve un réservoir qui contient la quantité d'eau chaude nécessaire à la préparation de la pâte d'une fournée.

La farine et l'eau étant mises dans le pétrin, deux hommes sont em-ployés à en opérer le premier mélange, le frasage ; puis, lorsque cette façon a été donnée, la pâte est posée sur un plateau en bois où elle est soumise à l'action d'un levier¹ à l'extrémité duquel pèse un homme, tan-dis qu'un autre la ramène sous le levier, de manière à ce que toutes les parties soient soumises à une forte pression. (Voir Pl. L, fig. 19 et 20.)

Lorsqu'on a achevé le pétrissage de la pâte, on la transporte sur une table où elle est divisée en petites boules de la grosseur d'un œuf, les-quelles étant soumises à l'action d'un rouleau sont aplaties et transfor-mées en galettes rondes. Ces galettes assemblées deux à deux sont per-cées par un piquoir à main, puis passées aux ouvriers enfourneurs qui sont au nombre de trois : le premier les dédouble, le second les lance sur la pelle, et le troisième les met au four, où, en égard à leur peu d'é-paisseur (un centimètre), elles ne restent que 15 minutes pour arriver à une parfaite cuisson.

Les procédés qui viennent d'être décrits sont assez généralement usités en Angleterre, bien qu'ils exigent l'emploi de cinq hommes par four, et qu'ils nécessitent des frais considérables de manutention. Cependant, comme nous allons le voir, l'action des machines tend chaque jour à remplacer le travail manuel.

Appareil à fabriquer
le biscuit,
par M. Tassel-Grant,
en application
à Portsmouth
et à Plymouth.

En 1830, M. Thomas Tassel-Grant, employé des subsistances de la marine royale à Portsmouth, a imaginé un appareil à fabriquer le biscuit

¹ Brie du vermicellier.

que nous avons vu fonctionner et dont nous allons donner la description.

La première opération effectuée par les agents mécaniques qui composent ce système réside dans le mélange de la farine et de l'eau. La farine arrive par une anche dans un pétrin cylindrique, l'eau chaude y parvient également par un conduit en communication avec un réservoir, et ce pétrin, qui est traversé par un axe armé de couteaux, est fait de manière à ce que sa moitié supérieure s'ouvre en se soulevant à l'aide du jeu d'une vis sans fin s'engrenant avec une crémaillère, tandis que la partie inférieure, qui se trouve alors dégagée, peut glisser sur deux rails et être ainsi mise à proximité des rouleaux pétrisseurs.

Ce pétrin, que nous avons vu fonctionner à Portsmouth, se trouve représenté, à très-peu de chose près, pl. LV, fig. 4.

L'axe du pétrin étant mis en mouvement par l'action du moteur, entraîne les lames à travers la farine et l'eau, et en cinq minutes le frasage est opéré.

La partie supérieure du pétrin est alors ouverte, et la partie inférieure est amenée, comme nous l'avons dit, à la proximité du rouleau pétrisseur. La pâte est mise sous ce rouleau dont le poids n'est pas moindre de 675 kilog., et qui, recevant d'une bielle un mouvement alternatif, agit tantôt dans un sens, tantôt dans un autre. Après que la pâte, qu'un ouvrier est sans cesse obligé de relever pour doubler l'épaisseur de la nappe, a subi pendant cinq minutes l'effet du rouleau pétrisseur, et qu'elle a été réduite à une épaisseur réglée par la hauteur d'un petit chemin de fer au-dessus duquel oscille le cylindre pétrisseur, elle est coupée à la main en morceaux, puis placée sur des tablettes que l'on fait passer sous un rouleau qui, par la pression qu'il exerce dans son mouvement de va-et-vient, abaisse la pâte à l'épaisseur déterminée par la hauteur d'un chemin de fer sur lequel les tourillons du rouleau viennent reposer lorsque la pâte est complétement laminée. Quand une tablette est couverte de pâte, elle est glissée sous un étampoir qui a beaucoup d'analogie avec celui figuré Pl. LV, fig. 5, 6, 9 et 11, et qui donne à la fois l'empreinte de seize galettes hexagonales prêtes à être mises au four, auprès duquel elles sont conduites sur des étagères roulantes qui ont beaucoup de ressemblance avec celles représentées Pl. XLIX, fig. 12 et 13.

L'appareil qui a été construit par les ingénieurs Rennie, dans l'établissement royal de Weovil près Portsmouth, nécessite l'emploi d'une machine de douze chevaux, deux pétrins, deux coupe-pâtes, deux appareils pétrisseurs et abaisseurs de la pâte, et l'aide de huit hommes et de huit enfants, pour fabriquer par vingt-quatre heures 6 tonnes de biscuit ou 6,090 kil., en ne dépensant pour main-d'œuvre proprement dite que 0 fr. 40 par 45 kilog. de biscuit confectionné.

Ce résultat économique diffère peu de celui auquel nous sommes arrivés avec la machine en usage à Rochefort, et il nous sera facile de démontrer qu'il est possible de diminuer les frais généraux de la fabrication de biscuit, et même de les réduire à la moitié du chiffre auquel ils sont portés en Angleterre.

Incouvenients.

D'habiles mécaniciens ont fait remarquer qu'il eût été à souhaiter que le pétrin opérât non-seulement le frasage, mais encore le pétrissage complet de la pâte; que les rouleaux pétrisseurs qui sont si lourds et qui exigent tant de force pour être mis en action, eussent été remplacés par des laminoirs fixes pouvant, avec avantage, suppléer l'effet produit par ces masses énormes de fonte; et qu'enfin le découpoir, au lieu d'agir d'une manière alternative, fonctionnât par un mouvement circulaire continu. Ces critiques étaient fondées, et ce sont elles qui ont déterminé quelques personnes à mettre en essai d'autres procédés; ainsi Bruce, mécanicien anglais, a imaginé, à l'imitation de ce qui était tenté aux États-Unis, un coupe-pâte cylindrique continu, dont la description nous a servi à faciliter la construction du découpoir en usage depuis douze ans à Rochefort.

Soit à cause de ses imperfections réelles, soit à cause de ce mauvais esprit qui met obstacle à l'adoption de tout ce qui tend à rompre d'anciennes habitudes, le système de M. Grant, qui a été mis en usage à Portsmouth, à Plymouth, chez MM. Fraser et Hullah à Wapping, et chez M. Packam, au Moulin du roi, à la ville d'Eu, n'a pas été appliqué dans le grand établissement de Deptfort, et il n'a pas été possible de l'employer à Toulon sans lui faire subir des modifications que nous indiquerons dans le cours de ce chapitre. Mais toujours est-il que c'est à M. Grant qu'appartient le mérite d'avoir mis en évidence la possibilité et le grand avantage qu'il y aurait à confier la fabrication du biscuit à des agents mécaniques.

Les procédés qui, vers 1830, commençaient à être appliqués en Angleterre pour perfectionner la fabrication du biscuit, ne me paraissant
pas devoir conduire au but que l'on voulait atteindre, *l'économie de
main-d'œuvre et l'amélioration de la qualité du produit*, je me livrai à la
recherche d'une nouvelle solution de ce problème de boulangerie, et
je m'associai M. Aubouin, maître à l'atelier des tours en métaux, dont
la coopération a contribué pour beaucoup à la réalisation de mes idées:
il est même probable que sans l'aide d'un mécanicien aussi habile, mes
projets d'amélioration se fussent réalisés très-difficilement.

J'adoptai, comme point de départ, le pétrin circulaire de M. David et
le coupe-pâte de Bruce, et c'est en les rapprochant et en leur faisant
subir de profondes modifications que nous sommes arrivés, M. Aubouin
et moi, à construire l'appareil qui fonctionne depuis douze ans à Rochefort et dont nous allons donner la description.

Cet appareil se compose : 1° d'un pétrin où s'effectue complétement
le frasage et le pétrissage de la pâte; 2° d'un système de rouleaux lamineurs ayant pour objet de réduire la pâte à une largeur et une
épaisseur déterminées; 3° d'un coupe-pâte cylindrique à mouvement continu, marchant avec la même vitesse que les rouleaux
lamineurs; 4° d'un mode d'enfournement donnant la possibilité d'enfourner avec célérité tout le biscuit fabriqué dans un court espace de
temps.

*Appareil à fabriquer
le biscuit,
de MM. Rollet
et Aubouin.*

Le pétrin consiste en un bassin circulaire tournant sur pivot, et supporté à son pourtour inférieur par quatre galets s'appuyant sur un massif en bois garni d'une plate-bande circulaire en fer. Le mouvement est
donné à l'appareil, par un pignon monté sur l'arbre A recevant l'action
du moteur, et engrenant avec une crémaillère placée sur le bord supérieur du bassin. L'arbre A porte en outre un pignon F, qui engrène avec
un autre pignon G, et fait mouvoir un arbre horizontal B, sur lequel
sont fixées quatre roues coniques destinées à mettre en mouvement des
cylindres compresseurs et des agitateurs.

*Pétrin.
(Pl. LII, fig. 1 et 2.)*

62

Deux racloirs en bois fixés aux traverses du pétrin sont liés entre eux à leur partie inférieure par une tringle en fer plat, taillée en biseau, qui affleure le fond du bassin et le gratte continuellement, de plus l'un des racloirs S nettoie les parois de la cuve, et l'autre R agit de la même manière sur le noyau Q. A l'aide de ces précautions le pétrin est maintenu dans un état complet de propreté pendant le cours du travail.

Les cylindres verticaux placés entre les racloirs ne se déplacent jamais, et les extrémités inférieures de leurs axes entrant dans des trous pratiqués à la tringle en fer plat, ils sont maintenus dans une position verticale, quelle que soit la pression qu'ils exercent sur la pâte. Du côté opposé où fonctionnent les cylindres fixes, sont établis deux agitateurs à quatre branches semblables à ceux représentés pl. XLI, fig. 20, lesquels sont remplacés par des cylindres cannelés (pl. XLI, fig. 17) lorsque la pâte a acquis une certaine consistance.

La vitesse avec laquelle marche le bassin doit être mise en rapport avec celle imprimée aux cylindres et aux agitateurs, de manière à favoriser le plus possible leur action sur la farine et l'eau dont on veut opérer le mélange. La pâte, étant divisée par les agitateurs, arrive graduellement et en quantité suffisante aux cylindres fixes, qui la pressent et la lient. Le frasage dure cinq minutes, on retire alors les agitateurs, et on les remplace par des cylindres; puis on continue à faire marcher le pétrin et, après un travail qui peut durer quinze à vingt minutes, la pâte est parfaitement pétrie et très-homogène dans toutes ses parties.

Les opérations du frasage et du pétrissage se sont effectuées sous les yeux de l'ouvrier en réclamant de lui l'application seule de son intelligence, dont il a eu à faire usage pour modifier l'action de la machine, suivant la qualité des farines, la température de l'eau et l'état de l'atmosphère.

Après qu'elle a été pétrie, la pâte est soumise à l'action d'un système de laminoirs qui la réduisent à l'épaisseur et à la largeur qu'elle doit avoir avant de passer sous le découpoir.

Appareil lamineur de la pâte. (Pl. LI, fig. 1, 2 et 3.) Cet appareil se compose d'une suite de rouleaux en bois formant un plan incliné, sur lequel on pose la pâte lorsqu'on la sort du pétrin. A la partie la plus basse de ce plan, sont établis quatre cylindres, les deux premiers sont verticaux, et les deux autres placés horizontalement laissent entre eux un espace libre de 3 centimètres environ.

Les deux cylindres B qui tournent librement servent à déterminer la largeur de la pâte, tandis que les seconds C, qui subissent l'action du moteur, la laminent à une certaine épaisseur, la poussent sur des rouleaux mobiles et la conduisent vers deux autres paires de cylindres lamineurs placées au-dessous l'une de l'autre, qui pressent de nouveau la pâte et la réduisent à l'épaisseur qu'elle doit avoir avant de passer sous le découpoir.

Les vitesses relatives des divers rouleaux presseurs sont calculées eu égard à leur écartement, de manière que les derniers cylindres puissent laminer toute la pâte fournie par ceux qui les précèdent.

A mesure que la pâte abandonne les derniers cylindres lamineurs, elle vient se développer sur une table mobile horizontale, formée d'une série de plateaux qui ont été engagés entre des cylindres de même diamètre et ayant la même vitesse que les derniers lamineurs.

La pâte étant amenée sous le découpoir, elle est percée et partagée en galettes d'égales dimensions. Ce découpoir ou coupe-pâte est divisé en seize compartiments limités par des lames tranchantes entre lesquelles sont des poinçons. La pâte coupée resterait adhérente aux poinçons et aux lames si, au moment où elle quitte la table, le fond de chaque compartiment, formé de plaques mobiles liées à des pièces qui se meuvent dans un excentrique, ne s'avançait brusquement jusqu'au niveau extérieur des tranchants des lames et de l'extrémité des poinçons et ne la rejetait sur la table. On a dû prévoir enfin le cas où la secousse imprimée ne ferait pas détacher la pâte, et, pour obvier à cet inconvénient, on a établi en avant du découpoir, et tournant en sens contraire, un moulinet dont les ailettes sont disposées de manière à rencontrer la pâte qui serait restée collée au découpoir et la forcer à tomber sur la table mobile.

Coupe-pâte. (Pl. LI, fig. 1, 2 et 3.) (Pl. LIII, fig. 1 à 7. (Pl. LIV, fig. 8 à 24.)

Une force de deux chevaux est plus que suffisante pour mettre en mouvement tout cet appareil, et permettre de confectionner en onze heures 2,800^k de biscuit, dont la cuisson peut s'opérer dans quatre fours : enfin, le service de la machine et des fours nécessite seulement l'assistance de dix ouvriers et d'un apprenti.

Lorsque les galettes ont été coupées, percées et étendues sur la table mobile, les ouvriers les rangent sur des châssis en toile métallique de diverses dimensions, dont les plus petits peuvent en recevoir douze et

Mode d'enfournement et de défournement.

les plus grands quarante environ. Ces châssis, qui sont au nombre de vingt par four, sont placés sur des étagères roulantes (voir pl. XLIX, fig. 12 et 13) que l'on approche du four lorsque le moment de l'enfournement est arrivé. Les planches (pl. XLIX, fig. 17 et 18) sont mises dans des brouettes, et reconduites près du plan incliné vers les cylindres entre lesquels on les engage pour les faire cheminer en même temps que tourne le coupe-pâte.

Appareil Grant, modifié par M. Aubouin, en usage à Toulon. (P. LVI. et LVII.)

L'appareil de M. Grant, installé au port de Toulon, restait sans usage, lorsque M. Aubouin fut appelé en 1840 à lui faire subir les modifications convenables. La première chose que fit M. Aubouin fut de supprimer les rouleaux pétrisseurs et lamineurs; les premiers furent remplacés par le pétrin en usage au port de Rochefort et les seconds par le système de laminage continu usité dans le même port. Le pétrin fraseur fut conservé ainsi que le coupe-pâte; mais ce dernier reçut de la machine un mouvement régulier et continu. On peut voir sur les planches LVI et LVII et avec le secours des légendes, les moyens ingénieux et vraiment remarquables qui ont été employés par M. Aubouin pour faire, d'un appareil incomplet, une machine presque aussi avantageuse que celle établie par nous deux au port de Rochefort. Les détails de l'opération sont faciles à saisir : la farine tombe directement du grenier par un conduit vertical dans le pétrin cylindrique à axe horizontal; là elle se trouve mélangée avec l'eau et soumise à la façon du frasage; la pâte ainsi obtenue est prise par deux ouvriers qui la déposent dans le second pétrin à axe vertical où s'achève le pétrissage; la pâte alors, convenablement pétrie, est portée sur un plan incliné qui la conduit au laminoir; après qu'elle a été laminée, la nappe de pâte est tranchée par un ouvrier en portions égales à la longueur des tablettes qui sont poussées par un mouvement alternatif jusque sous le coupe-pâte. Cette dernière opération était la plus difficile à bien régler, car il fallait coordonner l'action alternative du coupe-pâte, avec celle continue des cylindres lamineurs. M. Aubouin a résolu complétement la difficulté en faisant couper la pâte suivant le joint de deux tablettes consécutives, et en amenant ces tablettes sous le coupe-pâte par un jeu de leviers produisant le mouvement alternatif. La longueur de chaque tablette correspond exactement à deux fois celle du coupe-pâte, et pour les engager sous les rouleaux il a eu recours à l'action d'un repoussoir qui oscille sous l'effet du jeu des leviers ci-dessus et sous celui d'un contre-poids. Quand les galettes ont été coupées, elles sont distribuées par le cheminement des tablettes sur les rouleaux, dans toute la longueur de l'atelier, et prises ensuite par les ouvriers pour les disposer sur les châssis treillissés qui servent à l'enfournement. La machine à vapeur qui met tout l'appareil en mouvement est de la force de six chevaux; mais il n'y a guère plus de la moitié de cette force qui soit véritablement employée.

§ V. — COUPE-PÂTE ET FOUR CONTINU PROPOSÉS PAR M. ROLLET.

Dans les appareils qui viennent d'être décrits, qu'on se serve du coupe-pâte de M. Grant, ou de celui en usage au port de Rochefort, on a toujours à dépenser une main-d'œuvre considérable pour ôter les galettes de dessus les planchettes, les ranger sur les treillis en toile métallique, et enfin reporter ces planchettes à leur point de départ. Après avoir examiné avec soin, en Angleterre, les machines ingénieuses en usage dans les briqueteries de M. Leahy et de M. Nash (Voir pl. Q du vol.), j'ai pensé qu'il était facile de s'affranchir d'une main-d'œuvre inutile, en apportant au coupe-pâte les perfectionnements que je vais indiquer.

Les laminoirs demeurent tels qu'ils existent maintenant; mais au lieu de couper la pâte sur une table horizontale tangente au cylindre du coupe-pâte, je propose de la couper sur un cylindre. La pâte, engagée dans les compartiments du coupe-pâte et retenue par les poinçons dont il est garni, ne devra pas adhérer au cylindre plein qui, dans son mouvement de rotation, est mis en contact avec des frotteurs qui l'essuient, le nettoient et le maintiennent toujours propre et parfaitement sec et poli. Lorsque la pâte se trouve horizontale sur le coupe-pâte, les plaques qui sont solidaires de barrettes cheminant dans l'excentrique, arrivent à l'échappement, tombent et impriment par leur chute une secousse qui jette les galettes sur des châssis en toile métallique entraînés par une chaîne sans fin, faisant un chemin égal à celui parcouru circulairement par le coupe-pâte. Ces châssis sont joints les uns aux autres par de petites griffes en fer qui sont placées et retirées à volonté par l'ouvrier; de cette manière, les châssis sont rendus soli-

Nouveau coupe-pâte de M. Rollet. (Pl. LVIII et LIX.)

daires les uns des autres et forment par leur ensemble une table mobile destinée à recevoir toutes les parties de la pâte coupée.

Dans ce système, les galettes coupées et percées se rangent donc en ordre sur des surfaces qui doivent être mises au four avec elles, et ainsi se trouvent évités les inconvénients signalés plus haut. Si, par impossible, la pâte, après avoir été coupée, adhérait au cylindre plein, elle rencontrerait une chaîne sans fin marchant en sens inverse avec la même vitesse que lui, et qui la conduirait sur les châssis. Si enfin, la chute des plaques ne détachait pas complétement les galettes, les ailettes d'un moulinet tournant en sens contraire du coupe-pâte viendraient les frapper et les forcer à tomber sur le plan horizontal, ainsi que cela se produit dans l'appareil dont nous nous servons depuis bientôt douze ans.

Je me sers, pour la transmission du mouvement, de la chaîne articulée de M. Gall dont on a déjà fait plusieurs applications heureuses, et qui me semble ici devoir produire les meilleurs résultats.

Tous les châssis étant rectangulaires, les fours devraient avoir aussi la même forme, et alors 5 hommes et 2 fours aérothermes produiraient, dans un certain temps donné, la même quantité de biscuit que 24 hommes et 6 fours par l'ancienne méthode, et 9 hommes et 3 fours par celle aujourd'hui en usage.

Emploi d'un four continu pour la cuisson.

Les modifications qui précèdent me paraissent essentielles à introduire; mais il faudrait les compléter par un système d'enfournement et de défournement continu, où le travail de l'homme n'entrerait pour rien. J'obtiens ce résultat au moyen d'un four ayant de l'analogie avec le four dont l'amiral Coffin est l'inventeur, mais beaucoup plus long, et qui règne dans l'espace parcouru par la toile sans fin destinée à transporter la pâte coupée. Les galettes, dans le trajet qu'elles feront du coupe-pâte placé à la bouche du four jusqu'à l'extrémité de ce four, arriveront toujours dans un état parfait de cuisson; à la sortie du four elles seront prises par une machine à godets qui les transportera à la proximité du lieu où sera déposé le biscuit.

Four continu de M. Lasseron. (Pl. LX, fig. 4 et 6.)

La sole du four est composée d'une série de plaques en fonte E, boulonnées ensemble; de chaque côté de ces plaques règne, sur toute la longueur, une auge en fonte dans laquelle reposent les pieds-droits de la voûte : cette voûte est formée de parties cintrées, boulonnées entre

elles et s'appuyant, comme je viens de le dire, dans des auges en fonte
qu'on remplit de sable. De cette disposition il résulte que la fumée ne
peut pénétrer dans le four, et que la dilatation des diverses pièces se
fait librement : pour aider à cette dilatation, et vu la grande longueur
du four, l'appareil a ses points fixes au milieu, et il est porté de distance
en distance par des galets appuyés sur de petites plaques en fonte.

Des emplacements, ménagés de mètre en mètre entre les auges
longitudinales, sont destinés à recevoir des galets H supportant la chaîne
sans fin ; ces galets, dans le but de diminuer les frottements, roulent
eux-mêmes sur d'autres galets.

Ce long tube, ainsi disposé, doit être chauffé d'une manière continue ;
à cet effet, il est enveloppé par une construction en maçonnerie, recouverte d'une plaque de fonte qui forme tout autour un carneau d'air
chaud.

La plaque en fonte supérieure se compose de parties placées les unes
près des autres sans se toucher, afin que rien n'entrave la dilatation ;
les extrémités de ces plaques partielles portent des rebords qui sont
recouverts de tuiles en fonte, destinées à empêcher le sable placé dessus de pénétrer dans l'intérieur ; ce sable s'oppose en même temps à
une trop grande déperdition de chaleur.

Indépendamment des registres de la cheminée qui règlent l'action du
foyer, on en a disposé à l'entrée et à la sortie du four, pour que la
quantité d'air introduite pût toujours entraîner les vapeurs qui se
produisent pendant l'opération.

La longueur du four devra être suffisante pour cuire, pendant le
temps du parcours, tout le biscuit coupé par la machine ; celle-ci produisant 42 galettes par minute, et la cuisson, pour être complète,
demandant 30 minutes ; le four contiendra en conséquence trente fois
42 galettes, ou 1,260 ; comme ces galettes sont disposées sur six rangs,
la longueur du four sera égale à celle de l'emplacement occupé par
$\frac{1260}{6}$ ou 210 galettes ; or, la distance de milieu en milieu des galettes
étant de $0^m 15$, on aura pour la longueur du four $210 \times 0^m,15 = 31^m 50$.

Ce four, dont la construction est estimée devoir s'élever à 25,000 fr.
par M. Lasseron avec qui j'ai concerté l'étude que je présente, pourrait opérer en 24 heures la cuisson de $10,000^k$ de biscuit, et n'employer
au plus que 12 hommes. En supposant qu'aidé de ce nouvel appareil

l'économie de combustible fût nulle, ce qui ne saurait être, on voit combien serait considérable celle que l'on pourrait faire sur la main-d'œuvre proprement dite.

Si les considérations dans lesquelles je viens d'entrer étaient de nature à déterminer l'administration à faire l'essai d'un four continu, on pourrait se rendre compte du degré d'avantage que présenterait ce nouveau système, en faisant construire, comme essai, un four moitié moins large que celui dont je viens de parler; et en se soumettant à une dépense de 12,000 fr. pour la construction du four, et de 6,000 fr. pour celle du coupe-pâte, on aurait, pour la somme de 18,000 fr., un appareil qui, avec une très-grande économie, donnerait 5,000^k de biscuit en 24 heures.

Four continu, d'après les principes de l'étuve de M. Rudler. (Pl. LX, fig. 2, 3, 4 et 5.) Je donne également, dans la planche LX, les dessins d'un four continu, que l'on pourrait construire sur les principes qui servent de base à l'étuve de M. Rudler; en renvoyant à la légende, je me contenterai de faire remarquer que ce four a la plus grande analogie avec celui de M. Lasseron, et qu'il atteint le but de la même manière.

Nous allons, dans le chapitre suivant, résumer les divers modes de fabrication du biscuit dans les établissements principaux de France et d'Angleterre, en faisant ressortir, pour chacun, le prix de fabrication.

CHAPITRE VIII.

RÉSUMÉ RELATIF A LA FABRICATION DU BISCUIT.

———————

(VOIR LE TABLEAU CI-APRÈS).

Travail du biscuit tel qu'il s'opère dans les établissements de la marine où les machines ne sont pas en usage.	Travail du biscuit à Deptford.	Travail du biscuit exécuté par la machine de M. Grant, à Portsmouth et à Plimouth.
1° La farine nécessaire au travail de la journée est descendue à dos d'hommes, du premier étage au rez-de-chaussée. 2° Au service de chaque four sont attachés quatre hommes, dont un a pour emploi principal de veiller à la chauffe du four, tandis que les trois autres mettent la farine au pétrin et y apportent l'eau chaude. 3° Un premier mélange de l'eau et de la farine ayant obtenu par le travail des mains, les boulangers procèdent au pétrissage de la pâte dans le pétrin. 4° Cette opération étant terminée, la masse de pâte qui pèse environ 90 k. est placée sur une table, où elle subit encore un pétrissage avec les pieds. 5° La pâte étant jugée achevée, elle est coupée en petits morceaux de 9k. 300 à peu près; mise à bouler, elle est ensuite aplatie à l'aide d'un rouleau (billette), puis on la passe à un laminoir qu'un homme fait tourner, et elle est réduite en une galette ronde de l'épaisseur voulue. Dans quelques boulangeries, cette façon est encore donnée au rouleau régulateur, garni à chacune de ses extrémités d'une saillie ou bourrelet, ont la hauteur détermine l'épaisseur de la galette. 6° Cette galette imparfaitement ronde est mise sur un plateau carré, puis soumise à l'action d'un empoir vertical, mis en mouvement par un homme, qui coupe seulement quatre galettes à la fois. Les galettes coupées sont jetées sur une table, où elles sont rangées avec ordre, la surface inférieure exposée à l'air. Les galettes ainsi rangées, après 25 minutes d'attente, sont mises les unes sur les autres et placées par piles de 12 de hauteur, sur un plateau qui trouve chargé de 144 galettes. 8° Le plateau, chargé de 144 galettes, est placé à l'autel du four; à ce moment, l'aide boulanger jette une à une sur la pelle du brigadier, qui les enfourne ainsi l'une après l'autre, en carrelant exactement l'âtre avec les 500 ou 540 galettes qui composent la fournée. Le brigadier, durant cette opération, a donné plus de 500 coups de pelle, il est resté exposé pendant 17 minutes, à la bouche d'un four chauffé à 280° centigrades. L'enfournement se faisant avec une très-grande lenteur, il s'ensuit que la pâte placée la première, cuite bien avant celle enfournée la dernière; sortie du four se fait par cette raison en deux fois; une partie du biscuit est retirée d'abord, four est ensuite fermé pendant dix minutes, et reste du biscuit est enfin mis hors du four. L'opération du défournement s'effectue à peu en 12 minutes. Les diverses façons du pétrissage, de la division des galettes, de l'enfournement du défournement ne durent pas moins d'une heure et quart. *Évaluation de la dépense.* fours sont supposés demeurer en activité pendant 100 jours; chaque four produisant 74 k. de cuit par fournée, et pouvant en 11 heures être rempli et vidé 5 fois, il s'ensuit que les 4 fours feront par jour 1 14 q. 80, et en 100 jours 1,489 q. *Salaire des ouvriers par jour pour 4 fours.* brig. à 2 f. 30 ... 9 f. 20 } par j. 31 f. 40 ct boul. à 2 ... 10 25 20 } pour 100 j... 3,440 fr. es 1,489 quintaux métriques de biscuit ayant té, en main-d'œuvre, 3,440 fr., quintal coûte.............................. 2 fr. 33 c. épense nécessite pour la cuisson quintal métrique de biscuit..... 1 07 Total de la dépense occasionnée pour le pétrissage et la cuisson d'un quintal de biscuit........ 4 fr. » NOTA. Les états de fabrication font ressortir la ense pour un quintal de biscuit à 8 ou 9 fr., ce qu'ils mentionnent des dépenses autres celles de fabrication et de cuisson proprement , comme une fraction des appointements du e-magasin, du maître et du contre-maître, et rais que nécessite la mise du biscuit dans les es. es opérations marquées 5° et 6° doivent se répéter vingt fois, pour que la quantité de pâte nécessaire à fournée soit divisée en galettes.	1° La farine nécessaire au travail d'une fournée est versée par une manche en communication avec la chambre à farine, placée au-dessus du pétrin. L'eau est également versée dans le pétrin par un robinet qui communique avec un réservoir d'eau chaude établi à proximité du pétrin. 2° La farine et l'eau ayant été mises dans le pétrin, deux ouvriers en opèrent le mélange imparfait (le frasage). 3° Lorsque cette première façon est donnée, la pâte est portée sur un plateau, et soumise à la pression exercée par un levier, à l'extrémité duquel pose un ouvrier, tandis qu'un autre s'occupe à la relever et à la pousser sous le levier. 4° Lorsque le pétrissage par pression est achevé la masse de pâte est portée sur une table; elle est divisée en petits morceaux qui sont pétris par la main des hommes, et mis en boules que l'on soumet à l'action d'un rouleau pour les transformer en galettes. 5° Un ouvrier les accouple, un autre perce les galettes accouplées, un troisième les passe à l'ouvrier chargé de mettre au four. 6° *Enfournement et défournement.* Les galettes sont enfournées une à une avec la pelle, et le défournement s'opère en deux fois, la pâte mise la première étant un peu plus tôt cuite que celle mise la dernière. La dépense en main-d'œuvre, par 100 livres anglaises ou 45 k. est de 1 scheling ou 1 fr. 16 c. } et 6 pence ou 60 } 1 fr. 76 c La dépense en combustible, pour le chauffage d'un four pouvant cuire 45kil. de biscuit, est de 4 pence 1/8... » 41 Dépense de main-l'œuvre et de cuisson.................. 2 fr. 17 c. De sorte que les frais de cuisson et de fabrication d'un quintal métrique de biscuit s'élèvent à Deptford à la somme de.......... 4 fr. 82 c.	La machine confectionne à la fois 50k 100 en eau et en farine. C'est la quantité de pâte que contiennent les fours anglais. 1° L'eau et la farine mesurées tombent dans le pétrin en proportion convenable, et leur mélange s'opère en 5 minutes. 2° Le mélange achevé, l'ouvrier retire la pâte du pétrin et la place sur une table qu'un lourd rouleau de fer parcourt par un mouvement de va-et-vient, pendant que deux ouvriers sont occupés à retourner la pâte, pour qu'elle soit pressée de nouveau. 3° La pâte faite, on divise sa masse en six portions égales, mais d'une épaisseur beaucoup plus forte que celle qui convient au biscuit. (Les opérations marquées 2° et 3° durent 8 à 10 minutes.) 4° L'étirage de la pâte à l'épaisseur voulue s'obtient par un second rouleau, en tout semblable au premier, qui pétrit encore la pâte en la réduisant d'épaisseur. Les six morceaux sont présentés séparément à l'action de ce deuxième rouleau. Cette façon exige 5 à 6 minutes. 5° Les morceaux de pâte, réduits à une épaisseur convenable, sont présentés à un coupe-pâte ayant un mouvement alternatif vertical qui découpe 35 galettes à la fois. Cette opération dure 2 minutes au moins. 6° On dépose les galettes par grandes surfaces le 30 sur des planchettes, et l'enfournement se fait sur l'âtre par 30 galettes à la fois. L'enfournement dure environ 3 minutes. Il faut donc 25 à 26 minutes pour pétrir, couper, enfourner et défourner 50k 100 de pâte à biscuit, non compris le temps nécessaire à la cuisson. Les 50k 100 de pâte sont réduits après cuisson à 45 k. de biscuit environ. La perte au four étant de 9 à 10 p. 100 du poids de la pâte. *Frais de fabrication.* Les frais de fabrication se montent à 1 pence ou 0 f. 40 par 100 livres anglaises (45 k.) Fabrication de 45 kil. de biscuit..... 0 fr. 40 c. Dépense occasionnée par la cuisson de cette quantité de biscuit......... » 41 Total des frais qui incombent à la fabrication et à la cuisson de 45 kil. de biscuit...... 0 fr. 81 c. Ce qui fait ressortir les frais de fabrication d'un quintal métrique de biscuit à...... 0 fr. 89 c. Et la dépense en combustible pour la cuisson d'un quintal métrique de biscuit.......... 0 91 Total des frais incombant à la fabrication de 100 kil. de biscuit...... 1 fr. 80 c. Dans les évaluations ci-dessus, l'intérêt des sommes qu'a coûté l'établissement des machines n'est pas mis en ligne de compte.

Travail du biscuit chez M. Packam, à la ville d'Eu.	Travail du biscuit exécuté par les machines de MM. Rollet et Aubouin.	Travail du biscuit s'il était exécuté avec les machines et les fours modifiés comme je l'ai indiqué dans le cours de ce rapport.

Colonne 1 — Travail du biscuit chez M. Packam, à la ville d'Eu.

1º La farine et l'eau arrivent au pétrin sans le secours des ouvriers : ce pétrin est semblable à celui qui est en usage à Portsmouth et à Plymouth.

2º Lorsque le frasage de la pâte a été opéré, elle est mise par portions dans une sorte de boîte carrée sans fond, puis recouverte d'une toile, et elle est piétinée jusqu'à ce qu'elle ait pris une consistance convenable.

NOTA. Dans les machines que j'ai vues fonctionner en Angleterre, cette façon est donnée par l'action d'un rouleau.

3º La pâte, après qu'elle a été pétrie par un ouvrier, est coupée en morceaux de dimensions déterminées et soumise à l'action d'un rouleau mû par une bielle, qui lui imprime un mouvement de va-et-vient.

4º Lorsque la pâte a été pétrie de nouveau par ce rouleau, et qu'elle a été réduite à l'épaisseur voulue, elle est soumise à l'action d'un coupe-pâte, semblable à celui de M. Grant, qui coupe plusieurs galettes à la fois.

5º Les gâteaux de plusieurs galettes sont mis au four par le brigadier.

NOTA. Les moyens en usage chez M. Packam sont moins parfaits que ceux employés à Portsmouth et à Plymouth, et ils sont réellement imparfaits, si on les compare à ceux en usage à Rochefort.

Frais de Manutention.

Pour fabriquer 19 quintaux métriques de biscuit en 24 heures, on emploie :

1º Six hommes à 2 fr. 30 (en moyenne)	13 fr. 80 c.
2º Deux apprentis à 1 fr.	2 »
Total	15 fr. 80 c.

Il faut quarante fournées au moins pour opérer la cuisson de 19 quint. mét.

Le chauffage de chaque fournée exigeant une dépense qui peut être évaluée à 0 fr. 50 c. (M. Packam employant de la sciure de bois et du charbon de terre), la dépense en combustible s'élève à 10 fr. »

D'où il suit que le quintal métrique de biscuit coûte, en main-d'œuvre, la somme de » fr. 83 c.

Et en combustible pour effectuer la cuisson de la même quantité » 81

Total » fr. 09 c.

NOTA. Cette différence de 0 fr. 13 c. à l'avantage de la manutention de M. Packam, sur celles de l'Angleterre, s'explique par la différence du prix des salaires dans les deux pays, et par l'emploi de la sciure de bois pour le chauffage du four, la sciure de bois étant comptée comme de nulle valeur.

M. Packam peut livrer le biscuit aux prix suivants :

Les 100 kil. de biscuit de pr. qual.	à	56 fr. » c.
— deux.	à	50 »
— trois.	à	40 »

Dans les manutentions des subsistances de la marine en France, le prix de 100 kilog. de biscuit a varié, en raison du prix des blés, de 35 fr. 31 c. à 51 fr. 15 c., de 1821 à 1839, et il a toujours été d'une qualité supérieure à celui que M. Packam peut livrer avec bénéfice à raison de 50 fr. le quintal métrique.

Colonne 2 — Travail du biscuit exécuté par les machines de MM. Rollet et Aubouin.

1º L'eau et la farine tombant à la volonté de l'ouvrier dans le pétrin mécanique, qui, muni d'agitateurs, opère en cinq minutes le premier mélange (le frasage).

2º Le frasage étant terminé, on arrête le pétrin ou remplace, en quelques secondes, les agitateurs par des cylindres presseurs ; le mouvement est rendu au pétrin, et après douze ou quinze minutes écoulées, la pâte se trouve bien pétrie, très-ferme et parfaitement homogène.

3º La masse de pâte est sortie du pétrin, elle est mise sur un plan incliné à la portée du boulanger et engagée par lui entre des cylindres qui, par le mouvement qui leur est imprimé, l'amènent sous la coupe pâte, où elle est divisée en galettes de dimensions régulières, nettement coupées et bien percées. Ces galettes sont entraînées au nombre de cinq cent, en moins de cinq minutes, sur des planchettes qui parcourent, d'un mouvement égal à celui du coupe-pâte, un chemin horizontal déterminé par deux enfourneurs.

4º Au fur et à mesure que la pâte est coupée, les ouvriers s'empressent de disposer les galettes sur des châssis garnis de toiles métalliques qui, couverts de pâte, sont déposés sur les rayons d'étagères roulantes. Ces étagères sont approchées du four, et en deux minutes et demie les vingt châssis qui les garnissent et qui sont couverts de plus de cinq cents galettes, sont mis au four.

Pendant que ces opérations ont lieu et que le biscuit opère sa cuisson, une nouvelle fournée est pétrie.

5º Le défournement s'opère en deux minutes. Il faut donc trente à trente-cinq minutes au plus pour pétrir, couper, enfourner et défourner 75 à 80 kil. de pâte à biscuit.

À l'aide du système on pourrait faire en onze heures 70 fournées ; mais alors, il y aurait à la fois une telle quantité de galettes à mettre sur les toiles métalliques, que la célérité des machines deviendrait un embarras.

Depuis 12 ans, on se borne à faire 40 fournées en onze heures, avec quatre fours, ce qui fait environ 2,600 kil. de biscuit.

Frais de manutention par journée de 11 heures.

3 brigadiers à 2 fr. 30 c.	6 fr. 90 c.
3 boulangers à 2 fr. 10 c.	6 30
4 journaliers à 1 fr. 50 c.	6 »
2 chevaux et un conducteur	3 50
Total	22 » 70

Frais de main-d'œuvre par quintal métrique de biscuit : 0 fr. 84 c.

Valeur du combustible employé à la cuisson d'un quintal métrique : 1 67

Total de la dépense pour fabrication et cuisson d'un quintal métrique de biscuit : 2 fr. 51 c.

Les frais de main-d'œuvre sont sensiblement les mêmes à Portsmouth, à Plymouth, à la ville d'Eu et à Rochefort ; mais à Rochefort le chauffage des fours revient à peu près au double de ce qu'il coûte en Angleterre et à la ville d'Eu, et cette dépense excessive, à laquelle il est facile de se soustraire, grève annuellement la fabrication du biscuit d'une somme assez considérable.

Colonne 3 — Travail du biscuit s'il était exécuté avec les machines et les fours modifiés comme je l'ai indiqué dans le cours de ce rapport.

Les opérations marquées numéros 1 et 2, dans le travail de la machine de MM. Rollet et Aubouin restent les mêmes ; la troisième opération est simplifiée par les modifications apportées au coupe-pâte, les planchettes sont supprimées et remplacées par les châssis à enfourner, sur lesquels les galettes s'étendent sans l'intervention des ouvriers. Cette innovation donne le moyen de supprimer au moins la moitié des hommes employés maintenant pendant les fabrications de biscuit à Rochefort, si tout est disposé pour que le travail s'exécute avec économie.

4º Les châssis, au fur et à mesure qu'ils sont couverts de galettes coupées et percées, sont placés dans les rayons d'étagères roulantes qui sont conduites près de la bouche du four.

5º En se servant des fours aérothermes rectangulaires à coins arrondis, l'enfournement des châssis rectangulaires deviendrait facile, et il serait possible d'opérer cette manœuvre, ainsi que celle du défournement, en moins de deux minutes.

Frais de manutention nécessités par l'emploi des nouvelles machines et des nouveaux fours pendant une journée de travail de 11 heures.

1 brigadier chargé de la conduite de 4 fours	2 fr. 30
1 brigadier chargé du travail au pétrin	2 30
5 journaliers à 1 fr. 50 c. l'un	7 50
Total des sommes pour salaires d'ouvriers	12 fr. 10 c.

Chauffage de quatre fours aérothermes pour 60 fournées, contenant chacune 65 kil. de biscuit, ensemble 3,900 kil.

Les fours étant chauffés avec du coke, coûteront par fournée 0 fr. 38 c., et pour les 60 fournées 22 fr. 80 c.

La force motrice étant de trois chevaux-vapeur exigeant 4 kil. de charbon de terre par cheval et par heure, nécessitera, le charbon étant estimé à 3 fr. le quintal métrique, une dépense de 3 fr. 96.

Récapitulation des frais.

Salaire des ouvriers	12 fr. 10
Combustible employé au chauffage	22 80
Combustible employé pour obtenir la force de trois chevaux-vapeur	3 96
Total des frais incombant à la fabrication et à la cuisson de 3,900 kil. de biscuit	38 fr. 86

Ce qui fait ressortir les frais de fabrication et la dépense affectée à la cuisson de 100 kil. de biscuit à 1 fr. »

Ajoutant 10 p. 100 pour frais imprévus » 10

La dépense s'élèvera par quintal métrique de biscuit 1 fr. 10

Les nouveaux moyens présenteraient une économie sur tous ceux qui ont été mis en usage jusqu'à ce jour, tant en France qu'en Angleterre.

Observations.

Ainsi qu'on le voit, les frais de manutention et de cuisson d'un quintal métrique de biscuit reviennent, par l'ancienne méthode, en France, à 4 fr.; en Angleterre, par l'ancienne méthode, à 4 fr. 82; la mise en application des machines de M. Grant a donné le moyen de réduire ces frais à 1 fr. 80 dans les établissements de la marine royale à Plymouth et à Portsmouth; et à la ville d'Eu, M. Packam, faisant usage avec intelligence d'appareils et de fours semblables à ceux de M. Grant, manutentionne et cuit un quintal métrique de biscuit pour 1 fr. 67. L'adoption des machines de MM. Rollet et Aubouin, mal secondées qu'elles sont par des fours qui exigent, pour être chauffés, l'emploi en grande partie du combustible le plus cher, a permis cependant de manutentionner et de cuire 100^k de biscuit en n'occasionnant qu'une dépense de 2 fr. 51; de plus, si les modifications essentielles que j'ai indiquées sont faites comme je conçois qu'elles doivent l'être, les frais de fabrication et de cuisson de 100^k de biscuit pourraient être ramenés à 1 fr. 10. Cette réduction de dépense me semble très-facile à obtenir, si l'on adopte les fours aérothermes modifiés convenablement, et le coupe-pâte avec les perfectionnements que j'y ai ajoutés. Je dois faire observer enfin que ce dernier résultat économique pourrait être surpassé par l'emploi d'un four continu, enfournant et défournant le biscuit sans le secours d'aucune main-d'œuvre[1].

Pour ne rien omettre de ce qui est relatif au biscuit, il faut examiner quel est le mode le plus avantageux à mettre en usage pour favoriser sa conservation tant dans les magasins qu'à bord des bâtiments.

---

[1] Je dois faire remarquer que, pour tout ce qui précède et qui est relatif aux prix de fabrication, il faut s'en rapporter moins au chiffre final absolu, qu'au détail indiqué dans les tableaux résumés : il est clair, en effet, que le prix de main-d'œuvre doit varier suivant les localités et même avec le temps, et qu'il est bon, dans chaque cas particulier, de refaire les calculs avec les données qui lui sont propres.

CHAPITRE IX.

DE LA CONSERVATION DU BISCUIT.

Dans les établissements des subsistances de la marine royale en Angleterre, le biscuit, au sortir du four, est porté dans de vastes chambres carrelées en briques, convenablement aérées, et dont la température est élevée à 35 ou 40° centigrades. Le biscuit est répandu sur le plancher, où il reste pendant **72** heures environ ; après ce laps de temps, et lorsqu'il est reconnu entièrement sec, il est mis dans des sacs du poids net d'un quintal anglais (50ᵏ 780ᵍ), qui sont rangés dans de vastes magasins où ils demeurent jusqu'au moment de leur embarquement à bord des bâtiments.

Cette manière d'opérer est favorable à la célérité des mouvements d'embarquement et de débarquement ; car, le biscuit étant contenu dans des sacs tarés à l'avance, il ne faut, pour ainsi dire, que le temps d'en compter un certain nombre, pour satisfaire aux exigences d'un service que l'on a presque toujours intérêt à faire avec promptitude. Mais je dois faire observer que ces sacs remplis de biscuit, restant souvent six et huit mois en magasin avant d'être mis à bord des navires, sont soumis à toutes les influences qui résultent des variations atmosphériques ; que les papillons, les mouches déposent sur la toile des sacs des œufs qui donnent naissance à des vers qui attaquent le biscuit, et que, d'après l'opinion des manutentionnaires anglais les plus expérimentés, il y aurait beaucoup d'avantage à loger le biscuit dans des caisses en tôle, bien lutées, qui seraient comme autant de soutes portatives.

La mise en pratique de cette innovation projetée, qui a reçu l'approbation du Conseil d'amirauté en Angleterre, permettra, tout en ajoutant aux chances de conservation du biscuit, de ne pas abandonner les avantages qui résultent du mode actuellement en usage.

En France, le biscuit, aussitôt retiré du four, est porté dans des

chambres à parois lambrissées et brayées qui, d'ordinaire, sont disposées au-dessus des fours, et dans lesquelles, pendant qu'on les em-
plit, on tient souvent allumé un réchaud plein de braise. Le biscuit y est
arrimé de champ, comme les livres dans une bibliothèque. Lorsque la
soute est remplie on en ferme la porte, et l'on en calfate et braye tous
les joints, de manière à rendre l'intérieur de la soute inaccessible à
l'humidité et aux insectes.

Quand une livraison doit être faite, on retire les galettes une à une,
on les arrime avec soin dans des caisses ou dans des boucauts qui, lorsqu'ils sont remplis, sont transportés à bord du navire où ils sont dé-
foncés. Le biscuit en est alors sorti galette à galette et posé de champ
dans des soutes brayées faites comme le sont celles des magasins.

Les précautions qui ont été prises jusqu'à ce jour dans la construction
des soutes des magasins ne pouvant empêcher que l'humidité qui se
dégage pendant que le biscuit se refroidit n'aille atteindre les lambris
et les poutres, il arrive que ces soutes à biscuit ont besoin d'être réparées tous les dix ans environ, et que leur mauvais état, souvent difficile
à constater, eu égard à la couche de brai qui en revêt les parois, entraîne parfois la perte de quantités assez considérables de biscuit.

Enfin, ce mode de conservation a pour désavantage de forcer à
multiplier les manœuvres longues et dispendieuses d'arrimage et de
désarrimage.

Les moyens employés en Angleterre me paraissent imparfaits, et je
vois dans ceux que nous mettons en usage de graves inconvénients.
On satisferait à toutes les conditions si le biscuit, desséché au sortir du
four dans une étuve convenablement aérée, était arrimé dans des caisses
en tôle qui en contiendraient des quantités déterminées. Ces caisses,
qui feraient l'office de soutes de petites dimensions, seraient mises à
bord avec autant de promptitude que les sacs dont se servent les Anglais, et elles auraient pour avantage incontestable de donner des chances
de longue conservation à un produit qui est destiné à la nourriture des
marins pendant de longues campagnes.

Conservation
du biscuit
à bord des bâtiments.

En Angleterre.

Les Anglais, comme je l'ai déjà dit, embarquent leur biscuit dans des
sacs, qu'ils mettent dans des soutes semblables aux nôtres; ils sacrifient
un peu d'espace, mais ils opèrent l'embarquement avec beaucoup de célérité, et le biscuit, n'étant jamais exposé à contracter de l'humidité dans

son trajet des magasins aux soutes à bord des bâtiments, reste dans des conditions avantageuses à sa conservation.

Lorsque l'administration des subsistances (Victualing office) expédie du biscuit pour le ravitaillement des stations, il est placé dans des boucauts ou dans des barriques, ou bien dans des pipes qui ont contenu du rhum. M. James Meele, contrôleur-général des subsistances, dans les réponses qu'il a faites aux questions que j'ai adressées à l'Amirauté, m'a fait savoir que ce dernier moyen avait offert d'excellents résultats.

Ces pipes qui sont étanchées, faites de bois très-fort, et infiltrées de spiritueux, sont pendant longtemps inattaquables aux insectes ; elles ne me paraissent pas cependant devoir être préférées aux caisses en tôle, dont la marine anglaise a le projet de faire usage : car, pour conserver le biscuit, que faut-il ? le préserver de l'humidité et des atteintes des vers et des insectes ; or, les caisses en tôle, l'isolant complétement, satisfont aux conditions du problème.

En France, le biscuit, sorti des soutes des magasins, est arrimé dans des caisses ou dans des boucauts ; puis, dans cet état, il est transporté à bord ; là, les fûts sont ouverts, les galettes sont retirées et rangées de champ avec précaution dans une soute. Pour effectuer ces opérations, il faut beaucoup de temps et beaucoup de main-d'œuvre ; si elles ont lieu par un temps humide, le biscuit absorbe une certaine quantité d'eau et, quoique parfaitement fabriqué, il a perdu des chances de conservation.

Il y a soixante ans, M. Joyeuse, qui dirigeait le service des subsistances de la marine à Brest, avait appelé l'attention de l'administration sur le vice inhérent à notre manière de faire, et il proposait de n'embarquer le biscuit que dans des barriques. Pendant que j'étais à la Martinique, lorsque les vers et les poux de bois faisaient de grands ravages dans les magasins et à bord des bâtiments de l'escadre, je conservais le biscuit dans des boucauts brayés à l'intérieur, et des tentatives de ce genre ont réussi au Sénégal. L'administration a essayé de loger du biscuit dans des caisses en tôle, et nous en sommes cependant encore revenus à employer le moyen le moins bon, le plus lent et le plus coûteux. Ce résultat fâcheux peut, ce me semble, être attribué à ce que les caisses en tôle dont on a tenté de se servir n'étaient pas

En France

assez fortes et qu'elles n'étaient pas munies de poignées propres à les rendre facilement transportables.

Il me semble que l'on pourrait revenir sur cette expérience, et que l'on ferait beaucoup mieux que ce que nous faisons et beaucoup mieux que ce que font les Anglais, si on adoptait des caisses en tôle, par séries de trois entrant les unes dans les autres, et permettant ainsi de les rapporter une fois vides sans encombrer le navire : ces caisses seraient munies de poignées encastrées dans les surfaces, de manière à rendre faciles les mouvements d'arrimage et de désarrimage.

············ӾᴑӾ············

CHAPITRE X.

NOUVEAU PROCÉDÉ DE PANIFICATION.

J'ai déjà indiqué d'une manière sommaire, aux pages 300, 301 et
302 de cet ouvrage, le mode de panification que je juge utile d'employer pour extraire de la farine brute à peu près toutes les parties
assimilables, en rejetant le son ou ligneux, dont il est encore possible de
tirer un excellent parti : il me reste à revenir avec détails sur cette
importante question, celle, peut-être, qui mérite aujourd'hui le plus
d'attention, et qui semble destinée à faire faire à la boulangerie son
plus grand progrès, surtout au point de vue de la nourriture des
marins, soldats et ouvriers. Comme il arrive souvent en pareille circonstance, j'ai été accusé de vouloir m'approprier de vieilles idées pour les
rajeunir et les exploiter au point de vue de mon amour-propre person-
nel : cependant, ici comme dans tous les cas semblables, je n'ai point
cherché à dissimuler les sources où j'avais puisé, et que je vais faire
connaître.

De temps immémorial, dans quelques localités de France, on avait Historique.
pour coutume, surtout lorsque la disette des grains se faisait sentir, de Usage immémorial.
faire bouillir le son dans une certaine quantité d'eau, de filtrer, de
presser la masse, et de se servir de l'eau extraite pour la panification.

M. de La Jutais paraît être le premier qui, dans l'ignorance de cette Procédé
pratique, ait eu l'idée de placer une méthode semblable au rang de de M. de La Jutais.
l'invention. Il avait légué son secret, ou ce qu'il croyait être son 1770.
secret, à deux religieuses ses sœurs. Son procédé consistait à faire
bouillir le son, comme nous venons de le dire, à laisser tremper le tout
pendant un certain temps, et à se servir de l'eau ainsi obtenue pour
la panification. L'inconvénient de ce mode d'opérer réside en ce que
la fécule est dénaturée, qu'une grande partie s'attache au son, et que

64

la liqueur, dans le temps qui précède son emploi, tourne souvent à l'acide, ce qui met obstacle à la bonne conduite des levains et rend le pain de mauvaise qualité. Cependant, des expériences faites en 1770, en présence du ministre de la police, constatèrent que l'on obtenait par ce moyen une augmentation en poids de $\frac{1}{5}$ ou de $\frac{1}{4}$, que le pain était de meilleure qualité que le pain ordinaire, et pouvait se conserver frais pendant longtemps [1].

Procédé de Parmentier. 1789. En 1789, Parmentier, qui connaissait le procédé de M. de La Jutais, écrivait ce qui suit :

« Il est cependant un moyen, pour ne rien perdre, de retirer du son « tout ce qui peut procurer du pain, en séparant le peu de farine qu'il « contient encore à la faveur de l'eau, sans employer le feu...

« On mettra le soir, la veille de la cuisson, le son à tremper dans « l'eau, qui, pendant la nuit, pénétrera toute l'écorce, détachera « insensiblement la matière farineuse, et généralement tout ce qu'elle « peut avoir de nourrissant. Le lendemain matin, on remuera le son, « que l'on pressera entre les mains pour achever la séparation de la « farine et ne laisser que le bois. On passera l'eau ainsi chargée à « travers une toile forte ou un tamis de crin, et elle pourra servir au « pétrissage de la pâte.

« Cette méthode de séparer par le lavage la farine qui adhère obsti- « nément au son malgré les efforts du meunier et l'exactitude de la « bluterie, ne peut être comparée à celle qui a été tant vantée et qui con- « siste à faire bouillir le son dans l'eau pour en employer la décoction « au pétrissage de la pâte. Le pain qui résulte de la première méthode « a meilleur goût, est mieux levé et plus abondant; d'ailleurs, le son « qui a été macéré dans l'eau froide peut resservir encore, étant

---

[1] L'augmentation en poids obtenue dépend entièrement du degré de saturation de la liqueur par les substances solubles renfermées dans le son; pour la bonté et la beauté du pain, il est certain qu'il ne peut offrir que d'excellentes qualités si la liqueur est bien conservée : toutefois, il importe de faire remarquer que la fécule n'entre pour rien ou presque rien dans l'eau de décoction; cette fécule reste fixée au son à l'état gélatineux, autrement le pain devrait présenter un aspect gommeux dû au changement d'état de la fécule bouillie; tandis que par le procédé ordinaire, dans la cuisson du pain et sous l'influence d'une très-petite quantité d'eau, cette fécule subit seulement une espèce de torréfaction.

« mélangé avec du son pur, pour les bestiaux qu'il faut remplir ou ras-
« sasier, encore plus que nourrir. »

Ce moyen lent a un très-grand désavantage; car, pendant l'été,
lorsque la température est élevée, l'eau acquiert promptement un certain degré d'acidité qui s'oppose à la bonne conduite des levains.

En 1833, le savant docteur Herpin, qui, malgré sa haute érudition,
n'avait sans doute pas connaissance des indications fournies par Parmentier, avait pris un brevet par lequel il s'attribuait, comme inventeur,
le privilége de la panification avec l'eau provenant du lavage des sons
à l'eau froide; privilége dont il abandonnait gratuitement l'usage aux
établissements de bienfaisance et de charité. La brochure qu'il a publiée [1]
à ce sujet, et dont je ne saurais trop recommander la lecture aux personnes qui s'occupent de boulangerie, se termine par les conclusions
suivantes :

« Il résulte de nos recherches :

« 1° Que l'enveloppe ou la partie corticale du blé forme à peine 5 pour
« 100, ou $\frac{1}{20}$ du poids du grain;

« 2° Que néanmoins, par les bons procédés ordinaires de mouture,
« le blé produit le quart de son poids en son ou issues;

« 3° Qu'on laisse aujourd'hui dans le son plus de 75 pour 100, en
« poids, de substances nutritives;

« 4° Qu'au moyen d'un procédé très-facile, d'un simple lavage à l'eau
« froide, on peut retirer immédiatement du son 50 pour 100, ou moitié
« de son poids de substances nutritives, savoir : 23 à 25 pour 100 à Paris
« (et 23 à 50 pour 100 en province) de fécule ou amidon très-blanc; et
« 22 à 23 pour 100 d'extrait sucré qui reste dissous dans l'eau de
« lavage. Cette eau peut très-bien servir pour la préparation du pain,
« de la bière et des boissons économiques; on peut en extraire une
« quantité notable d'eau-de-vie par la distillation, ou la convertir en
« sirop.

« 5° Que l'on peut retirer ainsi du blé 15 pour 100 de pain de pre-
« mière qualité en plus de ce qu'on obtient maintenant [2].

1835, chez MM. L. Colas, libraire, rue Dauphine, 52.
            Hachette, id.   , rue Pierre-Sarrazin, 12.
[2] En disant, page 500, que le docteur Herpin était dans l'erreur quant à l'augmentation

Procédé
de M. Herpin.
1833.

« 6° Qu'en portant à 100 millions d'hectolitres la quantité de céréales
« que l'on consomme en France, on pourrait obtenir de la quantité de
« blé qui se consomme chaque jour une augmentation de plus de 3
« millions de kilogrammes, ou 6 millions de livres de pain par jour :
« ce qui offre une ressource assurée contre le fléau des disettes, et
« représente une valeur de plus de 160 millions de francs par an-
« née. »

Quoique dans la brochure de M. Herpin on ne trouve pas indiqué,
d'une manière précise, le temps pendant lequel le son reste à tremper
dans l'eau froide, et que Parmentier croyait devoir être de 10 à 12
heures; cependant on doit craindre que la liqueur ne tourne à l'acide
si le temps est trop long, ou que le lavage ne soit qu'imparfait dans
l'absence d'agitateurs mécaniques et d'une température plus élevée de
l'eau.

Modifications
apportées
par M. Rollet.

D'après ce qu'on vient de lire, et ce que j'ai déjà dit dans le courant
de cet ouvrage, la question à résoudre est celle-ci : étant donnée une
certaine quantité de farine brute, de farine telle qu'elle se trouve en
sortant de dessous les meules, faire autant de pain à peu près blanc
qu'on en obtient de brun par les moyens en usage, c'est-à-dire en
n'extrayant que 12 pour 100 de son.

J'ai commencé par répéter les expériences de Parmentier et du
docteur Herpin : j'ai mis à tremper pendant douze heures, dans quatre
parties d'eau froide, 20 parties de son et basses matières provenant
d'un épurement à 20 pour 100; j'ai soumis la masse liquide à une certaine pression, et, avec l'eau chargée de fécule et de substances solubles,
j'ai pétri les 80 pour 100 de farine séparée par le blutage. Ainsi, j'ai
pu obtenir autant de pain blanc et d'une excellente qualité qu'on en
aurait obtenu de couleur grisâtre par les procédés en usage, c'est-à-dire
au moyen d'un blutage à 12 pour 100.

En opérant de la même manière pour la fabrication du biscuit, je
suis arrivé à un résultat entièrement satisfaisant; et en extrayant seulement 12 à 15 pour 100 de son d'une certaine quantité de farine, j'ai

---

des produits, j'ai voulu seulement faire remarquer que l'on pouvait obtenir et que l'on
obtient en effet autant de pain par l'ancien procédé que par le nouveau ; mais qu'alors,
c'est toujours aux dépens de la blancheur et de la qualité.

pu obtenir du biscuit aussi bon et aussi blanc que celui fabriqué avec une farine épurée à 33 pour 100 : les quantités, bien entendu, étant pour 100ᵏ de farine brute dans la proportion de 85 à 67.

Jusque-là, sauf l'application du système à la fabrication du biscuit, je n'avais fait que répéter des expériences déjà tentées avant moi ; cependant, je ne me dissimulais pas que, dans cet état, il était difficile, sinon impossible, de faire de l'idée de Parmentier une application heureuse dans les manutentions de la marine : le travail manuel était trop assujettissant, et la durée du trempage trop considérable ; je pensai qu'il fallait ici, comme dans toute manipulation qui demande de la célérité et de l'économie, faire l'emploi de machines et appliquer l'action d'agitateurs ou de brosses à agiter ou frotter les sons ; enfin, pour accélérer le trempage, je me servis, d'après les conseils de MM. Raspail et Payen, de l'eau à 40° centigr. : il suffit, en effet, que la fécule ne soit pas décomposée, et on sait qu'elle ne l'est qu'à 73°, tandis qu'une élévation de température aide singulièrement à la dissolution des matières gommeuses, etc.

Après m'être ainsi rendu compte de l'importance de la question et de la possibilité d'arriver à une bonne solution, j'obtins, en 1840, de M. le ministre de la marine, l'autorisation de me rendre à Paris pour y suivre des expériences faites, d'après mes indications, par une commission prise à la fois dans le département de la marine et dans celui de la guerre ; M. le comte de Rambuteau, préfet de la Seine, eut aussi l'obligeance de m'adresser à l'administration des hospices, en l'autorisant à faire expérimenter le nouveau système de panification à la boulangerie générale de l'administration. Je vais faire connaître les résultats obtenus par les deux commissions, en commençant par celle des hospices.

Expériences faites à Paris en 1840.

Devant la commission [1] chargée de suivre les expériences, il fut pro-

A la boulangerie générale des hospices.

---

[1] Cette commission était composée de :
MM. Féron, directeur de la boulangerie générale des hospices.
Pommier, rédacteur en chef du *Journal des arts agricoles*, expert de la ville de Paris.
Roland, expert de la ville de Paris.
Salone, maître boulanger des hospices.

cédé aux quatre opérations suivantes, que je résume dans le tableau ci-dessous :

OPÉRATIONS.	FARINE BRUTE.	FARINE BLUTÉE.	SON et basses matières.	DÉCHET.	EAU EMPLOYÉE au lavage.	POIDS du son à l'état sec.	RENDEMENT après la cuisson.	OBSERVATIONS.
			TRAVAIL DU PAIN.					Le déchet considérable du n° 1 est dû à ce que le bluteau s'est garni de farine, aux dépens de celles passées les premières. L'excédant des 100 gr. à la 4e opération provient d'une raison inverse. On a ajouté aux matières panifiables, pour augmenter la dureté de la pâte sur, laquelle par mégarde on avait versé une trop forte quantité d'eau, 1 k. de farine deuxième des hôpitaux. Pour la fabrication du pain on a emprunté trois chefs de 2 k. chacun.
	k.	k.	k.	k.	l.	k.	k.	
1re	25.000	20.000	4.550	0.450	20.00	2.500	31.500	
2e	25.000	18.700	6.250	0.050	28.00	3.500	29.000	
3e	25.000	22.030	2.950	0.050		2.950	30.500	
			TRAVAIL DU BISCUIT.					
4e	10.000	8.100	2.000	»	6	1.500	8.500	

Après avoir rapporté ces expériences en détail, la commission conclut en ces termes :

« Il résulte naturellement, des procédés employés par M. Rollet, « que la farine, épurée d'une plus grande quantité de sons et basses « matières, est plus blanche et produit par conséquent du pain plus « blanc.

« Que les sons, dépouillés par le lavage de presque toutes leurs matières « farineuses, ne sont peut-être plus propres à l'emploi auquel on les « destine ordinairement.

« Que l'eau qui a servi à traiter les sons et qui se trouve surchargée « de matières amilacées en suspension, augmente encore la blancheur « du pain; mais la mise en pratique de ce procédé ne nous semble pas « pouvoir recevoir, quant à présent, d'application utile dans la bou « langerie des hospices, qui n'emploie aujourd'hui que des farines « blutées.

« Nous avons cependant reconnu que les sortes de pain confectionnées « d'après les procédés de M. Rollet étaient, quant à la blancheur et au « développement de la pâte après cuisson, de beaucoup supérieures « au pain fabriqué suivant les règlements de l'administration de la « marine. »

Une commission [1] prise, moitié dans le département de la marine, moitié dans celui de la guerre, fut désignée pour suivre ces expériences. Ses premières opérations eurent lieu le 7 décembre; mais, comme elles se bornèrent à l'application du nouveau procédé sans contre-épreuve, nous avons cru inutile de les reproduire, et nous consignons dans le tableau suivant les expériences faites le 22 décembre, parce qu'elles rendent comparables l'ancien mode de panification et le nouveau.

À la manutention des vivres de la guerre, quai de Billy.

OPÉRATIONS.	FARINE BRUTE.	FARINE BLUTÉE.	SON et basses matières.	EAU EMPLOYÉE à 40°.	POIDS du son sec.	RENDEMENT après 24 heures.	OBSERVATIONS.
			PAIN.				
Nouveau procédé. 1er	k 40.000	k 32.000	k 5.000	l 30.00	k 4.300	k 51.100	Les rendements sont établis déduction faite des chefs emprunts.
Procédé ordinaire. 2e	40.000	35.500	4.500	»	4.500	50.800	
			BISCUIT.				
Nouveau procédé. 3e	k 10.000	k 8.000	k 2.000	l 3.00	k 1.800	k 7.350	On doit regarder l'opération relative au biscuit comme étant mal faite et ne pouvant produire aucun résultat ; il eût fallu prendre, dans les deux cas, de la farine provenant d'un même épurement, et constater la quantité et la qualité des produits.
Procédé ordinaire. 4e	10.000	7.500	2.500	»	2.500	7.250	

Après avoir rapporté en détail les expériences du 7 et du 22 décembre, la commission mixte réunie s'est prononcée en ces termes :

Conclusions de la commission mixte.

« Le pain de M. Rollet, comparé à celui de la contre-épreuve, est « d'une nuance incomparablement plus belle : son goût paraît également « bon; mais plusieurs membres de la commission ne le trouvent pas « préférable au goût du pain fabriqué avec la farine blutée à 12 pour 100.

---

[1] Cette commission était composée de :

Pour la marine.

MM. Massieu de Clerval, contre-amiral, président.

Comte d'Oysonville, capitaine de vaisseau.

Rouquier, chef de bureau au ministère.

Lauvergne, médecin professeur.

Pour la guerre.

MM. Victor Joinville, intendant militaire.

Pasquier, inspecteur général du service de santé.

Beck, officier principal d'administration.

Besnier, officier principal d'administration.

«Les deux biscuits paraissent également bons. Cependant, celui
« fabriqué par les moyens ordinaires semble d'une nuance moins gri-
« sâtre. »

Sur l'invitation de M. le président, les membres de la commission
du département de la marine déclarent unanimement : « Que ce pro-
« cédé leur paraît digne de la sollicitude de M. le ministre de la marine,
« sous le rapport qu'il tend à améliorer le pain de munition ; en ce qu'il
« permet en outre d'employer, sans nuire au service, les basses
« matières résultant de l'épuration pour le biscuit à 33 pour 100 ;
« qu'ainsi des expériences faites sur une grande échelle semblent de-
« voir être autorisées, et qu'elles permettront d'asseoir, d'une manière
« décisive, les avantages de ce procédé.

« La commission de la guerre partage, en principe, cette manière de
« voir ; mais elle attend, pour donner son opinion sur l'application de
« ce procédé au département de la guerre, que des expériences, sur une
« large échelle, aient amené des résultats ; car il lui restera alors à exa-
« miner la double question de la main-d'œuvre et de la perte vraisem-
« blable des sons. »

Observations
particulières de la
commission
de la marine.

« Deux expériences de panification ont été faites en notre présence,
« sous la direction de M. Rollet ; la première a eu lieu le 7 décembre
« 1840, et la seconde le 22 du même mois.

« Les procédés qui différencient la nouvelle méthode de l'ancienne
« se réduisent à l'immersion pendant une heure ou deux, au brossage
« et au pressage de 20 parties de basses matières et de sons extraits
« d'une quantité donnée de farine brute, et enfin à l'emploi, dans le
« pétrissage, de l'eau chargée de fécule et de gluten qui a été obtenue
« à la suite de l'action exercée par une forte pression.

« Le travail proprement dit est identiquement semblable dans les
« deux modes ; soit que l'on considère la manière dont on procède au
« blutage, ou bien que l'examen se porte sur la conduite des levains,
« les phases diverses du pétrissage, la mise en couche, la mise à l'apprêt
« dans les panetons, l'enfournement, la cuisson et le défournement.

« Le pain fait le 8 décembre ne dénotait pas la moindre acidité ; de
« l'eau dans laquelle nous avons mis à dissoudre une certaine quantité
« de mie n'a pas coloré le papier de tournesol ; et, après plusieurs jours
« de conservation, le goût n'accusait pas que le pain fût acide. La

« pâte était bien levée, pourvue d'une charpente alvéolaire qui indiquait
« le développement parfait du gluten élastique, et la croûte était bien
« cuite et convenablement colorée.

« Quant au biscuit, il était bien fabriqué; mais il péchait un peu par
« défaut de cuisson, vice qu'on ne saurait attribuer à la présence d'un
« excès de fécule ajoutée à la pâte par suite de l'opération du lavage
« des basses matières; mais bien à ce que le biscuit, pendant qu'il était
« au four, a été à plusieurs reprises dérangé de place et exposé à la
« bouche même du four, dans le lieu où la température est le moins
« élevée et le plus variable.

« La seconde expérience présentait plus d'intérêt que la première,
« en ce que l'on opérait simultanément sur des quantités semblables
« de farines brutes, par la méthode indiquée par M. Rollet et par les
« moyens en usage.

« Les résultats obtenus ont permis de constater que d'une quantité
« donnée de farine brute, il est facile d'obtenir autant de pain à peu
« près blanc, d'une excellente qualité, qu'il a été possible, à l'aide des
« moyens maintenant en usage, de fabriquer du pain bis de médiocre
« qualité.

« Quant au biscuit, qu'il ait été fabriqué par l'une ou l'autre mé-
« thode, il nous a paru également bon et d'une nuance à peu près sem-
« blable. L'avantage qui résulterait de l'adoption des moyens nouveaux
« serait donc purement économique, puisqu'en épurant à 15 ou 18
« pour 100 au plus, on aurait du biscuit aussi blanc que celui que l'on
« fabrique aujourd'hui avec de la farine dont on extrait 33 pour 100.
« La marine acquerrait, en outre, l'avantage de ne plus être contrainte
« à la nécessité dans laquelle elle se trouve maintenant de faire con-
« sommer les basses matières par les marins et les forçats, et de sus-
« tenter ainsi ses rationnaires avec du pain dans lequel il entre des
« farines échauffées, des farines mitées, qui lui donnent tantôt une
« saveur amère, tantôt une saveur douceâtre et comme mielleuse, et
« qui motivent à juste titre les plaintes fondées que nous adressent si
« souvent nos marins et nos soldats.

« L'amélioration de l'aliment qui fait la base de la nourriture de
« l'homme est un progrès notable dans le sens hygiénique, et nous
« pensons que l'économie qui découlera d'un pareil perfectionnement

65

« se manifestera dans la diminution des journées de présence dans les
« hôpitaux.

« Nous ferons remarquer que le pain que l'on propose de faire ne
« contient pas de son, et qu'il a le même poids et le même volume que
« celui que l'on donne maintenant. Or, ce pain blanc, que nous pré-
« férons parce qu'il flatte la vue, étant de même poids et de même
« volume que le pain soneux, de même que ce dernier, et au même
« degré, lestera l'estomac et remplira les cavités ; mais le son étant
« remplacé dans le pain blanc par de la fécule, il s'ensuivra qu'il sera
« d'une digestion plus facile, et qu'il sera plus nourrissant que le pain
« de munition ordinaire. Sous ce point de vue, l'innovation équivaudra
« à une augmentation de la ration en pain. Si l'on considère, en outre,
« que ce pain peut servir à tremper la soupe, tandis que le pain de
« munition y est impropre, on concevra que l'innovation donnera au
« soldat la possibilité de faire une épargne de 125 fr. par mois et par
« compagnie.

« Le biscuit fabriqué par la nouvelle méthode ne saurait se conser-
« ver moins bien que celui fait par l'ancienne, pourvu qu'il y ait, dans
« les deux cas, dessiccation parfaite, résultat auquel il est toujours pos-
« sible d'arriver, car, dans les deux modes, on n'emploie qu'une égale
« quantité d'eau pour une égale quantité de farine ; ce qu'il faut, c'est
« que l'eau employée au pétrissage, plus l'eau de végétation contenue
« dans la farine dans la proportion de 10 à 12 pour 100 de la masse,
« soient complétement évaporées. Ces conditions étant remplies, le
« biscuit aura toutes les chances possibles de conservation ; et nous
« faisons observer que les moyens nouveaux ne s'opposent nullement
« à ce que la dessiccation du biscuit s'opère complétement, puisque
« c'est au four qu'appartiennent l'œuvre de la cuisson et celle d'une
« dessiccation complète.

« Ainsi, nous disons que le pain nouveau est d'une qualité infiniment
« supérieure à celui que l'on distribue maintenant aux rationnaires de
« la marine, et nous ajoutons que le biscuit fait par la nouvelle méthode
« est égal en qualité à celui fait par l'ancienne, et que rien ne peut
« faire soupçonner que le biscuit confectionné avec de l'eau chargée de
« fécule se conservera moins bien que du biscuit fait avec de l'eau
« pure.

« Si l'on considère l'innovation proposée sous le point de vue du
« bien-être accordé au soldat, elle a certes une grande importance, car
« elle tend à améliorer la condition des conscrits levés dans nos cam-
« pagnes, en leur donnant au régiment un pain meilleur que celui
« qu'ils consommaient habituellement; et, d'un autre côté, elle permet
« de ne plus donner du pain noir aux hommes des villes requis pour le
« service de l'État, et qui étaient habitués à se nourrir de pain blanc.

« D'une part, il y a donc mieux-être accordé à l'homme des campa-
« gnes, et, de l'autre, une privation de moins infligée à l'homme des
« villes.

« Si l'on envisage actuellement la question comme relevant de l'ad-
« ministration dans un sens général, elle présente encore des avan-
« tages incontestables. Car la mise en application des moyens nouveaux
« force, pour ainsi dire, à exercer un contrôle si nouveau et si inat-
« tendu, que son effet certain sera de porter le jour dans tous les détails
« variés de l'œuvre complexe de la boulangerie. Cette observation
« nous semble devoir arrêter l'attention la plus sérieuse du ministre,
« qui arrivera d'autant plus sûrement à un résultat d'ordre et d'éco-
« nomie qu'il mettra M. Rollet dans la position la plus avantageuse
« pour qu'il fasse réussir son système.

« Quant à la possibilité de reproduire en grand ce que nous avons
« vu faire en petit, on ne conçoit pas que, aidés de l'intelligente indus-
« trie mécanique, nous ne parvenions pas sans embarras et avec célérité
« à laver les sons et à les presser, lorsque surtout la personne inté-
« ressée à arriver à de bons résultats a donné des preuves irrécusables
« de son savoir-faire par l'introduction de machines et d'installations
« ingénieuses dans toutes les parties du service des subsistances de la
« marine.

« Il reste à faire l'application des nouveaux moyens sur une moyenne
« échelle dans les établissements de la boulangerie à Rochefort; et,
« prenant en considération l'intérêt du matelot comme celui du Trésor,
« nous ne saurions trop insister auprès du ministre pour qu'il soit ac-
« cordé à M. Rollet tous les moyens qui pourront le conduire à de bons
« résultats, et pour qu'il lui soit accordé aussi une liberté d'action telle
« qu'il n'ait pas à combattre les entraves de la routine et du mauvais
« vouloir. »

Étude sur l'application
du nouveau procédé
au port de Rochefort.
Conformément aux conclusions de la commission de la marine, M. le
ministre ayant prescrit, par dépêche du 24 février 1841, d'étudier l'application
du nouveau procédé de panification au port de Rochefort, je
présentai, le 10 septembre 1841, de concert avec M. Maitrot de Varenne,
ingénieur des travaux hydrauliques et bâtiments civils, un rapport détaillé
sur la question proprement dite, en y joignant un plan d'ensemble
pour son application à la boulangerie : une partie de ce qui va suivre
est extraite de ce travail.

Expériences
sur le lavage des sons.
Première expérience. — Nous avons pris 4^k de son provenant d'un
épurement de 20 pour 100; nous les avons mélangés avec quatre fois
autant d'eau, savoir 16 litres; nous avons laissé macérer le tout, en
agitant, pendant près de deux heures; au bout de ce temps, on a pressé
avec les mains, et on a obtenu 11^l 300 de liquide chargé de fécule et de
matières solubles; le son mouillé pesait 6^k 900; si donc on n'admet pas de
déchet, on devra retrouver 5^l 100 [1] d'eau dans les 6^k 900 de son mouillé,
et le son sec pèsera 1^k 80; ce qui démontre qu'on aurait extrait par cette
opération imparfaite 10 parties environ de matières nutritives sur 20
parties de son, et que l'eau qui reste dans le son est représentée par
les $\frac{5}{4}$ du poids du son lavé. Pour vérifier cette conclusion et séparer la
fécule [2], nous avons mis le son à sécher, ainsi que la fécule, après avoir
séparé cette dernière des eaux de lavage par le repos et la décantation.
Le poids du son a été trouvé de 1^k 850, et celui de la fécule de 0^k 852.

Ainsi, pour résumer

$\left\{\begin{array}{l}\text{4}^k\text{ de son}\\\text{et}\\\text{16 litres}\\\text{d'eau à}\\\text{40}^o\end{array}\right\}$ ont donné, après avoir été pressés, $\left\{\begin{array}{l}\text{11}^l\text{ 500}\\\text{de liquide}\\\text{et}\\\text{6}^k\text{ 900}\\\text{de son}\\\text{mouillé;}\end{array}\right.$ $\left\{\begin{array}{l}\text{la fécule desséchée a}\\\quad\text{pesé.............}\\\text{le son desséché a}\\\quad\text{pesé.............}\\\text{matières solubles....}\\\text{eau de végétation...}\end{array}\right\}$ $\begin{array}{l}0^k\text{ 852}\\\\1\ 850\\\\0,898\\0,400\end{array}$

Total............   4^k 000

Il suit de là que 100 parties de son provenant d'un épurement à 20
pour 100, non séché et traité ainsi qu'il précède, donnent :

---

[1] On admet que le son soumis à l'expérience, et qui n'avait pas été desséché, devait
contenir 10 pour 100 de son poids d'eau.

[2] Si nous ne parlons ici que de la fécule, sans nous occuper du gluten, c'est que ce dernier,
qui est le tissu cellulaire du périsperme, ne peut se rencontrer dans les eaux de
lavage qu'en petite proportion.

Son sec	46,20
Fécule	21,50
Matières solubles	22,30
Eau	10,00
	100,00

tat concorde assez bien avec celui du docteur Herpin, qui
100 parties de son, provenant d'un épurement semblable,

Amidon sec	25
Matières solubles	18 à 25
Et le reste en son.	

tenant on admet que 100ᵏ de farine brute ne contiennent
our 100 de son pur; on voit que le son obtenu dans notre
 renferme encore environ la moitié de son poids de sub-
tritives.

e expérience. — L'expérience qui précède nous a donné la
naximum d'eau à évaporer d'un certain poids de son lavé;
a suivre a été principalement dirigée dans le but d'examiner
séchage et le parti qu'on pourrait tirer des sons ainsi obtenus.
 des résultats positifs, nous avons dû nous placer dans les
les plus défavorables, et nous avons pris du son provenant
ment à 12 pour 100.

ont été agités pendant une heure envi- ron; pressés, ils ont donné, 125ᵏ de son humide. liquide non mesuré. On a divisé le son en deux parties égales; l'une séchée au soleil, l'autre au four après avoir fermenté pendant 6 heures; on a obtenu : 22ᵏ de son sec pour la 1ʳᵉ partie. 22ᵏ de son sec pour la 2ᵉ partie.

n aurait encore extrait du son provenant d'un épurement à
00 plus de 25 pour 100 de matières nutritives. Pour le son
a obtenu le même poids par les deux méthodes, mais non la
dité; il existait en effet entre eux une très-grande différence :
avait fermenté pendant six heures, et subi dans son séchage
commencement de cuisson, avait l'odeur et le goût du pain :
hait avec plaisir; tandis que le son séché au soleil n'avait
veur, si ce n'est un goût légèrement acide; aussi le premier.

donné aux chevaux concurremment avec du son ordinaire (c
son avant son lavage), a-t-il obtenu toujours la préférence. N
stons sur ce résultat, parce qu'il montre d'une manière claire qu
seulement le son provenant du lavage n'aura pas une qualité in
mais qu'il peut encore, par un séchage bien dirigé, acquérir,
animaux, des propriétés nutritives semblables à celles que la par
donne pour nous à la farine.

Dans les deux expériences que nous venons de rapporter, no
comparé les résidus des sons pressés à des temps plus ou moins
du mouillage de ces sons, et nous avons reconnu que, sous l'i
de l'agitation, il existait entre eux très-peu de différence; d'o
que l'on peut espérer laver les sons avec des agitateurs et de l'e
dans un très-court espace de temps, 15 à 20 minutes par exemp
moins, il faut quelques précautions dans la manière d'appliquе
mécanique; car s'il avait pour effet de broyer le son, on l'introc
nouveau dans le pain à l'état de particules très-déliées : à ce su
ferons remarquer que, pour se placer dans les conditions les plu
bles, il faudrait moudre le blé de manière à présenter le son
larges écailles; le pain et le biscuit seraient infiniment plus bla
quoi qu'on fasse, il passe toujours actuellement au blutage, et
lavage, des sons extrêmement divisés, qu'une mouture bie
ferait disparaître.

Nous devons dire aussi que, par suite de l'application du la
sons à la fabrication du pain et du biscuit, il est important de
le blé par la voie humide : ce mode, qui a été décrit avec d
développements dans le cours de cet ouvrage, et auquel, dans
cas, on doit donner la préférence, devient pour ainsi dire une
quand on arrive à laver les sons. C'est ainsi que les diverses a
tions se tiennent et demandent des installations spéciales et c
pour être réalisées dans nos arsenaux.

Il me reste maintenant à faire connaître les divers appareils
vent être employés pour appliquer avec avantage et économiе
veau mode de fabrication du pain et du biscuit. Ces appaı
au nombre de trois : le laveur, le presseur et le sécheur; ils sе
entre eux de telle sorte, que le son, une fois mélangé avec
trouve subir toutes les opérations nécessaires, et est amené se

sans le secours des hommes, si ce n'est pour surveiller le
t. La force nécessaire à la marche du système, force qui
s considérable, est empruntée à la machine à vapeur desser-
mutention; et la chaleur employée au séchage des sons,
il est facile de calculer d'après ce que nous avons dit plus
ent en partie des fours aérothermes et en partie des fourneaux
ères à vapeur.

r est un cylindre dans lequel se meuvent des agitateurs à
son, sortant du laveur, tombe dans une trémie où se meut
itateur, et il est amené par un distributeur sur l'appareil à
ivais pensé d'abord à presser le son dans des cylindres à
s et mobiles à volonté, dans lesquels tombaient des moutons
es cames; on formait ainsi des sortes de pains qui pouvaient
four sous cette forme : j'ai abandonné ce système, qui a
ses avantages, pour adopter celui représenté dans la pl. LXI;
consiste en une toile métallique sans fin et à mailles serrées,
sur deux tambours de forme ovoïdale et passant entre trois
ouleaux ayant même vitesse qu'elle : ces rouleaux, qui se
ent deux à deux, comme je viens de le dire, ont des formes
pour faciliter l'écoulement de l'eau; ceux qui sont au-dessus
ont une surface concave, tandis que les autres présen-
rface convexe. L'eau qui provient de l'égouttage et du pres-
as est reçue dans une auge et amenée par un conduit dans
ère où se meut un agitateur. Le son pressé est pris par une
dets qui le transporte dans une étuve placée au-dessus des
ns laquelle circule un courant d'air chaud qui est appelé par
ur : enfin, le son séché et un peu cuit est conduit dans sa
r une vis sans fin. On peut voir, sur la pl. LXI et en s'aidant
le, la marche des divers appareils dont je viens de donner
tion sommaire.

ierai ce chapitre en présentant le plan d'une boulangerie telle
ait l'installer, d'après les principes que j'ai cherché à faire
ai pris pour emplacement le local occupé par la boulangerie
Rochefort : au centre sont les chaudières et la machine
droite et à gauche se trouvent les deux ateliers, l'un
fabrication du pain, et l'autre à celle du biscuit. Dans l'un

Insta
d'une bc
méca
(Pl. I

comme dans l'autre sont disposés les appareils propres à lave
et sécher les sons. La partie destinée au travail du pain coı
fours aérothermes desservis par deux pétrins mécaniques, seı
celui décrit page 404 ; celle réservée à la fabrication du biscuit
le pétrin et le coupe-pâte que j'ai proposés, ainsi que le four aı
continu dont j'ai donné la description au chapitre VIII. Après :
attentivement ce que j'ai dit sur la boulangerie dans le coı
ouvrage, il sera facile de comprendre les avantages de toute ı
découleraient de semblables dispositions.

CHAPITRE XI.

5 DES MANUTENTIONS DE BOULANGERIE EXÉCUTÉES

DANS LES PORTS

IER 1824 AU 51 DÉCEMBRE 1840 (17 ANS).

BISCUIT.

DÉTAIL DES FABRICATIONS.		1824.	1825.	1826.	1827.	1829.	1830.	1831.	1832.	1833.	1834.	1835.	1836.	1837.	1838.	1839.	1840.
QUANTITÉS	de Farines épurées à 33 p. 100 employées.	112.70	160.32	160.02	112.82	56.75	162.37	175.01	79.53	716.65	149.08	463.44	445.26	42.50	508.13	520.96	1,436.79
	de Biscuit fabriqué.	161.47	153.30	152.21	101.84	84.31	155.41	151.68	85.85	630.20	125.70	417.62	371.22	260.62	187.16	477.01	1,361.15
PRODUIT de Biscuit pour 100 kilogrammes de Farine.		85.801	89.936	90.022	89.044	42.886	88.840	86.518	87.781	87.937	89.679	90.096	90.296	50.081	90.069	90.183	90.076
VALEUR des 100 kilogrammes de Biscuit	Matières	30.01	31.91	30.04	24.77	50.80	38.36	41.48	47.62	31.32	29.95	30.82	31.58	31.95	31.35	44.15	43.38
	Frais de fabrication	5.69	0.66	5.51	6.38	5.90	9.26	8.66	8.77	8.88	8.62	8.13	9.27	8.31	9.94	8.67	7.97
	TOTAUX	36.50	38.57	35.50	40.15	56.78	47.62	53.11	56.16	40.83	38.66	38.95	10.75	19.26	44.20	53.12	51.36
VALEUR de la Ration de 805 grammes	Matières	0.1845	0.1898	0.1765	0.2045	0.3366	0.2230	0.2680	0.2989	0.1916	0.1810	0.1809	0.1990	0.2420	0.2079	0.2689	0.2716
	Frais de fabrication	0.0355	0.0402	0.0325	0.0365	0.3860	0.0530	0.0520	0.0510	0.0530	0.0520	0.0480	0.0660	0.0500	0.0601	0.0510	0.0402
	TOTAUX	5.33	8.23	8.21	8.21	0.430	0.2970	0.3300	0.3300	0.2570	0.2350	0.2350	0.2560	0.2920	0.2682	0.3215	0.3428

PAIN DE MUNITION.

		1824.	1825.	1826.	1827.	1829.	1830.	1831.	1832.	1833.	1834.	1835.	1836.	1837.	1838.	1839.	1840.
QUANTITÉS	de Farines épurées à 14 p. 100 et autres employées.	1,806.30	1,774.12	1,755.81	1,201.83	1,169.86	1,991.16	1,416.46	1,921.54	2,989.74	1,482.31	1,216.00	885.22	881.50	1,303.85	1,701.46	3,073.71
	de Pain fabriqué.	2,480.31	2,408.18	2,356.73	1,616.51	1,590.55	1,685.03	1,923.03	2,642.60	3,131.66	2,117.70	1,665.61	1,152.37	1,305.18	1,794.95	2,448.73	3,870.10
PRODUIT de Pain pour 100 kilogrammes de ces Farines.		139.513	136.530	136.559	136.425	25.80	196.412	136.103	136.743	137.167	137.570	139.130	139.496	139.198	137.553	137.735	137.739
VALEUR de 100 kilogrammes de Pain	Matières	18.71	18.35	19.08	18.96	24.80	22.15	23.66	21.93	17.62	15.13	17.17	17.22	19.28	19.87	25.70	26.17
	Frais de fabrication	2.84	2.00	9.07	9.85	4.75	4.30	3.87	1.20	3.85	4.27	1.06	4.36	4.19	4.70	4.31	3.00
	TOTAUX	21.53	21.36	21.97	22.81	21.55	26.54	29.53	23.53	21.17	21.42	21.23	21.58	23.47	24.57	29.01	29.63
VALEUR de la Ration de 750 grammes	Matières	0.1300	0.1308	0.1379	0.1357	0.3100	0.1850	0.1916	0.1609	0.1390	0.1290	0.1390	0.1290	0.1150	0.1190	0.1853	0.1962
	Frais de fabrication	0.0300	0.0212	0.0921	0.0218	0.4400	0.0320	0.0290	0.0310	0.0420	0.0300	0.0300	0.0310	0.0320	0.0325	0.0323	0.0375
	TOTAUX	0.13	0.10	0.16	0.17	0.2358	0.1980	0.2300	0.1910	0.1610	0.1600	0.1390	0.1610	0.1760	0.1815	0.2179	0.2337

HÔPITAL.

		1824.	1825.	1826.	1827.	1829.	1830.	1831.	1832.	1833.	1834.	1835.	1836.	1837.	1838.	1839.	1840.
QUANTITÉS	de Farines épurées à 25 et 33 p. 100 employées.	»	»	»	»	»	»	94.85	111.57	89.50	91.27	80.31	98.89	111.51	110.15	126.08	
	de Pain fabriqué.	»	»	»	»	»	»	124.08	161.93	117.93	120.53	111.01	117.53	111.37	169.96		
PRODUIT de Pain pour 100 kilogrammes de ces Farines.		»	»	»	»	»	»	131.899	134.110	132.061	132.688	132.076	132.040	129.821	128.215	134.335	
VALEUR des 100 kilogrammes de Pain	Matières	»	»	»	»	»	»	28.49	19.38	17.99	19.35	20.02	22.76	29.10	31.08	32.56	
	Frais de fabrication	»	»	»	»	»	»	6.96	5.69	5.96	5.81	6.47	3.76	7.83	6.97	6.17	
	TOTAUX	»	»	»	»	»	»	34.45	25.07	23.95	25.17	26.50	24.52	36.78	37.97	38.73	

BREST.

DÉTAIL DES FABRICATIONS.	1824.	1825.	1826.	1827.	1828.	1829.	1830.	1831.	1832.	1833.	1834.	1835.	1836.	1837.	1838.	1839.	18..
BISCUIT.																	
QUANTITÉS { de Farines épurées à 23 p. 100 employées.	7,031.75	7,208.00	6,427.70	8,645.95	5,691.10	4,51.05	7,831.70	3,323.10	4,064.10	6,002.30	2,752.71	2,577.83	5,114.39	4,772.30	3,681.35	6,645.55	5,09
{ de Biscuit fabriqué	6,313.73	6,378.54	3,880.98	7,752.08	5,112.55	3,845.17	6,797.03	3,197.18	3,662.05	5,439.01	2,480.37	2,323.83	4,894.63	4,595.65	3,322.10	6,013.02	5,06
PRODUIT de Biscuit pour 100 kilogrammes de farine.	88.110	88.560	89.947	89.780	90.703	90.162	90.207	90.737	90.119	90.334	90.435	90.315	90.068	89.761	90.950	90.316	
VALEUR des 100 kilogrammes de Biscuit { Matières	29.62	29.01	29.65	28.29	28.65	48.07	40.71	39.68	39.30	29.80	37.05	29.60	30.90	31.41	31.39	10.72	
{ Frais de fabrication	4.55	4.73	5.98	4.91	5.19	5.45	6.80	5.50	5.60	5.50	5.43	5.69	5.90	5.58	5.06	6.08	
{ Total	34.17	33.76	31.01	33.30	33.51	54.10	47.33	44.18	44.80	35.30	53.28	35.29	36.85	39.81	37.26	46.87	
VALEUR de la Ration de 205 grammes { Matières	0.1780	0.1713	0.1650	0.1700	0.2298	0.2000	0.2160	0.2190	0.2190	0.1810	0.1630	0.1790	0.1800	0.1800	0.1800	0.2168	0.
{ Frais de fabrication	0.0275	0.0287	0.0330	0.0290	0.031	0.0310	0.0100	0.0056	0.0030	0.0030	0.0380	0.0310	0.0360	0.0310	0.0357	0.0368	0.
{ Total	0.2000	0.2000	0.1900	0.2000	0.2552	0.2270	0.2860	0.2716	0.2110	0.1950	0.2130	0.2100	0.2226	0.2100	0.2250	0.2636	0.
PAIN DE MUNITION.																	
QUANTITÉS { de Farines épurées à 12 p. 100 et autres employées.	10,209.90	11,313.70	17,307.88	16,315.90	11,71.40	13,05.90	13,071.67	16,493.17	13,511.99	13,017.83	13,412.66	13,441.00	15,469.69	14,581.80	11,172.10	17,153.00	18,48
{ de Pain fabriqué	14,597.73	19,715.29	24,371.23	22,606.90	20,259.10	10,005.90	18,619.71	23,322.66	18,133.60	18,820.11	18,575.30	18,443.73	27,136.91	20,057.81	19,504.76	21,628.87	23,19
PRODUIT de Pain pour 100 kilogrammes de ces farines.	137.814	137.716	137.921	137.991	131.941	138.106	137.132	138.081	138.111	138.202	138.190	138.450	138.337	138.580	138.212	138.171	1386
VALEUR des 100 kilogrammes de Pain { Matières	17.90	18.06	17.91	18.30	19.45	23.01	22.69	21.55	22.08	17.97	16.38	16.32	17.16	18.10	18.77	22.51	
{ Frais de fabrication	2.98	3.60	3.13	3.28	3.30	3.07	3.78	3.20	3.62	3.58	3.65	3.15	3.58	3.60	3.17		
{ Total	20.88	21.66	21.04	21.68	23.50	21.08	24.17	27.80	20.31	20.89	20.10	19.91	24.91	22.31	22.37	25.71	
VALEUR de la Ration de 750 grammes { Matières	0.1217	0.1330	0.1266	0.1170	0.110	0.100	0.1706	0.1810	0.1700	0.1930	0.1450	0.1120	0.1210	0.1110	0.1428	0.1630	0
{ Frais de fabrication	0.0283	0.0470	0.0234	0.0211	0.0240	0.0210	0.0280	0.0210	0.0270	0.0260	0.0230	0.0250	0.0260	0.0370	0.0238	0.	
{ Total	0.1500	0.1660	0.1500	0.1480	0.170	0.220	0.1290	0.2300	0.1970	0.1560	0.1510	0.1190	0.1360	0.1670	0.1478	0.1824	0.
PAIN D'HOPITAL.																	
QUANTITÉS { de Farines épurées 5 à 0 et à 23 p. 100 employées.	»	»	»	»	»	»	»	607.30	831.13	712.31	612.10	861.13	859.21	809.01	1,002.90	752	
{ de Pain fabriqué	»	»	»	»	»	»	»	1,321.73	1,183.63	916.90	1,061.13	1,181.19	1,106.55	1,111.07	1,333.52	990	
PRODUIT de Pain pour 100 kilogrammes de ces farines.	»	»	»	»	»	»	»	132.824	131.833	132.934	132.938	131.817	132.517	132.153	132.889	134.	
VALEUR des 100 kilogrammes de Pain { Matières	»	»	»	»	»	»	»	30.08	45.80	41.87	30.02	19.17	26.18	26.35	27.58	30	
{ Frais de fabrication								1.81	1.59	1.98	1.99	1.65	4.19	1.65	4.65	2	
{ Total								35.19	28.79	23.06	28.01	21.90	30.37	31.00	32.13	35	

DÉTAIL DES FABRICATIONS.	1824.	1825.	1826.	1827.	1828.		1829.	1830.	1831.	1832.	1833.	1834.	1835.	1836.	1837.	1838.	1839.	1840.
BISCUIT.																		
de Farine épurée à 33 p. 100 employée	776.04	4,171.15	137.82	361.18	809.22		722.51	1,607.85	373.81	638.85	580.65	»	570.63	683.81	181.28	182.49	717.68	1,361.51
de Biscuit fabriqué	899.19	1,050.15	121.36	325.16	809.2.		580.01	1,158.46	531.09	573.81	886.11	»	516.30	688.02	137.68	165.31	672.73	1,282.87
de Biscuit pour 100 kilogrammes de farine	90.072	90.101	90.532	90.097	90.15		90.122	90.061	90.173	90.658	90.290	»	90.180	90.116	90.311	90.133	90.351	90.100
des 100 kilogrammes de Biscuit {Matières	29.56	29.36	31.14	29.52	39.6		33.06	31.15	33.81	38.31	29.09	»	36.13	34.73	30.51	31.17	33.75	39.02
{Frais de fabrication	1.66	1.21	5.16	4.89	4.1		1.27	7.03	7.16	7.11	7.52	»	7.24	6.35	7.29	8.00	8.06	8.17
{TOTAL	31.41	33.60	39.58	34.10	43.9		34.33	41.18	41.30	45.75	33.52	»	53.67	39.28	37.91	39.17	41.11	47.00
de la Ration de 685 grammes {Matières	0.1719	0.1715	0.1870	0.1705	0.200		0.3200	0.2080	0.2610	0.2310	0.1570	»	0.1030	0.1980	0.1810	0.1888	0.2012	0.2201
{Frais de fabrication	0.0281	0.0285	0.0330	0.0280	0.030		0.0250	0.0420	0.0150	0.0450	0.0150	»	0.0130	0.0390	0.0450	0.0181	0.0541	0.0512
{TOTAL	0.2000	0.2000	0.2300	0.2000	0.245		0.3450	0.2500	0.3150	0.2700	0.3020	»	0.2930	0.2370	0.2290	0.2370	0.2560	0.2903
PAIN DE MUNITION.																		
de Farine épurée à 14 p. 100 et autres employée	3,291.10	3,717.47	3,621.51	3,708.16	4,325.9		4,889.17	3,355.07	3,427.03	2,770.82	2,777.88	3,463.31	3,332.81	2,015.53	3,229.10	2,600.63	2,163.83	4,185.95
de Pain fabriqué	4,519.73	5,110.08	4,951.70	5,245.28	5,852.85		5,347.00	4,626.19	4,157.55	3,803.06	3,829.11	3,161.01	3,418.81	2,808.50	3,152.52	2,885.10	3,131.01	4,974.10
de Pain pour 100 kilogrammes de ces farines	137.331	137.647	137.651	137.531	137.698		137.697	137.790	137.822	138.119	138.211	138.332	138.257	116.309	141.530	111.171	138.302	137.582
des 100 kilogrammes de Pain {Matières	19.01	18.58	19.15	18.60	20.50		20.05	23.83	23.26	21.11	17.63	18.80	15.82	15.80	17.70	17.81	19 86	22.05
{Frais de fabrication	2.85	2.56	2.78	2.70	1.90		4.16	3.70	7.58	3.69	3.19	3.64	3.56	3.51	4.48	3.96	3.67	0.67
{TOTAL	21.89	21.19	21.93	21.36	22.30		32.21	27.33	26.81	24.01	21.12	20.15	19.38	19.31	21.21	22.02	23.82	25.70
de la Ration de 750 grammes {Matières	0.1388	0.1500	0.1393	0.1100	0.1500		0.1351	0.1790	0.1770	0.1810	0.1320	0.1260	0.1190	0.1180	0.1330	0.1358	0.1150	0.1652
{Frais de fabrication	0.0412	0.0300	0.0407	0.0300	0.010		0.0451	0.0270	0.0360	0.0260	0.0260	0.0270	0.0290	0.0260	0.0360	0.0313	0.0297	0.0275
{TOTAL	0.1900	0.1900	0.1800	0.1800	0.1130		0.1819	0.2050	0.2040	0.2100	0.1580	0.1530	0.1150	0.1440	0.1590	0.1651	0.1787	0.1927
PAIN D'HOPITAL.																		
(Néant.)																		

DÉTAIL DES FABRICATIONS.	1824.	1825.	1826.	1827.	1828.	1829.	1830.	1831.	1832.	1833.	1834.	1835.	1836.	1837.	1838.	1839.	18..

BISCUIT.

QUANTITÉS { de Farines épurées à 33 p. 100 employées	5,145.22	5,439.59	5,175.92	4,791.60	4,325.35	1,194.20	4,084.64	1,183.37	1,092.93	781.95	1,419.01	1,865.06	2,295.95	1,493.10	1,494.97	2,025.59	
{ de Biscuit fabriqué	4,597.72	4,863.08	4,606.29	4,265.91	4,625.06	1,036.61	4,192.26	1,055.81	975.42	703.19	1,274.35	1,673.06	2,067.96	1,290.91	1,315.90	1,813.17	
PRODUIT de Biscuit pour 100 kilogrammes de farine	89.091	89.608	89.510	90.011	89.83	89.612	89.088	89.932	89.815	89.585	89.987	89.906	90.013	90.038	90.029	89.616	
VALEUR des 100 kilogrammes de Biscuit { Matières	29.76	27.16	27.87	25.65	24.28	26.29	36.81	37.12	38.75	25.00	24.42	24.48	31.11	30.14	31.81	40.91	
{ Frais de fabrication	9.80	9.11	9.87	9.33	9.20	10.29	9.97	9.90	9.92	9.17	9.38	9.42	9.17	7.61	8.15	8.12	
{ TOTAL	39.56	36.30	37.14	24.98	43.42	42.18	46.78	47.32	49.57	34.16	33.01	37.79	40.48	44.75	43.39	49.34	
VALEUR de la Ration de 685 grammes { Matières	0.1808	0.1519	0.1610	0.1586	0.330	0.0310	0.2225	0.2360	0.2310	0.1310	0.1460	0.1710	0.1880	0.2250	0.2108	0.2475	
{ Frais de fabrication	0.0592	0.0552	0.0560	0.0501	0.509	0.0610	0.0600	0.0590	0.0480	0.0570	0.0570	0.0570	0.0550	0.0180	0.0511	0.0519	
{ TOTAL	0.3100	0.2100	0.2260	0.2100	0.290	0.3290	0.2830	0.2830	0.2900	0.3980	0.2030	0.2280	0.2130	0.2510	0.2619	0.2985	

PAIN DE MUNITION.

QUANTITÉS { de Farines épurées à 12 p. 100 et autres employées	7,489.90	7,644.20	7,218.00	6,546.21	5,990.19	4,055.21	3,061.70	4,094.36	4,630.60	3,606.34	3,975.43	3,457.32	3,979.07	3,094.01	3,175.58	4,190.12	
{ de Pain fabriqué	10,275.68	10,471.48	9,961.65	9,002.59	8,571.02	4,913.55	5,190.47	5,383.81	6,325.47	5,415.10	5,176.50	4,785.11	4,196.51	4,342.58	4,159.31	5,713.42	
PRODUIT de Pain pour 100 kilogrammes de ces farines	137.000	136.085	137.964	137.711	128.112	137.965	137.029	137.343	137.121	137.518	137.728	138.408	110.759	110.135	140.510	140.811	
VALEUR des 100 kilogrammes de Pain { Matières	19.91	18.90	18.13	17.59	21.35	21.30	23.49	23.40	23.92	19.84	18.50	15.56	19.36	20.50	19.08	21.87	
{ Frais de fabrication	3.94	4.10	4.22	4.00	4.47	4.96	4.68	4.56	4.54	5.13	4.70	4.81	4.58	5.11	5.13	4.57	
{ TOTAL	23.85	23.00	22.35	21.51	25.90	29.40	20.87	28.05	30.60	24.97	23.20	20.37	28.96	25.70	24.71	20.55	
VALEUR de la Ration de 750 grammes { Matières	0.1105	0.1300	0.1361	0.1300	0.161	0.1030	0.1850	0.1850	0.1910	0.1800	0.1410	0.1160	0.1230	0.1510	0.1165	0.1610	
{ Frais de fabrication	0.0395	0.0407	0.0415	0.0306	0.0335	0.0370	0.0350	0.0350	0.0350	0.0350	0.0380	0.0350	0.0360	0.0380	0.0385	0.0351	
{ TOTAL	0.1700	0.1700	0.1700	0.1600	0.191	0.1400	0.2250	0.2250	0.2290	1.1010	0.1300	0.1580	0.1560	0.1920	0.1852	0.1991	

PAIN D'HÔPITAL.

QUANTITÉS { de Farines épurées à 25 et à 33 p. 100 employées	»	»	»	»	»	»	»	»	616.10	616.19	541.60	388.17	378.92	407.05	466.69	596.12	
{ de Pain fabriqué	»	»	»	»	»	»	»	»	805.11	831.12	728.64	513.20	504.05	580.30	658.32	707.77	
PRODUIT de Pain pour 100 kilogrammes de ces Farines	»	»	»	»	»	»	»	»	133.592	133.720	133.768	131.885	133.277	131.171	141.732	131.550	
VALEUR des 100 kilogrammes de Pain { Matières	»	»	»	»	»	»	»	»	30.13	19.36	19.84	17.95	20.32	24.35	21.71	20.60	
{ Frais de fabrication	»	»	»	»	»	»	»	»	5.82	5.95	5.50	5.96	5.58	5.76	6.15	6.03	
{ TOTAL	»	»	»	»	»	»	»	»	35.95	25.31	25.44	23.91	25.90	30.10	20.86	24.72	

TOULON.

BISCUIT.

DÉTAIL DES FABRICATIONS.	1824.	1825.	1826.	1827.	1828.	1829.	1830.	1831.	1832.	1833.	1834.	1835.	1836.	1837.	1838.	1839.	1840.
de Farines épurées à 33 p. 100 employées	3,378.50	3,345.56	3,138.26	11,353.30	17,306.36	6723.37	15,186.89	11,328.63	5,579.79	9,469.58	3,573.19	9,045.88	10,317.93	8,598.65	13,353.67	9,931.33	19,743.47
de Biscuit fabriqué	4,795.13	4,816.86	4,807.11	10,191.38	13,301.11	5770.91	11,772.91	10,201.62	5,092.57	8,511.70	3,517.23	8,152.42	9,297.35	7,851.87	12,922.59	8,935.13	17,209.58
de Biscuit pour 100 kilogrammes de farine	89.600	89.990	89.484	89.700	89.901	82.899	90.013	90.068	90.031	89.014	80.650	90.070	90.081	89.020	90.166	90.174	90.215
Matières	31.92	31.00	29.90	35.03	41.02	42.29	39.81	38.83	33.21	31.17	29.18	32.67	35.83	39.48	39.01	38.72	37.46
Frais de fabrication	5.77	6.25	7.03	6.49	6.76	6.68	6.65	7.01	7.80	7.55	5.86	6.67	6.81	6.95	6.77	6.41	6.67
Total	39.69	37.28	36.93	40.52	48.19	49.07	46.16	45.87	13.07	38.82	35.01	39.34	42.73	46.37	42.78	43.13	44.13
Matières	0.3051	0.1821	0.1775	0.2005	0.2532	0.2360	0.2310	0.2350	0.2130	0.1900	0.1780	0.1350	0.2170	0.2380	0.2170	0.2231	0.2286
Frais de fabrication	0.0310	0.1070	0.0423	0.0302	0.0400	0.0100	0.0100	0.0120	0.0470	0.0410	0.0120	0.0100	0.0110	0.0120	0.0100	0.0288	0.0401
Total	0.1600	0.2300	0.2200	0.2100	0.2901	0.2900	0.2810	0.2770	0.2600	0.2310	0.2190	0.2380	0.2580	0.2800	0.2380	0.2600	0.2670

PAIN DE MUNITION.

DÉTAIL DES FABRICATIONS.	1824.	1825.	1826.	1827.	1828.	1829.	1830.	1831.	1832.	1833.	1834.	1835.	1836.	1837.	1838.	1839.	1840.
de Farines épurées à 12 p. 100 et autres employées	15,905.00	13,560.76	19,363.33	18,177.64	25,124.36	25485.16	23,225.90	23,327.71	17,121.87	16,612.24	19,557.12	16,060.11	18,195.16	18,098.64	16,353.33	16,761.14	26,063.02
de Pain fabriqué	21,863.64	21,171.18	20,985.58	25,065.10	25,053.11	35,484.47	31,817.63	32,125.08	21,907.03	23,215.01	47,036.61	22,086.30	25,130.95	25,099.91	22,708.71	23,607.01	36,190.32
de Pain pour 100 kilogrammes de ces farines	137.810	157.970	139.120	138.315	138.686	138.196	136.017	138.130	134.888	136.265	136.397	139.941	138.817	138.652	138.920	138.796	138.890
Matières	21.01	20.19	19.27	21.73	26.55	15.96	21.19	20.86	22.31	18.10	18.10	19.21	19.89	23.43	21.07	21.67	21.05
Frais de fabrication	2.66	2.92	3.02	2.60	3.70	7.91	2.78	3.03	3.37	5.19	3.28	3.31	3.15	3.17	3.10	3.06	
Total	23.77	23.11	22.29	24.38	29.65	23.87	23.97	23.91	24.56	23.89	21.38	22.55	22.73	23.30	24.21	24.77	24.12
Matières	0.1567	0.1483	0.1131	0.1000	0.1070	0.1016	0.1510	0.1570	0.1600	0.1430	0.1330	0.1410	0.1170	0.1600	0.1580	0.1623	0.1582
Frais de fabrication	0.0210	0.0418	0.0366	0.0200	0.0270	0.0310	0.0300	0.0220	0.0230	0.0240	0.0450	0.0236	0.0230	0.0230	0.0238	0.0233	0.0220
Total	0.1800	0.1700	0.1700	0.1800	0.2170	0.2630	0.2010	0.1790	0.1910	0.1670	0.1600	0.1699	0.1700	0.1930	0.1916	0.1836	0.1800

PAIN D'HOPITAL.

DÉTAIL DES FABRICATIONS.	1824.	1825.	1826.	1827.	1828.	1829.	1830.	1831.	1832.	1833.	1834.	1835.	1836.	1837.	1838.	1839.	1840.
de Farines épurées à 25 et à 33 p. 100 employées	»	»	»	»	»	»	»	»	263.60	366.58	369.29	360.91	469.01	369.50	369.38	353.99	620.51
de Pain fabriqué	»	»	»	»	»	»	»	»	338.33	383.89	397.15	394.73	522.89	438.71	396.50	461.98	787.10
de Pain pour 100 kilogrammes de ces farines	»	»	»	»	»	»	»	»	198.350	138.982	138.416	138.230	138.250	138.606	138.305	139.531	138.160
Matières	»	»	»	»	»	»	»	»	25.18	21.43	20.80	20.57	34.09	25.57	26.56	25.70	21.60
Frais de fabrication	»	»	»	»	»	»	»	»	4.21	4.56	5.19	4.46	4.53	5.13	5.85	6.00	5.71
Total	»	»	»	»	»	»	»	»	29.42	25.98	25.09	31.03	28.62	31.10	31.44	31.10	38.31

RÉCAPITULATION DES CINQ PORTS — TAUX ET PRIX MOYENS.

DÉTAIL DES FABRICATIONS.	1824.	1825.	1826.	1827.	1828.	1829.	1830.	1831.	1832.	1833.	1834.	1835.	1836.	1837.	1838.	1839.	1840.

BISCUIT.

Quantités { de Farines épurées à 33 p. 100 employées																	
{ de Biscuit fabriqué																	
Produit de Biscuit pour 100 kilogrammes de Farine																	
Valeur des 100 kilogrammes de Biscuit { Matières																	
{ Frais de fabrication																	
{ Totaux																	
Valeur de la Ration de 655 grammes { Matières																	
{ Frais de fabrication																	
{ Totaux																	

PAIN DE MUNITION.

Quantités { de Farines épurées à 14 p. 100 et autres employées																	
{ de Pain fabriqué																	
Produit de Pain pour 100 kilogrammes de ces Farines																	
Valeur des 100 kilogrammes de Pain { Matières																	
{ Frais de fabrication																	
{ Totaux																	
Valeur de la Ration de 750 grammes { Matières																	
{ Frais de fabrication																	
{ Totaux																	

HOPITAL.

Quantités { de Farines épurées à 25 et 33 p. 100 employées																	
{ de Pain fabriqué																	
Produit de Pain pour 100 kilogrammes de ces Farines																	
Valeur des 100 kilogrammes de Pain { Matières																	
{ Frais de fabrication																	
{ Totaux																	

REMARQUES SUR LES TABLEAUX QUI PRÉCÈDENT.

Fabrication du biscuit. Le taux du produit de 100 kilogr. de farine transformés en biscuit a subi les variations ci-dessous indiquées dans les diverses manutentions de la marine de 1824 à 1840; savoir :

Rendement.

A Cherbourg, 100ᵏ de farine ont donné 87ᵏ 781 de biscuit au minimum et 90ᵏ 162 au maximum.
A Brest,   id.   88 440   id.   90 757   id.
A Lorient,   id.   90 058   id.   90 661   id.
A Rochefort,   id.   88 932   id.   90 011   id.
A Toulon,   id.   88 981   id.   90 660   id.

Le taux moyen du produit de **100** kilogr. de farine transformés en biscuit a varié, de 1824 à 1840, de 89ᵏ 056 de biscuit à 90ᵏ 652.

Comme la théorie démontre que, pour donner au biscuit toutes les chances désirables de conservation, il faut que la cuisson fasse évaporer les 10 à 12 p. 100 d'eau de végétation contenue dans la farine déjà desséchée sur les planchers, il ressort des rapprochements ci-dessus que le port de Cherbourg a eu parfois des produits faibles, et que les ports de Brest et de Toulon n'ont pas toujours soumis leur biscuit à une dessiccation assez complète. Quant aux ports de Lorient et de Rochefort, ils se sont maintenus dans des limites avouées par la théorie ; aussi le biscuit qui sort des boulangeries de ces deux ports passe-t-il, en général, pour être des mieux fabriqués.

Frais de fabrication.

A Cherbourg, les frais de manut. de 100ᵏ de bisc. ont été de 5 f. 54 au minim. et de 9 f. 98 au maxim.
A Brest,   id.   id.   4 54   id.   6 72   id.
A Lorient,   id.   id.   4 24   id.   8 66   id.
A Rochefort,   id.   id.   7 62   id.   10 59   id.
A Toulon,   id.   id.   5 77   id.   7 86   id.

Le taux moyen des frais de fabrication de 100 kilogr. de biscuit a varié, de 1824 à 1840, entre les limites assignées par les chiffres 6 fr. et 7 fr. 91 c.

On ne saurait s'expliquer la plupart des différences qui existent entre les chiffres correspondants des limites inférieures et supérieures des frais pour les mêmes ateliers, qu'en accordant que dans certains ports, ou dans certaines années, quelques dépenses ont été comprises dans les frais de fabrication, ou rejetées à volonté de ce titre.

En 1840, voici quels ont été les frais de fabrication de 100 kilogr. de biscuit dans chacun des ports :

Cherbourg	7 fr.	97
Brest	6	72
Lorient	8	47
Rochefort	7	62
Toulon	6	67

Plusieurs motifs peuvent servir à expliquer ces différences : d'abord il y a des dépenses fixes, telles que les appointements des gardes-magasins, des maîtres, etc., qui, étant réparties sur des quantités plus ou moins considérables, tendent d'autant moins à élever les prix de revient, qu'il a été fabriqué plus de biscuit; de plus, le prix de la journée n'est pas le même dans chaque port, et à Rochefort les ouvriers sont plus payés qu'à Brest; enfin, dans certaines années, la dépense pour journées d'hôpital vient encore grever les fabrications du port de Rochefort.

En règle générale, les ports qui fabriquent le plus de biscuit sont ceux qui doivent pouvoir le confectionner à meilleur marché, et les chiffres ci-dessus sont d'accord avec le raisonnement.

Le port de Rochefort semble faire une singulière exception; il possède une machine qui lui permet de faire 40 fournées avec 11 hommes; ce qui, par les moyens ordinaires, exigerait l'emploi de 32 ouvriers, et il ne fabrique pas, toute proportion gardée, à meilleur marché que les autres ports, quoique sa nouvelle fabrication soit plus économique que l'ancienne.

On doit attribuer ce résultat contraire à la grande économie qu'on est en droit d'attendre de l'emploi des machines :

1° A ce que le port qui le premier a entrepris d'avoir recours aux agents mécaniques a été contraint, *pour les faire accepter à grand'peine*, d'augmenter, soit de 30 cent., soit de 20 cent., la journée des hommes qui servent les machines;

2° A ce que le manége imparfait et les transmissions de mouvement qui dérivent de son emploi consomment une force qui, à elle seule, suffirait pour mettre tout l'appareil en action;

3° Enfin, à ce que le coupe-pâte, tel qu'il est, nécessite, dans beau-

coup de cas, le secours des hommes là où il pourrait être évité. Néanmoins, il est surprenant que l'appareil, tel qu'il est, ne soit pas plus
producteur d'économie.

Il serait fâcheux, il serait excessivement malheureux, il faut le dire,
de ne pas apporter d'utiles changements à l'appareil dont nous nous
servons pour fabriquer le biscuit à Rochefort; et laisser les choses dans
l'état où elles sont, ce serait faire le sacrifice de toute possibilité d'économie dans cette importante fabrication. Mais l'esprit de sage progrès
qui anime l'administration ne saurait permettre d'élever le moindre
doute sur les efforts qui seront tentés dans le but de perfectionner ce
qu'on ne doit considérer que comme un essai heureux.

Fabrication du pain de munition. — Le taux des produits de 100 kilogr. de farine à 12 p. 100, transformés en pain de munition, a subi les variations suivantes dans les diverses
manutentions de la marine, de 1824 à 1840; savoir :

Rendement.

A Cherbourg, 100k de farine à 12 p. 100 ont donné en pain 136k 442 au min. et 139k 430 au maxim.

A Brest,	id.		137 433	id.	138 652	id.
A Lorient,	id.		137 007	id.	141 474	id.
A Rochefort,	id.		136 985	id.	140 759	id.
A Toulon,	id.		136 944	id.	138 880	id.

Le taux moyen du produit de 100 kilogr. de farine à 12 p. 100, transformés en pain, a varié, de 1824 à 1840, de 137k 532 à 139k 647.

Le produit de 100 kilogr. de farine à 12 p. 100, transformés en pain,
a été pour l'année 1840 :

A Cherbourg. 137k 759
A Brest.   138 652
A Lorient. 137 525
A Rochefort. 140 588
A Toulon. 138 880

Frais de fabrication. — A Cherbourg, les frais de manut. de 100k de pain ont été de 2 f. 66 au minim. et 4 f. 70 au maxim.

A Brest,	id.	id.	2	98	id.	3 78	id.
A Lorient,	id.	id.	1	90	id.	4 18	id.
A Rochefort,	id.	id.	3	94	id.	5 13	id.
A Toulon,	id.	id.	2	66	id.	3 28	id.

Il existe entre les chiffres ci-dessus des différences inexplicables.

De 1824 à 1840, le taux moyen des frais de fabrication de 100 kilogr.
de pain, pour les cinq ports, a varié de 2 fr. 98 cent. à 3 fr. 89 cent.

Les frais en 1840 ont été : à Cherbourg.......... 3 fr. 06
                      à Brest............... 5   24
                      à Lorient............ 5   67
                      à Rochefort.......... 4   38
                      à Toulon............. 5   06

Rochefort fabrique le moins économiquement; cela doit être attribué aux journées d'hôpital qui grèvent les rôles : l'adoption des machines peut seule lui permettre de fabriquer avec économie.

Entre les chiffres présentant la limite supérieure et ceux qui indiquent la limite inférieure de la dépense occasionnée par la fabrication de 100 kilogr. de pain de munition, il y a, dans chaque port, des différences trop considérables pour qu'elles ne soient pas la suite d'erreurs commises dans l'appréciation des frais.

Pour répondre des résultats donnés par les boulangeries, il faudrait les conduire toutes, les unes après les autres, pendant un trimestre ; voilà un nouveau genre de contrôle, et je crois que c'est le seul qui puisse conduire à l'énonciation de la vérité.

Pour la fabrication du pain d'hôpital, voici les résultats qui ont été obtenus :

A Cherbourg, 100k de farine ont donné en pain 128k 335 au minimum et 132k 110 au maximum.

A Brest,	id.	132	452	id.	132 934	id.
A Lorient,	id.	»	»	id.	» »	id.
A Rochefort,	id.	133	502	id.	135 377	id.
A Toulon,	id.	128	242	id.	130 230	id.

Fabrication du pain d'hôpital de 1835 à 1840.

Rendement.

Taux des produits en pain, de 100 kilogr. de farine pendant l'année 1840 :

A Cherbourg.................. 128k 538
A Brest...................... 132 744
A Lorient.................... »   »
A Rochefort.................. 134 451
A Toulon..................... 128 460

Brest emploie les mêmes blés que Rochefort, les rendements devraient être sensiblement les mêmes dans ces deux ports; on ne sait pas pourquoi il existe entre eux une différence.

Quant aux résultats offerts par Cherbourg et surtout par Toulon, où les blés pèsent 78 et 80 kilogr. l'hectolitre, ils paraissent un peu faibles.

A Cherbourg, les frais de manut. de 160ᵏ de pain ont été de 5 f. 69 au minim. et de 7 f. 33 au maxim.

A Brest.	id.	id.	4	03	id.	5	73	id.
A Lorient,	id.	id.	»	»	id.	»	»	id.
A Rochefort,	id.	id.	5	50	id.	6	15	id.
A Toulon,	id.	id.	4	24	id.	6	00	id.

Les réflexions qui ont été faites sur les frais qui incombent à la manutention du pain de munition s'appliquent à ceux du pain d'hôpital. De 1835 à 1840, le taux moyen des frais de fabrication du pain d'hôpital dans les cinq ports a varié de 5 fr. 00 à 5 fr. 68 cent. par 100 kilogr. Cette différence n'est pas extraordinaire, mais on ne peut expliquer celle assez considérable qui existe entre les frais pour le pain de munition et ceux pour le pain d'hôpital.

Les frais en 1840 ont été, à Cherbourg	6 fr.	17
à Brest	5	73
à Lorient	»	»
à Rochefort	5	47
à Toulon	5	74

L'examen critique des chiffres qui m'ont été donnés en communication semble indiquer que l'administration peut arriver à d'autres résultats que ceux qui ont été obtenus jusqu'à ce jour, et on est fondé à penser que la substitution des machines au travail manuel donnera le moyen de ramener les frais de fabrication à un taux à peu près uniforme dans tous les ports, et qu'elle offrira la possibilité de les diminuer d'un tiers, si ce n'est de moitié.

En organisant les boulangeries des ports comme je l'ai indiqué dans le cours de mon travail, on arriverait facilement à une économie d'au moins cent mille francs, économie qui pourrait être doublée si les moutures se faisaient dans l'intérieur des arsenaux de la marine.

Voici quelques renseignements que j'ai recueillis à l'étranger et en France.

En Belgique en 1857 : à Anvers	149ᵏ	000	
à Bruxelles	150	750	
à Louvain	157	000 à 160	000
à Liège	143	000	
à Gand	152	500	

Je dois faire observer que la quantité de farine employée au fleurage n'est pas comprise dans les chiffres ci-dessus, et qu'elle peut être es-

timée à 2 p. 100; ensuite que le pain n'est pas d'une bonne qualité.
par la raison qu'il contient de l'eau en trop grande proportion.

En Angleterre, à l'hôpital Greenwich, 100 kilogr. de farine très-blanche ont produit 130^k 00 de pain d'une excellente qualité.

En France, l'administration de la guerre obtient 139^k 730 de pain de munition.

FIN.

TABLEAU N° 1. (Voir page 17.)

TABLEAU N° 2. (Voir page 19.)

(1) Je n'ai point mentionné, dans ce tableau, la quantité d'hectolitres de pommes de terre nécessaire à la sustentation de 3,500,000 d'Irlandais qui se nourrissent exclusivement de cette denrée, parce que le but de mes recherches est spécialement de constater, autant que possible, la production et la consommation en céréales. Mais, pour compléter ces renseignements, j'ajouterai que les 3,500,000 d'Irlandais sont supposés consommer, annuellement, 50,000,000 d'hectolitres de pommes de terre.

LÉGENDES.

PLANCHES DE L'ATLAS.

PLANCHE I.

MALADIES ET ALTÉRATIONS DES FROMENTS.

PLANCHE II.

NETTOYAGE DES GRAINS.

PLANCHE III.

NETTOYAGE DES GRAINS.

PLANCHE IV.

NETTOYAGE DES GRAINS.

PLANCHE V.

NETTOYAGE DES GRAINS.

PLANCHE VI.

NETTOYAGE ET SÉCHAGE DES GRAINS.

Laveur et séchoir de blé par M. Gosme. 1835. (Fig. 1.)

A. Tuyau par lequel le blé arrive dans la trémie.   82
B. Anche amenant le blé dans le cylindre, duquel il suit l'inclinaison jusqu'à l'extrémité C....................................   »
D. Cylindre mobile en tôle..............   »
E. Vis conique entraînant le blé dans la trémie G.   »
F. Courant d'eau établi en sens inverse de la pente du cylindre D, de manière que les parties légères sortent par l'entrée du cylindre.............................   »
G. Trémie en toile métallique dans laquelle le blé commence son égouttage............   »
H. Vis sans fin en tôle, munie d'une enveloppe en toile métallique, facilitant le parfait égouttage.................................   »
I. Chaîne à godets recevant le blé au sortir de la vis, et le montant dans une trémie placée au-dessus du séchoir..................   »
J. Cylindre du séchoir, coupé horizontalement par un grand nombre de diaphragmes en métal qui touchent alternativement de deux en deux à l'enveloppe du séchoir....   »
K. Râteaux à dents obliques. Le supérieur pousse le blé de la circonférence au centre, tandis que l'inférieur le pousse du centre à la circonférence. Chaque série de diaphragmes doit être munie de semblables râteaux...   »

Laveur et séchoir de blé par M. Cartier. 1835.
(Fig. 2 à 7.)

M. Réservoir plein d'eau dans lequel se lave le grain, au moyen du batteur N............   83
C. Chaîne à godets en fer-blanc étamé et percés de trous sur toutes les faces, pour faciliter l'égouttage du blé....................   »
P. Poulies servant à faire mouvoir la chaîne à godets............................   »
R. Robinet introduisant l'eau dans le réservoir.   »
. Robinet pour lâcher l'eau du réservoir......   »
T. Bâti du laveur.......................   »
A. Foyer et sa grille......................   »
B. Cendrier...........................   »
C. Conduits de chaleur..................   »

D. Mur de séparation des deux conduits......   84
E. Conduits en tôle venant prendre leur jonction sur le cylindre immobile, pour l'échappement de la vapeur....................   »
F. Bouches en tôle à l'aide desquelles on peut ramoner et nettoyer les couloirs C..........   »
G. Trémie en tôle servant à alimenter le cylindre mobile H............................   »
H. Cylindre mobile renfermé dans le calorifère cylindrique, lequel repose sur le mur de séparation des deux conduits C......   »
I. Conduit d'où s'échappe le blé séché, sortant du cylindre mobile; il est pris par une chaîne à godets et est monté à l'étage supérieur.............................   »
J. Cheminée..........................   »

Laveur et séchoir de blé par M. de Mevrgan.
(Fig. 8 et 9.)

A. Trémies.............................   85
B. Auges en forme de tonneaux........   »
C. Vis sans fin.......................   »
D. Chaînes à godets...................   »
E. Cylindres sécheurs.................   »
F. Foyer..............................   »
G. Chaînes à godets...................   »
H. Cylindres refroidisseurs...........   »
I. Soupapes servant à mesurer le blé répandu dans les tonnes....................   »

Laveur et séchoir de blé par M. Hébert. (Fig. 10 à 13.)

A. Trémies............................   85
B. Cylindre...........................   »
C. Porte du cylindre..................   »
D. Trou par lequel on peut prendre un échantillon de blé........................   »
E. Tamis.............................   »
FF. Manivelles.......................   »
GG. Arbres verticaux.................   »
HH. Roues coniques..................   »
II. Pignons coniques.................   »
KK. Cordes de suspension............   »
L. Corde pour renverser le tamis.....   »
M. Charnière.........................   »
N. Auget.............................   »

PLANCHE VII.

NETTOYAGE ET SÉCHAGE DES GRAINS.

PLANCHE VIII.

SÉCHAGE DES GRAINS.

PLANCHE IX.

SÉCHAGE ET CONSERVATION DES GRAINS.

MEUNERIE

TROISIÈME PARTIE.

PLANCHE XI.

MEULES.

PLANCHE XII.

MACHINES A RHABILLER ET APPAREILS DIVERS.

LÉGENDES.

PLANCHE XIII.

ANILLES ET MEULES.

PLANCHE XIV.

BEFFROIS ET DISTRIBUTEURS.

Distributeur Conty. (Fig. 18.)

Pages.

A. Distributeur du grain 187
B. Meule .... »
C. Anille .... »
D. Enveloppe de la meule .... »

Distributeur Paradis. (Fig. 19.)

A. Distributeur du grain 188
B. Meule .... »
C. Anille .... »
D. Enveloppe de la meule .... »

Distributeur Ferray. (Fig. 20 et 21.)

A. Bâti .... 186 et 188
B. Cylindres compresseurs .... »
C. Paliers .... »
D. Vis butantes .... »

Pages.

E. Planches raclant ce qui reste adhérent à la surface des cylindres B .... 186 et 188
F. Supports destinés à porter tout le système de distribution .... »
G. Grande trémie supérieure .... »
H. Cylindre cannelé ou cylindre distributeur qui amène le blé aux compresseurs B .... »
I. Tuyaux par lesquels le blé tombe dans les divers compartiments de la trémie J .... »
K. Tuyaux par lesquels le blé sort de la trémie inférieure L pour aller aux meules .... »
M. Toile métallique de la trémie L .... »
N. Compartiments de la trémie L, servant chacun une paire de meules .... »
O. Boîte ou tiroir dans lequel tombe la poussière. »
P. Vis servant à régler la distribution .... »
Q. Collets des vis .... »
R. Tambours servant de têtes aux vis .... »
S. Poids réglant la distribution .... »

PLANCHE XV.

BEFFROI CIRCULAIRE A ENGRENAGE.

(Fig. 1 et 2.)

A. Boîtes en fonte destinées à recevoir les meules 183
B. Boulons d'assemblage .... »
C. Colonnes supportant le beffroi .... »
D. Boulons destinés à placer les meules dans une position horizontale .... »
E. Vis de pression destinées à centrer la meule. »
H. Récipient circulaire extérieur 183
I. Chaîne à godets puisant la farine dans le récipient .... »
K. Plaque de fonte recouvrant le récipient .... »
L. Récipient intérieur pour les gruaux .... »
M. Entablement en fonte destiné à isoler le beffroi .... »
N. Colonnes supportant cet entablement .... »
O. Solives en fonte supportant les planchers .... »

PLANCHE XVI.

BEFFROIS RECTILIGNES.

Beffroi rectiligne à engrenage de Mill-Ford (Irlande), *par M. Fairbairn de Manchester.* (Fig. 1 à 3.)

A. Arbre recevant le mouvement du moteur 183
B. Manchon .... »
C. Roue d'angle commandant des pignons et communiquant le mouvement aux meules .... »
D. Meule supérieure .... »
E. Meule inférieure .... »
F. Boîte en fonte enveloppant les meules .... »

Beffroi rectiligne à courroies, par MM. Rollet et Lasseron. (Fig. 4 à 5.)

A. Distributeur du grain 184
B. Anille et meule à enveloppe de fonte 18
C. Récipient avec hélice ....
D. Poulie donnant le mouvement à la meule ....
E. Grande poulie à deux gorges, faisant tourner deux meules à l'aide de courroies ....
F. Courroies de communication du mouvement de la grande poulie aux petites ....
G. Roue motrice commandant le pignon monté sur l'arbre des grandes poulies ....
H. Crapaudine de l'arbre vertical ....
I. Crapaudine de l'une des meules ....
K. Levier servant à élever les fers de meule à l'aide de la poignée L ....

PLANCHE XVII.

PLANS DE BEFFROIS A COURROIES.

Beffroi circulaire. (Fig. 1.)

Pages.

A. Tambour, ou grande poulie à triple gorge, fixée sur l'arbre vertical................ 184
B. Poulies fixées sur les fers des meules....... »
C. Courroies transmettant le mouvement aux meules.............................. »
D. Colonnes supportant le beffroi............ »
E. Bâti en maçonnerie du beffroi............. »

Beffroi rectiligne. (Fig. 2.)

A. Arbre de couche......................... 184
B. Roues coniques......................... »
C. Pignons coniques fixés sur les arbres verticaux.............................. »

Pages.

D. Grandes poulies fixées sur les arbres verticaux................................ 184
E. Poulies fixées sur les fers des meules..... »
F. Caisses en fonte destinées à recevoir les meules gisantes........................ »
G. Vis destinées à régler l'horizontalité des meules................................ »
H. Vis destinées à rapprocher ou à éloigner les meules gisantes...................... »
I. Pièces en fonte destinées à maintenir l'arbre vertical, et à lier ensemble les enveloppes des meules qui composent le beffroi ..... »
K. Meules gisantes.......................... »
L. Meules recouvertes de leurs enveloppes.... »
M. Colonnes qui supportent le beffroi........ »

PLANCHE XVIII.

PERLAGE DES GRAINS.

Appareil de M. Grignet. (Fig. 1 et 2.)

A. Trémie................................ 204
B. Meule tournante, recouverte de tôle piquée.. »
C. Cylindre en tôle piquée.................. »
D. Poulie communiquant le mouvement à la meule B................................ »
E. Ouverture par où sort le grain............ »

Appareil de M. Teste-Laverdet. 1820. (Fig. 3 à 7.)

. Bâti du moulin......................... 204
. Arbre moteur........................... »
. Roue dentée imprimant le mouvement à une lanterne D.............................. »
. Arbre vertical du moulin, qui fait mouvoir la meule supérieure F.................. »
. Meule fixe du moulin.................... »
. Cadran muni d'une aiguille mise en action par une vis qui sert à rapprocher la meule supérieure de la meule inférieure, suivant l'espèce de légume que l'on veut décortiquer. L'aiguille placée sur le cadran indique la distance qui sépare les meules........... »
Trémie.................................. »
a meule supérieure est rayonnée comme la meule inférieure (fig. 6.) Elle est recouverte d'un cuir pafaitement tendu. .... »
Manivelle...............................
. Enveloppe de la meule.................. »

Appareil de M. Grignet. 1801. ((Fig. 8 à 10.)

A. Rouet d'un moulin ordinaire............... 204
B. Lanterne mue par le rouet A, portant sur son axe C un second rouet D, qui engrène avec une lanterne E dont l'arbre porte la meule tournante F.............................. »
G. Archure, ou caisse circulaire en tôle piquée. »
H. Œillard de la meule...................... »
I. Porte pour l'introduction du grain.......... »
J. Tuyau pour vider le moulin................ »
K. Bâti de la machine...................... »

Appareil de MM. Boinest et Pinel. 1830. (Fig. 11 à 15.)

A. Pignon moteur........................... 205
B. Traverse joignant les deux montants C fixés dans le châssis......................... »
D. Arbre faisant mouvoir la meule............ »
E. Tambour garni en tôle d'acier percée de trous................................ »
F. Coulisse pour vider .... »
G. Montants en fer supportant le couvercle en bois R................................ »
H. Passage pour vider...................... »
I. Trémie................................. »
J. Meule à monder, en bois, garnie de tôle d'acier, percée de trous...................... »
K. Meule en grès, pour faire l'orge perlé. ... »

562 LÉGENDES.

Appareil publié dans A. Taffe. (Fig. 16.)

Pages.

A. Point d'appui supérieur de l'axe vertical B. . 205
B. Axe vertical portant à sa base un pignon C engrenant avec une roue d'angle D, laquelle reçoit son mouvement d'une poulie E montée sur l'axe F, et qui communique le mouvement à toute la machine . . . . »
C. Table en bois supportant l'auget H . . . . »
I. Pierre meulière fixée à l'axe B, fonctionnant dans l'auget H . . . . »

Pages.

J. Plancher. 205
L'arbre B fait de 50 à 55 tours par minute.

Appareil de M. Cartier. (Fig. 17 à 20.)

A. Trémie 205
B. Espace où se perle le grain . . . . »
C. Cylindre en bois recouvert de tôle piquée. . . »
D. Brosse . . . . »
E. Ventilateur . . . . »
F. Ouverture par laquelle sort le grain . . . . »

PLANCHE XIX.

Appareil à refroidir et à sécher la farine pendant la mouture des grains (Fig. 1 à 4.)

A. Cave dans laquelle on a élevé une chambre B, 213
contenant du chlorure de calcium supporté par des étagères . . . . »
C. Ventilateur alimenté par l'air extérieur . . . . . »
D. Autre ventilateur alimenté par l'air de la cave. »
E. Tuyaux au nombre de six . . . . »
F. Colonnes creuses en fonte supportant l'entablement du beffroi et donnant passage à l'air qui, sortant de la chambre B, traverse les tuyaux E, les colonnes F et celles G, puis se divise par les tuyaux horizontaux J et H qui aboutissent aux archures, ... »
I. Collier d'ajustage des tuyaux J et H . . . . »
K. Meules aérifères de M. Train . . . . »
L. Boltard de la meule aérifère . . . . »
L'air sortant de la meule K passe par une anche qui débouche dans le récipient M. Des chaines à godets N remontent la farine au quatrième étage. Les chaînes à godets sont entourées de boîtes en bois dans lesquelles passe l'air au sortir du récipient M. La farine, une fois montée, est versée par les chaînes dans les chambres à farine O, à l'intérieur desquelles sont établis des râteaux ramenant continuellement la farine et la renvoyant du centre à la circonférence où sont établis des manches P conduisant la farine aux bluteries . . . . »

Q. Ventilateur aspirant l'air arrivant par les boites des chaines à godets et le renvoyant à l'extérieur par la fenêtre R. Le ventilateur Q pouvant enlever un peu de farine, on remédie à cet inconvénient en plaçant devant ce ventilateur une toile de canevas et trois compartiments en bois pouvant recevoir les diverses qualités de farine qui eussent pu s'échapper par l'effet du ventilateur 21
S. Roue motrice engrenant avec une roue d'angle T fixée sur l'axe principal U, et lui communiquant le mouvement. . . . .
V. Grande roue d'engrenage communiquant le mouvement aux meules à l'aide des roues X montées sur les arbres Z des meules. . . . . . .
A'. Piédestaux supportant les arbres Z des meules.
B'. Levier de l'appareil servant à régler l'écartement des meules . . . .
C'. Crapaudine de l'arbre U . . . .
Sur l'arbre principal U est montée une roue d'engrenage D' communiquant le mouvement au récipient M à l'aide de deux roues d'engrenage E'F' engrenant ensemble et avec une crémaillère placée à la circonférence intérieure du récipient. Ce récipient porte à sa partie inférieure une bande de fer qui s'appuie sur des galets fixés au plancher. Un couvercle en tôle recouvre le récipient; il est immobile et fixé aux archures des meules . . . .
G'. Distributeurs du grain . . . .

PLANCHE XX.

BLUTERIES.

Fig 1 et 2 *Tamis* 214
3 *Sas à main en soie de porc* . . . . »
4 et 5 *Bluterie à battes* 215
6 *Sas à bout fixe* . . . . »
7 *Bluteau que l'on mettait sous les blu-*

teries à battes 2
Fig 8 *Bluterie américaine à toules* 2
9 *Bluterie américaine* (Saint-Maur) 2
10 *Bluterie à brosses* 2
11 *Sas circulaire* 2

LÉGENDES.

PLANCHE XXI.

CONCASSEURS, SÉCHOIRS, BLUTERIES ET EMBARILLEURS.

PLANCHE XXII.

ÉTUVES, SÉCHOIRS ET APPAREILS DIVERS.

PLANCHE XXIII.

MEUNERIE.

PLANCHE XXIV.

MEUNERIE.

PLANCHE XXV.

MEUNERIE.

Moulin à vapeur construit à Nantes et à La Rochelle, par M. Hallette.

PLANCHES XXVI et XXVII.

MEUNERIE.

Beffroi à courroies, de M. Darblay. (Corbeil.)

PLANCHE XXVIII.

MEUNERIE.

Moulin de M. Clavière, avec application d'une chaudière à vapeur, chauffée par les gaz combinés qui s'échappent d'un four à coke.

PLANCHE XXIX.

MEUNERIE.

PLANCHE XXX.

MEUNERIE.

PLANCHE XXXI.

MEUNERIE. — REZ-DE-CHAUSSÉE ET PREMIER ÉTAGE.

PLANCHE XXXII.

MEUNERIE. — DEUXIÈME ÉTAGE.

PLANCHE XXXIII.

MEUNERIE. — TROISIÈME ÉTAGE.

PLANCHE XXXIV.

MEUNERIE. — QUATRIÈME ÉTAGE.

PLANCHE XXXV.

MEUNERIE.

PLANCHE XXXVI.

MEUNERIE ET BOULANGERIE DE PORTSMOUTH.

PLANCHE XXXVII.

ÉTABLISSEMENT DES SUBSISTANCES DE LA MARINE ROYALE A PLYMOUTH.

PLANCHE XXXVIII.

VUE PERSPECTIVE DE L'ÉTABLISSEMENT DES SUBSISTANCES DE LA MARINE ROYALE A PLYMOUTH.

BOULANGERIE.

PLANCHE XXXIX.

PÉTRINS.

PLANCHE XL.

PÉTRINS.

PLANCHE XLI.

PÉTRINS.

PLANCHE XLII.

PÉTRINS.

Pages.

un four en cinq minutes au moyen des poulies J J'.................................. 404

K. Pignon conique monté sur l'arbre des poulies I' J' et engrenant avec une crémaillère ou couronne dentée fixée au fond du pétrin H.................................. »

Sur l'arbre de couche D est une manivelle coudée L communiquant le mouvement de va-et-vient à deux batteurs M, fonctionnant dans la caisse et ayant pour objet de battre la pâte, de la développer en nappe et de la souffler. Ces pelles sont montées sur un noyau N, lequel porte deux manivelles O, faisant angle droit avec les pelles. Les deux manivelles O, commandées par les bielles P, entraînent dans leur mouvement les pelles M. Ces pelles, fixées à un manchon fou N traversé par un arbre tourné immobile Q, battent la pâte soixante fois à la minute, et chaque batteur déplace 30 à 40 kilogrammes de pâte étendue à la hauteur de 0m20 dans le pétrin.

R. Poulie montée sur l'arbre A communiquant par une courroie le mouvement à une autre poulie S placée sur un arbre T portant les roues d'angle U engrenant avec des pignons V, faisant cent vingt tours à la minute, et communiquant le mouvement à des cylindres compresseurs X. Ces cylindres sont creux et tournent dans des colliers Y...... 404

A'. Nettoyeurs verticaux des cylindres et de la caisse.................................. »

B'. Vanne que l'on fait monter ou descendre au moyen d'un pignon C' engrenant avec une crémaillère D'. Cette vanne permet de ne laisser passer qu'une quantité de pâte déterminée et donne le moyen de nettoyer le fond du pétrin.................................. »

E'. Bâti en fonte.................................. »

F'. Agitateur pour faire le premier mélange.... »

G'. Paliers.................................. »

H'. Manchon.................................. »

K'. Crapaudine.................................. »

L'. Contre-poids des pelles.................................. »

PLANCHE XLIII.

FOURS SE CHAUFFANT AVEC LE BOIS.

Four décrit par Malouin, 1767. (Fig. 1 à 4.)

E. Sole du four.................................. 413

F. Four et sa porte.................................. »

G. Trou du chat; espace libre entre le four et le mur d'enceinte.................................. »

H. Conduit de la braise sous la chaudière...... »

I. Chaudière.................................. »

Four en usage aux ports de Lorient et de Brest. (Fig. 5 à 7.)

A. Porte du four.................................. 417

B. Cendrier.................................. »

C. Intérieur du four.................................. »

D. Cheminée.................................. »

E. Sole du four.................................. »

Four décrit par Parmentier, anciennement en usage au port de Brest. (Fig. 8 à 11.)

A. Sole du four.................................. 417

B. Porte du four..................................

C. Chaudière..................................

D. Foyer de la chaudière..................................

E. Cheminée de la chaudière..................................

F. Conduit de la braise sous la chaudière.......

G. Ouras..................................

H. Petite voûte où se sèche le combustible destiné au chauffage du four..................................

Four en usage au port de Rochefort. (Fig. 12 à 15.)

A. Cheminée.................................. 41

B. Carneaux d'air..................................

C. Porte du four..................................

D. Sole du four..................................

PLANCHE XLIV.

FOURS SE CHAUFFANT AVEC LE CHARBON DE TERRE.

FOURS SE CHAUFFANT A L'AIDE DE RÉCHAUDS ROULANTS.

Fours Chaffers (Fig. 1 à 4.)

A. Réchauds roulants en fer. La fumée s'échappe par la bouche du four qui reste ouverte pendant la combustion.................................. 4

A'. Tube attenant au réchaud et amenant l'air nécessaire à la combustion..................................

B. Carneaux..................................

FOURS SE CHAUFFANT A L'AIDE D'UN FOYER EXTÉRIEUR AU FOUR.

Four Brander. (Fig. 5 et 6.)

Pages.
A. Foyer alimenté par la bouche du four....... 425
B. Cendrier par lequel arrive l'air nécessaire à la combustion............................ »
C. Registre................ . ... »
D. Cheminée. .... »

FURNACES.

Four en usage à Deptford, Plymouth et Portsmouth. (Fig. 7 à 9.)

A. Tirette du registre de la cheminée.......... 426
B. Carneau.............................. »
C. Foyer.................................. »

Four de l'hôpital de Greenwich. (Fig. 10 à 12.)

A. Foyer chauffant le four et la chaudière C, dont B est la porte........................ 428
On applique contre les parois du four des planches de la hauteur du pain.

Four des boulangers de Londres. (Fig. 13 à 15.)

A. Bouche du four......................... 430
B. Foyer................................. »
C. Registre du carneau par lequel s'échappe la fumée................................ »

Four en usage à Manchester et à Birmingham. (Fig. 16 à 18.)

A. Porte du four....................... 430
B. Porte du foyer....................... »
C. Porte du cendrier.................... »
D. Porte donnant communication avec la chaudière.............................. »
E. Chaudière............................ »
F. Robinet de la chaudière............... »
G. Registre de la cheminée............... »
H. Registre du carneau d'évaporation... ..... »
I. Carneaux calorifères................... »
J. Plaque en fonte que l'on place au moment de l'enfournement. .... »

Four de M. Bandour. (Fig. 19 à 23.)

A. Intérieur du four...................... 430
B. Cheminée .... »
C. Conduits de fumée qui vont rejoindre la che-

minée à une certaine hauteur............. 430
D. Tiroirs de la cheminée B et des conduits C. »
E. Grille du foyer...................... »
F. Trois conduits par lesquels la chaleur s'introduit dans le four...................... »
G. Galerie placée au-dessous du four.......... »
H. Porte du four. .... »
I. Porte du foyer. .... »
J. Porte du cendrier.................... »

FOURS ÉCONOMIQUES DE M. DOBSON.

Premier four. (Fig. 24 à 26.)

A. Porte du four...... 431
B. Foyer.............................. »
C. Grille.............................. »
D. Cheminée.......................... »
E. Sole du four........ .... »

Four perpétuel. (Fig. 27 et 28.)

A. Porte du four....................... 431
B. Sole du four........................ »
C. Tuyau en métal chauffant les parois du four. »
D. Foyer.............................. »

Deux fours chauffés par le même foyer. (Fig. 29.)

A. Foyer commun aux deux fours............ 431
B. Sole................................ »
C. Porte des fours...................... »
D. Conduits de chaleur.. .... »

Fours superposés. (Fig. 30.)

A. Intérieur des fours.................... 431
B. Tubes de communication de la chaleur d'un four à l'autre........................ »
C. Cheminée........................... »

Four ayant une étuve au-dessus. (Fig. 31.)

A. Intérieur du four 431
B. Soupiraux par lesquels arrive la chaleur du four dans l'étuve.................... »
C. Tubes verticaux aboutissant à un tube horizontal D' qui communique avec la cheminée. »

Autre Four. (Fig. 32.)

A. Ouvertures destinées à répartir la chaleur dans toutes les parties du four 431
B. Sole................................ »
C. Foyer.............................. »
D. Porte du four....................... »

PLANCHE XLV.

FOURS SE CHAUFFANT AVEC LE CHARBON DE TERRE.

PLANCHE XLVI.

FOURS SE CHAUFFANT AVEC LE CHARBON DE TERRE.

PLANCHE XLVII.

FOURS PARTICIPANT DES FOURS AÉROTHERMES ET DES FOURS QUI SE CHAUFFENT SUR L'ATRE

Four de M. Lespinasse. (Fig. 1 à 7.)

Pages.

A. Registres d'introduction d'air froid dans l'appareil. (Ces registres ne doivent s'ouvrir que pour commencer la combustion.).......... 462
B. Trappes des ouras, par lesquelles la fumée quitte l'appareil pour entrer dans la cheminée. (Ces trappes servent à régler le tirage et à chauffer, s'il le faut, une partie plus que l'autre.)................................ »
C. Trappe fermant la cheminée par sa base; elle reste close pendant la combustion, afin d'empêcher l'introduction de l'air froid dans l'appareil.................................. »
D. Bouches de chaleur pour chauffer la boulangerie. Pour cet effet, toutes les autres issues doivent être fermées, excepté les registres A. »
E. Ouvertures servant au nettoyage des ouras... »
F. Emplacement du bois destiné à chauffer le four.. »
G. Mécanisme pour ouvrir et fermer la porte du four.. 46
H. Porte du four..................
I. Entrée de l'air chaud dans le four....
K. Origine des ouras.......................

Four de M. Ferrand. (Fig. 8 à 11.)

A. Portes du four composées de quatre pièces de fonte marchant sur des coulisses B.. 46
C et D. Registres................. .
E et F. Tirettes des registres....... ....
G. Galeries que parcourent l'air chaud et la fumée. ....
H. Orifices communiquant à la cheminée I, ayant une ouverture en J pour le ramonage......
K. Trou par lequel on fait tomber la braise dans la galerie L.........................
M. Galeries servant à faire sécher le bois.......
N. Pierres mobiles reposant sur la galerie L, et pouvant être déplacées pour faciliter les réparations du four........... .....

PLANCHE XLVIII.

FOURS EN USAGE A BORD DES BATIMENTS DE LA MARINE ROYALE.

Fours chauffés avec du bois, pour frégate de 60 canons. (Fig. 1 à 3.)

A. Elévation du four en maçonnerie recouverte de tôle.................................. 475
B. Porte du four..... .... »

Four double pour frégate de 60 canons. (Fig. 4 à 6.)

A. Elévation des fours; ils sont en maçonnerie recouverte de tôle.................... »
B. Portes des fours.......................... . »

Fours chauffés avec du charbon de terre, par M. Pironneau, ingénieur de la marine. (Fig. 7 à 10.)

A. Four........................... 475
B. Carneaux pour la fumée.............. »
C. Foyer à charbon de terre................... »
D. Cendrier .... »
E. Cheminée.... . . . . »
F. Registre............ .... »

Four de M. Sochet. (Fig. 11 et 12.)

A. Surface où se place le pain................. 47(
B. Cylindre en tôle formant l'intérieur du four.. »
C. Porte du cylindre.......................... »
D. Manivelle et engrenage donnant le mouvement de rotation au cylindre B............ »
E. Foyer.. »
E'. Porte du foyer............................... »
F. Cendrier................................... »
F'. Porte du cendrier .... »

Four fixe, continu et à rotation de M. Pironneau, ingénieur de la marine. (Fig. 13 à 16.)

A. Espèce de tourne-broche transmettant le mouvement de rotation aux plateaux sur lesquels les pains sont placés.................... 477
A'. Appareil rotatif de suspension, établi de manière à ce que les plateaux dans lesquels sont placés les pains se maintiennent constam-

	Pages.
ment dans une position horizontale........	477
Manivelle du tourne-broche................	»
Cheminée..................................	»
Intérieur du four.........................	»
Porte du four.............................	»
Porte du foyer............................	»
Cendrier..................................	»
Poids du tourne-broche....................	»
Espace libre que parcourent la chaleur et les produits résultant de la combustion du charbon de terre..............................	»
Pains à l'intérieur du four...............	»

Four portatif, continu et à rotation, de M. Fironneau, ingénieur de la marine. (Fig. 17 à 19.)

	Pages.
A. Manivelle du tourne-broche.............	477
B. Cheminée...............................	»
C. Four...................................	»
D. Porte du four..........................	»
E. Porte du foyer.........................	»
F. Cendrier...............................	»
G. Volant du tourne-broche................	»
H. Espace libre au-dessus du foyer, que parcourent la chaleur et les produits de la combustion de la houille.........................	»
I. Pains..................................	»

PLANCHE XLIX.

DIVERS USTENSILES DE BOULANGERIE.

. 1 et 2	*Moule à pain de munition*..........	»
3 et 4	*Moule à pain d'hôpital*............	»
5 à 7	*Chariot sur lequel se placent les moules à pain au moment de l'enfournement*..........................	»
8 et 9	*Chariot dans lequel on met le pain au défournement*...................	»
10 et 11	*Chariot dans lequel on dépose les châssis en toile métallique, au défournement du biscuit*..............	»
Fig. 12 et 13	*Chariot sur lequel se mettent les châssis couverts de biscuits*.......	»
14 et 15	*Brouette servant à rapporter au coupe-pâte les planches à biscuit*..	»
16	*Panier dans lequel on verse le biscuit à sa sortie du four*............	»
17 et 18	*Planches sur lesquelles la pâte du biscuit est coupée*.................	»
19	*Sole d'un four garnie de châssis, sur lesquels on étend les galettes de pâte à biscuit*..........................	»

PLANCHE L.

FABRICATION DU BISCUIT.

...pe-pâte de M. Crespin, ancien directeur des subsistances de la marine. (Fig. 1.)

Levier horizontal à l'aide duquel on opère la pression................................	484
Vis de pression...........................	»
Caisse du coupe-pâte......................	»
Bâti en bois..............................	»

...pe-pâte anciennement en usage à Brest. (Fig. 2 à 5.)

Poids et levier dont la fonction est de ramener en haut le balancier B auquel est fixé le coupe-pâte..............................	484
Balancier.................................	»
Caisse du coupe-pâte......................	»
Planchette sur laquelle se coupe la pâte à biscuit....................................	»
Intérieur du coupe-pâte...................	»

Fig. 6	*Billette*, ou rouleau servant à abaisser la pâte..............................	483
7 à 10	*Coupe-pâte à main*.................	484
11 et 12	*Régulateur de la pâte*.............	483

Cet appareil consiste en un rouleau qui à chaque extrémité porte un collet saillant déterminant l'épaisseur à donner à la pâte.. »

Pétrisseur régulateur de M. Selligue. (Fig. 13 et 14.)

A. Manivelle..............................	485
B. Cylindres compresseurs de la pâte......	»
C. Vis de rappel pour écarter ou rapprocher les cylindres B............................	»
D. Caisse du pétrisseur...................	»
E. Engrenages faisant fonctionner tout le système...................................	»

Cylindres régulateurs anciennement en usage chez M. Baudry de Nantes (1828). (Fig. 15 à 18.)

Pages.

A. Manivelle 484

B. Cylindre servant à réduire la pâte en nappe à une épaisseur convenable pour être ensuite soumise à l'action du coupe-pâte..... »

C. Engrenages faisant fonctionner tout le système. »

Pétrissage de la pâte à Deptford. (Fig 19 et 20.)

Pages.

A. Surface sur laquelle se fait le pétrissage..... 48

B. Levier sur l'extrémité duquel est assis un homme qui, en sautant, imprime de fortes pesées ayant pour effet de terminer le pétrissage de la pâte................. .

PLANCHE LI.

FABRICATION DU BISCUIT.

Appareil de MM. Rollet et Auboin. (Fig. 1 à 3.)

A. Plan incliné sur lequel se dépose la pâte lorsqu'on la sort du pétrin.................. 490

B. Cylindres verticaux réglant la largeur de la nappe de pâte.......................... »

C. Cylindres étireurs.......................... »

D. Deuxièmes régulateurs de la largeur de la pâte................................... »

E. Cylindres destinés à donner à la pâte une épaisseur déterminée..................... »

F. Trémie dans laquelle la pâte est amenée.... »

G. Coupe-pâte cylindrique continu............ »

H. Enveloppe de l'excentrique................ »

I. Lames tranchantes servant à diviser la pâte en galettes de dimensions égales.......... »

I' Lames ou joues destinées à écarter les rognures de la pâte déjà coupée par les couteaux circulaires latéraux................ »

J. Moulinet dont les ailettes marchant en sens inverse du coupe-pâte, rencontrent les galettes qui parfois restent adhérentes aux plaques et les forcent à tomber sur les planches qui marchent avec la même vitesse que le coupe-pâte..........................

K. Cylindres sur lesquels passent les planches en sortant de dessous le coupe-pâte; elles sont chargées de biscuit. De là, les galettes sont mises sur des châssis en toile métallique. (*Voy.* pl. XLIX, fig. 19.)........ »

L. Boîte dans laquelle tombent les rognures de pâte qui sont ensuite remises au pétrin ....

M. Support du coupe-pâte.....................

N. Poulie fixe donnant au moyen d'une courroie le mouvement à la machine................

N'. Poulie folle.................................

O. Volant.......................................

P. Roues d'engrenage communiquant le mouvement à divers cylindres..................

Q. Pignon communiquant le mouvement à la roue V du coupe-pâte.....................

R. Roue communiquant au moyen d'une chaîne le mouvement au moulin J................

S. Vis servant à éloigner ou à rapprocher les cylindres pour régler l'épaisseur de la pâte.

T. Frein du volant..............................

U. Bâti supportant la machine.................

X. Rouleaux; sorte de laminoir marchant d'une vitesse égale au coupe-pâte. Les planches engagées entre ces rouleaux sont successivement attirées et poussées sous le système de cylindres presseurs où elles se chargent de pâte, puis sous le coupe-pâte, puis enfin sur toute la longueur du banc d'étendage......

PLANCHE LII.

FABRICATION DU BISCUIT.

Pétrin de MM. Rollet et Auboin. (Fig. 1 et 2.)

A. Arbre en communication avec le moteur.... 489

B. Arbre transversal du pétrin portant des roues d'angle C qui s'engrènent avec les pignons D, lesquels font fonctionner les agitateurs, ou les rouleaux presseurs................. »

E. Pignon conique fixé sur l'arbre A faisant marcher le pétrin .... »

F. Roue dentée fixée à l'arbre A engrenant avec la roue G qui transmet le mouvement à l'arbre B..................................

H. Volant..

I. Paliers portant les arbres A et B..........

J. Colliers à charnières, pour changer les agitateurs ou les presseurs..... ....

K. Manchon.....................................

L. Caisse du pétrin............................

Pages.

M. Crémaillère engrenant avec le pignon E..... 489
N. Galets coniques supportant le pétrin et roulant sur un chemin de fer circulaire conique P............................ »
O. Bâti du pétrin.................................. 489
Q. Noyau du pétrin................................ »
R. Racloir du noyau du pétrin.................. »
S. Racloir de la caisse du pétrin...............

PLANCHE LIII.

FABRICATION DU BISCUIT.

Coupe-pâte de MM. Rollet et Aubouin. (Fig. 1 à 7.)

A. Axe du coupe-pâte........................ 491
B. Rondelle s'adaptant sur l'arbre A........... »
C. Cylindre du coupe-pâte. Ce cylindre est divisé en seize compartiments limités par des lames tranchantes dont trois sont circulaires et huit parallèles à l'axe. Chaque compartiment est garni de trente-six poinçons fixes destinés à percer la pâte à biscuit......... »
D. Couteau circulaire central................. »
E. Couteaux parallèles à l'axe................ »
F'. Couteaux circulaires latéraux.............. »
F. Pièces carrées dont les extrémités cylindrées jouent dans l'excentrique N. Ces pièces portent chacune quatre tiges F' au bout desquelles les plaques mobiles O sont fixées par des vis fraisées et affleurées........... »
G. Poinçons perceurs fixés au cylindre........ »
H. Bouchons des trous ménagés pour introduire de l'huile dans l'excentrique.............. »
. Vis réunissant au coupe-pâte les deux couteaux circulaires latéraux................ »
. Chevalets en fonte portant l'axe du coupe-pâte.. 491
K. Coussinets.. »
L. Cale du coussinet................................. »
M. Clavettes.. »
N. Excentrique fixe dont la courbe dans laquelle se meuvent les extrémités des pièces F a été calculée de manière à ce que les plaques mobiles O se trouvent à environ 0m015 au-dessus de la surface de la pâte au moment de l'action des couteaux qui la divisent et des poinçons qui la percent de part en part. La pâte ainsi coupée et percée reste adhérente aux poinçons qui l'entraînent. A ce moment, la pièce F correspondante étant arrivée au point le plus haut de la courbe de l'excentrique, rencontre une pente rapide, et par son propre poids pousse les plaques mobiles O jusqu'à ce qu'elles affleurent le tranchant des couteaux et le bout des poinçons; les galettes étant ainsi abandonnées par le coupe-pâte prennent d'elles-mêmes leurs places sur les planches à découper. Le mouvement des pièces F est successif et permanent........ »
O. Plaques mobiles percées de trous pour le passage libre des poinçons................... »

PLANCHE LIV.

FABRICATION DU BISCUIT.

Coupe-pâte de MM. Rollet et Aubouin. (Fig. 8 à 24.)

C. Cylindre du coupe-pâte, dont une moitié est à nu et l'autre garnie des couteaux et des poinçons...................................... 491
. Trous par lesquels passent librement les tiges F' de la pièce F............................ »
D. Couteau circulaire central. (Fig. 10, 11, 12 et 19.).. »
. Couteaux parallèles à l'axe. (Fig. 16 et 19.).. »
. Trous d'encastrement des couteaux parallèles. »
F'. Couteaux circulaires latéraux. (Fig. 8 et 9).. »
R. Plaies rectangulaires dans lesquelles jouent librement les pièces F. (Fig. 8.).......... 491
G. Poinçons perceurs vissés dans le cylindre. (Fig. 20 et 24.)........................... »
I. Vis réunissant au corps du coupe-pâte les deux couteaux circulaires latéraux......... »
N. Excentrique. (Fig. 13, 14 et 15.)............ »
O. Plaques mobiles. (Fig. 21 et 22.)........... »
S. Trous des plaques par lesquels passent les poinçons. (Fig. 21 et 22)................. »
T. Vis servant à fixer les plaques mobiles aux tiges portant des pièces F. (Fig. 23.)......... »

PLANCHE LV.

FABRICATION DU BISCUIT.

Y'. Verrous de fermeture de la partie mobile M. 487
Z'. Arbre de la manivelle Q..................
A". Pignon conique monté sur l'arbre Z'....... »
B". Roue conique engrenant avec le pignon A". »
C". Arbre de la roue conique portant la vis sans fin P qui engrène avec le secteur O....... »
D". Trappe en tôle faisant partie de la surface cylindrique du pétrin, et s'ouvrant pour laisser voir le travail.................. »
E". Charnières de la trappe.................. »

(Fig. 7 et 8.)

A'''. Double rangée de couteaux tranchants fixés à l'axe du pétrisseur.................. »
B'''. Lames tranchantes réunissant l'extrémité des couteaux et détachant la pâte de la paroi cylindrique du pétrin.................. »
C'''. Parois frottant les deux fonds du pétrin... »

(Fig. 5, 6, 9 et 11.)

$\cdot$. Levier suspenseur ayant P' pour point d'appui. Il est mû par la bielle T.............. »
$\cdot$. Double articulation à angle droit, l'une pour réunir la bielle au levier, l'autre pour permettre les déviations que la bielle reçoit de l'excentrique.................. »
$\cdot$. Double tringle de suspension du coupe-pâte. »
$\cdot$. Doubles articulations des tringles.......... »
$\cdot$. Tige du coupe-pâte .... »
$\cdot$. Traverse servant de guide à la tige......... »
$\cdot$. Rebords tranchants intérieurs du coupe-pâte.................. »
$\cdot$. Une des lames tranchantes intermédiaires formant les cases par leurs intersections... »
$\cdot$. Croisillon mobile faisant corps avec une plaque percée destinée à repousser la pâte après qu'elle a été coupée. Au point d'intersection des branches de ce croisillon s'élève une tringle verticale à l'extrémité de laquelle se trouve placé un poids X" de 4 kilogrammes

environ. Ce poids, par suite de la pression exercée, est élevé d'une hauteur égale à l'épaisseur de la pâte; il se trouve à environ 2 centimètres au-dessus de la surface N' qui, étant entraînée par un mouvement rapide d'ascension, rencontre ce pesant obstacle, en reçoit une forte secousse dont le contre-coup, communiqué à la plaque inférieure, a pour effet de détacher la pâte adhérente aux couteaux et aux poinçons du découpoir..... 487
Y'. Pointes pour percer le biscuit de part en part. »

(Fig. 10 et 13.)

D'''. Plaque en tôle adaptée aux montants du bâti L' et formant les parois latérales du bâti.................. »
E'''. Entretoises avec nervures adaptées à la traverse de chaque bâti, et supportant les ressorts.................. »
F'''. Rouleaux en bois sur lesquels on pousse les tables à pâte.................. »
G'''. Tables à pâte. (Fig. 5).................. »
H'''. Ressorts en acier supportant les axes des rouleaux.................. »

(Fig. 12 et 14 à 17.)

I'''. Rouleau en fonte, creux à l'intérieur, parfaitement cylindré et poli à sa surface....... »
J'''. Tourillons des rouleaux.................. »
K'''. Collets roulant sur les nervures du bâti .... »
L'''. Anneau d'attache du racloir.................. »
O'''. Branches du racloir.................. »
P'''. Lames inclinées du racloir.................. »
Q'''. Tige servant de guide aux racloirs.......... »
R'''. Mentonnet.................. »
S'''. Table en fonte où la pâte est manipulée ... »
U'''. Petite caisse qui reçoit la farine à saupoudrer les tables.................. »
V'''. Galets facilitant l'introduction de la table chargée de pâte sous le rouleau.......... »

PLANCHE LVI.

FABRICATION DU BISCUIT.

...dification de l'appareil de M. Grand par M. Aubouin.
(Fig. 1 et 2.)

Machine à vapeur de la force de six chevaux environ.................. 492
Volant, sur l'arbre duquel est fixé un pignon C engrenant avec différentes roues qui communiquent le mouvement à toute la machine. »
Plan incliné portant quatorze rouleaux en bois sur lesquels on dispose la nappe de pâte au sortir du pétrin. Ce plan incliné est retenu et fixé par des supports ou crampons scellés dans le mur.................. 492
M'. Trois systèmes de rouleaux en fonte servant à mettre la pâte en nappe et à la réduire à l'épaisseur voulue.................. »
G'. Vis de rappel servant à éloigner ou à rapprocher les cylindres lamineurs.......... »
Q". Frottoirs en bois garnis de cuir pour sécher et polir la surface des cylindres M'........ »

PLANCHE LVII.

FABRICATION DU BISCUIT.

PLANCHE LVIII.

FABRICATION DU BISCUIT.

PLANCHE LIX.

FABRICATION DU BISCUIT.

Appareils proposés par M. Rollet.

(Description de l'appareil en fonction.)

égaux. (Voyez, pour les détails, les planches 53 et 54.)

La pâte, après avoir été pressée par les lamineurs K' et N', se rend entre le cylindre poli O' et le découpoir P'; elle est coupée à la ligne de tangence de ces deux cylindres ; elle reste adhérente au coupe-pâte dont la surface est armée de poinçons qui la retiennent, et entraînée par le mouvement rotatif du découpoir, elle ne doit l'abandonner qu'au moment où, traversant le plan vertical passant par l'axe du coupe-pâte, elle en est détachée et poussée avec force, par suite de la secousse qu'elle reçoit des pièces manœuvrant dans l'intérieur de l'excentrique Q' ...

Soit que la pâte suive la course du découpoir ou celle de la toile sans fin, elle est, en définitive, ramenée sur les châssis en toile métallique U, qui, couverts de pâte, sont soumis à l'action du four. Enfin, une roue à ailettes Z est établie en avant du découpoir, afin de détacher les morceaux de pâte qui, malgré l'effet de l'excentrique, resteraient en adhérence à la surface du découpoir. ..

PLANCHE LX.

FABRICATION DU BISCUIT.

Coupe-pâte et fours continus proposés par M. Rollet.

L'appareil lamineur de la pâte et le coupe-pâte sont les mêmes que ceux représentés pl. LVIII et LIX.

Four continu de M. Lasseron. (Fig. 1 et 6.)

A. Foyer..... 494
B. Cendrier............................. »
C. Mur de séparation des deux foyers.......... »
D. Voûte en fonte dont les pieds-droits reposent dans des cuvettes remplies de sable. (Voir le détail fig. 6.) Le sable met obstacle à l'entrée de la fumée dans le four et il s'oppose à ce que la fonte, en se dilatant, n'exerce une pression sur les diverses parties du four.. . »
E. Plaques boulonnées formant la sole du four.. »
F. Espace parcouru par la chaleur et la fumée.. »
G. Plafond en fonte recouvrant la partie F. Ce plafond est composé de plaques liées entre elles par un système d'assemblage qui permet à la dilatation de s'effectuer librement.

Pages

H Galets supportant la chaîne et les toiles métalliques......................... 495
I. Galerie inférieure parcourue par la chaîne sans fin.........................:.......... »

Four continu établi d'après les principes servant de base à l'étuve de M. Rodler. (Fig. 2 à 5.)

A. Foyer......... 496
B. Cendriers.............................. »
C. Prises d'air pour l'alimentation de la combustion .... »
D. Galeries parcourues par la chaleur et la fumée................................. »
E. Cheminée.............................. »
F. Espaces parcourus par de l'air chaud et ayant une issue par le tuyau G, que l'on ouvre lorsqu'on veut refroidir l'appareil......... »
H. Capacité du four dont les parois sont en fonte .... »
I. Galets supportant la chaîne à l'intérieur du four .... »
J. Galerie inférieure ménagée pour le passage de la chaîne sans fin........ .... »

PLANCHE LXI.

BOULANGERIE.

Appareil à laver, à presser et sécher le son.

A. Laveur de son. Appareil composé d'une caisse cylindrique, traversé par un axe garni de huit palettes qui, dans le mouvement de rotation qu'on leur imprime, mélangent le son et l'eau 518
B. Portion du cylindre que l'on ouvre ou ferme à volonté à l'aide d'une tirette............. »
C. Trémie où tombe le son humide, dans laquelle est placé un agitateur...................... »
D. Agitateur qui, dans son mouvement, favorise l'égouttage du son..................... »
E. Roue à ailettes faisant fonction de distributeur .... »
F. Toile métallique sans fin, tendue et mue par deux rouleaux G ayant chacun la forme d'un ellipsoïde tronqué des deux bouts. .... »

G'. Trois rouleaux ayant la même forme que les rouleaux G. Ils sont placés à l'intérieur de la toile sans fin et forment laminoir avec les rouleaux H............................ 518
H. Rouleaux concaves profilant exactement les surfaces convexes des rouleaux G'.......... »
I. Brosses servant à nettoyer les lamineurs supérieurs .... »
J. Auget recevant l'eau extraite par la pression des lamineurs .... »
K. Dalle conduisant l'eau dans la chaudière L.. »
L. Chaudière où l'on élève l'eau chargée de fécule à la température nécessaire au pétrissage. »
M. Agitateurs auxquels on donne un mouvement de rotation lorsque l'on juge utile de mélanger la fécule avec l'eau............. »
N. Robinet de la chaudière.................. »
O. Auget dans lequel tombe le son après avoir

PLANCHE LXII.

BOULANGERIE.

PLANCHES DU VOLUME.

PLANCHE A.

NETTOYAGE DAVID.

PLANCHE B.

PLANCHE C.

PLANCHE D.

PLANCHE E.

PLANCHE F.

PLANCHE G.

PLANCHE H.

PLANCHE K.

PLANCHE L.

PLANCHE M.

Conduit dont l'orifice est placé au-dessous de la sole du four et près de la porte du défournement. Ce conduit est destiné à recevoir l'air qui s'est refroidi pendant son passage dans le four, et à le diriger vers la partie inférieure de la galerie Y, qui lui ouvre un passage vers la capacité T, de laquelle il se rapproche à mesure que la température est

Pages.

augmentée par la chaleur empruntée aux surfaces extérieures des carneaux de fumée D. L'air étant revenu dans la capacité T, et ayant acquis sa plus haute chaleur, recommence le trajet qui vient d'être décrit; ce mouvement est continu pendant le temps de la chauffe.......................... 454

PLANCHE N.

Four double aérotherme continu, à forme circulaire, de M. Aribert. (Fig. 1 à 5.)

Pages.

. Galeries circulaires........................ 460

. Espaces ménagés entre les galeries, pour donner le moyen d'enfourner et de défourner. »

. Porte d'enfournement.................... »

. Porte de défournement.................... »

Plateau circulaire en tôle sur lequel les pains sont placés, et qui, muni de galets, roule sur un chemin de fer. On lui fait parcourir, de sept en sept minutes, une longueur égale aux espaces B.............................. »

Emplacement du calorifère................ »

Conduits d'arrivée de l'air chaud........... »

Conduits de sortie de l'air moins chaud...... »

Marche du four double.

On couvre de pâte les parties de la sole annulaire comprises dans les espaces B. D'un coup de levier (fig. 5), on ouvre les quatre portes D D et D' D'; alors on imprime un mouvement de rotation à l'anneau, et la pâte vient occuper les espaces H. En répétant cette manœuvre six fois, de sept en sept minutes, la pâte enfournée la première vient successivement occuper les places H, H', H'', H''', H^{IV} et H^{V}, en sorte que, après quarante-deux minutes écoulées, la première impulsion que l'on donne à l'anneau fait sortir, par les portes D' D', du pain cuit que l'on remplace par du pain en pâte; et, dès ce moment, le four est considéré comme agissant d'une manière continue.............. 460

PLANCHE O.

...ur de M. Clara, chauffé avec de la houille et utilisant ...es gaz dégagés pendant la combustion. (Fig. 1 à 9.)

Porte du four.............................. 460

Foyers ayant entre eux une communication par des galeries B'........................ »

Cendriers.................................. »

Prises d'air débouchant au-dessus des grilles. »

Prises d'air alimentant la galerie F qui communique avec un canal G passant entre les deux foyers. L'air chauffé dans ce canal G se distribue sous l'âtre dans des compartiments I, pour y égaliser la chaleur; il descend ensuite par le conduit J dans la galerie inférieure K et remonte dans la galerie H par les orifices L. A ce point, l'air est à une température très-élevée et il s'échappe par de petits trous M à l'entrée de chaque carneau où il détermine la combustion des gaz. Les produits gazeux de la combustion suivent la direction des carneaux M' et se rendent entre la voûte N du four et une autre voûte O, et enfin dans la cheminée P.

Q. Registres de la cheminée P servant à régler le tirage des foyers.......................... 460

R. Canal d'air froid muni d'un registre S et prenant naissance au fond du four; on ouvre le registre de ce canal lorsqu'on trouve utile d'abaisser la température de l'appareil.................................... »

PLANCHE P.

Jeu de l'appareil.

La roue O transmet le mouvement qu'elle reçoit du moteur à l'arbre du tambour garni de pointes J; celui-ci le transmet à son tour au tambour J' au moyen d'une chaîne engrenant sur des roues de même diamètre P. Les plaques en tôle M étant chargées de biscuits en pâte, sont posées sur les chaînes sans fin I près de la porte d'enfournement H. Le plateau abandonné à lui-même suit le mouvement des chaînes et entre dans l'intérieur du four. Quand la première plaque est entièrement enfournée, on pose une seconde plaque à la place qu'occupait la première et ainsi de suite sans interruption jusqu'à la fin de la cuisson. Le mouvement transmis aux cylindres J et J' est très-lent, et réglé de sorte que chaque plaque M chargée de biscuit met successivement trente-cinq à trente-six minutes environ à traverser le four. Deux hommes sont placés à la porte de défournement H' et emportent les plaques chargées de biscuits dès qu'elles ont dépassé les portes de défournement.

PLANCHE Q.

Balancier Laveur.
Fig. 2.

Clevertiqueur.
Fig. 1.

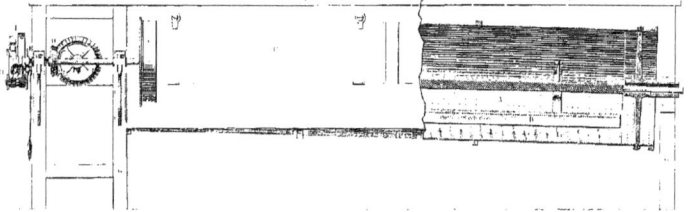

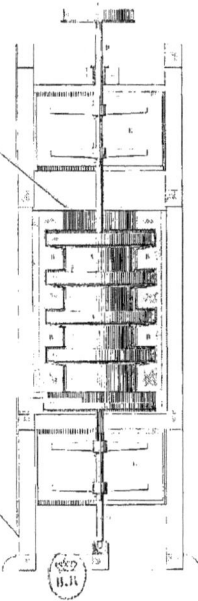

Plan. Fig. 3.

Coupe par le bout.
Fig. 4.

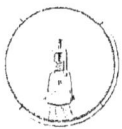

Fig. 5.

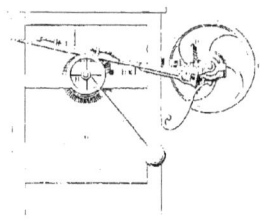

Tarare centrifuge conique.

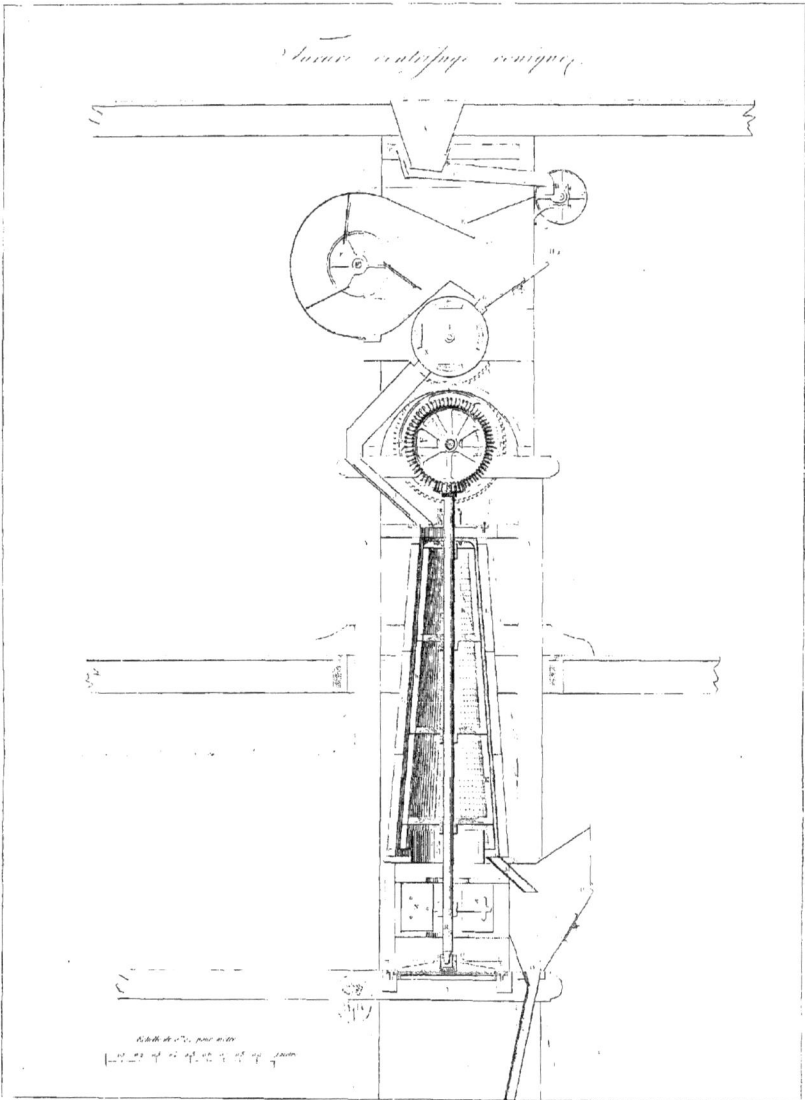

Échelle de 0,1 pour mètre.

Pl. C

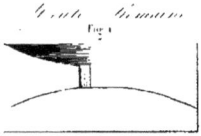

Coupe verticale
Fig 1

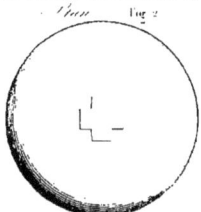

Plan   Fig 2

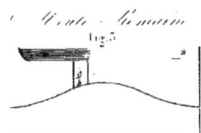

Coupe verticale
Fig 3

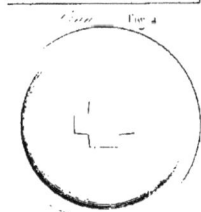

Plan   Fig 4

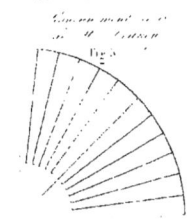

Rayonnement ancien de
la Ferté
Fig 5

Rayonnement d'anglais
Fig 6

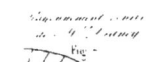

Rayonnement courbe
de la Ferté
Fig 7

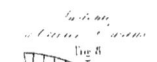

Indication
des lignes d'action
Fig 8

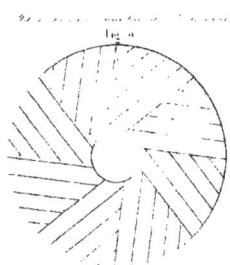

Rayonnement courbe de l'intérieur
Fig 9

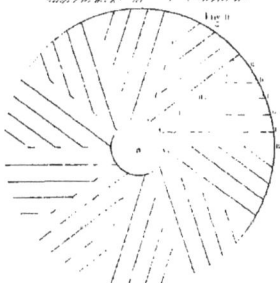

Rayonnement de l'intérieur
Fig 10

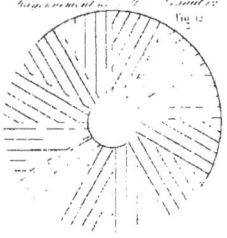

Rayonnement courbe
Fig 12

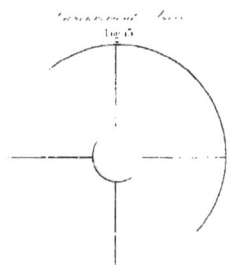

Rayonnement droit
Fig 13

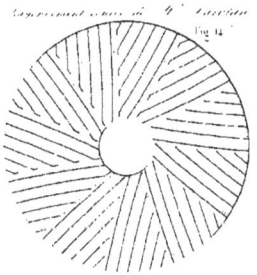

Rayonnement courbe de l'intérieur
Fig 14

Fig 15

Fig 16   Fig 17

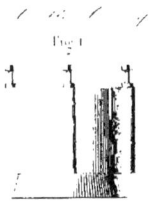

Fig. 1

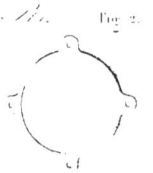

Fig. 2

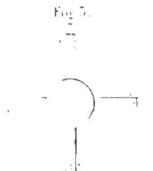

Fig. 5

Fig. 3

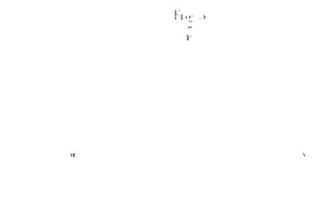

Fig. 4

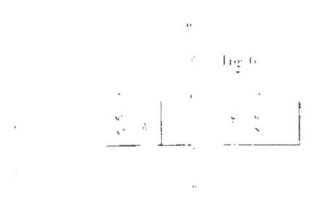

Fig. 6

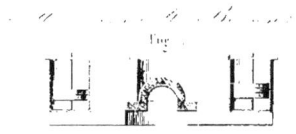

Fig. 7

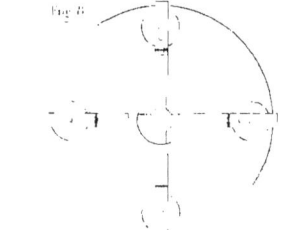

Fig. 8

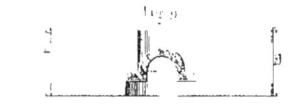

Fig. 9

Fig. 10

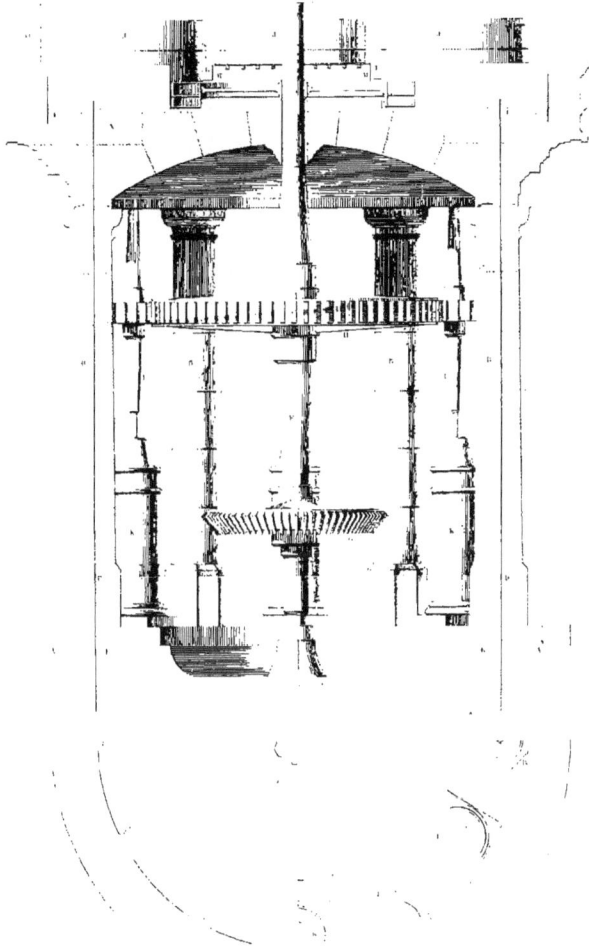

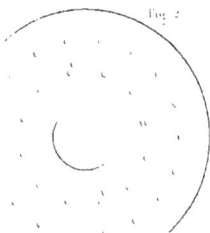

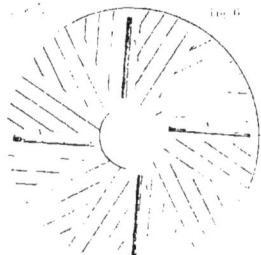

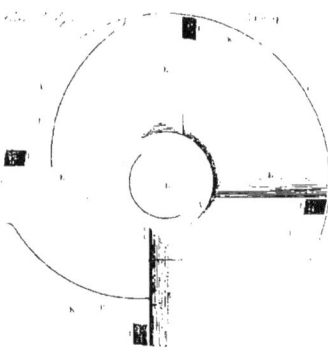

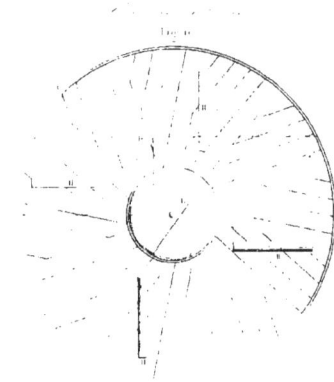

ÉTUVE.

Pl. 6.

Étuve à Cylindres, pour sécher la Farine,
par M. Brunswic.

Élévations.

Plan.

Vue par le bout.

Moulin de l'Empereur appartenant à M. Darblay.

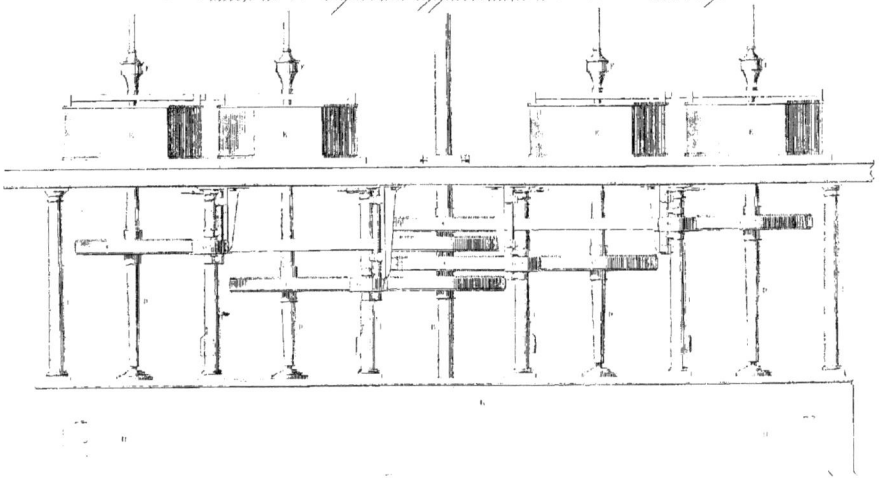

PÉTRIN.

Pétrin mécanique de M. Monit

Fig. 1

Fig. 2

Fig. 3

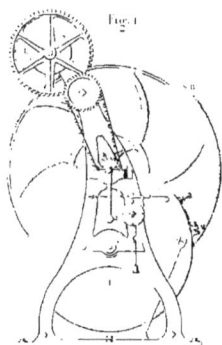
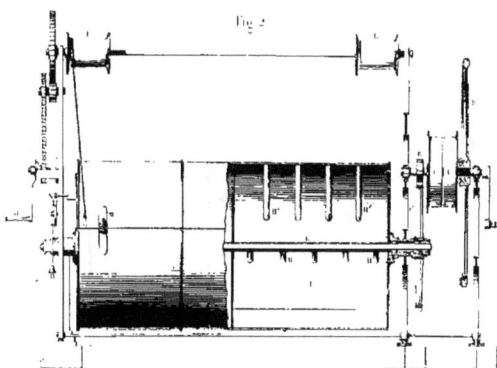
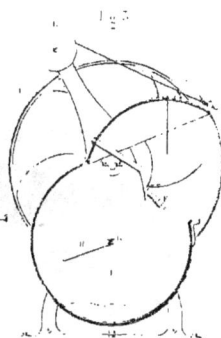

Fourneau à Émail

Fig. 4

Fig. 5

Fig. 6

Fig. 7

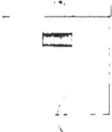

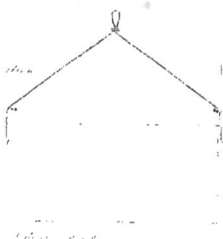

FOUR AÉROTHERME.

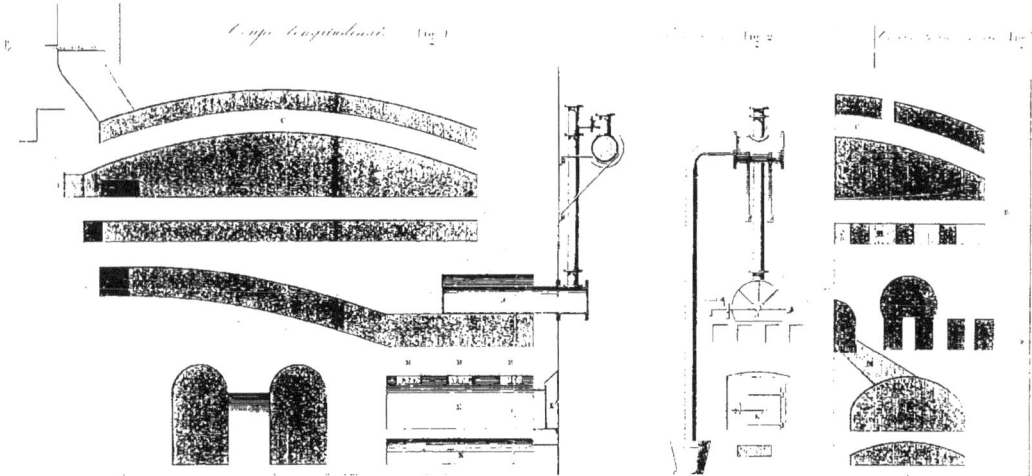

Coupe longitudinale. (fig. 1)

Échelle.

Fig. 1. Coupe verticale par la ligne SW des Fig. 4 et 5.

Fig. 2.

Fig. 3.

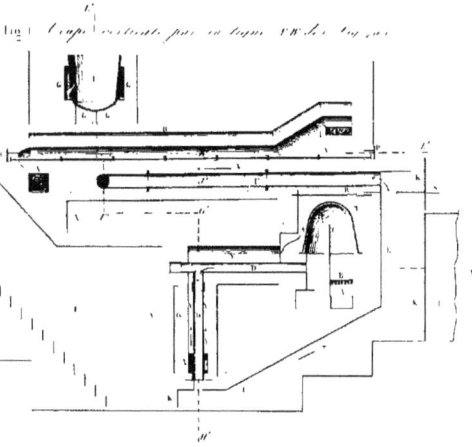

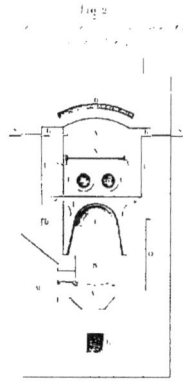

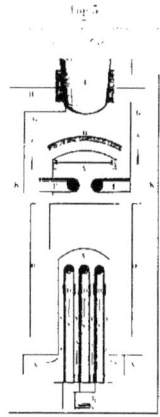

Fig. 4. Coupe horizontale suivant la ligne SW KK des Fig. 1 et 2.

Fig. 5.

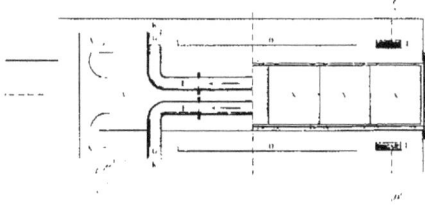

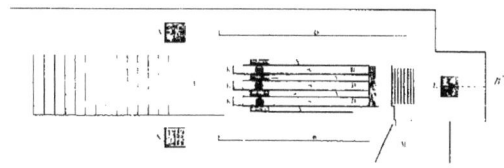

L. Mourier, del. Lith.

Fig. 1.

Fig. 2.

Fig. 3.

Fig. 4.

Cour de la Conservatoire...

Fig. 1

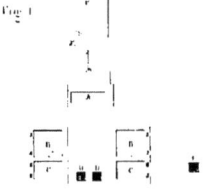

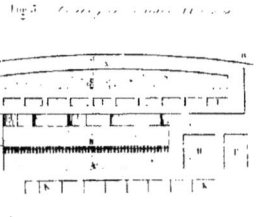

Fig. 3

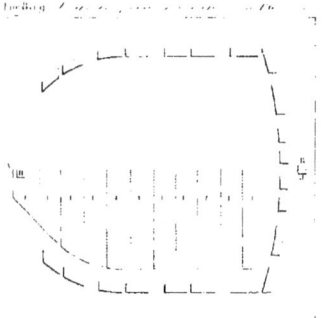

Fig. 2

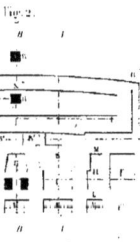

Fig. 4

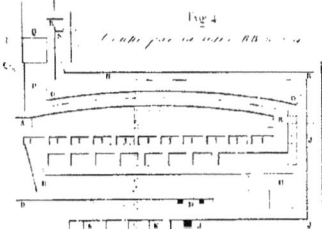

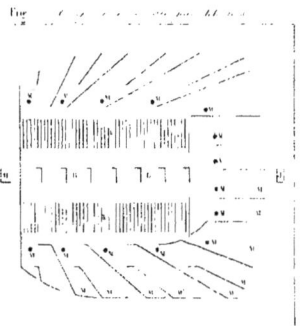

Fig. 5. Coupe horizontale par CC de la fig. 2

Fig. 6. Coupe horizontale par DD de la fig. 2

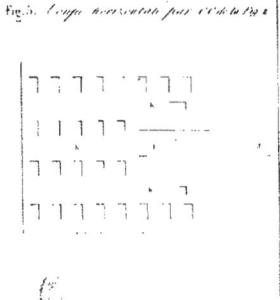

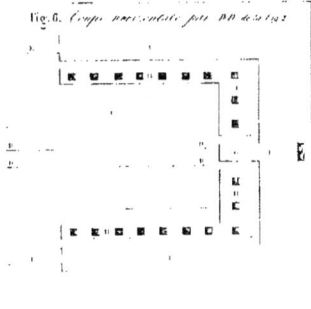

Four aérotherme continu pour fusant par le Grouelle.

Fig. 1. — Coupe horizontale par les lignes 1 H.

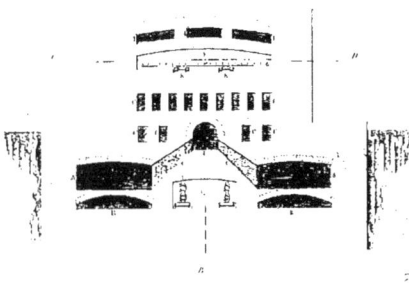

Fig. 2. — Coupe longitudinale par la ligne 1 H.

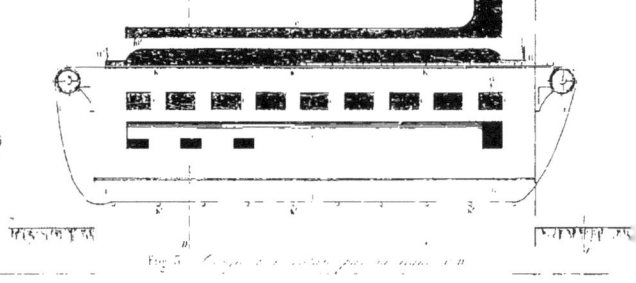

Fig. 3. — Coupe transversale par la ligne 1 H.

Fig. 4. — Élévation de la face 1 H.

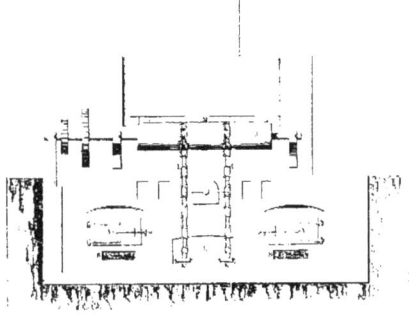

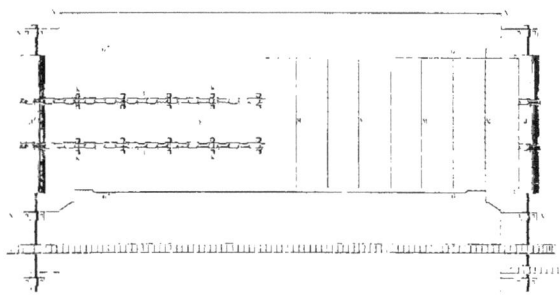

Briqueterie donnant l'exemple de Coupe pâte continual.

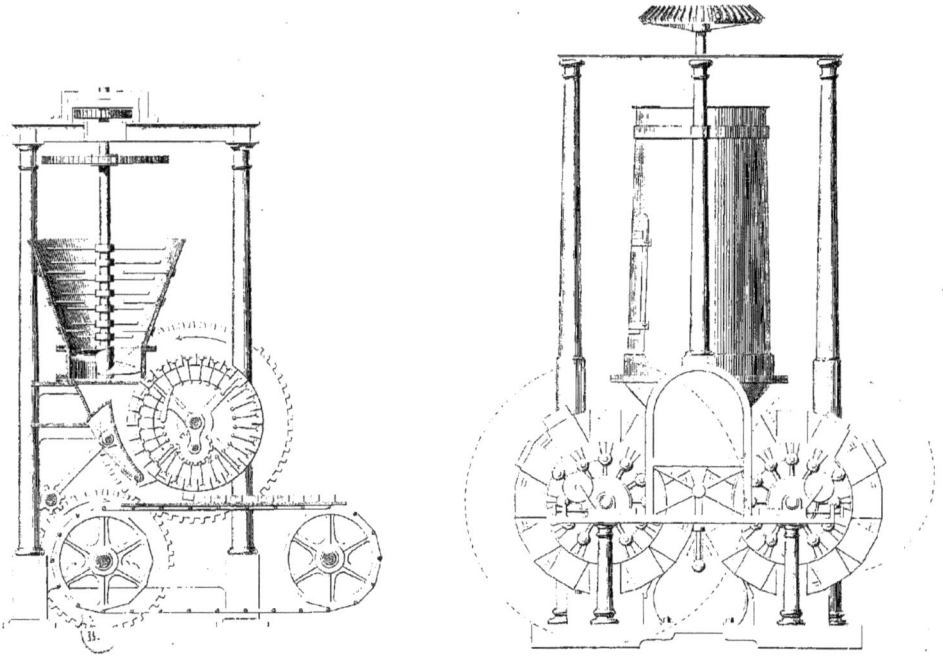

www.ingramcontent.com/pod-product-compliance
Lightning Source LLC
Chambersburg PA
CBHW060846220326
41599CB00017B/2396